U0374706

供医学、药学、检验及相关专业的本科生和硕士研究生选用

实验动物与比较医学基础教程

主编　周正宇　薛智谋　邵义祥

苏州大学出版社

图书在版编目(CIP)数据

实验动物与比较医学基础教程 / 周正宇，薛智谋，邵义祥主编. —苏州：苏州大学出版社，2012.6(2025.6 重印)
供医学、药学、检验及相关专业的本科生和硕士研究生选用
ISBN 978-7-81137-652-4

Ⅰ. ①实… Ⅱ. ①周…②薛…③邵… Ⅲ. ①实验动物-医学院校-教材②医学-医学院校-教材 Ⅳ. ①Q95-33②R

中国版本图书馆 CIP 数据核字(2012)第 134126 号

书　　名：实验动物与比较医学基础教程

作　　者：周正宇　薛智谋　邵义祥　主编
责任编辑：廖桂芝
组 稿 人：孙茂民
装帧设计：刘　俊

出版发行：苏州大学出版社(Soochow University Press)
社　　址：苏州市十梓街 1 号　邮编：215006
印　　刷：广东虎彩云印刷有限公司
网　　址：www.sudapress.com
邮购热线：0512-67480030
销售热线：0512-67481020

开　　本：787 mm×1 092 mm　1/16　印张：25.25　字数：580 千
版　　次：2012 年 6 月第 1 版
印　　次：2025 年 6 月第 8 次印刷
书　　号：ISBN 978-7-81137-652-4
定　　价：68.00 元

《实验动物与比较医学基础教程》编委会

主　编： 周正宇　薛智谋　邵义祥

主　审： 施新猷

副主编： 孙茂民　王禹斌　朱顺星　吴淑燕

编　者：（按姓氏笔画排序）

叶文学　朱晔涵　刘　春　刘慧婷

孙　斌　李　岭　李　勇　李建祥

吴宝金　周亚峰　周慧英　金忠琴

施毕敏

前　　言

比较医学又称广义医学，其实质就是对不同种系动物与人类之间的生理、病理作出有意义的比较，并通过建立各种人类疾病的动物模型与人类疾病进行类比研究，从而深入了解人类疾病的发生、发展规律，探索人类疾病的诊断、预防、治疗及生命的奥秘，最终为控制人类疾病、延缓衰老、延长寿命、保护和增进人类健康服务。实验动物科学是比较医学的基础与前提，也是比较医学的核心。

本书较系统地介绍了实验动物的基础知识以及主要系统疾病的比较医学。全书分上、下两篇。上篇着重介绍实验动物科学的理论基础，包括绪论、实验动物的基本概念及分类、常见实验动物的生物学特点及应用、动物实验的常用方法以及人类疾病的动物模型等。该部分详细描述了有关实验动物的基本概念及内涵、常见实验动物的特点以及在生物医学研究中的应用、动物实验中的常用方法以及动物模型的复制方法；下篇则介绍了几个主要系统性疾病及药理、毒理学的比较医学，包括比较心血管系统疾病、肿瘤性疾病、感染性疾病、遗传性疾病、免疫性疾病、消化系统疾病、呼吸系统疾病、内分泌系统疾病等，通过对不同动物与人在生理学、生化学、解剖学、病理学、疾病模型等方面的比较，系统地描述了人与动物在各器官系统的比较医学。

本书注重实用性与指导性，书中涉及操作方法的部分力争都配有图片，以期有更好的指导意义。本书将实验动物科学与比较医学进行了综合，旨在希望通过对实验动物科学基础知识的了解加深对比较医学的理解。编者通过努力，希望能为医学、生物、药学等相关专业的本科及研究生提供一本有关实验动物和比较医学的实用性教材。本书的编撰得到了我国比较医学的开拓者——施新猷教授，以及南通大学实验动物中心邵义祥主任、朱顺星副主任的热情指导与大力帮助！本书在编写的过程中还得到苏州大学附属第一医院、第二医院以及附属儿童医院等相关专家，以及我校实验动物中心相关老师的大力支持与帮助，在此一并表示衷心的感谢！同时要感谢苏州大学出版社对本书出版的鼓励与支持！

编者
2012 年 5 月

上篇 实验动物科学基础

第一章 绪论

第一节 实验动物科学的概念及研究内容 3
第二节 比较医学的研究内容和发展情况 13
第三节 比较医学与相关学科的关系及作用 18

第二章 实验动物的基本概念及分类

第一节 实验动物的定义 25
第二节 实验动物的微生物和寄生虫控制分类 26
第三节 实验动物的遗传学控制分类及命名 34
第四节 不同遗传背景实验动物的繁育体系 39

第三章 常见实验动物的生物学特点及应用

第一节 小鼠 45
第二节 大鼠 51
第三节 豚鼠 55
第四节 地鼠 58
第五节 家兔 60
第六节 犬 63
第七节 猫 66
第八节 非人灵长类动物 68
第九节 其他实验用动物 70

第四章　动物实验的常用方法

第一节　实验动物的选择原则　76
第二节　动物实验设计的基本原则　83
第三节　动物实验前的准备　85
第四节　分组、编号及去毛方法　86
第五节　麻醉方法　91
第六节　常规采血方法　99
第七节　给药途径与方法　105
第八节　处死方法　119

第五章　人类疾病动物模型及应用

第一节　人类疾病动物模型的意义和优越性　123
第二节　人类疾病动物模型的设计原则及分类　124
第三节　影响比较医学研究中动物实验效果的动物因素　129
第四节　影响比较医学研究中动物实验效果的饲养环境和营养因素　133
第五节　影响比较医学研究中动物实验效果的技术因素　140
第六节　遗传工程动物模型　142

下篇　比较医学

第六章　人类心血管系统疾病的比较医学

第一节　比较心血管解剖学　157
第二节　比较心血管生理学　163
第三节　比较心血管病理研究中的动物模型　170

第七章　人类肿瘤性疾病的比较医学

第一节　比较肿瘤生物学　184
第二节　比较肿瘤生理学　186
第三节　比较肿瘤病理学　189
第四节　自发性肿瘤动物模型　194
第五节　诱发性肿瘤动物模型　198

第六节 移植性肿瘤动物模型 199

第八章 人类感染性疾病的比较医学

第一节 人类感染性疾病研究中实验动物的选择原则 209
第二节 人类感染性疾病的敏感动物 211
第三节 人类感染性疾病的比较病理学——诱发性动物模型 215

第九章 药理、毒理学中的比较医学

第一节 药理、毒理学研究中实验动物的选择 228
第二节 药物、毒理学试验不同动物的剂量及换算 232
第三节 不同药理、毒理学研究中实验动物的应用 236

第十章 人类遗传性疾病的比较医学

第一节 人类与实验动物遗传特点比较 256
第二节 人类遗传性疾病与动物模型 262

第十一章 人类免疫性疾病的比较医学

第一节 比较淋巴系统 277
第二节 比较免疫生理学 278
第三节 比较免疫生物化学 284
第四节 比较免疫病理学 287
第五节 比较免疫病理学——自发性免疫性疾病动物模型 290
第六节 比较免疫病理学——人类免疫性疾病的诱发性动物模型 298
第七节 比较免疫学研究中常用动物实验技术 305

第十二章 人类消化系统疾病的比较医学

第一节 人类和实验动物消化系统比较解剖学 315
第二节 人和实验动物消化系统比较生理与生化 330
第三节 人和实验动物消化系统比较病理学——动物模型 337

第十三章 人类呼吸系统疾病的比较医学

第一节 人和实验动物呼吸系统比较解剖学 346
第二节 人与实验动物呼吸系统比较生理学 354

第三节 人类呼吸系统疾病的比较病理学 359
第四节 呼吸系统疾病动物模型 362

第十四章 人类内分泌系统疾病的比较医学

第一节 人和实验动物内分泌系统比较解剖学 371
第二节 人和实验动物内分泌系统比较生理学 378
第三节 人类与实验动物内分泌病的比较病理学 380
第四节 人类与实验动物内分泌病动物模型 386

参考文献 391

上篇

实验动物科学基础

第一章 绪 论

第一节 实验动物科学的概念及研究内容

一、实验动物科学的概念

实验动物科学(laboratory animal science)是研究实验动物和动物实验的一门新兴学科。实验动物是指以实验动物本身为对象，专门研究其育种、繁殖生产、饲养管理、质量监测、疾病诊治和预防，以及支撑条件的建立等，即如何培育出标准化的实验动物；动物实验是指以实验动物为材料，采用各种手段和方法在实验动物身上进行实验，研究实验过程中实验动物的反应、表现，以及其发生机制和发展规律，确保动物实验的可靠性、准确性和可重复性，即如何使动物实验合理化、规范化。简而言之，实验动物科学就是关于实验动物标准化和动物实验规范化的科学。

在生命科学研究领域内，实验动物科学的中心对象就是实验动物，其目标就是保证现代医学的实验研究可以获得质好、量足、经济、安全、方便、符合各种实验要求的实验动物，并从实验动物一环出发，探讨各种动物实验得以成功地设计、进行并完成的技术和条件，同时也探索与上述目标相关的法制建设、组织管理及人员培训等问题。

二、实验动物科学研究的范围

(一) 实验动物科学研究的内容

实验动物科学自20世纪50年代诞生以来，至今已成为一门具有自己的理论体系的独立性学科，它的主要内容包括：实验动物饲养学、实验动物医学、比较医学、动物实验技术。

1. 实验动物饲养学(laboratory animal breeding science)

实验动物饲养学主要研究实验动物的生物学特性与解剖生理特点、饲养与管理、育种与繁殖、生长与发育、饲料与营养、环境与设施、生态与行为等内容，以及实验动物标准化的各种技术、手段和措施。

2. 实验动物医学(laboratory animal medicine)

实验动物医学研究实验动物的各种疾病，包括传染性疾病、营养代谢性疾病、遗传性疾病以及劣质环境所致疾病等，以及这些疾病的病因、症状、病理、发生发展规律、诊断和防治措施等；研究实验动物微生物质量的等级标准、检测方法、控制措施以及微生物对动物实验的干扰;研究人畜共患病的预防、控制与治疗措施。

3. 比较医学(comparative medicine)

比较医学以实验动物为替身研究人类疾病,造福人类。通过建立人类疾病的动物模型,进行人与动物的类比研究,探讨人类疾病的病因、发生发展规律、预防控制及治疗措施,最终战胜人类疾病。比较医学又可分成比较解剖学、比较生理学、比较病理学、比较外科学和比较基因组学等。

4. 动物实验技术(animal experiment technique)

动物实验技术是指进行动物实验的各种实验手段、技术、方法和标准化操作程序。即在实验室内人为地改变环境条件,观察并记录动物的反应与变化,以探讨生命科学中的疑难问题,获得新的认识,探索新的规律;同时也探讨实验动物科学中的减少、替代、优化等问题。

(二) 实验动物科学涉及的领域

1. 生命科学领域

生命科学的研究离不开实验动物。在对人体的各种生理、病理现象的机制以及疾病的防治等研究中,实验动物是人的替代者。譬如,恶性肿瘤是威胁人类健康的重大疾病,由于在肿瘤的移植、免疫、治疗等研究中使用了裸鼠、悉生动物和无菌动物,人们对各种恶性肿瘤的发病原因,尤其是化学致癌物质、病毒致癌、肿瘤免疫治疗等方面的研究取得了极大的进展;计划生育研究也有相当多的工作是在实验动物身上做的;各种疾病如高血压、心脏病、糖尿病、肥胖症、肺炎、神经系统疾病、精神病、胃病、肾病等的发病与治疗的机制及其生理、生化、病理、免疫等方面的机制,都是经过动物实验加以阐明或证实的。可以说离开了实验动物和动物实验,生命科学就寸步难行。

2. 制药工业和化学工业领域

制药工业与化学工业领域对实验动物的依赖更为明显。药物和化工产品的副作用对生命的影响包括致癌、致病、致畸、致毒、致突变、致残、致命等,都可通过对实验动物的相关试验获得结果。

制药和化学工业产品包括三致试验(致癌、致畸、致突变),如不用实验动物进行安全评价,将会造成十分严重的恶果。如 1962 年,西德某药厂生产一种止吐药萨立多胺(thalidomide),推广给孕妇使用,结果在若干年内畸胎发生率明显增高,究其原因就是与孕妇服用萨立多胺有关。

制药、化工等工业的劳动卫生防护措施,特别是各种职业性中毒(如铅、苯、汞、锰、硅、酸、一氧化碳、有机化合物等)的防治方法,都必须选用实验动物进行各种动物实验后才能确定。

实验动物也是医药工业上生产疫苗、诊断用血清、诊断用抗原、免疫血清等的重要来源。例如,从牛体制备牛痘苗,猴肾制备小儿麻痹症疫苗,马体制备白喉、破伤风或气性坏疽等血清,金黄地鼠肾制备乙脑和狂犬病疫苗,小鼠脑内接种脑炎病毒后的脑组织制备血清学检验用抗原等。

3. 畜牧科学

疫苗的制备和鉴定、生理学实验、胚胎学研究、营养价值的评估、保持健康群体以及淘汰污染动物等工作，都要使用实验动物。特别是在畜禽传染病的研究工作中，常急需合格的实验动物进行实验研究。在兽医科学研究上，如果所用实验动物或鸡卵不合乎标准，质量很差，将严重影响科研效果，甚至在某些疫病的研究工作中，因无特定病原(specific pathogen-free，SPF)动物和 SPF 卵，实验无法进行，所制备的疫苗的效果难以保证，导致大量畜禽病死，在经济上带来重大损失。如 1981 年，我国某兽医生物制品厂生产的猪瘟疫苗混有猪瘟病毒，结果注射后引起大批猪死亡，给国家造成很大的经济损失，其原因是由于生产疫苗所用的仔猪带毒，而安全检验用的动物数量和质量又不符合要求所引起的；又如，在生产鸡新城疫疫苗过程中，如果使用的鸡卵不是 SPF 鸡卵，疫苗的质量将得不到保证。

4. 农业科学

新的优良品种的确立除了要进行物理、化学分析以外，利用实验动物进行生物学鉴定也是十分重要和有意义的。化学肥料、农药的残毒检测，粮食、经济作物品质的优劣判断等，最后也还是要通过动物实验来确定。

化肥和农药是提高农业生产产量的重要材料，由于未经严格的动物实验而引发的问题很多。在合成的多种新农药化合物中，真正能通过动物实验确定对人体和动物没有危害的只占1/30 000，其余都因发现对人的健康有危害而被禁用。例如，20 世纪 40 年代，美国应用杀虫剂易乙酰胺杀虫，但后来发现它是强致癌剂而停用，但对环境已经造成了污染；20 世纪 50 年代研究出一种杀螨剂——杀螨特(aramite)，广泛用于棉花、果树、蔬菜，在使用了 7 年后人们发现该药能引起大鼠和家犬的肝癌，不得不停用，但已造成了环境的污染。我国过去大量使用有机氯农药，后来也发现它们有致癌作用而停止使用。20 世纪 70 年代，我国从瑞士的汽巴-嘉基公司进口杀虫脒的生产流水线，花了大量资金建立了生产厂和 20 个车间，但就是因为忽略了动物的安全性试验而造成了很大损失。因为投产后，才从国外知道杀虫脒能致癌，国外已经不用。之后我国只好停止生产，但已造成损失。由此可见，用实验动物进行的安全性试验对农药、化肥等的生产极为重要。

5. 轻工业科学

人们的吃、穿、用，包括食品、食品添加剂、皮毛及化学纤维、日常生活用品，特别是化学制品有害成分的影响，都要用实验动物去试验。

按照规定，食品、食品添加剂、皮毛制品、化妆品等上市销售，都必须先经国家指定的机构采用实验动物进行安全性试验，以证明其对人体无急、慢性毒性，且无致癌、致畸、致突变作用，才能供应市场。

6. 重工业和环境保护

在重工业领域，对有害物的鉴定和防治，以及环境保护，包括废弃物、气体、光辐射、声干扰等各种因素的工业研究中，实验动物都是监测的前哨和研究防治措施的标样。

7. 国防和军事科学

各种武器杀伤效果，如化学、辐射、细菌、激光武器的效果和防护，以及在宇宙、航天科学实验中，实验动物都被作为人类的替身来取得有价值的科学数据。

人们都知道，在宇宙飞船首次遨游太空时，代替人类受试做生理试验的是实验动物。通过动物实验，研究人体在太空条件下，失重、辐射和天空环境因素对机体生理状态的影响。在核武器爆炸试验中，实验动物被预先放置在爆炸现场，以观察光辐射、冲击波和电离辐射对生物机体的损伤。此外，在战伤外科的防军事毒剂和细菌武器损伤的研究中，实验动物均被用来代替人类作为战争中的受难者，从而研究对各种战伤的有效防治措施。因此，实验动物在军事医学研究上具有特殊的应用价值。

8. 商品鉴定和国际贸易

在进出口商品的检验检疫中，许多商品的质量检验都规定必须进行动物实验鉴定，或直接利用警犬、警鼠担任安全警察，它直接影响着对外贸易的数量、质量和信誉。

9. 行为科学研究

实验动物在行为科学的研究中也占有重要地位。例如，汽车设计中的撞击，土建设计中的震动允许程度，灾难性事故的处理等，国外也已经采用实验动物模拟人类。

10. 实验动物科学本身研究

在实验动物科学本身的研究中，由于其综合性很强，涉及数学、物理、化学、生物学、动物学、胚胎学、营养学、微生物学、遗传学、解剖组织学、寄生虫学、传染病学、免疫学、血液学、麻醉学、生态学、建筑学等，因此，各个学科都与实验动物科学相辅相成，相互渗透。虽然实验动物科学本身的研究目的，是取得适用于各种特性需要的实验动物，但同时对生命科学的微观领域，也进行了更为深入的探索，例如，在遗传学、生殖生理学等学科的研究及实用技术方面，都不断取得突破。

实验动物科学应用如此广泛，主要是由实验动物的特点所决定的。实验动物具有无菌或已知菌丛、遗传背景明确、模型性状显著且稳定、纯度高、敏感性强、反应性一致、重现性好以及繁殖快（世代间隔短）、产仔多、价格相对低廉等特点，可以满足各种不同的研究要求和生产需要，因而，广泛应用于医学、兽医学、药学、营养学、农学、畜牧学、劳动保护、环境保护、计划生育与优生、食品与饮料添加物、日用化妆品、化纤织物等领域。特别是作为医学、兽医学、有关生物学理论以及生物药品制造、化学药物筛选和鉴定等研究的重要工具之一，有力地推动着国民经济的发展。

三、医学与实验动物科学

（一）医学研究离不开实验动物

据有关资料统计，生物学和医学实验中，60%左右的课题要用到实验动物。我国卫生部所属的基础医学研究所的科研课题的91%左右及首都医院科研课题的78%左右都要利用实验动物来完成。

医学科学的使命是消除人类的一切疾病，保障人类健康，达到长寿。而它所面临的生命现象是自然界中各种现象中最复杂的一种，经过了漫长的进化，生命现象呈现出难以设想的精微、细密、巧妙与和谐。要研究其中的无限纷繁、盘根错节、众多方面的因果联系，进一步掌握其本质和规律，实非易事。对人体本身的观察、分析和认识，是有限制的、不方便的。以人为对象进行研究，所得到的材料是宝贵的，其结论可直接有益于人。但是，这种研究非常困难，不少观测和研究，根本不可能进行。以人为对象进行研究，无论是在方法上、条件上，还是在处置上、结论上都有很多限制或困难，势必造成医学发展迟缓，不利于防治人类的疾病和维护人体的健康。因此，离开动物实验，很难设想医学的进步!

然而,人类认知的发展是无止境的,人们在医学研究中采用生物学、化学、物理学以及数学的方法进行各种医学问题的实验探索和观测,阐明生命活动在正常条件和异常条件下的表现与规律,了解它,控制它,利用它或改变它。更为可贵的是,研究者们成功地找到"替代者"——实验动物。用实验动物进行研究,就不再受方法、手段、条件、时间的限制了,基于伦理道德考虑的限制因素也减少了,可以进行前瞻性研究(即预先设计),然后进行验证,可以反复地实验,随时获取各种活体标本。

巴甫洛夫曾指出:"没有对活的动物进行实验和观察,人们就无法认识有机界的各种规律,这是无可争辩的。"

(二)实验动物科学的进步促进了医学的发展

从活体解剖动物到现代解剖学基础,从动物血液循环到现代生理学的建立,从"神农尝百草"到现代药理学、毒理学的发展,从传染病病原的发现到现代微生物学的创立,从物种起源到细胞的发现再到DNA双螺旋结构的阐明,每一个新的领域,每一个新的发现,每一个重大的进展,无一不是通过动物实验来实现的。

临床医学的许多重大技术的创新和发展也与动物实验紧密相连。新的手术方法、麻醉方法的确立,体外循环、心脏外科、断肢再植、器官或组织移植、肿瘤的切除与治疗等各项工作的开展,无一不是在动物实验的基础上发展起来的。离开了实验动物科学,医学的进步与发展只能是一句空话。

由于研究的需要,人们培育出了近交系动物、突变系动物、杂交一代动物,转基因动物、基因敲除动物、克隆动物也应运而生;人们饲育出了无特定病原体动物、无菌动物。由于培育、饲养各种特殊实验动物的需要,人们发明了特殊的育种、保种技术,建立了专门的饲养、繁殖技术。科学家们把现代光学技术、电子技术、显微摄影及成像技术应用于实验动物科学研究,把环境控制、空气净化、自动控制、建筑工程等工程技术运用于实验动物和动物实验设施的建立,把现代信息技术运用于实验动物管理,促进了实验动物的标准化和动物实验的规范化。从而使各国科学家的有关研究能够取得可靠的结果和良好的反应重复性,便于开展国际合作,进行国际交流。

现代分子生物学技术加快了实验动物新品系的培育速度,建立各种人类疾病动物模型,有了更好的手段和更广阔的空间。反过来,新的品系和动物模型的建立又为医学、药学、遗传学等生命科学的研究提供了可靠而有用的手段和先进的工具。

生物大分子的结构是体现其功能的基础,不仅生物大分子的一级结构变异可引起疾病(分子病),二级结构和高级结构的改变也可引起疾病,如构象病、离子通道病、受体病、细胞骨架病、分子伴侣病、信号传导病等,不一而足。这些"结构病"实质为"功能病",因而,目前结构与功能的关系成为分子生物学所致力探讨的主题之一。由于基因的碱基序列、转录和翻译、蛋白质的加工、修饰和剪接等都可使生命功能多样化,决定功能表现的遗传学背景、遗传信息的传递过程、分子间的相互作用和调控,都必须综合起来去考虑,才能找出发病原因和机制,并找到诊断、治疗和预防的方法。而这种研究离开了实验动物科学的平台,就只能停留于结构研究,难以深入其功能研究。

(三) 实验动物质量与医学研究的关系

在生命科学研究领域内,进行实验研究所需要的基本条件可以总括为实验动物(animal)、设备(equipment)、信息(information)和试剂(reagent),称为生命科学研究四要素,简称 AEIR 四要素。这四个要素,在整个实验研究中,具有同等重要的地位,不能忽略或偏废。事实上,实验动物质量往往成为制约性要素,影响整个实验的质量和水平。

保持实验动物质量标准必须实行实验动物微生物学及遗传学的严格质量控制,排除所有可能影响动物质量、干扰实验结果,甚至有可能危害人体健康的细菌、病毒和寄生虫;饲养和使用遗传背景明确、可控、通用的品系动物,是动物实验取得成功的前提条件。

在实践中,往往有些研究人员对实验动物的质量标准不够重视,认为动物是活的就能用,或者是只关注了实验动物的质量,而忽视了实验环境的质量,将高等级的实验动物拿到一般的环境中做实验。更有甚者,将实验后的观察动物饲养于厕所等恶劣的环境中,与实验动物福利的原则相背离。有的研究者,既有高质量的实验动物,也有标准化的实验环境和条件,但不会使用,不按规范使用,不执行管理条例,浪费资源,违背科学,违反法规。诸如此类,屡见不鲜,结果导致实验的失败,或即使完成了实验,其实验结果令人怀疑,成果得不到科技主管部门的认可,更难得到国外同行的承认。当然,由于认识上的差距,有些人舍得花钱买仪器设备和试剂,却不舍得花钱饲养或购买实验动物,殊不知,实验动物是医学研究关键性的限制性要素,直接影响着科研水平的高低。

实验动物的生产条件与动物实验条件必须按照国家标准规定的控制标准严格控制,并尽可能一致,才能保持实验动物质量的一致性和可靠性,才不会造成高等级实验动物进入低等级实验环境中而导致实验动物质量降级或降质。同时也应防止低等级动物进入高等级设施而污染整个环境。

医学研究的最终结果都要应用于人类,与人类的健康息息相关。因此,来不得半点马虎,所有研究者都必须高度重视实验动物的质量问题。

四、实验动物科学发展概况

(一) 我国实验动物科学的发展

我国实验动物科学的快速发展,是在党的十一届三中全会以后。随着对外改革开放步伐的加快,国内经济建设的蓬勃发展,发展实验动物科学的迫切性尤为突出,加之专家学者的呼吁,引起了政府部门的高度重视,使得我国的实验动物科学技术有了日新月异的发展。

1980 年国家农业部邀请了美国马里兰州立大学比较医学系主任徐兆光教授到我国讲学,他在北京举办了第 1 个全国高级实验动物人才培训班,启动了我国实验动物科学现代化的进程。

1982 年,国家科学技术委员会在云南西双版纳主持召开了全国第 1 届实验动物工作会议,开创了我国实验动物工作的新纪元。

1984 年,国务院批准建立了中国实验动物科学技术开发中心。

1985 年,国家科学技术委员会在北京召开了第 2 次全国实验动物科技工作会议,制定了发展规划和实验动物法规;大大地加快了我国实验动物科学现代化的步伐。

1987年4月,中国实验动物学会成立。

1988年10月31日,经国务院批准,并由国家科技部以第2号令颁布,这就是我国第1部由国家立法管理实验动物的法规——《实验动物管理条例》。

1994年,国家技术监督局颁布了7类47项实验动物国家标准。2001年,又对其进行了全面修订并重新颁布,并于2002年5月1日起实行。

1995年以后,我国实验动物科学的发展进入了一个快速发展的时期,主要表现在:

(1) 法规建设:国家科技部先后制定颁布了一系列法规,如《关于"九五"期间实验动物发展的若干意见》、《实验动物质量管理办法》(1997年12月)、《国家实验动物种子中心管理办法》(1998年5月)、《国家啮齿类实验动物种子中心引种、供种实施细则》(1998年9月)、《省级实验动物质量检测机构技术审查准则》和《省级实验动物质量检测机构技术审查细则》(1998年11月)、《关于当前许可证发放过程中有关实验动物种子问题的处理意见》(1999年11月)、《实验动物许可证管理办法》(2002年4月)。

1996年,北京市人民代表大会通过了我国第1部实验动物地方法规——《北京市实验动物管理条例》;1995年,卫生部还颁布了第55号部长令——《医学实验动物管理实施细则》。这些法规的制定和发布,使实验动物管理初步纳入法制化、规范化轨道,对实验动物科学发展起到了极大的推动作用。

(2) 实验动物学会:中国实验动物学会于1987年成立,由我国实验动物学科和相关学科的著名专家组成,是非政府的社会学术团体。其主要任务是承担全国实验动物相关的国内、国际学术交流;参与国家实验动物法规、质量标准等的制订工作;负责本地区、国际、国内实验动物方面的学术交流活动。中国实验动物学会下设水生实验动物、灵长类实验动物、农业实验动物专业委员会以及实验动物标准化和设备工程专业委员会。

(3) 实验动物种子中心建设:国家在1998年投资建立了"国家啮齿类实验动物种子'北京中心'和'上海分中心'",确保了我国实验动物种源的质量。2001年,国家在"十五"科技攻关计划中通过了《国家遗传工程小鼠资源库的建立》项目。近年来又先后建成了国家犬类实验动物种子中心、国家兔类实验动物种子中心、国家禽类实验动物中心、国家非人类灵长类实验动物种子中心以及国家实验动物资源数据中心。

(4) 质量检测网络建设:1988年,国家投资建立了国家实验动物质量检测中心,由实验动物遗传检测中心、实验动物微生物检测中心、实验动物寄生虫检测中心、实验动物环境检测中心、实验动物病理检测中心、实验动物营养检测中心等6个部门组成,负责相应领域检测技术的标准化、规范化。各省市也先后投资建立了省级实验动物质量检测机构,形成了全国实验动物质量检测网络体系,为推行全国统一的实验动物生产、使用许可证制度提供了基础保障。

(5) 信息网络建设:由广东省实验动物监测所和北京市实验动物管理办公室牵头的中国实验动物信息网(http://www.lascn.net)已于2002年底正式开通,网站导航能与国内已建立的省、市或单位实验动物网页链接。这些网站包括:

① 中国实验动物信息网:http://www.lascn.com;

② 上海实验动物信息网:http://www.la-ras.cn;

③ 南京大学模式动物资源信息平台:http://www.nicemice.cn;

④ 广东实验动物监测所:http://www.labagd.com;

⑤ 中科院上海实验动物中心:http://www.slaccas.com;

⑥ 北京实验动物信息网:http://www.bada.cn;

⑦ 江苏省实验动物管理办公室:http://www.jsxkz.lascn.net.

(6) 产业化进程:随着我国实验动物科学发展步伐的明显加快,出现了由温州市药检所牵头,18家药厂、研究所、医学院校共同筹建的股份制实验动物中心;京津冀地区的实验动物协作网;江苏省建立了实验动物公共服务技术平台——开放性动物实验中心和动物实验服务中心;等等。国内有关省市都根据各自的实际情况建立了实验动物繁育供应基地或中心。我国实验动物科学事业进入了向产业化、市场化的过渡阶段。

五、实验动物科学发展趋势

(一) 重视动物福利

1. 动物保护

动物保护是人类对赖以生存的环境及自身命运进行深层次的思考之后提出的一个重要课题。随着经济的发展和社会的进步,动物保护的观念在人们的思想和生活中得以体现。它是保护生物多样性、环境生态平衡以及人类生存和发展的需要,是社会进步的表现。动物保护主要包括两个方面的内容:一是对濒危动物物种和种群的保存,以维持生态平衡;二是对动物个体生命的保护和保健,使动物免受伤害或疾病的折磨。不同的人群,关注不同的动物群体,而实验动物科学所关注的是为科研目的而驯化、饲养的实验动物。

世界上一些动物保护组织和个人鼓吹极端和偏激的动物保护概念,认为“一切物种均应平等”、“人与动物的权益必须平等考虑”。他们反对进行动物实验,认为动物实验是非人道的做法,应该取消并禁止,他们甚至采取极端的手段去“解放实验动物”。但是,离开了实验动物,人类就很难正确认识自我;离开了动物实验,医学就很难有更大的进步和发展,人类也很难真正的健康长寿。

从实验动物科学的层面上讲,动物保护的最好做法是善待动物,给动物以好的生活、生存条件,保证动物的健康。尽可能少地、科学合理地使用实验动物,规范地开展各种动物实验。同时,开展各种替代方法的研究。

2. 动物福利

动物福利是在动物的整个生命过程中动物保护的具体体现,其基本原则是保证动物的康乐(well-being)。动物康乐也就是指自身感受的状态、“心中愉快”的感受,包括使动物身体健康,体质健壮,行为正常,无心理紧张、压抑或痛苦等。从理论上讲,动物康乐的标准是对动物需求的满足。动物的需求包括3个方面,即维持生命的需要、维持健康的需要以及生活舒适的需要。动物福利的目的是为了动物的康乐,是保证动物康乐的外部条件,而动物康乐的状态又反映了动物福利条件的状况。搞好动物福利的前提是提高对动物福利的认识,从各个环节去保证为动物创造符合动物要求的生存、居住、生活条件,维护动物的健康;对研究人员来说,还必须考虑通过优化设计,减少实验动物的用量，减轻动物的不安和疼痛，给予良好的术后护理，实验结束或实验过程中获取标本应采取安乐死的方法等。

搞好实验动物福利的直接受益者是实验者，它能够确保实验动物的质量，确保实验结果的准确、可靠、可比、科学有效。而最终真正的受益者是整个人类。

（二）减少、替代和优化研究不断深化和发展

在西方国家，人们认为动物是人类的朋友，用动物做实验常受到各种指责和非议。我国已加入了世界贸易组织（WTO），要顺应世界潮流，开拓国际市场，我国的实验动物工作者和各级领导必须认真研究、高度重视西方国家的动物保护组织和动物保护运动。当前在西方国家受动物保护运动的影响，在实验动物行业内，兴起了“3R”运动，即动物实验的减少（reduction）、替代（replacement）和优化（refinement）：

减少：选用恰当的高质量的实验动物进行动物实验，改进实验设计，提高实验动物的利用率，从而减少动物的使用数量。

替代：以低等生物、微生物或细胞、组织、器官，甚至电子计算机来模拟、替代动物的实验。采用替代的方法必须经过反复的验证，在保证实验结果科学、可靠、可比较的前提下，来替代动物实验。

优化：主要指实验技术路线和手段的精细设计和选择，减少实验动物的紧张与不适，减轻动物的痛苦，使动物实验有更好的结果，保证动物实验的可重复性。

“3R”运动最终目的是使实验动物的使用量逐步减少，质量愈来愈高，动物实验结果的准确性、可靠性也不断提高。“3R”运动反映了实验动物科学由技术上的严格要求转向人道主义的管理，提倡实验动物福利与动物保护的国际总趋势。

（三）实验动物标准化，资源多样化

实验动物标准化由实验动物生产条件的标准化、实验动物质量的标准化、动物实验条件的标准化以及与之相适应的饲养管理规范化和动物实验规范化几个部分组成。只有具备了标准化的生产条件，严格执行饲养管理标准操作规程，才能生产出标准化的实验动物；只有具备了标准化的实验动物和标准化的动物实验条件，执行标准实验操作规程，才有可能得出可靠的实验结果；只有实验结果准确、可靠、可重复，实验研究才有价值、有意义。

现代科学的发展要求应用更多种类、品系、高质量的实验动物以及各种疾病动物模型，作为应用学科的实验动物学必然以科学的需求为自身的发展方向。野生动物的实验动物化研究一直与实验动物科学同步发展，加强对实验动物科学技术的研究，还可为野生动物资源开辟新的利用途径。我国野生动物资源极为丰富，根据1980年“中国动物学会脊椎动物学术会议”文献记载，我国的畜类有420多种，占全世界种类的11.1%（而我国的土地面积仅占世界总数的7%）。单就灵长目（猴类）而言，我国就有18种之多，日本只有1种，而英国和美国都没有野生猴类。鸟类的种类就更多，有1 100余种。这些野生动物都是培育实验动物的宝贵资源，这个巨大的“遗传资料库”的开发和利用，不仅可以满足我国科研、教学与生产的需要，还可大量出口换取外汇和进行动物交换，将为我国经济、文化建设和人类健康作出更大的贡献。目前，我国已开展了许多种类的动物研究，如沙鼠、白化高原鼠兔、小型猪、树鼩、土拨鼠、非人灵长类等野生哺乳动物的

实验动物化研究，剑尾鱼、斑马鱼、红鲫等水生动物的实验动物化研究。

对现有实验动物通过各种技术手段包括分子生物学技术、化学或物理诱变手段、胚胎操作技术、特殊育种手段等，培育各种有用的动物模型供科学研究使用，具有非常好的发展前景。

基因治疗药物的研制、生物反应器的研制与开发、各种新型疾病如传染性非典型肺炎（SARS）的治疗与预防等都有赖于新的动物模型的开发。因此，实验动物资源多样性是必然趋势。

（四）动物实验规范化

要保证动物实验取得准确、可靠、可信、可重复的结果，必须规范动物实验，只有规范的动物实验才有可比性。要规范动物实验，就必须实施优良的实验室管理（good laboratory practice，GLP）规范。各国的GLP规范的原则基本一致，内容也基本相同。因此，通过GLP认证的实验室，也能够得到国际承认。一个与国际接轨的动物实验室，同样应通过GLP验收。概括起来，GLP规范主要包括实验室人员的组成和职责，设施、设备运行维护和环境控制，动物品系、级别和质量控制标准，质量保证部门，标准操作规程（SOP），受试品和对照品的接受与管理，非临床实验室研究的实验方案，实验记录和总结报告等。GLP的正常运行，人员素质是关键，实验设施是基础，SOP是手段，质量监督是保证；硬件是外壳，软件是核心。只有推进GLP规范，才能做到动物实验的规范化。

（五）实验动物生产与动物实验的专业化与产业化

实验动物生产条件的标准化、实验动物质量的标准化、动物实验条件的标准化、动物实验操作的规范化是国际实验动物科学发展的潮流，势在必行。但由于实验动物的投资大、维持费用高、管理要求严，必须走专业化、规模化、集约化发展的道路。国外已有不少实验动物公司从事实验动物的生产和供应，如美国的查士利华公司（Charles River Laboratories，CRL）、英国的BK公司占据着欧美很大的实验动物市场。

在我国，如果要求所有使用实验动物的单位都去新建或改造实验动物设施，完善动物实验条件，建立实验动物饲养和动物实验队伍，既给这些单位造成很大的经济负担，也使这些单位背上日常维护管理的沉重包袱，造成巨大的人、财、物的占用和浪费。

构建实验动物生产供应和动物实验的开放性服务体系，利用已有实验动物资源和设施，通过政策引导、资金扶持、重点建设、开放使用，既能达到专建共用、资源共享、经济节约、促进发展的目的，也有利于实验动物饲养及动物实验的产业化进程和专业化建设，引导实验动物使用向规范化、基地化方向发展，避免重复建设，减少企业和规模较小的研究检测机构所承担的风险。

在产业化中供应的也不再仅仅是作为原材料的实验动物，如小鼠、大鼠，而是经过加工的、有知识产权或自己特色的人类疾病的动物模型。所进行的动物实验也不再是小作坊式的零打碎敲，而是代之以专业化、特色化的动物实验服务。实验动物生产与动物实验的专业化和产业化将逐步改变国内各研究单位的小而全、封闭式的单打独斗，代之以专业化、产业化、开放式的运作，实验动物的生产、供应将进入商品化的新时代，动物实验将形成区域性、开放性的服务网络。

第二节 比较医学的研究内容和发展情况

一、概念与研究内容

比较医学(comparative medicine)是对动物和人类健康与疾病进行类比研究，对不同物种同一病因所致疾病的发生、发展和转归进行比较、预防，以控制人类疾病，探讨和阐明人类疾病本质的一门综合性学科。它以实验动物为材料，采用各种方法在实验动物身上进行科学实验，研究动物实验过程中实验动物的反应、表现及其发生发展规律，并进行类比分析，用于研究人类疾病的诊断、预防、治疗等，探索人类生命的奥秘，以控制人类的疾病、衰老，延长人类的寿命，直接为保护和增进人类健康服务。

比较医学是对不同种类的动物(包括人)之健康和疾病现象进行类比研究，其内容广泛，包括所有的动物疾病。在低等动物体上模拟并研究人畜疾病，也属于这一范畴。实际上，它是医学和兽医学的交织点，是无所不包的动物医学，所以比较医学又可称为广义医学。比较医学就是比较不同的动物(主要指哺乳动物)对由同一病原或病因所引发的疾病的反应，综合起来形成多维的“全息图像”，它应该是最接近真实情况的最大公约数。

比较医学包括基础性比较医学，如比较生物学、比较解剖学、比较组织学、比较胚胎学、比较生理学等；专科性比较医学，如比较免疫学、比较肿瘤学、比较流行病学、比较药理学、比较毒理学、比较心理学等；系统性比较医学，如人类各系统疾病的比较医学，这是比较医学最主要的部分，它可将各基础性和专科性比较医学融合到各系统疾病的比较医学之中，在研究人类疾病的发病机制、预防、治疗等方面有着重要的作用。

随着比较医学的兴起，其研究内容不断增加和更新，研究范畴也不断在扩大。比较医学研究的内容非常广泛，对任何种类动物与人之健康和疾病进行的类比研究都是它的研究范畴，包括所有的动物疾病，是无所不包的动物医学。它是西医、中医、兽医和实验动物科学聚焦的科学，常称之为“广义医学(comprehensive medicine)”。从广义上来看，某种疾病或感染在不同生物体(特别是在不同的哺乳动物种)的反应，都可以互相比较，互为模型，它应该包括大到疾病暴发流行的模式、大规模流行疾病的增长规律，小到超微结构的形态学变化，都是比较的内容。总之，在生物医学研究中，实验动物是工具，动物实验是手段，比较医学是综合学术。实验动物是生物医学研究的载体，比较医学是推理验证机制的手段。

二、重要性

现代医学起源于实验医学，而包括古希腊、古罗马和两河流域的先哲医学思想以及中国传统中医药学等的经典学派基本上都属于循证医学或是经验医学，即在显现的症状与体征中找证据、在积累的案例中找出规律。17 世纪显微镜发明以后，开始了实验医学的探索，经生物医学界先驱巴斯德、科赫、巴甫洛夫等学者们的不懈努力，逐渐形成了实验医学，从此被现代科学武装起来的实验医学如虎添翼，迅速发展成为普济众生的现代医学。反观医学史，实验医学功不可没，时至今日生命科学、医学、药学等还需要仰仗实验动物和动物实验为其开山铺路。使用自发的动物人畜共患病或人工建立的动物疾病为模型已是几十年来举世公认的规范方法，其中动物模型的建立技术和动物实验结果的诠释，成为关键。前者一直受到各方面重视，我国每年都安排不少课题，给予了一定的经济支持；而后者往往被忽略，不少人无视一些科学研究过程中必须警惕的戒律，导致严肃的科学解释转成了文字游戏或数字游戏。例如，外推法在生物学研究中一般是不可以引用的，用实验数据所连接的曲线只能诠释数据标志之间的情况，任何属于推论性的延伸线都是不能接受的。

比较医学是一门发展前景广阔、应用潜力巨大、生命力极强的学科，它是现代医学赖以发展的支柱，故发展比较医学有极其重要的意义。比较医学这门学科的重要性在于，一方面，作为生命科学研究的重要基础手段，直接影响着生命科学许多领域研究成果的确立和水平的高低；另一方面，作为一门科学，它的提高和发展，又会把许多领域的研究引入新的境地，将对整个生命科学研究发展起到极大的促进和推动作用。发展比较医学的重要性正如诺贝尔奖金获得者——美国 Jackson 实验室的 Snell 博士说的那样，比较医学是推动人类健康研究的焦点学科，比较医学是永远站在生物医学发展的基础线上的。现在美国有 20 多个医学院校建立了比较医学系，使分散的各分科动物实验集中于新的学科中。从比较解剖学、比较组织学、比较生理学到比较免疫学、比较流行病学、比较毒理学、比较药理学，发挥边缘学科杂交优势，使病原、病因在不同的宿主身上的各种各样反应和发展过程能综合成全息图像，这可能是对疾病的最透彻的了解。

比较医学是对各种动物（包括人）的正常与疾病状态进行类比研究，多方位地探求外界因子与机体的本质联系，从而了解疾病发生的机制与规律，构成发病学的全息图像，借以找寻消灭疾病的正确途径与方法。美国著名学者 Migak 和 Capen 认为，用不同品种的动物研究某一个病理过程所得到的知识，常能加强对人类疾病发生发展的了解，并且常能推动人类疾病的研究，从中取得有价值的进展。

长期以来，人们对比较医学的认识，持有一种实用主义的观点，把这个重要的基础学科只看成是医学研究的方法，只看成是动物实验或动物模型，甚至只是个体模型。这种认识是不全面的。实际上，从医学发展史、现代医学的具体状况以及医学发展的趋势来看，广义医学一词已近于比较医学的研究范畴。

三、比较医学的发展历史

比较医学与实验医学（experimental medicine）一样，其发展历史悠久，源头可追溯到古代——公元前 4 世纪至公元前 3 世纪。回顾生物医学发展的历史，不难发现，许多具有里程碑式的划时代的研究成果，往往与实验医学、比较医学紧密相关，也和实验动物及动物实验密切相关，其中有很多科研成果和科学发现获得了诺贝尔生理学或医学奖。古典医学→实验医学→比较医学→生物医学，这就是现代医学发展的全过程。比较医学是实验医学的核心，现代医学是实验医学的成果。

比较医学真正形成一门独立的新兴学科，还是在 20 世纪 50 年代初，它是随着实验动物科学的诞生而发展起来的。特别是 20 世纪 80 年代初，比较医学首先在美国蓬勃发展，在 20 多个医学院校中建立了比较医学系，使分散的各分科动物实验集中于比较医学这一新的学科中。

从中国传统医学的发展史可以发现，中华民族的祖先，早在尧舜之始，炎黄大帝便有“神农尝百草”之说，到明代李时珍之《本草纲目》，实际上已开始运用动物进行传统医药学动物实验，这些可谓是人类医学文明史上最早、最原始、最朴素的实验动物和动物实验的史料记载之一。

几乎人类医学发展史上每一个重大的进步都离不开动物实验。亚里士多德(Aristotle)最早进行了解剖学和胚胎学实验，观察各种动物脏器的差异，创立了以描述为特征的生物学。埃拉吉斯塔特(Erasistratus)被认为是最早进行活体动物实验的人，确定了猪气管是呼吸通道，肺是呼吸空气的器官。盖伦(Galen)进行了猪、猴及各种其他动物的解剖学实验，后来由于教会的阻止，科学实验受到阻碍。直到16世纪初，现代解剖学奠基人——维萨里(Vesalius)利用猪、犬进行解剖学实验研究，从而阐明了解剖学与生理学的关系。

1628年，英国科学家哈维(Harvey)通过对蛙、犬、蛇、鱼、蟹等动物的解剖与生理研究，发现了血液循环是一个闭锁的系统，阐明了心脏在动物血液循环中的作用，并证明动物实验是研究人体生理不可缺少的工具，同时发表了关于动物与血液循环运动的巨著。恩格斯对哈维的发现给予了高度的评价：由于哈维发现血液循环，而把生理学确定为一门科学。18世纪，黑尔斯(Hales)报告了动物血压的研究结果。1665年，雷恩(Wren)用羽毛管对犬施行静脉注射。同年，拉沃(Lower)首次用羽毛管给犬成功输血。

1813年，伯拉德(Bernard)用动物研究疾病，创立了“实验医学”一词。1846年，莫顿(Morton)用鸟类做实验，发现了醚麻醉术。1792年，捷纳尔(Jenner)发现牛痘可预防天花，第一次科学地论证了疫苗的效能。1878年，德国科学家科赫(Koch)提出疾病外因论，通过研究牛羊疾病而证实了细菌与疾病的关系，发现了结核杆菌，指出了细菌与疾病的关系。1887年，赫兹(Harz)先在牛体发现了放射菌病，次年在人体分离到这种病原。1880年，法国微生物学家巴斯德(Louis Pasteur)在家禽霍乱病的研究中首先用人工致弱的巴氏杆菌，制造出禽霍乱疫苗，1885年他又成功地研制出狂犬病弱毒疫苗，对狂犬病免疫作出了很大的贡献，开辟了传染与免疫的新领域，狂犬病是最早发现的人和动物的病毒病。

比较解剖学是19世纪兴起的学科。首先是法国的曲维尔(Curier)，他的比较解剖学研究不但影响到法国，而且波及英、德、美等国家，先后出现了一些比较解剖学家。例如，英国的欧文(Owen)，他阐明异体同功是功能上的相似，如蝴蝶的翅膀与蝙蝠的翼；异体同原是构造上和发育上的相似，如蝙蝠的翼和犬的前肢。这种区别在比较各种动物的时候是非常重要的。自1801年起，欧文连续发表了不少关于脊椎动物与无脊椎动物比较解剖的论述。

比较胚胎学早在17世纪已有研究，到19世纪才发展成为一门明确的学科。贝尔(Baer)为该学科的发展作出了很大的贡献，他在《动物的发育》一书中提出了胚层学说：除极低等的动物外，一切动物的发育初期都是先产生胚叶体的胚层，然后由胚层发育成动物的器官，胚叶共4层，最先发育的是内叶和外叶，其次发育由两层合成中叶。1866年，德国学者海克尔(Haeckel)根据动物胚胎发育的相似性特点，提出了生物发生律

(biogenetic law),他认为生物的发展史可分为两个密切联系的部分,即个体发育(ontogeny)与系统发育(phylogeny)。

1889年,年轻的德国医生冯梅林(Baron Joseph Von Mering)和俄国医生闵可夫斯基(Minkowsk)在用已切除胰腺的犬进行胰腺消化功能研究时,偶然发现犬的尿招来成群的苍蝇,证明了切除胰腺的犬尿糖增加,从而认识了糖尿病的本质。19世纪末20世纪初,俄国生理学家巴甫洛夫(Ivan Petrovich Pavlov)致力于用犬研究消化生理和高级神经活动,提出了神经反射的概念,开创了高级神经活动生理的研究。19世纪末,德国细菌学家莱夫勒(Friedrich Loffer)等用豚鼠等动物研究白喉杆菌,发现造成动物死亡的原因不是细菌本身,而是细菌毒素,这就促进了预防白喉的免疫疗法的发现,从而开始了抗毒素治疗的新时代。1889年,史密斯(Smith)等利用牛进行实验,发现虫媒传播疾病。同年,罗斯(Ronald Ross)用鸟类进行实验,发现蚊是疟疾传播的元凶。

1910年,洛斯(Lowes)用鸡进行实验,发现肿瘤病毒病原。1912年,卡雷尔(Carrell)通过动物实验,开创了血管与器官移植的实验研究,并因此获得诺贝尔奖。1914年,日本人山极(Shan Ji)和市川(Si Chuan)用沥青长期涂抹家兔耳朵,成功地诱发出皮肤癌,进一步的研究发现沥青中的3,4-苯并芘是化学诱癌物,从而证实了化学物质的致癌作用。从此,许多化学物质都相继被证实可以诱发动物的肿瘤,为肿瘤病因的化学因素提供了更多的证据,使人们充分认识到化学致癌因素在人类恶性肿瘤的病因中占有极重要的地位。法国生理学家里基特(Charles Ricet)通过动物实验发现了过敏的本质是抗原抗体反应,从而推动了变态反应性疾病的研究。1921年,格拉茨大学药物学教授洛伊(Otto Loewi)以创造性的思维,仅采用简单的离体蛙心做动物实验,发现了副交感神经的神经介质为乙酰胆碱。同年,班廷(Banting Frederick Grant)用犬做实验发现胰岛素。1927年博莱罗克(Balauke)以犬做实验,发现休克的治疗方法。1935年多马克(Gotansk)用小鼠进行实验,发现了璜胺类抗细菌药百浪多息。1936年开始,西莱斯(Selye)实验室通过一系列动物实验创立了“应激学说”,对临床医学广泛应用激素治疗起了重要的指导作用。1953年,葛明(Gorny)利用猫进行实验,发明心肺旁道器。1954年,索尔克(Jonas Salk)用恒河猴进行实验,发明小儿麻痹症疫苗。1965年格但斯克(Gotansk)用猩猩做实验,发现变性脑病的病毒病原。1967年伯纳德(Bernado)用犬做实验进行心脏移植手术。20世纪70年代后,科学家利用动物实验,在医学各个领域中做出了大量的具有创造性、里程碑性的科研成果。

不难看出从古至今,动物实验在医学科研和教学上始终是科学研究的基本方法之一。许多具有里程碑式的划时代的研究成果,往往与实验医学、比较医学紧密相关,也和实验动物及动物实验密切相关。历史上对实验医学和比较医学有贡献的科学家见表1-2-1、表1-2-2。巴甫洛夫指出,没有对活动物进行实验和观察,人们就无法认识有机界的各种规律,这是无可争辩的。英国医学研究委员会的西姆斯沃斯(Himsivorth)指出,过去半个世纪的医学和兽医学的进步大于人类历史上任何时期的,没有什么时候疾病的发生情况会如此显著地减少,任何有思想的人都清楚地知道,假如没有动物所进行的实验工作,这种进步是不可能的。

表 1-2-1 早年对实验医学、比较医学有贡献的科学家

年 代	发 现 人	成 果	实验动物
BC384—322	亚里士多德(Aristotle)	比较动物解剖学和胚胎学	鱼、牛、羊
BC304—258	埃拉吉斯塔特(Erasistratus)	最早进行活体动物实验研究	猪
141—203	华佗(Hua Tuo)	创"五属戏",发明"麻沸散"	虎、鹿、熊、猿、鸟
129—199	盖伦(Galen)	动物系统比较解剖学	各种动物
1548	韦隆留斯(Resalius)	形态结构与功能关系	猪、犬
1628	哈维(William Harvey)	血液循环	犬、蛙、蛇、鱼、蟹
1665	拉沃(Lower)	给犬输血	犬
1674	列文虎克(Leeuwenhoek)	红细胞形态显微镜观察	鱼、蛙、鸟
1716	居维叶(Georges Guvier)	脏器相互并联结构关系	鱼、软体动物
1792	捷钠尔(Jennr)	牛痘保护人不生天花	牛
1818	伯纳德(Bernard)	创立"实验医学"	多种动物
1839	弥勒(Muller)	研究两栖类、爬行类动物的骨骼系统、肌肉系统和神经系统	两栖、爬虫动物
1846	莫顿(Morton)	乙醚麻醉术	鸟类、其他
1863	贝尔纳(Clande Brnard)	肝脏产糖功能和血管运动神经	兔
1866	海克尔(Haeckel)	生物发生律	多种动物
1877	赫兹(Harz)	放射菌	牛
1878	科赫(Robert Koch)	细菌与疾病的关系(炭疽病)	牛、羊、其他
1880	巴斯德(Louis Pasteur)	细菌致弱毒免疫	鸟类
1885	巴斯德(Louis Pasteur)	狂犬病疫苗	鸟类、家兔
1885	牛托尔(Nutall)	培育成功了无菌豚鼠	豚鼠
1890	莱夫勒(Loffler)	白喉杆菌病、抗毒素治疗	豚鼠
1898	史密斯(Smith)	虫媒传播疟疾	牛

表 1-2-2 近代对实验医学、比较医学有贡献的科学家

年 代	发 现 人	成 果	实验动物
1901	* 贝林(E. A. Behring)	白喉抗毒素,创始血清疗法	豚鼠
1904	* 巴甫洛夫(I. P. Pavlov)	心脏生理、消化生理和高级神经活动	犬
1905	* 科赫(H. R. Koch)	结核病研究和旧结核菌素	牛、羊
1907	梅达沃(P. B. Medawar)	非病原体抗原,不同鼠间的排斥反应	小鼠
1909	立特(Litlle)	培育成功了第1株近交系小鼠	小鼠
1910	罗斯(R. Ross)	蚊传播疟疾	蚊、鸟类
1911	* 梅契尼柯夫(E. Metchnikoff)	豚鼠作用,细胞免疫学学说	昆虫、动物细胞
1912	* 卡雷尔(A. Carrell)	器官移植	犬
1913	* 里歇(C. R. Richet)	过敏反应	豚鼠
1914	山极(Shan Ji)、市川(Si Chuan)	化学致癌物致皮肤癌	家兔
1919	博尔代(J. Bordet)	发现补体	豚鼠
1921	* 班廷(F. G. Banting)	胰岛素与糖尿病	犬

续表

年 代	发 现 人	成 果	实验动物
1927	博莱罗克(Balaluke)	休克治疗	犬
1929	* 艾克曼(C. Eijkman)	维生素的概念、VB_1	鸡
1935	多麦克(Dumak)	抗细菌药物(百浪多息)	小鼠
1936	* 洛伊(O. Loewi)	副交感神经的神经介质为乙酰胆碱	蛙
1936	西莱斯(Selyes)	创立应激学说	大鼠
1943	* 达姆(C. P. H. Dam)	维生素 K	鸡
1951	* 蒂勒(M. Theiler)	黄热病疫苗	?
1953	葛明(Gorny)	心肺旁道器	猫
1954	* 恩德斯(J. F. Enders)	小儿麻痹症疫苗	恒河猴
1957	艾沙斯(Igaacs)、林德曼(Lindenmann)	发现干扰素	鸡胚、小鼠、牛
1960	* 伯内特(F. M. Burnet)	获得性免疫耐受性	小鼠
1961	替尔(Till)、马克里奇(Mculloch)	脾结节法测定多向性造血干细胞方法	小鼠
1965	格但斯克(Gotansk)	变性脑病的病毒病原	鸡
1966	* 劳斯(F. P. Rous)	肿瘤的病毒病原	猩猩
1966	沸拉那根(Flanagan)	先天性无胸腺小鼠	小鼠
1967	伯纳德(Bernado)	心脏移植	犬
1968	佩蒂路易斯(Pantelouris)	先天性无胸腺裸鼠	小鼠
1974	捷尼斯(Jeanisch)	显微注射获得 SV40 DNA 转基因小鼠	小鼠
1980	* 斯纳尔(G. D. Snell)	动物组织相容性抗原	小鼠
1980	* 贝纳塞拉夫(B. Benacerraf)	免疫应答遗传调控的研究	小鼠
1982	帕米特(Palmiter)	获得具有生长激素基因的超级小鼠	小鼠
1984	* 科勒(G. Kohler)、米勒(C. Milstein)	单克隆抗体技术	小鼠
1988	马塞尔(Mosier)	成功地建立了 SCID-hu 模型	小鼠
1989	* 毕肖普(Bishop)、瓦尔默斯(Varmus)	发现癌基因	鸡
1997	威尔穆特(Wilmut)	用羊体细胞成功克隆“多利”羊	绵羊

注:* 诺贝尔生理学或医学奖获得者;?表示不详

第三节 比较医学与相关学科的关系及作用

一、比较医学与生命科学

比较医学是研究实验动物和人类生命现象,特别是对疾病进行类比研究的科学,其研究对象、手段、目的与生命科学完全一致,都是研究人类的生命奥秘,达到控制人类的疾病和衰老,延长人类的寿命的目的。因此,可以这样说,比较医学是生命科学的重要组成部分,也是其重要的前沿学科。两者不仅研究目的一致,而且采用的手段也一致。

生命科学有望成为21世纪的带头学科，在科学发展的历史上，多门学科并非齐头并进，总有一门或一组学科走在其他学科前面，从理论观念、思维方式或科学方法上，对其他学科的发展产生重要的影响，人们称之为带头学科。近代科学的带头学科是力学，现代科学的带头学科是物理学，21世纪的带头学科很多人认为是生命科学。这是完全符合客观发展规律的。自然界物质的运动形式有机械运动、物理运动、化学运动和生命运动等。其中机械运动最简单，因而力学最早得以走向成熟，成为带头学科。现代科学对物理与化学运动的研究已有长足进展，进军最复杂的生命运动已是科学发展之必然。因此，不少人认为21世纪是生命科学的时代是有一定依据的。

展望21世纪的科学技术，完全有理由说它将是生命科学的世纪。在科学上，20世纪上半叶，非生命世界是研究热点，下半叶逐渐转向生命世界。进入21世纪后，这种趋势将继续深入下去，生命科学将成为新知识的主要增长点。技术上，生物技术因为具有常温常压生产、生产效率高、资源可再生、节约能源、不破坏环境等优点，它的发展将逐渐取代现在单纯靠物理和化学基础建立起来的那些具有相反特点的技术。社会对科学技术的关注也将集于生命科学技术。

生命科学与农业可持续发展、能源问题、地球生态平衡、伦理道德问题有密切关系，特别是与人类的健康长寿更密切相关，因为随着经济发展和社会进步，世界性人口谱、健康谱、疾病谱发生了变化，医学模式也发生了变化，人类对自身的生命、健康和生活质量的要求越来越高，疾病是严重威胁人类生命和健康的最主要因素。人与自然、人与健康，主要靠生命科学来解决。生命科学将从不同方面为医学保健服务。

随着生命科学的发展和人民生活水平的提高，人类对药物的要求从以往的有效性、安全性向高效性、专一性、低毒性发展，生物制品、天然药物将会备受青睐，而传统的合成药将会相对减少。药物从生产角度来看主要有三大类，即从天然生物产物提取、发酵产物和化学合成，其中前两大类都与生命科学技术密切相关。生命科学技术的发展将促进更多药物的发展，可以有更高效的提取技术，可以通过微生物提高发酵生产效率或使其能生产新的发酵产物，还可用转基因动物生产治疗人类疾病所需要的生物活性物质。有专家预计，到21世纪中叶，药物的生产将主要依靠基因工程改造后的微生物来发酵生产。

生物技术药物将是21世纪迅猛发展的药物之一。生物制品包括疫苗、多种内源性物质、生物大分子等，这类药物通常活性高，作用专一，副作用较少，其中特别引人注目的是利用现代生物技术生产基因工程药物。在过去短短的10年间，已有近20种基因工程药物被批准生产，约200种在进行临床试验，为一些疑难病症如肿瘤、病毒感染、血液病、自身免疫病、免疫缺陷症等的治疗带来新的希望。这类药物实际上大多是人体内的成分，它们参与调节人体的生理功能，维持细胞发育生长和行使功能，提高机体的免疫力，这些成分的缺乏将导致严重疾病。由于正常情况下这些成分含量极微，无法直接提取，只能利用基因工程技术将人体基因导入微生物，使微生物按照人们的意愿生产人体成分，经大规模发酵、纯化、包装、检验就可制成基因工程药物，其结构、功能与人体成分无异，病人使用后，可有效地调节机体功能，提高免疫力，收到明显的治疗效果。

二、比较医学与医学

比较医学是以动物为对象，通过建立多种人类疾病的动物模型，来研究人类相应疾病的发生、发展规律及其预防、治疗、诊断措施的科学。它是西医、中医、兽医和实验动物学聚焦的科学，常称之为“广义医学”。

21世纪的比较医学将是高新技术工程生物医学模型时代，其主要任务是全面探讨基因的功能和它在人类疾病发生过程中的作用。特别是采用比较遗传学的手段，通过对携带特殊突变基因动物的研究去了解哺乳动物基因的功能以及疾病的发生过程。据1906年美国哈佛大学医学研究院信笺(Harvard Health Letter)的统计报道，1901—1906年全世界在人类健康研究中有51项突破性重大研究成果，其中有22项是通过实验动物模型遗传研究得到的，特别是分子遗传工程小鼠模型创立被称为“遗传革命”。

模型和模型系统是改进人类健康的生物医学研究之关键组成部分，它包括许多门类的个体动物、细胞和各种类型的培养物。这些模型可以为实验研究提供有价值的替代物，特别是对那些在人体上无法完成的实验更为重要。比较医学的研究在发展、创造生物医学模型方面起到十分重要的作用。

1998年国际实验动物科学委员会常务理事会讨论的重点问题之一，就是生物医学模型问题。其间，刘一农教授还撰文提出如下几方面将成为21世纪实验动物模型发展、应用的焦点的观点。

（一）功能基因组(functional genomics)实验动物模型

随着遗传学、分子遗传学及分子生物学突飞猛进地发展，人们开始认识到人类的多种疾病与遗传有关。因此，基因与人类健康之间的关系已引起人们的关注。美国科学家率先开展了“人类基因组计划”，目前已取得令人瞩目的进展，并预期在21世纪早期人类基因组的全部基因将被确认。那么21世纪的医学、生物学的研究，重大疾病的预测、诊断和防治必将集中在基因功能的研究上。科学家已发现人类疾病很少是由一种单一基因作用的结果，因此，了解基因的相互作用和基因在生物整体上的作用将成为21世纪基础医学研究的焦点。1997年，美国生理学会在冷泉港召开了以“Genomics to Physiology and Beyond: How Do We Get There?”为主题的学术研究会议。参会的科学家认为阐明人类基因的全序列，从整体上编译人类遗传信息只是认识人类健康的开始，下一步的计划将是集中研究生理方面的课题，于是提出了功能基因组学(functional genemics)的概念。

要从基因组的破译转向功能基因组的分析，实验模型将是一个十分关键的问题。可以说在高等生物体内没有一个基因是单独活动的。基因功能的评估，唯一的办法是从分子生物学本身移到对整体模型动物的分析。在整体动物的基因相互作用下产生的表现型或疾病，只有通过整体动物的实验才能了解。科学家认为，功能基因组实验动物模型将是21世纪实验动物科学的“核心模型”。

目前认为，小鼠、斑马鱼及非人类灵长目动物是研究人类功能基因组最好的实验动物模型。其中小鼠实验动物模型具有以下优点：小鼠的生命周期短，繁殖能力强，在饲养、管理方面相对较为经济；目前对小鼠的遗传图谱的分析最为详细，人们已经发现小鼠与人类大约有100种以上的同源基因；小鼠的遗传基因组及组织解剖结构与人类十分类似；小鼠在疾病表现型上与人类也十分近似。因此，认为小鼠是作为人类健康研究的实验动物模型的最佳候选者。目前，有两种途径去了解这些实验动物的基因功能：

其一，就是用高新技术的转录图谱(transcript maps)分析基因表达情况，如芯片技术，它可以进行整体动物的功能分析。目前不少生物技术公司已投资于这种技术的开发和应用。其二，就是通过大规模的诱发突变方法，经表型分析确定功能重要的基因及整体生理分析。

世界上97%的小鼠模型资源保存在美国的杰克逊研究所。迄今为止，该研究所保存了300多种自发突变的小鼠模型及700余种不同类型的诱发突变小鼠模型，特别是转基因小鼠和基因敲除小鼠模型，该所已成为世界小鼠模型的中心。另外，在德国的马著研究所(Max Planck institute)和美国麻省总医院已承担斑马鱼大规模诱发突变的筛选工作。迄今为止，2000多种突变品系中有500多种基因在胚胎发育中被确认。西方国家已投入大量资金支持对小鼠和斑马鱼的基因图谱的研究。因此，这方面的研究将有效地促进人类生物医学研究的许多领域的发展。

（二）衰老的实验动物模型的发展

医学研究发展到今天，如何延长人类的寿命已成为21世纪生物医学研究的焦点之一。这种研究具有一些独特的需要，因此有关衰老的实验动物模型必将成为新世纪的实验动物科学研究的“焦点模型”。

近几十年来，世界性的老龄人口明显增加。由于环境、营养、公共卫生保健和疾病控制等方面有很大改善，使得人类平均寿命有明显的提高。人类期盼着长寿的到来，需要我们去回答衰老的原因、如何控制衰老的速度、如何进一步改进生命的质量等问题。目前，科学家已认识到在很多方面表型和基因型都影响寿命的长短及衰老过程。近年来，日本及很多欧美国家已经开始利用小鼠及其他啮齿类动物、鸟类和小型非人类灵长目动物作为研究衰老问题的实验动物模型，这些模型将推动21世纪对衰老问题的研究。

值得介绍的是，日本京都大学从美国杰克逊研究所引入了AKR/J小鼠，并通过培育和遗传选择的方法，培育了一种快速衰老小鼠模型(senescence-accelerated mouse, SAM)。SAM小鼠外观上少毛，生长慢，皮肤粗劣，寿命短。病理上表现为淀粉样变性、丧失学习和记忆能力、脑萎缩、骨质疏松症、白内障、听力衰退、肺膨胀过度、肾缩小等衰老的表现。其外观症状和表现与人类衰老症状基本一致。目前，SAM小鼠在京都大学已有12种近系品系作为原种，其中有9种作为有希望的品系(SAMP)和3种抗衰老的品系(SAMR)。无疑，这种SAM小鼠将成为研究衰老问题极具吸引力的实验动物模型。

据报道，由于转基因技术的应用，科学家正在创造和研究很多小鼠模型，有望应用于衰老的研究。据文献记载，以下几种转基因小鼠有望应用：

(1) GLUT4小鼠：一种携带人类葡萄糖转运蛋白4(GLUT4，11.5 kb)的转基因小鼠。这种GLUT4基因表达在小鼠的脂肪组织、心脏和骨骼肌上，并显示了较低的血浆葡萄糖水平。

(2) APP转基因小鼠：其携带有不同编码淀粉样前体蛋白(APP)的突变基因。APP转基因表达这种淀粉状蛋白沉积在转基因小鼠的脑中，可用于研究阿尔茨海默病(Alzheimer disease, AD)淀粉状蛋白沉淀的病理作用。

(3) CRH 基因敲除小鼠：这种小鼠的促肾上腺皮质激素释放激素(CRH)基因的全部序列被敲除。这种纯合子(CRH－/－)小鼠显示了正常的 CRH 水平，但在饮食限制的情况下，血 CRH 的水平并不增加。因此，这类小鼠可用于研究(肾上腺)糖皮质激素在衰老过程中的作用。

(4) Sod2＋/－杂合子基因敲除小鼠：这类小鼠的 Mn-过氧化物歧化酶(Mn-SOD)基因的第 3 外显子被敲除。这种杂合的基因敲除小鼠的 Mn-SOD 活性被减低 50％，因此，可用于研究衰老中的氧化应激理论。

应用合适的实验动物，可以提供关于衰老的有价值的信息，有利于在保证生命质量的前提下去研究衰老问题。

（三）行为和生物学模型

关于基础行为方面的研究，虽然有很强的传统研究方式，但是有关这类研究的工具和技术近年来才开始应用于细胞、分子和遗传等方面的研究。随着人类衰老群体的增加，人类已认识到需要更深入地去研究改进自身生活的质量和减少与年龄有关的社会福利服务的负担。目前，世界各国对与年龄相关的衰老记忆和识别方面的疾病研究，给予了很多的资助。如 AD 及其他形式的老年性痴呆症，人们已经意识到这类疾病的康复与心理因素的关系极大。

在行为方面的重要研究领域包括生物精神病学、发育生物学及特殊的精神紊乱，如焦虑不安、抑郁症、精神分裂症及学习、记忆、识别能力的衰退。这些方面涉及一系列心理免疫学与疾病、康复之间的关系。水生生物用于行为方面的研究已有一定的历史，今后还将继续应用，如斑马鱼是一个极好的发展学模型，特别是在行为发育及行为遗传的研究上，将可能推动胚胎学、神经生物学和其他方面的研究进展。实践证明，在带有双光子探测器的显微镜下，利用荧光器探针标记，可以观察到斑马鱼胚胎成熟过程中的行为变化，建立突变分析程序和定位决定行为的基因。可见，在发育、神经病理学的基础研究方面，斑马鱼是一个较好的模型。其次，海洋软体动物，如海兔具有较简单的神经系统，有利于关于行为、神经方面的电生理学研究。

自孟德尔遗传法则建立后，自发突变一向为遗传研究的对象，携带自发突变基因的小鼠一向被广泛地应用于行为、神经生物学方面的研究。

（四）复合疾病(complex disease)的实验动物模型

随着社会的进步、环境的变化，人类意识到许多疾病的发生包含着很强的社会因素和环境因素。同时，多种疾病的发生是由于多重基因与环境因素相互作用的结果。因此，Dr. Regeas 和 Dr. Hixon 在 1997 年率先提出了复合疾病的概念。复合疾病包括很多种，如行为和系统的疾病(自身免疫性疾病、AD、心理紊乱病、焦虑症、沮丧症和精神分裂症)、糖尿病、心血管病、肿瘤、高血压、心脏病及传染病。这类复合疾病的研究关键在于寻找与这些疾病发生相关的敏感基因群，以及研究这些敏感基因群与社会、环境因素的关系。建立和发展 21 世纪的复合疾病的实验动物的目的就是去验证、鉴定影响复合疾病，或有发生复合疾病危险的基因。有两个途径去发展这一类的动物模型：其一，根据遗传操作，选择近亲啮齿类动物。其战略就是以最小的遗传背景突变(变异)，确定单一基因的效力和其敏感性等位基因在表现型上的功能。小鼠和犬的近交系将是研究人类复合疾病的重要模型。其二，就是用统计学和分子生物学方法去研究非近亲系群体和自发遗传突变，从而确定基因座位(gene locus)的表现型效力，弄清环境和其他基因的作用。在这方面非人类灵长目系统可作为复合疾病的动物模型，因为其生理、遗传背景更近于人类。值得注意的是，由于啮齿类和非人类灵长类动物都具有复杂的神经系统，利用这类模型去研究还存在一定的困难，而水生生物，如斑马鱼、海洋软体动物是研究行为神经复合疾病的良好模型。

可以预见，21世纪复合疾病的研究将从定性分析转为定量分析复合、多重基因的作用。这将预示着对实验动物模型的要求更高，比较医学科学家必将面对这种挑战。

（五）传染性疾病的实验动物模型

近年来，传染性疾病对人类的危害越来越严重，尤其是丙型肝炎和结核病等的发病率逐年增加。有关传染性疾病和免疫系统的平衡研究已引起科学家的注意。以下几种模型是这方面研究的重点：

(1) 非鼠类模型的免疫系统的研究。

(2) 小鼠的免疫系统的研究。近年来，有关小鼠的免疫基因自发突变模型对这方面的研究作出了很大贡献。

(3) 蚊子及其他类似动物是人类感染性疾病的载体，研究它们的免疫系统将有利于提出预防、治疗有关传染病的策略。

(4) 从分类学角度来看，广泛研究不同种类生物的免疫系统，可能发现控制脊椎动物和人类免疫系统的高度保守的基因片段，从而有利于采用遗传工程技术去调节免疫系统的平衡。

(5) 研究鲨鱼的免疫系统，期望寻找出新的控制感染性癌症发生的免疫基因。

（六）实验动物模型的计算机模拟系统

20世纪末期，人类已迎来了计算机信息时代。增加科学研究的整体性和综合性，在科学研究的领域运用数学模拟、系统论、信息论、控制论、协同论等在未来科学研究中的地位将更加重要。目前，有关处理生物医学模型研究资料的计算机管理系统主要包括两个方面：一是对其资料的生物数学模拟和统计分析；二是用于功能基因组及其他方面研究的基本资料的存储信息系统。另外，一些先进的计算机软件已开始用于活体动物的脑功能研究(如动态脑功能图像技术)、电子生理、行为测定系统。前沿科学家已开始思考如何使计算机模拟系统与实验动物模型结合起来，形成一个“科技整合系统”应用于人类生物医学研究。美国科学家 Dr. Fostea 和 Dr. Boston 已提出了在实验动物模型中建立反映生理和代谢过程的 SAAM 计算机模拟系统，其研究效果已初见端倪，显示了21世纪的实验动物与计算机模拟系统相结合的巨大潜力。预期这种“科技整合系统”的应用可以减少实验动物的应用数量，这符合世界性的“动物保护主义者”的权益。

实验动物科学，在生物医学的研究中有过辉煌的历史，但也应看到，随着生物医学研究突飞猛进的发展，从来没有像现在这样要求有更高质量的实验动物模型用于现代生物医学研究。生命科学时代的21世纪要求新的实验动物模型，在一些特殊的疾病方面要忠实地模仿人类的疾病，一些模型系统要适合于模仿人类系统。新的模型系统要能够发展、保存，且它的价值不仅限于应用于一种研究。同时，它还要求新的模型要具有再生产性、有效性和可靠性，以便结果能被证实。面对新的挑战，实验动物科学的比较医学工作者唯一的选择就是共同努力，再创辉煌。

三、比较医学与实验动物科学

实验动物科学分为两个领域，实验动物科学与比较医学。前者就是通常所说的实验动物，后者则指动物实验。为什么不叫“实验动物学”而必加入一个“科”字，实属历史公案，因为传统的“动物学”，有机构称之为“实验动物学”(experimental zoology)，这与实验动物(laboratory animal)完全不是一回事，外文完全不同，中文很易混淆，20 世纪 60 年代英美在“实验动物”后面加了“科学”二字，有识者借用之，恰好区别。

实验动物也包罗万象，如选育繁殖、饲料饲养、遗传和疾病监测、设施和环境控制、动物实验操作等。而且随着科学技术的飞跃发展，各个环节还在不断优化更新。新技术、新理论不断出现并渗入实验动物科学，丰富并升华了这个学科。

比较医学则是另一门科学，指对不同物种的疾病发生、发展、转归进行比较以求得疾病全息四维图像，故谓比较医学。它既包括基础性的比较解剖学、比较组织学、比较生理学等，也包括比较免疫学、比较流行病学、比较药理学、比较毒理学、比较心理学和行为学等。这已不是“动物实验”或“动物模型”所能概括的。

(周正宇　薛智谋)

第二章
实验动物的基本概念及分类

第一节　实验动物的定义

一、实验动物(laboratory animal)

实验动物是指经人工培育或人工改造，对其携带的微生物和寄生虫进行控制，遗传学背景明确或来源清楚，用于科学研究、教学、生物制品或药品生产与鉴定以及其他科学实验的动物，也称狭义的实验动物。

按照这个定义，成为真正的实验动物必须具备以下3个特点：

(1) 从遗传控制角度来讲，实验动物必须是来源清楚、人工培育或改造的、遗传背景明确的动物。

(2) 从微生物控制角度来讲，所有实验动物携带的微生物、寄生虫都是在人工严格控制之下的。

(3) 从应用角度来讲，所有实验动物的最终目的是用于科学实验。

根据以上的条件和标准，小鼠、大鼠、地鼠、豚鼠、家兔等经多年的人工饲养，已经成为合格的实验动物，其他一些哺乳类、鸟类、鱼类以及非人类灵长类动物实验动物化的工作正在进行，但还不完全是严格意义上的实验动物。

二、实验用动物(experimental animal)

(一) 定义

实验用动物又称广义的实验动物，泛指所有用于科学实验的动物。实验动物与实验用动物这两个概念有本质的区别。实验用动物比实验动物的内容更广泛，包括：

(1) 实验动物。

(2) 家畜(禽)(domestic animal)或称经济动物(economical animal)：是以人类社会生活需要为目标，以经济性状(肉、乳、蛋、皮毛等)作为人工选择指标，定向驯养、培育、繁殖的动物。

(3) 野生动物(wild animal)：自然状态下生存的动物。

(4) 观赏动物(exhibiting animal)：指供人类观赏和玩耍的宠物，如鱼类、鸟类、犬、猫等。

（二）意义

将实验动物与实验用动物区分开来具有重要的意义。在动物实验的重复性方面，实验动物与实验用动物有较大的差异。所谓动物实验的重复性就是指不同的实验工作者，在不同的时间、地点，采用同样标准的动物，按照同样的操作步骤进行的实验均能获得同样的实验结果。这就要求动物实验能够达到像化学反应一样的精确度，而实验中选择的动物必须达到像化学试剂一样的“纯度”。只有经过严格的微生物控制、遗传控制、环境控制和饲养控制的实验动物才能够做到这一点，经济动物、野生动物和观赏动物就很难达到同样的控制程度了。野生动物生存在自然状态下，是在“适者生存”的原则下自然选择的产物；经济动物和观赏动物虽然经过了人工选择，但选择的目标是经济性状，追求的是最大利润，这和实验动物定向选择、培育、建立各种人类疾病动物模型明显不同。实验动物的人工选择是以科学研究为目标，按照生物学、医学的实验需要来考虑的。

狭义的实验动物是指在小鼠、大鼠等啮齿类动物实验动物化取得巨大成功的基础上发展起来的，对于啮齿类动物，其他动物并不一定适用。如在本章第三节中将要介绍的近交系，除了啮齿类动物，其他动物根本无法承受如此高度频繁的近交，无法获得真正意义上的近交系动物。因此，为了叙述上方便，如果没有特殊说明，本书中提到的实验动物，均指广义的实验动物，即实验用动物。

第二节　实验动物的微生物和寄生虫控制分类

实验动物微生物、寄生虫质量控制是实验动物标准化的主要内容之一。不同国家，根据实验动物所携带的微生物情况，将实验动物分为不同的等级。我国按微生物学和寄生虫学控制标准，将实验动物分为5类：普通级动物（conventional animal，CV）、清洁级动物（clean animal，CL）、无特定病原体动物（specific pathogen free animal，SPF）、无菌动物（germ free animal，GF）、悉生动物（gnotobiotic animal，GN）。

一、普通级动物

（一）基本概念

不携带所规定的人畜共患病和动物烈性传染病病原的动物。普通动物最好来源于清洁级动物或SPF级动物。

（二）应用

由于普通级动物微生物控制上要求最低，实验结果的反应性、准确性和重复性都较差，国际上普遍认为仅可作为教育示教或探索某些科学研究的方法之用，不可用于科学研究、生物制品和药品的生产及鉴定。

（三）饲养环境

普通级动物是微生物等级要求最低的实验动物，饲养于开放环境中。开放环境的设施不是密闭的，设施内外气体可以不通过净化装置直接交流；饲料、垫料要消毒；饮水符合城市卫生标准；外来动物经过严格隔离检疫；房屋有防野鼠、昆虫设备；经常进行环境及笼器具的消毒，严格处理淘汰及死亡动物；有科学的饲养管理操作规程和与实验动物饲养管理有关的规章制度。

二、清洁级动物

（一）基本概念

除普通动物应排除的病原外，不携带对动物危害大和对科学研究干扰大的病原，这类动物称清洁级动物。清洁级动物是我国根据国情自行设定的微生物等级，目前在国内科学研究中已经广泛应用。

（二）应用

清洁级动物近年来在我国得到广泛应用，它较普通级动物健康，又较 SPF 级动物易达到质量标准，目前适用于大多数科研实验以及生物医学研究的各个领域，是在我国现实情况下的一种过渡型动物级别。

（三）饲养环境

清洁级动物饲养于屏障环境中或独立通气笼盒（IVC）系统中。进入屏障环境的空气需过滤，过滤按防止污染的要求不同而略有差别。屏障环境内通常设有供清洁物品和已使用物品流通的清洁走廊与次清洁走廊。空气、人、物品、动物的走向，采用单向流通路线。利用空调送风系统形成“清洁走廊→动物房→污物走廊→室外”的静压差梯度，以防止空气逆向流动形成的污染。屏障内人和动物尽量减少直接接触。工作人员要走专门通道，工作时应戴消毒手套，穿灭菌工作服等防护用品，屏障设施的组成模式见图 2-2-1。

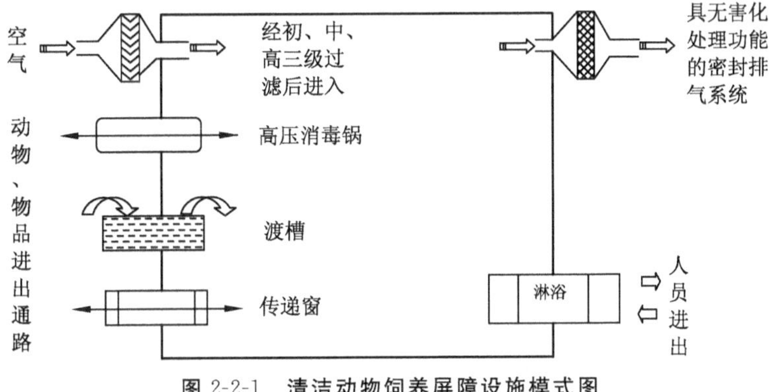

图 2-2-1 清洁动物饲养屏障设施模式图

IVC 系统由独立通风换气笼盒、笼架、机箱与集中供风设备组成（图 2-2-2）。独立通风换气笼盒是 IVC 系统的关键所在，它要具有一定的密闭性，能防止盒外空气的进入，以减少可能的感染来源，又能让洁净空气流畅进入，并在盒内形成良好的空气流动或扩散，与盒内气体混合并把盒内的废气排出。图 2-2-3 是独立通风换气笼盒内进、排气流的示意图。笼架是由不锈钢管焊接而成，不锈钢管兼作 IVC 的导风管，导风管平行排列并焊接于进、排风管上，以确保各笼盒进、出风口有相同的压差。控制机箱内主要有两台低噪声风机和初、中、高效三级空气过滤装置。集中供风设备不用机箱的供风设备，进入 IVC 的空气来自设施的空调通风管道，通常由控制阀和加装于管道上的高效过滤器组成。图 2-2-2 就是一台分体式的 IVC，将机组与笼架分开安放(或机组置于另一房内)降低机组运转产生的噪音对动物的影响。

图 2-2-2 分体式IVC系统

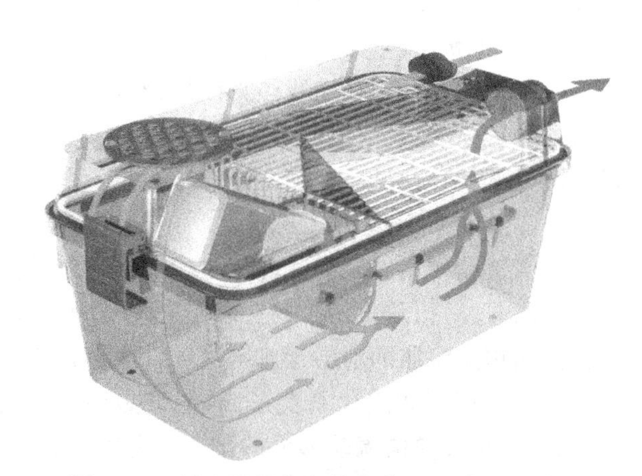

图 2-2-3 独立通风换气笼盒内进、排气流示意图

三、无特定病原体动物

(一) 基本概念

除清洁级动物应排除的病原外，不携带主要潜在感染病原或条件致病菌及对科学实验干扰大的病原，这类动物称无特定病原体动物。

(二) 应用

在一般条件下，微生物与宿主间保持相对平衡，许多病原体呈隐性感染，动物不显现症状。一旦条件变化或动物在实验处理的影响下，这种平衡遭到破坏，隐性感染被激发，动物将出现疾病症状，严重影响实验的结果。例如，绿脓杆菌对动物通常不致病，对大鼠和小鼠的繁殖也没有影响，但用感染本菌的动物进行放射性照射试验时，却能诱发动物致死性败血症。再如消化道寄生虫，一般情况下对宿主无严重影响，但在放射性实验中，消化道因寄生虫所致的损伤部位会发生弥漫性出血感染，致使动物死亡。SPF 动物就不会出现这种现象，它在放射、烧伤等研究中具有特殊的价值。

国际上公认 SPF 动物适用于所有科研实验，是目前国际标准级别的实验动物。各种疫苗生产所采用的动物都应为 SPF 级动物。

(三) 饲养环境

SPF 动物来源于无菌动物，必须饲养在屏障系统中，实行严格的微生物学控制。

四、无菌动物

(一) 基本概念

无菌动物指用现有的检测技术，在动物体内、外的任何部位均检不出任何微生物和寄生虫的动物。无菌动物的"菌"主要是指细菌，严格来说，还包括真菌、立克次体、支原体和病毒等微生物及各种寄生虫。所谓"无"不是绝对的没有，不过是根据现有的科学知识和检查方法在一定时期内不能检出已知的微生物和寄生虫而已。随着科学技术的发展，目前认为是无菌的动物或许将来可以检出微生物和寄生虫而不是无菌动物，因此这个"无菌"是相对而言的。

无菌动物来源于剖宫产或无菌卵的孵化。另外，用大量抗生素也可以使普通动物暂时无菌，但这种动物不是真正的无菌动物。因为这种无菌状态往往是暂时的，某些残留的细菌在适当的条件下又会在体内繁殖，即使把体内细菌全部杀死，它们给动物造成的影响也是无法消除的。例如，特异性抗体的存在、网状内皮系统的活化、某些组织或器官的病理变化等。因此，无菌动物必须是生来就是无菌的。

（二）无菌动物的特点

1. 形态学改变

（1）消化系统：无菌动物和普通级动物在外观和活动方面看不出有特别的差异，有时仅见有体重增加的差别。据报道，无菌动物盲肠（包括内容物）的总质量有的可达到体重的25％，多数情况下，其盲肠的总质量是普通动物的5～10倍。去掉内容物后的盲肠质量，无菌动物和普通级动物之间并没有多大的差别，所以这是无菌动物盲肠壁伸展变薄、张力低的结果。这一现象也从组织学方面得到证明。另外，无菌动物膨大的盲肠内容物与普通动物相比较，其含水量、可溶性蛋白质、碳水化合物等均较多。无菌动物由于盲肠膨大，肠壁菲薄，常易发生盲肠扭转导致肠壁破裂而死亡。有关盲肠膨大的原因，目前尚无明确的结论，但当无菌动物普通动物化或当无菌动物被梭菌、类（拟）杆菌、沙门菌、链球菌单独感染后，盲肠就会变小。

（2）血液循环系统：心脏相对变小。

（3）免疫系统：胸腺中的网状上皮细胞体积较大，其胞浆内泡状结构和溶酶体较少。无菌兔胸腺中以小淋巴细胞为主，其中的张力微丝含量较普通级动物明显减少，胸腺和淋巴结处于功能较不活跃状态，脾脏缩小，无二级滤泡，网状内皮细胞功能下降。由于无菌动物几乎没有受过抗原刺激，其免疫功能基本上处于原始状态。

2. 生理学改变

（1）免疫功能：由于缺乏外来抗原刺激，无菌动物的整个免疫系统处于"休眠状态"。对外来抗原刺激，能迅速作出反应，抗体迅速增加，且持续时间长。由于网状内皮系统、淋巴组织发育不良，淋巴小结内缺乏生发中心，产生丙种球蛋白的能力很弱，血清中IgM、IgG水平低。

（2）生长率：无菌条件下对不同种属的影响不同。无菌禽类生长率高于同种的普通禽类；无菌大小鼠与普通鼠差不多；无菌豚鼠和无菌兔生长率比普通者低，可能因肠内无菌，不能帮助消化纤维素以提供机体所需要的营养所致。

（3）生殖：无菌条件对动物生殖能力影响不大。无菌大鼠和小鼠因出生无感染，身体较好，其繁殖力高于普通大小鼠；无菌豚鼠及兔比普通者繁殖能力低，可能因盲肠膨大之故。

（4）代谢：血中含氮量少，肠管对水的吸收率低，代谢周期比普通动物长。

（5）营养：无菌动物体内不能合成维生素B和K，故易产生这两种维生素的缺乏症。

(6) 抗辐射能力：无菌动物抗辐射能力强，以X射线照射无菌小鼠，其存活时间长于普通动物，普通小鼠常因败血症而致死。一般认为，这种存活时间的差别，是由于受损细胞的寿命在无菌与普通小鼠之间存在差别的缘故。据报道，无菌小鼠抗实验性烫伤引起的休克死亡的能力也强于普通小鼠。然而，无菌大鼠出血引起休克的病理变化则与普通大鼠无差异。

(7) 寿命：无菌动物的寿命普遍长于普通动物。

(三) 无菌动物的应用

无菌动物在生物医学中具有独特作用，多年来在医学科学研究的很多方面已被广泛应用。

1. 在微生物研究中的应用

(1) 某些疾病的病原研究：无菌动物可提供组织培养的无菌组织，可提供具有某一种菌的已知菌动物，也可研究病原体的致病作用与机体本身内在的关系。如猫瘟病毒，正常猫易感染，无菌猫则不易感染，说明感染受肠道微生物的影响。

(2) 微生物间的拮抗作用研究：菌群之间的拮抗作用是生物屏障的一种。生物屏障可能比物理屏障更有效，生物屏障原理为生物间的拮抗作用。如利用无菌动物来研究哪种微生物可拮抗假单孢菌，对放射研究甚为重要，因照射后常出现此菌。又如，在把无菌动物放入SPF环境前，先分别给无菌动物喂大肠杆菌、乳酸杆菌、链球菌、白色葡萄球菌、梭状芽孢杆菌等5种菌群，再观察这些菌群间的拮抗作用。

(3) 病毒病研究：无菌动物是研究病毒病、病毒性质、纯病毒、安全疫苗和单一特异性抗血清的有用工具。

(4) 细菌学研究：尤其是肠道正常菌群细菌间的相互拮抗性及细胞和宿主间的关系研究。

① 霍乱弧菌：口服霍乱弧菌的无菌豚鼠单菌感染时，就可使其死亡。而当该动物同时感染荚膜(梭状芽孢)杆菌时，就可以除去霍乱弧菌，避免动物死亡。

② 福氏痢疾杆菌：将福氏痢疾杆菌单菌经口感染幼年豚鼠时，可以引起无菌豚鼠死亡。但在感染痢疾杆菌以前先经口接种活的大肠杆菌，就可以保护无菌豚鼠不致死亡，且从肠道里只能检出大肠杆菌，而没有痢疾杆菌。

(5) 真菌感染研究：临床上由于较长期应用某些抗生素，有导致发生条件性真菌感染的现象，而利用无菌动物实验，使其得到了一定的阐明。将白色念珠菌经口接种给无菌雏鸡时，会产生较多的菌丝体，并侵入肠道黏膜，但接种到普通雏鸡时，只观察到酵母型菌体，很少发病；将大肠杆菌接种到无菌雏鸡后，就能完全保护雏鸡不受侵犯。营养对保护机体受真菌感染也是重要因素，用无菌小白鼠实验也得到了类似的结果。

(6) 原虫感染研究：将溶组织阿米巴接种到无菌豚鼠的盲肠内不能引起感染，但在普通对照组豚鼠中却能引起致死性感染。

2. 在免疫学研究中的应用

无菌动物在免疫学研究中的应用，乃是促进发展无菌动物模型的动机之一。无菌动物血中无特异性抗体，很适合于各种免疫现象的研究。

(1) 免疫系统功能和机体受感染后感受性改变的关系研究：由于无菌动物体内无

生活的微生物，使无菌动物大大增强了对感染的感受性。如将无菌豚鼠从无菌系统中移到普通动物饲养区，常在几天内死亡，病因经常是梭状芽孢杆菌的感染。无菌动物的免疫系统在下列各方面都明显降低：① 特异性抗细菌抗体；② 肺泡巨噬细胞的活力；③ 唾液中的溶菌酶和白细胞；④ 对内毒素的全身性反应。

(2) 丙种球蛋白和特异性抗体研究：无菌动物血清中丙种球蛋白含量下降，球蛋白来源于消化道中死亡细菌的刺激。用无抗原性饲料喂养无菌动物(如无菌小鼠喂以水溶性低分子化学饲料时)，动物血清中就可以完全缺乏丙种球蛋白。在无菌小猪用无抗原性或有限抗原性的饲料饲养时，血清里就可以完全没有丙种球蛋白和特异性抗体存在。

3. 在放射医学研究中的应用

用无菌动物研究放射的生物学效应，就可以将由放射所引起的症状和感染而发生的症状分别开来。无菌动物能耐受较大剂量的 X 线照射，在用致死剂量照射后无菌动物的存活时间也要长些。无菌动物与普通动物相比，其因放射而引起的黏膜损伤要轻。大剂量射线照射普通动物，除照射本身的影响外，尚有肠道微生物影响。而照射对无菌动物则主要为照射本身引起的后果。无菌动物受 5～10 Gy 照射后可影响造血系统和骨髓细胞功能，大于 10 Gy 可致肠黏膜损伤，肠黏膜上皮细胞再生停止。同样剂量的射线对普通动物黏膜损伤大，可致肠黏膜上皮脱落。

4. 在营养、代谢研究中的应用

无菌动物是研究营养的良好模型，很多营养成分是靠细菌降解的。正常动物的肠道可合成维生素 B 和维生素 K，应用无菌动物可研究哪些细菌可合成维生素 B 或维生素 K。

5. 在老年病学研究中的应用

无菌小鼠的自然死亡期比普通小鼠要长，而且雄性无菌小鼠的寿命和雌性的相似或更长些。对 2～3 年龄无菌大鼠的检查结果表明，肾、心脏和肺内实际上没有和年龄相关的病变，这些研究说明，微生物因素和机体的老化有关，而以前人们一般都认为起源于内因或完全与饮食有关，通过用无菌动物对这些变化的直接原因进行研究，对合理地控制衰老会有一定的裨益。

6. 在心血管疾病研究中的应用

现代医学研究已证明，许多心血管疾病与机体的胆固醇代谢密切相关，而肠道微生物直接影响胆固醇代谢。研究证明，肠道微生物能分解胆汁酸，胆酸的 7α-脱羟基作用使胆汁酸在肠道中的重吸收减少，排出增加，从而使血液中胆固醇的含量降低。许多实验都证实了微生物在调节胆固醇水平方面及胆汁酸的肝肠循环中起了重要的作用。利用无菌动物研究肠道菌群的变化与胆汁酸代谢的关系，为控制血液中胆固醇的含量和心血管疾病的研究开辟了新的途径。

7. 在毒理学研究中的应用

正常豚鼠对青霉素敏感，而无菌动物则无此反应。因此，青霉素过敏是由肠道菌代谢引起的。另外，用大豆喂养普通动物，发现有中毒现象，但喂养无菌动物则无影响。有些人用鹌鹑进行研究，让无菌动物先感染大肠杆菌后再喂豆类可引起中毒。

8. 在肿瘤研究中的应用

小鼠肿瘤常由病毒引起，有些病毒还可以通过胎盘传播，故无菌小鼠有研究肿瘤的价值。研究免疫抑制剂需用无菌动物进行实验，因普通动物用免疫抑制剂可降低其抵抗力，致其继发感染而死亡。

研究致癌物质的致癌作用需用无菌动物。如给无菌动物食用苏铁素时不引发肿瘤，但普通动物则致癌。这是因为普通动物机体带菌，可降解苏铁素，而其降解产物有致癌作用。

9. 在寄生虫学研究中的应用

长膜壳绦虫为大鼠的寄生虫，给无菌大鼠人工感染这种寄生虫时则不能寄生，这可能与缺乏维生素有关。原生动物如溶组织性阿米巴对无菌豚鼠不引起肠道黏膜的损伤，而普通豚鼠则出现肠黏膜病变。

10. 在口腔医学研究中的应用

早期人们多数认为龋齿的形成和微生物有关，其中乳酸杆菌在此病中起主要作用，但一直没有得到实验证实。无菌动物的诞生，才有可能对龋齿的形成进行认真的探索。研究表明，没有微生物的参与，不可能发展成龋齿，细菌是此病的病因，而链球菌是引起龋齿的主要原因，而不是乳酸杆菌，其中各种黏液性链球菌的作用最强。近年来发现细菌感染与其他牙科疾病也有关系。目前正在用悉生动物模型进行牙周炎、齿槽脓漏的研究。无菌动物的利用不仅可以探讨病因，同时也为口腔疾患的有效预防提供了依据。

（四）饲养环境

无菌动物饲育于隔离系统中。隔离系统是饲养无菌动物和悉生动物所使用的设施。在普通清洁环境中利用隔离器加以饲养，由于隔离器内温度、湿度由外界环境决定，所以放置隔离器的饲养室环境需用空调控制。为了保证动物饲养空间完全处于无菌状态，人不能和动物直接接触，工作人员通过附着于隔离器上的橡胶手套进行操作。隔离器的空气进入要经过超高效过滤（0.5 μm 微粒，滤除率达 99.97%）。一切物品的移入均需通过灭菌渡舱，并且事先包装消毒。

隔离器是隔离系统的最主要设备，这是一种可把微生物完全隔离于设施外，能够饲养无菌动物的设备。隔离器由下面几个主要部分组成（图 2-2-4）：隔离器室（动物的生存空间）、传递系统（动物、物品进出隔离器的通路）、操作系统（工作人员操作隔离器用的胶质手套及其与隔离器主体连接的部件）、过滤系统（过滤进出隔离器主体的空气的系统）、进出风系统（进出隔离器主体的风口及其管道）、风机、支撑结构。

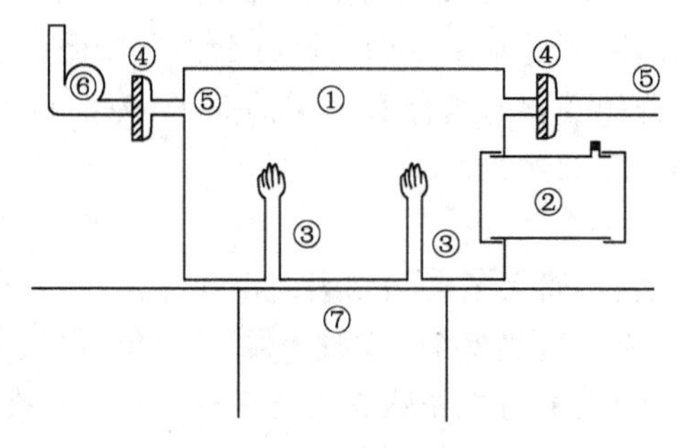

① 隔离器室；② 传递系统；③ 操作系统；④ 过滤系统；⑤ 进出风系统；⑥ 风机；⑦ 支撑结构

图 2-2-4 隔离器结构模式图

五、悉生动物

(一) 基本概念

悉生动物，也称已知菌动物或已知菌群动物(animal with known bacteria)，是指在无菌动物体内植入已知微生物的动物，该类动物必须饲养于隔离系统中。根据植入无菌动物体内菌落数目的不同，悉生动物可分为单菌(monoxenie)、双菌(dixenie)、三菌(trixenie)和多菌(polyxenie)动物。

(二) 悉生动物的特性

(1) 悉生动物来源于无菌动物，其体内外有已知种类的几种微生物定居，形成动物与微生物的共生复合机体。

(2) 悉生动物肠道内存在能合成某种维生素和氨基酸的细菌，尽管高压灭菌饲料不能供给足量的维生素，悉生动物也不会像无菌动物那样发生维生素缺乏症。

(3) 悉生动物生活力较强，抵抗力明显增强，也易于饲养管理，在有些实验中可作为无菌动物的代用动物。中国药品检验所的五联菌悉生动物是将大肠杆菌、表皮葡萄球菌、白色葡萄球菌、粪链球菌和乳酸杆菌等 5 种细菌接种于无菌小鼠体内，可代替无菌小鼠进行药物鉴定。

(4) 在免疫学实验中，无菌动物不发生迟发性过敏反应，而感染一种大肠杆菌的悉生动物就可以发生迟发性过敏反应。

(三) 悉生动物在生物医学研究中的应用

由于悉生动物可排除动物体内带有各种不明确的微生物对实验结果的干扰，因而可作为研究微生物与宿主、微生物与微生物之间相互作用的动物模型。

1. 微生物学研究

悉生动物活跃于微生物研究领域，科研人员可根据实验研究的需要，在断奶前后的无菌动物体内，有目的地植入单一或多种细菌，从而可观察这些细菌对机体的作用。

另外，只有选用悉生动物，才有可能了解到单一微生物和抗体之间的关系，也可以观察微生物与微生物、微生物与机体之间的相互关系和菌群失调现象。当对某种悉生动物施予物理、化学等其他致病因子刺激时，则可观察机体、微生物、致病因子三方面相互作用的关系。

2. 抗体制备研究

最新研究表明，普通动物消化道内有 100～200 种细菌，每克肠内容物有 10^6～10^{12} 个菌，一种菌就是一种抗原，因此普通动物很难制备较纯的抗体。无菌动物缺乏抗原刺激，免疫系统处于“休眠”状态，对外来的抗原刺激，有迅速、单一和持久作出反应的特性。如果将单一菌株植入无菌动物，那么可制备抗该菌的、较纯的、效价较高的、不会污染其他微生物的抗体。曾有人从自幼采食无抗原食物的无菌家兔体内，制备了无交叉反应的诊断百日咳的抗体。

3. 克山病病因学的研究

克山病的病因学说有两种：一种矿物盐学说认为，克山病是因为体内缺硒引起的；另一种生物学说认为，镰刀状黄曲霉菌是引起克山病的元凶。中国农业大学用植入黄曲霉菌动物的实验研究证明，动物的症状与克山病病人的症状相似，硒不足只能加重病情，但不会诱发克山病。

4. 微生物和寄生虫相互关系的研究

很多实验研究表明，宿主消化道的微生物状况直接或间接影响着寄生虫在宿主体内的寄生能力。

5. 其他方面的研究

悉生动物还广泛应用于人和动物的骨髓移植、人类和动物肿瘤及其治疗、病毒学和免疫学、营养代谢和生理学、外科病人感染控制等方面的研究。

第三节 实验动物的遗传学控制分类及命名

从遗传学角度来讲，实验动物是具有明确遗传背景并受严格遗传控制的遗传限定动物。根据其遗传特点的不同，实验动物可分为相同基因类型动物和不同基因类型动物。相同基因类型动物是指不同个体具有相同或相近的遗传背景；不同基因类型动物是指不同个体的遗传背景具有较大差异的实验动物。目前生物医学研究中所采用的实验动物主要有近交系、突变系、封闭群和杂交群等，各种动物类群都具有其本身固有的特性。

一、近交系动物

（一）定义

近交系是指至少连续 20 代的全同胞兄妹交配或亲子交配培育而成，品系内所有个体都可追溯到起源于第 20 代或以后代数的一对共同祖先，近交系数达 99%以上，遗传物质高度纯合和稳定的动物。

（二）近交系数

近交系数是用以计算在一定近亲交配形式下各代减少杂合基因的百分率，从而了解不同代次基因的纯化程度。

全同胞兄妹交配，每进一代杂合基因减少 19%；亲子交配，常染色体的杂交基因减少 19%，性连锁基因纯合率增加 29%；亲堂表兄妹交配，每进一代近交率仅上升 8%；半同胞交配，近交系数上升率为 11%。由此可见，交配亲体的亲缘关系越近越好。

Falconer 的研究认为，前几代的近交系数不恒定，全同胞兄妹交配，前 4 代近交系数上升率分别为 25%、17%、20% 和 19%，以后每代上升率是恒定值，为 19%。Falconer提出近交系数计算的公式：

$$F_n = 1-(1-\Delta F)^n$$

注：F 表示近交系数，n 表示近交代数，ΔF 表示每进一代的近交系数上升率。

（三）亚系（substrain）

亚系是由同一个近交系分离出来的具有各不相同特性的品系。通常下述 3 种情况会发生亚系分化：

(1) 在兄妹交配代数达 40 代以前形成的分支（即发生于 F_{20} 到 F_{40} 之间）。

(2) 一个分支与其他分支分开繁殖超过 100 代。

(3) 已发现一个分支与其他分支存在差异。产生这种差异的原因可能是残留杂合、突变或遗传污染(genetic contamination),即一个近交系与非本品系动物之间杂交引起遗传改变。由于遗传污染形成的亚系,通常与原品系之间遗传差异较大,因此对这样形成的亚系应重新命名。

(四) 命名

近交系一般以大写英文字母命名,亦可以用大写英文字母加阿拉伯数字命名,符号应尽量简短。如 A 系、TA1 系等。

亚系的命名方法是在原品系的名称后加一道斜线,斜线后标明亚系的符号。亚系的符号应是以下 3 种:

(1) 数字,如 DBA/1、DBA/2 等。

(2) 培育或产生亚系的单位或人的英文缩写名称,第一个字母用大写,以后的字母用小写。使用英文缩写名称应注意不要和已公布过的名称重复。例如,A/He,表示 A 近交系的 Heston 亚系;CBA/J 表示由美国杰克逊研究所保持的 CBA 近交系。

(3) 当一个保持者保持的一个近交系具有两个以上的亚系时,可在数字后再加保持者的缩写英文名称来表示亚系。如 C57BL/6J、C57BL/10J 分别表示由美国杰克逊研究所保持的 C57BL 近交系的两个亚系。

(4) 作为以上命名方法的例外情况是:一些建立及命名较早并为人们所熟知的近交系,亚系名称可用小写英文字母表示,如 BALB/c、C57BR/cd 等。

(五) 近交系的特征及应用

1. 特征

(1) 基因位点的纯合性:近交系动物中任何一个基因位点上纯合子的概率均高达 99%,因而能繁殖出完全一致的纯合子,品系内个体相互交配不会出现性状分离。

(2) 遗传组成的同源性:品系内所有动物个体都可追溯到一对共同祖先,也就是说同一个品系内每只动物的个体在遗传上都是同源的,基因型完全一致。

(3) 表型一致性:由于基因型一致,近交系内个体的表型也是相同的,特别是那些可遗传的生物学特征。如毛色、组织型、生化同工酶以及形态学特征等。当然,其他一些特征,如体重、产仔数、行为等可受环境、营养等非遗传因素影响,会产生一些差异。

(4) 遗传稳定性:近交系动物在遗传上具有高度的稳定性,虽然残留杂合会导致个体遗传变异,但这种概率非常小。通过严格遗传控制(坚持近交和遗传监测),近交系动物各品系的遗传特征可世代相传。

(5) 遗传特征的可分辨性:每个近交系都有自己的标准遗传概貌(包括毛色基因、生化基因等),选用适当的遗传监测方法,即可分辨各个近交系。

(6) 遗传组成的独特性:每个近交品系都有独自的遗传组成和生物学特性,经过近交培育之后,每个品系从物种的整个基因库中只能获取极少部分的基因,这部分基因构成了品系的遗传组成。因此,每个品系在遗传组成上都是独一无二的,具有独特的表型特征。这些遗传和表型的独特性使各个近交品系之间的差异相当大,容易成为模型动物广泛地应用于生理、形态和行为研究。

(7) 分布的广泛性:近交系动物任何一个个体均携带该品系的全部基因库,引种非常方便，便于在不同国家、地区建立几乎完全相同的标准近交系，使各国研究结果具有可比性。

(8) 背景资料的完整性：近交系动物由于在培育和保种过程中都有详细记录，加之这些动物分布广泛，经常使用，已有相当数量的文献记载着各个品系的生物学特性，另外对任何近交系的每一项研究又增加了该品系的研究履历档案，这些数据对于设计新的实验和解释实验结果提供了有价值的参考信息。

2. 应用

根据近交系动物所具备的特点，已广泛应用于生物学、医学、药学等领域的研究。

(1) 近交系动物的个体具有相同的遗传组成和遗传特性，对实验的反应极为一致，因此在实验中，只需少量的动物，即可得到非常规律的实验结果。

(2) 近交系动物个体之间组织相容性抗原一致，异体移植不产生排异反应，是组织细胞和肿瘤移植实验中最为理想的材料。

(3) 每个近交系都有各自明显的生物学特点，如先天性畸形、高肿瘤发病率、对某些因子的敏感和耐受等，这些特点在医学领域非常重要。

(4) 多个近交系同时使用不仅可以分析不同遗传组成对某项实验的影响，还可观察实验结果是否有普遍意义。

(六) 其他近交系类型

1. 重组近交系(recombinant inbred strain, RI)和重组同类系(recombinant congenic strain, RC)

(1) 定义：重组近交系是指由两个近交系杂交后，经连续20代以上兄妹交配育成的近交系。它是将两个无关的高度近交系进行交配，产生 F_2 代后，再行全同胞交配达20代以上而育成的一个近交系。重组近交系的发展和使用，是哺乳类动物遗传学中最重要的发展之一。

重组同类系是指由两个近交系杂交后，子代与两个亲代近交系中的一个近交系进行数次回交(通常回交2次)，再经过对特殊基因选择的近亲交配而育成的近交系。

(2) 命名：

① 重组近交系的命名方法：由两个亲代近交系的缩写名称中间加大写英文字母X命名。由相同双亲交配育成的一组近交系用阿拉伯数字加以区分。例如：由BALB/c与C57BL两个近交系杂交育成的一组重组近交系，分别命名为CXB1、CXB2……

对常用近交系小鼠的缩写命名如下(表2-3-1)：

表 2-3-1 常用近交系小鼠的缩写

近交系	C57BL/6	BALB/c	DBA/2	C3H	CBA
缩写名称	B6	C	D2	C3	CB

② 重组同类系的命名方法：由两个亲代近交系的缩写名称中间加小写英文字母c命名，用其中做回交的亲代近交系(受体近交系)在前，供体近交系在后。由相同双亲育成的一组重组同类系用阿拉伯数字予以区分。如CcS1，表示由以BALB/c(C)为亲代近交系，以STS(S)品系为供体近交系，经2代回交育成的编号为1的重组同类系。

2. 同源突变近交系(coisogenic inbred strain)

(1) 定义:同源突变近交系:两个近交系,除了在一个指明位点的等位基因不同外,其他遗传基因全部相同,简称同源突变系。同源突变系一般皆由近交系发生基因突变而形成。

(2) 命名:由发生突变的近交系名称后加突变基因符号(用英文斜体印刷体)组成,两者之间以连接号分开,如 DBA/Ha-*D*。当突变基因必须以杂合子形式保持时,用"+"号代表野生型基因,如 A/Fa-+/*c*。

3. 同源导入近交系或同类近交系(congenic inbred strain)

(1) 定义:通过杂交-互交(cross-intercross)或回交(backcross)等方式将一个基因导入到近交系中,由此形成的一个新的近交系与原来的近交系只是在一个很小染色体片段上的基因不同,称为同源导入近交系(同类近交系),简称同源导入系(同类系)。

(2) 命名:同源导入系名称由以下三部分组成:① 接受导入基因的近交系名称。② 提供导入基因的近交系的缩写名称,并与①项之间有英文句号分开。③ 导入基因的符号(用英文斜体),与②项之间以连字符分开。例如,B10.129-*H*-12*b* 表示该同源导入近交系的遗传背景为 C57BL/10sn,导入 B10 的基因为 *H*-12*b*,基因提供者为 129/J。

二、突变系动物(mutant strain animal)

(一) 定义

突变系动物指保持有特殊突变基因的品系动物。

(二) 命名

突变系动物的命名方法:在原品系名后加横线,横线后加上突变基因的符号,如 129-*dy*。

(三) 应用

突变系动物有与人相似的疾病表现,各种突变系动物是研究遗传病、免疫性疾病和肿瘤的主要实验材料。

突变系动物所携带的突变基因通常导致动物在某方面的异常,从而可成为生理学、胚胎学和医学研究的模型。

三、封闭群或远交群(closed colony or outbred stock)

(一) 定义

以非近亲交配方式进行繁殖产生的一个实验动物种群,在不从其外部引入新个体的条件下,至少连续繁殖 4 代以上,称为封闭群,亦称远交群。

封闭群动物不引入任何外来血缘,在封闭条件下交配繁殖,从而保持了群体的一般遗传特性,又具有杂合性。一个多等位基因的动物群体,不以近交的形式繁殖,也不与群体以外的动物杂交,来源于近交系的封闭群是停止同胞交配的繁殖群,来源于非近交系的封闭群是一定的群体内连续繁殖 5 年以上的动物群体。封闭群动物是与外界隔离的群体,为了避免近亲交配,不让群内基因丢失,封闭状态和随机交配使群体内基因频率能够保持稳定不变,从而使群体在一定范围内保持相对稳定的遗传特征。

(二) 命名

封闭群由 2~4 个大写英文字母命名,种群名称前标明保持者的英文缩写名称,第一个字母须大写，后面的字母小写，一般不超过4个字母。保持者与种群名称之间用冒号分开。例如，N：NIH表示由美国国立卫生研究院保持的NIH封闭群小鼠；Lac：LACA表示由英国实验动物中心Lac保持的LACA封闭群小鼠。

某些命名较早，又广为人知的封闭群动物，名称与上述规则不一致时，仍可沿用其原来的名称。如Wistar大鼠封闭群、日本的ddy封闭群小鼠等。

把保持者的缩写名称放在种群的前面，而两者之间用冒号分开，是封闭群动物与近交系命名中最显著的区别。除此之外，近交系命名规则及符号也适用于封闭群动物的命名。

（三）特征及应用

封闭群动物的遗传组成具有很高的杂合性，因此，在遗传学上可作为实验基础群体，用于对某些性状遗传的研究。封闭群可携带大量的隐性有害基因，可用于估计群体对自发和诱发突变的遗传负荷能力。封闭群具有与人类相似的遗传异质性的遗传组成，因此在人类遗传研究、药物筛选和毒性试验等方面起着不可替代的作用。

封闭群动物具有较强的繁殖力，表现为每胎产仔多、胎间隔短、仔鼠死亡率低、生长快、成熟早、对疾病抵抗力强、寿命长、生产成本低等优点。因而广泛应用于预实验、学生教学等实验中。

四、杂交群

（一）定义

由不同品系或种群之间杂交产生的后代称为杂交群。两个品系杂交称为二元杂交，而两个以上品系之间杂交称多元杂交。如果两个亲本是近交系，那么杂交群具有遗传和表型上的均质性、同基因性。用于实验研究的主要是两个近交系之间交配所繁殖的子一代动物，简称F_1动物。

（二）命名

杂交群用以下方式命名：雌性亲代名称放在前，雄性亲代名称居后，两者之间以乘号“×”相连表示杂交，将以上部分用括号括起，再在其后标明杂交的代数。对品系或种群的名称可使用通用的缩写名称。例如，$(C57BL/6\times DBA/2)F_1=B6D2F_1$。

（三）特征及应用

（1）特征：使用近交系动物可获得精确度很高的实验结果，在医学研究上具有重要的价值，为什么还要繁殖由两个不同近交系进行杂交获得的F_1呢？这是因为F_1动物具有杂交优势，克服了近交系动物的缺点，容易繁殖和饲养，对长期实验的耐受能力较强，而且由环境因素所引起变异的可能性也较近交系要小；此外，F_1动物与近交系动物一样，具有遗传均一性。杂交一代具有许多优点，在某些方面比近交系更适合于科学研究。主要表现在以下几点：

① 遗传和表型上的均一性：虽然它的基因不是纯合子，但是每个个体遗传组成、表型都是一致的，就某些生物学特征而言，杂交一代比近交系动物具有更高的一致性，不容易受环境因素变化的影响。

② 具有杂交优势：杂交一代具有较强的生命力，适应性、抗病力和繁殖能力强，寿命长，容易饲养等优点，在很大程度上可以克服因近交繁殖所引起的各种近交衰退

现象。

③ 具有亲代双亲的特点：可接受不同群内不同个体乃至两个亲本品系的细胞、组织、器官和肿瘤的移植。

④ 国际上分布广泛：已广泛用于各类实验研究，实验结果便于在国际间进行重复和交流。

（2）杂交群动物在医学、生物学中的应用：由于 F_1 动物具有与纯系动物相同的遗传均质性，又克服了纯系动物因近交繁殖所引起的近交衰退，所以受到科学工作者的欢迎，在医学和生物学研究领域得到广泛应用。

① 干细胞的研究：外周血中的干细胞是组织学中的老问题，大部分人认为大淋巴细胞或原淋巴细胞相当于造血干细胞。但在某些动物中，尽管在外周循环中发现了大淋巴细胞，一般也不认为有干细胞的存在。有研究表明，来自 F_1 小鼠正常的外周血白细胞能够在受到致死性照射的父母或非常接近的同种动物中移植并繁殖，使动物存活并产生供体型的淋巴细胞、粒细胞和红细胞，这证明小鼠外周血中存在干细胞。因此，F_1 动物是研究外周血中干细胞的重要实验材料。

② 移植免疫的研究：F_1 动物是进行移植物抗宿主反应（graft versus host reaction，GVHR）良好的实验材料。可以鉴定出免疫活性细胞去除是否完全。例如，CBA 小鼠亲代脾脏细胞经一定培养液孵育后注入 CDF_1（DBA/2×CBA）小鼠的脚掌，对侧作为对照，如 CBA 亲代小鼠免疫活性细胞去除干净时，则不会产生移植物抗宿主反应，否则相反。又如，可采用 C57BL/6 脾脏细胞悬液经一定培养液孵育后注入 BCF_1（CBA×C57BL/6）小鼠脾脏，观察脾/体比重，或用 2 月龄 DBA/2 小鼠脾脏细胞经一定培养液孵育后注入 CD F_1 小鼠腹腔，测定其死亡率，鉴定免疫活性细胞的去除情况。

③ 细胞动力学的研究：选用 BCF_1（CBA×C57BL/6）小鼠做小肠隐窝细胞繁殖周期实验；选用 CDF_1（DBA/2×CBA）小鼠做小肠隐窝细胞剂量存活曲线；选用 $DBCF_1$（C57BL/6J×DBA）受体小鼠观察移植不同数量的同种正常骨髓细胞与脾脏表面生成的脾结节数之间的关系等。

④ 单克隆抗体的研究：BABL/c 小鼠常被用做单克隆抗体的研究，若 BALB/c 小鼠对一特定抗原不产生最适免疫应答，可采用 BALB/c 小鼠与其他近交系的杂交一代小鼠生产抗体腹水，效果比单独用 BALB/c 好。

第四节 不同遗传背景实验动物的繁育体系

一、近交系的繁育体系

（一）繁育的基本方法

近交系繁育的基本原则是保持近交系动物的同基因性及基因纯合性，因为在所有的交配方式中，采用全同胞兄妹交配、亲子交配的方式近交系数上升最快，在实际生产中由于全同胞交配的方式简单易行，所以采用严格的全同胞兄妹交配方式进行繁育，常采用以下 3 种方法（以啮齿类为例）（图 2-4-1）：

(1) 单线法：每代通常选用3～4对种鼠，但仅有一对向下传递，生产的种鼠个体均一，选择范围小。由于单线法的选择范围小，只有单线的子代，有断线的可能。

(2) 平行线法：有3～5根平行的向下传递线，每根线每代留1对种鼠，选择范围大，但线与线间不均一，易发生分化。

(3) 选优法：每代常有6～8对种鼠，通常选择2～3对向下传递，系谱常呈树枝状。向上追溯4～6代通常能找到一对共同祖先。它兼有两个以上体系的优点。

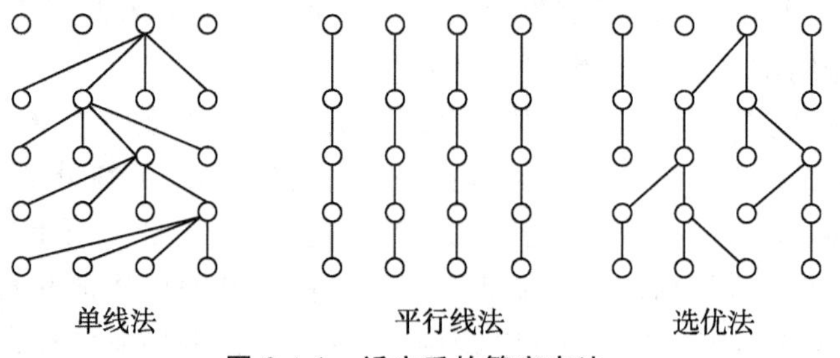

图2-4-1 近交系的繁育方法

(二) 繁育体系

近交系动物常采用红绿灯繁育体系(图2-4-2)，在红绿灯繁育体系中，近交系动物可分为基础群(foundation stock, FS)、血缘扩大群(pedigree expansion stock, PES)和生产群(production stock, PS)。

(1) 基础群：基础群的目的是为了保持近交系自身的传代繁衍和为扩大繁殖、生产提供动物。基础群应严格以全同胞兄妹交配方式进行繁殖，应设动物个体记录卡，包括品系名称、近交系代数、动物编号、出生日期、双亲编号、离乳日期、交配日期、生育记录等，要建立繁殖系谱。

(2) 血缘扩大群：血缘扩大群的种用动物来自基础群，使用全同胞交配方式进行繁殖，设个体繁殖记录卡。

(3) 生产群：生产群的目的是生产供应实验用近交系动物，其种群用动物来自基础群或血缘扩大群。一般以随机交配的方式进行繁殖，设繁殖记录卡，随机交配繁殖代数一般不超过4代。

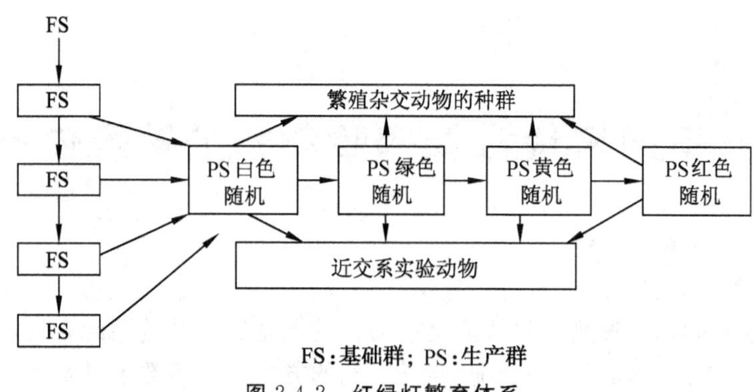

FS:基础群; PS:生产群

图2-4-2 红绿灯繁育体系

二、封闭群的繁育体系

(一) 随机交配的意义和应用

为了尽量保持封闭群动物基因的异质性及多态性，避免随繁殖代数增加导致近交系数的过快上升，应对封闭群动物采取随机交配的繁育体系。

所谓随机交配是指在一个有性繁殖的生物群体中，任何一个雌性或雄性的个体与任何一个相反性别的个体交配的概率都相同。对于一个随机交配的群体而言，其基因频率和基因型频率总能保持恒定。

(二) 随机交配的方法

将群内雌雄动物分别编号，按照数学表或其他随机方法进行配对，但要排除近亲配对，尽可能不安排 3 代以内近亲交配，留种时，每对均需按要求保留雌雄动物，以保持一定的群体数量。

(三) 封闭群动物的维持与生产

(1) 引种原则：作为原种的封闭群动物遗传背景必须明确，来源清楚，有较完整的资料，引种数量要足够多，小型啮齿类封闭群动物引种数目一般不能少于 25 对。

(2) 繁殖原则：封闭群动物应固定留种用和生产用的基础群数目，根据实际需要确定生产群的群体大小。

对于核心群，应根据种群大小选择适宜的繁殖交配方法：每代交配的雄种动物数量为 10～25 只时，一般采用最佳避免近交法，也可采用循环交配法；每代雄种动物数量为 26～100 只时，一般采用循环交配法，也可采用最佳避免近交法；每代交配的雄种动物数量多于 100 只时，一般采用随选交配法，也可采用循环交配法。具体方法如下：

① 最佳避免近交法：核心群的每个繁殖对，分别从子代留一只雄性动物和一只雌性动物，作为繁殖下一代的动物种群。动物交配时，尽量使亲缘关系较近的动物不配对繁殖，编排方法尽量简单易行。对于生殖周期较短、易于集中安排交配的动物，可按下述方法编排配对进行繁殖:假设一个封闭群有 16 对种用动物，分别标以笼号 1、2、3…16。设 n 为繁殖代数(n 为自 1 开始的自然数)，交配编排见表 2-4-1。

对于生殖周期较长的动物，只要种群保持规模不低于 10 只雄性和 20 只雌性，交配时尽量避免近亲交配，则可以把繁殖中每代近交系数的上升率控制在较低的程度。

表 2-4-1 最佳避免近交法的交配编排

n+1 代笼号	雌种来自 n 代笼号	雄种来自 n 代笼号
1	1	2
2	3	4
3	5	6
…	…	…
8	15	16
9	2	1
10	4	3
…	…	…
16	16	15

② 循环交配法：适用于中等规模以上的实验动物封闭群，既可以避免近亲交配，又可以保证动物对整个封闭群有比较广泛的代表性。可按下表方法进行循环交配（表 2-4-2）：先将核心群分成若干个组，每组之间以系统方法进行交配。如某核心群有 80 对留种用动物，先将其分成 8 个组，每组有 10 对。各组内随机留一定数量的种用动物，然后在各组之间按以下排列方法进行交配。

表 2-4-2 循环交配法组间交配编排

新组编号	雄种动物原组编号	雌种动物原组编号
1	1	2
2	3	4
3	5	6
4	7	8
5	2	1
6	4	3
7	6	5
8	8	7

(3) 随选交配法：当核心群数目在 100 个繁殖对以上，不易用循环交配法进行繁殖时，可用随选交配法，即从整个种群随机选取留种用动物，然后任选雌雄种用动物交配繁殖。

三、突变系的繁殖体系

为了将突变基因通过遗传育种的方法固定下来，使其成为新的动物品系而应用于医学研究，即成为有价值的"模型动物"，在突变动物的建系、繁殖、保种时，要充分利用其特性。

(一) 突变系的常用符号

(1) 非转移性纯合子：＋/＋，□、○。

(2) 转移性纯合子：■、●，D/D 显性纯合子，r/r 隐性纯合子。

(3) 杂合子：D/＋，r/＋。

(4) 回交：纯合子与杂合子交配，如＋/＋×D/＋，＋/＋×r/＋，D/＋×D/D，r/＋×r/r。

(5) 杂交：不同纯合子的交配，如＋/＋×D/D，＋/＋×r/r。

(6) 互交：相同杂合子的交配，如 D/＋×D/＋，r/＋×r/＋。

(7) 近交（纯交）：相同纯合子的交配，如＋/＋×＋/＋，D/D×D/D，r/r×r/r。

(二) 隐性遗传突变系动物的繁育方法

1. 雌性和雄性动物均有繁殖能力

由隐性基因所控制的具有繁殖能力的雌性和雄性突变系动物，通过继代选择和淘汰，能够保持其遗传特征。最常见的隐性毛色性状是白化（假设白化基因符号为 c，正常野生型基因以＋来表示）。如果动物群出现白化个体时，要培育成白化突变系，可以通过继代的选择和进行白化个体之间的交配，使白化基因组合在一起，来保持该白化突变基因，即 c/c×c/c→c/c（全部白化）。

假如，隐性基因所控制的突变系因繁殖力低而难于保种时，可采用与除白化以外的野生型基因所支配的其他品系交配来保种白化突变系。即白化突变系与其他品系动物交配，获得 F_1 后，F_1 横交，获得的 F_2 中就能分离出白化突变种。

F_1、F_2 的基因组合和分离规律是：

F_1：c/c × +/+ → +/c（表型全部有色）

F_2：+/c × +/c → 1/4 c/c ∶ 1/2 +/c ∶ 1/4 +/+（1/4 白化，3/4 有色）

以 F_2 能够分离的 1/4 的白化动物为基础，保持白化突变系。

2. 雌性和雄性动物单一有繁殖能力

突变系动物的性状由隐性纯合子控制时，往往导致动物死亡、缺乏繁殖力或泌乳能力。隐性无毛基因纯合子的雌性小鼠缺乏泌乳能力。裸小鼠隐性基因纯合（nu/nu）时，因雌鼠缺乏哺育能力，保持该品系十分困难。因此，采用裸基因杂合的雌鼠（+/nu）与无毛基因纯合的雄鼠（具有繁殖能力）交配，就能保持无毛小鼠突变系。

基因组合和分离的规律是：

nu/nu（♂）× +/nu（♀）→ 1/2 nu/nu ∶ 1/2 +/nu（裸小鼠和非裸小鼠各占 1/2）

通过这种方法，一方面能够维持裸小鼠突变系，另一方面能把生产的裸小鼠供给实验。

3. 雌性和雄性动物均无繁殖能力

当肥胖症和侏儒症小鼠基因纯合时，雌、雄个体均无繁殖能力。但是，基因型为杂合的个体（+/ob；+/dw）表型与正常小鼠相同，雌、雄均有繁殖能力。对这些动物保种时，每代只能用基因为杂合子的雌、雄动物交配。首先，必须确认基因个体，因为+/ob 和+/+（或+/dw 和+/+）个体，尽管基因型不同，但表型却相同，两者难于区分。区别+/ob 和+/+（或+/dw 和+/+）基因型的方法是：以已被确认的 ob 或 dw 的纯合体作为测交动物，通过后裔鉴定，确认其基因型；然后进行 ob 或 dw 杂合体间交配。

基因组合和分离的规律是：

ob 基因：+/ob × +/ob → 1/4 +/+ ∶ 1/2 +/ob ∶ 1/4 ob/ob

dw 基因：+/dw × +/dw → 1/4 +/+ ∶ 1/2 +/dw ∶ 1/4 dw/dw

通过这种方法，可以繁殖出 1/4 纯合子个体。这种交配方式，既便于保种，又能为实验提供动物。

（三）显性遗传突变系动物的繁育方法

显性遗传性状突变系动物的保种有以下 3 种方式。

1. 突变基因纯合个体间交配

采用此法，不产生显性遗传性状的纯合体以外的动物。例如，短毛小鼠的毛型性状对正常野生型而言呈显性，基因符号为 Re，正常野生型基因以"+"来表示。纯合体之间交配的后代全部为短毛。

Re/Re × Re/Re → 4/4 Re/Re

2. 突变基因杂合体与正常等位基因间交配

通过突变基因杂合体与正常等位基因的个体交配，会产生杂合的突变个体和正常个体各 1/2。

Re/＋ × ＋/＋→1/2 Re/＋ ∶ 1/2 ＋/＋

3. 突变基因杂合体之间的交配

通过突变基因杂合体之间交配，来保种显性突变系。这种交配，能产生1/4基因型纯合个体，杂合体约占1/2，正常者为1/4，表型为短毛的个体占3/4。即

Re/＋ × Re/＋→1/4 Re/Re ∶ 1/2 Re/＋ ∶ 1/4 ＋/＋

另外，具有显性致死基因的突变系保种方法，也可采用杂合体之间交配。如具有黄色致死基因（A^Y突变系小鼠，当基因纯合时就会致死）。必须通过杂合体之间交配，才能保持具有致死基因的突变系（A^Y/＋ × A^Y/＋→1/4 A^Y/A^Y ∶ 1/2 A^Y/＋ ∶ 1/4 ＋/＋），纯合个体（A^Y/A^Y）在胚胎发育过程中死亡。通过这样的繁育方法，一窝仔鼠中黄色个体约占2/3，正常个体则占1/3。如果逐代选择黄色个体（A^Y/＋）交配，就能保种该突变系。

四、杂交一代的繁育体系

杂交一代（F_1）动物亲代来自两个不同的近交系，杂交一代动物全部做实验用，一律不留种，否则后代会发生性状分离。应选择具有优势遗传特性的品系或具有实验要求的品系进行杂交，生产出杂交群供实验用。杂交一代群体应用在单克隆抗体中具有很大的优越性。由于BALB/c小鼠的繁殖性能差、抗病力弱，将雄性BALB/c小鼠与远交群小鼠KM、ICR或NIH的雌性小鼠杂交，所产生的杂交一代保留了BALB/c小鼠的特性，接种淋巴细胞杂交瘤，可产生大量腹水。该方法利用了KM、ICR或NIH雌性小鼠繁殖能力强的优点，产生的杂交一代还具备生长发育快、体型大、抗病力强等杂交优势。

（刘慧婷　薛智谋）

第三章 常见实验动物的生物学特点及应用

对实验动物饲养和动物实验人员来说，了解常用实验动物的生物学特性和解剖生理特点，是养好实验动物的基础、做好动物实验的前提。只有充分了解实验动物的特性，才能在实际工作中采取科学合理的饲养管理方式，科学地选择实验动物，合理地应用实验动物，正确地分析实验结果，得出准确、可靠的结论。

第一节 小 鼠

小鼠(mouse)，学名 *mus musculus*，在生物分类学上属于脊椎动物门—哺乳动物纲—啮齿目—鼠科—鼷鼠属—小家鼠种。野生小家鼠经过长期人工饲养和选择培育，已育成许多品种(品系)的小鼠，并广泛地应用于生物学、医学、兽医学领域的研究、教学以及药品和生物制品的研制和检定工作。

一、小鼠的生物学特性和解剖、生理特点

(一) 一般特性

1. 体型

小鼠是哺乳动物中体型最小的动物，出生时体重仅 1.5 g 左右，体长 20 mm 左右，1.5 月龄时体重可达 18～20 g，供实验使用，2 月龄达 25 g 左右。成年小鼠体重可达 30～40 g，体长 110 mm 左右，尾长和体长通常相等，雄性小鼠体型稍大。小鼠由于体型小，适于操作和饲养，且占据空间少，适于大量生产。

2. 生长期短、成熟早、繁殖力强

小鼠出生时赤裸无毛，全身通红，两眼紧闭，两耳贴在皮肤上，嗅觉和味觉功能发育完全；3 日龄脐带脱落，皮肤由红转白，有色鼠可呈淡淡的颜色，开始长毛和胡须；4～6 日龄，双耳张开耸立；7～8 日龄，开始爬动，下门齿长出，此时被毛已相当浓密；9～11 日龄，听觉发育完全，被毛长齐；12～14 日龄，睁眼，上门齿长出，开始采食饮水；3 周龄可离乳独立生活，雌鼠阴腔张开；25 日龄雄鼠睾丸从腹腔降至阴囊，35 日龄开始产生精子。一般雌鼠在 35～45 日龄、雄鼠在 45～60 日龄性发育成熟。雌鼠属全年多发情动物，发情周期为 4～5 d，妊娠期 19～21 d，哺乳期20～22 d，有产后发情的特点，特别有

利于繁殖生产，一次排卵 10～20 个，每胎产仔数 8～15 只，年产 6～9 胎，生育期为 1 年，寿命可达 2～3 年。

3. 性情温驯，胆小怕惊，对环境反应敏感

小鼠经过长期培育驯养，性情温驯，易于抓捕，一般不会咬人，但在哺乳期或雄鼠打架时，会出现咬人现象。小鼠对外界环境的变化敏感，不耐冷热，对疾病抵抗力差，不耐强光和噪声。

4. 小鼠喜黑暗、安静环境，喜啃咬

因门齿生长较快，需经常啃咬坚硬物品，习惯于昼伏夜动，其进食、交配、分娩多发生在夜间。小鼠群养时，雌雄要分开，过分拥挤会抑制生殖能力，雄鼠群居时易发生斗殴。

（二）解剖学特点

（1）齿式 2(门 1/1，犬 0/0，前臼 0/0，臼 3/3)＝16，门齿终生不断生长。

（2）肝脏分 4 叶：左叶、右叶、中叶和尾叶。雄鼠脾脏明显比雌鼠大，可大 50%。

（3）雄鼠生殖器官中有凝固腺，在交配后分泌物可凝固于雌鼠阴道和子宫颈内形成阴道栓。

（4）雌鼠子宫为双子宫型。出生时阴道关闭，从断奶到性成熟才慢慢张开。

（5）雌鼠有 5 对乳腺，3 对位于胸部，可延续到背部和颈部。两对位于腹部，延续到鼠蹊部、会阴部和腹部两侧，并与胸部乳腺相连。

（6）淋巴系统特别发达，性成熟前胸腺最大，35～80 日龄渐渐退化。

（7）小鼠有褐色脂肪组织，参与代谢和增加热能。

（三）生理特点

1. 消化

小鼠的胃容量小，功能较差，不耐饥饿；肠道短，且盲肠不发达，以谷物性饲料为主。与其他动物一样，小鼠肠道内存在大量的细菌，约 100 多种。这些细菌有选择地定居在消化道不同部位，构成一个复杂的生活系统，其生理作用有：① 抑制某些肠道病原菌的生长，从而增加对某些致病菌的抗病力；② 正常菌群可合成某些必需维生素，供小鼠体内生命代谢的需要；③ 维持体内各种重要生理功能的内环境稳定。

2. 体温与能量代谢

小鼠体温正常情况下为 37～39℃，对因环境温度的波动发生的生理学变化相当大。由于小鼠的体表蒸发面积与整个身体相比所占的比例较大，因此，小鼠对减少饮水比大多数哺乳动物更为敏感。

水分的保持可使小鼠体内热量稳定。如果小鼠依靠身体水分的蒸发来防止体温升高，就可能发生脱水导致休克；小鼠没有汗腺，它的唾液分泌能力有限，而且不能靠增加喘息来散热，所以，小鼠只有改变体温以部分地代偿环境的改变。小鼠以体温持续升高、代谢率持续下降以及耳血管扩张来增加散热，从而适应中度而持久的环境温度升高。

二、小鼠在医学生物学研究中的应用

小鼠体型小，生长繁殖快，且饲养管理方便，质量标准明确，品种(品系)较多，因此，

小鼠是医学生物学研究和药品、生物制品检定中应用最广泛的实验动物。

（一）药物研究

1. 筛选性实验

小鼠广泛用于各种药物的筛选性实验，如抗肿瘤药物、抗结核药物等的筛选。

2. 毒性试验和安全评价

(1) 由于小鼠对多种毒性刺激敏感，因此，小鼠常用于药物的急性、亚急性和慢性毒性试验以及半数致死量(LD_{50})测定。

(2) 新药临床前毒理学研究中的三致试验(致癌、致畸、致突变)常用小鼠进行。

(3) 药效学研究：利用小鼠瞳孔放大作用测试药物对副交感神经和神经接头的影响；用声源性惊厥的小鼠评价抗痉挛药物的药效。小鼠对吗啡的反应与一般动物相反，表现为兴奋，实验选择动物时应注意。

(4) 生物药品和制剂的效价测定。小鼠广泛用于血清、疫苗等生物制品的鉴定，生物效价的测定以及各种生物效应的研究。

（二）病毒、细菌和寄生虫病学研究

小鼠对多种病原体和毒素敏感，因而适用于流行性感冒、脑膜炎、狂犬病、支原体感染、沙门菌感染等疾病的研究。

（三）肿瘤学研究

小鼠有许多品系能自发肿瘤。据统计，近交系小鼠中大约有 24 个品系或亚系都有其特定的自发性肿瘤。如 AKR 小鼠白血病发病率为 90%，C3H 小鼠的乳腺癌发病率高达 90%～97%。这些自发性肿瘤与人体肿瘤在肿瘤发生学上相近，所以常选用小鼠自发的各种肿瘤模型进行抗癌药物的筛选。另外，小鼠对致癌物敏感，可诱发各种肿瘤模型，如用二乙基亚硝胺可诱发小鼠肺癌。

（四）遗传学研究

小鼠某些品系有自发性遗传病，如小鼠黑色素病、白化病、尿崩症、家族性肥胖和遗传性贫血等与人类发病相似，可以作为人类遗传性疾病的动物模型。重组近交系、同源近交系和转基因小鼠也常用于遗传学方面的研究。另外，小鼠的毛色变化多种多样，常利用小鼠的毛色做遗传学实验。

（五）免疫学研究

BALB/c 小鼠免疫后的脾细胞能与骨髓细胞融合，可用于单克隆抗体的制备和研究。免疫缺陷小鼠，如 T 细胞缺乏的裸鼠、严重联合免疫缺陷小鼠(SCID)、NK 细胞缺陷的 Beige 小鼠，既可用于研究“自然防御”细胞和免疫辅助细胞的分化、功能及其相互关系，也是人和动物肿瘤或组织接种用动物，这类小鼠已成为研究免疫机制的良好动物模型。

（六）计划生育研究

小鼠妊娠期短，繁殖力强，又有产后发情的特点，因此，适于计划生育方面的研究。

（七）内分泌疾病研究

小鼠肾上腺皮质肥大造成肾上腺皮质功能亢进，可发生类似人类的 Cushing 综合征；小鼠肾上腺淀粉样变性造成肾上腺激素分泌不足，可导致 Addison 病症状。因此，常用小鼠复制内分泌疾病的动物模型，用于内分泌疾病方面的研究。

（八）老年学研究

小鼠的寿命短，周转快，使它们在老年学研究中极为有用。很多抗衰老药物的研究可在小鼠身上进行。

（九）镇咳药研究

小鼠有咳嗽反应，可利用这一特点研究镇咳药物，成为必选实验动物。

（十）遗传工程研究

由于小鼠是哺乳类动物，在 6 000 万～7 000 万年前与人类有共同的祖先；小鼠也是继人类之后第 2 个开始基因组测序工程的哺乳类动物，对小鼠 DNA 初步的序列分析表明，小鼠和人类功能基因的同源性高达 90%以上。因此，小鼠是遗传工程、功能基因研究的最好材料。

三、小鼠的主要品种(品系)

小鼠品种（品系）繁多，可分为近交系、封闭群、杂交一代和突变系几大类群，下面择其主要加以介绍。

（一）近交系

国内外常用近交系如下：

1. 津白Ⅰ号（TAⅠ）和津白Ⅱ号（TAⅡ）小鼠

由天津医科大学（原天津医学院）育成。白化，津白Ⅰ号肿瘤自发率低，津白Ⅱ号高发乳腺癌，为 MA737 的宿主。

2. 615 小鼠

1961 年，由中国医学科学院血液研究所育成。深褐色，肿瘤发生率为 10%～20%，雌性为乳腺癌，雄性为肺癌，对津 638 白血病病毒敏感。

3. C57BL/6J 小鼠

1921 年由 Little 育成，是目前使用最广泛的实验小鼠，C57BL/6J 也是继人类之后第 2 个开始基因组测序工程的哺乳类动物。其体毛为黑色，低发乳腺癌，对放射耐受性强，眼畸形，口唇裂发生率为 20%，淋巴细胞性白血病发生率为 6%，对结核杆菌有耐受性，嗜酒。目前广泛应用于小鼠的遗传工程研究、肿瘤学和生理学研究。

4. A 和 A/He 小鼠

1921 年由 Strong 育成，为白化小鼠。雌性乳腺癌发病率为 30%～50%，对麻疹病毒高度敏感。

5. BALB/c 小鼠

1913 年由 Bagg 从美国商人处获得，1923 年由 Mac Dowell 育成。白化小鼠，乳腺癌发病率低，雌性肺癌发病率约 26%，雄性约 29%。该类小鼠常有动脉硬化，血压较高，老年雄性多有心脏损害，对辐照极敏感。常用于肿瘤学、免疫学、生理学、核医学和单克隆抗体的研究。

6. C3H/He 小鼠

1920 年由 Strong 培育而成。C3H 是国际上使用最广的品系之一。野生色，乳腺癌发病率约为 97%，对致肝癌物质感受性强，对狂犬病病毒敏感，对炭疽杆菌有抵抗力，可用于免疫学、肿瘤学、生理学和核医学的研究。

7. DBA小鼠

1907—1909年由Little育成的第1个近交品系的小鼠。浅灰色，常用亚系为DBA/1、DBA/2、DBA/1抗DBA/2。1年以上雄鼠乳腺癌发病率约为75%，对结核杆菌、鼠伤寒杆菌敏感；老龄雄鼠有钙质沉着。DBA/2乳腺癌发病率：雄性为66%，育成雄鼠为30%；白血病发病率：雌鼠为6%，雄鼠为8%。主要用于肿瘤学、微生物学研究。

8. 129/Sv-*ter*/+小鼠

亚系从129/Sv-WCP衍生出来。灰野生色。睾丸畸胎瘤自发率为30%。多发生于怀孕第12～13 d。基因剔除小鼠的胚胎干细胞来自美国Jackson实验室129/Sr-*ter*/+的胚胎干细胞。所以129品系常用于遗传工程小鼠的研究。

9. FVB小鼠

白色，产仔率高，达7～9只，生活力强，FVB小鼠圆核期受精卵大，雄性圆核清楚，是显微注射转基因的首选小鼠。

（二）突变系

国内外常用突变品系小鼠如下：

1. 肌萎缩症小鼠(dystrophia muscularis，dy)

纯合子dy小鼠大约在出生后2周可见后肢拖地，表现为进行性肌衰弱和广泛性肌萎缩。雌性基本不育。常用亚系为129/ReJ-*dy*，该鼠肌萎缩与人肌萎缩症相似。

2. 肥胖小鼠(obese，ob)

体重可达60 g，出生4～8周就显示肥胖症。该小鼠无糖尿病，无生育力，需用杂合子交配保种。这种小鼠肥胖症与人肥胖症相似。

3. 白内障小鼠(dominant cataract，cat)

显性遗传，10～14日龄晶状体浑浊，当cat小鼠为杂合状态时即表现出白内障。可作为眼科动物模型。

4. 侏儒小鼠(dwarf，dw)

缺乏脑下垂体前叶的生长素和促甲状腺素，生长发育受阻。纯合子dw小鼠在12～13胚龄时表现为短尾、短鼻，7日龄就可见体形相对较小。8周龄体重达8～10 g，成年时体重为正常小鼠的1/4。雌性和雄性均无繁殖力，只能用杂合子保存dw基因。用于生长素等内分泌研究。

5. 糖尿病小鼠(diabetes，db)

纯合子db小鼠在3～4周龄时，腋下和腹股沟皮下组织出现胎脂异常沉积。此时血糖升高，可高达682 mg/100mL。雌鼠无生殖能力。表现为肥胖、高血糖、糖尿、蛋白尿、多尿等症状。

6. 裸小鼠(Nude，nu)

裸小鼠属突变系小鼠。1962年，英国Grist在非近交系小鼠中偶然发现个别无毛小鼠。2年后，Flanagan证实该类小鼠不同于一般无毛小鼠的突变种，取名为Nude小鼠。1968年，Pantelouris发现该突变种小鼠无胸腺，从而揭开了该动物的面纱。后经研究证实,该小鼠先天性无胸腺,其T淋巴细胞功能缺陷,是由于一个隐性突变基因所致。该基因位于第11对染色体上,常用“*nu*”表示裸基因符号。将裸基因“*nu*”导入其他品系小鼠中可获得不同的突变系。常用的裸小鼠突变系有BALB/c-*nu*、NC-*nu*、C3H-*nu*、Swiss-*nu*等。

裸小鼠纯合子(nu/nu)全身几乎无毛,偶见背部有稀疏的带状毛,皮薄有皱褶(图3-1-1)。BALB/c-*nu*皮肤色素为浅红色,白眼;C3H-*nu*为灰白色,黑眼;C57BL-*nu*为黑灰色至黑色,运动功能正常。裸小鼠胸腺仅有残迹或异常上皮,这种上皮不能使T细胞正常分化,缺乏成熟T细胞的辅助、抑制和杀伤功能。因而,细胞免疫力低下,失去正常T细胞功能,但其B淋巴细胞功能基本正常。成年裸小鼠(6~8周龄)较普通鼠有较高水平的NK细胞活性,而幼鼠(3~4周龄)的NK细胞活性低下,裸小鼠粒细胞数比普通小鼠低。裸小鼠的发现为肿瘤学等方面的动物实验研究提供了一种难得的模型材料,目前该小鼠已成为医学研究领域中不可缺少的模型动物之一。

图3-1-1 裸小鼠

7. 严重联合免疫缺陷小鼠(severe combined immunodeficiency, scid)

即重度联合免疫缺陷小鼠,属突变系小鼠。1983年,美国Bosma在近交系C.B—17小鼠中发现了该小鼠。scid小鼠是位于第16对染色体的称之为scid的单个隐性突变基因所导致。

scid小鼠外观与普通小鼠差别不大。有毛,被毛白色,体重、发育正常。但胸腺、脾、淋巴结的重量一般均不及正常小鼠的30%,组织学上表现为淋巴细胞显著缺乏。胸腺多被脂肪组织包围,没有皮质结构,仅残存髓质,主要由类上皮细胞和成纤维细胞构成,边缘偶见灶状淋巴细胞群。脾白髓不明显,红髓正常,脾小体无淋巴细胞聚集,主要由网状细胞构成。淋巴结无明显皮质区,副皮质区缺失,由网状细胞占据。小肠黏膜下和支气管淋巴集结较少见,结构内无淋巴聚集。

scid小鼠的细胞和体液免疫功能均缺陷,但非淋巴性造血细胞分化不受突变基因的影响,巨噬细胞、粒细胞、巨核细胞、红细胞等呈正常状态。NK细胞及淋巴因子激活(LAK)细胞也呈正常状态。特别值得注意的是少数scid小鼠在青年期可出现一定程度的免疫功能恢复，此即为 scid 小鼠的渗漏现象。其渗漏现象不遗传，但与小鼠的年龄、品系、饲养环境有关。有资料表明 C3H－scid 小鼠的渗漏率低于C. B－scid小鼠，其渗漏机制尚不清楚。

scid 小鼠极易死于感染，在高度洁净的 SPF 环境下可存活 1 年以上。两性均可生育，窝产仔数约 3～5 只。scid 小鼠是继裸小鼠出现之后，人类发现的又一种十分有价值的免疫缺陷动物。在肿瘤学、免疫学等研究中，scid 小鼠的使用已越来越广泛。

（三）封闭群小鼠

国内封闭群小鼠主要有 5 种。

1. KM 小鼠

首先由印度 Haffking 研究所引入我国云南省昆明市，1952 年从昆明引入北京生物制品研究所，后遍及全国，用随机交配方式饲养，为我国主要的实验小鼠。KM 小鼠抗病力强，适应性强，广泛用于药理、毒理、微生物研究及药品、生物制品的疗效实验和安全性评价。

2. NIH 小鼠

由美国国立卫生研究院培育而成。白化，繁殖力强，产仔成活率高，雄性好斗。广泛用于药理、毒理研究以及生物制品的检定。

3. CFW 小鼠

起源于 Wistar 小鼠，1936 年英国 Carwarth 从 Rockeffler 研究所引进，经过 20 代近亲兄妹交配后，采用随机交配而育成。

4. ICR 小鼠

起源于美国 Haus Chka 研究所。产仔多，抗病力强，适应性强，是我国使用较广的封闭群小鼠之一。广泛用于药理、毒理、微生物研究及药品、生物制品的疗效实验和安全性评价。

5. LACA 小鼠

CFW 小鼠引进英国实验动物中心后，改名为 LACA。1973 年我国从英国实验动物中心引进。

第二节　大　　鼠

大鼠，学名 *rattus norvegicus*，脊椎动物门—哺乳动物纲—啮齿目—鼠科—家鼠属—褐家鼠种。大鼠是野生褐家鼠的变种，18 世纪后期开始人工饲养，现在已被广泛应用于生命科学等研究领域。

一、大鼠的生物学特性和解剖、生理特点

（一）一般特性

(1) 大鼠是昼伏夜动的杂食动物。大鼠白天喜欢挤在一起休息，晚上活动量大，吃食多。食性广泛，每天的饲料消耗量为 5 g/100 g 体重，饮水量为 8～11 mL/100 g 体重，排尿量为 5.5 mL/100 g 体重。

(2) 大鼠喜啃咬,性情较温顺,抗病力强。大鼠门齿较长,被激怒时易咬手,尤其是哺乳期母鼠,常会主动咬工作人员喂饲时伸入鼠笼的手。对外环境适应性强。饲料为颗粒料,软硬适度,以符合其喜啃咬习性。

(3) 大鼠的汗腺不发达,仅在爪垫上有汗腺,尾巴是散热器官。大鼠在高温环境下靠流出大量的唾液来调节体温。

(4) 大鼠的嗅觉灵敏。大鼠对空气中的灰尘、氨气、硫化氢极为敏感。如饲育间不卫生,可引起大鼠患肺炎或进行性肺组织坏死而死亡。

(5) 大鼠对噪音敏感。噪音能使其内分泌系统紊乱,性功能减退,吃仔或死亡。所以饲育大鼠的环境必须安静。

(6) 大鼠对营养缺乏非常敏感,特别是对氨基酸、蛋白质、维生素的缺乏十分敏感。大鼠体内有合成维生素 C 的功能。

(7) 大鼠对于湿度要求严格,室内应保持相对湿度 40%～70%。如空气过于干燥,易发生环尾病,可发展为尾巴节节脱落或坏死。

(8) 大鼠的肝脏再生能力强,无胆囊,不能呕吐。

(9) 大鼠的垂体、肾上腺功能发达,应激反应敏感,行为表现多样,情绪敏感。

(二) 解剖学特点

(1) 齿式 2(门 1/1,犬 0/0,前臼 0/0,臼 3/3)=16,门齿终生不断生长。

(2) 大鼠垂体较弱地附于漏斗下部;胸腺由叶片状灰色柔软腺体组成,在胸腔内心脏前方;无扁桃体。

(3) 食管和十二指肠相距很近。胃内有一条皱褶,收缩时会堵住贲门口,不会呕吐。胃分前后两部分,前胃壁薄,后胃壁厚,由腺组织构成。肠道较短,盲肠较大。

(4) 肝脏分 6 叶,没有胆囊,胰腺分散,位于十二指肠和胃弯曲处。空肠、回肠上有 18 个淋巴集结。

(5) 肾脏为蚕豆形,单乳头肾,肾浅表部位即有肾单位,肾前有一米粒大小肾上腺。

(6) 雄鼠腹股沟一生开放,30～40 d 睾丸下沉,有阴茎软骨,生殖器突出。副性腺发达。

(7) 雄性生殖器呈圆形,有凹沟;雌性子宫呈 Y 形,双子宫颈。胸部和鼠蹊部各有 3 对乳头。

(三) 生理学特点

(1) 繁殖能力强,雄鼠 2 月龄、雌鼠 2.5 月龄达性成熟,性周期 4.4～4.8 d,妊娠期 19～21 d,哺乳期 21 d,每胎平均产仔 8 只,胸部及鼠蹊部各有乳头 3 对,故带仔不宜多于 8 只。初生仔无毛,闭眼,耳粘贴皮肤,耳孔闭合,体重 6～7 g。出生后 3～5 d 耳朵张开,约 7 d 可见明显被毛,8～10 d 门齿长出,14～17 d 开眼,19 d 第 1 对臼齿长出,21 d 第 2 对臼齿长出,35 d 第 3 对臼齿长出,45～50 d 睾丸下降,60～70 d 阴道开口,可据此初步判定大鼠日龄。

(2) 成年雌鼠在发情周期不同阶段,阴道黏膜可发生典型变化,采用阴道涂片法观察性周期中阴道上皮细胞的变化,可推知性周期各个时期中卵巢、子宫状态及垂体激素的变动。

(3) 发情多在夜间,排卵多在发情后第 2 天清晨 2～5 时,雌性大鼠于交配后产生的阴道栓常碎裂成 3～5 块,乳白色,可能带有血液落入粪盘中。

(4) 大鼠(包括小鼠)心电图中没有 ST 段,甚至有的导联也不见 T 波。

二、大鼠在医学生物学研究中的应用

大鼠体形大小适中,繁殖快,产仔多,易饲养,给药方便,采样量合适且容易,畸胎发生率低,行为多样化,在实验研究中应用广泛,数量上仅次于小鼠,在实验动物中大鼠占20%以上。

(一) 药物研究

1. 药物安全性评价试验

大鼠常用于药物亚急性、慢性毒性试验、致畸试验和药物毒性作用机制的研究,以及某些药物副作用的研究。

2. 药效学研究

(1) 大鼠血压和血管阻力对药物的反应很敏感,常用做研究心血管药物的药理和调压作用,还可用于心血管系统新药的筛选。

(2) 大鼠常用于抗炎药物的筛选和评价,如对多发性、化脓性及变态反应性关节炎、中耳炎、内耳炎、淋巴结炎等治疗药物的评价。

(3) 神经系统药物的筛选和药效研究。

(二) 行为学研究

大鼠行为表现多样,情绪反应敏感,具有一定的变化特征,常用于研究各种行为和高级神经活动的表现。

(1) 利用迷宫实验测试大鼠的学习和记忆能力。

(2) 利用奖励和惩罚实验,如采用跳台实验等方法,测试大鼠记忆判断和回避惩罚的能力。

(3) 大鼠适合用于成瘾性药物的行为学研究,如在一定时间内给大鼠喂饲一定剂量的酒精、咖啡因后,大鼠对上述药物产生依赖以及行为改变。

(4) 利用大鼠研究那些假定与神经反射异常有关的行为情景,如进行性神经官能症、抑郁性精神病、脑发育不全或迟缓等疾病的行为学研究。

(三) 肿瘤学研究

大鼠对化学致癌物敏感,可复制出各种肿瘤模型。

(四) 内分泌研究

大鼠的内分泌腺容易摘除,常用于研究各种腺体及激素对全身生理、生化功能的调节、激素和靶器官的相互作用、激素对生殖功能的影响等实验研究。

(五) 感染性疾病研究

大鼠对多种细菌、病毒、毒素和寄生虫敏感,适宜复制多种细菌性和病毒性疾病模型。

(六) 营养学和代谢疾病研究

大鼠对营养缺乏敏感,是营养学研究的重要动物。如对维生素 A、维生素 B 和蛋白质缺乏及氨基酸和钙磷代谢的研究常用大鼠。

(七) 肝脏外科学研究

大鼠肝脏内约 90%的枯否细胞有吞噬能力,即使切除肝叶 60%～70%后仍能再生，因此，常用于肝脏外科的研究。

（八）计划生育研究

大鼠性成熟早，繁殖快，为全年多发情动物，适合做抗生育、抗着床、抗早孕、抗排卵和避孕药筛选实验。

（九）遗传学研究

大鼠的毛色变化很多，具有多种毛色基因类型，在遗传学研究中常应用。

（十）老年病学研究、放射学研究及中医中药研究

三、大鼠主要品种及品系

大鼠按遗传学控制分类可分为近交系、封闭群、杂交群，近交系与封闭群动物除包括常规品系外，还包括基因突变品系动物，即所谓的“突变系动物”。

1. Wistar 大鼠

封闭群大鼠，被毛白色，1970 年由美国 Wistar 研究所育成，是我国引进早、使用最广泛、数量最多的品种。其特点为头部较宽、耳朵较长、尾的长度小于身长。性周期稳定，繁殖力强，产仔多，平均每胎产仔在 10 只左右，生长发育快，性情温顺，对传染病的抵抗力较强，自发肿瘤发生率低。

2. SD 大鼠

封闭群大鼠，被毛白色，1975 年由美国 Sprague Dawley 农场用 Wistar 大鼠培育而成。头部狭长，尾长度近于身长，产仔多，生长发育较 Wistar 大鼠快，对疾病的抵抗力尤其是对呼吸道疾病的抵抗力强。自发肿瘤发生率较低，对性激素感受性高。

3. F344/N 大鼠

近交系大鼠，被毛白色，1920 年由美国哥伦比亚大学肿瘤研究所 Curtis 培育，我国从美国国立卫生研究院（NIH）引进。平均寿命：雄鼠 31 个月，雌鼠 29 个月。旋转运动性差，血清胰岛素含量低。免疫学上，原发性和继发性脾红细胞免疫反应性低。肿瘤自发率乳腺癌雄鼠约 41%，雌鼠约 23%；垂体腺瘤雄鼠约 36%，雌鼠约 24%；睾丸间质细胞瘤约 85%；甲状腺瘤约 22%；单核细胞白血病约 24%；雌鼠乳腺纤维腺瘤约 9%，多发性子宫内膜肿瘤约 21%。可允许多种肿瘤移植生长。广泛用于毒理学、肿瘤学、生理学等研究领域。

4. Lou/CN 和 Lou/MN 大鼠

近交系大鼠，被毛白色，由 Bazin 和 Beckers 培育出浆细胞瘤高发系 Lou/CN 和低发系 Lou/MN，两者组织相容性相同，我国 1985 年从 NIH 引进。Lou/CN 大鼠 8 月龄以上，浆细胞瘤自发率雄鼠 30%，雌鼠 16%，常发生于回盲部淋巴结。常用于单克隆抗体的研制，其腹水量较用 BALB/c 小鼠多几十倍，可大量生产。

5. M520 大鼠

近交系大鼠，被毛白色，1920 年由美国哥伦比亚大学肿瘤研究所 Curtis 培育，我国从 NIH 引进。低血压，易感囊虫，易患肾炎。小于 18 日龄时，子宫瘤，脑垂体前叶瘤，肾上腺皮质、髓质及间质细胞瘤的发生率在 10%以下。大于 18 日龄时，子宫瘤发生率 12%～15%，肾上腺髓质瘤发生率 65%～85%，脑垂体前叶瘤发生率 20%～40%，未交配雄鼠肾上腺间质细胞瘤发生率约 35%。

6. ACI大鼠

近交系大鼠,被毛黑色,腹部和脚白色。1926年由美国哥伦比亚大学肿瘤研究所Curtis和Dunning培育。平均寿命:雄鼠113周,雌鼠108周。该鼠易发生先天性畸形,28%的雄鼠和20%的雌鼠患有遗传缺陷病。其仔鼠矮小,繁殖力差,胚胎死亡率高。雄鼠肿瘤自发率:睾丸瘤约46%,肾上腺瘤约16%,脑垂体肿瘤约5%,前列腺瘤约17%,皮肤、耳道瘤约6%;雌鼠肿瘤自发率:脑垂体瘤约21%,子宫瘤约13%,乳腺瘤约11%,肾上腺瘤约6%。

7. SHR/OIa大鼠

又称自发性高血压大鼠,属突变系大鼠,被毛白色。1963年由日本京都大学医学部Okamoto从Wistar大鼠中选育而成。该鼠生育力及寿命无明显下降,可养13～14个月,繁殖时每代均应选择高血压大鼠为亲本。其特性是自发性高血压,且无明显原发性肾脏或肾上腺损伤,在10周龄后雄鼠收缩压为26.66～46.66 kPa,雌鼠为23.99～26.66 kPa,心血管疾病发病率高。该鼠对抗高血压药物有反应,是筛选抗高血压药物的良好动物模型。

8. 癫痫大鼠

突变系大鼠。用铃声刺激会旋转起舞数秒钟,然后一侧倒地发作癫痫,与人的癫痫很相似,可用做研究人癫痫病的动物模型。

9. 肥胖症大鼠

突变系大鼠。该鼠子宫小且发育不全,雌性不育,雄性生殖器官外观正常,偶有繁殖力。在3周龄时就表现肥胖,5周龄肥胖明显,食量大,体重比正常大鼠大1倍,雄鼠可达800 g,雌鼠可达500 g。血浆中脂肪酸总量增加约10倍,胆固醇和磷脂的含量也增高。可用做研究人肥胖症的动物模型。

10. 尿崩症大鼠

突变系大鼠。该鼠表现为烦渴、多尿,日饮水量及排尿量高于正常大鼠的3～10倍。其尿崩症是由于下丘脑-神经垂体系统的病变,使血管加压素和抗利尿激素分泌减少所引起的。有遗传性合成加压素缺陷,是研究尿崩症的动物模型。

第三节　豚　　鼠

豚鼠(guinea pig),学名*avia porcellus*,又名天竺鼠、海猪、荷兰猪,哺乳纲—啮齿目—豚鼠科—豚鼠属—豚鼠种。由于豚鼠性情温顺,后被人工驯养。1780年首次用于热原试验,现分布于世界各地。

一、豚鼠的生物学特性和解剖、生理特点

(一)一般特性

1. 采食行为

豚鼠属单食性动物,其咀嚼肌发达,胃壁较薄但盲肠发达,几乎占腹腔容积的1/3,喜食禾本科嫩草,对粗纤维需要量比家兔高,两餐之间也有较长的休息时间,一般不食

苦、咸、辣和甜的饲料，对发霉变质的饲料也极敏感，常因此引起减食、废食和流产等。

2. 居住行为

豚鼠喜群居，一雄多雌的群体形成明显的稳定性，其活动、休息、采食多呈集体行为，休息时紧挨躺卧。豚鼠喜欢干燥清洁的生活环境且需较大面积的活动场地，单纯采用笼养方式易发生足底溃烂。

豚鼠性情温顺，很少发生斗殴，斗殴常发生在新集合在一起的成年动物中，特别是其中有两个以上雄性种鼠时较常发生。豚鼠很少咬伤饲养管理和实验操作人员。

豚鼠胆小易惊，对外界突然的响声、震动或环境的变化十分敏感，常出现呆滞不动、僵直不动，可持续数秒至 20 s 后四散逃跑，此时表现为耳廓竖起（即普赖反射），并发出一种“吱吱”的尖叫声。

3. 性行为

雌鼠发情期间，雄鼠接近追逐并发出低鸣声，其后出现嗅、转圈、啃、舔和爬跨等行为。雌鼠交配时采取脊柱前凸的姿势，后半身抬高，交配完成表现为舔毛，雄鼠迅速跑开。

（二）解剖学特点

（1）齿式 2(门 1/1, 犬 0/0,前臼 1/1,臼 3/3)＝20。36 块脊椎骨，趾上的爪锐利。耳蜗网发达，故听觉敏锐，听觉音阈广，两眼明亮。耳壳较薄，血管鲜红明显，上唇分裂。

（2）肺分 7 叶，右肺 4 叶，左肺 3 叶。胸腺在颈部，位于下颌骨角到胸腔入口之间，有两个光亮、淡黄、细长、椭圆形充分分叶的腺体。肝分 5 叶；胃壁很薄，主要是皱襞；肠管较长，约为体长的 10 倍；盲肠极大，占腹腔容积的 1/3，充满时，约占体重的 15%。

（3）雄性豚鼠精囊很明显，阴茎端有两个特殊的角形物。雌鼠有左右两个完全分开的子宫角，有阴道闭合膜，仅有一对乳腺，位于鼠蹊部，左、右各一。

（三）生理学特点

1. 生长发育

豚鼠生长发育的快慢与其品种、品系、胎次、哺乳只数、雌鼠哺乳能力以及饲养条件等相关。豚鼠的怀孕期比较长，为 59～72 d，怀孕后期体重几乎是原来的 1 倍，胚胎发育完全，胎鼠于出生后 4～5 d 就能吃块料，一般出生后 15 d 体重比初生时增加 1 倍左右，出生后 2 个月体重能达到 400 g 左右，5 个月为成熟期的体重，雌鼠约 700 g，雄鼠在 750 g 左右。

豚鼠的寿命与品种、营养及饲养环境有关，一般为 4～5 年，有报道可存活 8 年，种鼠的使用期限一般在 1.5 年以内，一般实验用的年龄则更短一些。

2. 体温调节

豚鼠自身体温调节能力比较差，受外界温度变化影响较大，新生的仔鼠更为突出。当室内温度反复变化比较大时，易造成豚鼠自发性疾病流行，当室温升至35～36℃时，易引起豚鼠急性肠炎（由链球菌和大肠杆菌等细菌引起）。饲养豚鼠最适温度在18～22 ℃。

豚鼠对青霉素、四环素、红霉素等抗生素特别敏感，给药后易引起急性肠炎或死亡。对青霉素敏感性比小鼠高 100 倍，无论其剂量多大、途径如何，均可引起小肠炎和结肠炎，使其死亡。

3. 生殖

豚鼠是非季节性的连续多次发情。豚鼠的妊娠期平均为 64 d(59～72 d)，豚鼠性周期为 13～20 d(平均 16 d)，每次发情时间在 1～18 h，多在下午 5 点到第 2 d 早晨 5 点，排卵是发情的结束。在分娩后 12～15 h 后出现 1 次产后发情，可持续 19 h，此时受孕率可达 80%。

豚鼠的性成熟：雌性为 30～45 日龄，雄性为 70 日龄。豚鼠的性成熟并非体成熟，只有达到体成熟时才能交配繁殖后代。

二、豚鼠在医学生物学研究中的应用

豚鼠因其特殊的生物学特性，已经被广泛地应用于药学、传染病学、免疫学、营养学、耳科学等各项医学及生物学的研究中，并且其中有些实验研究必须使用豚鼠而不能用其他实验动物替代。豚鼠在动物实验中的应用量占第 4 位。

（一）药学研究

豚鼠可用于制作多种疾病的动物模型，常用于药物、化妆品等的药效评价实验和安全性评价实验等。

(1) 常用豚鼠做镇咳药物的药效学评价。

(2) 豚鼠对多种药物敏感，如局部麻醉药物、抗生素等，可用于这些药物的药理学或毒理学研究。

(3) 豚鼠对组织胺类药物很敏感，是用于测试平喘和抗组织胺药物的良好动物模型。

(4) 豚鼠对结核杆菌高度敏感，是研究各种治疗结核病药物的首选实验动物。

(5) 豚鼠皮肤对毒物刺激反应灵敏，与人类相似，可用于毒物对皮肤的刺激试验，常用于化妆品等的安全性评价。

(6) 豚鼠怀孕期长，胚胎发育完全，适用于药物或毒物对胚胎发育后期的影响的实验研究。

（二）传染病学研究

豚鼠对很多致病菌和病毒敏感，可复制各种感染的病理模型，常用于结核、鼠疫、钩端螺旋体病、沙门菌感染、大肠杆菌感染、布氏杆菌感染、斑疹伤寒、炭疽杆菌感染、淋巴脉络丛性脑膜炎、脑脊髓炎、疱疹病毒感染等细菌性和病毒性疾病的研究。豚鼠的腹腔是一个天然滤器，有很强的抗微生物感染能力，可用豚鼠分离很多微生物如立克次体、鹦鹉热衣原体等。豚鼠对人型结核杆菌具有高度的易感性，而家兔则对人型结核杆菌不敏感，利用这一点可以鉴别细菌的类型。豚鼠受结核杆菌感染后的病变酷似人类的病变，是结核病诊断及病理研究的首选实验动物。

（三）免疫学研究

豚鼠是速发型过敏性呼吸道疾病研究的良好动物模型，是过敏性休克和变态反应性疾病研究的首选实验动物。豚鼠的迟发型超敏反应与人类相似，最适合进行这方面的研究。豚鼠易于过敏，给豚鼠注射马血清很容易成功复制过敏性休克动物模型。常用实验动物对致敏性物质反应程度的高低顺序为：豚鼠＞家兔＞犬＞小鼠＞猫＞蛙。常用实验动物中，豚鼠血清补体活性最高，是免疫学试验（血清学诊断）中补体的主要来源。

（四）营养学研究

由于豚鼠自身不能合成维生素C，故可利用豚鼠进行维生素C缺乏引起的坏血病的研究。在叶酸、硫胺酸、精氨酸等营养成分的研究中，也常常用到豚鼠。豚鼠的抗缺氧能力强，适宜做耐缺氧实验研究。豚鼠的血管反应灵敏，出血症状明显，适宜做出血性和血管通透性实验。

（五）耳科学研究

豚鼠耳廓大，耳道宽，耳蜗和血管延伸至中耳腔，便于进行手术操作和内耳微循环的观察。耳蜗管对声波敏感（普赖尔反射），适用于进行噪声对听力的影响的研究。

（六）悉生学研究

豚鼠是胚胎发育完全动物，采食早，易于成活，因此，在悉生学研究中很有应用价值。

（七）其他研究应用

豚鼠还适用于妊娠毒血症、动物代血浆、自发性流产、睾丸炎、肺水肿及畸形足等方面的研究。

三、豚鼠常用品种及品系

豚鼠品种主要有英国种、阿比西尼亚种、秘鲁种和安哥拉种，也可根据毛的特性不同分为短毛、硬毛和长毛3种。目前用做实验动物的为英国种短毛豚鼠，其余3种豚鼠不适宜用做实验动物。英国种豚鼠被毛短而光滑，其毛色有单毛色、两毛色和三毛色，其中单毛色可有白色、黑色、棕色、灰色、淡黄色和杏黄色等；两毛色可有黑白色、黑棕色等；三毛色主要是黑白棕色。该品种繁殖力强，生长迅速，性情活泼、温顺，体格健壮，母鼠善于哺乳。

目前在国内应用的豚鼠也属英国种豚鼠，但长期以来，我国应用的豚鼠来源不甚清楚，加之均为封闭群动物，因此均未准确地描述其品种或品系名称，通称为豚鼠。

由于豚鼠的妊娠期比较长（59～72 d），每胎产仔数又较少（一般2～3只），培育新品系比较困难，故其品系数量较少。

第四节 地　　鼠

地鼠（hamster），又名仓鼠，啮齿目—鼠科—地鼠亚科。实验用地鼠由野生地鼠驯养而成。作为实验动物的地鼠主要是金黄地鼠（golden hamster）、中国地鼠（Chinese hamster）。

一、地鼠的生物学特性和解剖、生理特点

（一）一般特性

成年金黄地鼠体长16～19 cm，尾粗短，耳色深呈圆形，眼小而亮，被毛柔软。常见地鼠脊背为鲜明的淡金红色，腹部与头侧部为白色。由于突变毛色和眼的颜色产生诸多变异，可有野生色、褐色、乳酪色、白色、黄棕色等，眼亦有红色和粉红色。

昼伏夜行，一般于夜晚 20:00～23:00 活动频繁，行动不敏捷，易于捕捉。金黄地鼠牙齿很坚硬、胆小、警觉、敏感、嗜睡。具有储食习性，常有食仔癖。喜居温度较低、湿度稍高环境。

中国地鼠是灰褐色，体型小，长约 9.5 cm，眼大黑色，外表肥壮、迟钝、短尾，背部从头顶直至尾基部有一暗色条纹。行动迟缓，喜独居，晚上活动，白天睡眠。雌鼠好斗，非发情期不让雄地鼠靠近。

（二）解剖学特点

(1) 地鼠齿式 2(门 1/1，犬 0/0，前臼 0/0，臼 3/3)＝16。

(2) 金黄地鼠颊囊位于口腔两侧，由一层薄而透明的肌膜组成，用以运输和贮藏食物。雌鼠乳头有 6～7 对。

(3) 中国地鼠颊囊容易牵引翻脱。无胆囊，胆总管直接开口于十二指肠。大肠相对较短，其长度与体长比值比金黄地鼠小 1 倍。细支气管上皮为假复层柱状上皮，与人类相近。睾丸硕大，占体重的 3.5%。

（三）生理学特点

(1) 金黄地鼠性成熟约在出生后 30 d，性周期 4～5 d，妊娠期平均 15.5 d(14～17 d)，是妊娠期最短的哺乳类实验动物。哺乳期 21 d，窝仔数 4～12 只，有假孕现象。4～9℃发生冬眠。

(2) 金黄地鼠发育生长迅速，从受精卵到成熟需 60 d，寿命 2～3 年。

(3) 中国地鼠约于出生后 8 周性成熟，性周期平均 4.5 d(3～7 d)，妊娠期平均 20.5 d(19～21 d)，哺乳期 20～25 d，乳头 4 对。发育生长与小鼠相近，寿命 2～2.5 年。

二、地鼠在医学生物学研究中的应用

金黄地鼠应用较广泛，在微生物学、牙科学、遗传学、免疫学、肿瘤学、毒理学等许多学科都有广泛的应用；而中国地鼠应用范围较窄。

（一）金黄地鼠的应用

1. 肿瘤移植、筛选、诱发和治疗研究

金黄地鼠的颊囊是缺少组织相容性抗原的免疫学特殊区，肿瘤组织接种在颊囊后，易在颊囊中生长，因而易于观察药物、射线等对瘤组织的影响，也可进行肿瘤生物学的研究，并可利用颊囊观察致癌物的反应。另外，地鼠对可以诱发肿瘤的病毒也很敏感。因此，金黄地鼠广泛应用于研究肿瘤增殖、致癌、抗癌、移植、药物筛选、X 射线治疗等。

2. 生殖生理和计划生育研究

地鼠成熟早，妊娠期短，平均 15.5 d；性周期准确而有规律，4～5 d，繁殖周期短。同时人的精子能穿透金黄地鼠卵子的透明带，便于生殖生理和计划生育研究。另外颊囊黏膜适合于观察淋巴细胞、血小板、血管反应变化，适用于血管生理学和微循环的研究。地鼠还可用做老化、冬眠、行为及内分泌等方面的研究。

3. 营养学研究

金黄地鼠可用于维生素 A、E 及 B_2 缺乏症的研究。

4. 传染病学研究

金黄地鼠自发感染病较少，但实验诱发传染病很容易，可用于多种细菌病、病毒病及寄生虫病的研究。金黄地鼠还可用于狂犬病毒、乙型脑炎病毒的研究及疫苗的生产和检定。

5. 牙科学研究

金黄地鼠蛀牙产生与饲料及口腔微生物有关，可广泛地应用于龋齿的研究。

（二）中国地鼠的应用

1. 遗传学研究

中国地鼠染色体大，数量少，易于相互鉴别，是研究染色体畸变和染色体复制机制的极好材料。中国地鼠还可应用于细胞遗传、辐射遗传和进化遗传方面的研究。

2. 糖尿病研究

近交系中国地鼠易发生自发性遗传性糖尿病，是研究真性糖尿病良好的动物模型。

3. 组织培养研究

在中国地鼠的组织细胞体外培养中，不仅容易建立保持染色体在二倍体水平的细胞株，而且还在抗药性、抗病毒性、温度敏感性和营养需要的选择中，建立了许多突变型细胞株，因而成为诱变和致癌研究的实验工具。

4. 传染病学研究

中国地鼠对多种细胞、病毒和寄生虫高度敏感，是内脏利什曼病和阿米巴肝脓肿极佳的动物模型。此外，中国地鼠还常用于弓形虫、阴道毛滴虫等的研究，对白喉及结核杆菌的敏感性高于小鼠和豚鼠，中国地鼠的睾丸是这两种细菌极佳的接种器官。

三、地鼠的主要品种

（一）金黄地鼠

世界上育成的已知金黄地鼠近交系 38 种，突变系 17 种，远交群 38 种。目前使用的金黄地鼠大部分属于远交群，繁殖性能良好（图 3-4-1）。我国现在繁殖和使用量最多的亦属远交群动物。武汉生物制品研究所在 1983 年从其饲养的种群中发现了白化个体，现已育成了近交系，目前正对其特征及用途进行观察试验。

图 3-4-1 金黄地鼠

（二）中国地鼠

中国地鼠已育成二十多个不同种群，其中包括 4 个近交系，分别为：A/GY、8Aa/GY、B/GY 和 C/GY，用于糖尿病、肿瘤移植、癫痫以及遗传学等的研究。

第五节 家 兔

家兔(rabbit)，学名 *oryctolagus cuniculus*，哺乳动物纲—兔形目—兔科—穴兔

属一穴兔种。家兔是由野生穴兔经驯养选育而成的。

一、家兔的生物学特性和解剖、生理特点

1. 一般特性

(1) 生长发育迅速。仔兔出生时全身裸露，眼睛紧闭，出生后3～4 d即开始长毛；10～12 d眼睛睁开，出巢活动并随母兔试吃饲料，21 d左右即能正常吃料；30 d左右被毛形成。仔兔出生时体重约50 g，1个月时体重相当于出生时的10倍。妊娠期30～33 d；哺乳期25～45 d(平均42 d)，窝产仔1～10只(平均7只)。适配年龄：雄性7～9月龄，雌性6～7月龄。正常繁殖2～3年，超过3年就不能正常繁殖。雌兔有产后发情，属常年多发情动物。生活史中要换毛。

(2) 具有夜行性和嗜睡性。家兔夜间十分活跃，而白天表现十分安静，除喂食时间外，常常闭目睡眠。

(3) 听觉和嗅觉都十分灵敏，胆小怕惊。散养的家兔喜欢穴居，有在泥土地上打洞的习性。

(4) 性情温驯但群居性较差，如果群养同性别成兔经常发生斗殴咬伤。

(5) 厌湿、喜干，还具有鼠类的啮齿行为。在设计和配置笼舍和饲养器具时应予注意。

2. 解剖学特点

(1) 齿式2(门2/1，犬0/0，前臼3/2，臼3/3)＝28，和啮齿类动物不同的是有6颗切齿。

(2) 上唇纵裂，形成豁嘴，门齿外露。

(3) 胸腔由纵隔分成互不相通的左右两部分，因此，开胸进行心脏手术不需做人工呼吸。

(4) 小肠和大肠的总长度约为体长的10倍；盲肠非常大，在回肠和盲肠相接处膨大形成一个厚壁的圆囊，这就是兔所特有的圆小囊(淋巴球囊)，有1个大孔开口于盲肠。圆小囊内壁呈六角形蜂窝状，里面充满着淋巴组织，其黏膜不断地分泌碱性液体，中和盲肠中微生物分解纤维素所产生的各种有机酸，有利于消化。

(5) 雄兔的腹股沟管宽短，终生不封闭，睾丸可以自由地下降到阴囊或缩回腹腔。雌兔有2个完全分离的子宫，为双子宫类型。左右子宫不分子宫体和子宫角，2个子宫颈分别开口于单一的阴道。

3. 生理学特点

(1) 属草食性动物，其消化道中的淋巴球囊有助于对粗纤维的消化，因此，家兔对粗纤维和粗饲料中蛋白质的消化率都很高。

(2) 有食粪特性。是正常的生理现象。家兔排泄两种粪便：一种是硬的颗粒粪球，在白天排出；一种是软的团状粪便，在夜间排出。软便排出后即被兔自己吃掉，经分析，软便比硬便含有更高的蛋白质和维生素。

(3) 幼兔消化道发炎时，消化道壁易变成可渗透性管道，这与成年家兔不同，所以幼兔患消化道疾病时症状严重，常合并有中毒现象。

(4) 体温调节决定于临界温度，临界温度为5～30℃。家兔主要利用呼吸散热维持其体温平衡。如果外界温度由20℃上升到35℃时，呼吸次数可增加17倍（正常频率36～56次/分）。可见，高温对家兔有害，如果外界温度在32.2℃以上，其生长发育和繁殖效果都显著下降。

(5) 对环境温度变化的适应性，有明显的年龄差异。幼兔比成年兔可忍受较高的环境温度，初生仔兔体温调节系统发育很差，因此体温不稳定，至10日龄才初具体温调节能力，至30日龄被毛形成，热调节功能进一步加强。适应的环境温度因年龄而异，初生仔兔窝内温度30～32℃；成年兔15～20℃，一般不低于5℃，不高于25℃。

(6) 属刺激性排卵，交配后10～12 h排卵。性周期一般为8～15 d，无发情期，但雌兔可表现出性欲活跃期，表现为活跃、不安、跑跳踏足、抑郁、少食，外阴稍有肿胀、潮红，有分泌物。

二、家兔在医学生物学研究中的应用

（一）免疫学研究

家兔是制备免疫血清的最理想动物，其特点是制备的血清制品效价高、特异性强。因此被广泛地用于各类抗血清和诊断试剂的研制。

（二）药品、生物制品检验

由于家兔的体温变化十分敏感，易于产生发热反应，热型恒定，因此，各种药品的热源检验常选用家兔。

（三）兽用生物制品的制备

猪瘟兔化弱毒苗、猪支原体乳兔苗等生物制品均是通过家兔研制的。

（四）破骨细胞的制备

以新生乳兔作为制备破骨细胞的理想实验动物，已被广泛地用于口腔医学方面的研究。

（五）眼科学的研究

家兔眼球大，便于进行手术操作和观察，是眼科研究中常用的实验动物。

（六）制备动物疾病模型

利用家兔研究胆固醇代谢和动脉粥样硬化。用纯胆固醇溶于植物油中喂饲家兔，可以引起典型的高胆固醇血症。以家兔制备的疾病模型有高脂血症、主动脉粥样硬化、冠状动脉粥样硬化病变，与人类的病变基本相似。

（七）皮肤反应试验

家兔皮肤对刺激反应敏感，其反应近似于人。常选用家兔皮肤进行毒物对皮肤局部作用的研究；兔耳可进行实验性芥子气皮肤损伤和冻伤、烫伤的研究；也可用于化妆品的实验研究。

（八）其他研究

多种寄生虫病的研究，畸形学的研究，人兽传染病诊断中病原的毒力试验以及生物制品的安全性试验、效力测定，化工生产中的急性和慢性毒性等试验也常选用家兔。

三、家兔的主要品种

家兔品种很多，我国饲养的家兔品种有新西兰兔、青紫兰兔、大耳白兔、力克斯兔、中国白兔等十几种。

1. 新西兰兔

新西兰兔培育地是美国加利福尼亚州，按毛色可分为新西兰白兔和红兔两种，因与栖息在新西兰岛上的野生兔毛色相似而命名。新西兰白兔具有毛色纯白、体格健壮、繁殖力强、生长迅速、性情温和、容易管理等优点，故已广泛应用于皮肤反应试验、药剂的热原试验、致畸试验、毒理试验、妊娠诊断、人工授精实验、计划生育研究和制造诊断血清等。新西兰白兔体长中等，臀圆，腰及胸部丰满，早期生长快，成年体重 4.5～5.0 kg。

2. 青紫兰兔

青紫兰兔属皮肉兼用型兔。毛色特点：每根被毛都有 3～5 段颜色，如灰色、灰白色、黑色等。青紫兰兔分标准型和大型两个品系。标准型成年体重 2.5～3.0 kg，无肉髯。大型体重 4.5～6.0 kg，毛色较标准型浅，有肉髯。实验研究通常选用标准型。

3. 大耳白兔

大耳白兔又名大耳兔、日本大耳白兔，是日本用中国白兔选育而成的皮肉兼用兔。毛色纯白，红眼睛，体型较大。体重 4.0～6.0 kg，最高可达 8.0 kg。两耳长，大而高举，耳根细，耳端尖，形同柳叶。母兔颈下具有肉髯，被毛浓密。大耳白兔生长发育快，繁殖力强，但抗病力较差。由于它的耳朵大，血管清晰，便于取血和注射，是一种常用的实验用兔。

4. 力克斯兔

力克斯兔属皮肉兔。全身长有密集、光亮如丝的短绒毛。成年兔体重 3.0～3.5 kg。力克斯兔被毛颜色为背部红褐色，体侧毛色渐浅，腹部呈浅黄色。经不断选育与改良，已有黑、白、古铜、天蓝、银灰等各种自然色。力克斯兔作为实验用兔具有良好的发展前景，因为该兔本身属皮用兔，其毛皮有很高的经济价值，而许多实验往往并不损坏其毛皮，用于实验可一举两得。既不影响实验，又可回收毛皮。

5. 中国白兔

中国白兔又名白家兔、菜兔，是我国劳动人民长期培育而成的一种皮肉兼用，又适合实验研究的品种。其饲养历史悠久，全国各地均有分布。毛色为纯白，体型紧凑，体重 1.5～2.5 kg，红眼睛，嘴较尖，耳朵短而厚。皮板厚实，被毛短密。中国白兔有许多突出的优点，如抗病力强，耐粗饲，对环境适应性好，繁殖力强，一年可生 6～7 胎，平均每胎产仔 6～9 只，最高达 15 只。雌兔有 5～6 对乳头。中国白兔是一种优良的育种材料，国外育成的一些优良品种许多和中国白兔有血缘关系。该兔的缺点是体型较小，生长缓慢。

第六节 犬

犬，学名 *canis familiaris*，脊椎动物门—哺乳纲—食肉目—犬科—犬属—犬种。犬是最早被驯化的家养动物，其历史约有 12 万年之久，其发源地至今未知。一般认为犬狐和胡狼科动物与犬有一定的亲缘关系。从 20 世纪 40 年代开始，犬才作为实验动物应用。

一、犬的生物学特性和解剖、生理特点

1. 一般特性

(1) 犬的嗅觉、听觉灵敏，善近人，易于驯养。对外环境的适应能力较强。能适应较热和较冷的气候，犬习惯不停地活动，因此要求有足够的运动场地。对生产繁殖的种犬，更应注意，若活动量不足或无活动量，则会出现母犬到时不发情或配种后不孕。犬为肉食性动物，善食肉类和脂肪，同时善咬啃骨头以利磨牙。犬喜欢清洁，冬天喜晒太阳，夏天爱洗澡，当然洗的次数要适中，犬的头颈部喜欢人以手拍打、抚摸。

(2) 犬的神经系统较发达，能较快的建立条件反射。犬的时间观念和记忆力很强。健康犬的鼻尖湿润，呈涂油状，触之有凉感。如发现鼻尖干燥，触之不凉甚至有热感，说明该犬即将得病或已得病。

(3) 犬寿命为10～20年。性成熟8～10个月。第1次配种期在1岁以后。犬为单发情动物，每年春秋两次发情。性周期126～240 d(平均180 d)，妊娠期58～63 d，哺乳期60 d，每胎产仔2～8只。

2. 解剖学特点

(1) 乳齿齿式2(门3/3，犬1/1，前臼3/3，臼0/0)＝28；成年齿式2(门3/3，犬1/1，前臼3/3，臼2/3)＝42。

(2) 眼晶状体较大。嗅脑、嗅觉器官、嗅神经、鼻神经发达，鼻黏膜布满嗅神经，无锁骨，肩胛骨由骨骼肌连接躯体。食管全由横纹肌构成。

(3) 具有发达的血液循环和神经系统，内脏与人相似，比例也相近。胸廓大，心脏较大。肠道短，尤其是小肠。肝较大；胰腺小，分两支，胰岛小，数量多。

(4) 皮肤汗腺极不发达，趾垫有少许汗腺。

(5) 雄犬无精囊和尿道球腺，有一块阴茎骨。雌犬有乳头4～5对。

3. 生理学特点

(1) 犬的神经类型不同，导致性格不同，用途也不一样。

(2) 犬的嗅脑、嗅觉器官和嗅神经极为发达，所以犬的嗅觉特别灵敏。能够嗅出稀释千万分之一的有机酸，对动物性脂肪酸更为敏感。实验证明，犬的嗅觉能力是人的1 200倍。犬能靠熟悉气味识途。

(3) 犬的听觉也很敏锐，约为人的16倍，犬不仅可分辨极细小的声音，而且对声源的判断极为敏感，可根据音调、音节变化建立条件反射。

(4) 犬的视觉较差，每只眼睛有单独视野，视野不足25度，并且无立体感。犬对固定目标，50 m以内可看清，但对运动目标，则可感觉到825 m远的距离。犬视网膜上没有黄斑，即没有最清楚的视点，因而视力较差。犬是红绿色盲，所以，不能以红绿色作为条件刺激物来进行条件反射实验。

(5) 犬的味觉迟钝，很少咀嚼，吃东西时，不是通过细嚼慢咽来品尝食物的味道，主要靠嗅觉和味觉的双重作用，因此，在准备犬的食物时，要特别注意气味的调理。

二、犬在医学生物学研究中的应用

犬易于驯养，饲养方便，适应性强，繁殖力高，且体形适中，易于操作，因而在众多科学实验中尤其是医学生物学研究中应用广泛。

（一）实验外科学研究

犬广泛用于实验外科各个方面的研究，如心血管外科、神经外科、断肢再植、器官和组织移植等。临床医学在探索、研究新的手术或麻醉方法时，常选用犬进行动物实验，取得成功的经验和熟练的技巧后再试用于临床。

（二）基础医学研究

犬是目前基础医学研究和教学活动中最常用的实验动物之一，特别是在生理学、病理生理学等实验研究中尤其如此。犬的神经系统和血液循环系统发达，适合进行此方面的研究。失血性休克、弥散性血管内凝血、动脉粥样硬化（特别是脂质在动脉血管壁中的沉积）、急性心肌梗死、心律失常、急性肺动脉高压、肾性高血压、脊髓传导试验、大脑皮层定位试验等许多实验研究往往选用犬作为实验动物。

（三）慢性实验研究

犬易于调教，通过短期训练即可较好地配合实验，故非常适合慢性实验研究。条件反射试验、各种实验治疗效果试验、内分泌腺摘除试验、慢性毒性试验常选用犬来进行。犬的消化系统也很发达，与人有相同的消化过程，所以特别适合消化系统的慢性试验。

（四）药理学、毒理学及药物代谢研究

犬常用于多种药物在临床应用前的各种药理试验、代谢试验以及毒性试验，如磺胺类药物代谢实验研究、新药毒性实验研究等。

（五）其他

犬作为实验动物，常用于某些特殊疾病的研究，如先天性白内障、高胆固醇血症、糖原缺乏综合征、遗传性耳聋、血友病 A、先天性心脏病、先天性淋巴水肿、肾炎、青光眼、狂犬病等研究。

此外，实验犬常用于行为学、肿瘤学以及放射医学等研究领域。

三、犬的主要品种

世界上犬的品种繁多，已近 300 种。但专用于动物实验的品种不是很多，很多地方从市场上购买民养犬从事实验。国际上用于医学研究的犬主要有毕格犬、四系杂交犬、黑白斑点短毛犬、Labrador 犬等。

1. 毕格犬(Beagle)

毕格犬原产英国，是猎犬中较小的一种，1880 年引入美国。我国从 1983 年引入并繁殖成功。毕格犬是近代培育成的专用实验犬，在以犬为实验动物的研究成果中，只有应用毕格犬才能被国际公认。毕格犬之所以被广泛地用于实验研究，是由它的特点决定的。

(1) 品种特征：体形小，成年体重为 7～10 kg，体长 30～40 cm，短毛，花斑色（图 3-6-1）。性情温和，易于驯服和抓捕，亲人。遗传性能稳定，毕格犬品种固定且优良，一般无遗传性神经疾患。对刺激的反应具有一致性，形态体质均一；由于其血液循环系统很发达，且器官功能也是一致的，表现为体温稳定，且比杂种犬体温低 0.5℃，因此在实验中反应一致性好，尤其在实验中对环境的适应力、抗病力较强。性成熟期早，8～12 个月，产仔数多。

(2) 应用：毕格犬实验时易于抓捕，便于操作，实验重复性好，尤其适合药理学、循环生理学、眼科学、毒理学、外科学等的实验研究，是国际医学、生物学界公认的较理想的实验用犬。目前，世界上该犬的年用量约为10万只。

图 3-6-1 毕格犬

2. 四系杂交犬

该犬是因科研需要而培养出的一种外科手术用犬。选用 Gvayhowd、Labrador、Samoyed 及 Basenji 四品系动物中的两种以上进行杂交而成，如取 Labrador 较大身躯、极大胸腔和心脏等优点，取 Samoyed 耐劳和不爱吠叫的优点。

3. 黑白斑点短毛犬

该犬可进行特殊的嘌呤代谢研究以及中性粒细胞减少症、青光眼、白血病、肾盂肾炎等疾病的研究。

4. Labrador 犬

该犬一般用于实验外科研究。

第七节 猫

猫，学名 *felis catus*，哺乳纲—食肉目—猫科。

一、猫的生物学特性和解剖、生理特点

(一) 一般特性

(1) 猫是天生的神经质和行动谨慎的动物，对于陌生人或环境十分多疑，但对人通常会表现出亲切感。猫对周围环境的变化特别敏感，在环境改变的情况下，应使猫有足够的时间调整其适应能力，方可进行实验。

(2) 猫喜孤独、自由的生活，除发情和交配外，很少群居。

(3) 猫喜爱明亮干燥的环境，不随地排大、小便。成年猫每年在春夏和秋冬交替的季节各换一次毛。

(4) 寿命8～14年，成年猫体长一般40～45 cm，雄性体重2.5～3.5 kg，雌性体重2～3 kg。8年龄以上猫进入老年期，不适于繁殖。

(二) 解剖、生理特点

(1) 成年猫的齿式 2(门 3/3，犬 1/1，前臼 3/2，臼 1/1)＝30。

(2) 猫舌的结构是猫科动物所特有的，其表面有无数丝状乳突，被有较厚的角质层，呈倒钩状，便于舔食骨上的肉。

(3) 猫为单室胃，盲肠细小，只能见到盲端有一个微小突起。猫的大网膜发达，重约35g，不但起固定保护胃、肠、脾、肝脏的作用，而且还能保温，所以猫很耐寒。

(4) 大脑和小脑发达,其头盖骨和脑的形态特征固定,对去脑实验和其他外科手术耐受力较强。平衡感染、反射功能发达,瞬膜反应敏锐。

(5) 循环系统发达。血压稳定,血管壁较坚韧。红细胞大小不均匀,细胞边缘有一环状灰白结构,称为红细胞折射体(RE)。在正常情况下,10%的红细胞中有 RE。血型有 A 型、B 型、AB 型。

(6) 反应灵敏。在正常条件下很少咳嗽,但受到机械刺激或化学刺激后易诱发咳嗽。猫的呼吸道黏膜对气体或蒸汽反应很敏感。猫对吗啡的反应和一般动物相反,犬、兔、大鼠、猴等主要表现为中枢抑制,而猫却表现为中枢兴奋。猫对所有酚类都敏感。

(7) 猫眼能按照光线强弱灵敏地调节瞳孔,光线强时,瞳孔收缩成线状,晚上视力很好,便于在黑暗中捕食鼠类。

(8) 属典型刺激性排卵动物,交配后的 25～27 h 才排卵。猫属于季节性多次发情动物,交配期每年 2 次(春季和秋季)。雌猫乳腺位于腹部,有 4 对乳头,具双角子宫。性周期约 14 d,发情持续期 4～6 d,求偶期连续 2～3 d。怀孕期 60～68 d(平均 63 d)。产仔数常为 3～5 只,哺乳期 60 d。适配年龄:雄性 1 岁,雌性 10～12 月龄。雄性可连续 6 年用于交配,雌性 8 年,寿命 8～14 年。

二、猫在医学生物学研究中的应用

猫可耐受麻醉及脑的部分破坏手术,在手术时能保持正常血压,猫的反射功能与人近似,循环系统、神经系统和肌肉系统发达,所以主要用于神经科学、生理学及毒理学的研究。

(一) 中枢神经系统研究

常用猫脑室灌流法来研究药物作用部位;血脑屏障,即药物由血液进入脑或由脑转运至血液的问题;神经递质等活性物质的释放,特别是在清醒条件下研究活性递质释放和行为变化的相关性,如针麻、睡眠、体温调节的条件反射;常在猫身上采用辣根过氧化物酶(HRP)反应方法来进行神经传导通路的研究,即用过氧化氢为供氢的底物,再使用多种不同的成色剂来显示运送到神经系统内的 HRP 颗粒,进行周围神经形态学的研究,同时可用 HRP 追踪中枢神经系统之间的联系和进行周围神经与中枢神经联系的研究。在神经生物学实验中常用猫做大脑强直、姿势反射实验以及刺激交感神经时瞬膜及虹膜的反应实验。

(二) 药理学研究

观察用药后呼吸系统、心血管系统的功能效应和药物的代谢过程。如常用猫观察药物对血压的影响,进行冠状窦血流量的测定,以及阿托品解除毛果云香碱作用等实验。

(三) 循环生理研究

选用猫做血压实验优点很多,如血压稳定;较大鼠、家兔等小动物更易接近;对药物反应灵敏,且与人体基本一致;血管壁坚韧,便于手术操作和适于分析药物对循环系统的作用机制;心搏力强,能描绘出完好的血压曲线;用做药物筛选试验时可反复应用等。特别值得一提的是,它更适于药物对循环系统作用机制的分析,因为猫不仅有瞬膜反应而便于分析药物对交感神经节和节后神经的影响,而且易于制备脊休克猫以排除脊髓以上中枢神经系统对血压的影响。

（四）其他研究

猫可用做炭疽病以及阿米巴痢疾的研究。近年来，我国用猫进行针刺麻醉原理的研究，效果较理想。在生理学上利用电极刺激神经测量其脑部各部位的反应。在血液病研究上选用猫做白血病和恶病质者血液的研究。猫是寄生虫中弓形虫的宿主，因此在寄生虫病研究方面也是一种很好的模型。猫可用于制作许多良好的疾病模型，如 Kinefelters 综合征、白化病、聋病等。

三、猫的主要品种

实验用猫一般分为家猫和品种猫两大类。家猫是家庭养猫的统称，一般是随机交配的产物；品种猫是经选育而成，每个品种猫都具有特定的遗传特征。目前世界上的品种猫有 35 种以上，有长毛种和短毛种两类。

猫不易成群饲养，繁殖较为困难，加之发情期有心理变态，在饲养中涉及动物心理学问题，给繁殖带来困难。目前我国实验中使用的猫绝大部分为收购来的家养杂种猫，其种猫体质健壮，抵抗力强。国内少数单位已开始饲养、繁殖，用做实验用猫。实验用猫，应选用短毛猫，长毛猫易污染实验环境，体质较弱，且实验耐受性差，不宜选用。

第八节　非人灵长类动物

非人灵长类包括除人以外的所有灵长类动物，属哺乳纲—灵长目。非人灵长类是人类的近属动物，在组织结构、生理和代谢功能方面同人类相似，应用此类动物进行实验研究，最易解决人类相似的病害及其有关机制，是一种极为珍贵的实验动物，其价值远非其他种属动物所能比拟。非人灵长类动物有数十种，包括最原始的树鼩，近人类的长臂猿、猩猩，以及应用最多的猕猴。目前实验用猕猴已从野外捕捉为主转为人工饲养繁殖为主。

非人灵长类动物既具有哺乳动物的共同特征，又具有自身的特点，现以生物医学研究使用最多的猕猴为代表，介绍其生物学特征及解剖生理特点等方面的内容。

一、猕猴的生物学特性和解剖、生理特点

1. 一般特性

（1）猕猴一般生活在山林区，有些猕猴群则生活在树木很少的石山上。

（2）猕猴群居性强，群与群之间喜欢吵闹和撕咬。每个猴群均由一只最强壮、最凶猛的雄猴做“猴王”。在“猴王”的严厉管制下，其他雄猴和雌猴都严格地听从，吃食时“猴王”先吃，但“猴王”有保卫整群安全生存的天职。

（3）猕猴是杂食性动物，以素食为主。猴体内缺乏维生素 C 合成酶，自身不能合成维生素 C，需要从食物中摄取。

（4）猕猴聪明伶俐，胆小；喜爱清洁，有颊囊，吃食时，先将食物送进颊囊中，不立即吞咽，待采食结束后，再以手指将颊囊内的食物顶入口腔内咀嚼。

（5）猕猴对痢疾杆菌和结核杆菌极敏感，并常携带有 B 病毒。B 病毒可感染人，严重者可致死亡。

(6) 猕猴有发达的神经系统，因而它的行为复杂，能用手脚操作。母猴对婴猴照顾特别周到，在群体生活中相互之间的配合更为和谐。

(7) 新生婴猴不需母猴协助，能以手指抓母亲的腹部或背部皮肤，在母亲的携带之下生活。母猴活动、跳跃时婴猴都不会掉落。婴猴出生后 7 周左右，离开母猴同其他婴猴一起玩耍。

2. 解剖学特点

(1) 乳齿齿式 2(门 2/2，犬 1/1，前臼 2/2)＝20，恒齿齿式 2(门 2/2，犬 1/1，前臼 2/2，臼 3/3)＝32。

(2) 猴的大脑发达，具有大量的脑回和脑沟。视觉较人敏感，在视网膜上有一黄斑，黄斑上的锥体细胞与人类相似，猴有立体视觉能力，能分辨出物体间位置和形状，产生立体感；猴也有色觉，能分辨物体各种颜色，它还具有双目视力。

(3) 猴的嗅觉器官处于最低的发展阶段，嗅脑不十分发达，嗅觉的强度退化，但嗅觉在猴的日常生活中还起着重要的作用，当它们初次接触到任何物品时，都需先嗅一嗅。

(4) 猴的四肢没有人类发达。四肢粗短，具有五指，前肢比后肢发达，后肢的拇趾较小而活动性大，可以内收和外展。前肢的大拇指与其他四指相对，能握物攀登，猕猴的指甲为扁平指甲，这也是高等动物的一个特征。

(5) 猕猴属的各品种都具有颊囊，颊囊是利用口腔中上下黏膜的侧壁与口腔分界的。颊囊是用来贮存食物的，这是因为摄食方式的改变而发生进化的特征。

(6) 猕猴的胃属单室，呈梨形。小肠的横部较发达，上部和降部形成弯曲，呈马蹄形。盲肠发达，为锥形的囊。胆囊位于肝脏的右中叶，肝分 6 叶。

(7) 猕猴的肺为不成对肺叶，右肺为 3～4 叶(最多为 4 叶)，左肺为 2～3 叶，宽度大于长度。

3. 生理特点

雄猴性成熟为 3 岁，雌猴为 2 岁。雌猴为单子宫，月经周期为 28 d(21～35 d)，月经期多为 2～3 d(1～5 d)。雌猴在交配季节，生殖器官周围区域发生肿胀，外阴、尾根部、后肢的后侧面、前额和脸部等处的皮肤都会发生肿胀。雌猴怀孕期平均 164 d(156～180 d)。哺乳期为 7～14 个月。每年可孕 1 胎，每胎产 1 仔。

二、猕猴在医学生物学研究中的应用

猕猴的生物学特性与人类极其相似，是其他动物无法相比的，所以是医学和生物学研究中最重要的动物模型。目前广泛应用于环境卫生、传染性疾病、神经生物学、病理学、生殖生理学、心血管代谢和免疫性疾病、发生生物学、内分泌学、免疫遗传学、肿瘤治疗研究等。全世界每年应用于疫苗生产、检验、医学研究和生物学研究的猴子达几万至十几万只。在医学生物学领域用猕猴研究人的大脑功能、心理学、行为学、肿瘤、器官移植、传染性疾病、小儿麻痹、麻疹、伤寒、脑膜炎、霍乱、流行性感冒、艾滋病等。用猕猴已成功研制了高血压、冠状动脉粥样硬化、心肌梗死等动物模型。随着生物科学的发展，特别是基因工程、转基因和克隆技术的发展，对猕猴的需求将会持续增加，人工饲养加快发展猕猴数量是社会发展的迫切需求。

三、猕猴的主要品种

用于生物医学研究的猕猴品种主要为恒河猴和熊猴。

1. 恒河猴(罗猴,广西猴)

最初发现于孟加拉的恒河河畔。我国广西省恒河猴很多,其他在西南、华南、福建、江西、浙江、安徽黄山、河北东陵也有分布。恒河猴身上大部分毛色为灰褐色,腰部以下为橙黄色,有光泽,毛细,胸腹部、腿部毛呈淡灰色;面部、两耳多肉色,少数红面,臀胝多红色,眉高眼深。

2. 熊猴(阿萨密猴,蓉猴)

产于缅甸北部阿萨密省及我国云南、广西两省。其形态与恒河猴相似,身体较大,毛色较褐,缺少腰背部橙黄色光泽,毛粗,老猴面部常生雀斑,头毛向四面分开;行动不如恒河猴敏捷、聪明;叫声哑,犹如犬吠。

第九节　其他实验用动物

除了小鼠、大鼠、地鼠、豚鼠、兔、犬、猴等常用的实验动物以外,还常将部分役用、经济用和野生动物取做实验用动物,例如,小型猪、长爪沙鼠、树鼩、家畜(牛、绵羊、山羊)、鱼类、两栖类动物、爬行类动物等。为了更好地了解和利用这部分实验用动物资源,特分别作简单介绍。

一、小型猪

猪(pig)在生物学分类上属哺乳纲—偶蹄目—野猪科—猪属。

(一) 小型猪的生物学特性及解剖生理特点

1. 一般特性

小型猪体型矮小,性情温顺。成年猪的体重一般在 80 kg 以下,无毛或有稀疏的被毛。毛色白、黑、黑白及褐色。汗腺不发达,幼猪和成年猪都怕热,性成熟早,寿命最长达 27 年,平均 16 年。

2. 解剖学特点

小型猪的皮肤组织结构与人类很相似,具有皮下脂肪层。其汗腺为单管状,皮脂腺有发达的唾液腺,但消化纤维能力有限,只能靠盲肠内少量共生的有益微生物。小型猪的脏器重量近似于人类。胃为单室混合型,在近食管口端有一扁圆椎形突起,称憩室。消化特点介于食肉类与反刍类之间。胆囊浓缩胆汁能力低,盲肠较发达。肺分叶明显,叶间结缔组织发达。两肾位于Ⅰ～Ⅳ腰椎水平位,蚕豆状。

3. 生理特点

小型猪既是杂食动物,又是甜食动物,舌体味蕾能感觉甜味,具有广泛的遗传多样性,其胃内分泌腺分布在整个胃内壁上,这与人很接近。此外,其心血管分支、红细胞成熟时期、肾上腺及雄性尿道等形态结构以及血液及部分血液生化指标都与人接近。猪的胎盘类型属上皮绒毛膜型,母源抗体不能通过胎盘屏障,只能从初乳中获得。小型猪性成熟时间：雌猪为 4～8 月龄，雄猪为 6～10 月龄。为全年性多发情动物，性周期 16～30 d，发情持续时间为 1～4 d；排卵时间为发情开始后 25～35 h，最适交配期在发情开始后 10～25 h，妊娠期 114 d，每胎产仔 2～10 头。

（二）小型猪在医学生物学研究中的应用

猪和人在解剖学、生理学上包括皮肤、心血管系统、消化道、免疫系统、肾、眼球、牙齿等方面有很大的相似性。在有些实验领域内，有用猪取代犬的趋势。

1. 皮肤烧伤的研究

猪的皮肤与人非常相似，包括体表毛发的疏密，表皮厚薄，表皮具脂肪层，表皮形态和增生动力学，烧伤皮肤的体液和代谢变化机制，故猪是进行皮肤烧伤实验研究的理想动物。

2. 肿瘤研究

美洲辛克莱小型猪，80%于出生前和产后有自发性皮肤黑色素瘤。这种色素瘤有典型的皮肤自发性退行性变，与人黑色素瘤病变和传播方式完全相同。瘤细胞变化和临床表现很像人黑色素瘤从良性到恶性的变化过程，是研究人黑色素瘤的理想动物模型。

3. 免疫学研究

猪的母源抗体只能通过初乳传给仔猪。剖宫产仔猪，在几周内，体内 γ 球蛋白和其他免疫球蛋白很少，无菌猪体内没有任何抗体，一旦接触抗原，能产生极好的免疫反应。可利用这些特点进行免疫学研究。

4. 心血管病研究

猪冠状动脉循环，在解剖学、血流动力学上与人类相似。对高胆固醇物的反应与人一样，很容易出现动脉粥样硬化典型病灶。幼猪和成年猪能自发动脉粥样硬化，其粥样变前期可与人相似。老龄猪动脉、冠状动脉和脑血管的粥样硬化与人的病变特点非常相似。因此，猪可能是研究动脉粥样硬化最好的动物模型。此外，研究猪心脏病的病因和病理发生，可能对人类心脏病的研究有很高的价值。

5. 营养学研究

仔猪和幼猪与新生婴儿的呼吸系统、泌尿系统、血液系统很相似。仔猪像婴儿一样，也可患营养不良性蛋白质、铁、铜和维生素 A 缺乏症。因此，仔猪可广泛应用于儿科营养学研究。

6. 遗传疾病研究

如先天性红眼病、先天性肌肉痉挛、先天性小眼病、先天性淋巴水肿等遗传性疾病，可用猪做实验动物模型。

7. 其他疾病

研究猪的病毒性胃肠炎可做婴儿病毒性腹泻动物模型。支原体关节炎可做人的关节炎动物模型。双白蛋白血症只见于人和猪，更是特有的动物模型。此外，还可用猪研究十二指肠溃疡、胰腺炎、食物源性肝坏死等疾病。

悉生猪和无菌猪的应用不仅可用于研究人类包括传染性疾病在内的各种疾病，更是研究猪病不可缺少的实验动物。它完全排除了其他猪病病原、抗体对所研究疾病的干扰作用。无菌、悉生猪还能提供心瓣膜供人心瓣膜修补使用。SPF 猪的培育技术为养猪业发展，建立健康种群，减少疾病损失，提高经济效益开创了一个新的途径。

（三）国内小型猪的主要品系

我国是养猪大国，具有培育小型猪得天独厚的资源及条件。从 20 世纪 80 年代初开始，我国开始对小型猪资源进行调查和实验动物化研究，目前国内的小型猪品系主要有西双版纳近交系小耳猪、贵州小型香猪、广西巴马小型猪、五指山小型猪、中国实验用小型猪。

1. 西双版纳近交系小耳猪

云南农业大学曾养志教授等以西双版纳小耳猪为基础种群，经过 17 年、14 代严格的亲子或兄妹交配，初步培育成两个体型大小不同的 JB(成年体重 70 kg ）和 JS(成年体重 20 kg)近交系，其中又分化为 6 个不同家系，家系下再进一步分化为带有不同遗传标记的 17 个亚系，近交系数已高达 95.2％。

2. 贵州小型香猪

贵州中医学院甘世祥教授等于 1985 年以原产于贵州丛江县的丛江香猪为基础种群，以小型化、早熟化为育种目标进行定向选育，使之成为我国较早正式报道的小型猪。曾于 1987 年以“贵州小型香猪作为实验动物的研究”较早通过省级鉴定。近年来开展了近交系培育工作，近交群猪成年体重约 30 kg。

3. 广西巴马小型猪

广西大学王爱德教授等从 1987 年开始，从原产地引入广西地方猪种巴马香公猪 2 头，母猪 14 头，组成零世代基础种群，采用基础群内闭锁纯繁选育及半同胞为主的近交方式进行选育，至 1994 年已进入第 5 代，近交系数为 35％。该小型猪的最大特点为白毛占体表面积 92％以上，个体具有较为整齐的头臀黑、其余白的独特“两头乌”毛色，而且出现双白耳突变个体及除尾尖少许黑毛的全白突变个体。该小型猪还具有体型矮小(24 月龄母猪体重 40～50 kg，公猪 30～40 kg)、性成熟早、多产(初产平均 8.5 头，经产平均 10 头)等优点。

4. 五指山小型猪

又称老鼠猪，产于海南省的白沙县、东方县等偏僻山区。老鼠猪头小而长，耳小嘴直立，胸部较窄，背腰直立，腹部下垂，臀部不发达，四肢细长，全身被毛大部分为黑毛，腹部和四肢内侧为白毛。成年体重 30～35 kg，很少超过 40 kg。中国农科院畜牧所冯书堂教授等于 1987 年从原产地引种了两头母猪和一头公猪至北京扩群繁育，目前存栏数在百余头，迁地保种获得成功，并且开展了近交培育、胚胎移植等方面的工作。

5. 中国实验用小型猪

由中国农业大学培育成功，是将产于我国贵州广西接壤地的香猪利用近交负向选择与系统选育相结合的育种方案培育成功的，它具有体型小、成熟早、遗传稳定、抗逆性强、健康清洁的优良特点，便于手术操作，便于饲养护理。

二、长爪沙鼠

长爪沙鼠(meriones)，也称蒙古沙鼠、黑爪蒙古沙鼠、黄耗子、砂耗子、沙土鼠等。主要分布在我国内蒙古、河北、山西、陕西、甘肃、宁夏等省、自治区的草原地带以及蒙古国和俄罗斯布里亚特地区。长爪沙鼠属哺乳纲—啮齿目—仓鼠科—沙鼠亚科—沙鼠属。

1. 长爪沙鼠的生物学特性及解剖生理特点

(1) 长爪沙鼠大小介于大鼠与小鼠之间，一般成年体重不超过 100 g，体长约 112.5 mm，尾长 101.5 mm，背毛棕灰色，腹毛灰白色，耳壳前缘有灰白色长毛，系部裸露，尾部被以密毛，尾端毛较长，呈束状。

(2) 性成熟年龄为 3～4 个月，性周期 4～6 d，妊娠期 24～26 d，哺乳期 21 d。成年雄鼠体重 70～80 g，雌鼠 60～75 g。繁殖以春秋季为主，每年 1 月和 12 月基本不繁殖。成年雌鼠一年可繁殖 3～4 胎，每胎平均产仔 5～6 只，最多达 11 只。每只出生重2.5～3.0g。在人工饲养条件下，一年可繁殖 5～8 胎。一生的繁殖期为 7～20 个月，一生最高可繁殖 14 胎，寿命 2～3 年。

2. 长爪沙鼠在医学生物学研究中的应用

长爪沙鼠作为实验动物其使用量远较大鼠、小鼠、豚鼠和地鼠少得多，但其在某些特殊研究领域具有重要价值，是大鼠和小鼠无法比拟的。主要用于以下几个方面的研究。

(1) 细胞学研究：长爪沙鼠不仅对肺炎链球菌、流感嗜血杆菌敏感，而且对许多需氧及厌氧菌敏感。将敏感菌接种于中耳泡上腔内 5～7 d，经耳镜检查，可发现接种部位发生明显的反应，并引起中耳炎。

(2) 病毒学研究：长爪沙鼠对流行性出血热病毒(EHFV)比较敏感，而且适应毒株范围广，病毒在体内繁殖快，易分离和传代，是研究流行性出血热理想的动物模型。另外，长爪沙鼠还对西方马脑炎病毒、狂犬病毒和脊髓灰质炎病毒等敏感。

(3) 寄生虫病学的研究：长爪沙鼠自然感染寄生虫不常见，但对实验性感染丝虫、原虫、线虫、绦虫和吸虫非常敏感，是研究这些寄生虫病良好的动物模型。特别是近几年来在丝虫病的研究中发现长爪沙鼠对丝虫特别敏感，因而被广泛应用于丝虫病及抗丝虫药筛选的研究。

(4) 脑神经系统疾病的研究：由于长爪沙鼠独特的脑血管解剖特征，很容易建立脑缺血模型，常用于脑梗死后所引起的中风、脑贫血及脑血流量改变等疾患及药物治疗的研究。另外，长爪沙鼠还具有类似人类的自发性癫痫发作的特点，是癫痫研究常用的实验动物模型。

(5) 其他研究：长爪沙鼠还可用于内分泌学、代谢病、肿瘤学等方面的研究。

三、树鼩

树鼩(tupaia)，又称树仙，哺乳纲—灵长目—原猴亚目—树鼩下目—树鼩科。其下分 2 个亚科，6 个属，47 个种，约 100 个亚种。主要分布在我国云南、贵州、广东、广西、海南及缅甸、越南、泰国、马来西亚、印度尼西亚、菲律宾等热带和亚热带地区。

(一) 生物学特性和解剖生理特点

(1) 树鼩形似松鼠，尾部毛发达，并向两侧分散。体长约 18 cm，尾长约16 cm，成年体重 120～150 g。前后足均 5 趾，每趾都有发达而尖锐的爪，嘴部尖长，耳较短。体毛栗黄色，颌下和腹部为浅灰色，颈侧有条纹。

(2) 树鼩属杂食性动物，常以昆虫、小鸟、五谷、野果为食，喜欢甜食。树鼩性成熟时间为出生后6个月，妊娠期41～50 d，每年4～7月为繁殖季节，每胎产仔2～4只。

(3) 实验室饲养时，树鼩喜在笼内翻滚窜跳。笼不宜过小，繁殖笼内宜设多个小室，供繁殖育仔用。小室要避光隐蔽，以防其产育时受到惊动，引起仔鼩被吞食或拒哺乳。笼养时要供给足够的蛋白质饲料，否则，营养缺乏，体重减轻，毛无光泽，易患病死亡。一般可喂饲较软的高蛋白质饲料，并喂些水果、蔬菜。如饲料蛋白质水平较低，每周可补饲2次。

(二) 树鼩在医学生物学研究中的应用

树鼩的解剖生理学特性是除灵长类动物外最接近人类的动物，现已广泛应用于医学生物学研究的各个领域。

1. 甲型肝炎的研究

甲型肝炎病毒(HAV)可在树鼩体内繁殖，感染后7～13 d，开始从粪便中排出病毒，持续时间15～21 d，有些动物感染后血清转氨酶升高，另可有78%的树鼩血清中出现HAV抗体，因此树鼩将是研究人类甲型肝炎病毒良好的动物模型。

2. 乙型肝炎的研究

乙型肝炎病毒(HBV)接种树鼩后第5 d，约有48%的动物乙型肝炎表面抗原阳性，肝脏出现类似病毒性肝炎的病理学改变，因而树鼩又是研究人类乙型肝炎病毒良好的动物模型。

3. 肿瘤的研究

用黄曲霉素加入饲料后饲喂树鼩，饲喂72～172周，约有50%以上的树鼩产生肝癌，用3-甲基胆蒽注射树鼩，14～16个月可诱发产生纤维瘤，这一特性与人类化学致癌类似。另外，树鼩在自然条件下可产生自发性乳腺癌、淋巴肉瘤、肝细胞瘤、表皮肝细胞癌(鳞状细胞癌，皮脂腺癌)，因此树鼩是研究肿瘤良好的模型。

4. 病毒学研究

树鼩对疱疹病毒敏感，经静脉、腹腔或皮下接种Ⅰ型单纯疱疹病毒(HSV-Ⅰ)后第2～14 d发病死亡。用Ⅱ型单纯疱疹病毒(HSV-Ⅱ)经腹腔和阴道感染树鼩后，第3 d开始死亡，第5～7 d达到死亡高峰，但11 d后方能检测到中和抗体。另外，成年树鼩对轮状病毒易感，可用于对人轮状病毒感染的致病机制、免疫调控、疫苗制备及检定等方面的研究。

5. 胆石症的研究

树鼩的胆汁组成与人类相似，用高胆固醇饲料喂缅甸树鼩能诱导胆结石的形成，因此树鼩可用于人类胆石症良好的实验动物。

6. 其他研究

树鼩还可以用于研究人类秃发及毛发再生的研究。

四、鱼类

鱼类(fish)大约有17 000种，超过其他任何脊椎动物纲动物的数目。其适应的环境范围很广，并展示着不断增强的适应能力。常用于实验研究的鱼类多为淡水、冷温带鱼。

（一）生物学特性

（1）鱼是水生变温动物，能适应水温的变化，但水温的骤变（突然升高大于5℃）会引起某些鱼死亡。

（2）鱼的皮肤没有角质层，但有一层由黏多糖物质、黏液、偶见的脱落细胞、免疫球蛋白和游离脂肪酸构成的保护层。表皮由多层活的基底细胞、不同数量的黏液细胞、颗粒细胞、淋巴细胞、巨噬细胞等构成。真皮内含有色素细胞，鱼可改变身体颜色的强度和性质。

（3）鱼的呼吸器官是鳃，有些鱼还具有从口腔伸出的囊或袋形的副呼吸器官，另外皮肤呼吸是一种很次要的呼吸方式。

（4）鱼类肾脏除了具有排泄功能外，还是较重要的造血器官。

（5）鱼没有淋巴结，胸腺是中央淋巴器官，淋巴细胞从胸腺游走但不返回，脾中有B细胞和T细胞，肾中只有B细胞。

（6）鱼的繁殖是多样化的，有卵生和胎生。繁殖是鱼类生命中最敏感的时期，环境的变化引起的应激常抑阻繁殖功能。

（二）鱼在生物医学研究中的应用

鱼越来越多地用于急性毒理实验，评价药物及化学品的毒性，用于环境重金属污染和农药杀虫剂污染的监测。有时用于接触毒物的亚致死生物测定。黄曲霉素易引起鱼肝细胞肿瘤，可用于监测黄曲霉素的污染。虹鳟鱼对致癌物很敏感，易诱发肝癌和肾胚细胞瘤；犬鱼可诱发淋巴瘤。在环境可疑致癌物探索和肿瘤学研究中，鱼独有其无可取代的优点和特点。另外，鱼类实验动物还广泛用于胚胎学、内分泌学、行为学、比较病理学的研究。

（王禹斌　周正宇）

第四章 动物实验的常用方法

第一节 实验动物的选择原则

临床研究和实验室比较研究是医学科学研究的两个基本途径,它们均离不开实验动物。尤其是实验室比较研究,实验动物是主要研究对象。其目的是,通过建立人类疾病的动物模型,进行人与动物的类比研究,探讨人类疾病的病因、发生发展规律、预防控制及治疗措施,最终战胜人类疾病。怎样才能在最短的时间内,用最少的人力、物力获得明确、重复性好的动物实验结果,首先碰到的问题是如何选择合适的实验动物来模拟人类或另一种动物进行类比研究。因此,实验动物的选择直接关系到实验的成败。

在比较医学研究中首先要根据研究目的和实验要求来选择实验动物,进而考虑它是否容易获得,是否经济,是否容易饲养。一切实验动物都应具有个体间的均一性、遗传稳定性和易获性三个基本要求。

一、尽量选择研究对象的功能、代谢、结构及疾病性质与人类相似的动物

医学研究的根本目的是探索人类疾病的发病机制,寻找预防及治疗的方法。因此,动物的物种进化程度在选择实验动物时应该是优先考虑的问题。在可能的条件内,应尽量选择在结构、功能、代谢方面与人类相近的动物做实验。由于实验动物和人类的生活环境不同,生物学特性存在许多相同和相异之处,研究者在选择动物用于实验之前,应充分了解各种实验动物的生物学特性。通过实验动物与人类之间生物学特性的比较,作出恰当的选择。

一般来说,动物所处的进化阶段愈高,其功能、结构、反应也愈接近人类,如猩猩、猕猴、狒狒等非人灵长类动物是最类似于人类的。它们是胚胎学、病理学、解剖学、生理学、免疫学、牙科学和放射医学研究的理想动物。我国南方和印度生产的猕猴有很多特性与人相似,可用于细菌、病毒和寄生虫病的研究,例如,脊髓灰质炎病毒、麻疹病毒、疱疹病毒感染,弓形虫病,阿米巴脑膜炎,南美锥虫病,间日疟和恶性疟,以及自发性类风湿,奴卡苗病,病毒性肝炎等。猕猴对痢疾杆菌和结核杆菌也较敏感。猕猴的生殖生理非常近似于人,月经周期也是28 d,可用于生殖生理、计划生育及避孕药研究。但非人灵长类动物属稀有动物,来源很少,又需特殊饲养,选择有很大困难。另一方面,也并非只有非人灵长类动物与人具有相似性,许多哺乳类实验动物在某些功能、代谢、结构及

疾病特点方面也与人类近似。现从如下几方面将不同实验动物与人进行比较，以便充分利用其相似之处为科学研究服务。

（一）组织结构

哺乳动物之间，有许多组织结构上的相似点，因而其生命功能的基本过程也很相似。如猪的皮肤组织结构与人类相似，其上皮再生、皮下脂肪层、烧伤后的内分泌及代谢等也类似人类，故选用小型猪做烧伤实验研究较为理想。

（二）系统功能

许多动物各系统的功能与人类是相似的，如犬具有发达的血液循环和神经系统，在毒理方面的反应和人类也比较接近，适于做实验外科学、营养学、药理学、毒理学、行为学等方面的研究；两栖类的蛙和蟾蜍，大脑很不发达，当然不能用于高级神经活动的研究，但在做简单的反射弧实验时，则很合适，因为最简单的反射中枢位于脊髓，而两栖类脊髓已发展到合乎实验要求的程度，且其结构简单明了，易于分析。

（三）生理特性

许多哺乳类动物与人类一样，其心率、呼吸频率、体温三者成正比关系。发热时，心率和呼吸频率都增加。但是，两栖类、爬行类是变温动物，体温维持一定水平，与外界温度有关。因而，选择两栖类或爬行类做体温调节方面的实验是不适合的。鸟类的体温比哺乳类的高。恒温动物的体温昼夜有一定变动范围，变动情况与行为类型有关，一般夜间活动的动物凌晨2：00～3：00是一天的峰值。了解这些动物与人类的细微差别，对具体研究是十分有益的。由于动物的临床生理观察指标随动物种类、年龄以及周围环境变化而有所差异，因此正常参考值有较大的变动范围，实验时应按照实际情况作具体考虑。

（四）繁殖特性

哺乳类动物与人类一样，性成熟、妊娠期和寿命一般是成比例的。寿命越长，妊娠期越长，性成熟越晚。许多实验动物有一定的繁殖季节，但有的在人工饲养条件下已发生改变。单胎动物比多胎动物产仔数少，多胎动物中近交系产仔数比封闭群少。这些都是在选择动物时要予以注意的。

（五）体液成分

动物血液性状与人类一样，包括形态和功能两个方面。一般来说，与功能有关的各种指标之间都有一定联系，若红细胞数目高，那么红细胞压积和血红蛋白含量都会高。动物体内的排出物有粪便、汗液和尿液。鸟类的粪便和尿液汇合于泄殖腔一同排出体外，而哺乳类有各自的排泄孔道。尿液的排泄量和浓度与水的摄入量有关，饮水多时，尿多而淡；反之，则少而浓。一般来说，淡水生活动物的尿液是低渗的；海水生活动物的尿液是等渗的；陆地生活动物的尿液是高渗的，特别是在沙漠中生活的动物，这种倾向性更明显。水分供给少的动物尿液以尿酸为主要成分，水分供给充足的动物尿液以尿素为主要成分，而在水中生活的动物的尿液则以氨为主。尿液的酸碱度因动物食性不同而有差异，草食类动物尿液呈碱性、黏度高，而肉食类动物尿液呈酸性，且有特殊的臭味。

（六）解剖特性

1. 骨骼构成

许多动物与人类一样，形成躯干的椎骨有颈椎、胸椎、腰椎、骶椎、尾椎。不同种类动物间的椎骨有很大差异。哺乳类动物间椎骨以胸椎和尾椎差异较大。尽管哺乳动物和人类颈部外观有长短之差，但颈椎一般都是7个。灵长类动物中，猿猴类几乎都是在树上生活，椎骨很小；真猿类的椎骨差异很大，从外观体型上即可一目了然。齿式与动物的食性有密切关系，草食类和肉食类差异最为显著。草食类的臼齿上面扁平而且稍有凹状，而肉食类与此相反，呈凸状，面积小，这可能与咀嚼方式有关。草食类中，反刍动物没有上颚切齿，而兔的切齿外突，十分独特。杂食类动物，如猪的齿式与人类的情况就十分一致。

2. 脏器构成

脑的质量与神经系统的发达程度成正比，灵长类特别发达。消化系统的器官质量各种动物之间以及与人类之间没有很大差异，而呼吸、循环系统的器官质量差异较大，运动量越大的动物越重。越是在天空飞翔的，呼吸器官越重，如鸟类。肠道各部分长度与食性有密切关系。由于草食类日粮中粗纤维含量高，而肉食类日粮中粗纤维含量很低，草食类动物比肉食类肠道长得多，特别是盲肠。盲肠长度也与肠内菌群有关。同种动物中，无菌动物盲肠较大。

3. 脏器形态

消化道各部分的大小不仅因动物种类不同而不同，其形状、构造也因动物种类不同而有显著差异。① 反刍动物呈复胃，由多个胃构成。单胃动物之间胃的形状类似，但胃食管部(前胃部)所占比例不同。② 动物种类不同，肝的分叶方式也存在差异。啮齿类动物肝的构成最为复杂。马和大鼠肝脏的特征是缺少胆囊。③ 肺的形态因呼吸方式不同也有所不同。肺的分叶情况也因动物种类不同而有很大差别。哺乳类和鸟类之间差异显著。④ 脑的形态方面，越是低等动物嗅球所占比例越大，越是高等动物嗅球功能越弱。鸟类和哺乳类的脑活动中，睡眠与觉醒是不断交替的，前者睡眠有深睡眠和动眼睡眠之分。一般来说，睡眠方式与行为类型有关，穴居生活的动物深睡眠期较长。脑的新皮质与旧皮质的关系也因动物种类不同而不同。⑤ 心脏形态方面，脊椎动物的心脏构成随等级提高逐渐完全，鱼类仅有1个心房和1个心室，两栖类、爬行类有2个心房和1个心室(不完全心)，鸟类、哺乳类有2个心房和2个心室(完全心)。血液循环系统也由普通环境向闭锁系统进化。完全心中，心室壁的特殊心肌的分布因动物种类不同而不同，心电图可显示出不同的波形特征。在形态和功能上，与人的心脏最类似的动物是犬。⑥ 单胎动物和多胎动物的子宫形态也存在明显差异。多胎动物中不同动物种间有的也有差异。⑦ 乳腺分布和乳房的位置不同动物间也存在差异，单胎动物在局部，而多胎动物在胸腹部，分布较广。

(七) 疾病特点

实验动物有许多自发或诱发性疾病，能局部或全部地反映人类疾病的过程与特点，可用于研究相关的人类疾病。如突变系SHR大鼠，其自发性高血压的变化与人类相似，并伴有高血压性心血管病变，如脑梗死、脑出血、肾动脉硬化等。猫是寄生虫弓形虫的宿主，当然在弓形虫研究中是一个很好的实验动物。同时，在研究白化病、关节炎、骨质疏松症等方面，也较为理想。非人灵长类实验动物，可感染其他动物不可复制的人类传染病，如脊髓灰质炎、脑膜炎、肝炎、麻疹、痢疾、疟疾等，可作为研究这些疾病发生、发展过程及疫苗研制的理想实验动物。

二、选用解剖、生理特点符合实验目的要求的实验动物

选用解剖、生理特点符合实验目的要求的实验动物做实验，是保证实验成功的关键问题。实验动物具有的某些解剖、生理特点，为实验所要观察的器官或组织等提供了很多便利条件。本书前面已介绍了各种常用实验动物的解剖、生理特点，熟悉这些特点并根据这些特点选择实验动物能简化操作，使实验易于成功。

(1) 犬的甲状旁腺位于两个甲状腺端部的表面，位置比较固定；而兔的甲状旁腺分布得比较散，位置不固定。因此，做甲状旁腺摘除实验选犬而不用兔，而做甲状腺摘除实验则选兔更合适。犬是红绿色盲，不能以红绿色信号作为条件刺激来进行条件反射实验。

(2) 家兔颈部的交感神经、迷走神经和减压神经是分别存在和独立行走的，而人、马、牛、猪、犬、猫这些神经不单独行走，混合行走于迷走交感干或迷走神经之中，如观察减压神经对心脏的作用时，则必须选用兔。这三根神经中，白色、最粗者为迷走神经，切断迷走神经，可立即造成肺水肿的动物模型。

家兔的胸腔结构与其他动物不同，当开胸打开心包胸膜，暴露心腔进行实验操作时，只要不弄破纵隔膜，动物就不需要人工呼吸，给实验操作带来很多方便，很适合于做开胸和心脏实验。

家兔体温变化十分灵敏，最易产生发热反应且反应典型、恒定，而小鼠、大鼠的体温调节不稳定，所以，应选择家兔做发热和检查致热原的实验研究。

(3) 大、小鼠性成熟早，8～10 周龄时已可交配繁殖，且繁殖周期短，孕期 20±2 d，产仔多，适于做避孕药物、雌激素的研究，也可用于畸胎学及胚胎学的研究。

小鼠体型小，性情温顺，易于饲养管理、操作和观察，对外来刺激、多种毒素和病原体均很敏感。所以，各种药物的毒性试验，微生物、寄生虫的研究，半数致死量的测定都选用小鼠。大鼠无胆囊，不能选做胆囊功能的研究，而适合做胆管插管收集胆汁，进行消化功能研究。

(4) 中国地鼠易产生真性糖尿病，血糖可比正常高 2～8 倍，胰岛退化，适合于糖尿病的研究。豚鼠体内缺乏合成维生素 C 的酶，故对维生素 C 的缺乏很敏感，适合用于维生素 C 的实验研究。另外，豚鼠易于致敏，适于做过敏性研究。

(5) 鸽子、家犬、猴和猫呕吐反应敏感，适合做呕吐实验；家兔、豚鼠等草食动物呕吐反应不敏感，小鼠和大鼠无呕吐反应，就不宜选用。

(6) 大多数实验动物，如猴、犬、大鼠、小鼠等是按一定性周期排卵，而兔和猫属典型的刺激性排卵动物，只有经过交配刺激，才能排卵。因此，兔和猫是避孕药研究的常用动物。

三、根据实验动物不同品种、品系的特点选择动物

不同种系实验动物对同一因素的反应有其共同的一面，但有的也会出现特殊反应。如何充分利用这些特殊反应，选用对实验因素最敏感的动物，对实验研究也十分有价值。如在猪瘟疫苗的效力检验中，白兔比灰兔敏感，而长毛兔的反应最敏感，发热反应最典型；一般选用土种鸡(仙居鸡)做鸡新城疫 Ⅰ 系疫苗的安全检验，如果选用纯种肉鸡、蛋鸡不仅不安全，而且反应重，有死亡。

值得注意的是，不同药物或化合物在不同种系动物上引起的反应存在很大差异。如雌激素能终止大鼠和小鼠的早期妊娠，但不能终止人的妊娠；吗啡对家犬、兔、猴和人的主要作用是中枢抑制，而在小鼠和猫则是中枢兴奋；家兔对阿托品极不敏感；苯胺及其衍生物对犬、猫、豚鼠和人产生相似的变性血红蛋白等病理变化，而兔则不易发生，大、小鼠等啮齿类动物则完全不发生。以上这些在选择实验动物时必须加以注意。

同种但不同品系的动物，对同一刺激的反应差异也会很大。如C57BL小鼠对肾上腺皮质激素的敏感性比DBA及BALB/c小鼠高12倍；DBA小鼠对声音刺激非常敏感，闻电铃声可出现特殊的阵发性痉挛，甚至死亡，而C57BL小鼠根本不会出现这种反应。DBA及C3H小鼠对新城疫病毒(newcastle virus)的反应和DBA小鼠完全不同，前者出现肺炎而后者出现脑炎。C57BL小鼠各种肿瘤的发病率低，但A系小鼠80%的繁殖期母鼠均患乳腺癌；津白Ⅰ系小鼠为低癌系而津白Ⅱ系为高癌系。对仙台病毒的敏感性，DBA系比C57BL/6J系差百倍。地鼠的一个品系(LHC/LAK系)对慢病毒感染敏感，绵羊痒病、疯牛病、传染性貂脑病和人类的克雅病都能在此系动物群里传播。

四、根据对实验质量的要求选择标准化的实验动物

现代生命科学研究要求动物实验结果精确可靠、重复性好并具有可比性，即不同的人在不同的时间、不同的空间做相同的动物实验，能得到完全一样的实验结果，这就要求我们选用标准化的实验动物，在标准的条件下进行实验。所谓标准化动物是指遗传背景明确或来源清楚的，对其携带的微生物实行控制，模型性状显著且稳定的动物。

选择何种遗传种群动物，应根据不同的课题内容而定。近交系动物由于遗传纯合度高、个体差异小、特征稳定、对实验反应一致性好、实验结果精确可靠而越来越广泛地应用于医学生物学研究的各个领域。另外，不同品系具有各自独特的特性，可适合不同课题的研究需要。以群体为对象的研究课题，如人类遗传研究、药物筛选和毒性试验中，要选择与人群基因型及表现型相似的动物类别，封闭群动物则更为合适。许多基因突变系动物具有与人类相似的疾病模型特征，如自发高血压大鼠，青少年型糖尿病大鼠，缺少T细胞的裸大鼠、裸小鼠和裸豚鼠，肌肉萎缩症小鼠等，是研究人类疾病精确的工具。

转基因小鼠、可调控基因表达的小鼠、基因敲除小鼠、基因定点整合小鼠、特定组织或器官基因敲除小鼠等遗传工程小鼠是遗传精密度更高的实验动物。随着21世纪生命科学的发展，这些遗传工程小鼠将会逐渐取代常规实验动物，成为21世纪生物医药研究的首选动物。

选择何种微生物等级的实验动物，也应根据各级动物的特点，结合课题研究的水平、内容及目的而定。一般而言，普通动物用于研究所获得的实验结果的反应性差，故主要用于生物医学示教或为某项研究进行探索的预实验。清洁级动物是目前国内科研工作主要要求的标准实验动物，适用于大多数科研实验。无特定病原体(SPF)动物是理想的健康动物，用它来研究，可排除疾病或病原的干扰，适用于所有科研实验、生物制品生产及检定，是国际公认的标准实验动物。涉及具有国际交流意义的重大课题，最好选用SPF动物。无菌动物是一种非常规动物，仅适用于特殊研究目的，如微生物与宿主、微生物间的相互作用，免疫发生发展机制，放射医学等方面的研究。由于无菌动物体内无任何可检出的微生物，使实验简洁明确，给课题研究带来极大方便。

在结果要求精确的实验中，鉴于动物体内外的寄生虫与微生物会干扰实验的结果，最好选择无菌动物或悉生动物，至少也应使用SPF级动物。此外，还应考虑所选用的动物类别或级别要与实验条件、实验技术、方法及试剂等相匹配。既要避免用高精密度仪器、先进的技术方法、高纯度的试剂与低品质、非标准化、反应性能低的动物相匹配，又要防止用低性能的测试方法、非标准化的实验设施与高级别、高反应性能的动物相匹配，造成不必要的资源浪费。

五、符合实验动物选择的一般原则

（一）年龄与体重

年龄是一个重要的生物量，动物的解剖、生理特征和对实验的反应性随年龄的不同而有明显变化。一般而言，幼龄动物较成年动物敏感，而老龄动物的代谢、各系统功能较为低下，反应不灵敏。因此，一般动物实验应选用成年动物。但不同实验对年龄要求不尽相同，需根据课题的内容而定。一些慢性实验因周期较长，可选择幼龄动物。有些特殊实验如老年病学的研究，则考虑用老龄动物。

由于不同种类实验动物的生命周期差别很大，动物实验时还要注意“天文学时间”和“生物学时间”的区别。对不同动物而言，经过相同的天文学时间在生物学上却有不同的意义。例如，用犬做实验经过一年观察期和用大鼠做实验经过相同的观察期，其生物学意义是完全不同的。同样，用犬做实验从1岁到2岁的一年观察期和从12岁到13岁的一年观察期，其生物学意义也不同。考虑生物学时间，特别是在与老化有关的实验研究中很有意义。

值得注意的是，不同种属实验动物的寿命与人类具有很大差异。在发育上，有的以日月计龄，有的以年计龄。所以，选择动物时应注意到各种实验动物之间、实验动物与人类之间的年龄对应，以便进行分析比较（表4-1-1、图4-1-1）。

表4-1-1 犬与人的年龄对应

种属	年龄对应（年）															
犬	1	2	3	4	5	6	7	8	9	10	11	12	13	14	15	16
人	15	24	28	34	36	40	44	48	52	56	60	64	68	72	76	80

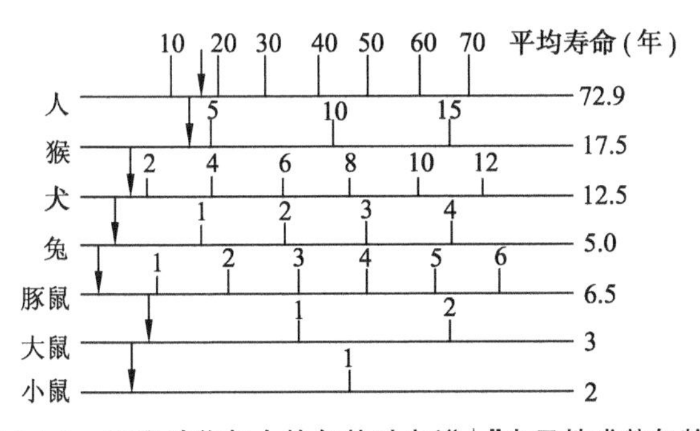

图4-1-1 不同动物与人的年龄对应（“↓”表示性成熟年龄）

实验动物年龄与体重一般成正相关性，可按体重推算年龄（图4-1-2，图4-1-3）。例如，KM小鼠6周龄时雄性约为32 g，雌性约为28 g；成年Wistar大鼠则雄性约为180

g，雌性约为 160 g。但体重大小常受每窝哺育仔数、饲养密度、营养、温度等环境条件所限，有时不一定准确，提供部门应有动物出生日期的记录以备查考。一般来说，选择的实验动物年龄、体重应尽可能一致，相差不得超过 10%。若相差悬殊，则易增加动物反应的个体差异，影响实验结果的准确性。

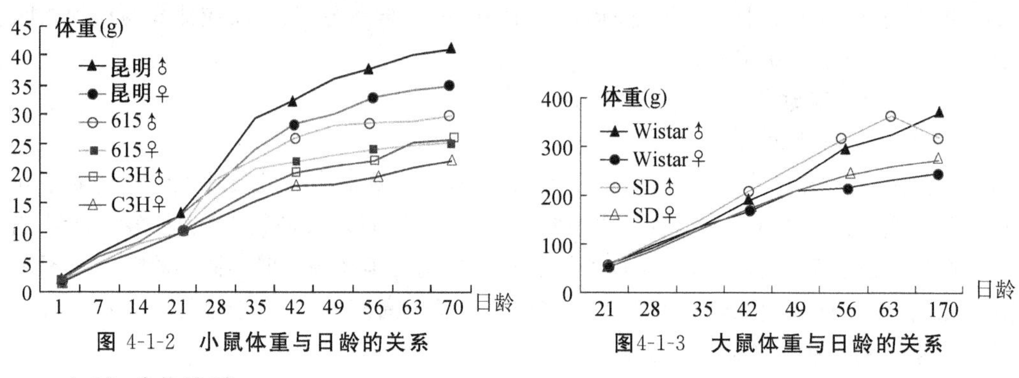

图 4-1-2 小鼠体重与日龄的关系

图4-1-3 大鼠体重与日龄的关系

（二）动物性别

不同性别的动物对同一药物的敏感程度是有差异的，如在猪瘟疫苗的效力实验中，雌兔比雄兔表现出较好的热反应，雌性小鼠对四环素毒素的耐受力低于雄鼠。有人分析了 149 种毒物对不同性别大小鼠的毒性，结果发现雌性的敏感性稍大于雄性，如雄性敏感性 LD_{50} 为 1，则雌性 LD_{50} 大鼠和小鼠分别为 0.88±0.036 与 0.92±0.085，如实验无特殊要求应选择雌雄各半做实验，以避免因性别差异所造成的结果误差。

（三）生理状态与健康状况

处于怀孕、哺乳等生理状态时，动物对外界刺激的反应常有所改变，如无特殊目的，一般应从实验组中剔除，以减少个体差异。健康动物对各种刺激的耐受性比有病的动物要大，实验时应剔除瘦弱、营养不良的动物。

（四）实验条件

实验条件对动物实验结果有很大影响，应给相应级别的动物有相应级别的环境条件，寒冷、炎热、通风不良、噪音或营养不良均会严重干扰动物实验的结果。

六、经济性原则

经济性原则是指尽量选用容易获得、价格低廉和饲养经济的动物。实际工作中，选择实验动物还必须考虑课题经费有限性这一因素。在不影响整个实验质量的前提下，尽量做到方法简便和降低成本。这就涉及选用易于获得、最经济和最易饲养管理的实验动物。

许多啮齿类实验动物，如小鼠、大鼠、地鼠、豚鼠等，繁殖周期短，具多胎性，饲养容易，遗传和微生物控制方便。另一方面，这些动物的年龄、性别、体重可任意选择，量大价廉，来源充足。猴、狒狒、猩猩等非人灵长类动物，其进化程度高，与人类最接近，在许多疾病研究方面有着不可替代的优越性。但由于来源稀少，加之繁殖周期长，饲养管理困难，不能普及使用。除非不得已或某些特殊的研究需要外，应尽量避免选择此类动物。

七、动物实验结果的外推

在医学研究中，动物模型、动物实验都是为人服务的，一切动物模型和动物实验结果都要外推到人身上去，这就是动物实验结果的外推(extrapolation)。由于动物与人不是同一种生物，在动物身上无效的药物不等于临床无效，而在动物身上有效的药物也不等于临床有效。加之不同的动物有不同的功能和代谢特点，所以，肯定一个实验结果最好采用两种以上的动物进行比较观察。所选的实验动物中最好一种为啮齿类动物，如小鼠、大鼠，另一种为非啮齿类动物，如犬、猴或小型猪。

用近交系动物做实验研究，结果易于重复并能进行定量比较，但不同品系具有各自不同的敏感特性，在近交系育成过程中所造成的近交衰退与人体的正常生理条件差异很大，所以对近交系动物的使用更要慎重，避免因滥用动物而导致在人体上的失误，从而造成难以想象的后果。

八、实验动物的选择和应用应注意有关国际规范

国际上普遍要求动物实验达到实验室操作规范(good laboratory practice，GLP)和标准操作规程(standard operating procedure，SOP)，这些规范对实验动物的选择和应用、实验室条件、工作人员素质、技术水平和操作方法都要求标准化。所有药物的安全评价试验都必须按规范进行，这是实验动物选择和应用总的要求。

第二节 动物实验设计的基本原则

进行科学研究特别是动物实验的选题与设计十分重要，良好的选题和周密的设计对动物实验研究来说可取得事半功倍的效果。

一、选题的一般原则

(一) 科学性原则

选题应具有明确的理论意义和实践意义，符合科学性的原则。应当在理论学习、技能掌握、文献检索、研究积累的基础上提出假说，设计新的实验。

(二) 创新性原则

创新性是科学的灵魂，选题应能够探索生命科学中的未知事物或未知过程，或能揭示已知事物中的未知规律，或提出新见解、新技术、新方法。

(三) 可行性原则

可行性原则是指选题应切合研究者的学术水平、技术水平，具备开展实验的条件，使实验能够顺利得以实施。

(四) 伦理原则

实验动物同样是生命体，同样需要考虑伦理问题。动物实验设计应按照“3R”原则进行评估和设计。在满足研究需要的前提下，尽可能少用实验动物，或寻找替代方法；实验应当在动物没有痛苦的条件下进行，需要手术或其他损伤性实验时，应当给动物麻醉或镇静。实验后的动物应给予很好的护理。

(五) 统计学原则

动物实验设计时应充分考虑统计学原则，即对照、随机、重复的原则。在分组、例数、采用的指标等方面，都应事先考虑研究结束后的数据统计方法，以及采用这些方法在设计时需要注意的问题。

二、实验设计的几个要素

在实验研究计划和方案中，必须对实验研究中涉及的各种基本问题作出合理安排。按照专业思路去确定实验技术路线和方法，体现创造性的科学思维，控制实验误差，改善实验有效性，保证专业设计的合理性和实验结论的可靠性。设计中要注意以下几个要素：

(1) 处理因素：人为施加不同实验条件(给受试对象以各种物理、化学或生物学刺激)，以揭示生物体的内在规律；控制处理水平(如剂量、时间、强度、频率等)在合理的范围。

(2) 实验对象：选择合适的实验动物或动物组织和细胞等。必须保证实验对象的一致性，实验对象应当对处理因素敏感，并且反应稳定。

(3) 实验效应的观察：采用适当的观察指标，包括定量指标、定性指标和半定量指标，观察动物对各种实验施加因子的反应。选择指标时应当考虑到指标的关联性、客观性、灵敏度和可用性，以提高效应观察的敏感性和特异性。

三、实验设计的原则

(一) 对照性原则

实验研究一般都把实验对象随机分设对照。对照可以分为：同体对照，即同一动物在施加实验因素前后所获得的不同结果和数据各成一组，作为前后对照，或同一动物在施加实验因素的一侧与不施加实验因素的另一侧作左右对照；异体对照，即实验动物均分为两组或多组，一组不施加实验因素，另一组或几组施加实验因素。对照性原则就是要求在实验中设立可与实验组比较，借以消除各种非实验因素影响的对照组。没有对照组的实验结果往往是难以令人信服的。对照应在同时、同地、同条件下进行。

对照的方法可分为空白对照、实验对照、标准对照、配对对照、组间对照、历史对照以及正常对照等。正确运用对照，对实验结果的正确分析与判断是非常重要的。

(二) 一致性原则

一致性原则是指在实验中，实验组与对照组除了处理因素不同外，非处理因素基本保证均衡一致。这是处理因素具有可比性的前提。动物实验时，研究者应采用合理的设计方案，除了实验组与对照组之间的处理因素有所不同外，实验对象、实验条件、实验环境、实验时间、药品、试剂、仪器、设备、操作人员等均应力求一致。要在动物品系、体重、年龄、性别、饲料和饲养方式等方面保持一致；要使实验室温度、湿度、气压、光照时间等环境条件保持一致；要在仪器种类、型号、灵敏度、精确度、电压稳定性、操作步骤及实验者的熟练程度等方面保持一致；要使药物厂商、批号、纯度、剂型、剂量、配置浓度、温度、酸碱度、给药速度、途径、时间、顺序等方面保持一致。

(三) 重复性原则

重复性原则是指同一处理要设置多个样本例数。重复的作用是估计实验误差，降低实验误差，增强代表性，提高精确度。重复的目的就是要保证实验结果能在同一个体或不同个体中稳定地再现，因此，必须有足够的样本数。样本数过少，实验处理效应将不能充分显示；样本数过多，又会增加工作量，也不符合减少实验动物用量的原则。

（四）随机性原则

随机性原则就是按照机遇均等的原则进行分组。其目的是尽量减少一切干扰因素造成的实验误差，防止实验者的主观因素或其他偏性误差造成的影响。

（五）客观性原则

客观性原则是指所选择的观测指标尽可能不带有主观成分。所有观测指标尽可能便于定性定量，结果判断要以客观数据为依据。

第三节 动物实验前的准备

动物实验前要进行一系列的准备工作，主要包括理论准备、条件准备、预实验等。动物实验前的准备工作为完成动物实验提供必备的理论基础、物质条件和方法探索，对圆满完成动物实验十分重要。

一、动物实验前的理论准备

动物实验人员首先应掌握实验动物科学基本知识，熟悉常用实验动物的生物学特性和解剖生理特点，熟练掌握动物实验基本操作技能。其次，欲利用实验动物开展实验，还必须了解国家、省、市及所在单位实验动物机构有关实验动物和动物实验的管理法规和制度，并能够切实遵照执行。

所有参与动物实验的人员都必须通过所在省、市科技主管部门组织的实验动物从业人员上岗考试，并取得科技主管部门统一颁发的上岗资格证书，方能从事动物实验工作。凡取得动物实验许可证的单位，不得让未取得动物实验资格证书的人员进入动物实验室，否则，将会受到查处，甚至取消实验动物使用许可证。

申报有关的科研课题时，必须附上参与动物实验人员的动物实验上岗证复印件。

二、动物实验前的条件准备

动物实验设计完成，课题确立之后，必须进行动物实验条件的准备。主要包括实验场所、仪器、药品、试剂和实验动物的准备。条件准备的要求是尽可能使实验手段、方法、环境标准化。

（一）实验场所

实验场所是从事具体实验操作以及实验后的动物饲养、观察、护理的场所。该场所必须持有实验动物使用许可证，必须是标准化的条件，规范化的管理。一般来说，高等医学院校、大的科学研究院所都有健全的实验动物管理机构、完善的动物实验设施。实验者应与实验动物中心联系，提交实验设计方案，取得支持和配合，落实实验计划。如本单位的实验条件不具备，则应到有条件的动物实验室去做实验。

（二）仪器、药品、试剂

仪器、药品和试剂是医学科学研究中必不可少的要素，准备要充分。仪器要校准，好用、会用；药品、试剂要提前预订，按照说明书进行配制，特别需要注意的是，生物试剂要在确认合格的实验动物和其他条件都具备的情况下才可配制；各种实验器械要消毒、配套。

（三）实验动物

实验动物是特殊的实验材料，是有生命的物质。实验前应了解实验动物品种、品系、等级、许可证、动物质量合格证情况，进一步提交详细的使用计划。对本单位不能提供的实验动物，则必须到其他具有实验动物生产供应资格的单位购买。购买时应遵循下列原则：

（1）提出外购申请，经实验动物中心负责人同意；

（2）事先与供应单位联系并确认能够提供，再进一步确认动物品系、等级、价格、包装、供应方式，可供应日期；

（3）如果是慢性实验，则必须先与实验动物中心签订好动物实验室的使用和代养观察协议，办妥相关手续；

（4）购买时要索取实验动物质量合格证、许可证复印件和其他相关资料；

（5）选择最快、最安全、最有效的运输方式；

（6）遵守动物运输检验检疫法；

（7）如需要实验动物中心协助，应事先支付足额费用。

（四）实验人员

实验人员是实验成败的关键因素。是否取得动物实验上岗资格证书，对实验内容是否熟悉，实验操作是否熟练，时间安排是否有保证都关系到实验能否顺利进行，必须事先准备充分，做好周密安排。

三、预备实验

预备实验也称预实验、初试实验，是动物实验开始之前的初步试验，也是战前动员和练兵。目的在于检查各项准备工作是否完备，实验方法和步骤是否切实可行，测试指标是否稳定可靠，同时熟悉所用动物的生物学特性及饲养管理要求。可初步观察动物是否适宜于本项目的研究，了解实验结果与预期结果的距离，从而为正式实验提供补充、修正、完善的意见和经验，是动物实验的重要环节。预实验应使用少量动物，其他条件都应跟正式实验一样。预实验可以避免失误和损失，应予高度重视。

第四节　分组、编号及去毛方法

动物实验之前，必须对实验动物进行随机分组和编号标记，这是做好实验和实验记录的前提。绝大部分实验动物体表有被毛，有时为了方便实验操作的需要，应去除被毛。

一、随机分组

进行动物实验时，通常采用随机分组的方法。随机分组的方法很多，如抽签、拈阄等形式，但最好的方法是使用随机数字表或计算器。随机数字表上所有数字是按随机抽样原理编制的，表中任何一个数字出现在任何一个地方都是完全随机的。计算器内随机数字键所显示的随机数也是根据同样原理贮入的。

随机数字表使用简单。假设从某群体中要抽 10 个个体作为样本，那么，可以先闭目用铅笔在随机数字表上定一点。假定落在第 16 行 17 列的数字 76 上，那么可以向上(向下、向左、向右均可)，依次找 42、22、98、14、76、52、51、86，把包括 76 在内的这 10 个号的个体按号作为样本，来作为研究总体的依据。

使用计算器产生随机数时，每当按下 2ndF(第二功能键)和 RND(随机数字键)时，随机数就产生。产生的随机数值在 0.000 至 0.999 之间。显示的数的前两个小数位用做一个样本个体，如输入“2ndF＋RND”显示为 0.166，表明第 16 个数据作为一个样本个体，重复按键操作，直到产生所需的样本大小。由于随机数是随机产生的，所以绝对不会产生相同的数目。

随机数产生后，随机分组要根据组数来进行，具体较为复杂。以下示例介绍使用随机数字表进行随机分组的方法。

(一) 当分两组时

例如：设有雄性 Wistar 大鼠 12 只，按体重大小依次编为 1，2，3…12，试用完全随机的方法，将其分为甲、乙两组。

分组方法：假设所产生的点是随机数字表上第 21 行第 31 列的 78，则从 78 开始，由上向下抄 12 个随机数字，如下：

动物编号：	1	2	3	4	5	6	7	8	9	10	11	12
随机数字：	78	38	69	57	91	0	37	45	66	82	65	41
组　别：	乙	乙	甲	甲	甲	乙	甲	甲	乙	乙	甲	甲

以随机数字的奇数代表甲组，偶数代表乙组，则编号为 3、4、5、7、8、11、12 号分入甲组，而 1、2、6、9、10 号分入乙组。因两组数字不等，继续用随机方法将甲组多余的 1 只调整给乙组，从上面最后一个随机数字 41，接下去抄一个数为 62，以 7 除之(因甲组原分配 7 只)得 6，即把原分配在甲组的第 6 个甲(即 11 号大鼠)调入乙组。如果甲组多 2 只，则接下去抄两个数。分别以 8、7 除之，余数即指要调入乙组的第几个甲，余依此类推。最后各组的鼠数就相等了，调整后各组鼠的编号为：

甲组：	3	4	5	7	8	12
乙组：	1	2	6	9	10	11

(二) 当分三组时

例如：设有雄性的 SD 大鼠 12 只，按体重大小依次编为 1，2，3…12，用完全随机的方法，将其分为 A、B、C 3 组。

分组方法：假设所定的点是随机数字表第 40 行 17 列的 08，则从 08 开始，自左向右抄 12 个随机数字：

动物编号：	1	2	3	4	5	6	7	8	9	10	11	12
随机数字：	08	27	01	50	15	29	39	39	43	79	69	10
除 3 余数：	2	0	1	2	0	2	0	0	1	1	0	1
组　别：	B	C	A	B	C	B	C	C	A	A	C	A
调整组别：	B											

以 3 除各随机数字，若余数为 1，即该鼠归 A 组；余数为 2，归入 B 组；余数为 0，归入 C 组。结果 A 组为 4 只，B 组 3 只，C 组 5 只。C 组多 1 只应调入 B 组，方法同上。仍采用随机方法，从 10 后面接着抄，为 61。除以 5，余数为 1，则将第 1 个 C，即第 2 号鼠调入 B 组，调整后各组鼠的编号如下：

A 组：	3	9	10	12
B 组：	1	2	4	6
C 组：	5	7	8	11

对于将动物随机分为四组或更多组的原理基本一致。

（三）当每个动物一组时

例如：设有 A、B、C、D、E、F 代表的 6 只家兔，用完全随机法将其每只分为一组。

分组方法：从随机数字表上用铅笔任指一点，若为第 21 行第 17 列的 33，则从 33 向左抄用 6 个数字，然后分别以 6、5、4、3、2、1 除之。凡除不尽的，即将余数写下。除尽的，写余数时即将其除数写下。具体如下：

随机数字：	33	46	9	52	68	7
除　　数：	6	5	4	3	2	1
余　　数：	3	1	1	1	2	1
随机排列：	C	A	B	D	F	E

上列第 1 个随机数字余数为 3，意即将 6 个字母中列在第 3 位的字母 C 写在该数下，第 2 个数字的余数为 1，即在剩下的 5 个字母列在第 1 位的 A 写在该数字下面，余依次类推。

二、编号标记方法

实验动物分组后，为了区分、观察并记录每个个体的反应情况，必须给每只动物进行编号标记。具体可根据不同的动物、观察时间的长短等选择合适的标记方法。良好的标记方法应有标识清晰、持久、简便、易认和适用的特点。常用的有：

（一）体表颜料着色法

一般对短期试验的白色动物可用颜料涂搽被毛的方法标记。常用的涂染化学药品有：

（1）红色：0.5％中性红或品红溶液。

（2）黄色：3％～5％苦味酸溶液或 80％～90％苦味酸酒精饱和液。

（3）咖啡色：2％硝酸银溶液。

（4）黑色：煤焦油酒精溶液。

用毛笔或棉签将苦味酸或中性红涂在动物体表的不同部位，以小鼠为例，各个部位所表示的号码如图 4-4-1 所示。编号的原则是先左后右，从前到后。即左前腿上部为 1，左腰部为 2，左后腿为 3，头部为 4，背部为 5，尾部为 6，右侧从前至后依次为 7、8、9。

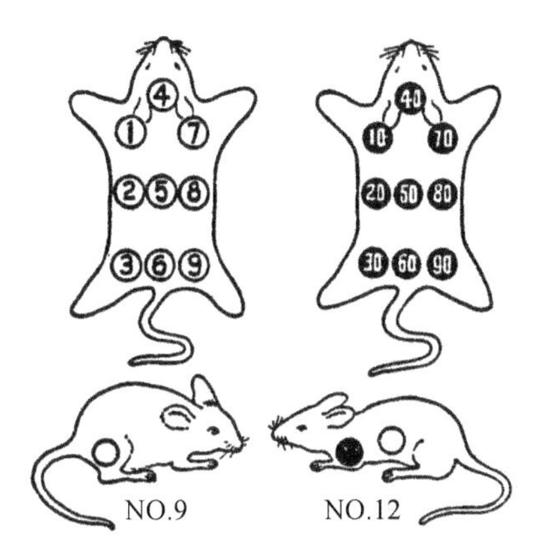

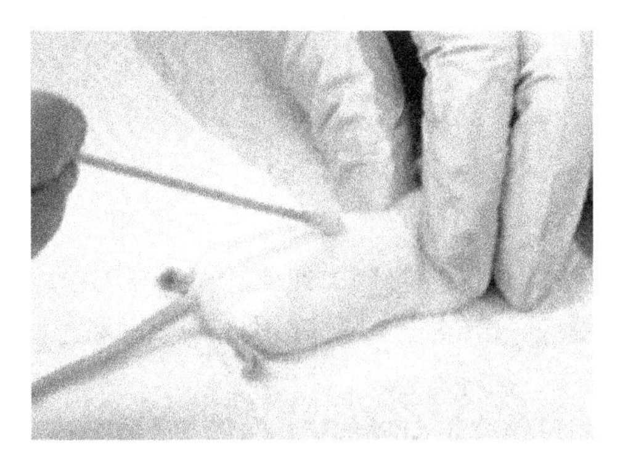

图 4-4-1 体表染色标记法

用黄色表示个位数，红色表示十位数。此方法可编 1～99 号，适用于白色大鼠、小鼠、豚鼠和家兔。对于大、小鼠也可在其尾巴上用记号笔划线标记的方法进行编号(图 4-4-2)。

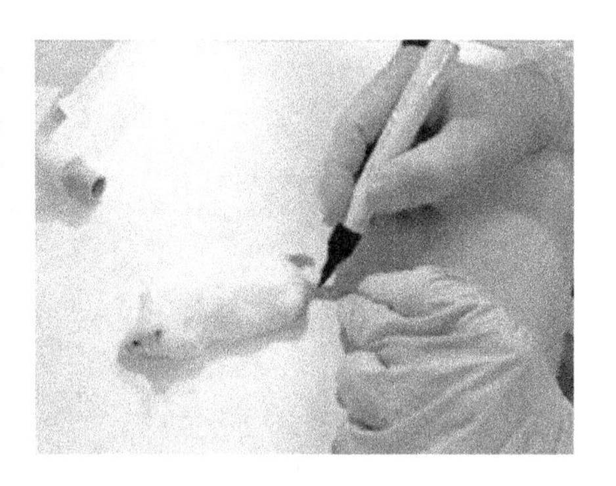

图 4-4-2 尾巴划线标记法

（二）个体耳号标记法

用耳号钳在耳上打洞或用剪刀在耳边缘上剪缺口的标记方法如下：以耳缘缺口为个位数，左耳前缘为 1，左耳上缘为 2，左耳下缘为 3，右耳前缘为 4，上缘为 5，下缘为 6；以耳上孔洞为十位数，左耳前缘 10，侧缘为 20，下缘为 30，右耳依次为 40、50、60。依据不同缺口和孔洞位置的组合，可编码 1～99 号。啮齿类动物和猪的编号常用此法，如图 4-4-3 所示。

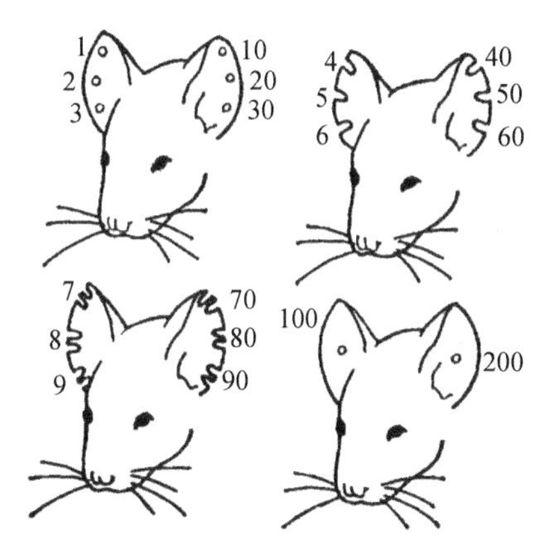

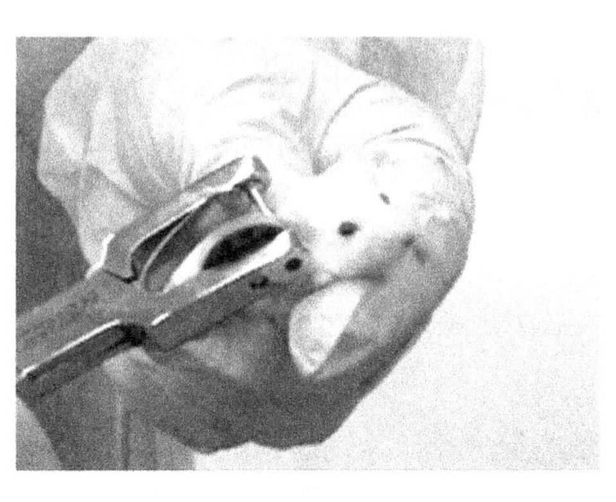

图 4-4-3 耳号标记法

（三）个体断趾标记法

新生仔鼠可根据前肢 4 趾、后肢 5 趾的切断位置来标记，后肢从左到右表示 1～10 号，前肢从左到右表示 20～90 号，11～19 号用切断后肢最右趾加后肢其他相应的1～9号来表示。切断趾时，应断其一段趾骨，不能只断指尖，以防伤口痊愈后辨别不清。此法亦可编成1～99号，多用于标记大鼠和小鼠。

（四）耳号钳标记法

此方法是用市场所售的专用耳号钳进行标记，其耳号钳有两种，一种是号码针加墨，另一种是用固定耳号牌。前者多用于兔、犬的编号，后者多用于犬、猫、猪、羊等动物。使用时，在耳内侧无血管的部位用酒精或碘酒消毒，所编号码调整好加墨后，夹刺耳内侧（图4-4-4）。耳号牌用专用耳钳穿夹到耳上。

（五）挂牌法

制作印有不同数字标记的金属（多为铝质材料）标牌，固定于犬、羊的项链上，禽类为铝条号码固定于翅膀上，此法清楚，便于观察，但要防止弄伤动物或丢失（图4-4-5）。

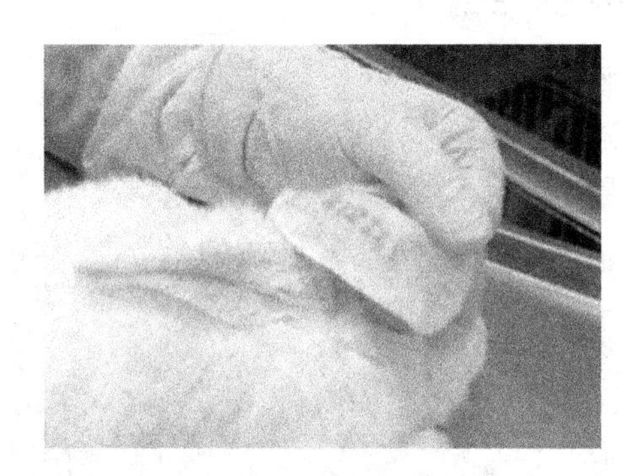

图4-4-4 兔耳号钳标记法

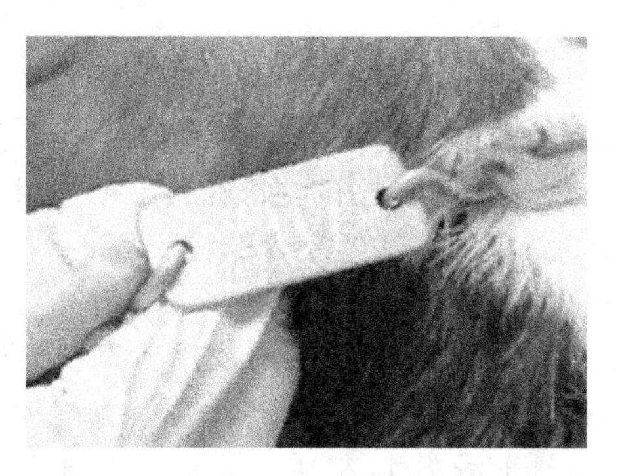

图4-4-5 犬耳号牌

三、实验动物的除毛

在动物实验中，被毛有时会影响实验操作与观察，因此必须除去，特别是进行手术时，手术部位去毛可方便无菌操作，预防、控制感染。除去被毛的方法有剪毛、拔毛、剃毛和脱毛等。

（一）剪毛法

剪毛法是将动物固定后，先用蘸有水的纱布把被毛浸湿，再用剪毛剪刀紧贴皮肤剪去被毛。不可用手提起被毛，以免剪破皮肤。剪下的毛应集中放在一容器内，防止到处飞扬。给犬、羊等动物采血或新生乳牛放血制备血清常用此法。

（二）拔毛法

拔毛法是用拇指和食指拔去被毛的方法。在兔耳缘静脉注射或尾静脉注射时常用此法。

（三）剃毛法

剃毛法是用剃毛刀剃去动物被毛的方法。如动物被毛较长，先要用剪刀将其剪短，再用刷子蘸温肥皂水将剃毛部位浸透，然后再用剃毛刀除毛。本法适用于暴露外科手术区。

（四）脱毛法

脱毛法是用化学药品脱去动物被毛的方法。首先将被毛剪短，然后用棉球蘸取脱毛剂，在所需部位涂一薄层，2～3 min后用温水洗去脱落的被毛，用纱布擦干，再涂一层油脂即可。适用于犬等大动物的脱毛剂配方为：硫化钠10 g、生石灰15 g，溶于100 mL

水中。适用于兔、鼠等动物的脱毛剂的配方为：① 硫化钠 3 g、肥皂粉 1 g、淀粉 7 g，加适量水调成糊状；② 硫化钠 8 g、淀粉 7 g，糖 4 g、甘油 5 g、硼砂1 g，加水 75 mL；③ 硫化钠 8 g 溶于 100 mL 水中。

第五节 麻醉方法

实验动物的麻醉就是用物理的或化学的方法，使动物全身或局部暂时痛觉消失或痛觉迟钝，以利于进行实验。在进行动物实验时，用清醒状态的动物当然更接近生理状态，但实验时各种强刺激（疼痛）持续地传入动物大脑，会引起大脑皮质的抑制，使其对皮质下中枢的调节作用减弱或消失，致使动物机体发生生理功能障碍，影响实验结果，甚至因而导致休克或死亡。另一方面，许多实验动物性情凶暴，容易伤及操作者，需要实施麻醉。此外，从人道主义角度来看，麻醉也是动物保护所必须采取的措施。

一、麻醉类型与麻醉方法

实验动物的麻醉可分为全身麻醉和局部麻醉两种类型。两种类型麻醉的方法各不相同。

（一）全身麻醉的方法

全身麻醉的方法常用的主要有吸入麻醉和非吸入麻醉。

1. 吸入麻醉

吸入麻醉是将挥发性麻醉剂或气体麻醉剂由动物呼吸道吸入体内，从而产生麻醉效果的方法。吸入麻醉药物常见的有二氧化碳、氟烷、异氟烷、甲氧氟烷、安氟醚等。

小动物实验可使用麻醉瓶进行麻醉，麻醉瓶可按以下方法制作：用密封透明的玻璃容器，在麻醉前放入麻醉剂、棉球即可。犬和猪等大动物在做长时间的实验时，可用麻醉机进行气管插管法吸入安氟醚麻醉。吸入麻醉过深则可能发生窒息，应暂停吸入，等呼吸恢复后再继续吸入。使用吸入麻醉剂时应特别注意实验人员的安全。

2. 非吸入麻醉

非吸入麻醉是一种既简单方便，又能使动物很快进入麻醉期，而无明显兴奋期的方法。常采用注射方法，如静脉注射、肌肉注射、腹腔注射等。静脉注射、肌肉注射多用于较大的动物，如兔、猫、猪、犬等。腹腔注射多用于较小的动物，如小鼠、大鼠、沙鼠、豚鼠等。

静脉注射的部位：兔、猫、猪由耳缘静脉注入，犬由后肢静脉注入，小鼠、大鼠由尾静脉注入。肌肉注射的部位多选臀部。腹腔注射的部位约在腹部后 1/3 处略靠外侧（避开肝和膀胱）。由于各种动物麻醉剂的作用长短以及毒性的差别，注射时，一定要控制药物的浓度和注射量。给药几分钟后动物倒下，全身无力，反应消失，表明已达到适宜的麻醉效果，是手术最佳时期。接近苏醒时，动物四肢开始抖动。这时如果手术还没完成，就要及时将麻醉瓶放在动物口、鼻处，给予辅助吸入麻醉。手术中如果发现动物抽搐、排尿，说明麻醉过深，是死亡的前兆，应立刻进行急救。做完手术后，要注意保温，促使其清醒。

3. 注意事项

（1）麻醉前要注意的问题：① 动物宜禁食，大动物禁食 10～12 h。② 不能使用泻剂。因为泻剂可降低血液的碱储,从而增加血流和组织的酸度,在麻醉和失血状况下,易发生酸中毒,从而降低损伤组织的抗感染能力。③ 用犬做长时间实验前 1 h 应灌肠,以排除积粪。④ 检查麻醉剂质量、数量是否满足要求,麻醉固定器具是否有破损(漏气或堵塞),对过深麻醉的急救器材、药品,也要准备齐全。⑤ 准确计算麻醉剂量。由于动物存在个体差异,对药物的耐受性不同,体重与所需剂量并不成正比,所以介绍的剂量仅供参考使用。⑥ 应考虑麻醉剂的纯度。麻醉剂的纯度直接影响麻醉效果,往往使用同种、同剂量的麻醉剂,国产麻醉剂麻醉效果往往不如进口的,实际使用中要注意增加剂量。

(2) 麻醉时要注意的问题:静脉注射必须缓慢,同时观察肌肉紧张性、角膜反射和对皮肤疼痛的反应,当这些活动明显减弱或消失时,要立即停止注射,并进行抢救。

(3) 麻醉后注意的事项:① 采取保温措施。在麻醉期间,动物的体温调节功能受到抑制,会出现体温下降,影响实验结果。② 必须保持动物气道的通畅和组织(眼球、舌、肠等器官)的营养。③ 出现麻醉过深情况后,应立刻采取抢救措施。

(二) 局部麻醉的方法

局部麻醉的方法常用的是浸润麻醉。浸润麻醉是将麻醉药物注射于皮肤、皮下组织或手术野深部组织,以阻断用药局部的神经传导,使痛觉消失。

进行局部浸润麻醉时,首先把动物固定好,然后在实验操作的局部皮肤区域,用皮试针头先做皮内注射,形成橘皮样皮丘。然后换局麻长针头,由皮点进针,放射到皮点周围继续注射,直至要求麻醉区域的皮肤都浸润到为止。可以根据实验操作要求的深度,按皮下、筋膜、肌肉、腹膜或骨膜的顺序,依次注入局麻药,以达到麻醉神经末梢的目的。

二、麻醉药物与麻醉剂用量

动物实验中常用的麻醉药物有两类,即挥发性麻醉剂和非挥发性麻醉剂。

(一) 挥发性麻醉剂

常用的挥发性麻醉剂有二氧化碳、氟烷、异氟烷、甲氧氟烷、安氟醚等。

(二) 非挥发性麻醉剂

1. 全身麻醉剂

(1) 巴比妥类:巴比妥类药物是由巴比妥酸衍生物的钠盐组成,是有效的镇静及催眠剂。巴比妥类药物种类很多,根据作用的时限可分为长、中、短、超短时作用四大类。长、中时作用的巴比妥类药物多用于动物抗痉药或催眠剂,作为实验麻醉所使用的则属于短、超短时作用的巴比妥类药物。巴比妥类药物主要作用机制是阻碍冲动传入大脑皮质,从而对中枢神经系统起到抑制作用。应用催眠剂量,对呼吸抑制影响很小,但应用过量却影响呼吸,因为过量可导致呼吸肌麻痹甚至死亡,同时也抑制末梢循环,导致血压降低,并影响基础代谢,导致体温降低。

巴比妥钠是最常用的一种动物麻醉剂,呈粉状,安全范围大,毒性小,麻醉潜伏期短,维持时间较长。其既可腹腔注射,又可静脉注射,一般用生理盐水配制。用该药麻醉时,中型动物多为静脉给药,也可腹腔给药,小型动物多为腹腔给药。一般给药应先一次推入总量的 2/3,待观察动物的行为,若已达到所需的麻醉深度,则不一定全部给完所有药量。动物的健康状况、体质、年龄、性别也影响给药剂量和麻醉效果,因此,实际麻醉动物时应视具体情况对麻醉剂量进行调整。

(2) 氯胺酮：本品为苯环己哌啶的衍生物，其盐酸盐为白色结晶粉末状，溶于水，微溶于乙醇，pH 3.5～5.5。该麻醉剂注射后可很快使动物进入浅睡眠状态，但不引起中枢神经系统深度抑制，一些保护性反射仍然存在，所以，麻醉的安全期相对高，是一种镇痛麻醉剂。它主要是阻断大脑联络路径和丘脑反射到大脑皮质各部分的路径，一般多用于犬、猫等动物的基础麻醉和啮齿类动物的麻醉。本品能迅速通过胎盘屏障影响胎儿，所以用于怀孕的动物时必须慎重。

(3) 水合氯醛：作用特点与巴比妥类药物相似，能起到全身麻醉作用，是一种安全有效的镇静催眠药。其麻醉量与中毒量很接近，所以安全范围小，使用时要注意。其不良反应是对皮肤和黏膜有较强的刺激作用。

2. 局部麻醉剂

(1) 普鲁卡因：为对氨苯甲酸酯，是无刺激性的局部麻醉剂，麻醉速度快，注射后1～3 min就可产生麻醉，可以维持30～45 min。普鲁卡因对皮肤和黏膜的穿透力较弱，需要注射给药才能产生局麻作用，它可使血管轻度舒张，易被吸收入血而失去药效。为了延长其作用时间，常在溶液中加入少量肾上腺素(每100 mL加入0.1%肾上腺素0.2～0.5 mL)能使麻醉时间延长1～2 h。常用1%～2%盐酸普鲁卡因溶液阻断神经纤维传导，剂量应根据手术范围和麻醉深度而定。猫、犬的局部麻醉用0.5%～1%盐酸普鲁卡因注射。普鲁卡因的不良反应为，在大量药物被吸收后，表现出中枢神经系统先兴奋后抑制，这种作用可用巴比妥类药物预防。

(2) 利多卡因：常用于表面麻醉、浸润麻醉、传导麻醉和硬脊膜外腔麻醉。利多卡因的化学结构与普鲁卡因不同，它的效力和穿透力比普鲁卡因强2倍，作用时间也较长。阻断神经纤维传导及黏膜表面麻醉浓度为1%～2%。

(3) 的卡因：的卡因化学结构与普鲁卡因相似，能穿透黏膜，作用迅速，1～3 min发生作用，持续60～90 min。其局麻作用比普鲁卡因强10倍；吸收后的毒性作用也相应加强。

(三) 常用麻醉剂的用量与用法

不同种类麻醉药物的性质不同，其用药剂量和用药方法差异较大。常用实验动物如小鼠、大鼠、兔、犬等的常用麻醉药物的给药途径和剂量见表4-5-1～4-5-5。

表4-5-1 小鼠全身麻醉剂用量与用法

药物	剂量	途径
麻醉前给药		
阿托品(atropin)	0.02～0.05 mg/kg	iv,im,sc
	1.2 mg/kg	ip
镇静剂		
乙酰丙嗪(acepromazine)	0.75 mg/kg	im
安定(diazepam)	5 mg/kg	ip
氯胺酮(ketamine)	20 mg/kg	im
注射麻醉剂		
氯胺酮(ketamine)	22～44 mg/kg	im

续表

药　　物	剂　　量	途　径
	100 mg/kg	ip
	25 mg/kg	iv
戊巴比妥(pentobarbital)	15 mg/kg	iv
(以生理盐水 10 倍稀释)	40～80 mg/kg	ip
硫喷妥钠(thiopental)	25 mg/kg	iv
	50 mg/kg	ip
硫戊巴比妥(thiamylal)	25～50 mg/kg	iv
三溴乙醇(tribromoethanol)	0.2 mL/10 g	ip
(avertin,1.2% solution)	(240 mg/kg、1.2% solution)	
混合注射麻醉剂		
氯胺酮(ketamine)＋甲苯噻嗪(Xylazine)	50 mg＋15 mg/kg	im,ip
	90～120 mg＋10 mg/kg	im,ip
氯胺酮(ketamine)＋乙酰丙嗪(acetylpromazine)	100 mg＋2.5 mg/kg	im
吸入麻醉剂		
二氧化碳(carbon dioxide)	50%～70%与氧气混合	inhalation
氟烷(halothane)	1%～4%(麻醉起效)	inhalation
	0.5%～1.5%(维持)	
异氟烷(isoflurane)	1%～4%(麻醉起效)	inhalation
甲氧氟烷(methoxyflurane)	0.5%～3%(麻醉起效)	inhalation
止痛剂		
哌替啶(meperidine)	20 mg/kg q2～3 h	im,sc
	4 mg/kg	ip
布托啡诺(butorphanol)	1～5 mg/kg q2～4 h	sc,im

注：im：肌肉注射；iv：静脉注射；sc：皮下注射；ip：腹腔注射；inhalation：吸入

表 4-5-2　大鼠全身麻醉剂用量与用法

药　　物	剂　　量	途　径
麻醉前给药		
阿托品(atropin)	0.02～0.05 mg/kg	iv,im,sc
镇静剂		
乙酰丙嗪(acepromazine)	5 mg/kg	im,sc
安定(diazepam)	2.5 mg/kg	ip
甲苯噻嗪(xylazine)	13 mg/kg	im
氯胺酮(ketamine)	22 mg/kg	im
	20 mg/kg	ip
注射麻醉剂		
氯胺酮(ketamine)	44 mg/kg	im
	40～160 mg/kg	ip
	50 mg/kg	iv
芬太尼-氟哌利多(fentanyl-droperidol)	0.2～0.6 mL/kg	ip

续表

药　　物	剂　　量	途　径
戊巴比妥(pentobarbital)	30～40 mg/kg	iv
	30～50 mg/kg	ip
尿烷(urethane)	1000 mg/kg	ip
混合注射麻醉剂		
氯胺酮(ketamine)+甲苯噻嗪(xylazine)	40～80 mg+5～10 mg/kg	im,ip
氯胺酮(ketamine)+戊巴比妥(pentobarbital)	44 mg/kg+25 mg/kg	(K)im,(P)ip
氯胺酮(ketamine)+乙酰丙嗪(acetylpromazine)	75～80 mg/kg+2.5 mg/kg	(K)im,(A)im
吸入麻醉剂		
二氧化碳(carbon dioxide)	50%～80%和20%～50%氧混合	inhalation
氟烷(halothane)	1%～3%麻醉起效	inhalation
	0.5%～1.5%(维持)	
异氟烷(isoflurane)	1%～5%麻醉起效	inhalation
甲氧氟烷(methoxyflurane)	1%～3%麻醉起效	inhalation
安氟醚(enflurane)	3%～4%麻醉起效	inhalation
止痛剂		
哌替啶(meperidine)	20 mg/kg,q2～3h	im,sc
布托啡诺(butorphanol)	1～5 mg/kg,q2～4h	sc

注：im：肌肉注射；iv：静脉注射；sc：皮下注射；ip：腹腔注射；inhalation：吸入

表 4-5-3　兔全身麻醉剂用量与用法

药　　物	剂　　量	途　径
麻醉前给药		
阿托品(atropin)	0.2～0.3 mg/kg	iv,im,sc
镇静剂		
乙酰丙嗪(acepromazine)	0.5～2 mg/kg	im
安定(diazepam)	1 mg/kg	iv
	5～10 mg/kg	im
甲苯噻嗪(xylazine)	3 mg/kg	iv
	4～6 mg/kg	im
氯胺酮(ketamine)	22 mg/kg	im
注射麻醉剂		
氯胺酮(ketamine)	44 mg/kg	im
	15～20 mg/kg	iv
芬太尼-氟哌利多(fentanyl-droperidol)	0.15～0.44 mL/kg	im
戊巴比妥(pentobarbital)	30～50 mg/kg	iv,ip
1%硫喷妥钠(Thiopental)	15～30 mg/kg	iv

续表

药　　物	剂　　量	途　径
尿烷(urethane)	1000 mg/kg	ip,iv
硫戊巴比妥(thiamylal)	25～30 mg/kg	iv
混合注射麻醉剂		
氯胺酮(ketamine)＋甲苯噻嗪(xylazine)	30～40 mg/kg＋3～5 mg/kg	im
	10 mg/kg＋3 mg/kg	iv
氯胺酮(ketamine)＋安定(diazepam)	25 mg/kg＋5 mg/kg	im
氯胺酮(ketamine)＋乙酰丙嗪(acetylpromazine)	40 mg/kg＋0.5～1 mg/kg	im
吸入麻醉剂		
氟烷(halothane)	3%～4%麻醉起效	inhalation
	0.5%～1.5%(维持)	
异氟烷(isoflurane)	1.5%～5%麻醉起效	inhalation
甲氧氟烷(methoxyflurane)	0.5%～3%麻醉起效	inhalation
安氟醚(enflurane)	3%～4%	inhalation
止痛剂		
哌替啶诺(meperidine)	5～10 mg/kg,q2～3h	im,sc
布托啡诺(butorphanol)	0.1～0.5 mg/kg,q2～4h	im,iv,sc
保泰松(phenylbutazone)	10 mg/kg	iv

注：im：肌肉注射；iv：静脉注射；sc：皮下注射；ip：腹腔注射；inhalation：吸入

表 4-5-4　犬全身麻醉剂用量与用法

药　　物	剂　　量	途　径
麻醉前给药		
阿托品(atropin)	0.03～0.1 mg/kg	iv,im,sc
镇静剂		
乙酰丙嗪(acepromazine)	0.5～2 mg/kg	im,iv,sc
安定(diazepam)	1～2.5 mg/kg	iv
甲苯噻嗪(xylazine)	1 mg/kg	iv
	1～4 mg/kg	im
氯胺酮(ketamine)	5 mg/kg	iv
	10 mg/kg	im
注射麻醉剂		
氯胺酮(ketamine)	20 mg/kg	im
	10 mg/kg	iv
芬太尼-氟哌利多(fentanyl-droperidol)	0.1～0.2 mL/kg	im
	0.05 mg/kg	iv
戊巴比妥(pentobarbital)	25～35 mg/kg	iv
1%硫喷妥钠(thiopental)	20～30 mg/kg	iv

续表

药　　物	剂　　量	途　径
1%氯醛糖(alpha-chloralose)	40～100 mg/kg	iv
硫戊巴比妥(thiamylal)	9～18 mg/kg	iv
混合注射麻醉剂		
氯胺酮(ketamine)+甲苯噻嗪(xylazine)	10 mg/kg+(2～4)mg/kg	iv(K),im(X)
氯胺酮(ketamine)+安定(diazepam)	(7～10)mg/kg+0.4 mg/kg	iv
氯胺酮(ketamine)+乙酰丙嗪(acepromazine)	10 mg/kg+0.1 mg/kg	iv
吸入麻醉剂		
氟烷(halothane)	3%～4%麻醉起效	inhalation
	0.5%～1.5%(维持)	
甲氧氟烷(methoxyflurane)	0.3%～3%麻醉起效	inhalation
安氟醚(enflurane)	1%～4%麻醉起效	inhalation
止痛剂		
哌替啶诺(meperidine)	0.5～1 mg/kg	po,im,sc
布托啡诺(butorphanol)	1～2 mg/kg	im. iv,sc
保泰松(pentacozine)	0.2 mg/kg	po,im
甲苯噻嗪(xylazine)	0.1 mg/kg	im,iv bid
氟尼辛(flunixin)	1 mg/kg	iv sid

注：im：肌肉注射；iv：静脉注射；sc：皮下注射；ip：腹腔注射；inhalation：吸入

表 4-5-5　非人灵长类动物全身麻醉剂用量与用法

药　　物	剂　　量	途　径
麻醉前给药		
阿托品(atropin)	0.04～0.1 mg/kg	iv,im,sc
镇静剂		
乙酰丙嗪(acepromazine)	0.25～1 mg/kg	im,sc
安定(diazepam)	1 mg/kg	im,iv
甲苯噻嗪(xylazine)	0.5～2 mg/kg	im
氯胺酮(ketamine)	7～14 mg/kg	iv
	5～15 mg/kg	im
注射麻醉剂		
氯胺酮(ketamine)	5～40 mg/kg	im
	28～45 mg/kg	iv
芬太尼-氟哌利多(fentanyl-droperidol)	0.05～0.1 mL/kg	im,iv
戊巴比妥(pentobarbital)	20～33 mg/kg	iv
	30～35 mg/kg	ip
1%硫喷妥钠(thiopental)	15～20 mg/kg	iv

续表

药　　物	剂　　量	途　径
硫戊巴比妥(thiamylal)	15～30 mg/kg	iv
甲苯噻嗪(xylazine)	6 mg/kg	im
混合注射麻醉剂		
氯胺酮(ketamine)＋甲苯噻嗪 (xylazine)	11 mg/kg＋0.5～1 mg/kg	im
氯胺酮(ketamine)＋安定(diazepam)	10 mg/kg＋7.5 mg/kg	im
氯胺酮(ketamine)＋乙酰丙嗪(acetylpromazine)	4 mg/kg＋0.4 mg/kg	im
吸入麻醉剂		
氟烷(halothane)	3%～4%麻醉起效 0.8%～1.5%(维持)	inhalation
甲氧氟烷(methoxyflurane)	0.3%～3%麻醉起效	inhalation
安氟醚(enflurane)	1%～4%麻醉起效	inhalation
止痛剂		
哌替啶诺(meperidine)	2～4 mg/kg q4h	im,iv
布托啡诺(butorphanol)	0.1～0.2 mg/kg q12～48h	im

注：im：肌肉注射；iv：静脉注射；sc：皮下注射；ip：腹腔注射；inhalation：吸入

三、复苏与抢救

实验过程中，由于过量麻醉导致呼吸或心跳停止，应及时采取复苏和抢救措施。

(一) 呼吸停止

可出现在麻醉的任何时期。如在兴奋期，呼吸停止具有反射性质。在深度麻醉期，呼吸停止是由于延髓麻醉的结果，或由于麻醉剂中毒时组织中血氧过少所致。

1. 症状

呼吸停止的主要表现是胸廓呼吸运动停止、黏膜发绀、角膜反射消失或极低、瞳孔散大等。呼吸停止的初期，可见呼吸浅表、频数不等且呈间歇性呼吸。

2. 治疗方法

必须停止供给麻醉药，先打开动物口腔，拉出舌头到口角外，应用5%二氧化碳和60%氧气的混合气体进行间歇人工呼吸，同时注射温热葡萄糖溶液、呼吸兴奋药、心脏急救药。

3. 呼吸兴奋药

此类药物作用于中枢神经系统，对抗因麻醉过量引起的中枢性呼吸抑制，常用的有尼可刹米、戊四氮、美解眠等。

(1) 尼可刹米：又名可拉明，人工合成药。直接兴奋呼吸中枢，安全范围较大，适用于各种原因引起的中枢性呼吸衰竭。每次0.25～0.50 g，静脉注射。大剂量可致血压升高、心悸、心率失常、肌颤等。

(2) 戊四氮：为延髓兴奋药，能兴奋呼吸及血管运动中枢，对抗巴比妥类及氯丙嗪等药物过量所致的中枢性呼吸衰竭。每次0.1 g，静脉注射或心内注射。可重复使用，但大剂量可导致惊厥。

(3) 美解眠：与戊四氮相似，作用较短，安全范围较戊四氮宽。主要对抗巴比妥类和水合氯醛中毒。每次50 mg，静脉缓慢注射。过量使用可引起肌肉抽搐和惊厥。

（二）心跳停止

在吸入麻醉时，麻醉初期出现的反射性心跳停止，通常是由于剂量过大所致。还有一种情况，就是手术后麻醉剂所致的心脏急性变性，心功能急剧衰竭所致。

1. 症状

呼吸和脉搏突然消失、黏膜发绀。心跳停止的发生可能无预兆。

2. 治疗方法

心跳停止应迅速采取心脏按压，即用掌心（小动物用指心）在心脏区有节奏地敲击胸壁，其频率相当于该动物正常心脏收缩频率。同时，注射心脏抢救药。

3. 心脏抢救药

(1) 肾上腺素：用于提高心肌应激性，增强心肌收缩力，加快心率，增加心脏排血量。用于心跳骤停急救，每次 0.5～1 mg，静脉注射、心内或气管内注射。肾上腺素也有一定的复跳作用，用于治疗窦性心动过缓、室颤等。氟烷麻醉中毒禁用。

(2) 碳酸氢钠：是纠正急性代谢性酸中毒的主要药物。首次给药用 5%碳酸氢钠按 1～2 mL/kg 注射。对于心脏停跳的动物，可于首次注射肾上腺素以后立即静脉给药，因为酸中毒的心肌对儿茶酚胺反应不良。

第六节　常规采血方法

实验研究中，经常要采集实验动物的血液进行常规检测、细胞学实验或进行生物化学分析，故必须掌握正确采集血液的技术。采血方法的选择，主要决定于实验的目的和所需血量以及动物种类。

不同动物采血部位与采血量的关系可参考表 4-6-1。常用实验动物的最大安全采血量与最小的致死采用血量，见表 4-6-2。

表 4-6-1　不同动物采血部位与采血量的关系

采血量(mL)	采血部位	动物品种
少量(≤0.1)	尾静脉	大鼠、小鼠
	耳静脉	兔、犬、猫、猪、山羊、绵羊
	眼底静脉丛	兔、大鼠、小鼠
	舌下静脉	兔
	腹壁静脉	青蛙、蟾蜍
	冠、脚蹼皮下静脉	鸡、鸭、鹅
中量(0.1～0.8)	后肢外侧皮下小隐静脉	犬、猴、猫
	前肢内侧皮下头静脉	犬、猴、猫
	耳中央动脉	兔
	颈静脉	犬、猫、兔
	心脏	豚鼠、大鼠、小鼠
	断头	大鼠、小鼠
	翼下静脉	鸡、鸭、鸽、鹅
	颈动脉	鸡、鸭、鸽、鹅

续表

采血量(mL)	采血部位	动物品种
大量(>0.8)	股动脉、颈动脉 心脏 颈静脉 摘眼球	犬、猴、猫、兔 犬、猴、猫、兔 马、牛、山羊、绵羊 大鼠、小鼠

表 4-6-2 常用实验动物的最大安全采血量与最小致死采血量

动物品种	最大安全采血量(mL)	最小致死采血量(mL)
小鼠	0.2	0.3
大鼠	1	2
豚鼠	5	10
兔	10	40
狼犬	100	500
猎犬	50	200
猴	15	60

一、大鼠、小鼠的采血方法

(一) 大鼠、小鼠的大血管采血

大鼠、小鼠可从颈动(静)脉、股动(静)脉或腹主动脉等大血管采血。在这些部位采血应先将大鼠、小鼠麻醉,仰卧固定,然后做动(静)脉分离手术,使血管暴露清楚,用注射器沿大血管平行方向刺入,抽取即可。也可用镊子将分离好的动(静)脉挑起来,用剪刀切断,直接用注射器吸取或试管收集流出的血液,要注意的是在切断动脉时,需防止血液喷溅。

(二) 大鼠的锁骨静脉采血

将大鼠麻醉后,取背卧腹部朝上位,头部朝向操作者。用手指触摸胸骨与锁骨交接处有一凸点,以此为中心向左右两侧水平位置约 0.6 cm 各有一静脉。采血时,用 4.5 号针与气管平行以 15°在前述位置处进针,见有血液流出即可抽取,取血量可达1 mL。抽完血后要用棉球在抽血部位按压一会儿,以防皮下血肿。用此方法可左右两处连续多次采血(图 4-6-1)。

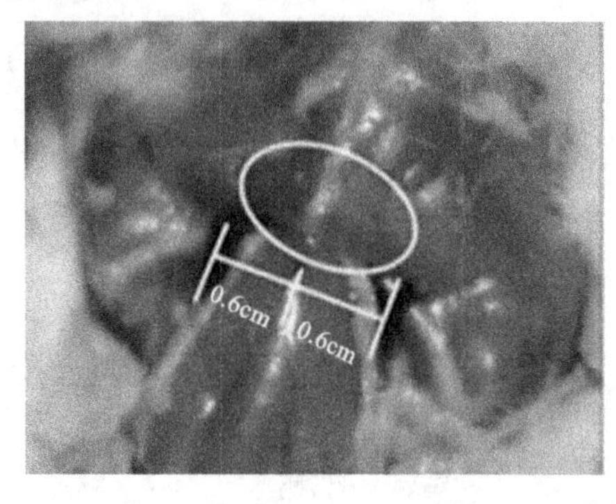

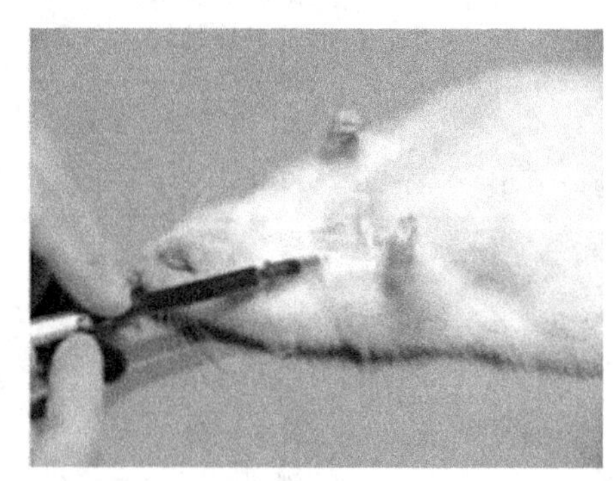

图 4-6-1 大鼠锁骨静脉采血

（三）大鼠、小鼠的后肢隐静脉采血

将鼠腿部被毛剃去，用针尖刺破隐静脉，再吸取流出的血液(图 4-6-2)。

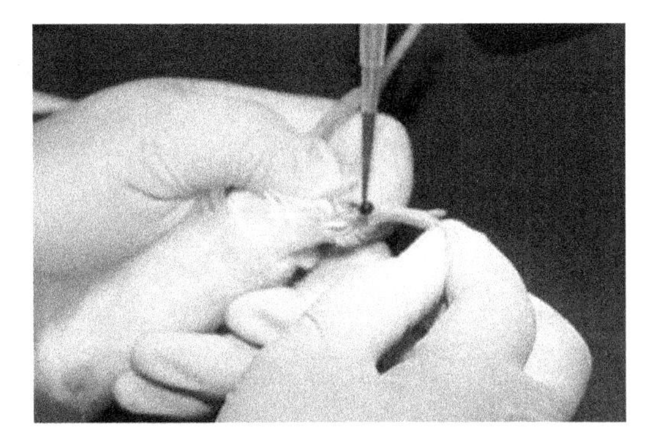

图 4-6-2　小鼠后肢隐静脉采血

（四）大鼠、小鼠的心脏采血

将大鼠、小鼠麻醉，仰卧固定，剪去心前区部位的毛，并用碘酊、乙醇消毒皮肤，在左侧第 3、4 肋间，心跳搏动最强处将注射器针头垂直刺入心腔，血液可借助血压自动流入注射器(图 4-6-3)。也可切开胸部，用针头直接刺入心脏抽取。另外，可将大鼠或小鼠麻醉，仰卧，乙醇消毒皮肤，从剑状软骨下端身体中线稍偏左的位置进针，针与身体中线水平，与胸骨呈15°～25°(图 4-6-4)抽取血液。

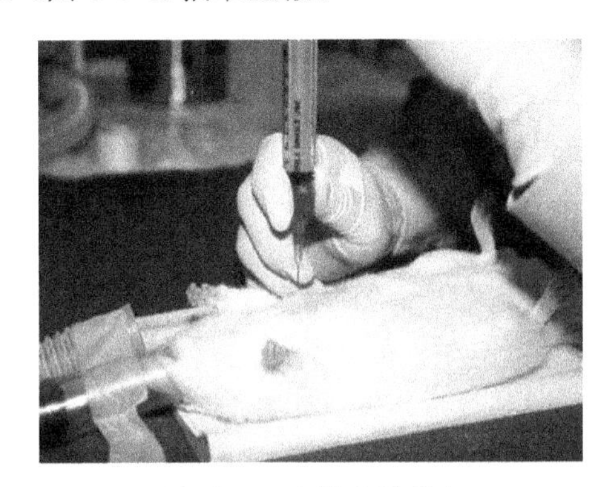

图 4-6-3　大鼠心脏采血

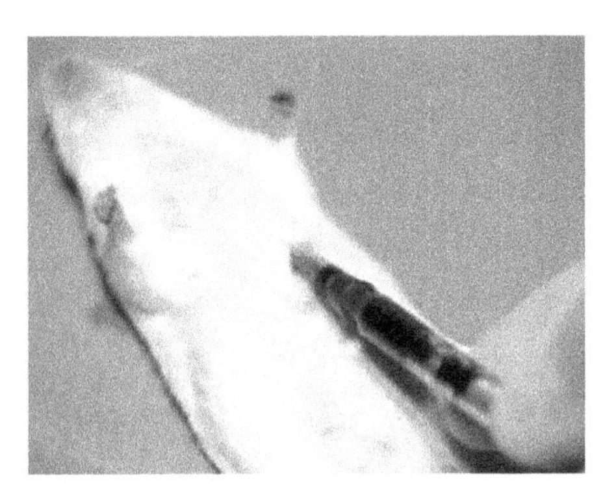

图 4-6-4　小鼠心脏采血

（五）大鼠、小鼠的尾部采血

尾部采血有两种方法：一种是将大、小鼠尾尖剪掉 1～2 mm，用手自尾根部向尖端按摩，血就自尾尖流出，但尾尖不能剪去过多，否则会不出血(图 4-6-5)。操作前如将鼠尾用 45～50℃热水浸泡片刻，或用乙醇、乙醚等擦拭，促使血管扩张，再剪去尾尖，采血可方便些。另一种方法是采用交替切割尾静脉方法取血，每次采血时，用一锋利的刀片在鼠尾切破一段静脉，静脉血即由伤口流出，每次可取 0.3～0.5 mL，3 条尾静脉可交替切割，并自尾尖渐向尾根方向切割。此法在大鼠进行采血时，可以在较长的一段时间内连续取血，采血量较多。

（六）大鼠、小鼠的眼眶采血

鼠类大量采血时可用摘眼球法。采血时，用一手固定好动物，压迫颈部，使眼球充血突出，另一手用眼科镊迅速摘除眼球，眼眶内很快流出血液，用玻璃器皿等收集血液。此法适于一次性采血。如需重复多次采血时，可采用眼眶后静脉丛采血法。采血时，先将动物麻醉，左手拇指及食指抓住鼠两耳后的皮肤使鼠固定，并轻轻压迫颈部两侧，使眼球充血突出。右手持玻璃毛细管或细塑料管沿眼角插入眼底静脉丛，血可自然从毛细管中流出。采血结束后，消毒、止血。此法可多次采血(图 4-6-6)。

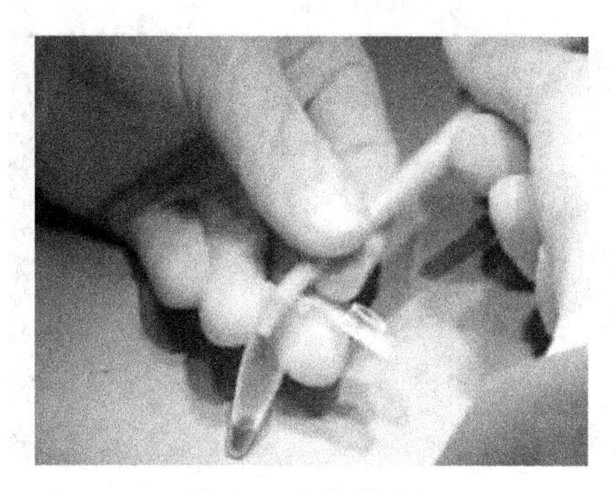

图 4-6-5 剪尾采血

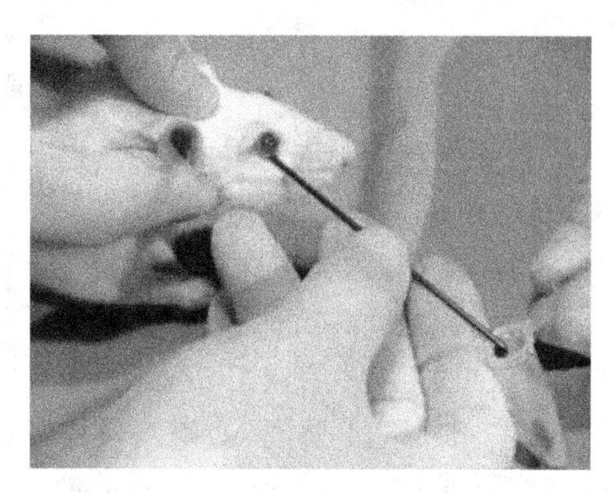

图 4-6-6 眼眶采血

（七）大鼠、小鼠断头取血

剪掉鼠头，立即将鼠颈向下，提起动物，鼠血很快滴出，用容器收集。如果是采血浆或全血，收集血的容器内须预先放好抗凝剂。

二、豚鼠的采血方法

（一）耳缘剪口采血

将豚鼠耳廓消毒后，用刀或刀片割破耳缘，在切口边缘涂抹 20％枸橼酸钠溶液，阻止血凝，血即从切口处自动流出，用容器收集。

（二）心脏采血

方法同大鼠、小鼠。

（三）股动脉采血

方法同大鼠、小鼠。

（四）后肢背中足静脉取血

先固定动物，将豚鼠右或左后膝关节伸直并对着术者，术者用乙醇消毒豚鼠脚背面，找出足背静脉后，以左手的拇指和食指拉住豚鼠的趾端，右手持注射针头刺入静脉，拔出针头后即出血。采血后用纱布或乙醇棉球止血。反复采血时，两后肢交替使用。

三、家兔的采血方法

（一）心脏采血

将家兔仰卧固定在兔台上，用手触摸到心脏搏动处，在第 3～4 肋间隙、胸骨左缘约 3 mm 处，用注射针垂直刺入心脏，血液即随心脏收缩而进入注射器内（图 4-6-7）。此法每次取血不超过 20～25 mL，取血须迅速，缩短针头留在心脏内的时间，以防止血液在注射器内凝固。

（二）兔耳中央动脉采血

将兔固定好，在兔耳中央可见一条较粗、颜色较鲜红的中央动脉。操作者左手固定兔耳，右手持注射器，在动脉末端，沿动脉平行地向心方向刺入动脉，血即流入注射器中，此法一次抽血可达 15 mL；取血完毕，用乙醇棉球压迫止血（图 4-6-8）。

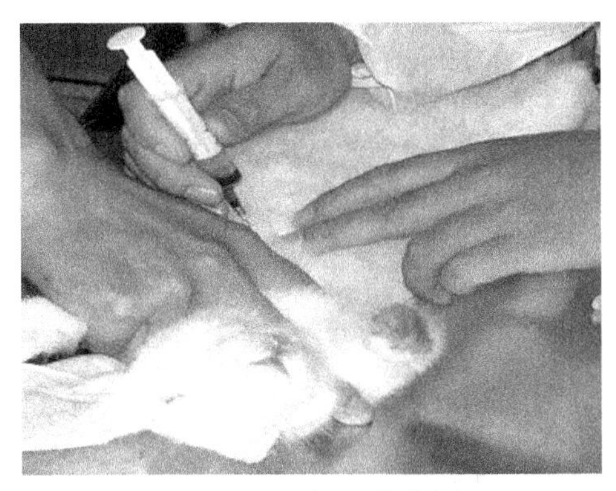

图 4-6-7　兔心脏采血

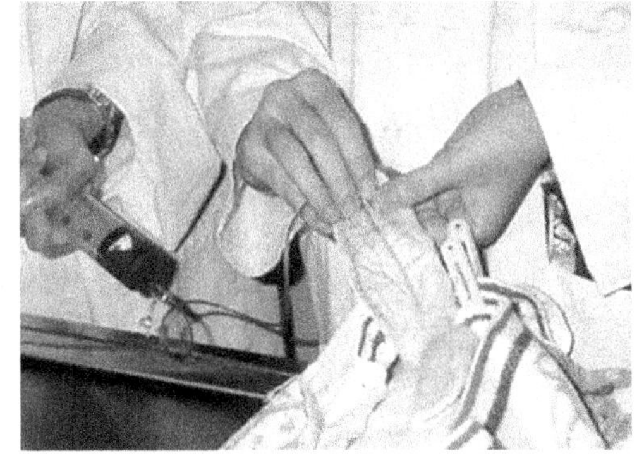

图 4-6-8　兔耳中央动脉采血

由于兔耳中央动脉易发生痉挛性收缩，故抽血前必须先让兔耳充分充血，在动脉扩张、未发生痉挛性收缩之前，立即进行抽血。抽血针头不要太细，一般用 6 号针头，针刺部位从动脉末端开始；不要在近耳根部取血，因耳根部软组织厚，血管游离度大，易刺透血管造成皮下出血。

（三）耳静脉采血

本法为最常用的取血法之一，常用于反复取血，因此，防止耳缘静脉发生栓塞特别重要。

取血前先将兔的头部固定（采用固定盒或由助手固定都可以），选耳静脉清晰的一侧，将耳静脉部位的毛拔去，用 75％的乙醇局部消毒，用手指轻轻摩擦兔耳，使静脉扩张，用连有 5 号针头的注射器在耳缘静脉末端刺破血管，待血液漏出取血或将针头逆血流方向刺入耳缘静脉取血，取血完毕用棉球压迫止血。

四、犬、猫的采血方法

（一）后肢外侧跗外静脉、内侧隐静脉、前肢内侧皮下头静脉采血

将犬（猫）固定好，在后肢跗关节外侧剪毛，找到跗外静脉或大腿内侧找到隐静脉，用碘酊、乙醇消毒皮肤，术者用左手拇指和食指握紧剪毛区的上部，使下肢静脉充盈，右手用连有 6～7 号针头的注射器迅速刺入静脉，左手放松，将针固定，以适当速度抽血，一般每次可采血 10～20 mL。

采集前肢内侧皮下的头静脉血时，操作方法基本同后肢静脉采血。

（二）股动脉采血

将犬（猫）固定在解剖台上，使后肢向外伸直，暴露腹股沟三角，在动脉搏动的部位剪去被毛，消毒后，用左手中、食指探摸股动脉跳动部位并固定好血管，右手取连有 5～6 号针头的注射器直接刺入血管。若刺入动脉，一般可见鲜红血液流入注射器；若未见血，则需微微转动一下针头或上下移动针头，方可见鲜血流出。待抽血完毕，迅速拔出针头，用干棉球压迫数分钟止血。

（三）心脏采血

同大鼠、小鼠心脏采血。

（四）耳缘静脉取血

同兔耳缘静脉采血。

五、猪、羊、猴的采血方法

（一）猪的采血方法

猪的采血方法分为3种：一是体重50 kg以上的肥猪和大型种猪，采用耳静脉采血；二是体重25～50 kg的架子猪，采用前肢腋（臂）静脉采血为主和耳静脉采血为辅；三是体重25 kg以下的仔猪，采用前腔静脉采血为主和耳静脉、腋静脉采血为辅。

前腔静脉采血时，可采取仰卧绑定方式。一位助手抓握两后肢，尽量向后牵扯引，另一位助手用手将下颌骨下压，使头部贴地，并使两前肢与体中线基本垂直。此时，两侧第一对肋骨与胸骨结合处的前侧方呈两个明显的凹陷窝。消毒皮肤后，采血人员持装有9号针头的一次性注射器，向右侧凹陷窝处，由上而下，稍偏向中央及胸腔方向刺入，见有回血，即可采血。采血完毕，左手拿酒精棉球紧压针孔处，右手迅速拔出采血针管。为防止出血，应压迫片刻，并涂擦碘酊消毒（图4-6-9）。

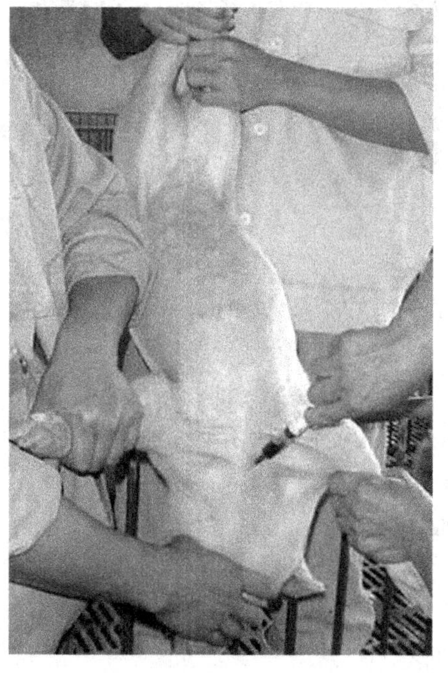

图4-6-9 猪前腔静脉采血

（二）羊的采血方法

常采用颈静脉取血方法，也可在前后肢皮下静脉取血。颈静脉粗大，容易抽取，而且取血量较多，一般一次可抽取50～100 mL。将羊蹄捆缚，按倒在地，由助手用双手握住羊下颌，向上固定住头部。在颈部一侧外缘剪毛约5 cm范围，碘酊、乙醇消毒。用左手拇指按压颈静脉，使之怒张，右手取连有粗针头的注射器沿静脉一侧以39度倾斜由头端向心方向刺入血管，然后缓缓抽血至所需量。取血完毕，拔出针头，采血部位以乙醇棉球按压片刻。

（三）猴的采血方法

与人类的采血法相似，常用以下几种：① 毛细血管采血：需血量少时，可在猴拇指或足跟等处采血。采血方法与人的手指或耳垂处的采血法相同。② 静脉采血：最宜部位是后肢皮下静脉及颈外静脉。后肢皮下静脉的取血法与犬相似。用颈外静脉采血时，把猴固定在猴台上，侧卧，头部略低于台面，助手固定猴的头部与肩部。先剪去颈部的毛，用碘酊、乙醇消毒，即可见位于上颌角与锁骨中点之间的怒张的颈外静脉。用左手拇指按住静脉，右手持连6(1/2)号针头的注射器，其他操作同人的静脉取血。也可在肘窝、腕骨、手背及足背选静脉采血。但这些静脉更细、易滑动，穿刺困难，血流出速度慢。③ 动脉采血：取血量多时常被优先选用，手法与犬股动脉采血相似。此外，肱动脉与桡动脉也可用。

第七节　给药途径与方法

在动物实验过程中，应根据不同的实验目的、动物种类、药物类型来决定动物的给药途径与方法。动物的给药方法主要有注射法和投入法两种，不同方法按给药途径又分为很多具体类型。注射法可分为皮下注射、肌肉注射、腹腔注射、脑膜下注射、脑内注射、胸腔内注射、腰椎内注射、静脉注射、关节腔注射和心内注射。投入法可分为鼻腔内投入、胃腔内投入、肠管内投入、气管内投入和经口腔投入。

一、啮齿类动物的给药途径和方法

（一）小鼠的给药途径和方法

1. 灌胃

左手固定小鼠，腹部向上。右手持灌胃器，沿体壁用灌胃针测量口角至最后肋骨之间的长度，作为插入灌胃针的深度。然后将灌胃针经口角插入口腔，与食管成一直线，再将灌胃针沿上腭壁缓慢插入食管 2～3 cm，通过食管的膈肌部位时略有抵抗感。如动物安静呼吸无异常，即可注入药液。如遇阻力应抽出灌胃针重新插入（图 4-7-1）。一次灌注药量 0.1～0.3 mL/10 g 体重。操作宜轻柔，防止损伤食管，如药液误入气管内，动物会立即死亡。

灌胃给药的注意要点：① 动物要固定好；② 头部和颈部保持平展；③ 进针方向正确；④ 一定要沿着口角进针，再顺着食管方向插入胃内；⑤ 进针不顺时决不可硬向里插。灌胃针可用 12 号注射针头自制（图 4-7-2）。磨钝针尖（有条件的话，在针尖周围点焊成圆突），再稍弯曲，即成灌胃针，针长 5～7 cm，直径 0.9～1.5 mm，连接于 1～2 mL 的注射器上即成灌胃器。

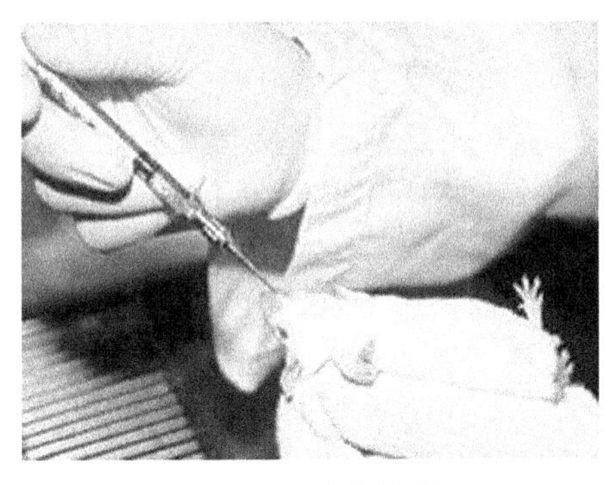

图 4-7-1　小鼠灌胃

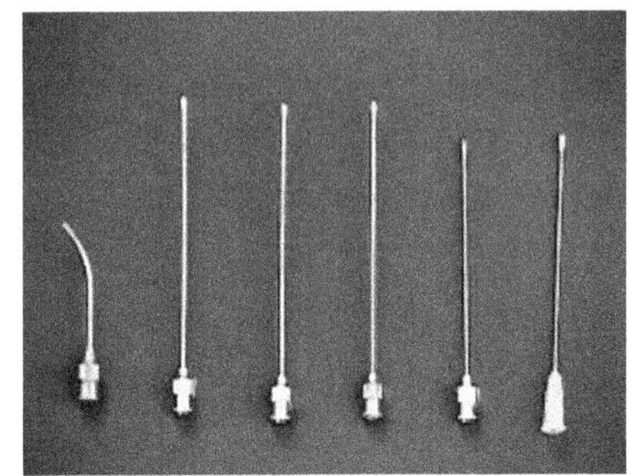

图 4-7-2　大鼠、小鼠灌胃针

2. 皮下注射

小鼠皮下注射时，通常选用颈背部皮肤。操作时，先用乙醇棉球消毒需注射部位的皮肤，再将皮肤提起，使注射针头与皮肤成一定角度刺入皮下。进针时，先沿体轴从头部方向刺入皮下，再沿体轴方向将注射针推进 5～10 mm。把针尖轻轻向左右摆动，容易摆动则表明已刺入皮下。然后轻轻抽吸，如无回流物就缓慢注射药物。注射完毕后，缓慢拔出注射针，稍微用手指压一下针刺部位，以防止药液外漏(图 4-7-3)。

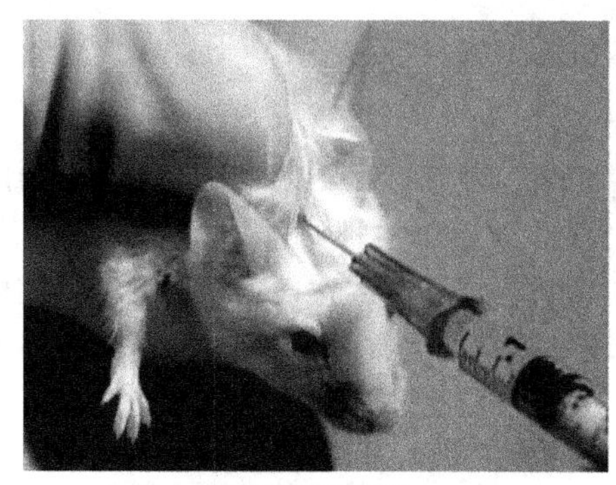

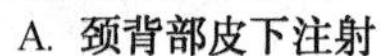

A. 颈背部皮下注射

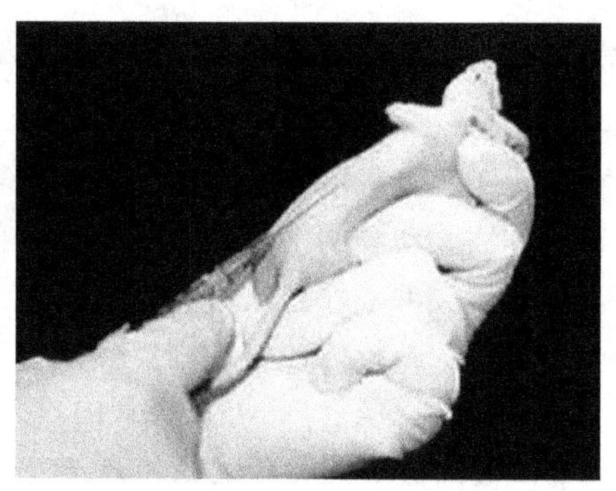

B. 腹部皮下注射

图 4-7-3 小鼠皮下注射

还有一种注射方法供熟练者选用。方法为：把小鼠放在金属网上，一只手拉住鼠尾，由于小鼠以其习惯向前方移动，在此状态下，易将注射针刺入背部皮下，进行注射。这种方法可用于大批量动物注射。每只小鼠皮下一次注射量为 0.5～1.0 mL。

3. 皮内注射

皮内注射常用于观察皮肤血管的通透性变化及观察皮内反应，多用于接种、致敏实验等。皮内注射通常选用背部脊柱两侧的皮肤。操作时，先将注射部位及其周围的被毛剪去，乙醇棉球局部消毒。然后用左手将皮肤捏成皱襞，右手持有 5 号针头的注射器，使针头与皮肤呈 30 度角刺入皮下，然后将针头向上挑起并稍刺入，即可注射。注射后，可见皮肤表面鼓起一小丘。注射后 5 min 再拔出针头，否则药液会从针孔漏出。通常小鼠皮内一次注射量不超过 0.05 mL。雄性动物皮肤紧密，皮内注射时较雌性动物难度大，这一点，实验者应予以注意。

4. 肌肉注射

因小鼠肌肉较少，一般不做肌肉注射。如因实验需要必须做肌肉注射时，由助手抓住小鼠两耳和头部皮肤，并提起。操作者用左手抓住小鼠一侧后肢，右手取连有 6 号针头的注射器，将针头刺入大腿外侧肌肉，将药液注入。小鼠一侧药量不超过 0.1 mL。

5. 腹腔注射

左手用沾湿的拇指和食指紧紧抓住颈部背侧的松弛皮肤，手掌成杯状紧握鼠背使得腹部皮肤伸展，同时用小指压住尾根，固定好动物。使小鼠腹部抬高，右手将注射器的针头(5 号)刺入皮肤。进针部位是距离下腹部腹中线稍向左或右 1 mm 的位置。针头到达皮下后，继续向前进针 3～5 mm，再以 45 度角刺入腹肌，针尖通过腹肌后抵抗力消失。固定针尖，缓缓注入药液(图 4-7-4)。为避免刺破内脏，可将动物头部放低，尾部抬高，使脏器移向横膈处。小鼠的一次注射量为 0.1～0.2 mL/10 g 体重。

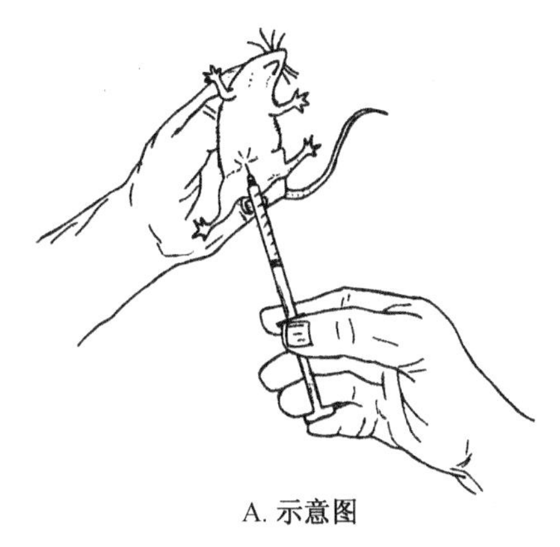

A. 示意图

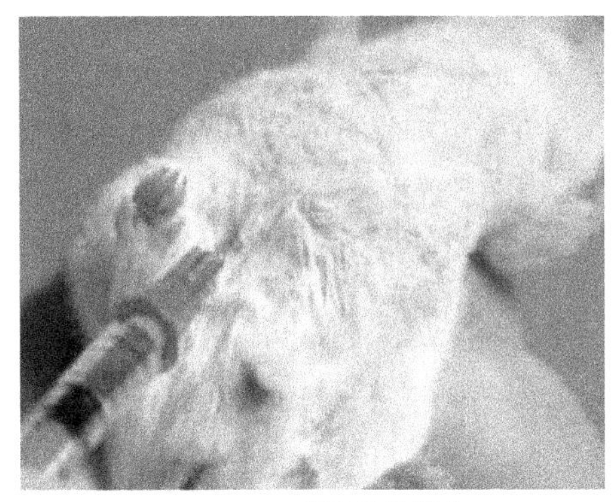

B. 实际操作图片

图 4-7-4　小鼠腹腔注射

6. 静脉注射

小鼠一般采用尾静脉注射法。小鼠尾部血管在背、腹侧及左右两侧均有集中分布，每侧均有数对伴行的动、静脉组成的血管丛。在这些血管中有 4 根十分明显：背部和两侧各有 1 根静脉，腹侧有 1 根动脉。两侧尾静脉比较容易固定。操作时，先将动物固定在固定器内或扣在烧杯中，使尾巴外露，尾部用 45～50℃的温水浸泡数分钟或用乙醇棉球擦拭使血管扩张，并可使表皮角质软化，然后将尾部向左或向右拧 90°，使一侧尾静脉朝上，以左手食指和中指捏住鼠尾上下，使静脉充盈，用无名指从下面托起尾巴，以拇指和小指夹住尾巴的末梢，右手持注射器(连 5 号细针头)，使针头与静脉几乎平行(<30°)，从尾下 1/4 处(距尾尖 2～3 mm)进针，刺入后先缓注少量药液，如无阻力，表示针头已进入静脉，可继续注入。一般推进速度为 0.05～0.10 mL/s，一次注射量为 0.05～0.25 mL/10 g 体重。注射完毕后将尾巴向注射侧弯曲以止血。如需反复注射，应尽可能从尾末端开始，以后向尾根部方向移动注射。

7. 脑内注射

此法常用于微生物学动物实验，将病原体等接种于被检动物脑内，观察接种后的各种变化。给小鼠脑内注射时，先将其额部消毒。操作者用左手拇指及食指抓住鼠两耳和头皮并固定好动物，右手用套有塑料管、针尖露出 2 mm 长的 5 号针头，直接由额部正中刺入脑内，注入药液或接种物。

另一种注射方法是，将小鼠用乙醚轻度麻醉，使注射器和额顶颅骨大约保持 45°，在中线外侧 2 mm 处刺入注射针。因该部位颅骨较薄，插入注射针毫不费力。脑内一次注射量为每只 0.02～0.03 mL。

8. 涂布给药

小鼠常采用浸尾方式经尾皮给药，用以定性地判定药物或毒物经皮肤的吸收作用。给药前先将鼠放入特制的固定盒内，露出尾巴。然后将小鼠尾巴穿过小试管软木塞小孔，插入装有药液或受检液体的试管内，浸泡 2～6 h(视药物或毒物的毒性及毒理作用效果而定)，并观察其中毒症状。如是毒物，实验时要特别注意防止中毒。因此，要将试管的软木塞塞紧(必要时可用凡士林或蜡封，亦可在受检液体表面加上一层液体石蜡)。

尾巴通过的小孔也应绝对严密。还可在通风橱的壁上钻一个相当于尾根部大小的小孔，将受检液体置于通风橱内，动物尾巴通过该小孔，进行浸尾实验，整个尾巴长度的3/4浸入药液中，而身体部分仍留在通风橱外。实验过程中小鼠尾部应用胶布或其他办法予以固定。

9. 呼吸道给药

对以粉尘、气体、蒸气或雾等状态存在的药物或毒气，均需通过呼吸道给药。小鼠呼吸道给药时，用体积为20～25 L的具有磨口瓶塞的广口瓶，将小鼠放入瓶内，每只小鼠肺通气量为2.5 L/h，接触2 h，每瓶可放5只小鼠。然后在瓶中悬挂一滴药装置(由3层滤纸叠在一起)，在第1层滤纸上滴上规定量的药物或毒物，迅速盖上瓶盖，并用石蜡封口，摇匀。接触2 h，观察并记录小鼠的药物反应或中毒症状。

10. 脚掌注射法

小鼠脚掌注射时一般取后脚掌，因前脚掌需用以取食。注射时，先将小鼠需注射的脚掌消毒，然后将针尖刺入脚掌约5 mm，推注药液。一次最大注射量为0.25 mL。注意不要使用弗氏完全佐剂，因为弗氏完全佐剂注入脚掌后会使脚掌部严重肿胀、溃烂，甚至坏死。

(二) 大鼠的给药途径和方法

1. 灌胃

左手以徒手固定方式固定大鼠，使大鼠伸开两前肢，手掌握住大鼠背部皮肤。右手持灌胃器，沿体壁用灌胃针测量口角至最后肋骨之间长度，约为插入灌胃针的深度。操作时灌胃针从大鼠口角插入口腔内，压其舌部，使口腔与食管呈一直线，再将灌胃针沿上腭壁轻轻进入食管。注药前应先回抽注射器，证明未插入气管(无空气逆流)方可注入药液。一次灌胃量为1～2 mL/100 g体重。大鼠灌胃的注意要点：① 抓牢动物后使其头部和颈部保持一直线；② 一定要沿着口角进针，再顺着食管方向插入胃内；③ 进针不顺时绝不可硬向里插，否则会造成动物死亡。

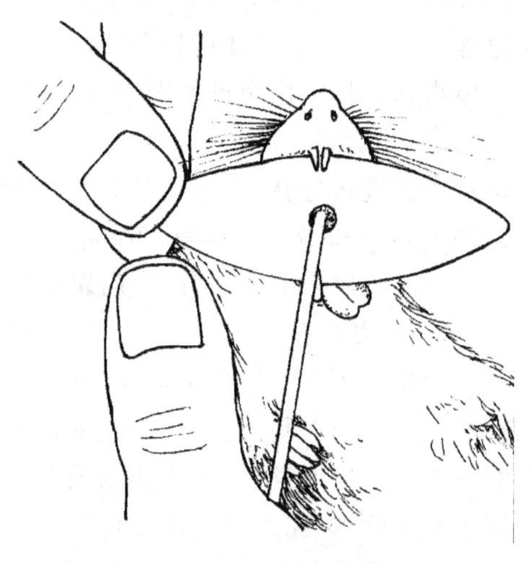

图4-7-5 大鼠灌胃管示意图

大鼠灌胃器可用5～10 mL的注射器接长6～8 cm、直径1～2 mm的灌胃针制成。液体药物和流汁药物灌胃时，可用前端点焊成圆突的灌胃针。粉状药物灌胃时，可用前端装有胶囊套管的灌胃针。灌胃前，先将粉状药物装入胶囊，然后将装有药物的胶囊塞入套管中灌胃。

有些情况下，也可用灌胃管(图4-7-5)。慢性实验需长期给药，或手术后不能主动进食的动物，可手术装置胃管插管。即以一根约1.27 cm长的4.5号不锈钢针头，一端连接鼻饲管，经鼻孔插入胃中，一端以手术方法埋于鼻梁皮下，延伸至额部连接一橡胶管后由皮内穿出，供注入药物或食物用。该装置也可用于抽取胃液。

2. 皮下注射

大鼠皮下注射时，通常选在左侧下腹部或后腿部皮肤处。操作时，先用乙醇棉球消毒需注射部位的皮肤，再将皮肤提起，用注射针头穿刺入皮下。一般先沿纵轴方向刺入皮肤，再沿体轴方向将注射针推进 5～10 mm。若左右摆动针尖很容易，则表明已刺入皮下。然后轻轻抽吸，若无回流物，即可缓缓注入药物。注射后，缓慢拔出注射针，稍微用手指压一下针刺部位，以防止药液外漏。一次注射量不超过 1 mL/100 g 体重。

3. 皮内注射

大鼠皮内注射通常选用背部脊柱两侧的皮肤。操作时，先将动物注射部位及其周围的被毛用去毛剂去除，乙醇棉球局部消毒。然后用左手将皮肤捏成皱襞，右手持有 4 号针头的注射器，将针头与皮肤呈 30°刺入皮下，然后使针头向上挑起并稍刺入，即可注射。注射后，可见皮肤表面鼓起一小丘。注射后 5 min 再拔出针头，否则药液会从针孔漏出。大鼠一次注射量为 0.1 mL。大鼠皮内注射通常选择雌性大鼠进行，因为雄性大鼠比雌性大鼠皮肤紧密，注射难度较大。

4. 肌肉注射

由助手固定大鼠，操作者用连接有 5 号针头的注射器，将针头刺入大腿内侧或外侧肌肉，将药液注入。大鼠一侧用药量不超过 0.5 mL。肌肉注射一般选择股二头肌肌肉注射，但应避免伤及坐骨神经，否则会导致后肢瘫痪。

5. 腹腔注射

腹腔注射时，用左手的大拇指和食指从大鼠的前肢和头部后面抓住大鼠皮肤，其余手指抓住其背部皮肤，同时以小指和无名指夹住尾根部，使腹部朝上，头部低于尾部。右手持注射器(5 号针头)在距下腹部腹中线稍左或右 1 mm 的位置将针头刺入皮肤。针头到达皮下后，再向前进针 3～5 mm 后，再以 45°刺入腹腔，针尖通过腹肌后抵抗力消失。固定针尖不动，缓缓注入药液。大鼠的一次注射量为 1～2 mL/100 g 体重。

6. 静脉注射

(1) 尾静脉注射：大鼠尾部血管与小鼠情况类似，在背、腹侧及左右两侧均有分布，每侧均有数对伴行的动、静脉组成的血管丛。在这些血管中有 4 根十分明显：背部和两侧各有 1 根静脉，腹侧有 1 根动脉。两侧尾静脉比较容易固定。大鼠尾部皮肤常呈鳞片状角质化，因而将大鼠固定露出尾巴后，需先用乙醇棉球强擦，使血管扩张，并可使表皮角质软化。然后，将尾部向左或向右拧 90°，此时尾部表面静脉怒张，以左手拇指和食指捏住鼠尾两侧，用中指从下面托起尾巴，以无名指和小指夹住尾巴的末梢，右手持注射器(5 号针头)，使针头与静脉接近平行，从尾下 1/5(距尾尖 3～4 mm)处进针，此处皮薄易于刺入。先缓注少量药液，如无阻力，可继续注入。一般推进速度为 0.05～0.10 mL/s，一次注射量为 0.5～1.0 mL/100 g 体重。如需反复注射，应尽可能从末端开始，以后向尾根部方向移动注射(图 4-7-6)。

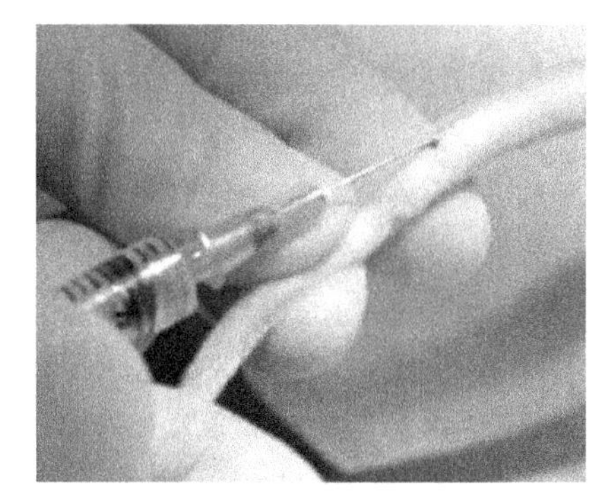

图 4-7-6 大鼠尾静脉注射

(2) 阴茎静脉注射：这是目前大鼠静脉输液、给药的一种常用方法。将雄性大鼠麻醉后仰卧或侧卧，翻开包皮，拉出阴茎，背侧阴茎静脉非常粗大、明显，沿皮下直接刺入。

(3) 浅背侧跖静脉注射：进行左后肢的浅背侧跖静脉注射时，助手用左手抓住大鼠的颈背部呈仰卧位(拇指按住右前肢，中指按住左前肢，食指抓住头颈部背侧皮肤，中指、无名指和手掌抓住背部皮肤)，用右手的拇指和食指夹住大鼠的左后肢的大腿部，同时用右手的中指和无名指夹住动物的尾部。操作者用乙醇棉球清洗、消毒左后肢，用注射针对准扩张的浅背侧跖静脉血管刺入注射。

(4) 舌下静脉注射：大鼠舌下静脉粗大，可用于给药。注射时，先麻醉好动物，再拉出舌头，找到舌下静脉，直接注入药液。

此外，大鼠、豚鼠等小动物，以及兔、犬、猫等中型动物的静脉注射、快速给药可用注射器人工推注药液；而缓慢给药或连续给药时，可用微量注射泵进行。微量注射泵具有定时、定量、定速等功能，使用方便，操作简单。微量注射泵国内有生产，型号也有多种。

7. 脑内注射

此法常用于微生物学研究，将病原体等接种于被检动物脑内，观察动物接种后的各种变化。注射时，用左手固定动物，对其额部消毒。右手用套有塑料管、针尖露出2 mm长的 6 号针头，直接由额部正中刺入脑内，注入药物或接种物。

也可将大鼠用乙醚轻度麻醉，额部消毒后，注射器与额顶颅骨大约保持 45°，在中线外侧 2 mm 处刺入注射针。此部位颅骨较薄，插入注射针毫不费力。每只大鼠一次脑内注射量为 0.02～0.03 mL。

8. 涂布给药

大鼠涂布给药采用浸尾方式经尾皮给药。给药前先将大鼠放入特制的固定盒内，露出尾巴。然后将大鼠尾巴穿过小试管软木塞小孔，插入装有药液或受检液体的试管内，浸泡 2～6 h(视药物或毒物的毒性及毒理作用效果而定)，并观察其药物反应。操作方法同小鼠。

9. 呼吸道给药

将大鼠置于装置中，由瓶口用气泵输入带有药物的空气，气体由瓶体上部排出。

10. 鼻内给药

将大鼠麻醉后，用左手食指和拇指抓住大鼠双耳部，翻转大鼠身体置于左手掌中，使其鼻尖朝向操作者。右手持注射器，将接种物逐滴滴入大鼠鼻内。每只大鼠一次给药量为0.05～0.1 mL。

(三) 豚鼠的给药途径和方法

1. 经口给药

(1) 固体药物的投入：给固体药物时，把豚鼠放在实验台上，用左手从背部向头部握紧并固定动物，以拇指和食指压迫左右口角使其口张开。实验者把药物放在豚鼠舌根处，使动物迅速闭口而自动咽下。

(2) 液体药物的投入：由助手用左手将豚鼠腰部和后腿固定，用右手固定前腿。实验者将灌胃管沿豚鼠上腭壁插入食管。也可用木制开口器把导尿管经开口器中央孔插入胃内。这两种方法都要先回抽一下注射器，如注射器内有气泡说明灌胃管或导尿管插在气管内，必须拔出重插。证实回抽注射器无空气后，再慢慢注入药液。最后注入生理盐水 2 mL，将管内残留的药液冲出，以保证投药量的准确。灌胃管或导尿管插入深度一般为 5 cm，一次灌胃量为 1.6～2.0 mL/100 g 体重。

2. 皮下注射

豚鼠皮下注射一般是选用大腿内侧面、背部、肩部等皮下脂肪较少的部位，通常在豚鼠大腿内侧面注射。操作时，由助手将豚鼠固定在手术台上，操作者左手固定注射侧的后肢，并充分提起皮肤。右手持注射器(带有 6 号针头)以 45°将注射针刺入皮下。确定针在皮下后缓缓注入药液。注射完毕后，用手指压住并轻柔刺入部位少许时间。

3. 皮内注射

豚鼠皮内注射一般选用背部脊柱两侧皮肤。进行注射前应先剪毛，然后用硫化钡或除毛霜除毛，间隔 1 天以后进行注射。注射时，先用左手将除毛的皮肤提起，右手持带有 5 号针头的注射器，使针头与皮肤呈 30°，沿皮肤浅表层刺入皮肤内，缓缓注入药液。豚鼠一次注射量为 0.1 mL。

4. 肌肉注射

注射部位一般是选用后肢大腿外侧肌肉，注射时先让助手将豚鼠放在实验台上，左手掌将豚鼠从颈部向头部蒙住头颈部，右手固定后肢。实验者用乙醇棉球将注射部位消毒后，用 5 号针头进行肌肉注射。每只豚鼠一侧用药量不超过 0.5 mL。

5. 腹腔注射

腹腔注射时，先固定好豚鼠使其腹部向上并伸展。右手持注射器(5 号针头)将针头刺入皮肤。注射部位是从下腹部稍偏左或右处进针。针头到达皮下后，再向前进针 5～10 mm 后，再以 45°刺入腹腔，针尖通过腹肌后抵抗力消失。固定针尖不动，缓缓注入药液。为避免刺破内脏，可将动物头部稍低，使脏器移向头部方向。豚鼠腹腔一次注射量不超过 4 mL。

6. 静脉注射

常用豚鼠静脉注射部位有耳缘静脉和外侧跖静脉。

(1) 耳缘静脉注射：用固定器将豚鼠固定好。然后由助手用拇指和食指夹住其耳翼并压住豚鼠的头部，右手按住豚鼠腰部。操作者拔去注射部位的毛，用乙醇棉球涂擦耳部耳缘静脉，并用手指轻弹或搓揉鼠耳，使静脉充血。然后用左手食指和中指夹住静脉近心端，拇指和小指夹住耳边缘部分，以左手无名指、小指放在耳下作垫，待静脉充分暴露后，右手持注射器(6 号针头)尽量从静脉末端顺血管平行方向刺入 1 cm。刺入静脉后回抽注射器，见有血后，放松对耳根处血管的压迫，固定针头缓缓注入药物。注射后用棉球压迫针眼数分钟，以防流血。每只豚鼠每次注射量不超过 2 mL。

(2) 外侧跖静脉注射：由助手将豚鼠固定好。操作者从后膝关节抓住动物肢体，压迫静脉，将腿呈伸展状态。剪去注射部位的毛，乙醇棉球消毒后，可见粗大的外侧跖静脉，用 6 或 7 号针头沿向心方向刺入血管并缓慢注射药物。

7. 脑内注射

给豚鼠脑内注射时，在两耳连线及两眼连线的中间偏一侧，即两眼窝上缘连线偏中线颅骨部位剪毛并消毒皮肤，把皮肤向一方拉紧，用手术刀切开长度为1～2 mm的切口，用穿颅钢针在头盖骨的注射部位打一小孔。钻孔后用注射器针头垂直刺入5 mm左右，缓慢注入药物。注射速度一定要慢，避免引起颅内压急骤升高。注射完毕后，涂上碘酊消毒。由于该操作是把皮肤向一侧拉紧切开的，注射后放松皮肤可覆盖头盖骨的小孔，能防止污染。每只每次注射量为0.02～0.03 mL。

8. 涂布给药

豚鼠经皮肤给药的部位常选用脊柱两侧的背部皮肤。选定部位后，用脱毛剂脱去被毛，然后洗净脱毛剂，放回笼内，待24 h后才可使用。脱毛过程中应特别注意不要损伤皮肤。次日，仔细检查处理过的皮肤是否有刀伤或过度腐蚀的切口，以及有无炎症、过敏等现象。如有，应暂缓使用，待动物完全恢复。如皮肤准备合乎要求，便可将动物固定好，在脱毛区覆盖一面积相仿的钟形玻璃罩，罩底用凡士林、胶布固定封严。用移液管沿罩柄加入一定剂量的药物，塞紧罩柄上口。待受检液与皮肤充分接触并完全吸收后解开(一般2～6 h)，然后将皮肤表面仔细洗净。观察时间视实验需要而定。如果是一般的药物(如软膏、化妆品)可直接涂在皮肤上，药物与皮肤接触的时间根据药物性质和实验要求而定。

9. 脚掌注射

由助手固定好豚鼠，使其脚掌面向操作者。用棉签蘸水将脚掌洗净，特别是脚趾之间，再用乙醇棉球消毒。用7号针头刺入脚掌约10 mm，缓慢注入药液。每只每次注射量不超过0.25 mL。

10. 眼角膜注射

由助手抓住豚鼠，在其左眼角滴入麻醉剂(一般使用2%盐酸可卡因)。5 min后，助手将已麻醉的豚鼠平卧桌面，左眼向上，头部面对操作者，固定好动物。操作者手持注射器，针头由眼角巩膜连接处的眼球顶部斜刺入，用力刺入约3 mm深后，暂停(由于眼球的转动，角膜可能转到下眼睑内)。待眼球恢复原状后，再用力刺入，达到实验要求的深度后缓缓推注药液。一次注入量为5 μL。若针头刺入正确，注入的药液应在角膜上形成直径2～3 mm的浑浊。拔出针头后不需做任何处理。

二、兔、猫、犬的给药途径和方法

(一) 家兔的给药途径和方法

1. 灌胃

给家兔灌胃需要两人合作。助手就位，将家兔的身体夹于两腿之间，左手紧紧抓住双耳固定头部，右手抓住两前肢固定上半身。操作者将开口器横放在家兔上下颌之间，固定于舌之上，然后将14号导尿管经开口器中央孔，沿上腭壁慢慢插入食管15～18 cm，如图4-7-7所示。在给药前先检验导尿管是否正确插入胃中，可将导尿管外口端放入清水杯中，有气泡逸出，应抽出重插；如无气泡逸出，证明已完全插入胃中，可注入药液。为保证管内药液全部进入胃内，药液推完后再注入清水10 mL，随后捏闭导尿管外口，抽出导尿管，取出开口器。家兔一次的最大灌胃量为80～150 mL/只，开口器如图4-7-8所示。

另一种灌胃方法是将兔固定在木制的固定盒内，左手虎口卡住并固定好兔嘴，右手取 14 号细导尿管，由右侧唇裂(避开门齿)处，将导尿管慢慢插入。如插管顺利，动物不挣扎。插入约 15 cm 时，已进入胃内，将药液注入。

图 4-7-7　家兔开口器灌胃示意图

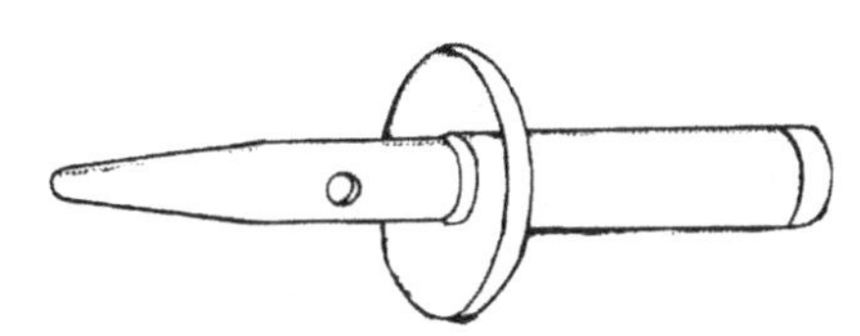

图 4-7-8　家兔开口器模式图

2. 皮内注射

在给家兔进行皮内注射时，一般选用背部脊柱两侧的皮肤。注射前一天先用剪毛剪将注射部位的被毛剪除，再用除毛剂除毛。第 2 天用乙醇棉球清洗消毒注射部位，然后用左手将皮肤捏成皱襞，右手持带 6 号针头的注射器，使针头与皮肤呈 30°，沿皮肤表浅层刺入皮肤内。进针要浅，避免进入皮下。随之慢慢注入一定量的药液，注射时会感到有很大阻力。当药液进入皮内时，可见到注射部位皮肤表面马上会鼓起，形成小丘疹状隆起的小包，同时因注射部位局部缺血，皮肤上的毛孔极为明显。此小包如不很快消失，则证明药液注在皮内，注射正确。为保证药物不外漏，注射后 5 min 再拔针头。每只家兔一次注射量约 0.1 mL。

3. 皮下注射

家兔的皮下注射一般选用背部和腿部皮肤。注射时，先用乙醇棉球消毒需注射部位的皮肤，然后用左手拇指及中指将需注射部位的皮肤提起使成一皱褶，并用食指压皱褶的一端，使之成三角形，增大皮下空隙。右手持注射器，用 6 号针头自皱褶下刺入。证实在皮下时，松开皱褶，将药液注入。每只家兔一次给药量为 1.0～3.0 mL。

4. 肌肉注射

家兔的肌肉注射一般选用臀部肌肉。注射时，助手右手抓住两前肢，左手抓住两后肢，固定好动物。操作者将臀部注射部位被毛剪去，乙醇棉球消毒后，右手持带 6 号注射针注射器，使注射针与肌肉成 60°，一次刺入肌肉中。注射药液之前，要先回抽针栓，如无回血则可注入药液(图 4-7-9)。

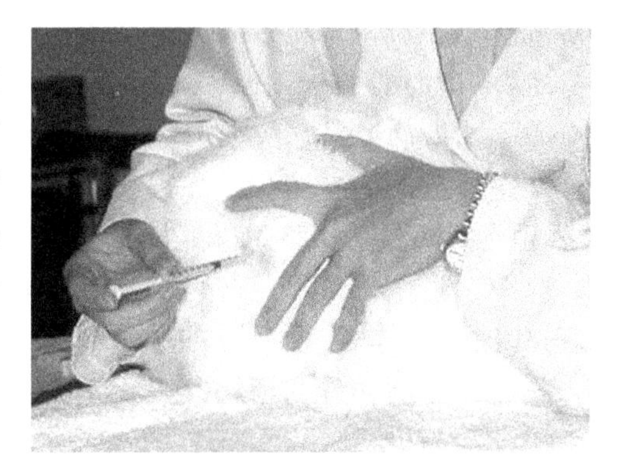

图 4-7-9　兔肌肉注射

5. 腹腔注射

家兔进行腹腔注射时，让助手固定好家兔，使其腹部朝上、头低腹高。操作者用乙醇棉球消毒注射部位，右手将注射针(5 号)在距家兔后腹部的腹白线左侧或右侧离开 1 cm 处刺入皮下，然后再使针头向前推进 5～10 mm，再以 45°穿过腹肌，固定针头，缓缓注入药液。

6. 静脉注射

家兔一般选用耳缘静脉注射。注射时，由助手固定好动物，操作者将注射部位的被毛拔去并用乙醇棉球涂擦。用左手食指和中指夹住静脉近心端，拇指绷紧静脉远心端，无名指及小指垫在下面，再用右手指轻弹或轻揉兔耳，使静脉充分暴露。然后用右手持装置6号针头的注射器，从静脉远心端刺入血管内。如推注无阻力、无皮肤隆起发白，即可移动手指固定针头，缓慢注入药液（图4-7-10）。拔出针头时要用棉球压迫针眼并持续数分钟，以防出血。

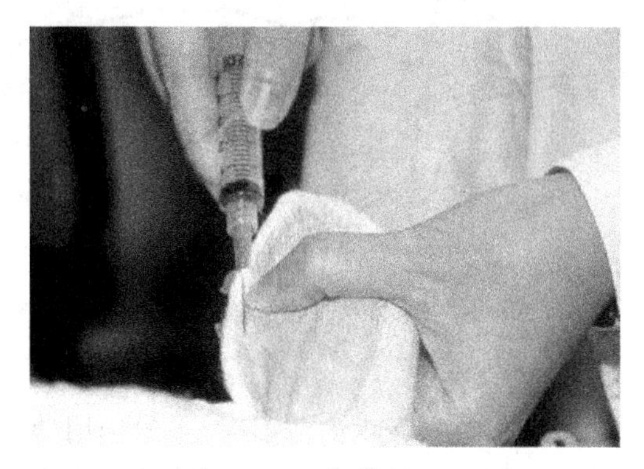

图 4-7-10 兔耳缘静脉注射

7. 脑内注射

给家兔脑内注射时，先将动物用乙醚麻醉，剪去额部注射部位的被毛并消毒皮肤，然后将皮肤向一方拉紧，用手术刀切开长度为1～2 mm的切口，用穿颅钢针在头盖骨的注射部位开一小孔。再用7号注射针头垂直刺入5 mm左右，缓慢注入药物。注射速度一定要慢，避免引起颅内压急骤升高。注射完毕后，涂上碘酊消毒。每只家兔脑内一次注射量为0.2～0.3 mL。

8. 椎管内注射

将家兔麻醉后取自然俯卧式，尽量使其尾向腹侧屈曲。用剪毛剪剪去第7腰椎周围被毛并用3%碘酊消毒。干燥后再用75%乙醇将碘酊擦去（操作者的手也应消毒）。用腰椎穿刺针头（6号针）插入第七腰椎间隙（第七腰椎与第一荐椎之间）。当针头到达椎管内（蛛网膜下腔）时，可见到兔的后肢颤动，即证明穿刺针头已进入椎管。这时不要再向下刺，以免损伤脊髓。若没有刺中，不必拔出针头，以针尖不离脊柱中线为原则，将针头稍稍拔出一点，换个方向再刺，当证实针头在椎管内，固定针头，将药液注入。一般每只动物一次注射量为0.5～1.0 mL。

9. 关节腔内注射

家兔做关节腔内注射时，将家兔麻醉后仰卧位固定于兔固定台上。剪去关节部位被毛，消毒后用左手从下方和两旁将关节固定，在髌韧带附着点外上方约0.5 cm处进针。针头从上前方向下后方倾斜刺进，直至针头遇阻力变小为止，然后针头稍后退，以垂直方向推到关节腔中。针头进入关节腔时，通常有好像刺破薄膜的感觉，表示针头已进入关节腔内，即可注入药物。

10. 椎动脉给药

给家兔椎动脉注射时，先麻醉动物，在其剑突上6 cm处从胸骨左缘向外做横向切口4～5 cm，分别切断胸大肌、胸小肌，找出锁骨下静脉后进行双线结扎，于两线间剪断静脉。分离出锁骨下动脉，沿其走向分离出内乳动脉、椎动脉、颈深支、肌皮支动脉。除椎动脉外，分别结扎锁骨下动脉分支及其近心端。于椎动脉上方结扎锁骨下动脉远心端，在结扎前选择适当位置（靠近肌皮支动脉处为宜）剪一小口，插一腰椎穿刺针直至椎动脉分支前，结扎，固定，给药。

11. 直肠给药

操作时，用灌肠用的胶皮管或14号导尿管，在胶皮管或导尿管头部涂上凡士林，由助手使兔蹲卧在实验台上，以左臂及左腋轻轻按住兔头及前肢，以左手拉住兔尾，露出肛门，并用右手轻握后肢。操作者将胶皮管或导尿管对准肛门，缓慢插入。深度为7～9 cm。如为雌性，注意不要误插阴道，肛门紧挨尾根。橡皮管插好后，将注射器与橡皮管套紧。药物灌入后，需抽吸生理盐水将导尿管内的药液全部冲入直肠内。药液灌完，将导尿管在肛门内保留一会，然后再拔出。

12. 涂布给药

家兔经皮肤给药的部位为脊柱两侧的背部皮肤，居于躯干的中部，面积视动物大小而定，一般两侧均为2～2.5 cm^2。操作方法与豚鼠相同。选定部位后，用弯剪小心地剪去长毛，继之用脱毛剂均匀地涂在脱毛区上，10～15 min后，用扁玻棒轻轻刮去细毛，并用蘸水棉签轻轻拭擦，洗净脱毛剂，然后放回笼中待24 h（或过夜）后使用。脱毛过程中应特别注意不要损伤皮肤。次日，开始使用前，应仔细检查处理过的皮肤是否有刀伤或过度腐蚀的切口。若皮肤准备合乎要求，便可将动物固定在特制的固定架上，然后在准备好的脱毛区皮肤上，覆以大小与脱毛区面积相仿的钟形玻璃罩，罩底四周用凡士林、胶布或万能胶固定封严。继之，用移液管沿罩柄上口加入受检液，待受检液与皮肤充分接触并完全吸收后解开玻璃罩（一般为2～3 h），然后将皮肤表面仔细洗净、观察。如果是一般的药物，不一定加盖玻璃罩，可直接涂布皮肤。药液与皮肤接触的时间根据药物性质和实验要求而定。

（二）猫的给药途径和方法

1. 经口给药

（1）液体药物：常用灌胃方法。猫的灌胃一般使用导尿管，配以开口器（木制的，纺锤状，正中开一小孔），也可用竹子削成带把手的纺锤状开口器。灌胃时，将动物固定好，将开口器放入上下腭之间，此时动物自然会咬住开口器，操作者用左手抓住动物嘴，只要稍加用力即可达到固定开口器的目的，然后右手取导尿管（14号），由开口器中央小孔插入。导尿管经口沿上颌后壁慢慢送入食管内。插入时动作要轻，防止插入气管。导尿管插入后，用一根动物羽毛或棉花在导尿管外口试一下有无呼吸气流，如无，即表示已进入胃内。在导尿管口处连接装有药液的注射器，慢慢将药液灌入胃内。

（2）固体药物：对于较为驯服的猫可直接徒手给药。掰开猫上下颌，将药片置于其舌根，让其自动吞咽。对凶悍的猫，可将药混入饲料中，让其自选吞服或配制成液体灌胃。

2. 皮下注射

猫的皮下注射方法基本同家兔。拉起臀部皮肤，把注射针刺入皮肤与肌肉之间，注入药液。如注入的药液量较大时，可分别注入左右臀部。

3. 肌肉注射

猫的肌肉注射一般选用臀部肌肉。注射前让助手将猫放在操作台上，右手抓住两前肢,左手抓住两后肢,将猫固定,使其腹部朝上,后肢对着操作者。注射时,将臀部注射部位被毛剪去,乙醇棉球消毒后,右手持注射器使注射针头与肌肉成60°,刺入肌肉中。然后回抽针栓,如无回血,则可缓慢注入药液。一侧注射量不超过0.8 mL。

4. 静脉注射

(1) 前肢内侧头静脉注射：注射前,将动物侧卧固定,剪去注射部位的被毛,用胶皮带扎紧或用手抓紧静脉近心端,使血管扩张,从静脉远心端水平刺入注射药液。

(2) 后肢外侧小隐静脉注射：注射前准备同前肢内侧头静脉注射。注射姿势如图4-7-11所示。

图 4-7-11 猫后肢外侧小隐静脉注射

5. 腹腔注射

猫的腹腔注射部位同家兔。让助手抓住并固定动物,使其腹部向上,头向下,在后腹部约1/3处腹中线略靠外侧(避开肝和膀胱)将注射针头(5号)刺入腹腔,然后回抽针栓,观察是否插入脏器或血管,确定已插入腹腔后,固定针头,进行注射。

6. 椎动脉给药

猫的椎动脉给药同家兔。不必开胸,麻醉动物后,在颈后部切口找出右颈总动脉,向下追踪之至右锁骨下动脉。结扎其上覆盖的颈外静脉,在其向内转弯处向下分离,可见发自右锁骨下动脉的右侧椎动脉向上经肌层进入椎体腔内,插管给药。

(三) 犬的给药途径和方法

1. 经口给药

(1) 液体药物：可用开口器经口灌胃。犬的开口器可用木料制成长方形,长10～15 cm,粗细应适合犬嘴,为2～3 cm,中间钻一小孔,孔径为0.5～1.0 cm。灌胃时将开口器放于动物上下门牙之间,用绳将其固定于犬嘴。将带有弹性的橡皮导管(如导尿管),经开口器上的小圆孔,沿咽后壁插入食管,注药前应检查导尿管是否正确插入食管。可将导管外口置于一盛水的烧杯中,如没有气泡,则认为导尿管已插入胃内,即可将药液注入。

另一种方法是,将犬拉上固定台,固定好头部,嘴用纱布带绑好(如较驯服的犬可不用绑嘴)。实验者用左手抓住犬嘴,右手取灌胃管(可用12号十二指肠管或导尿管代替,也可用内径0.3 cm、长30 cm的软胶皮管。后者比导尿管要好,灌胃时对咽喉壁刺激较小)灌胃。用温水湿润灌胃管后,右手中指将犬嘴角右侧轻轻翻开,摸到最后一对大臼齿,齿后有一空隙,中指固定在这空隙下,不要移动,然后用右手拇指和食指将灌胃管插入此空隙。并顺食管方向不断送入。如遇胃管送入不顺或犬剧烈挣扎时,不要再向里插,可拉出后再插;如送入很顺利,则当灌胃管插入约20 cm时,即不要再插,因已进入食管下段胃内。先用装有温水的注射器由灌胃管口试注一下,若水不从犬嘴流出,注射又很通畅，即可将药液经灌胃管慢慢灌入。若胃管插入较短，在食管上端时，灌注药液可见到犬有吞咽动作，一次灌药量不能超过 200 mL，不然会引起动物恶心、呕吐。

（2）固体药物：片剂、丸剂、胶囊给药时常徒手经口给药。给药时，掰开上下颌，用镊子将固体药物送入犬的舌根部，合起上下颌，使犬咽下。投药前以水湿润口腔内部，使其容易咽下。

2. 皮下注射

犬的皮下注射，一般选用颈部及背部皮下，将注射针头直接刺入颈部或背部皮肤与肌肉之间。此外，也可注入四肢和腹部的皮下，但这些部位，由于犬的躺卧，容易污染。

3. 肌肉注射

一般选用臀部或大腿部的肌肉。注射时，将被毛剪去，消毒，然后将注射针头（6号）以 60°插入肌肉中。回抽针栓，如无回血，即可将药液慢慢注入。注射完毕后，用手轻轻按摩注射部位，帮助药物吸收。

4. 腹腔注射

进行犬腹腔注射时，让助手抓住动物，使其腹部向上。在其脐后腹白线左侧或右侧 1～2 cm 处，将注射针头（5 号）垂直刺入腹腔，回抽针栓观察有无回血，以判断是否插入脏器或血管。在准确判定已插入腹腔时，可固定针头，进行注射。

5. 静脉注射

常用犬静脉注射部位有前肢内侧头静脉、后肢外侧小隐静脉、前肢内侧正中静脉、后肢内侧大隐静脉、舌下小静脉和颈外静脉。

（1）后肢外侧小隐静脉：此静脉在后肢胫部下 1/3 的外侧浅表的皮下。由前侧方向后行走，注射前使犬侧卧，由助手将其固定好，将注射部位被毛剪去，用碘酊、乙醇消毒皮肤。用胶皮带绑在犬股部，或由助手用手握紧股部，可明显见到此静脉。右手持连有 6 号针头的注射器，将针头向血管旁的皮下先刺入，而后与血管平行刺入静脉，回抽针筒，如有回血，放松对静脉近心端的压迫，并将针尖顺血管再刺进少许，然后注射者一手固定针头，一手慢慢将药物注入静脉。此注射方法关键是要很好地固定静脉，因为此静脉只隔一层皮肤，浅而易滑动，注射时针头刺入不可深，方向一定要与血管平行。

（2）前肢内侧头静脉：此静脉在前肢内侧面皮下，靠前肢内侧外缘行走，比后肢小隐静脉粗一些，而且比较容易固定。因此，一般做静脉注射或取血时选用。静脉注射方法同前述的后肢小隐静脉注射方法。

（3）前肢内侧正中静脉：此静脉在前肢内侧面皮下，正中位置，向上延伸至肱静脉。血管位置偏深，注射时有时需要切开皮肤。

（4）后肢内侧大隐静脉：后肢内侧大隐静脉和小隐静脉一样，也属浅层静脉。位于后肢内侧面皮下，正中位置，向上延伸至股部中段归于股静脉。

（5）舌下小静脉：将犬四肢固定于手术台上。注射前，将犬嘴打开，用包着纱布的舌钳把舌头拉出来并翻向背侧，即可清楚见到很多舌下小静脉，找一根较粗的做静脉注射。注射完将针头拔出时，应立即用棉球压迫止血，或用淀粉海绵等外用止血粉止血。因舌下小静脉周围都是软组织，且血管分布很丰富，如针孔太大，不易止血，因此尽量选用细针头。

(6) 颈外静脉：将犬固定好，用左手大拇指压迫颈外静脉入胸部位皮肤，使之怒张，然后将注射针头朝头的方向刺入。略回抽针栓(或不回抽)，看有无血液回流，如有即说明已插入血管，如无则宜前后将针头抽动，若仍无血，则应另选适当部位，检查针头是否堵塞后，再刺入。插入血管之后，松开左手拇指，徐徐将针栓向前推进，将药液注入血管。若需要连续给药，可装置血管留置针。

6. 小脑延髓池注射

小脑延髓池注射通常在动物麻醉情况下进行。用3%戊巴比妥钠(30 mg/kg)将犬麻醉后，使犬头尽量向胸部屈曲，用左手摸到其第一颈椎上方的凹陷(枕骨大孔)，固定位置，右手取7号针头(将针头尖端磨钝)，由此凹陷的正中线上，顺平行犬嘴的方向，小心地刺入小脑延髓池。进针必须在凹陷正中，偏刺易伤及两侧脑膜皱襞上的根静脉引起出血。进针不能过深，一般不超过2 cm，否则容易损毁延髓生命中枢或刺破第四脑室顶上的脉络丛而引起颅内出血，造成死亡。当针头正确刺入小脑延髓池时，会感到针头行进无阻力，同时可以听到很轻的"咔嚓"一声，即表示针头已穿过硬脑膜进入小脑延髓池，此时可抽出清亮的脑脊液。注射药物前，先抽出一些脑脊液，抽取量根据实验需要注入量决定，即注入多少药液抽取多少脑脊液，以保持原来脑脊髓腔里的压力。但也不能抽出或注入过多，一般可抽出2～3 mL，然后再注入等量的药液。注射要点：① 取位正确，穿刺垂直正中；② 进针不宜过深。

7. 脑内注射

犬进行脑室内注射时，必须先用穿颅钢针穿透颅骨，然后用注射针头刺入脑部，再徐徐注入药物。注射速度一定要慢，避免引起颅内压急骤升高。

各类实验动物要注意不能超过不同给药途径的最大给药量。

三、猴、猪及非哺乳类动物的给药途径和方法

(一) 猴的给药途径和方法

1. 经口给药

(1) 液体药物：液体药物在麻醉或不麻醉状态下均可给药，给药方法类似犬和猫。一般经鼻和口腔插入胃管灌胃，但猴凶猛、力大，打开猴嘴时，需要特别注意安全。经口给药时，先将猴嘴掰开，把外径为5～7 mm的橡皮管插入食管。经鼻给药时，托起猴子下颌使其嘴紧闭，从鼻孔将外径约1.5 mm的塑料管(涂上液状石蜡)慢慢插入食管内，特别注意不要插入气管。

(2) 固体药物：一般在非麻醉情况下投予片剂或胶囊。给药方法类似犬和猫，但非麻醉情况下，需要特别注意安全。操作时，事先由助手固定好猴，实验者把左掌贴在猴的从头顶部到脑后部的部位。用拇指及食指压迫猴的左右面颊，使其上下腭的咬合处松开，然后用右手拿长镊把固体药物送入猴的舌根部。迅速抽出镊子，把猴子下腭向上一推，使其闭上嘴，让猴自己咽下即可。

2. 皮下注射

猴的颈后、腰背皮肤松弛，可大量注射。上眼睑、大腿内侧上1/3处及臂内侧皮内也可进行皮下注射。注射时，先用乙醇棉球消毒需注射部位的皮肤，然后用左手拇指及

中指将背部皮肤提起使成一皱褶，并用食指压皱褶的一端，使成三角形，增大皮下空隙。右手持注射器，向皱褶下刺入。证实针头在皮下后，松开皱褶，将药液注入。使用6号针头，一次给药量为1.0～3.0 mL。

3. 肌肉注射

猴常选用前肢肱二头肌和臀部肌肉进行肌肉注射。注射时，固定动物勿使其活动，右手持注射器，使注射器与肌肉成60°，一次刺入肌肉中。为防止药物进入血管，在注入药液之前应回抽针栓。如无回血，则可注药。注射完毕后，用手轻轻按摩注射部位，帮助药液吸收。

4. 静脉注射

猴静脉注射常选用前肢桡静脉或后肢隐静脉。注射方法同犬。

（二）猪的给药途径和方法

给猪灌胃给药时，可预先做好一矩形小木块，中间有一洞，让猪咬住后，将其固定，然后再由此洞插入胃管。此种操作较为简便。

猪的皮下注射通常选取耳根部皮下。仔猪选取股内皮下，穿过皮肤注入皮下的结缔组织中。猪的皮内注射一般选取耳壳外面或腹侧皮肤较厚的部位注射。

猪的腹腔注射通常选取自脐至两腰角所划的三角区内，距白线左侧或右侧4～5 cm的部位。注射时，注意不要伤及内脏。

猪的静脉注射常选耳缘静脉进行。注射方法同家兔，猪耳缘静脉比家兔的更粗大，更易于注射。

猪的脑内注射常选取前额部两眼连接线的中央，距中线1～2 cm处为注射部位。注射时，先将注射部位皮肤切开，再用电钻穿孔，然后注射。注射后手术切口处需消毒缝合。

（三）禽鸟类给药途径和方法

禽鸟类包括鸽、鸡等，经口灌胃给药，可由助手将其身体用毛巾裹住固定好。实验者用左手将动物头向后拉，使其颈部倾斜，用左拇指和食指将动物嘴撬开，其他3只手指固定好动物头部，右手取带有灌胃针头的注射器，将灌胃针头由动物舌后插入食管。不要像其他动物灌胃时插得过深，如动物不挣扎，插针头又很顺利，即可将药液经口或食管上端灌入胃内。灌入速度要慢。

禽鸟类肌肉注射常选取胸肌或腓肠肌，方法同大鼠、小鼠。静脉注射常选取翼下静脉注射。皮下注射通常选取翼下部位，可注射0.3～0.5 mL药液。禽鸟类皮肤弹性差，注射液有时从针口流出。

第八节　处死方法

安乐死是指用公众认可的、以人道的方法处死动物的技术。其含义是使动物在没有惊恐和痛苦的状态下安静的死亡。它是动物实验中常用来处死实验动物的一种手段，从人道主义和动物保护的角度来看，是一种在不影响实验结果的同时，又尽快让动物无痛苦死去的方法。实验动物安乐死，有的是因为中断实验而淘汰动物的需要，有的是因为实验结束后做解剖并获取标本的需要，有的是因为保护健康动物而处理患病动物的需要。实验动物安乐死常用的方法有：颈椎脱臼法、放血法、断头法、药物法等。选择哪种安乐死方法，要根据动物的品种(系)、实验目的、对脏器和组织细胞各阶段生理生化反应有无影响来确定。确保时间短，无痛苦。一般遵循以下原则：① 尽量减少动物的痛苦，避免动物产生惊恐、挣扎、喊叫。② 注意实验人员安全，特别是在使用挥发性麻醉剂(安氟醚、氟烷)时，一定要远离火源。③ 方法容易操作。④ 不能影响动物实验的结果。⑤ 尽可能地缩短致死时间，即安乐死开始到动物意识消失的时间。⑥ 判定动物是否被安乐死，不仅要看呼吸是否停止，而且要看神经反射、肌肉松弛等状况。

一、颈椎脱臼法

颈椎脱臼法就是将动物的颈椎脱臼，使脊髓与脑髓断开，致使动物无痛苦死亡。由于颈椎脱臼法既能使动物很快丧失意识，减少痛苦，又容易操作，同时，破坏脊髓后，动物内脏未受损坏，脏器可以用来取样。所以该方法被认为是一种很好的动物安乐死方法。颈椎脱臼法最常用于小鼠、大鼠，也用于沙鼠、豚鼠、兔。

(一) 小鼠颈椎脱臼的方法

首先将小鼠放在饲养盒盖上，一只手抓住鼠尾，稍用力向后拉，另一只手的拇指和食指迅速用力往下按住其头部，或用手术剪刀或镊子快速压住小鼠的颈部，两只手同时用力，使之颈椎脱臼，从而造成脊髓与脑髓离断，小鼠就会立即死亡。

(二) 大鼠颈椎脱臼的方法

基本与小鼠的方法相同，但是需要较大的力，并且要抓住大鼠尾的根部(尾中部以下皮肤易拉脱，不好用力)，最好旋转用力拉。

(三) 沙鼠颈椎脱臼的方法

基本与大鼠的方法相同，但由于沙鼠善于跳跃，在按其头部的时候，速度尽量快些。

(四) 豚鼠颈椎脱臼的方法

先用左手以稳准的手法迅速扣住其背部，抓住其肩胛上方，用手指紧握住颈部，然后用右手紧握住其两条后腿，旋转用力拉。

(五) 兔颈椎脱臼的方法

对于 1 kg 以下的仔兔，操作时，将右手除拇指以外的四指放在耳后，左手紧紧握住兔的后腿，用右手握住头颈交接部，使其身体方向与头部方向呈垂直，用力向前拉，兔很快就会死亡。对于 1 kg 以上的兔，也可采用颈椎脱臼的方法，但是需要两个人来操作，一人用两手于耳后抓紧其头部，另一人用两手紧紧握住其后腿，然后同时旋转用力拉。

二、放血法

所谓放血法就是一次性放出动物大量的血液，致使动物死亡的方法。由于采取此法，动物十分安静，痛苦少，同时对脏器无损伤，对活杀采集病理切片也很有利。因此，放血法是安乐死时常选用的方法之一。放血法常用于小鼠、大鼠、豚鼠、兔、猫、犬等。小鼠、大鼠可采用摘眼球大量放血致死。豚鼠、兔、猫可一次采取大量心脏血液致死。犬可采取颈动脉、股动脉放血。以犬为例，具体操作如下：① 犬的颈动脉放血。在麻醉状态下暴露出犬的颈动脉，在两端用止血钳夹住，插入套管，然后放松心脏侧的钳子，轻轻压迫胸部，大量放血致死。② 犬股动脉放血。在麻醉状态下，暴露出股三角区，用利刀在三角区做一个约 10 cm 的横切口，将股动脉全部切断，立即喷出血液，用一块湿纱布不断擦去股动脉切口处的血液和凝块，同时不断用自来水冲洗流血，使股动脉保持通畅，犬就会在 5 min 内死亡。

三、断头法

断头法是指用剪刀在动物颈部将其头剪掉，大量失血而死亡。断头法看起来残酷，但因为是一瞬间的经过，动物的痛苦时间不长，并且脏器含血量少，便于采样检查，所以也被列为安乐死方法的一种。断头法适用于小鼠、大鼠、沙鼠等动物。具体操作如下：① 小鼠、沙鼠的断头方法：实验时，用左手拇指和食指夹住小鼠或沙鼠的肩胛部，固定，右手持剪刀垂直剪去其头部。② 大鼠的断头方法：操作者戴上棉纱手套，用右手握住大鼠头部，左手握住背部，露出颈部，助手用剪刀在鼠颈部将鼠头剪掉。

四、药物法

（一）药物吸入

药物吸入是让有毒气体或挥发性麻醉剂经动物呼吸道吸入体内而致死。药物吸入法也是安乐死常用的方法，适用于小鼠、大鼠、沙鼠、豚鼠等小动物。药物吸入常用的气体或麻醉剂有二氧化碳、一氧化碳、乙醚、氯仿等，因挥发性麻醉剂前有述及，现以二氧化碳为例介绍。

操作时，准备 5 倍笼盒大小的透明塑料袋或专用容器，将装动物的笼盒放入透明塑料袋内，把塑料袋包紧、封好，并且将输送二氧化碳用的胶管末端放入塑料袋内。塑料袋内充满气体后，动物很快就会被麻醉而倒下，继续充气 15 s，然后将胶管拔出，封好袋口，放置一段时间后确定动物是否死亡。放二氧化碳气体时，不宜过快，过快会冻结，致死效果就会减弱。使用固体二氧化碳时，将凝固块放入塑料袋内，使二氧化碳气体蒸发，动物吸入后立即死亡。

由于二氧化碳的比重是空气的 1.5 倍，不燃，无气味，对操作者很安全，动物吸入后没有兴奋期即死亡，处死动物效果确切，所以对各种小动物特别适用。一般使用市售液体二氧化碳高压瓶或者固体二氧化碳。

（二）药物注射

将药物通过注射的方式注入动物体内，使动物致死。药物注射法常用于较大的动物，如豚鼠、兔、猫、犬等。药物注射常用的药物有氯化钾、巴比妥类麻醉剂、滴滴涕（DDT）等。

1. 氯化钾

多用于兔、犬，采取静脉注射的方式，使动物心肌失去收缩能力，心脏急性扩张，致心脏弛缓性停跳而死亡。每只成年兔由耳缘静脉注入 10%氯化钾溶液 5～10 mL，每条成年犬由前肢或后肢下静脉注入 10%氯化钾溶液 20～30 mL，即可致死。

2. 巴比妥类麻醉剂

多用于兔、豚鼠，一般使用苯妥英钠，也可使用硫喷妥钠、戊巴比妥等麻醉剂。用药量为深麻醉剂量的 25 倍左右。豚鼠常用静脉和心脏内给药，也可腹腔内给药，一般 90 mg/kg 的剂量，约 15 min 内死亡。

3. DDT

多用于豚鼠、兔、犬。豚鼠皮下注射 0.9 g/kg 体重；兔皮下注射 0.25 g/kg 体重、静脉注射 43 mg/kg 体重；犬静脉注射 67 mg/kg 体重。

五、液氮法和微波法

对于新生的动物和体重小于 20 g 的动物，可以把它们浸入液氮中迅速冷冻来实施安乐死。另一种方法是对动物的中枢神经系统进行微波照射，使动物立刻死亡，动物的组织器官生化特性不发生改变。如果使用微波，必须有相应的设备。

（朱顺星　王禹斌）

第五章 人类疾病动物模型及应用

第一节 人类疾病动物模型的意义和优越性

一、人类疾病动物模型的意义

人类疾病动物模型(animal model of human disease)是指医学研究中所建立的具有人类疾病模拟表现的动物实验对象和材料。使用动物模型是现代生物医学研究中一个极为重要的实验方法和手段,有助于更方便、更深入、更有效地认识人类疾病的发生、发展规律,从而研究制订防治措施。

长期以来,生物医学研究的进展常常依赖于使用动物作为实验假说和临床假说的基础。人类各种疾病的发病机制、预防和治疗措施的探索是不可能也不允许在人体上进行实验研究的,只有通过应用合适的动物复制出人类疾病的动物模型,对其生命现象进行研究,进而推论到人类,以探索人类生命的奥秘,控制人类的疾病和衰老,延长人类的寿命。动物模型在生物医学研究中所起到的独特作用,正受到越来越多的科技工作者的重视。

二、人类疾病动物模型的优越性

(一) 避免了直接在人身上进行实验所造成的危害

临床上直接对外伤、中毒、肿瘤病因等研究是有一定困难的,甚至是不可能的,如对急性和慢性呼吸系统疾病研究时很难重复环境污染的作用。对机体的辐射操作也不可能直接在人身上重复实验。而动物可以作为人类的替代者,在人为设计的实验条件下反复观察和研究。因此,应用动物模型,除了能克服在人类研究中经常会遇到的伦理和社会道德的限制外,还允许采用某些不能应用于人类的方法途径,甚至为了研究需要可以随时获取动物组织或处死动物。

(二) 临床上平时不易见到的疾病可用动物复制出来

临床上平时很难收集到放射病、毒气中毒、烈性传染病等病例,而在实验室可以根据研究目的和要求,随时采用实验性诱发的方法在动物身上复制出来。

(三) 可以克服人类某些疾病潜伏期长、病程长和发病率低的缺点

一般遗传性、代谢性和内分泌等疾病在临床上发病率很低,如急性白血病,研究人员可以有意识地提高其在动物种群中的发生频率,从而推进研究。同样的途径已成功

地应用于其他疾病的研究，如血友病、周期性中性白细胞减少症和自身免疫性疾病等。

某些疾病潜伏期很长，发展很缓慢，有的可能要几年、十几年，甚至几十年，如肿瘤、慢性气管炎、肺心病、高血压等疾病。有些致病因素需要隔代或者几代才能显示出来，且人类的寿命相对来说是很长的，但一个科学家很难有幸进行三代以上的观察，而许多动物由于生命的周期很短，在实验室观察几十代是容易做到的。

（四）可以严格控制实验条件，增强实验材料的可比性

一般说来，临床上很多疾病的病因、病情十分复杂，有多种因素起作用，如患有心脏病的病人，可能同时又患有肺脏疾病或肾脏疾病等其他疾病，即使疾病完全相同的病人，因年龄、性别、体质、遗传等各不相同，疾病的发生发展均有不同。采用动物来复制疾病模型，可以选择相同品种、品系、性别、体重、活动性、健康状态，甚至遗传和微生物等方面严加控制的各种等级的标准实验动物，温度、湿度、光照、噪音、饲料等实验条件也可严格控制。用单一的病因作用复制成各种疾病。

很多研究如营养学、肿瘤学和环境卫生学等，同一时期内很难在人身上取得一定数量的定性疾病材料。动物模型不仅在群体的数量上容易得到满足，而且可以通过投服一定剂量的药物或移植一定数量的肿瘤等方式，限定可变性，取得条件一致的模型材料。

（五）可以简化实验操作，便于样品收集

动物模型作为人类疾病，便于“缩影”，便于研究者按实验目的需要随时采取各种样品，甚至及时处死动物收集样本，这在临床是难以办到的。实验动物向小型化的发展趋势更有利于实验者的日常管理和实验操作。

（六）有助于全面地认识疾病的本质

临床研究难免带有一定的局限性。已知很多疾病除人以外也能引起多种动物感染，其表现可能各有特点。通过对人畜共患病的比较研究，可以充分认识同一病原体（或病因）对不同机体带来的各种损害。因此，从某种意义上说，利用疾病动物模型可以使研究工作升华到立体的水平来揭示某种疾病的本质，从而更有利于解释在人体上所发生的一切病理变化。

动物疾病模型的另一个富有成效的用途，在于能够细致观察环境或遗传因素对疾病发生发展的影响，这在临床上是办不到的，对于全面地认识疾病本质有重要意义。

第二节　人类疾病动物模型的设计原则及分类

一、人类疾病动物模型的设计原则

成功的动物模型常常依赖于最初周密的设计，动物模型设计一般应遵循下列原则：

1. 相似性　复制的动物模型应尽可能近似人类疾病，最好能找到与人类疾病相同的动物自发性疾病。例如，大鼠自发性高血压就是研究人类原发性高血压的理想动物模型；小型猪自发性冠状动脉粥样硬化就是研究人类冠心病的良好动物模型；自发性犬类风湿关节炎与人类幼年型类风湿性关节炎十分相似，同样是理想的动物模型。与人类疾病完全相同的动物自发性疾病不易多得，往往需要研究人员加以复制，为了尽量做

到与人类疾病相似，首先应在动物选择上加以注意，如猪的皮肤结构以及生理代谢与人类皮肤十分相似很适宜做皮肤烧伤等皮肤疾病的研究。其次，在复制动物模型实验方法上不断探索改进，例如，复制急性阑尾炎穿孔动物模型，原使用结扎兔阑尾血管的方法，虽然可复制阑尾坏死穿孔并导致腹膜炎，可是与人类急性梗阻性阑尾炎合并穿孔导致腹膜炎大不相同，后改进方法结扎兔阑尾基部而保留血液供应所复制的模型就与人类急性梗阻性阑尾炎合并穿孔导致腹膜炎很相似。另外在观察指标等方面都应加以周密的设计。

2. 重复性　理想的人类疾病动物模型应该是可重复的，可标准化的，不能重复的动物模型是无法进行应用研究的。为增强动物模型复制的重复性，在设计时应尽量选用标准化实验动物，同时应在标准化动物实验设施内完成动物模型的复制工作。同时应在许多因素上保证一致性，如选用实验动物的品种、品系、年龄、性别、体重、健康状况、饲养管理；实验环境及条件、季节、昼夜节律、应激、消毒灭菌、实验方法及步骤；试剂和药品的生产厂家、批号、纯度、规格；给药的剂型、剂量、途径和方法；实验动物的麻醉、镇静、镇痛及复苏方法；所使用仪器的型号、灵敏度、精确度、范围值。另外，还包括实验者操作技术，熟练程度等方面的因素。

3. 可靠性　复制的动物模型应力求可靠地反映人类疾病，即可特异地、可靠地反映该种疾病或某种机能、代谢、结构变化，同时应具备该种疾病的主要症状和体征，并经受一系列检测(如心电图、临床生理生化指标检验、病理切片等)得以证实。如果易自发地出现某些相应病变的动物，就不应选用；易产生与复制疾病相混淆的疾病或临床症状者也不宜选用。例如，选用大鼠复制铅中毒动物模型时，因大鼠本身易患进行性肾病，容易与铅中毒所致的肾病相混淆，而选用蒙古沙鼠就比选用大鼠可靠性好，因为蒙古沙鼠只有铅中毒才会出现肾病变。

4. 适用性和可控性　设计复制人类疾病动物模型，应尽量考虑今后在临床能应用和便于控制其疾病的发展，以便于开展研究工作。例如，雌激素能中止大鼠和小鼠的早期妊娠，但不能中止人的妊娠，因此选用雌激素复制大鼠和小鼠的中止早期妊娠动物模型是不适用的；用大鼠和小鼠筛选带有雌激素活性的避孕药物时也会带来错误的结论。又如，选用大鼠和小鼠复制实验性腹膜炎也不适用，因为它们对革兰氏阴性细菌具有较高的抵抗力，不易形成腹膜炎。

有些动物对某致病因子特别敏感，极易死亡，不好控制也不适宜复制动物模型。如犬腹腔注射粪便滤液而引起犬的腹膜炎，可很快引起动物的大量死亡(约 80%的模型犬 24 h 内死亡)，来不及做实验治疗观察，而且粪便剂量、细菌种类不好控制，不易准确地复制动物模型。

5. 易行性和经济性　复制动物模型的设计，应尽量做到方法容易执行和合乎经济原则。众所周知，灵长类动物与人类最接近，复制的人类疾病动物模型相似性好，但其稀少、价格昂贵，即使是猕猴也不易多得，更不用说猩猩、长臂猿等珍贵灵长类动物。很多小动物如小鼠、大鼠、地鼠、豚鼠等也可以复制出近似人类某些疾病的动物模型，而且容易做到遗传背景明确，微生物等级可控，模型性状显著且稳定，年龄、性别、体重等可任意选择，量大、来源方便，价廉又便于饲养管理，应尽量采用。兔、犬、羊、鸡、鸽、树鼩等动物来源也比较容易，价格可行，选择方便也易于饲养管理。除非不得已或某些特殊的疾病实验（如痢疾、脊髓灰质炎等）研究需要外，应尽可能不选择灵长类动物复制动物模型。在动物模型设计时除了动物选择上要考虑易行性和经济性原则外，在选择模型复制方法和指标的检测观察上也要注意这一原则。

二、动物模型的分类

人类疾病动物模型经过近三十年的开发研究，现已累积两千多种动物模型，在医学发展中占有极其重要的地位。为了能更好地应用和开发研究动物模型，人们将其进行分门归类。分类方法包括按动物模型产生原因分类、按医学系统范围分类、按模型种类分类和按中医征候动物模型分类，现将各种分类方法分述如下：

（一）按产生原因分类

1. 诱发性动物模型(experimental animal model)

诱发性动物模型又称为实验性动物模型，是指研究者通过使用物理的、化学的、生物的和复合的致病因素作用于动物，造成动物组织、器官或全身一定的损害，出现某些类似人类疾病的功能、代谢或形态结构等方面的改变，即为人工诱发出特定的疾病动物模型。

(1) 物理因素诱发动物模型：常见的物理因素有机械损伤、放射线损伤、气压、手术等。使用物理方法复制的动物模型如外科手术方法复制大鼠急性肝功能衰竭动物模型、放射线复制大鼠萎缩性胃炎动物模型、手术方法复制大鼠肺水肿动物模型，以及放射线复制的大鼠、小鼠、犬的放射病模型等。采用物理因素复制动物模型比较直观、简便，是较常见的方法。

(2) 化学因素诱发动物模型：常见的化学因素有化学药致癌、化学毒物中毒、强酸强碱烧伤、某种有机成分的改变导致营养性疾病等。应用化学物质复制动物模型，如羟基乙胺复制大鼠急性十二指肠溃疡动物模型、D-氨基半乳糖复制大鼠肝硬化动物模型、乙基亚硝基脲复制大鼠神经系统肿瘤动物模型、缺碘饲料复制大鼠缺碘性甲状腺肿动物模型，以及应用胆固醇、胆盐、甲硫氧嘧啶及动物脂肪油复制鸡、兔、大鼠的动脉粥样硬化动物模型等。不同品种、品系的动物对化学药物耐受量不同，在应用时应引起注意。有些化学药物代谢易造成许多组织、器官损伤，有可能影响实验观察，应在预实验中摸索好稳定的实验条件。

(3) 生物因素诱发动物模型：常见的生物因素如细菌、病毒、寄生虫、生物毒素等。在人类疾病中，由生物因素导致的人畜共患病（传染性或非传染性）占很大的比例。传染病、寄生虫病、微生物学和免疫学等研究经常使用生物因素复制动物模型。如以柯萨奇B族病毒复制小鼠、大鼠、猪等心肌炎动物模型；以福氏Ⅳ型痢疾杆菌或志贺氏杆菌复制猴的细菌性痢疾动物模型；以锥虫病原体感染小鼠，复制锥虫病小鼠动物模型；以钩端螺旋体感染豚鼠，复制由钩端螺旋体引起的肺出血动物模型；等等。

(4) 复合因素诱发动物模型：以上三种诱发动物模型的因素都是单一的，有些疾病模型应用单一因素诱发难以达到实验的需要，必须使用多种复合因素诱导才能复制成功。这些动物模型的复制往往需要较长时间，方法比较繁琐，但其与人类疾病比较相似。如复制大鼠或豚鼠慢性支气管炎动物模型可使用细菌加寒冷方法或香烟加寒冷，

也可使用细菌加 SO_2 等方法来复制；以四氯化碳（40％棉籽油溶液）、胆固醇、乙醇等因素复制大鼠肝硬化动物模型；以二甲基偶氮苯胺和 ^{60}Co 射线方法复制大鼠肝癌动物模型；等等。

2. 自发性动物模型（spontaneous animal model）

自发性动物模型是指实验动物未经任何人工处置，在自然条件下自发产生，或由于基因突变的异常表现通过遗传育种手段保留下来的动物模型。自发性动物模型以肿瘤和遗传疾病居多，可分为代谢性疾病、分子性疾病和特种蛋白合成异常性疾病等。

应用自发性动物模型的最大优点是其完全在自然条件下发生疾病，排除了人为因素，疾病的发生、发展与人类相应的疾病很相似，其应用价值很高，如自发性高血压大鼠、中国地鼠的自发性真性糖尿病、小鼠和大鼠的各种自发肿瘤、肥胖症小鼠、脑中风大鼠等。

其存在的问题是许多这类动物模型来源比较困难，种类有限。动物自发性肿瘤模型因实验动物品种、品系不同，其肿瘤发生的类型和发病机理也有差异。

自发性疾病模型的动物饲养条件要求高，繁殖、生产难度大，自然发病率比较低，发病周期也比较长，大量使用有一定的困难，如山羊家族性甲状腺肿、牛免疫缺陷病（BIV）等。

由于诱发性动物模型和自发性动物模型有一定差异，加之有些人类疾病至今尚不能用人工的方法在动物身上诱发出来，因此近十几年来医学界对自发动物模型的应用和开发十分重视。不少学者通过对不同种类动物的疾病进行大量普查以发现自发性疾病的动物，然后通过遗传育种将自发性疾病保持下去，并培育成具有该病表现症状和特定遗传性状的基因突变动物，供实验研究应用。

3. 抗疾病型动物模型（negative animal model）

抗疾病型动物模型是指特定的疾病不会在某种动物身上发生，从而可以用来探讨为何这种动物对该疾病有天然的抵抗力。如哺乳动物均易感染血吸虫病，而居于洞庭湖流域的东方田鼠（orient hamster）却不能复制血吸虫病，因而将之用于血吸虫病的发病机理和抗病机理的研究。

4. 生物医学动物模型（biomedical animal model）

生物医学动物模型是指利用健康动物生物学特征来提供人类疾病相似表现的疾病模型。如沙鼠缺乏完整的基底动脉环，左右大脑供血相对独立，是研究中风的理想动物模型；鹿的正常红细胞是镰刀形的，多年来被用做镰刀形红细胞贫血研究；兔胸腔的特殊结构用于胸外手术研究比较方便；等等。但这类动物模型与人类疾病存在着一定的差异，研究人员应加以分析比较。

（二）按系统范围分类

1. 疾病的基本病理过程动物模型（animal model of fundamently pathologic processes of disease）

疾病的基本病理过程动物模型是指各种疾病共同性的一些病理变化过程模型。致病因素在一定条件下作用于动物，使动物组织、器官或全身造成一定病理损伤，出现各种功能、代谢和形态结构的某些变化，其中有的变化是许多疾病都可能发生的、共有的，不是某种疾病所特有的变化，如发热、缺氧、水肿、休克、弥散性血管内凝血、电解质紊乱、酸碱平衡失调等，均可称之为疾病的基本病理过程。

2. 各系统疾病动物模型(animal model of different system disease)

各系统疾病动物模型是指与人类各系统疾病相应的人类疾病动物模型。各系统疾病模型分为消化、呼吸、心血管、泌尿、神经、血液与造血系统、内分泌、骨骼等系统疾病的动物模型，还包括按科分类，如传染病、妇科病、儿科病、皮肤科病、五官科病、外科病、寄生虫病、地方病、维生素缺乏病、物理损伤疾病和职业病等动物模型。

(三) 按模型种类分类

疾病模型的种类包括整体动物、离体器官和组织、细胞株和数学模型。整体动物模型是常用的疾病模型，也是研究人类疾病常用的手段。

(四) 按中医药体系分类

祖国传统医学源远流长数千年，有许多学者应用动物做实验。自1960年有人复制小鼠阳虚动物模型至今已有五十多年，在这期间中医药动物模型迅猛发展，已形成独特的较完整的体系。并以其独特的理论体系"辨证论治"；独特的评价标准，证、病、症；独特的处置措施，中药、针灸、养生；独特的观察指标，舌、脉、汗、神、色；独特的认识特色，审证求因，形成中医药动物模型体系，挤进了人类疾病动物模型的大家族，成为一支不可缺少的生力军。

根据中医证分类，动物模型可分为阴虚、阳虚动物模型、气虚动物模型、血虚动物模型、脾虚和肾虚动物模型，厥脱证动物模型等。按中药理论分类，人类疾病动物模型包括解表药动物模型，清热药、泻下药、祛风湿药、利水渗湿、温里药、止血药、止咳药、化痰药、平喘药、安神药、平肝息风药、补益药、理气药、活血化瘀药等动物模型。中医药动物模型，不论从"证"或从"药"分类，每个"证"的动物模型不止一种动物、一种方法，但由于中医药的特殊理论体系，评价标准和观察指标十分准确的动物模型并不多，许多动物模型有待进一步完善和改进。

三、设计动物模型的注意事项

(一) 注意致模因素的选择

致模因素的选择是复制动物模型的关键步骤。应明确研究目的，清楚相应人类疾病的发生、临床症状和发病机制，熟悉致病因素对动物所产生的临床症状和发病情况，以及致病因素的剂量。动物的遗传背景、性别、年龄等对模型的复制都有一定的影响，选择适当的致病因素和尽量避免选择与人类相似性小的实验动物做动物模型，以增加所复制动物模型与人类疾病的相似性。例如，以草食性动物兔复制动脉硬化模型，需要的胆固醇剂量远比人类高得多，而且病变部位并不出现在主动脉弓，病理表现为纤维组织和平滑肌增生为主，这些现象与人的情况就有一定差距，这就要求研究人员要全面了解致病因素与动物及方法的全部信息，掌握致病因素的剂量，分析能否达到预期结果。

(二) 注意动物因素的选择

复制动物模型应注意选用标准化和有实用价值的动物。复制动物模型时应遵循适于大多数研究者使用、容易复制、便于操作和采集各种标本的原则。动物来源应注意选用标准化实验动物，家畜和野生动物作为模型资源的补充。

标准化实验动物用做模型资源的优点：① 生活在标准化的环境内，有清楚的遗传背景和微生物控制标准，具有较强的敏感性、较好的重复性和反应均一性；② 有严格的饲养规程；③ 易获取大样本实验和观察。缺点是人工控制下培育的动物与自然生长繁育的动物有所不同，而且标准化环境的维持代价较大。

家畜生活环境与人类相似，有的已经驯化，饲养成本比实验动物低，但标准化程度低，宜慎用。野生动物可用做模型资源补充，适用于疾病自然发生率和死亡率的研究。但在实验条件下维持较困难，且对人、家畜构成直接或间接的威胁，同时缺乏模型的基本完整信息。

（三）注意近交系的应用

近交系由于遗传背景清楚、反应均一、个体差异小，因而广泛地应用于动物模型复制，但在设计中必须慎重考虑以下因素：

(1) 近交系的繁殖方法与自然状态不同。例如，自发性糖尿病 BB Wistar 大鼠具有人糖尿病的临床特征，但实践中常并发有周围神经系统严重疾病，如睾丸萎缩、甲状腺炎、恶性淋巴瘤等，因此要有目的地选择，不可盲目地采用近交系。

(2) 近交系形成的亚系不能视为同一品系，要充分了解新品系的特征及有关资料。

(3) 即使已培育的模型品系，由于育种和环境改变，仍有可能发生基因突变和遗传漂变，很难长期保持下去。

(4) 常用两种近交系的系统杂交一代(F_1)作为模型。其个体之间均一性好，实验的耐受性强，弥补了近交系的不足。除近交系、F_1 外，封闭群动物(远交系)虽然个体间的重复性和一致性没有近交系、F_1动物好，但群体遗传特性及反应性保持相对稳定，其生活力强、繁殖率高、抗病力强，可以大量生产，其某些方面可选用。

（四）注意环境因素的影响

复制模型的成败与环境因素密切相关，如居住环境、饲料、光线、噪声、氨气浓度、温度、湿度、屏障系统故障等，任何一项被忽视都可能带来严重影响。除此以外，复制操作如固定、麻醉、手术、药物和并发症等处置不当，同样会产生不良后果，因此，在复制模型时应充分考虑环境因素和操作技术因素。

第三节　影响比较医学研究中动物实验效果的动物因素

比较医学研究的重要特点是对人和实验动物的生命现象进行类比研究，特别是各种疾病的类比研究是其主要研究内容，这些都离不开动物实验。动物实验是现代医学的常用方法，是进行教学、科研和医疗工作必不可少的重要手段和工具，因此已成为医学科学工作者必须掌握的一项基本功。

要想获得正确可靠的动物实验结果，就必须排除各种影响实验结果的干扰因素。这里着重讨论实验动物自身有关的各种影响因素。

一、种属

不同种属的哺乳动物的生命现象，特别是一些最基本的生命过程，有一定的共性。

这正是在医学实验中可以应用动物实验的基础，但另一方面，不同种属的动物，在解剖、生理特征和对各种因素的反应上，又各有差异。例如，不同种属动物对同一致病因素的易感性不同，甚至对一种动物是致命的病原体，对另一种动物可能完全无害。因此，熟悉并掌握这些种属差异，有利于动物的选择确定，否则可能贻误整个实验。例如，在研究醋酸棉酚对雄性动物生殖功能的影响时，不同动物的反应很不一样。小鼠对醋酸棉酚很不敏感，不宜选用，而大鼠和地鼠就很敏感，很适宜。又如，研究排卵生理的实验时，家兔"诱发性排卵"这一特点可以方便地用来研究各种处理因素的抗排卵作用。但另一方面，这种排卵和人及其他一些哺乳动物的自发性排卵有较大差异，在应用这些实验结果时应予以注意。

在不同种属动物身上做的实验结果有较大差异。由于不同种属动物的药物代谢动力学不同，对药物反应性也不同，所以药效就不同。吸收过程的差异：如大鼠吸收碘非常快，而兔和豚鼠则吸收得很慢，因而碘的药效也就有差异。排泄过程的差异：如大鼠体内的巴比妥在 3 d 内可排出 90%以上，而鸡在 7 d 内仅排出 33%，因此巴比妥对鸡的毒性比对大鼠要大得多；氯霉素在大鼠体内主要随胆汁排泄，存在肠循环现象，半衰期较短，药物作用时间的长短就有差异。代谢过程差异：如磺胺药和异烟肼在犬体内不能乙酰化，多以原型从尿液中排出；在兔和豚鼠体内能够乙酰化，多以乙酰化形式随尿液排出；而在人体内部分乙酰化，大部分是与葡萄糖醛酸结合，随尿液排出。乙酰化后这两种药不但失去了药理活性，而且不良反应也增加。可见这两种药物对不同种属动物的药效和毒性都有差别。

不同种属动物对药物的反应也有差异，大鼠、小鼠、豚鼠和兔对催吐药不产生呕吐反应，在猫、犬和人则容易产生呕吐反应。组织胺可使豚鼠支气管痉挛窒息而死亡，对于家兔则可收缩血管，使右心室功能衰竭而死亡。苯可使家兔白细胞减少及造血器官发育不全，而对犬却引起白细胞增多及脾脏和淋巴结增生等。

不同种属动物的基础代谢率相差很大。常用的实验动物中以小鼠的基础代谢最高，鸽、豚鼠、大鼠次之，猪、牛最低。

二、品种及品系

实验动物由于遗传变异和自然的选择作用，即使同一种属动物，也有不同品系，采用不同遗传育种方法后，可使不同个体之间在基因型上千差万别，表现型上同样参差不齐。因此，同一种属不同种系动物，对同一刺激的反应有很大差异。不同品系的小鼠对同一刺激具有不同反应，而且各个品系均有其独特的品系特征。例如，DBA 小鼠 100%的可发生听源性癫痫发作，而 C57BL 小鼠根本不出现这种反应；BALB/cAnN 小鼠对放射线极敏感，而 C57BR/CdJN 小鼠对放射线却具有抵抗力；C57L/N 小鼠对疟原虫易感，而 C58/LwN、DBA/1JN 小鼠对疟原虫感染有抵抗力；STR/N 小鼠对牙周病易感，而 DBA/2N 对牙周病具有抵抗力；C57BL 小鼠对肾上腺皮质激素(以嗜伊红细胞为指标)的敏感性比 DBA 小鼠高 12 倍；DBA 小鼠对雌激素比 C57BL 小鼠敏感。DBA 小鼠的促性腺激素含量比 A 种小鼠高 1.5 倍，而 C_3H 小鼠的甲状腺素含量比 C57BL 小鼠高 1.5 倍；摘除 C57BL 小鼠的卵巢对肾上腺无明显影响，但摘除 DBA 小鼠的卵巢却使肾上腺增大等。

三、年龄和体重

年龄是一个重要的生物量，动物的解剖生理特征和反应性随年龄增加而发生明显的变化。一般情况下幼年动物比成年动物敏感。如用断奶鼠做实验其敏感性比成年鼠要高。这可能与机体发育不健全、解毒排泄的酶系尚未完善有关。但有时因过于敏感而与成年动物的试验结果不一，所以一般认为断奶鼠不能完全取代成年动物的试验。老年动物的代谢功能低下，反应不灵敏，不是特别需要一般不选用。因此，一般动物实验设计应选成年动物进行实验。一些慢性实验，观察时间较长，可选择年幼、体重较小的动物做实验。研究性激素对机体影响的实验，一定要用幼年或新生的动物。制备Alloxan糖尿病模型和进行一些老年医学的研究应选用老年动物。10～28周龄小鼠服用氯丙嗪后出现血糖升高，而老年小鼠则血糖降低。咖啡因对老年大鼠的毒性较大，对幼年大鼠毒性较小。

对毒物反应的年龄差异，可能与解毒酶活性有关。在人类，胎儿时期因缺乏这些酶，故对毒物很敏感，新生儿约在出生后8周内解毒酶才达到成人水平。大鼠的葡萄糖醛酸转换酶约在出生后30 d才达到成年大鼠的水平。兔出生2周后，肝脏开始有解毒活性，3周后活性更高，4周后可与成年兔接近。

实验动物年龄与体重一般成正相关，小鼠和大鼠可根据体重推算其年龄。但其体重和饲养管理有密切关系，动物正确年龄应查其出生日期为准。常用几种实验动物的成年时年龄和体重、寿命可参见表5-3-1。

表5-3-1 成年动物的年龄、体重和寿命比较

	小 鼠	大 鼠	豚 鼠	兔	犬
成年日龄(天)	65～90	85～110	90～120	120～180	250～360
成年体重(克)	20～28	200～280	350～600	2 000～3 500	8 000～15 000
平均寿命(年)	1～2	2～3	>2	5～6	13～17
最高寿命(年)	>3	>4	>6	>13	>34

动物比较生理和生物化学的研究表明，动物的一系列功能指标的参数与体重有显著相关性，见表5-3-2。

表5-3-2 哺乳动物体功能状态与体重的关系

动物	脉率(次/分)	细胞色素氧化酶活性(以每kg体重计)	动物	脉率(次/分)	细胞色素氧化酶活性(以每kg体重计)
小鼠	600	141	大鼠	352	84
豚鼠	290	61	猫	240	—
兔	251	22	犬	120	—
羊	43	8.6	马	38	4.5

四、性别

许多实验证明，不同性别动物对同一药物的敏感性差异较大，对各种刺激的反应也不尽一致，雌性动物性周期不同阶段和怀孕、授乳时的机体反应性有较大的改变，因此，

在科研工作中一般优先选雄性动物或雌雄各半做实验。动物性别对动物实验结果没有影响的实验或一定要选用雌性动物的实验例外。

药物反应中性别差异的例子很多，如激肽释放酶能增加雄性大白鼠血清中的蛋白结合碘，减少胆固醇含量，然而对雌性大白鼠，则不能使碘增加，反而使之减少。5～6周龄的雄性大白鼠给予麦角新碱，可以见到镇痛效果，但在雌性大白鼠，则没有镇痛效果。3月龄的Wistar大鼠摄取乙醇量按单位体重计算，雌性比雄性摄取量多，排泄量也多。药物反应性方面的性别差异见表5-3-3。

表5-3-3 药物敏感性的性别差异

药物	动物	感受性强的性别	药物	动物	感受性强的性别
肾上腺素	大鼠	雄	铅	大鼠	雄
乙醇	小鼠	雄	野百合碱	大鼠	雄
四氧嘧啶	小鼠	雌	菸碱	小鼠	雄
氨基比林	小鼠	雄	氨基蝶呤	小鼠	雄
新胂凡钠明	小鼠	雌	巴比妥酸盐类	大鼠	雌
哇巴因	大鼠	雄	苯	家兔	雌
印防己毒素	大鼠	雌	四氯化碳	大鼠	雄
钾	大鼠	雄	氯仿	小鼠	雄
硒	大鼠	雌	地高辛	犬	雄
海葱	大鼠	雌	二硝基苯酚	猫	雌
固醇类激素	大鼠	雌	麦角固醇	小鼠	雄
士的宁	大鼠	雌	麦角	大鼠	雄
碘胺	大鼠	雌	乙基硫氨酸	大鼠	雌
乙苯基	大鼠	雌	叶酸	小鼠	雌

五、生理状态

动物在特殊的生理状态如怀孕、哺乳时，啮齿类动物对外界环境因素作用的反应性常较不怀孕、不哺乳的动物有较大差异。因此，在一般实验研究中不宜使用此类动物。但某些是为了某种特定的实验目的，如为了阐明药物对妊娠及后裔在胎内、产后的影响时，就必须选用这类动物(这种实验目的，大鼠及小鼠是最适合的实验动物)。又如，动物所处的功能状态不同也常影响对药物的反应性，如动物在体温升高的情况下对解热药比较敏感，而体温不高时对解热药就不敏感；血压高时对降压药比较敏感，而在血压低时对降压药敏感性就差，反而可能对升压药比较敏感。

六、健康情况

一般情况下健康动物对药物的耐受量比有病的动物要强，所以有病动物比较易于中毒死亡。动物发炎组织对肾上腺激素的血管收缩作用极不敏感。有病或营养条件差的家兔不易复制成动脉粥样硬化动物模型。犬食量不足，体重减轻10％～20％后，麻醉时间显著延长。有些犬因饥饿、创伤等原因尚未正式做休克试验时，即已进入休克。动物发热可使代谢增加，体温每升高1℃，代谢率一般增加7％左右。维生素C缺乏的豚鼠对麻醉药很敏感。

动物潜在性感染，对实验结果的影响也很大。如观察兔肝功能在实验前后变化时，必须要排除实验用的家兔是否患有球虫病，不然若家兔的肝脏上已有很多球虫囊，肝功能必然发生变化，所测结果波动很大。

健康动物对各种刺激的耐受性一般比不健康、有病的动物要强，实验结果稳定，因此，一定要选用健康动物进行实验，患有疾病或处于衰竭、饥饿、寒冷、炎热等条件下的动物，均会影响实验结果。

七、潜在感染

动物因各种原因可发生微生物、寄生虫潜在感染，极易造成疾病的暴发和流行，有的虽然不发生急性疾病，但由于潜在的感染对实验研究产生的严重干扰，会使实验结果不稳定，甚至造成实验失败。

(1) 实验动物的潜在病毒感染：如仙台病毒是大鼠、小鼠群中常见的潜在病毒感染之一，给实验研究带来严重干扰，可严重影响体液和细胞介导的免疫应答，抑制大鼠淋巴细胞对绵羊红细胞的抗体应答，减弱淋巴细胞对植物血凝素和刀豆素的促有丝分裂应答，对小鼠免疫系统可产生长期的影响包括自发性自体免疫性疾病发病率明显增高，抑制吞噬细胞的吞噬能力及在细胞内杀灭、降解被吞噬细菌的能力，对移植免疫学产生影响，可加速同种异系，甚至同系小鼠之间皮肤移植的排斥。

(2) 实验动物的潜在细菌感染：如泰泽菌、鼠棒状杆菌、沙门菌均可引起肝脏灶性坏死；嗜肺巴氏杆菌、肺炎链球菌等均可引起肺部疾患。又如，金黄色葡萄球菌等，一般不引起动物自然发病，当动物在某些诱因的作用下，机体抵抗力下降，导致疾病发生，甚至流行。这些细菌均可严重地干扰动物实验的结果。

(3) 实验动物的潜在寄生虫感染：如膜壳绦虫分泌的毒素，可导致主肠黏膜发生局部充血和出血，甚至造成溃疡坏死。溶组织阿米巴浸入肠黏膜和肝脏时分泌的蛋白溶解酶，可使所在组织细胞大量破坏。肝片吸虫虫体进入胆管后，由于虫体及有毒代谢产物的作用，会致使胆管发炎，胆管上皮增生和胆管纤维变性，逐渐引起胆管堵塞，肝脏萎缩硬化。棘球蚴的囊液破裂后可使宿主产生强烈的过敏反应，使之产生呼吸困难、体温升高、腹泻等症状。

第四节 影响比较医学研究中动物实验效果的饲养环境和营养因素

一、影响动物实验效果的环境因素

动物实验选用的动物一般都较长时间甚至终生被限制在一个极其有限的环境范围内生活，这些环境造成了实验动物习惯了赖以生存的条件，当环境条件改变时，将会严重影响动物实验的效果。动物的性状表现主要由遗传因素和环境因素决定。动物的基因型承受环境影响，决定其表现型；而表现型又受到动物邻近环境的影响而出现反应型(演出型)。动物实验的目的是对反应型进行各种有控制的处理而获得实验结果。为求得动物实验结果重复性好，就必须要求反应型（即供实验用的动物）稳定，这就需要对决定反应型的遗传背景和环境条件加以控制。基因型、表现型及反应型与环境因素的关系见图 5-4-1。

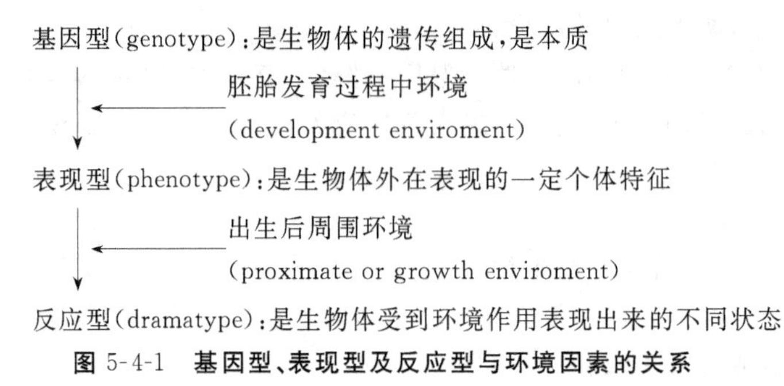

图 5-4-1 基因型、表现型及反应型与环境因素的关系

动物对实验处理的反应可用下式表示：

$$R=(A+B+C)\times D\pm E$$

式中：R：实验动物的总反应；　　A：实验动物种的共同反应；
B：动物品种及品系特有的反应；　　C：动物个体反应(个体差异)；
D：环境的影响(包括实验处理)；　　E：实验误差。

从上式可见，A、B、C 是实验动物本身的反应，遗传因素起决定性作用。D 是环境因素，它与动物的总反应 R 成正相关，并起主要作用。所以在 D 值中应尽量排除实验处理以外其他环境因素的影响，使 R 值可以真正表达实验处理的结果，这就是在饲养实验动物和进行动物实验过程中对环境因素作必要控制的理由。

实验动物环境因素比较复杂，包括自然因素（包括物理、化学和生物学因素）和人为因素。不论是自然因素或人为因素，都不是孤立的，而是相互联系而产生影响的(图 5-4-2)。环境因素具有“有利”和“有害”作用两个方面：一方面，环境因素是实验动物生存的必要条件，动物通过新陈代谢同周围环境不断地进行物质和能量的交换，同时动物经常接受外界环境刺激产生免疫反应，增强体质，促进生长，实验动物只有在舒适

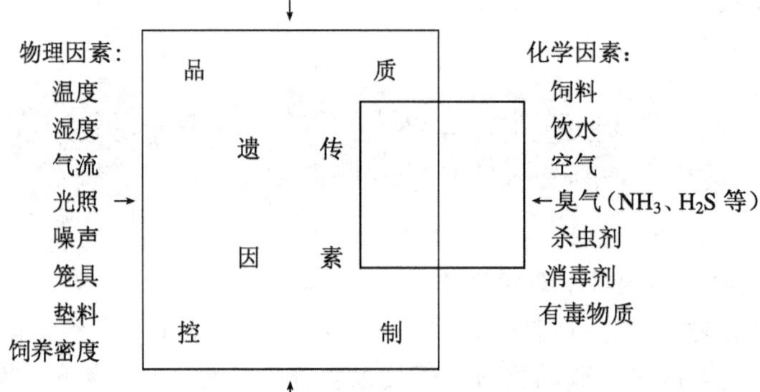

图 5-4-2 影响动物实验效果的因素

的环境中才能正常生长、发育、繁育和用于实验；另一方面，环境因素也存在对动物机体有害的各种因素，动物处在有害因素作用下，虽然能产生保护性反应或一定适应来消除或减轻这些有害因素的作用，但“有害”情况超过一定水平，就会使动物机体不能忍受，而产生直接或间接危害，动物的各种功能就会失调，引起各种疾病甚至死亡。因此，实验动物环境控制的原则是，充分利用和创造那些对实验动物有利的因素，消除和防止那些有害因素，以保证实验动物的健康和达到实验利用的目的。

二、各种环境因素及其控制要求

由于各种环境因素影响动物实验的效果和动物繁育的质量，我国质量技术监督局1994年批准颁布了《实验动物环境及设施标准》(GB/T 14925－94)，并于2001年进行了修订。该标准规定了实验动物环境及设施区域的设置、建筑设施、设施分类、设施区域的设置、垫料、饮水和笼具的要求及检测方法等。标准规定的环境指标要求见表5-4-1～5-4-3。

表5-4-1 实验动物生产间室环境指标(静态)(GB/T 14925—2001)

项目	小鼠、大鼠、豚鼠、地鼠			犬、猴、猫、兔			鸡
	普通环境	屏障环境	隔离环境	普通环境	屏障环境	隔离环境	屏障环境
温度(℃)	18～29	20～26		16～28	20～26		16～28
最大日温差(℃)	4	4		4	4		4
相对湿度(%)				40～70			
换气次数(h)	8	15	—	8	15	—	—
气流速度(m/s)				≤0.20			
与相通房间的最小静压差(Pa)	—	10	100～150	—	10	100～150	10
空气洁净度(级)	—	7	5	—	7	5	7
沉降菌最大平均浓度(个/0.5 h,Φ90mm平皿)	—	≤3	无检出	—	≤3	无检出	≤3
氨浓度(mg/m³)			≤143				
噪声(dB)				≤60			
照度(lx)				200			
最低工作照度动物照度		15～20			100～200		5～10
昼夜明暗交替时间(h)				12/12或10/14			

注：1.“—”表示不作要求；2.氨浓度指标为动态指标

表5-4-2 动物实验间环境指标(GB/T 14925—2001)

项目	小鼠、大鼠、豚鼠、地鼠			犬、猴、猫、兔			鸡
	普通环境	屏障环境	隔离环境	普通环境	屏障环境	隔离环境	隔离环境
温度(℃)	19～26	20～25		16～26	20～26		16～26
最大日温差(℃)	4	4		4	4		4
相对湿度(%)				40～70			
换气次数(次/小时)	8	15	—	8	15	—	—
气流速度(m/s)				≤0.20			

续表

项目	小鼠、大鼠、豚鼠、地鼠			犬、猴、猫、兔			鸡
	普通环境	屏障环境	隔离环境	普通环境	屏障环境	隔离环境	隔离环境
与相通房间的最小静压差(Pa)	—	10	100～150	—	10	100～150	100～150
空气洁净度(级)	—	7	5	—	7	5	5
沉降菌最大平均浓度(个/0.5h,Φ90mm 平皿)	—	≤3	无检出	—	≤3	无检出	无检出
氨浓度(mg/m^3)	≤14						
噪声(dB)	≤60						
照度(lx)	200						
最低工作照度动物照度	15～20			100～200			5～10
昼夜明暗交替时间(h)	12/12 或 10/14						

注：1. "—"表示不作要求；2. 表中氨浓度指标为动态指标

表 5-4-3 屏障环境设施的辅助用房主要技术指标(GB/T 14925－2001)

房间名称	洁净度级别(级)	最小换气次数(次/h)	与室外方向上相通房间的最小压差(Pa)	温度(℃)	相对湿度(%)	噪声(dB)	最低照度(lx)
洁物储存室	7	15	5	18～28	30～70	≤60	150
无害化消毒室	7 或 8	15 或 10	5	18～28	—	≤60	150
洁净走廊	7	15	5	18～28	30～70	≤60	150
污物走廊	7 或 8	15 或 10	5	18～28	—	≤60	150
缓冲间	7 或 8	15 或 10	5	18～28	—	≤60	150
二更	7	15	5	18～28	—	≤60	150
清洗消毒室	—	4	—	18～28	—	≤60	150
淋浴室	—	4	—	18～28	—	≤60	100
一更	—	—	—	18～28	—	≤60	100

注："—"表示不作要求

(一) 温度

温度变动缓慢,在一定范围内,机体可以本能地进行调节。但变化过大或过急,机体将产生行为和生理等不良反应,影响实验结果。主要实验动物最适宜的环境温度见表 5-4-4。

表 5-4-4 主要实验动物最适温度(℃)

动物种类	国内	英国	Lane-Petter 氏(1970)	IHVE 指南(1971)	"欧洲"手册(1971)	日本
小鼠	15～20	20～22	22～24	21～23	22+2	22～24
大鼠	18～22	18～22	22～24	21～23	22±2	23
豚鼠	15～20	17～20	18～20	17～20	22±2	21～25
家兔	15～20	15.5	18～20	16～19	18±2	23
猫	15～20	21～22	19 以下	18～21	22±2	24
犬	15～20	22 以下	19 以下	12～18	18±2	24(幼)
猴类	20～24	20～22	27(绒)		22±2	24

一般当温度过低或过高时，常导致哺乳类实验动物性周期紊乱，而温度超过30℃时，雄性动物则出现睾丸萎缩，产生精子的功能下降；雌性动物出现泌乳能力下降或拒绝哺乳，妊娠率下降。因此，实验环境温度过高或过低，都能导致机体抵抗力下降，使动物易于患病，均可影响实验结果的正确性，甚至造成动物死亡。将9～10周龄ICR小鼠放置在10～30℃气温环境下观察生理反应，随着气温的升高，小鼠的脉搏数、呼吸数和发热量都呈直线下降，这表明小鼠的心跳、呼吸、产热等生理反应对环境气温的变化是很敏感的，这也意味着气温将左右生理实验的结果。动物实验时适宜的环境温度应在21～27℃为宜。

（二）湿度

空气中湿度是指大气中水分含量，以每立方米实际含水量(g)表示，称为绝对湿度；空气中实际含水量占同等温度下饱和含水量的百分比值，称为相对湿度。相对湿度与动物机体热调节有密切关系，当环境温度与体温接近时，动物体只能通过蒸发作用来散发体热，而当环境湿度达到饱和状态时(即高温、高湿的情况下)，动物机体的蒸发受到抑制，容易引起代谢紊乱，使动物机体抵抗力下降，发病率增加。同时在高湿的环境下有利于病原微生物和寄生虫的生长繁殖，垫料与饲料易发生霉变，对动物的健康不利。在低湿情况下，大鼠、小鼠的哺乳母鼠常发生拒绝哺乳或吃仔鼠的现象，以致仔鼠发育不良；低湿使室内灰尘飞扬，容易引起动物呼吸道疾病。多数动物不耐低温，低温、干燥环境下大鼠容易发生一种表现为尾根部坏死、溃烂的坏尾症，此病死亡率颇高。当温度为27℃、相对湿度为20%时，几乎所有大鼠都发生坏尾症，湿度为40%时发病率为20%～30%，而相对湿度大于60%时则不发生此病。

（三）气流及风速

气流大小与体热的散发有关。实验动物单位体重与体表面积的比值较大，气流速度过小，空气流通不良，室内充满臭气，对流散热困难，易造成疾病发生，甚至死亡；气流速度过大，动物体表散热量增加，同样危及健康。对于风速国内有明确的规定，应控制在13～18 cm/s，一般来说冷气开放时取下限，暖气开放时取上限。病原微生物随空气流动，动物设施内各区域的静压状况(正压、负压)决定了空气流动方向。在双走廊SPF设施中空气流动方向是：清洁走廊→饲育室→污物走廊、淋浴室→设施外，室内处于正压。而在污染或放射性实验的动物房，为了防止微生物和放射性物质扩散，室内必须处于负压。国际上一般规定设施内的压力梯度为20～50 Pa。此外，饲养室送风口和排风口气流较大，因此在布置动物笼架、笼具时应尽量避开风口。

（四）空气洁净度

动物饲养室和观察室内空气中漂浮着颗粒物(微生物多附着在颗粒物上)与有害气体，对动物机体可造成不同程度的危害，也可干扰动物实验过程。

1. 气体污染

动物粪尿等排泄物发酵分解产生的污物种类很多，一般有氨、甲基硫醇、硫化氢(H_2S)、硫化甲基、三甲氨、苯乙烯、乙醛和二硫化甲基。当动物饲养室温度上升、收容动物密度增加、通风条件不良、排泄物和垫料未及时清除时，都可以使饲养室氨浓度急剧上升。氨作为一种刺激性气体，当其浓度升高时，可刺激动物眼结膜、鼻腔黏膜和呼吸道黏膜而引起流泪、咳嗽，严重者甚至产生急性肺水肿而引起动物死亡。长期处于高浓度氨的环境下，实验动物上呼吸道可出现慢性炎症，使这些动物失去使用价值。

根据实验，室中氨的含量 130 mg/L 时对动物略有刺激作用，250 mg/L 时豚鼠4～9 d 内死去 80%，408 mg/L 时刺激咽喉，500 mg/L 时家兔气管及支气管出血，698 mg/L时刺激眼部，1 720 mg/L 时导致动物咳嗽。

硫化氢是具有强烈臭鸡蛋味的有毒气体，空气中含 0.01‰～0.02‰即能察觉。动物粪便和肠中产生的臭气中含有 H_2S。吸入的 H_2S 在呼吸道中生成Na_2S，以致组织中失去 Na^+，此即黏膜受刺激的生化基础。H_2S 也能刺激神经组织。当温度增高时会增加 H_2S 毒性，室内 H_2S 和 NH_3 均易诱发家兔鼻炎。此外，浓厚的雄性动物小汗腺分泌物的臭气，也能招致雌性小鼠性周期紊乱。

2. 颗粒物污染

动物饲养室空气中颗粒物的来源主要有两个途径：其一为室外空气未经过滤处理直接带入；其二是动物皮毛、皮屑、饲料和垫料等往往可以被气流携带或动物活动扬起而在空气中飘浮，形成颗粒物污染。粉尘颗粒对动物的危害随颗粒的大小而不同，颗粒大的在空气中飘浮时间短，影响程度小；颗粒小的在空气中飘浮时间长，影响程度大。粉尘对动物机体的影响主要是那些 5 μm 以下的粉尘，这种小颗粒粉尘，经呼吸道吸入后可到达细支气管与肺泡而引起呼吸道疾病。颗粒物除本身对动物产生不良影响外，还可以成为微生物的载体，可把各种微生物粒子包括细菌、病毒和寄生虫等带入饲养室。因此，饲养清洁级以上实验动物的设施，对进入饲养环境的空气必须经过有效的过滤，使空气达到一定洁净度。一般要求饲养无特定病原体动物环境的空气洁净度要达到 10 000 级，而清洁级动物饲养环境应达到 100 000 级。表示净化的洁净度主要按美国宇航局生物净化室的标准，以每立方英尺空气中含 0.5 μm 以上粒子的累积个数分为 100 级、10 000 级和 100 000 级。

(五) 通风和换气

动物室的通风换气，目的在于供给动物新鲜空气，除去室内恶臭物质，排出动物呼吸、照明和机械运转产生的余热，稀释粉尘和空气中的浮游微生物，使空气污染减少到最低程度。通风换气量的标准可以根据动物代谢量来估计。但一般动物房的换气以换气次数来衡量，即每室的空气 1 h需换几次，一般为 12～15 次/h。当然换气次数越高，空气越新鲜，但换气次数增加势必导致能量的损失增加，所以应按照国标要求控制换气次数。

(六) 光照

光照对实验动物的生理活动具有重要的调节作用。光线的刺激通过视网膜和视神经传递到下丘脑，经下丘脑的介导，产生各种神经激素，以控制垂体中促性腺激素和肾上腺皮质激素的分泌。因此，光线对实验动物的影响主要表现在生理和行为活动方面。

光对动物的生殖是一个强烈的刺激因素，起定时器的作用。机体的基本生化和激素分泌的节律直接或间接与每天的明暗周期同步。在生殖中，利用人工控制光照，可以调节整个生殖过程，包括发情、排卵、交配、分娩、泌乳和育仔等。持续的黑暗条件下可抑制大鼠的生殖过程，使卵巢减轻；相反，持续光照，则过度刺激生殖系统，产生连续发情，大鼠、小鼠出现永久性阴道角化，有多数卵泡达到排卵前期，但不形成黄体。光照过强会导致雌性动物做窝性差，甚至出现吃仔和拒绝哺乳等不良现象。强光照使动物出现视网膜退行性变化，白色大鼠在 540～980 lx 照度下持续 65 d，其角膜完全变性。

完全依靠灯光照明的动物设施中，应采用人工照明，这就要求光源的分布合理，使饲养室和实验室的每一场所都有均匀的光照。一般要求在距地面 0.8～1 m处，工作期间照度达到 150～300 lx，非工作期间，应使用动物照度。按照动物昼夜活动和休眠的规律，光照应采用明、暗交替形式。明暗交替时间比为 12∶12，13∶11 和 14∶10，光线以柔和为佳。

（七）噪音

音响噪音可引起动物紧张，并使动物受到刺激。即使是短暂的噪音也能引起动物在行为和生理上的反应。豚鼠特别怕噪音，可导致不安和骚动，因而可引起孕鼠的流产或母鼠放弃哺育幼仔。此外，动物能听到人类所听不到的更高频率的音响，即动物能听到较宽的音域，如小鼠能听到频率为 1 000～50 000 Hz 的音响，而人类只能听到 1 000～2 000 Hz 的音响。所以音响对动物的影响不能忽视。国家规定，动物实验室和实验动物饲养室的噪音应控制在 60 dB 以下。

噪音可造成动物听源性痉挛。小鼠是在噪音发生的同时出现反应，表现为耳朵下垂呈紧张状态，接着出现洗脸样动作，头部出现轻度痉挛，发生跳跃运动，严重者全身痉挛，甚至四肢僵直伸长而死亡。听源性痉挛的反应强度随音响强度、频率、动物、日龄、品系而改变。豚鼠在 125 dB 下 4 h，听神经终末器官的毛样听觉细胞出现组织学变化。

（八）动物饲养密度

动物饲养密度应符合卫生标准，有一定的活动面积，不能过分拥挤，不然也会影响动物的健康，对实验结果产生直接影响。各种动物所需笼具的面积和体积因饲养目的而异，哺乳期所需面积较大，如小鼠每只约需 0.016 m^2，大鼠 0.0632 m^2，金黄地鼠 0.094 m^2，豚鼠 0.141 m^2，家兔 0.67 m^2。

（九）动物营养

保证动物足够的营养供给，是维持动物健康和提高动物实验结果准确性的重要因素。实验动物对外界环境条件的变化极为敏感，其中饲料与动物的关系更为密切。动物的生长、发育、繁殖、体质增强和抵御疾病以及一切生命活动无不依赖于饲料。动物的某些系统和器官，特别是消化系统的功能和形态是随着饲料的不同而变异的。实验动物品种不同，其生长、发育和生理状况都有区别，因而对各种营养素的需求也不一致。实验动物中猴和豚鼠的配制饲料中应特别注意加入足够量的维生素 C，以免因缺乏而引起坏血病。家兔的饲料中应加入一定数量的干草粉，以便提高饲料中粗纤维的含量，这对治疗家兔消化性腹泻至关重要。小鼠的饲料中，蛋白质的含量不得低于 20%，否则就容易产生肠道疾病。

第五节　影响比较医学研究中动物实验效果的技术因素

一、动物选择

正确选择实验动物是获得正确实验结果和实验成功的重要环节。应按照不同实验的要求选择合适的动物。如做肿瘤的研究工作，就必须了解哪种动物是高癌品系，哪种是低癌品系，各种动物自发性肿瘤的发生率是多少。如A系、C3H系、AKR系、津白Ⅱ系等小鼠是高癌品系小鼠，C3H/He系经产雌鼠有80%～100%的自发性乳腺癌。AKR系8～9月龄小鼠有80%～90%自发性白血病。C57BL系、津白Ⅰ系等小鼠是低癌品系小鼠。不同动物对同一因素的反应往往是相似的，但也常常会遇到动物出现特殊反应的情况。如5岁以上的雌犬常有自发性乳腺肿瘤，如果给雌犬激素，就更容易诱发乳腺肿瘤。雌激素还容易引起犬贫血，这在其他实验动物是很少见的。

二、实验季节

生物体的许多功能随着季节产生规律性的变动。目前已有大量资料表明，动物对化学物作用的反应也受到季节的影响。例如，在春、夏、秋、冬分别给10只大鼠注入一定量的巴比妥钠，发现其入睡时间以春季最短，秋季最长，而睡眠时间则相反（表5-5-1）。

表5-5-1　大鼠对巴比妥钠反应的季节变动(min)

	春	夏	秋	冬
入睡时间	56.1±11.0	93.5±11.3	120.0±19.0	66.5±8.2
睡眠时间	470.0±34.0	242.0±14.3	190.0±18.7	360.0±33.0

不同季节，动物的机体反应性有一定改变。如不同季节对辐射效应有影响。家兔的放射敏感性在春、夏两季升高，秋、冬两季降低。在犬的实验中，在春、夏两季照射后的死亡率比秋、冬为高。小鼠的放射敏感性，在冬季和初夏显著升高，而初秋和夏季则降低。大鼠的放射敏感性则没有明显的季节性波动。因此，这种季节的波动在进行跨季度的慢性实验时是必须注意的。

三、昼夜过程

机体的有些功能有昼夜规律性变化。有人给小鼠皮下重复注入40%四氯化碳溶液0.2 mL后，在同一天不同时间将动物处死，观察肝细胞的有丝分裂状态，以了解肝细胞变性的修复情况，结果表明，小鼠肝细胞有丝分裂的昼夜变动十分明显。

动物对照射的敏感性在昼夜间有不同的变化，这种变化见于不同性别、种系和年龄的小鼠和大鼠。白天放射敏感性降低（死亡较少，LD_{50}较高，体重下降较少，肝脏损伤较轻），夜间升高。同时，在小鼠和大鼠实验中，除了夜间（21:00～24:00）的高峰外，还发现白天（小鼠9:00～12:00，大鼠15:00）损伤加重的情况，下午和后半夜放射敏感性最低。大鼠与小鼠不同，其放射敏感性虽有昼夜间的明显波动，但不很剧烈。经实验证明，实验动物的体温、血糖、基础代谢率、内分泌激素的分泌均发生昼夜节律性变化。因此这类实验的观察必须设有相应的对照，并注意实验中某种处理的时间顺序对结果的影响。为了得到可比性的实验结果，所有实验组动物应在同一时间内进行照射或其他实验处理。

四、麻醉深度

动物实验中往往需要将动物麻醉后才施行各种手术和实验。要求麻醉深度要适度，而且在整个实验过程中要保持始终恒定。不同的麻醉剂有不同的药理作用和副作用，应根据实验要求与动物种类而加以选择。麻醉深度的控制是顺利完成实验，获得正确实验结果的保证。如果麻醉过深，动物处于深度抑制，甚至濒死状态，动物各种正常反应受到抑制，很难得到可靠的实验结果；麻醉过浅，在动物身上进行手术或实验，将会引起强烈的疼痛刺激，使动物全身，特别是呼吸、循环功能发生改变，消化功能也会发生改变，如疼痛刺激会反射性的长时间中止胰腺的分泌，所以麻醉深度必须合适。

五、手术技巧

动物实验中除了要注意选择合适的实验动物、用的试剂要纯正、仪器要灵敏、方法要正确外，还必须注意手术技巧，即操作技术的熟练程度。手术熟练可以减少对动物的刺激，动物受的创伤、出血等就少，将会提高实验成功概率和实验结果的正确性。要达到动物手术操作熟练，必须要了解各种动物的特征，组织、器官的位置，神经、血管的走行特点，通过在动物身上反复实践，即可熟中生巧、操作自如。

六、实验药物

动物实验中常常需要给动物体内注入各种药物以观察其作用和变化。因此给药的途径、剂型和剂量是影响实验结果的很重要的问题。如有的激素在肝脏内破坏，经口给药就会影响其效果。有些中药用粗制剂静脉注射，因其成分复杂，如含有钾离子，会有降血压作用，若把这种非特异性降压作用解释为特殊性疗效就不恰当。这类实验结果如果用口服或由十二指肠给药就可鉴别出来。有些中药含有大量鞣质，体外试验有抗菌作用，但在体内不被消化道吸收，则没有抗菌作用。给药的次数对一些药物也有关系，如雌三醇与细胞核内物质结合的时间非常短，所以，每天一次给药的效果就比较弱，如将一天剂量分为 8 次给药，则效果将大大加强。药物的浓度和剂量也是一个重要问题，太高的浓度、太大的剂量都会得出错误的结果。如用 1/2 LD_{50} 腹腔注射某药物后动物活动减少，就认为该药有镇静作用，实际上 1/2 LD_{50} 的剂量已近中毒量，这时动物活动减少，不能认为是镇静的作用。

七、对照问题

在动物实验中设立对照也是非常重要的问题，常有忽视或错误地应用对照的情况，从而造成实验失败。一般对照的原则是“齐同对比”。对照方法很多，有空白对照、实验对照、标准对照、配对对照、组间对照、历史对照以及正常值对照等。

(1) 空白对照是在不给任何措施情况下观察自发变化的规律，如兔白细胞数每天上、下午有周期性生物钟变化。

(2) 实验对照是采用与实验相同操作条件的对照，如给药实验中的溶媒、手术、注射以及观察抚摸等都可以对动物发生影响。有人报告针刺犬人中穴对休克、心脏血液动力学有改变，但仅采用空白对照（不针刺）是不够的，应该还设有针刺其他部位或穴位的实验对照。

（3）标准（或有效）对照常用于药物研究。对一新药的疗效可用一已知的有效药或能引起标准反应的药物做对照，这样既可考核实验方法的可靠性，又可通过比较了解新药的疗效和特点。

（4）配对对照是同一个体在前后不同时间比较对照其和实验期的差异，或同一个体的左右两部分做对照处理和实验处理的差异，这样可大大减少抽样误差。在实验中也可用一卵双胎或同窝动物来做。

（5）组间对照是将实验对象分成两组或几组比较其差异。这种对照个体差异和抽样误差比较大，可用交叉对照方法以减少误差。如观察某药物的疗效可用两组犬先分别做一次实验和对照，再互相交换，以原实验组作为对照组，原对照组作为实验组重复第1次实验所观察的疗效或影响，而且检查的指标和条件要等同。

（6）历史对照与正常值对照要十分慎重，必须要条件、背景、指标、技术方法相同才可进行对比，否则将会得出不恰当的甚至错误的结论。

（7）实验重复和肯定。选用动物一方面要数量合适，不造成浪费，另一方面也应做必要的重复实验。有些实验单做一种动物还不够，应当重复做几种动物。这不仅可以比较不同动物的差别，而且可以在不同动物实验中发现新问题，提供使用不同指标的线索。此外，把一种动物的实验结果外推到其他动物甚至推论到临床是不正确的，有时是十分危险的。如动脉粥样硬化的实验，不同动物在血管的结构、病变、α-脂蛋白和β-脂蛋白的比例以及胆固醇的水平各有不同，这样不仅可以比较一些不同动物的病理变化，也可以根据这些不同的变化寻找生化指标与病变形成的关系，把实际工作推进一步。由于不同种属动物有不同的功能和代谢特点，所以在肯定一个实验结果时最好采用两种以上的动物进行比较观察，其中一种应该是非啮齿类动物。尤其是动物实验结果要推到人的实验，所选用的动物品种应不少于3种，而且其中之一不应是啮齿类动物。常用的生物序列是小鼠—大鼠—犬（或猴）。

第六节　遗传工程动物模型

随着2001年6月人类基因组草图公布，生命科学进入了一个新的纪元——后基因组时代，即由结构基因组转向功能基因组的研究，即大规模、系统地研究基因功能及其在生理和病理过程中的作用。

在比较医学的研究中，哺乳类实验动物由于其生理状况与人类相接近，其基因组与人类基因组的同源性很高，所以长期以来被用做比较医学的研究，尤其是小鼠基因组技术应用最为广泛。小鼠和人类在外观和行为上的巨大不同掩盖了两者的相似之处，小鼠作为人类疾病研究的替代品具有得天独厚的自身优势：首先，小鼠与人同属脊椎动物哺乳动物纲，与人亲缘关系近，小鼠的器官组织结构、发育、生化代谢及生理特点和人类相似，小鼠模型基本上可以真实模拟人类疾病的发病过程及对药物的反应。其次，小鼠体型极小、生长快、繁殖率高、世代间隔短、生存能力强，饲养成本低、可任意交配和取材，极大地方便了研究工作。再次，关于小鼠的研究在100多年前就已经开展，培育了众多品系，积累了大量资料，各种新技术在小鼠研究中得到充分应用，小鼠是唯一实现基因敲除技术的哺乳动物。正是基于这样的认识，在人类基因组计划开始不久，小鼠的基因组计划就随后展开。2002年12月覆盖小鼠基因组96%的序列草图公布，小鼠成为第2种被全基因组测序的哺乳动物，其基因与人类的同源性高达99%、相似性在90%以上。通过对小鼠基因组的改造和操纵，能够制备多种疾病的小鼠模型，利用这些模型研究疾病的发生发展机制和各种防治方案及机制，是生物医学研究不可缺少的重要组成部分，也能够制备多种适于检测和"孵化器"用途的小鼠模型，使特殊的检测和生产特殊产品成为可能，这对于开发生产具有重要意义。此外，小鼠基因组的改造和操纵对于研究基因功能及基因组信息学也具有不可替代的作用，它已经成为基因组研究(包括人类基因组研究)中最重要的技术平台之一。

现代生物技术方法的不断进步，人们可以人为地运用各种技术手段有目的地干预动物的遗传组成，导致动物新的性状的出现，并使其能有效地遗传下去，形成新的可供生命科学研究和其他目的所用的动物模型，这类动物被称为遗传工程动物模型。

目前获得遗传工程动物模型的技术手段包括显微注射转基因、基因定位突变、基因化学或放射性诱变三种技术：

(1) 显微注射转基因技术：是一种将外源性基因或DNA片段插入动物基因组获得转基因动物的方法。显微注射转基因小鼠是最为成熟的转基因技术。

(2) 基因定位突变技术：是20世纪80年代中期结合胚胎干细胞和同源重组技术发展而来的一种在基因组特定位点改造DNA(包括基因剔除、基因插入和其他一些操作)的技术，是在整体动物水平上研究特定基因功能的最佳方法。

(3) 化学或放射诱变技术：是造成DNA碱基序列改变，并可以通过复制而遗传的化学或物理方法。最常用最有效的是ENU诱变技术。

一、转基因动物模型

(一) 概念

转基因动物(transgenic animal)是指借助基因工程技术，将确定的外源基因通过生殖细胞或早期胚胎，导入动物个体的染色体上，在其基因组内稳定地整合导入外源基因，并能遗传给后代的一类动物。简言之，转基因动物是指以实验方法导入的外源基因在其染色体基因组内稳定整合并能遗传给后代的一类动物。

(二) 转基因动物技术常用方法

常用的转基因动物技术有显微注射技术、逆转录病毒载体技术、胚胎干细胞(ES细胞)介导技术、精子载体技术、电转移技术、基因直接导入技术等。按照外源导入的方法和对象的不同，主要有下列三种技术方法。

1. 显微注射技术

该技术的特点是通过显微注射直接将外源基因导入受精卵，再移植到受体，使其发育成转基因动物的一种方法。这是应用最早和成功率较高的一种方法。目前本法也是最常用的一种方法。

该技术的优点：① 外源基因在宿主染色体上的整合率相对较高(和其他方法比较)；② 以此种方式导入外源基因时，无需载体；③ 在60%～80%的转基因子代鼠中，外源基因分布在所有的组织和细胞中；④ 导入的外源基因可长达50 kb。

不足之处：① 外源基因的整合是随机的，整合率不能控制；② 有些动物的原核看不清楚，如猪、山羊等，需经特殊处理，才能有效导入；③ 需要较精密的仪器，费用昂贵。

2. 逆转录病毒技术

逆转录病毒具有侵入宿主细胞并整合于细胞染色体DNA的能力。将插入有外源基因的逆转录病毒载体DNA，通过辅助细胞包装成高感染滴度的病毒颗粒，再感染桑椹期的胚胎细胞，随后将胚胎导入子宫，可发育成携带外源基因的子代动物。原则上载体中可插入各种基因组DNA和cDNA。逆转录病毒载体的容纳量在10 kb以下，不能插入较大的外源基因。

该技术的优点：① 感染率高，且胚胎存活率高；② 病毒DNA随机单拷贝整合；③ 宿主范围广。

不足之处：① 整合位点是随机的，其整合率不高。由于病毒感染过程是在多次卵裂之后，外源基因很难整合于所有胚胎细胞中，故多数子代动物是嵌合体；② 重组的逆转录病毒不够稳定，外源基因易发生重排或丢失；③ 病毒载体的容量不大；④ 病毒DNA序列可能会干扰外源基因的表达。

3. 胚胎干细胞技术

该技术是将外源基因直接导入胚胎干细胞，经体外培养筛选后，通过显微操作将其注射到囊腔中，再移植入受体的子宫内，使其发育为嵌合体的转基因动物。

胚胎干细胞(embryonic stem cell，ESC/ES)是指从囊胚期的内细胞团中分离出来的尚未分化的胚胎细胞，能在体外培养，具有发育全能性的细胞。它具有胚胎细胞和体细胞的某些特性，即可进行体外培养、扩增、转化和制作遗传突变型等遗传操作，又保留了分化成包括生殖细胞在内的各种组织细胞的潜能。可以利用ES细胞转基因技术和嵌合体技术得到转基因动物。

该技术的优点：① 可用多种方法将外源基因导入ES细胞，其细胞的鉴定和筛选比较方便；② 可预先在细胞水平上检定外源基因的拷贝数、定位、表达的水平及插入的稳定性等，故转基因动物外源基因整合率的可控程度高于显微注射法；③ ES细胞注入囊胚以及囊胚移植到子宫，在操作上比较简便。

不足之处：① 本法中建立ES细胞系的本身就是一种高难技术，其培养条件至今无突破性进展；② ES细胞的保存和维持也不容易；③ 所得个体为嵌合性，如发生性嵌合，将导致生殖功能紊乱和不育；④ 所需时间较长。

(三) 显微注射技术建立转基因小鼠模型的方法

1. 设计转基因构件

想要获得一个转基因小鼠，首先得构建一个转基因构件，一个完整的转基因构件应包括目的基因、启动子、加强子和标记基因或报告基因。转基因构件的设计上还要考虑原核载体序列的影响

(1) 转基因调控序列：转基因调控序列包括基因加强子和启动子。这个调控序列对

转基因的表达是非常重要的，设计转基因构件时要考虑它们对动物出生后表达的影响。在启动子的选择上可从如下两个方面进行考虑：① 如需要得到外源基因全身一致表达的转基因品系，则可选择一个管家基因启动子。虽然还没有发现一个可使外源基因在胚胎发育的各阶段和机体的所有组织中都一致表达的启动子，但仍有几个候选的融合基因具有全身表达的启动子，这些构件包括β-肌动蛋白(β-actin)启动子、小鼠金属硫蛋白(mouse metallothionein)启动子、HMMGCR启动子和组蛋白H_4(histone H_4)启动子等；② 与一致表达相对的就是组织特异性表达，组织特异性表达的启动子成分要复杂得多。

(2) 标记基因或报告基因：多数情况下转基因动物都要区别转基因产物与内源基因表达产物(mRNA或蛋白质)的不同，构件基因时可考虑插入一个标记基因，或使转基因表达一个缩短的产物，以利于检测和鉴别。而报告基因的使用让我们能够更为清晰准确地监测转基因的时空表达。常用的报告基因有 *lac Z*、*CAT*(chloramphenicol acetyltransferase gene)、萤火虫的荧光素酶基因(firefly luciferase gene)和人生长激素基因(*hGH*)等。这些报告基因都能产生各自特有的化学或发光反应，使对结果的观察变得简单明了。

(3) 原核载体序列的影响：尽管原核载体的序列对转基因的整合率没有明显的影响，但它却可显著地作用于整合转基因的表达，且往往会对转基因的表达起抑制作用。因此，在构件转基因的原核载体的选择和设计上要考虑到这一点。

2. 雄原核显微注射法

转基因小鼠常被用做基因表达和人类疾病动物模型的研究。虽然外源基因导入的方法很多，如逆转录病毒转染、胚胎干细胞囊胚注射或聚合等，但受精卵雄原核的显微注射仍是生产转基因小鼠最为广泛、常用和有效的方法。目前此法可达到5%～30%的外源基因整合率。由于科学家对C57BL/6品系小鼠研究最深，而且紧随人类之后完成小鼠基因物理图的就是使用的C57BL/6品系小鼠，所以供体小鼠首选品系应为C57BL/6。但C57BL/6品系小鼠受精卵的雄性原核小、不清楚和生活力弱，所以现代的转基因小鼠研究多选用$B6D2F_1$或$B6C3F_1$两种杂交一代小鼠。近年来科学家发现FVB/NJ小鼠排卵多繁殖力强，雄性原核大而清楚，所以愈来愈多的科学家使用FVB/NJ品系小鼠作为显微注射转基因的供体品系。

3. 注射前的准备

显微操作供体和受体母鼠的处理程序如图5-6-1。

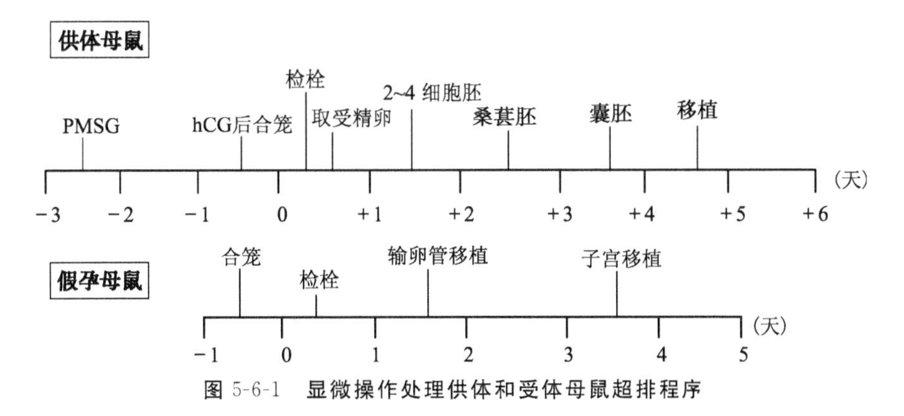

图5-6-1 显微操作处理供体和受体母鼠超排程序

（1）受精卵的获得：注射前的准备包括选用3～4周龄的小鼠进行超排，超排要联合使用孕马血清促性腺激素（PMSG）和人绒毛膜促性腺激素（hCG）。通常在下午12:30～13:30腹腔注射5 IU PMSG，46～48 h后，再注射5 IU的hCG，注射hCG后雌鼠与雄鼠合笼过夜，第2天上午通过检查阴道栓判断是否交配，处死见栓的母鼠，剪下输卵管，撕破膨大部取出胚胎。注射前用透明质酸酶去除包裹在小鼠胚胎周围的颗粒细胞。

（2）受体注射前的准备：通常选用繁殖力强、母性好的品系做受体，常选用7～8周龄CD-1(charles river，ICR)鼠，与结扎雄鼠配种即可造成假孕，合笼次日检栓，见栓者留做受体。

（3）针的准备：① 注射针(injection pipet)：注射针要求外径为1 mm的玻璃毛细管，最好具有内芯，在拉针仪上拉出一个细长的尖端。拉制好的针可在氢氟酸溶液中处理，处理后在甲醇中蘸一下，并根据气泡的有无来判断尖端是否开口。这样处理后可减少注射时尖端的黏附性。② 持卵针(holding pipet)：持卵针也要求外径为1 mm，但不必具有内芯。将玻璃管放在拉针仪上拉出一段有90～100 μm外径的细段，并在断针仪上截断，再制成内径为15 μm带凹陷的缩口，以利于把持住胚胎。③ 移卵针(handling/transfer pipet)：将直径为40 mm的玻璃管在酒精喷灯上拉细，再用小火加工成内径为100～120 μm的移卵针。

4. 显微注射

（1）准备注射滴：将1滴M_2液放在35 mm培养皿的中央，上覆液状石蜡，用移卵针移20～30枚胚胎到M_2培养滴中。

（2）调整注射针：将上述培养滴放到显微镜载物台上，调整持卵针和注射针，使它们以45°浸入M_2液滴中。

（3）给持卵针一定的负压，吸入一段M_2液以避免注射时充入持卵针内的液状石蜡进入培养滴；给注射针一定的正压，确保尖端通畅。

（4）调整焦距使持卵针和注射针处于同一聚焦平面上。用持卵针轻吸胚胎同时用注射针拨动胚胎使雄原核处于3点钟的位置，给持卵针一定负压吸牢胚胎。

（5）轻推注射针穿过透明带、卵黄膜和核膜，加正压于注射针，见雄原核有明显的膨胀后停止，并抽出注射针，加正压于持卵针释放注射过的胚胎。重复(4)、(5)操作，直到注完所有的胚胎。

（6）待所有的胚胎都注射过后，用移卵针将胚胎移入上覆液状石蜡的M_2培养滴中，在37℃、5% CO_2的湿空气培养箱中培养恢复。0.5 h后在体视显微镜下去除死胚，活胚培养过夜。

5. 注射卵的移植

注射的胚胎培养到第2天，根据两细胞胚胎数，确定供胚胎移植的受体母鼠数，并做好手术准备。手术切口位于两侧腰部距背正中线1 cm处，左右各一个相互平行的切口。小鼠麻醉、剪毛、消毒后，用手术剪剪开小鼠的皮肤、肌肉、打开腹腔，暴露卵巢、卵巢脂肪

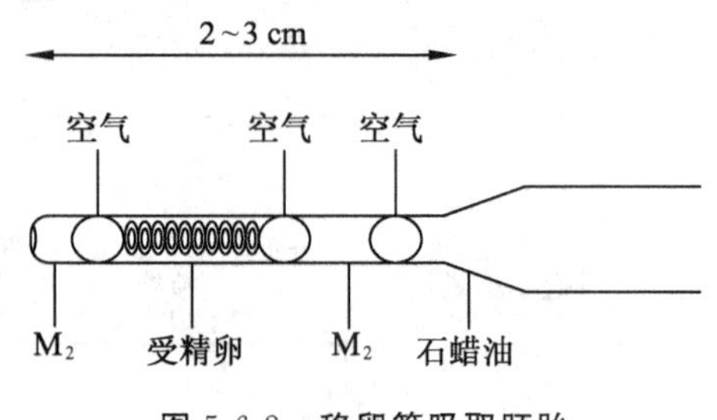

图 5-6-2 移卵管吸取胚胎

垫，并用镊子夹住脂肪组织，把卵巢、输卵管和一部分子宫角慢慢拉出，通过用纱布保护的切口置于纱布上。在体视显微镜下观察输卵管伞，并用移卵管吸取胚胎（图 5-6-2）。立即用细镊子夹住输卵管伞的一部分，把移植吸管的前端从输卵管伞入口处缓缓插至输卵管膨大部，排出胚胎，至输卵管膨大部时，即停止注射，慢慢拔出吸管。输卵管伞还纳于卵巢囊内，缝合创口。

（四）转基因小鼠模型的建立

（1）受体母鼠怀孕产仔：胚胎移植后 20～21 d 受体母鼠产仔，正常情况下产仔数是移植胚胎数的 50%～80%。

（2）断奶时子代鼠编号：剪下 1 cm 左右的尾部组织，提取 DNA 做整合检测。整合检测的方法有 PCR、Southern 杂交、Northern 杂交以及表达产物检测等，检测结果阴性淘汰，阳性则作为 G_0 代小鼠用于繁殖。G_0 代小鼠整合阳性率通常在 10%左右，欲要通过显微注射法建立转基因小鼠模型，获得 10 个 G_0 代整合阳性小鼠是必需的。

（3）向 C57BL/6 或其他背景品系回交：F_1 代小鼠整合检测阳性，则表示外源基因已稳定地整合到转基因鼠的生殖系中，这个外源基因是可以遗传的。

（4）背景品系的纯化：采用基因导入法继续向 C57BL/6 或其他背景品系回交，即可建成以 C57BL/6 为遗传背景或回交品系为背景的能稳定遗传的近交系。

（5）胚胎冷冻保种：自 F_1 代起，每一代都应冷冻 200 枚以上胚胎，以防止繁殖过程中出现基因丢失、繁殖障碍或其他原因造成转基因品系断线。

（6）基因表达研究：自 F_1 代以后要重点研究基因的表达，小鼠形态、功能的变化，组织病理变化，最终建立医学动物模型。

除此之外，还有精子介导、反转录病毒载体转染和 ES 细胞途径等方法，这些方法虽然也能生产出转基因动物，但均有各自的缺陷，尚不能取代显微注射法的地位。

（五）转基因动物在医学研究中的应用

目前我们所知道的基因功能，主要是通过研究自然突变得来的。自然突变会造成动物和人体表型的改变，大部分是不利的改变，也有一小部分是有利的改变。通过研究自然突变，人类不但知道了许多基因的功能，而且通过筛选积累有利突变，去掉有害突变。近 20 年来，通过小鼠的定位整合技术，能动地发现了许多未知基因的功能和许多已知基因的功能。在未来，转基因动物的研究不会局限于生产某一种对农业或医学有重大经济价值的动物品系或品种，越来越多的研究将要针对生物学本身，去揭示生命的奥秘。

利用动物生产高附加值的药用蛋白质，也许是转基因动物研究中最成功的领域。到目前为止，已利用转基因技术在动物乳腺和血液中高效表达了外源基因。由于乳腺组织的固有优点，近年来已把它当做生产药用蛋白的主要靶器官。英国 PPL 公司已建立了乳腺生产抗胰蛋白酶的生产羊群，目标产品在羊奶中的含量达到 16 g/L。美国的 Genzyme 公司也生产出一群转基因乳山羊，抗凝血酶Ⅲ在山羊奶中的含量达到 6 g/L。乳腺是一个非常有效的蛋白质合成体系，一头奶牛一年可以生产纯蛋白 250 kg，一只羊一年可生产蛋白 12 kg，若能把 10%的乳蛋白替换成药用蛋白，产量就很可观。未来动物乳腺生物反应器的研究，主要集中在生产那些用量很大，需要在动物体内进行蛋白翻译后加工的产品，如血清白蛋白、治疗性抗体等。人类将通过转基因动物模型而建立大量的低成本的、工艺更简便、效率更高的小型生物制药“工厂”。

二、基因定位突变动物模型

基因定位突变又称基因敲除、基因剔除或基因打靶，它是应用一段外源 DNA，通过 DNA 同源重组(homologous recombination)，使得 ES 细胞特定的内源基因被破坏而造成其功能丧失，然后再通过 ES 细胞介导得到该基因丧失的动物模型的过程。目前研究得最多、最深入的是基因敲除小鼠。通过建立基因敲除小鼠，来观察与外源 DNA 相对应的正常基因失活、不表达的情况下会对动物个体产生哪些影响。基因剔除是近年来在转基因和基因剔除动物模型研究中广泛应用的技术。对研究特定基因在胚胎发育中的作用及其对个体生长的影响具有重要意义。

（一）基因定位突变的技术路线

基因定位突变或基因敲除小鼠是在整体动物水平上研究特定基因的结构和功能，基因剔除小鼠是一个多维的研究体系，是从分子到个体多层次、多方位研究基因的理想模型。基因定位突变的技术路线如图 5-6-3。

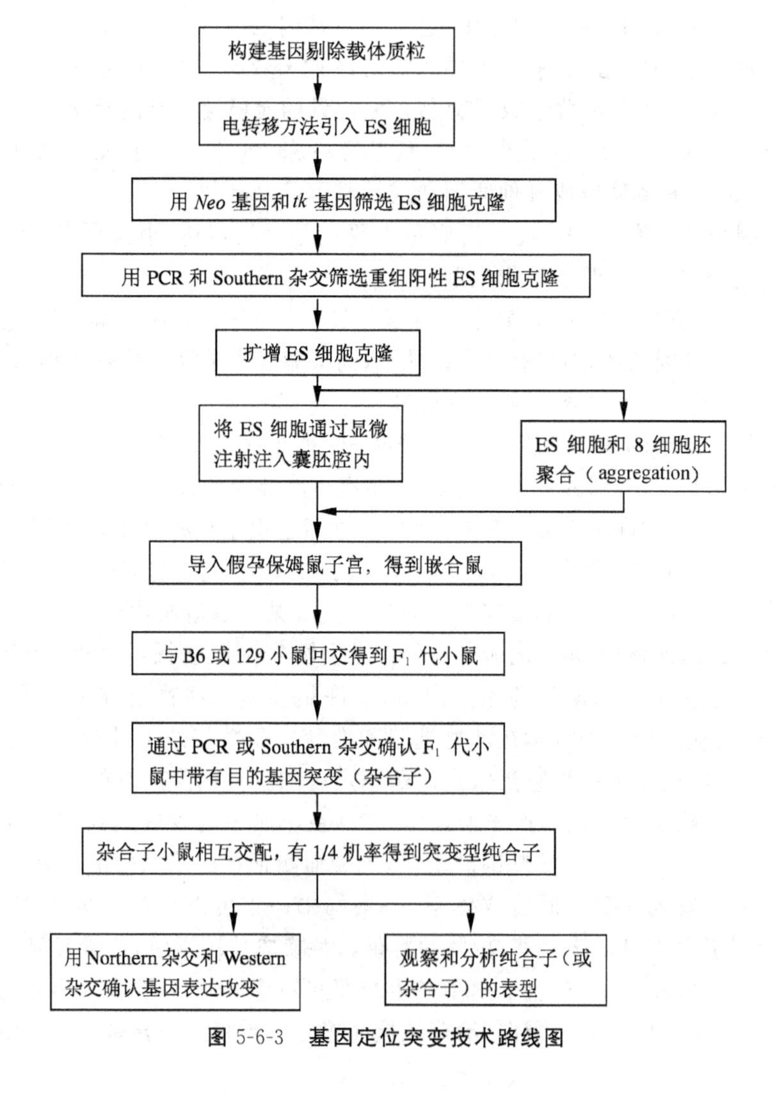

图 5-6-3 基因定位突变技术路线图

(二) 基因敲除小鼠的获得

1. 基因打靶的靶细胞——ES 细胞

小鼠胚胎干细胞简称 ES 细胞,它是基因发生同源重组的靶细胞,这首先因为,ES 细胞是从植入前的胚胎分离出来的一种多潜能干细胞,在合适的体外培养条件下,如培养基中加入白血病抑制因子(LIF),可使细胞保持分化的全能性,即保持发育成一个完整个体各种组织细胞的能力。其次,ES 细胞体外操作方便,加之目前已建立了非常完善的筛选体系,使科学工作者很容易地就可获得同源重组的细胞群体。

2. 构建打靶载体和载体 ES 细胞的筛选

为获得基因剔除小鼠,需在体外先构建一个打靶载体,这个载体上要含有一段与想要灭活的基因有高度同源性的外源基因,我们称它为靶基因或目的基因。在打靶基因的同源序列中插入新霉素抗性基因(neo^r),再在 *neo* 序列的 3′端插入不含启动子的单纯疱疹病毒胸苷激酶基因(*HSV-tk*)(图 5-6-4)。

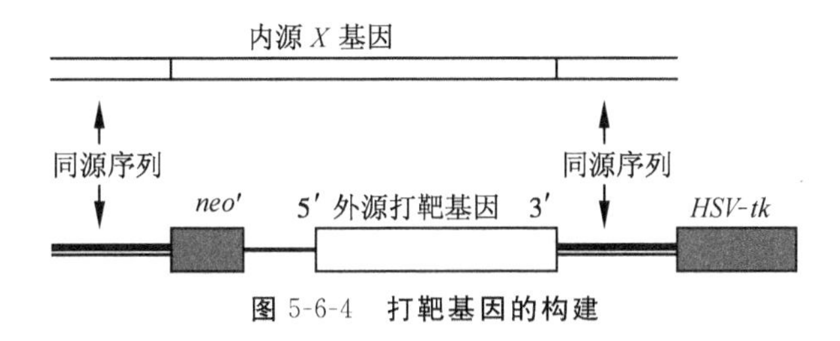

图 5-6-4 打靶基因的构建

利用电穿孔法(electroporation)、磷酸钙共沉淀或逆转录病毒介导等方法将外源基因的重组载体导入体外培养的小鼠胚胎干细胞中。

在细胞选择培养基中加入新霉素或其类似物 G418 和环氧丙苷(gancidovir,GCV)进行筛选。筛选可能发生 3 种情况:

(1) 当外源打靶基因载体未能整合在内源基因组 DNA 上时,细胞中无 neo^r 和 *HSV-tk* 基因表达(即 neo^{r-}/tk^-),由于培养液中的 G418 对细胞的毒性作用而将 ES 细胞杀死。

(2) 当外源打靶基因载体随机整合到基因组上时,大多数打靶载体非同源重组发生在其两端,即整个载体将从线性末端处插入基因组(即 neo^{r+}/tk^+),neo^r 基因的启动子可启动 neo^r 表达,还可同时启动同源序列之外的 *HSV-tk* 基因表达。*HSV-tk* 可将培养基中的鸟苷类似物 GCV 磷酸化,再在细胞中胸苷激酶(cytotk)作用下转变成 GCV 三磷酸。GCV 三磷酸不仅可抑制 DNA 聚合酶活性,还可与 dTTP 竞争参入合成 DNA,从而干扰细胞生长。结果由于 *tk* 基因的表达使 GCV 转变成为细胞的毒性物质而致 ES 细胞死亡。

(3) 当外源打靶基因载体与内源基因组 DNA 发生同源重组时,外源打靶基因代替了基因组 *X* 基因。由于 *HSV-tk* 在同源序列之外而未被整合,即 neo^{r+}/tk^-,结果 neo^r 基因表达,ES 细胞可耐受 G418;又由于细胞中的 *tk* 特异性强,不能将 GCV 磷酸化,GCV 不能转变为细胞毒性物质,故 ES 细胞在 G418 和 GCV 存在的培养基上能够成活。将成活的 ES 细胞体外扩增,就可获得大量同源重组的 ES 细胞。

3. 囊胚注射获得嵌合体小鼠

将上述发生同源重组的 ES 细胞注射到妊娠 3.5 d 的小鼠囊胚腔中，每胚约注射 10～15 枚 ES 细胞；或注射到 8 细胞期胚胎的透明带下，每胚注射 4 枚 ES 细胞；或采用 ES 细胞与 8 细胞期胚胎聚合的方法获得小鼠的嵌合体胚胎，再将这一嵌合体胚胎移植到同期发情的假孕受体小鼠子宫内，就可发育成一个嵌合体小鼠。如果被剔除的基因的功能是胚胎发育所必需的，则基因剔除将导致胚胎死亡，不能得到活体动物。否则嵌合体胚胎将发育成为带有载体基因的完整动物。如果在这个嵌合体后代中，ES 细胞参与了生殖细胞的发育，就有可能使其所携带的靶基因进入到生殖细胞。由于 ES 细胞来自 129/SV 小鼠，而提供囊胚的通常是 C57BL/6 小鼠，它们体表颜色不同，新生的全黑色小鼠为非嵌合体小鼠，而带灰色的小鼠为带有外源打靶基因的嵌合体小鼠。虽然体表颜色能很好地反映嵌合状况，但并不表示外源打靶基因能遗传下去。要想传给后代，ES 细胞必须整合到嵌合体的生殖细胞中去。如与背景品系回交的 F_1 代小鼠，目的基因检测阳性，则这个 F_1 代小鼠就是带有我们预期剔除基因的杂合体小鼠，再连续地向背景品系如 C57BL/6 逐代回交，经 8～10 代，将两个带有单拷贝基因剔除的杂合体小鼠互交，就可以获得双拷贝纯合体的基因剔除小鼠。

（三）基因定位突变动物在医学中的应用

人类几乎所有的疾病都与基因有关，传统的人类疾病模型复制方法受到动物种属和外界环境、时间、评判标准等诸多因素的影响，而基因敲除动物模型的建立，为人类疾病，尤其是遗传性疾病模型的建立提供了一个崭新的方法。眼白化症（OA1）是一种基因紊乱遗传性疾病，能引起视力严重下降、斜视、光恐怖、眼球震颤。Incerti 通过基因敲除法去除小鼠 *OA1* 基因，雌鼠能够繁殖，眼科检查显示眼球底部黑色素不足，症状表现与人的临床表现相似，从而用来研究 OA1 的发病机制。Patel 敲除小鼠低密度脂蛋白（LDL）受体基因，这种基因的缺乏导致人易患心脏病，血浆中 LDL 和胆固醇浓度升高，当基因敲除小鼠被饲喂与人的营养水平相似的饲料时，引起与人相似的临床症状。载脂蛋白 E（ApoE）基因敲除小鼠可以用来研究人类动脉硬化的发病机制和病变。另一研究用此小鼠研究动脉硬化症中发炎和免疫应答的作用，在基因敲除小鼠中，动脉硬化部位发现特异性的抗原决定簇被氧化，这一结果不仅证实了在动脉硬化中氧化的作用，同时也说明了这一动物模型可以用来对许多抗氧化剂的作用进行评估。*p53* 基因最初被认为是一种细胞的原致癌基因，后来被证明是一个肿瘤抑制基因。Donehower 和他的同事们研究出了第 1 只敲除 *p53* 的小鼠，无 *p53* 等位基因杂合小鼠对研究人类的与癌症因素有关的遗传疾病可能是一个有用的模型。

人类器官移植是挽救人的生命的重要医学手段，在人类疾病治疗中起着举足轻重的作用，但有两大问题一直未得到解决：一是器官来源，目前器官来源主要是尸体，来源有限，同时受到时间和运输等条件的限制；二是器官移植的排斥反应，目前要找到与受体血清型完全相匹配的器官可能性很小，临床上只能靠药物来抑制排斥反应。猪的器官是理想的人类器官移植的来源，英国 PPL 公司采用基因敲除技术，将引起超急性排斥反应的糖机化酶基因敲除，并加入两个最大限度减少器官移植所产生的“迟发”和“长期”排斥反应的基因，用此方法培育的动物器官可以移植到人体而无排斥反应。目前，PPL 公司已成功培育了5头猪，虽然还有许多问题需要解决，但使人类看到了希望。

近年来，随着基因敲除动物模型的出现，在免疫学方面出现了几十种免疫分子基因被敲除的动物模型，将免疫学研究特别是免疫耐受的研究推进到一个新的阶段。例如，TCR基因敲除后，小鼠胸腺发育不全，脾中B细胞增多；免疫球蛋白 *u* 链基因被敲除后，B细胞发育受阻；MHCⅠ和MHCⅡ类抗原基因敲除后小鼠缺乏CD4＋、CD8＋型T细胞；β_2 微球蛋白敲除后缺乏CD4＋、CD8＋型T细胞；RAG重组酶基因被敲除后，出现免疫球蛋白重排障碍等。Raze-wsky等成功地将鼠K轻链恒定区 *Ck* 基因敲除，并用人的 *Ck* 基因片段取代，在纯合体中，B淋巴细胞产生了含有人的 *Ck* 的抗体分子，具有抗体的反应性，产生了"拟人化"的抗体，有着巨大的潜在的社会效应。

三、乙烷基亚硝基脲诱变小鼠

乙烷基亚硝基脲(ethylnitrosourea，ENU)致突变技术是高通量大规模筛选新基因及发育突变技术的化学方法。当人们还不能获得ES细胞时，小鼠遗传学家最常用的方法是用ENU处理公鼠，然后在后代中筛选显性或隐性突变的小鼠。最近，用ENU获得的一些有趣的变异有 *min* 基因，这是人类 *APC* 基因的同源物；还有 *clock* 基因，它能引起生物钟异常。在将来，随着越来越多的基因和微卫星标记被定位，突变基因的定位也会随之变得容易，因此对小鼠进行化学诱变将变得越来越低成本而高效益。

（一）ENU诱变的技术路线

1. ENU诱变的简单流程

ENU处理雄性C57BL/6小鼠→10周后与同品系母鼠配种→F_1 离乳时筛查→阳性突变小鼠留种→与同品系正常母鼠配种→F_2 有亲代突变表型者留种(显性遗传)→基因定位、培育新的模型、基因克隆、基因功能研究。隐性突变筛选须由 F_1 互交或 F_2 回交 F_1，发现突变表型者留种，进行进一步的研究。

2. 显性突变的筛选

10周龄的雄性小鼠按150 mg/kg体重的剂量腹腔注射ENU，60 d后待处理公鼠恢复生殖能力后与野生型雌性配种，通过对 F_1 代小鼠进行形态学、行为学、血液学、生理生化等指标的检测，可筛选基因的显性突变。

3. 隐性突变的筛选

基因隐性突变的筛选需将 F_1 代的雄性鼠与野生型雌性小鼠交配，再将 F_2 代雌性小鼠与 F_1 代雄性鼠回交或 F_1 代雌、雄鼠交配，获得 F_3 代小鼠，并将 F_3 代小鼠用于大规模筛选。之所以不用 F_1 代与 F_0 代雄性小鼠回交，主要是因为注射过ENU的雄性小鼠的生育能力十分有限。

4. 基因驱动法与表型驱动法相结合的ENU诱变筛选

单基因剔除是典型的基因驱动的研究。研究者必须针对靶位点在染色体组文库中筛选相关的染色体组克隆、绘制相应的物理图谱、构建特异性的打靶载体以及筛选中靶ES细胞等。通常一个基因剔除纯合子小鼠的获得需要1年或更长的时间。面对人类基因组计划产生出来的巨大的功能未知的遗传信息，传统的基因剔除方法显得有些力不从心，不符合现代生物学高通量大规模筛选的要求。

用放射线导致缺失和突变以及用各种化学诱变剂诱导点突变等许多经典的遗传学

研究属于表型驱动的研究。

早在20世纪90年代初，研究者就提出带有第7号染色体缺失的小鼠可用来筛选ENU诱导的缺失区域内的点突变。基因打靶的研究进展使得研制携带染色体组任意片段的缺失、倒位或者易位突变小鼠成为可能。Ramirez应用位点特异的重组酶系统首次在小鼠ES细胞中实现了最长3～4 cm染色体组片段的缺失、倒位和重复。并采用同源重组技术构建了大片段染色体缺失的基因剔除小鼠。

将基因打靶这种基因驱动的研究和ENU诱变这种表型驱动的研究结合起来具有明显的优势。ENU诱变可以在短时间内产生大量的突变体小鼠，但点突变的鉴定依然是费时费力的工作。采用通过基因打靶获得的特定染色体组缺失或者易位的ES细胞建立突变小鼠可以简化筛选的程序和工作量，并把点突变限定在序列已知的区域内，这样可以大大简化点突变鉴定的过程。

5. ENU突变表型筛选

ENU诱导突变表型的筛选包括形态异常表型、行为和神经功能异常、血液学和临床生化指标和老年症状筛选等。形态异常表型的筛选通常在小鼠分窝时进行。行为和神经功能异常筛选包括肌肉缺陷和运动神经元低下、感官缺陷、精神、小脑平衡、自律行为等方面的缺陷。有表型的小鼠将通过更复杂的测试，如探险运动、食物摄取、学习和记忆、焦虑、神经心理学测试等。血液学测试在小鼠6～10周龄时进行。随机挑选无表型的小鼠饲养1年以上再进行老年症状表型筛选，主要观察是否具有老年相关疾病的表型，包括体重增加、动脉硬化、骨质疏松、心血管异常、感知功能和行为异常等。

（二）ENU诱导点突变的鉴定

ENU诱变的最终目的是为了鉴定导致表型改变的突变基因，发现新的基因和新的代谢途径，促进人类对哺乳类动物基因功能的了解。位置候选基因法是鉴定突变基因的首选方法。该法用50只突变回交小鼠进行连锁分析。突变大致可定位在10～20 cm的范围内，分析500只回交小鼠可将突变定位在1 cm的范围内。基因驱动法与表型驱动法相结合的ENU诱变筛选的小鼠，其突变已被定位在特定的染色体组区域内，因而不用再进行连锁分析。在突变基因被粗略地定位后，结合突变小鼠的表型进行候选基因的预测。候选基因的线索可从多方面的分析中获得。比如，小鼠表型是否与某种已知突变基因的人类疾病相似；小鼠的表型与候选范围内某些基因的表达模式具有相关性；候选范围内某些基因的功能与小鼠表型可能相关等。小鼠基因组已定位近7 000多个微卫星，使得染色体上大约每0.35 cm便有一个标记。可以根据已知微卫星的位置定位突变基因。相信随着技术的进步，稳定的高通量基因型鉴定方法将会有极大地发展。

（三）ENU诱变小鼠的应用

我们目前已知的基因绝大多数来源于对突变基因的研究，突变意味着某一些基因致生物体的原有功能发生了变化，通过研究这种变化的遗传机制，可以获得有关基因功能的极有价值的资料。只有通过分析不正常才能知道基因的正常功能是什么，才能通过对突变的分析建立起因果关系。大量突变动物模型的获得为基因功能的研究提供了充足的研究资源。

转基因动物、基因定点突变动物都是有计划、有目的地研究已知基因的表达、功能及互作效应，而ENU诱变小鼠出发点不是任何特定的基因，而是从大量的随机突变中筛选感兴趣的表型，或获得与人类疾病临床症状相似的模型动物，再利用此模型动物进行定位、克隆，鉴定新的基因。在此基础上，还可以再通过转基因技术和基因敲除技术来验证该基因的功能、作用以及在个体发育中的表达，从而揭开模型性状的形成机制。因此，遗传工程动物模型制作技术的交互运用，将极大地推进基因组学研究的进程。

ENU诱变小鼠的研究利用的是基因组研究的最新成果，不仅能促进分子遗传学的发展，为人类疾病的发病机制、功能基因及相关学科研究提供大量不同表型的动物模型。而且，ENU诱变是近年来被公认的最有潜力的制造突变型动物的手段，新的动物模型的建立有可能导致新的疾病基因的发现和克隆，对开发具有独立知识产权的药物标靶和相应药物至关重要，具有潜在的商业价值。

（邵义祥　薛智谋　吴宝金）

下篇

比较医学

第六章
人类心血管系统疾病的比较医学

第一节　比较心血管解剖学

比较医学是一门历史悠久的科学，其源头甚至可以追溯到公元前，而在医学迅速发展的今天，比较医学已经形成了科学的系统，成为一门焕发着活力的新兴科学。比较医学是对动物与人类之健康和疾病状态进行类比研究的科学。它通过对动物的自发性和诱发性疾病的研究，建立各种人类疾病的动物模型，进而加深对人类相应疾病的发生、发展规律，以及诊断、预防、治疗等方面的理解，展开更加深入的研究。心血管疾病是目前威胁人类生命健康的最主要的疾病之一，每年患病人数在世界范围内成几何倍数增加。另外，包括高血压、冠心病、心力衰竭在内的众多心血管疾病并没有得到完全的理解，在许多方面还都存在悬而未决的谜团，这就更需要比较医学的协助。通过动物模型的建立，展开各项研究，为人类的医疗事业作出贡献。

实验动物和人类在方方面面都存在着相同以及相异之处，本节主要介绍人类和常用实验动物的心血管解剖比较。

一、犬心血管系统的解剖特点

1. 心脏（图 6-1-1～6-1-3）

犬心脏的外形呈不规则的锥形，当心脏舒张扩大时，呈卵圆形，心尖部钝圆。重量相当于其体重的 0.5%～1%。犬心脏的长轴斜度很大，心脏的底部主要对着胸腔前口。心在胸腔内处于第 3～7 肋骨处，左右不对称，心尖朝向后下方，且略偏向左方，可达第 6～7 肋软骨(甚至到第 8 肋软骨处)。心脏的内腔可分为左、右心房和左、右心室。

(1) 右心房：位于心底的右前部和右心室的前背侧，包括心房和心耳两部分。心房的内壁为光滑的心内膜，心耳内由梳状肌所形成，呈网状。前腔静脉开口于心房的背侧；后腔静脉开口于心房的尾侧；右房室口位于心房的腹侧，向腹前方通入右心室；冠状窦开口于后腔静脉口的腹侧，开口处有小的半月状冠状窦瓣。此外，在心房内梳状肌之间的陷凹中，还有几个散在心小静脉的开口。

(2) 右心室：位于右心房的腹侧，在冠状沟之下，心室部的右前部。右心室壁的肌肉层较左心室壁薄，在右心室壁上有许多柱状乳头肌伸向室腔，其中 4 个乳头肌由中隔伸出，前方的一个较长，呈柱状，其大小自前向后逐渐减小。右房室口位于右心室的底部,呈卵圆形。在口的周围有环形肌纤维,瓣膜的基部即附着于口周围的肌纤维环上。犬的三尖瓣是由 2 个大尖瓣和 3～4 个小尖瓣组成的。右心室内腔的左上方向上突出,是肺动脉的起始部,称为动脉圆锥。肺动脉的开口在第 4 肋骨的水平位置。肺动脉口近圆形,其动脉瓣由 3 个半月状瓣尖组成。

(3) 左心房:位于左心室的上方,形成心底的后部,在心耳内也有梳状肌。肺静脉一般有 6 个开口,分别位于左心房的后侧及右侧。左房室口位于前下方。

(4) 左心室:位于冠状沟下方,心室部的左后部,经左房室口与左心房相通。左心室明显大于右心室。室壁上乳头肌较少,有两个粗大的乳头肌伸向室腔,并经腱索连于瓣膜上。房室口的二尖瓣由 2 个大尖瓣和 4～5 个小尖瓣所组成,二尖瓣较右心室三尖瓣更加大而坚韧。主动脉的开口在第 5 肋骨的水平位置,在主动脉口处也有肌纤维环,有 3 个半月状瓣膜附于环上。左心室壁比右心室壁明显增厚。

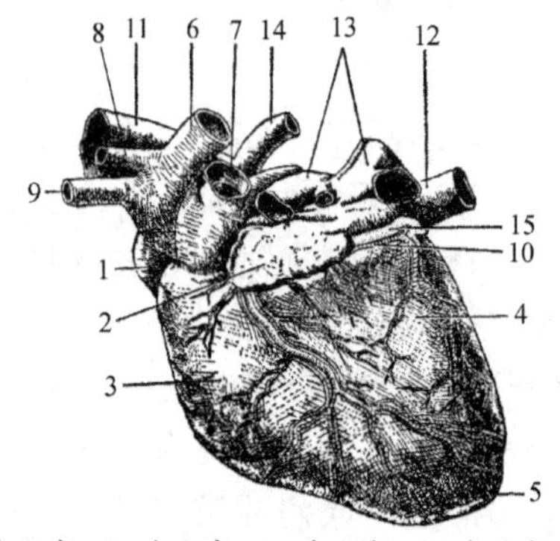

1. 右心房;2. 左心房;3. 右心室;4. 左心室;5. 心尖;6. 主动脉;7. 肺动脉;8. 左锁骨下动脉;9. 头臂动脉;10. 左冠状动脉;11. 前腔静脉;12. 后腔静脉;13. 肺静脉;14. 奇静脉;15. 心大静脉

A. 前面观

1. 右心房;2. 右心室;3. 心尖;4. 冠状窦;5. 主动脉;6. 肺动脉;7. 左锁骨下动脉;8. 臂头动脉;9. 左冠状动脉;10. 右冠状动脉;11. 前腔静脉;12. 后腔静脉;13. 肺静脉;14. 奇静脉

B. 后面观

图 6-1-1　**犬心脏外面观**

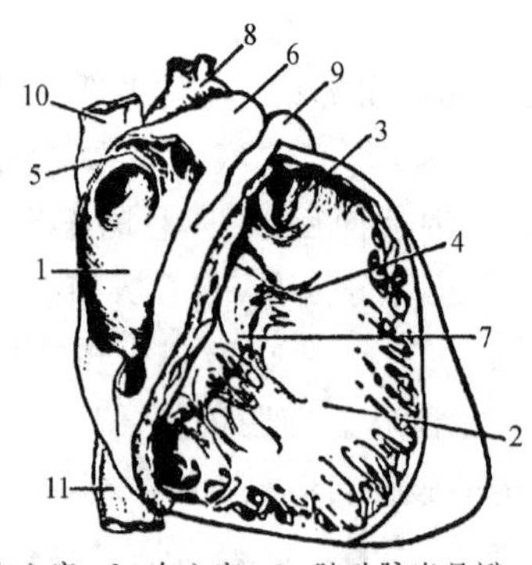

1. 右心房;2. 右心室;3. 肺动脉半月瓣;4. 乳头肌;5. 梳状肌;6. 右心耳;7. 右房室瓣;8. 主动脉弓;9. 肺动脉;10. 前腔静脉;11. 后腔静脉

A. 纵切面

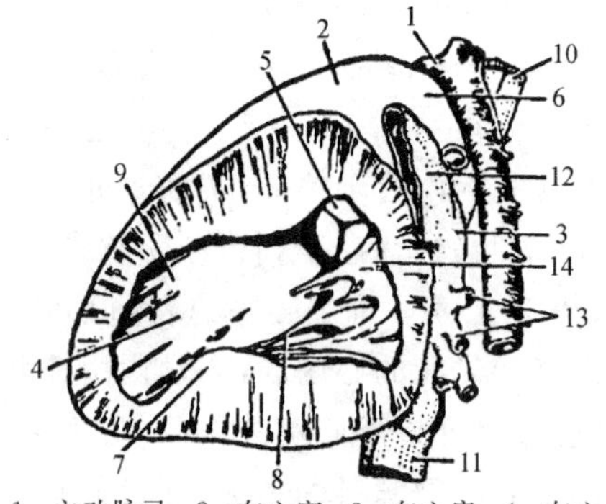

1. 主动脉弓;2. 右心室;3. 左心房;4. 左心室;5. 主动脉半月瓣;6. 肺动脉;7. 乳头肌;8. 腱索;9. 室中隔;10. 前腔静脉;11. 后腔静脉;12. 左心耳;13. 肺静脉;14. 左房室瓣

B. 横切面

图 6-1-2　**犬心脏切面观**

(5) 冠状动脉(图 6-1-3)：心脏的血液供应来自冠状动脉。左右冠状动脉分别自主动脉根发出，每个动脉又分为旋支和下行支。左冠状动脉起自主动脉根部的左侧壁，分为两支，即降支和旋支。降支沿左纵沟走向心尖部；旋支在冠状沟内向心背面移行，绕至心的右侧。右冠状动脉自主动脉右前壁分出后，移行于冠状沟，其降支沿左纵沟而下，到达心尖附近，旋支沿冠状沟向后绕行。犬的左冠状动脉比右冠状动脉大 1 倍。心脏的静脉包括心大静脉、心小静脉及冠状窦。心大静脉在心的左侧纵沟内上行至冠状沟，并与两支心小静脉相连。心小静脉与右冠状动脉伴行，并形成冠状窦。冠状窦由心脏静脉汇合而成为一大而短的主干，在后腔静脉下方开口于右心室。

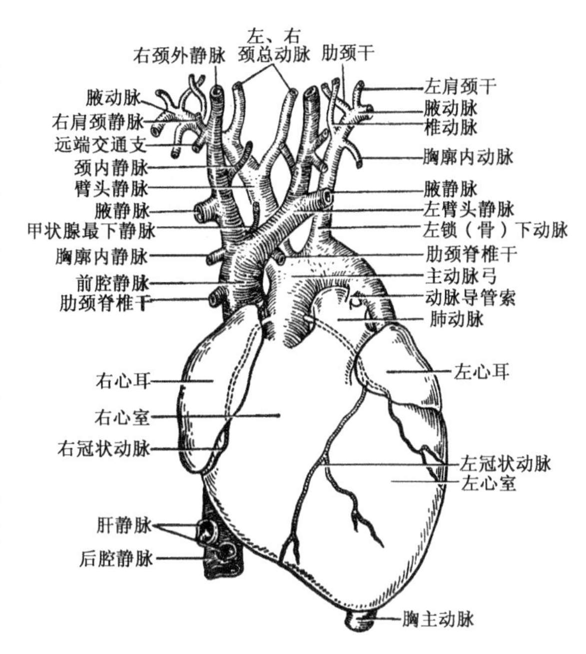

图 6-1-3　犬心脏血管分布

2. 动脉

主动脉为全身动脉的主干，起始于左心室底部，起始部向前直行，称为升主动脉，然后再转向右方，形成一锐角弯曲的弓，称为主动脉弓。主动脉在胸腔内的部分，称为胸主动脉，穿过膈进入腹腔后，称为腹主动脉。

二、兔的心血管系统解剖特点

1. 心脏(图 6-1-4)

兔心脏的外形为前后略扁的圆锥形，长轴斜向后下方，略偏左侧，心底向前，心尖向后，位于第 2～4 肋间。心脏的重量约占体重的 0.2%～0.4%，成年兔的心脏平均重约 6 g。心脏是有腔的肌性器官，心壁主要是由厚层的心肌构成，外面覆盖心外膜，内衬心内膜。在靠近心底处，有围绕心脏的冠状沟，沟内布有脂肪和冠状动脉、冠状静脉。冠状沟把心脏分为前后两部，前部叫心房，后部叫心室。在心室的腹面有腹纵沟，在心室的背面有背纵沟，背、腹纵沟是室间隔的所在地。因此，以冠状沟和背腹纵沟为标志，从外观上就可分出心脏的 4 个部分：右心房、右心室、左心房和左心室。

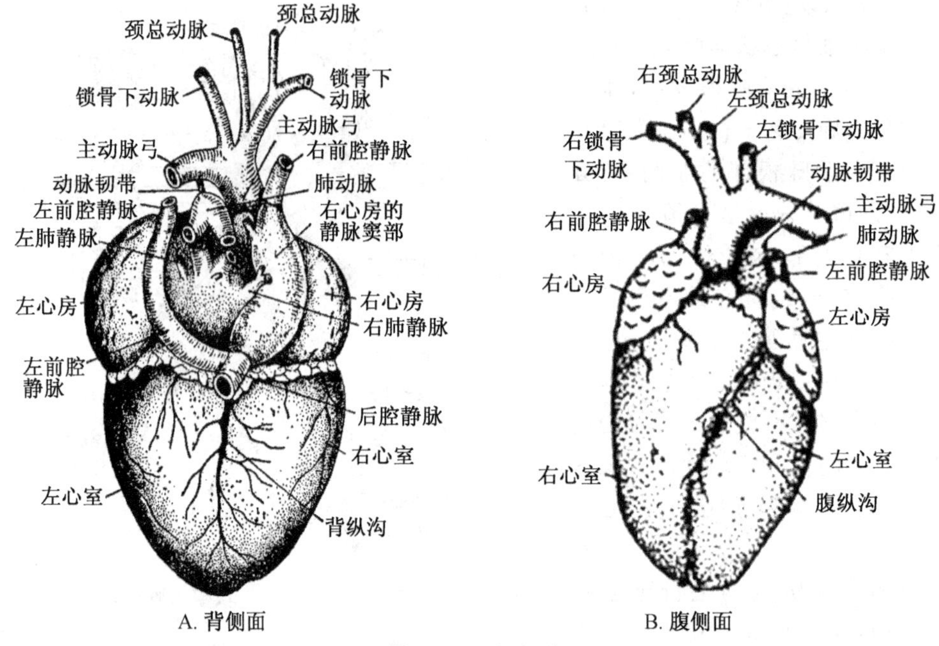

图 6-1-4 兔心脏

(1) 心脏的内部构造：心脏的左右两半之间有间隔，在左右心房间的叫房间隔，左右心室间的叫室间隔，因而左右两半互不相通。室间隔的背腹缘，恰与表面的背腹纵沟一致。心房与心室间有房室口相通，其上有瓣膜，控制血流方向。房室口和心脏表面的冠状沟位置一致。兔心脏纵切面见图 6-1-5。

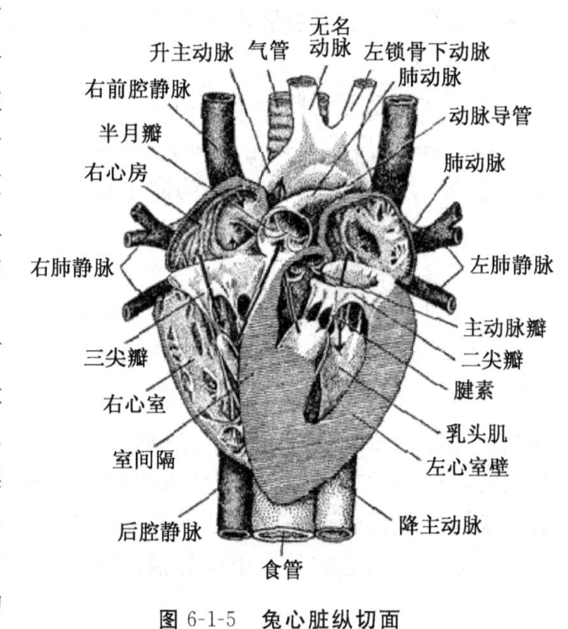

图 6-1-5 兔心脏纵切面

(2) 右心房：位于右心室的背前侧，背侧有前腔静脉、后腔静脉和冠状静脉汇入右心房。前腔静脉汇集头、颈、前肢和胸部的静脉；后腔静脉汇集后肢、盆腔、腹壁和腹腔内脏器的静脉；冠状静脉汇集心壁的静脉。总之，除由肺静脉带回的动脉血以外，全部静脉的静脉血都流入右心房。右心房与右心室间有右房室口，即右心房的出口，口上有由心内膜褶形成的三尖瓣。

(3) 右心室：位于心脏的右后部。右心室的肌肉壁较左心室薄。右心室的流入口称为右房室口，口上的三尖瓣为 3 个三角形的瓣膜，控制血液只能从右心房到右心室。三尖瓣表面平滑，游离缘伸向心室，游离缘以一些腱索与心壁的乳头肌相连。当心室收缩时，这些结构可关闭房室口，并防止将瓣膜翻转到心房中去。右心室有肺动脉的出口。在肺动脉口的周缘也有由心内膜褶构成的 3 个半月状瓣膜，叫肺动脉瓣。瓣膜呈袋状，袋口朝向肺动脉面。当心室舒张时，瓣膜张开，关闭肺动脉口，血液不致逆流至右心室。当右心室收缩时，血液推开半月瓣而进入肺动脉，送至肺组织。

(4) 左心房：位于心脏的左前部，在其背方右侧有肺静脉的入口。左心房与左心室间有左房室口，通向左心室，口上有二尖瓣。

(5) 左心室：位于心脏的左后部。左心室的构造基本上同右心室，但肌肉壁较右心室厚。左房室口有二尖瓣，作用同三尖瓣。左心室的上方有主动脉出口。主动脉口也有 3 个半月瓣，叫主动脉瓣。在瓣膜的前方，有左、右冠状动脉的出口。左、右心室的室间隔凸向右心室，故右心室腔的横断面呈半月形，而左心室腔的横断面呈圆形。

2. 心脏的血管

(1) 冠状动脉：是供应心壁本身营养的血管。由主动脉基部的主动脉瓣的前面发出，有左、右两支。左冠状动脉分布在左心室外壁，右冠状动脉分布在右心室外壁。要观察清楚冠状动脉的出口，必须将主动脉的基部剪开。

(2) 冠状静脉：共有 4 条。① 心大静脉(左心冠静脉)：分布在左心室外壁，与同名动脉相伴行。从心尖开始，向前流至冠状沟，折向背侧，流入左前腔静脉。② 心中静脉(右心冠静脉)：分布在右心室外壁，与同名动脉相伴行，直接流入右心房。③ 心小静脉(中心冠静脉)：较小，位于心中静脉的腹面。收集右心室腹面的静脉血，流入右心房。④ 背纵沟静脉(左心室后静脉)：位于心脏背面的背纵沟中，收集左、右心室背侧的静脉血，流入左前腔静脉。

3. 心脏的活动

心脏总是有节律地、不停地跳动，叫心搏动。心房心室的收缩和舒张是按一定的顺序交替进行的。第一期是心房收缩，心室舒张；第二期是心室收缩，心房舒张；第三期是心房和心室皆舒张。以后又是心房收缩。心房收缩时，心房的血液推开三尖瓣和二尖瓣，右心房的血液进入右心室，左心房的血液进入左心室；与此同时心室舒张，室腔扩大，肺动脉和主动脉的血压大于心室，迫使半月瓣关闭，阻止血液逆流。心室收缩时，左右心室的血液压迫二尖瓣和三尖瓣，关闭左、右房室口，心室的血液不致逆流入心房，此时心室内的压力大于动脉，因此推开半月瓣，右心室的血液进入肺动脉而至肺，左心室的血液进入主动脉流到全身。与此同时心房舒张，房腔扩大，血压下降，因而前后腔静脉血流入右心房。肺动脉的血液流入左心房。健康家兔在正常体温(38～39℃)下，安静状态时，成年兔每分钟心跳 80～100 次，幼兔每分钟 100～160 次。在惊恐或剧烈运动时，则大大加快。

4. 心脏的传导系统和神经支配

心脏进行有节律的收缩和舒张的运动，是由心脏本身的传导系统与神经支配来实现的。交感神经和副交感神经支配心脏的活动，两者起对抗作用。交感神经使心脏加速运动(称心加速神经)，副交感神经使心脏减速运动(称心抑制神经)。

心脏的传导系统是由特殊的心肌纤维构成的结和束组成(图 6-1-7)，分 4 个部分：① 窦房结：位于前腔静脉和右心房之间的心外膜下面，是心脏节律性活动的起点；② 房室结：位于右心房的房间隔下部的心内膜下，其纤维细小，向下转入房室束；③ 房室束：

是房室结的直接延续部分。在室间隔上部分为左右两支,走向心室肌肉;④ 浦肯野纤维:是心内膜下房室束的一些分支。

心脏传导系统能传导兴奋,协调心房与心室收缩的节律。

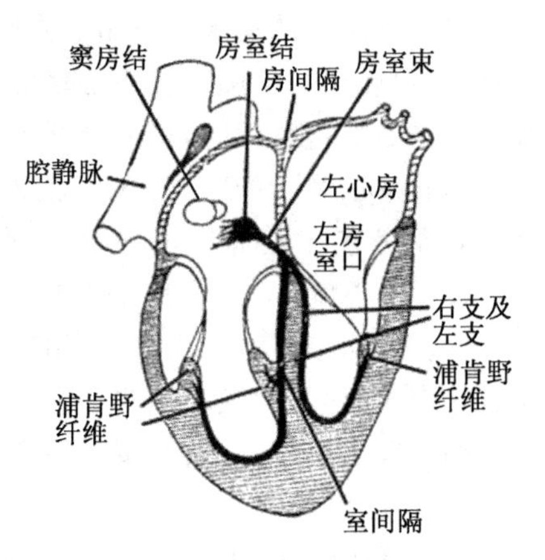

图 6-1-7 心脏传导系统模式图

三、大鼠的心血管系统解剖比较

1. 心脏

(1) 心脏的位置:心脏位于胸腔内,它的两侧紧靠左、右肺,背侧有气管、支气管和食管。腹侧有一宽的胸心包韧带和胸骨相连,腹前方和胸腺相接,后面靠近膈。

(2) 心脏的构造:心脏外面包有一薄而透明的纤维性浆膜囊叫心包,它里面的腔叫心包腔,内有少量包液。心脏是圆锥形的,表面光滑,心底向前,心尖略偏左侧。心脏是有腔的肌性器官,心壁主要是由厚层的心肌构成,外覆心外膜,内衬心内膜。大鼠心脏的内部结构和其他哺乳动物基本上相同,只有少数细节需指出。右心房的静脉窦从背前方接受右前腔静脉,从背左侧接受左前腔静脉,从后面接受后腔静脉,它们汇合后进入右心房。静脉窦和心房之间有两个瓣相隔,该瓣是由静脉窦肌肉和内膜所形成。左、右心室几乎相等的向尖端延伸,左心室的乳头肌是由两个强大呈柱形的肌肉嵴所组成,该嵴是由侧壁向前后方凸出。心脏的支架组织:围绕房室孔和动脉口有致密结缔组织构成的纤维环,是心肌纤维和心瓣膜的附着处。靠近主动脉口的纤维环组织中有软骨样组织,在 6 月龄时部分钙化,随年龄增长继续钙化。

2. 心脏的传导系统

只根据心脏的传导系统纤维的形态追踪啮齿类的传导系统是很困难的,因为浦肯野纤维的特异形态只是在靠近结的部位才与一般心肌纤维不同,在房室束等处,则不易与心肌纤维区分开。辨认这些纤维,特别是在总脚和分支的基部所采用的形态学方法,只能根据传导纤维之间有很发达的结缔组织隔,隔中含有血管和较多的神经纤维。房室结紧贴右房室瓣的房间隔上,靠近纤维环,呈卵圆形,由交叉的具圆形核的肌纤维组成,外面包以肌纤维形成的厚鞘。窦房结为圆形或马蹄形,位于右前腔静脉开口处,由细的肌纤维和许多胶原纤维、毛细血管、神经纤维组成。窦房结的血液供应来源于右内乳动脉的一个分支。心神经节通常分布在围绕主动脉干和肺动脉干的起点处,腔静脉的末端和心房壁上。

3. 心脏的血管

(1) 冠状动脉:冠状动脉由主动脉基部,主动脉瓣的前面发出,分左、右两支。① 右冠状动脉:分布在心脏右侧。当该动脉前面部分被右心耳覆盖时即发出两个分支到右心房,其他的分支向背方或腹方贴心室壁,沿室间沟向后延伸。② 左冠状动脉:分布在心脏左侧。它发出一旋支冠状沟延伸到心室壁的背侧,在左心耳下面发出一分支到左心房。左冠状动脉的其他分支,通向右心室的圆锥部,有一分支分布到心室壁和室间隔的边缘处。③ 心包纵隔动脉：是心脏的辅助血管，它起于内乳动脉，少数标本是从锁骨下动脉发出，有分支到心房。

（2）冠状静脉：共有 4 条：① 心大静脉：分布在左心室靠背侧外壁，与左冠状动脉相伴行。从左侧心尖开始，向前延伸至冠状沟，折向背侧，进入左前腔静脉。有些标本的心大静脉与背纵沟静脉合并后进入左前腔静脉。② 心中静脉：分布在右心室外壁，与右冠状动脉相伴行，直接流入右心房。③ 心小静脉：较小，位于心大静脉的腹面，汇集左心室腹面的静脉血，流入左前腔静脉或右前腔静脉。④ 背纵沟静脉：位于心脏背面的背纵沟中，汇集左、右心室背侧的静脉血，流入左前腔静脉。这些标本的背纵沟静脉与心大静脉汇合后流入左前腔静脉。

第二节 比较心血管生理学

一、人类和实验动物血压、心率特点比较

人和实验动物的血压、呼吸频率、心率、体温有较大的差异（表 6-2-1）。动物体型越大，心率越慢，因为身体大小与心脏大小成正比，越小的心脏越要快速跳动。呼吸频率也是如此，心率和呼吸频率是平行关系。同一个体的心率、呼吸频率、体温三者成正比关系。发热时，心率和呼吸频率都增加，这种情况出现异常可以认为生命处于垂危状态。两栖类、爬行类是变温动物，体温维持一定水平，与外界温度相关。鸟类的体温比哺乳类的高。恒温动物的体温昼夜有一定变动范围，变动情况与行为类型有关，一般夜间活动的动物凌晨 2:00～3:00 是一日的峰值。

血压是反映循环系统功能的常见生理指标，特别在药效试验中不可缺少。人的血压一般采用间接测定，所测的血压为末梢血压或全身血压，主要由心收缩力和末梢血管的阻力形成。但对动物来说，由于肢体的形状、皮肤的被毛形态与人类不同，尚没有完全可靠的间接测定方法。尽管近年来有人对猕猴、犬、大鼠、小鼠等在肢端或尾根部间接测定血压，但有时很难区分收缩压和舒张压。

表 6-2-1 为人类和实验动物的心率、血压、呼吸频率等临床生理观察指标。动物的生理观察指标随动物种类、年龄以及周围环境变化而有所差异，表中列出的是成年动物安静状态下的测定值。

表 6-2-1 人类和实验动物血压、心率、呼吸频率的比较

物种	血压(kPa)		呼吸频率（次/分）	心率（次/分）
	收缩压	舒张压		
人	16.7(13.30～20.0)	10.7(8.0～13.3)	17.5(15～20)	75(50～100)
猴	21.10(18.60～23.4)	13.35(12.2～14.5)	40(31～52)	150(120～180)
犬	15.99(12.66～18.15)	7.99(6.39～9.59)	18.0(11～37)	120(109～130)
猫	12.12(11.11～14.14)	7.57(6.57～10.10)	26(20～30)	125(110～140)
猪	17.07(14.54～18.68)	10.91(9.90～12.12)	15(12～18)	75(60～90)

续表

物种	血压(kPa)		呼吸频率(次/分)	心率(次/分)
	收缩压	舒张压		
兔	14.66(12.66～17.33)	10.66(8.00～12.0)	51.0(38～60)	205(123～304)
豚鼠	11.60(10.67～12.53)	7.53(7.33～7.73)	90.0(69～104)	280(260～400)
金黄地鼠	15.15(12.12～17.77)	11.11(7.99～12.12)	74.0(33～127)	375(250～500)
小鼠	14.79(12.67～18.40)	10.80(8.93～11.99)	128(84～163)	600(323～730)
牛	13.54(12.53～16.77)	8.89(8.08～12.12)	20(10～30)	48(45～50)
马	9.09(8.69～9.90)	5.96(4.34～8.48)	11.9(0.6～13.6)	38(35～40)
绵羊	11.52(9.09～14.14)	8.48(7.67～9.09)	16(12～20)	300(250～350)

二、人和实验动物心电图特点比较

心电图是心脏在每个心动周期中，由起搏点、心房、心室相继兴奋，伴随着生物电的变化，通过心电描记器从体表引出多种形式的电位变化的图形。心电图是心脏兴奋的发生、传播及恢复过程的客观指标。不同动物其心脏兴奋的特点、过程以及时间等方面与人有着明显的不同。

人类与实验动物心电图正常参数值的比较见表 6-2-2、表 6-2-3。

表 6-2-2　人类与实验动物心电图正常参数值

	人	猴	狗	猫	兔	豚鼠	大鼠	小鼠
P(s)	<0.11	0.032 0.02～0.046	0.062 0.054～0.070	0.030 0.025～0.035	0.053	0.022 0.015～0.028	0.015 0.011～0.019	0.022 0.017～0.027
P(mV)		<0.25	0.20	0.120	0.32	0.26	0.062	
QRS(s)	0.08 0.06～0.10	0.039 0.03～0.077	0.034 0.032～0.036	0.030 0.021～0.039	0.042 0.039～0.049	0.038 0.033～0.048	0.015 0.013～0.017	0.011 0.009～0.012
QRS(mV)	—	0.317 0.21～0.91	—	—	—	—	—	—
T(s)	—	0.037 0.032～0.051	0.128 0.108～0.148		0.065	0.044 0.035～0.060	0.064	—
T(mV)	—	—	0.060 0.028～0.092	—	—	—	—	—

表 6-2-3　人及实验动物心电图正常值

	人	狗	兔
体重(kg)	65	12	2.2
脉搏数	71	120	300
P 波(mV)	0.2	0.13	0.06
Q 波(mV)	0.03	0.2	0.015
R 波(mV)	1.8	1.6	0.21
S 波(mV)	0.5	—	0.06
T 波(mV)	0.26	0.09	0.09
P(s)	0.08	0.04	0.03
PQ(s)	0.2	0.12	0.06

续表

	人	狗	兔
QRS(s)	0.08	0.06	0.02
QT(s)	0.32	0.24	0.14

常用实验动物心电图正常参数值的比较见表 6-2-4、表 6-2-5。

表 6-2-4 四种动物心电图正常参数值(间期)

	猴(107 例)	兔(10 例)	豚鼠(37 例)	大鼠(91 例)
P 波(s)	0.037±0.0014	0.031	0.022 (0.015～0.028)	0.015±0.0037 (0.010～0.030)
PR 间期(s)	0.078±0.002	0.068	050 (0.044～0.068)	0.049±0.007 (0.035～0.070)
QRS 综合波(s)	0.037±0.014	0.042	038 (0.033～0.048)	0.015±0.0015 (0.0125～0.020)
QT 间期(s)	0.200±0.006	0.140	0.116	0.0787±0.0137 (0.045～0.115)
ST 间期(s)	—	—	0.78(0.066～0.098)	—
T 波(s)	0.037±0.014	0.065	0.44 (0.035～0.060)	0.0638±0.0134 (0.030～0.100)
心率(次/分)	215±6 (150～300)	247 (214～272)	261 (214～311)	358±47 (240～444)

表 6-2-5 三种动物心电图正常参数值(mV)

<table>
<tr><th></th><th></th><th></th><th></th><th>猴(107 例)</th><th>兔(10 例)</th><th>大鼠(91 例)</th></tr>
<tr><td rowspan="4">P 波</td><td colspan="2" rowspan="2">标准导联</td><td>向上</td><td rowspan="2">0.12±0.010</td><td>0.075</td><td rowspan="2">0.015±0.0037</td></tr>
<tr><td>向下</td><td>0.035</td></tr>
<tr><td colspan="2" rowspan="2">加压肢导联</td><td>向上</td><td>0.10</td><td>0.096</td><td rowspan="2">0.014±0.0031</td></tr>
<tr><td>向下</td><td>0.08</td><td>0.090</td></tr>
<tr><td rowspan="12">QRS 综合波</td><td colspan="2" rowspan="3">标准导联</td><td>Q</td><td rowspan="3">0.61±0.07
0.25±0.07</td><td>0.120</td><td>0.030±0.017</td></tr>
<tr><td>R</td><td>0.160</td><td>0.775±0.226</td></tr>
<tr><td>S</td><td>0.130</td><td>0.225±0.147</td></tr>
<tr><td colspan="2" rowspan="3">加压肢导联</td><td>Q</td><td>0.41</td><td>0.110</td><td>0.135±0.096</td></tr>
<tr><td>R</td><td>0.41</td><td>0.110</td><td>0.350±0.178</td></tr>
<tr><td>S</td><td>0.41</td><td>0.110</td><td>0.155±0.117</td></tr>
<tr><td rowspan="6">胸导联</td><td rowspan="2">V_1</td><td>R</td><td>0.48</td><td rowspan="2">—</td><td rowspan="2">—</td></tr>
<tr><td>S</td><td>0.97</td></tr>
<tr><td rowspan="2">V_2</td><td>R</td><td>0.92</td><td rowspan="2">—</td><td rowspan="2">—</td></tr>
<tr><td>S</td><td>0.56</td></tr>
<tr><td rowspan="2">V_3</td><td>R</td><td>0.90</td><td rowspan="2">—</td><td rowspan="2">—</td></tr>
<tr><td>S</td><td>0.20</td></tr>
</table>

续表

			猴(107例)	兔(10例)	大鼠(91例)
T波	标准导联	向上 向下	0.17±0.02	0.210 0.180	0.145±0.055
	加压肢导联	向上 向下	0.14 0.13	0.170 0.250	0.045±0.075
	胸导联	向上 向下	0.35 0.11	—	—

豚鼠心电图正常参数值的比较见表6-2-6。

表6-2-6 豚鼠的心电图正常参数值

	Peteleny	Farmer	Zeman	Pachtarik	Pratt
动物数	38	10	34	7	57
体重(g)	370～590	—	300～500	822～1055	—
心搏数(次/分)	260±40	240～310	335±33	261(214～311)	327(232～400)
R-R(s)	—	0.18	0.181±0.019	—	0.183 (0.162～0.288)
R-R″(s)	—	0.07	0.054±0.006	—	—
P-Q″(s)	0.060±0.005	—	—	0.055 (0.044～0.068)	0.036 (0.024～0.055)
Q-T″(s)	0.130±0.015	0.11	0.108±0.103	0.116 (0.106～0.144)	—
S-T″(s)	—	—	0.083±0.019	0.078 (0.006～0.098)	0.059 (0.041～0.084)
QRS″(s)	0.030	0.02	0.024±0.004	0.038 (0.033～0.046)	0.013(0.008～0.021)
P波″(s)	—	—	0.030±0.005	0.022 (0.015～0.028)	0.016 (0.008～0.025)
T波″(s)	0.050±0.009	—	0.035±0.005	0.040 (0.035～0.050)	0.022(0.013～0.034)
条件	乙醚麻醉	起立无拘束	横卧无拘束	起立无拘束	起立无拘束

注:"—"表示未检测

鼠兔及家兔心电图正常参数值的比较见表6-2-7。

表6-2-7 鼠兔及家兔的心电图值($\bar{x}\pm SD$)

		兔			家兔
		7～9周 (n=16)	21～23周龄 (n=10)	合 计 (n=26)	(日本白色种) (n=5)
间隔与时间(ms)	PQ	43±8	49±2	45±7	68±7
	QRS	24±3	24±2	24±3	24±3
	QT	167±41	150±26	161±36	218±28
	RR	199±48	211±50	204±48	218±28

续表

		兔			家兔（日本白色种）(n=5)
		7～9 周 (n=16)	21～23 周龄 (n=10)	合　计 (n=26)	
电位 L-Ⅱ诱导 (mV)	P	0.15±0.13	0.08±0.05	0.12±0.12	0.16±0.11
	R	0.36±0.19	0.20±0.16	0.30±0.20	0.42±0.22
	S	−0.37±0.24	−0.32±0.13	−0.35±0.20	−0.67±0.23
	T	0.18±0.22	0.07±0.08	0.14±0.19	0.17±0.16
A-B 诱导 (mV)	P	0.21±0.09	0.17±0.08	0.20±0.08	0.20±0.07
	R	0.85±0.48	0.62±0.62	0.77±0.54	0.68±0.25
	S	−0.86±0.37	−0.68±0.27	−0.79±0.34	0.89±0.28
	T	0.28±0.20	0.09±0.18	0.20±0.21	0.19±0.06

小型猪(Hormel)心电图正常参数值的比较见表 6-2-8。

表 6-2-8　生长过程中小型猪呼吸数与心电图测量值的变化($\bar{x}\pm SD$)

	出生时	1 周龄	1 月龄	6 月龄	1 年龄
心搏数(次/分)	235.0±7.07	264.71±5.35	193.77±6.76	139.54±3.41	118.67±2.48
PR(ms)	70.76±2.10	69.61±1.37	77.33±1.66	89.87±1.74	112.79±2.46
QT(ms)	147.69±4.25	143.84±2.78	182.85±3.63	227.01±3.06	257.20±3.97

注：无麻醉下肢体诱导 240 头。

犬(毕格，蒙古)心电图正常参数值的比较见 6-2-9。

表 6-2-9　不同犬的心电图测量值($\bar{x}\pm SD$)

	比格(成熟，n=52)	比格(幼年，n=50)	蒙古犬(成熟，n=137)
PR(秒)	0.470±0.098	0.546±0.150	0.548±0.144
PQ	0.100±0.010	0.100±0.014	0.102±0.016
QT	0.190±0.018	0.206±0.022	0.188±0.020
P	0.062±0.008	0.066±0.010	0.058±0.010
QRS	0.034±0.002	0.032±0.004	0.034±0.004
T	0.128±0.020	0.136±0.032	0.112±0.022
R	3.66±0.64	3.78±0.74	3.16±0.80
S	1.30±0.56	1.16±0.42	0.84±0.48

注：平均值与 95%可信限的最高与最低值。

猫心电图正常参数值的比较见表 6-2-10。

表 6-2-10　猫的心电图测量值($\bar{x}\pm SD$)

导联	P	PR	QRS	QT	RR	心搏数(次/分)
Ⅰ	0.03±0.006 (23)	0.08±0.013 (24)	0.03±0.010 (29)	0.18±0.031 (24)	0.38±0.060 (29)	160
Ⅱ	0.03±0.005 (30)	0.08±0.012 (30)	0.03±0.009 (31)	0.17±0.028 (30)	0.38±0.066 (31)	156

续表

导联	P	PR	QRS	QT	RR	心搏数（次/分）
Ⅲ	0.03±0.006 (16)	0.08±0.014 (16)	0.03±0.013 (26)	0.17±0.029 (20)	0.39±0.063 (26)	156
aVR	0.03±0.006 (30)	0.08±0.012 (30)	0.03±0.012 (30)	0.18±0.025 (28)	0.38±0.063 (30)	156
aVL	0.03±0.007 (11)	0.08±0.014 (11)	0.03±0.011 (28)	0.18±0.022 (18)	0.37±0.053 (28)	160
aVF	0.03±0.008 (28)	0.08±0.015 (28)	0.03±0.009 (29)	0.17±0.025 (25)	0.38±0.058 (29)	S158

注：括号内为动物例数。

三、实验动物血液循环时间和心动周期特点比较

心脏每收缩和舒张一次构成一个心动周期。一个心动周期中首先是两个心房收缩，其中右心房的收缩略先于左心房。心房开始舒张后两心室收缩，而左心室的收缩略先于右心室。在心室舒张的后期心房又开始收缩。心脏舒张时内压降低，腔静脉血液回流入心，心脏收缩时内压升高，将血液泵到动脉。同时把养料和氧气输送到全身各处；当血液流回至心脏时，它又将机体产生的二氧化碳和其他废物，输送到排泄器官，排出体外。动物在进化过程中，血液循环的形式是多样的。循环系统的组成有开放式和封闭式；循环的途径有单循环和双循环。不同动物的血液循环以及心动周期的时间也不同。

不同实验动物的循环时间比较见表 6-2-11；不同动物正常心率时心脏周期比较见表 6-2-12。

表 6-2-11　实验动物的循环时间(s)

动物种类	循环的途径	时　间		批示物
		平均	范围	
狗	股静脉→颈动脉	7.0	6～8	^{32}P
	颈静脉→右心	1.7	1～2.5	
	右外颈静脉→左外颈静脉	9.2	—	传导法
	整体循环	10.8	8.9～12.8	
	整体循环	10.5	10～11	硫氰化钠
猫	股静脉→颈动脉	6.0	3～9.5	镭-C 同位素法
	股静脉→股动脉	6.0	4～8	^{32}P
	股动脉→颈动脉	10.0	9～11	^{32}P
兔	耳静脉→眼睛	5.5	5～6	荧光素法
	右耳→左耳	4.8	3.4～7.2	化学物质:四胺基
	右耳→左耳	4.5	3.5～5.8	氯化锂
	整体循环	10.5	—	传导法

表 6-2-12　实验动物正常心率时心脏周期

指标	测定单位	小鼠	大鼠	豚鼠
动物数	个	400	280	510
体重	g	15～30	180～350	400～700
心脏收缩数	次/分	625(471～780)	475(370～580)	280(200～360)

续表

指标	测定单位	小鼠	大鼠	豚鼠
心房传导性 P	ms	—	17(12～20)	20(16～24)
房室传导性 P-Q	ms	34(30～40)	48(40～54)	63(60～70)
室间传导性 QRS	ms	10(10～15)	13(10～16)	13(12～14)
电收缩持续性 Q-T	ms	55(45～60)	74(62～85)	130(120～140)
房室收缩关系	ms	0.60(0.56～0.61)	0.58(0.51～0.65)	0.58(0.55～0.62)
应力时间 Q-Ⅰ音	ms	—	14(10～19)	18(16～20)
机械收缩持续性Ⅰ～Ⅱ	ms	46(40～50)	62(52～72)	110(100～120)
收缩指数		0.47(0.48～0.51)	0.49(0.41～0.56)	0.51(0.48～0.56)
峰值电压 P	mV	0.1(0～0.2)	0.1(0.0～0.2)	0.1(0.0～0.2)
R	mV	0.4(0.2～0.6)	0.5(0.3～0.8)	0.7(0.3～1.2)
T	mV	0.2(0～0.5)	0.2(0.1～0.4)	0.2(0～0.5)

四、人类与实验动物血容量、心输出量和血型比较

人与实验动物的血容量、心输出量和血型各不相同。血容量也称血液总量，是指存在于循环系统中的全部血液。机体在静息时，血液总量中的绝大部分在心血管中快速循环流动，称为循环血量；小部分滞留在肝、肺以及皮下静脉丛等处，流动较慢，称为贮备血量，在运动或应急等情况下，可被动员加入到循环血量中。

猕猴的血型和人的 A、B、O、Rh 血型相似。恒河猴主要是 B 型血；食蟹猴主要是 A、B、AB 型血，O 型血较少；平顶猴主要是 O、B 型血。犬主要有 A、B、C、D、E 型血。只有 A 型血(具有 A 抗原)能引起输血反应，其他四型血可任意供各型血的犬受血，A 型血的输血(溶血)反应没有人明显，但有报道，犬和马因母仔血型不同，母体产生的同种抗体可通过初乳给予仔畜，仔畜在初生的一两天内，小肠可吸收初乳中的同种抗体(不消化分解)，发生抗原抗体反应后出现溶血性黄疸(溶血性贫血)，可以致命。牛、猪和骡也可发生类似的情况。因此，对有怀疑的母畜(如过去有仔畜死于溶血性黄疸的)，可做初乳和仔畜红细胞凝集反应试验。由于血型抗原具有遗传性，并且都是显性遗传的，所以在畜牧方面，可以利用血型判定亲缘关系。血型基因可能与家畜的某些经济性状有联系，这方面血型研究工作取得成功，可有助于家畜的育种工作。

家畜天然存在的同种抗体不像人类那样常见，在牛、绵羊和猪体内发现有 3 种(牛抗 J、绵羊抗 R、猪抗 A)天然存在的抗体，有的抗体效价很低。但应用免疫方法，可诱导动物体内产生免疫抗体，所以家畜首次输全血一般没有严重后果。如果第 1 次输血带入同种抗原，受体产生同种抗体，再次输血(如又碰到同样的抗原)则可产生输血反应。所以家畜在输血前，应做供体红细胞和受体血清的凝集反应实验。人类与实验动物血容量、心输出量和血型见表 6-2-18。

表 6-2-18 人类与实验动物血容量、心输出量和血型

动物种类	全血容量(mL/kg)	血容量(mL/kg)		血比容(%)	心输出量	
		血浆容量	血细胞容量		L/min	L/(kg·min)
人	75.0 (70.0～80.0)	43.1 (40.0～46.2)	31.9 (30.0～33.8)	42.5 (40.0～45.0)	4.0 (3～5)	0.07 (0.05～0.08)
猴	54.1 (44.3～66.6)	36.4 (30～48.4)	17.7 (14.3～20.0)	39.6 (35.6～42.8)		

续表

动物种类	全血容量(mL/kg)	血容量(mL/kg)		血比容(%)	心输出量	
		血浆容量	血细胞容量		L/min	L/(kg·min)
犬	94.1 (76.5～107.3)	55.2 (43.7～73)	39 (28～55)	44 (35～54)	2.3	0.12
猫	55.5 (47.3～65.7)	40.7 (43.6～52)	14.8 (12.2～17.7)	38 (30～45)	0.33	0.11
猪	65 (61～68)	41.9 (32.0～49.0)	25.9 (20.2～29)	39.1 (30.3～43.1)	3.1	
兔	55.6 (44～70)	38.8 (27.8～51.4)	16.8 (13.7～25.5)	42.0 (36～48)	0.28	0.11
豚鼠	75.3 (67～92.4)	39.4 (35.1～48.4)	35.9 (31.0～39.8)	42.5 (37～48)		
金地鼠	70.8	44.6	26.4	45.5 (36～55)		
大鼠	64.1 (57.5～69.9)	40.4	23.7	42.0 (36～48)	0.047	0.26
小鼠	77.8	48.8	29.0	44.0 (39～49)		
牛	57.4 (52.4～60.6)	38.8 (36.3～40.6)	32.4 (30～35)	2.3	0.12	
马	109.6 (94.3～136)	61.9 (45.5～79.1)	47.1 (39.6～57.5)	43.3 (37～56)	21.4	0.07
山羊	70.5 (56.8～89.4)	55.9 (42.6～75.1)	14.7 (9.7～19.3)	24.3 (18.5～30.8)	3.1	0.13
绵羊	66.4 (59.7～73.8)	46.7 (43.4～52.9)	19.7 (16.3～23.8)	27.0 (24～30)	3.1	0.13

第三节　比较心血管病理研究中的动物模型

一、心肌缺血动物模型(animal model of myocardial ischemia)

【造模机制】

常采用电刺激法和药物注射法使动物心脏冠状动脉发生痉挛性收缩,可造成人工急性心肌缺血动物模型。

【造模方法】

1. 药物法

(1) 垂体后叶素:选用成年健康家兔,体重 2.0～2.5 kg。仰卧绑缚在兔板上,用针电极插入四肢小腿皮下和左右胸第 5～6 肋间近胸骨处,电极连于心电图机上,记录Ⅱ、左胸前、右胸前各导联心电图作为正常对照。然后由耳缘静脉注入垂体后叶素 2 U/kg 体重,容积为 0.2～0.3 mL/kg 体重,30 s 注射完毕。注射完毕后于 1、2、5、20、25、30 min记录上述导联心电图变化,特别要注意观察心率、ST 段、T 波的变化。

也可选用 200～280 g 体重的大鼠。用乙醚轻度麻醉后,仰卧固定在固定板上,将针状电极插入皮下,用心电示波器连续观察和记录一段正常胸前导联的心电图。心电图机的灵敏度调至 1 mV＝1～2 cm，速度为 50～100 mm/s。自尾静脉或舌下静脉快速注射垂体后叶素 0.5～1.0 U/kg 体重（容积为 1～1.5 mL/kg），注射后 1 min 内，每 5～10 s 记录一次心电图，以后每 1～3 min 记录一次，一直记录到注射后 10 min。观察心率、ST 段、T 波的变化。

（2）异丙基肾上腺素：选用 100～170 g 体重的大鼠。皮下注射 4%异丙基肾上腺素，每日 2 次。也可选用 2 kg 左右的家兔。异丙基肾上腺素加入 500 mL 盐水中，由耳静脉匀速滴入，每千克体重给药 10、20 或 30 mg；或直接注入腹腔，每日 2 次。

（3）麦角新碱：选用健康杂种犬，麻醉后静脉给予麦角新碱 0.2 mg/kg 体重，可形成试验性冠状动脉痉挛。

2. 电刺激法

选用成年雄性家兔，麻醉后用定向仪插入两支涂绝缘漆的不锈钢针，以弱、强刺激（弱刺激为 0.8～1.6 mA，强刺激为 4～8mA）交替刺激右侧下丘脑背内侧核，每次刺激 5 min，间隔 1～3 min。

【模型特点及应用】

（1）药物模型：当动物注射垂体后叶素后，可使心脏冠状动脉发生痉挛性收缩，从而出现心肌供血不足及心肌损伤，以及一系列典型心电图的改变。其变化可分两期：第 1 期：注射后 5～20 s，T 波显著高耸，ST 段抬高，甚至可出现单向曲线；第 2 期：注射后 30 s 至数分钟，T 波降低、平坦、双相或倒置，ST 段无明显改变，有时伴有心律不齐，心率减慢，PR 间期及 QT 间期延长，持续数分钟或 10 min，其中以 T 波改变最为突出。此法的优点是复制方法简便有效，可做冠状动脉痉挛急性发作的简单模型（实验性心绞痛），比较接近人心绞痛时的病理状态。可以用注射不同剂量的垂体后叶素造成不同程度的心肌缺血，即从短时的冠状动脉痉挛直到明显的心肌梗死。剂量注射不大时，可以迅速恢复，因此可反复在同一动物身上进行多次实验。

（2）电刺激模型：可造成持久而稳定的 ST 段压低，其性质与人的心绞痛发作时所产生的缺血性心电图变化相似，比用冠状动脉缩窄环阻断冠脉造成心肌缺血更易掌握，可用于评价药物对实验性心肌缺血改善作用的观察。

二、心肌梗死动物模型（animal model of myocardial infarction）

（一）造模机制

急性心肌梗死是由于冠状动脉粥样硬化伴有粥样斑块出血、血栓形成，或冠状动脉痉挛导致管腔急性闭塞、血流中断，局部心肌缺血、坏死。心肌梗死的范围取决于阻塞动脉的大小和侧支循环的状况。一般来说，左冠状动脉阻塞引起左室侧壁和近心尖的左室前壁、心室间隔前部和前外乳头肌的梗死；左回旋支阻塞引起左室侧壁和近心底部左室后壁的梗死；右冠状动脉阻塞引起左室后底部、心室间隔后部和房室结的梗死。

【造模方法】

1. 结扎法

（1）犬：选用 12～20 kg 体重的犬。戊巴比妥钠 30 mg/kg 体重静脉注射麻醉，气管内插管给氧。从左侧第 4 肋间开胸，于离膈神经前约 1 cm 处将心包切开，边缘固定，以充分暴露心脏左侧壁。

犬的冠状动脉分布与人不同，其左冠状动脉占优势，左回旋支粗大且分布较广，3支冠状动脉分支之间的吻合支丰富，侧支循环发达。

除将犬冠状动脉的左回旋支的钝缘支及左前降支第1分支、第2分支结扎外，还分别结扎与钝缘支相连的小侧支及吻合支，包括前降支第3分支和第4分支在内。为了减少和避免在结扎过程中动物因心律失常而死亡，可采用“两步结扎法”。先在钝缘支的近端套两根4号线，在近端线中先缚一个5号半针头，再进行结扎；10 s内拔去针头使该区血管缩窄至针头粗细的口径；30 min后，以远端线进行第2次结扎；随后分别结扎小侧支、前降支以及各吻合支。

（2）兔：选用2 kg左右体重的家兔。用1%普鲁卡因做局部浸润麻醉后进行无菌手术。沿胸骨中线切开皮肤，长3～4 cm，钝器分离软组织暴露出胸骨及肋软骨部位。沿胸骨左缘剪断第1、2或3、4两根肋骨。用小开胸器轻轻撑开切口，即可见心包及搏动的心脏。用眼科镊夹起心包膜。剪开心包，用眼科圆形变针在冠状动脉前降支近根部穿一根线，随即进行结扎。结扎后用盐水棉球在结扎局部轻压片刻，无活动性出血后，依次缝合，关闭胸腔，以消毒敷料进行包扎。

（3）大鼠：选用体重200 g左右的Wistar或SD大鼠。乙醚麻醉下开胸，剪开心包膜，暴露心脏，用无损伤缝线穿过冠状动脉下方，连同线穿过的心肌一并结扎，根据造成梗死范围的大小，选择结扎的冠状动脉。如要造成梗死面积较大时，则可结扎左或右支冠状动脉的起始部，即左支在肺动脉圆锥左缘进入，从进入处与左心耳根部连线中点处引出，用拉开器拉开妨碍视线的右心耳，在肺动脉圆锥右缘，靠近主动脉的室壁结扎，可造成右心室大块梗死。若需要梗死面积小些，可在左降支的中部或上1/3与中1/3之间结扎。至于大的冠状静脉的结扎，需将心脏沿纵轴转至心的后方，肉眼可见静脉走向，进行结扎。

2. 微珠堵塞法

选用成年健康犬，皮下注射吗啡1～1.5 mg/kg体重，作为麻醉前用药，然后以30 mg/kg体重的戊巴比妥钠静脉麻醉。实验过程中可根据麻醉浓度再静注适量。麻醉后做气管插管并接人工呼吸机，每分钟16～20次，通气量＝13×千克体重＋无效腔容积。实验动物取右侧卧位，切开左侧颈内动脉，插入5～8 F指引导管。导管尖端抵达主动脉根部后，注入少量造影剂以确认导管位置和左冠状动脉开口处。转动指引导管使之进入左冠状动脉主干，注射造影剂可同时显示冠状动脉的前降支(LAD)及左回旋支。此时，将导管的尖端略转向前方便可顺利进入LAD，如造影剂仅使LAD显影，足以证明导管尖端已进入预定部位。自指引导管的管腔插入一条柔软指引钢丝(直径＝0.8 mm)进LAD，然后抽除指引导管，遗留钢丝在原处。在钢丝的远端穿入与LAD直径相仿或略大的微珠，微珠可以是塑料或乳胶制成的，再取另一导管套入钢丝向前推进，沿动脉将微珠顶入LAD。抽除钢丝，微珠便嵌入血管内，可堵住LAD管腔，形成急性前壁心肌缺血，此时V_3导联迅即出现ST段抬高，数小时后出现Q波。动物清醒后撤除人工呼吸机。已形成心肌梗死的动物可供各种实验之用。

3. 汞堵塞法

选用杂种犬，经麻醉后，颈总动脉穿刺插管，在X线透视下将导管尖端沿主动脉壁插入右冠状动脉并深入 2 cm 左右，向导管内注入 120 mg/kg 体重的汞，即可造成急性心肌梗死。

4. 气囊堵塞法

选用成年健康犬。动物体位与麻醉同微珠堵塞法。切开左颈内动脉。气囊导管以 2F 为宜，借助于 5～8F 导管作指引，自左颈内动脉插至主动脉根部，按前述同样方法进入 LAD。待证实指引导管已进入 LAD 后，推送 2F 气囊导管使之抵达第 1 对角支和第 2 对角支之间，离 LAD 和左回旋支分叉处 0.5～1.0 cm。注入适量造影剂，使气囊膨隆阻断血流，观察以下情况：① V_3 导联 ST 段有否抬高；② 注入适量造影剂于指引导管内，造影剂是否被阻于气囊的近端，以证明血流有否阻断。随后抽出指引导管使气囊管保留在 LAD 内，气囊导管的另一端经皮下隧道固定在颈部，再注入造影剂充盈气囊形成急性心肌缺血、梗死。如做梗阻-再灌注实验则必须先使动脉全身肝素化才能进行以上操作，以避免导管内血液凝固，影响结果。

5. 血栓形成法

选用 20 kg 左右杂种犬。麻醉后开胸分离冠状动脉与前降支上 1/3 约 2 cm 长，用直径 0.3 mm 的细铜丝插入冠状动脉腔内，进入深度 1.5 cm 左右，反复推拉数十次以上，损伤冠脉内皮，取出铜丝，经此孔再插入一直径 0.2 mm 的细铜丝于冠脉腔内，插入深度 1.5 cm，用一细小止血钳夹住铜丝进入孔，并使冠脉腔狭窄约 1/3，此法可使冠脉血流量减少约 35%。

【模型特点及应用】

1. 结扎模型

采用此法可成功地复制左心室前壁心肌梗死，观察到急性心肌梗死时一系列典型变化，如结扎后心肌梗死区（较大，平均为 4 cm×5 cm）局部呈现紫色，膨突，收缩力降低或消失；心电图上 ST 段抬高，Q 波出现和加深，冠状动脉型 T 波倒置；以及血清谷草转氨酶、磷酸肌酸激酶升高等变化。它能确切闭塞冠脉造成局部心肌缺血，这种缺血的部位和面积及其表现，都很类似人类的发病情况。这种模型主要用于研究急性心肌梗死的发展和转归，常用于研究心泵衰竭的发生；心源性休克的发生发展；心律失常的出现；缩小梗死范围的药物治疗；外科手术治疗心肌梗死；局部心肌的代谢，血流、心电变化和心肌力学；心肌微循环和血液流变学的缺血改变；等等。

2. 微珠、汞、气囊堵塞模型

该类模型可以克服以往开胸结扎法的创伤大、死亡率高（30%～60%）等缺点。采用该类闭胸式心肌缺血、梗死模型，方法简便，手术创伤小，可选择任何一支的冠状动脉，定位也十分准确，动物又处于较少的生理扰乱下，死亡率少于 10%，实验动物恢复迅速，几乎在阻断冠状动脉的同时，便可根据实验要求立即进行各种实验。气囊堵塞法还可满足缺血-再灌注研究的要求。

3. 血栓形成模型

此方法用铜丝破坏冠脉内膜，冠脉腔内放置铜丝使冠脉局部狭窄以形成湍流，血小板激活，并大量合成和释放 TXA_2，使冠脉血栓迅速形成，最后发生急性心肌梗死。

三、心力衰竭动物模型(animal model of heart failure)

【造模机制】

心力衰竭是由于心肌病变或心脏负荷过重,使心肌收缩功能减退,心脏射血量少,以致不能满足机体代谢的需要,且静脉回流受阻,脏器淤血,因而产生一系列的症状和体征。该模型建立的主要途径有加重压力负荷(后负荷)、加重容量负荷(前负荷)、损害心肌和离体途径,此外部分动物可诱发出自发性心力衰竭。

【造模方法】

1. 后负荷过重法

可用于兔、犬、豚鼠、大鼠和羊的心力衰竭模型制作。主动脉、肺动脉缩窄或造成半月瓣狭窄均可加重心脏后负荷;后负荷加重的程度、心肌肥厚程度与心脏功能抑制程度相关。控制血管缩窄程度,在心肌肥厚模型形成后造成心力衰竭。

2. 前负荷过重法

(1) 动-静脉短路法:通常在肾动脉以下的腹主动脉与下腔静脉间、双侧股动脉与股静脉间造瘘或损伤房间隔形成动-静脉短路,使回心血量大量增加,产生容量超负荷。以犬为例,其腹主动脉下腔静脉瘘口通常为 1 cm^2,经 4～8 周,左室可出现离心性肥大,左室舒张末期容积和压力均显著增加,部分犬表现为体液潴留、胸腔积液、发绀等症状。大鼠动-静脉短路使左至右分流的血流量达心输出量的 50%时,可引起慢性容量负荷过重。

(2) 心瓣膜关闭法:常用切断乳头肌、腱索或房室短路造成二尖瓣关闭不全或倒流,主动脉瓣穿孔模拟主动脉瓣倒流,由此产生急性或慢性容量超负荷而导致心衰。单独的瓣膜关闭不全不易诱发心衰,联合其他模型(如动-静脉短路)增加超负荷程度,可促使心衰发生。

3. 心肌梗死法

常用梗死方法是冠脉内栓塞法。注入冠脉内的微栓子有塑料微球、汞、石松孢子、玻璃珠。具体方法同心肌梗死动物模型。

4. 药物法

蒽类抗癌药物的心脏毒性随剂量在人体内的积累而增加,体内达到一定量时可出现心力衰竭。用阿霉素可建立兔心力衰竭模型,机制可能与氧自由基的作用及心肌细胞膜对钙离子通透性的增高有关。在实验犬的心房或心室植入起搏器,以 240～280 次/分频率起搏,心输出量明显下降并激活某些代偿机制,可建立心力衰竭模型。该技术创伤小,可通过起搏频率及时间的变化控制心衰的发展并可用于评价药物,停止起搏后 1 个月左右血流动力学指标基本恢复。

5. 离体法

离体 Langendorff 和工作心脏能建立心力衰竭模型。乏氧灌流使心脏缺氧,结扎冠脉使心肌缺血,或用异丙肾上腺素等药物损害心肌等都可使心脏心室功能最后处于衰竭状态。

6. 自发性心力衰竭

动物心肌病变和心力衰竭自然发生是此类模型的突出优点,较其他各类模型更接近临床情况。脑卒中的自发性高血压大鼠(SHRSP)常反复发生局灶性心肌坏死,心力衰竭的发生率较高;叙利亚地鼠BIO品系动物于出生后30～50 d即可开始出现弥漫性局灶性心肌坏死,并有实质和间质的广泛纤维化,同时伴心肌肥大,病变呈进行性加重,至200日龄时往往出现显著的充血性心力衰竭表现。

【模型特点及应用】

1. 后负荷过重模型

这类模型对于研究心肌肥厚演变为心力衰竭时的心肌力学特性、病理改变或亚细胞水平结构变化很有价值。但用于评价药物价值受到限制,因为血流动力学改变首先取决于机械因素。

2. 前负荷过重模型

(1) 动-静短路模型:导致心肌肥大较易发展为类似临床所见的高心输量心衰,其实验方法也较为简便。因此,该模型适合研究肥大心肌的功能特征,尤其适合研究心衰时体内电解质和激素的改变,但用于抗心衰药物疗效的评价作用有限。

(2) 心瓣膜关闭模型:建立该类模型需要较好的实验条件,其方法也较为复杂,常难以控制左房或左室倒流的血流量,故很少用于评价药物。

3. 心肌梗死模型

该类模型不适用于研究心衰时心肌结构与力学特性的某些病理变化,而适用于评价正性肌力药物、血管扩张剂、血管紧张素转换酶抑制剂的作用。心肌梗死后,心脏代偿成功则不易发生心衰,失代偿时常出现心源性休克而致动物死亡,故模型复制性不理想。

4. 药物模型

该模型血流动力学改变与心肌炎、某些心肌病等所致的心衰类似,模型对评价药物及蒽类化合物毒性的防治有重要的意义。

5. 离体模型

可用于评价强心药物及某些影响心肌代谢的药物。

6. 自发性模型

该模型适合于研究衰竭心肌的生化代谢、电和收缩性能以及超微结构的改变,尤其适合心肌病发生机制和预防性治疗的研究。

四、心律失常动物模型(animal model of arrhythmic)

(一) 心动过速型心律失常模型

1. 乌头碱诱发心律失常模型

【造模机制】

乌头碱可使心肌细胞钠通道开放,加速钠内流,促使细胞膜去极化,提高心房传导组织和房室束-浦肯野纤维等快反应细胞的自律性,形成一源性或多源性异位节律,缩短不应期,而导致心律失常。

【造模方法】

选用200 g左右的大鼠,乌拉坦1.2 g/kg体重腹腔麻醉,仰位固定,做颈外静脉或股静脉插管;接心电示波器及心电图机分别观察和记录Ⅱ导联心电图,用微量泵恒速静脉注射乌头碱溶液,每分钟1 μg/0.1 mL,绝大部分动物于4～5 min内即可出现心律失常。

【模型特点及应用】

注射乌头碱 4～5 min 后动物开始出现窦性心律不齐、房性早搏，即从一源性或多源性室性早搏、室性或结性心动过速，进一步发展成心室颤动而死亡。如出现室性心动过速时，立即停用乌头碱，则大部分动物可从室性心动过速与多源性阵发性室性心动过速逐渐转变为室性早搏或二联律、三联律，并与窦性心律交替，或形成偶发房性或室性早搏，一般 2～3 h 可完全恢复窦性心律。乌头碱诱发的心律失常持续时间较长，可用于待试中药的实验治疗或预防给药，并与对照组进行比较。

2. 强心苷诱发心律失常模型

【造模机制】

强心苷（如哇巴因、地高辛、西地兰等）能抑制心肌细胞膜 $Na^{+}-K^{+}$ ATP 酶，使 Na^{+} 外流和 K^{+} 内流减少，心肌细胞因缺 K^{+} 而使细胞的静息电位或最大舒张电位减小，从而提高心肌自律性，减慢传导速度而引起心律失常。近年来有资料表明，强心苷引起的心肌自律性增高可能部分地与 Ca^{2+} 内流增加有关，因而抑制 Ca^{2+} 内流的药物能拮抗强心苷的增加舒张期自动除极化程度和自律性的作用。

【造模方法】

(1) 豚鼠：选用 350～400 g 的健康豚鼠，乌拉坦腹腔注射麻醉（1.2 g/kg 体重）后，仰位固定，分离颈外静脉，插管供给药用，然后将此套管与含有 0.03％哇巴因恒速注射器之输出端相连。描记实验前正常心电图肢体标准Ⅱ导联。以 3 μg/min 的速度滴注哇巴因。用心电示波器连续监视，并分别记录出现室性早搏、室性心动过速、心室颤动及心跳停止的时间及哇巴因的剂量。

(2) 犬：戊巴比妥钠静脉麻醉（30 mg/kg 体重）后，仰位固定，连接心电图机和心电示波器，切开一侧股静脉并插入静脉导管，供注射药物之用。手术完毕后，记录正常心电图Ⅱ导联。首先由股静脉注入 40 μg/kg 体重哇巴因，并观察示波器上心律有何变化，如不出现心律失常，30 min 后再补充注入 20 μg/kg 体重哇巴因，以后每隔 15 min 补充注入 10 μg/kg 体重，直至产生持续性心律失常为止（总剂量约在 70～80 μg/kg 体重）。

【模型特点及应用】

哇巴因引起的心律失常可表现几种类型：其中室性早搏最常见，发生率约 85％；房室传导阻滞约 80％；心房颤动约 10％；阵发性室性心动过速约 4％；室性心动过速约 4％；心室颤动 2％～4％。心律失常出现的快慢和形式与用药剂量和注射速度有关，用量大、注射快时，心律失常出现快，易发生室性心动过速和心室颤动。用量过大易致心室颤动而死亡。该模型适用于抗心律失常药物的预防和治疗的实验研究。

3. 氯仿-肾上腺素诱发心律失常模型

【造模机制】

大剂量的肾上腺素可提高心肌的自律性而导致心律失常（室性早搏、室性心动过速，甚至心室颤动），而氯仿与肾上腺素联合使用可增加对心脏的毒性。

【造模方法】

选用 2.5 kg 左右的家兔。仰卧位固定于兔板上，以兔头夹固定其头部，将针电极刺入四肢皮下并与心电图机、心电示波器相连。用麻醉口罩罩住嘴和鼻部，将氯仿慢慢滴在麻醉口罩上进行吸入麻醉，注意观察其角膜反射。当角膜反射刚消失时(此时约进入麻醉的第3期第1级)，记录正常心电图Ⅱ导联后，立即由耳缘静脉快速注入0.01%肾上腺素溶液0.5 mL/kg体重，注射完毕后立即记录心电图，以后每隔0.5 min记录1次，直至心律恢复正常为止。

【模型特点及应用】

当静脉快速注入肾上腺素后可迅速出现一源性或多源性室性早搏、阵发性心动过速，甚至出现心室颤动。通常持续4～7 min，少数可超过10 min。造模时应注意肾上腺素的注射速度要快，由于其心律失常持续时间较短，需即时观察，并精确计算其心律失常发生时间及持续时间。氯仿麻醉浓度对实验结果影响很大，应力求浓度一致。

该模型亦可用大鼠快速静注肾上腺素40 μg/kg，麻醉猫和犬快速静注肾上腺素100 μg/kg，均能引起室性心律失常，持续3～5 min。

（二）缓慢型心律失常模型

1. 窦房结病模型

【造模机制】

40%甲醛溶液与组织蛋白质中的氨基结合，使蛋白变性，影响其功能，并对组织有很强的刺激性。因此，用40%甲醛溶液浸润的棉花放在上腔静脉根部与右心房交界处，对窦房结部位有抑制作用，表现为心率减慢、P波消失、出现交界性心律、ST段偏移等心电图改变，类似窦房结病的表现。

【造模方法】

选用雄性家兔，将钢丝弯成直径约0.8 cm的半环，缠绕少许棉花。以40%甲醛浸润后，把此环放在上腔静脉根部与右心房交界处1 min，动物即出现心电图改变。心电图表现为：心率减慢50%左右，6～8 min减至最低水平；P波多在1～2 min内消失，形成交界性心律；在3～10 min内发生ST段位移，呈下降或先升后降。在心电图改变的同时，伴有动脉压下降，在第8 min左右降至最低水平。

【模型特点及应用】

该模型造成的病窦成功率高，持续时间长(可达5 h)，重复性好，模型较稳定，发病机制及心电图表现与临床相似。

2. 麻醉剂诱发的心动过缓型模型

【造模机制】

尿酯能阻断中枢神经突触传递，对心脏也有抑制作用，麻醉后可出现一过性心率减慢，多在10 min内恢复正常。

【造模方法】

选用25～40 g成年小鼠。用10%尿酯2 mg/g体重麻醉。麻醉后可出现一过性心率减慢，多在10 min内恢复正常(每分钟心率450～750次)。如所用实验小鼠在1周前曾用于乌头碱诱发心律失常实验，则呈现心动过缓(每分钟450次以下)的时间较长并有窦性心律不齐，此种小鼠在麻醉10 min后仍呈持续心动过缓的情况下，可供实验用。

3. 维拉帕米诱发的心动过缓模型

【造模机制】

维拉帕米(异搏定,戊脉安)能阻滞心肌细胞慢通道,抑制 Ca^{2+} 向细胞内流,对心脏能抑制窦房结的自律性,减慢心率;亦能延长房室结的有效不应期,减慢房室传导。静脉注射过量或过快还可引起心动过缓、房室传导阻滞,甚至心脏停搏。

【造模方法】

选用 25～40 g 小鼠,以 10％尿酯 2 mg/g 体重麻醉后,尾静脉注射异搏定 8 μg/g 体重(浓度为 2.5 mg/mL),经 10 s 左右的潜伏期后出现心动过缓和房室传导阻滞。主要为心动过缓,Ⅱ度或Ⅲ度房室传导阻滞可持续 10 min 左右。

4. 烟碱诱发的心动过缓模型

【造模机制】

烟碱一般有先兴奋后抑制的双相作用。对循环系统的作用,可先表现为心率加快、血压上升等,这是由于烟碱兴奋了血管运动中枢、交感神经节、肾上腺髓质及颈动脉化学感受器的综合结果,接着对上述组织抑制,表现为心率减慢、血压下降、窦性停搏等。因此,可以此来诱发心动过缓动物模型。

【造模方法】

小鼠用 10％尿酯 2 mg/g 体重麻醉,尾静脉注射 2 μg/g 体重的纯烟碱稀释液(浓度为 2 mg/mL),注射速度 10 μL/s。注射过程即引起小鼠呼吸加快、心率加快。2～3 s后即出现呼吸暂停、心动过缓、窦性停搏。一般如在 30 s 内不恢复,可进一步发展为室颤、室性自搏节律而死亡。

【模型特点及应用】

小鼠在不麻醉的情况下,给予从烟草丝提取的烟碱粗制剂,每毫升含量相当于 25 mg烟丝,按 2 μL/g 体重注射烟碱后,经 2～3 min 潜伏期,即可出现Ⅱ度房室传导阻滞,表现为心动过缓和室性波脱落(“脱拍”)。在 5 min 内记录最大脱拍数。给药后 5 min再记录每分钟最大脱拍数。经判断疗效,该模型适用于防治心动过缓药物的研究。

(三) 传导阻滞型心律失常模型

【造模机制】

在实验动物的心脏房室结部位注射一定量的无水乙醇可损害心肌传导组织,从而制成房室传导阻滞模型。

【造模方法】

选用 15 kg 左右的犬。行气管内乙醚麻醉后,左侧开胸,经第 4 肋间进入胸膜腔,在膈神经前方切开心包。于左心尖无血管区缝埋一根单极导线,另一端埋于胸部皮下备用。用普通注射器抽吸无水乙醇 1～2 mL,经右心房下部,在右心房、下腔静脉、前房室沟三者交汇点的前上方约 0.5 cm 处垂直刺入,先使针尖停留于右心房,连续描记心电图,然后将针尖刺入房间隔下部房室结部位,注入无水乙醇 1～2 mL。如果定位正确,往往立即可见心跳变慢,心电图上出现完全性房室传导阻滞图形。若一次不成功,可以重复。其次,将临时电极导线的负极连于预先埋入左心尖的单极导线,正极连于普通缝针刺入皮下,接上起搏器做临时起搏,最后植入埋藏式心脏起搏器,如又恢复窦性心律或者可疑时,需重复注射无水乙醇。

【模型特点及应用】

此法优点较多,不必降温,不必阻断循环,也不需要切开心脏,因此损伤较轻,出血甚少,实验动物易于耐受。此法易掌握,不受时间限制,且可重复进行,成功率较高。造模时应注意无水乙醇对心肌传导组织的损害是不可逆的。如果侵入血流,量少或注射速度较慢尚无妨,量多或注射速度过快,则可能引起心肌坏死、血管血栓的形成。因此,注射无水乙醇以少量多次为原则,注射速度不宜过快。操作时所用注射针头稍钝一些为好,这样,当针尖触及房间隔时感觉比较明显,有利于定位及掌握深浅度。必须熟悉动物心脏房室结解剖特点。犬的房室结位于房间隔的右下部心内膜下、冠状静脉窦开口的同侧和三尖瓣附着线的上方各约 0.5 cm 处。三尖瓣附着线位于前房室沟上,冠状静脉窦开口就在下腔静脉开口稍内侧,相距仅 2～3 mm。

五、病毒性心肌炎动物模型(animal model of viral myocarditis)

【造模机制】

病毒对心肌细胞的直接破坏引起心肌细胞膜流动性及通透性增加,甚至完整性遭到损害,引起一系列生化及离子流的改变。心肌细胞钾离子流向膜外,钾平衡电位改变,使静息电位(RP)负值降低,Na^+ - Ca^{2+} 通道启闭异常,Na^+ 通道部分失活,Ca^{2+} 通道部分激活,导致最大去极化速率(V_{max})减慢,动作电位峰值(APA)、超射(OS)值降低,加之 Na^+-Ca^{2+} 交换机制可能紊乱,复极达峰值电位时间(APD)发生改变,出现各种类型的异常波形动作电位。上述变化可能是病毒性心肌炎及心律失常发生的细胞电生理基础。病毒性心肌炎患者,抗 ADP/ATP 载体自射抗体与 Ca^{2+} 通道有交叉免疫反应,影响 Ca^{2+} 通道门控机制,产生 Ca^{2+} 内流,细胞内 Ca^{2+} 过载,APD 延长,亦可引起心肌细胞损害,出现心律失常。

【造模方法】

选用纯种雄性 BALB/c 小鼠,4 周龄。病毒采用 CB_3V(Nancy 株),在 Hep-2 细胞中传代,冻融 3 次,离心上清分装,低温(－20℃)保存。在 Wish 细胞上用 Reed 法滴定 50%组织感染率($TCID_{50}$)为 $10^{11.5}$。

方法一:于实验当天每鼠腹腔注射 0.1 mL×$10^{9.5}$ $TCID_{50}$ CB_3V 悬液,感染病毒后 0.5 h 开始,小鼠每天腹腔注射生理盐水 0.4 mL,共 7 d。

方法二:将实验小鼠腹腔注射 0.75 mL×$10^{8.5}$ $TCID_{50}$ CB_3V 悬液,3 d 后开始每天腹腔注射生理盐水 0.4 mL,共 7 d。

方法三:将实验小鼠腹腔注射 0.75 mL×$10^{8.5}$ $TCID_{50}$ CB_3V,于感染病毒前 1 d,腹腔内注射生理盐水 0.4 mL,观察至感染病毒第 7 d。

【模型特点及应用】

病毒感染第 7 d,方法一的小鼠存活率约为 31.5%,方法二的小鼠存活率约为 37.0%,方法三的小鼠存活率约为 54.0%。感染病毒的小鼠心肌细胞动作电位可出现大量异常波形,包括 RP 负值减小、快反应电位受抑制、APD 延长、早期后除极(EAD)及晚期后除极(DAD)。感染 CB_3V 的小鼠,心肌细胞各项电活动参数出现多种异常变化，主要有 RP 负值变小、APA 幅值降低、V_{max}减慢、APD_{50}及 APD_{90}延长。

六、高血压病动物模型(animal model of hypertension)

(一) 肾动脉狭窄性高血压模型

【造模机制】

肾动脉狭窄可造成肾脏缺血，引起肾小球旁器分泌肾素增多。肾素能使血浆中 α_2-球蛋白(血管紧张素原)变为血管紧张素Ⅰ，后者又经转换酶(主要存在于肺脏)的作用变为能使血管收缩的血管紧张素Ⅱ，加重了全身小动脉的痉挛，血压也就更高而持续，形成较持久、恒定的高血压。肾性高血压晚期，高血压维持因素也包括神经血管机制。

【造模方法】

将犬或家兔麻醉后，腹部向下固定。腹下垫一长枕使背部顶起，从脊柱旁 1.5～2.0 cm处开始，右侧顺肋内缘，左侧在离肋骨缘约两指宽的地方做 4 cm 长的皮肤切口。切开皮下组织和腰椎间盘膜，并在内、外斜肌筋膜连接处旁边切开内斜肌筋膜，推开背长肌，暴露盖在肾周围空隙上的腹横肌肌腱。沿肌纤维方向切开肌肉，并将肌肉分离开。用手指通过手术区摸到肾脏，并在肾切迹与主动脉之间找到强力搏动着的肾动脉。按所需要的长度，小心地钝性分离出一段肾动脉。选用一定口径的银夹或银环(6～8 kg 犬所用的环直径为 0.8～1.2 mm，家兔用的环直径为 0.5～0.8 mm)套在肾动脉上，或者用缝线将相应直径(为血管口径的 1/4～1/3)的铁圈绑扎在血管上面。将缝线结扎紧后取下银环或铁圈。如果是单侧肾动脉狭窄，则应将另一侧肾切除，后一手术在间隔 10～12 d 后进行。

【模型特点及应用】

肾切除手术后数天，血压开始升高，1～3 个月后血压上升达高峰，并可长期维持下去。例如，家兔手术前血压平均值为 13.3 kPa，手术后 2 周上升到 16.4 kPa，1 个月后升到 18.0 kPa，2 个月后可上升达 18.7～25.9 kPa。该模型具有血压升高明显、持久而恒定，较易反映出药物的降压作用；形成高血压所需时间较短，工作量较小；如果注意护理，高血压犬可存活几年，因此，在同一犬身上可以反复观察各种药物的降压作用。

(二) 肾外包扎性高血压模型

【造模机制】

肾外异物包扎，可致肾周围炎，在肾外形成一层纤维素性鞘膜，压迫肾实质造成肾组织缺血，使肾素形成增加，血压上升。

【造模方法】

选用 120～150 g 的大鼠。麻醉后，俯卧位固定，其下方垫一高 2～3 cm 的沙袋，剪去手术视野的毛，用 0.05%洗必泰乙醇消毒皮肤。从第 10 胸椎到第 3 腰椎处沿脊椎中线切开皮肤，在左侧肋下 1.5～2 cm 和距脊椎 1 cm 处用小血管钳分开肌肉，用两指从下腹部将肾脏自创口中挤出，小心地将肾脏与周围组织剥离，将双层乳胶膜剪成“X”形，绕肾门将肾脏交叉包扎，然后在对侧切开，取出右肾，分离后切除，分别缝合肌肉和皮肤创口。皮下注射(1～2)万单位青霉素 G。手术所用器械无须高压消毒，只要在 75%乙醇中浸泡 30 min，使用时用煮沸过的生理盐水冲洗一下，用毕后仍浸入乙醇中。

手术后可给大鼠加饮1%氯化钠溶液作为促模形成因素。

【模型特点及应用】

术后约经20 d,70%以上的大鼠可出现高血压。收缩压一般可升高50%以上。该模型采用大鼠或家兔较为方便、可靠。大鼠正常收缩压波动范围不超过±2.0 kPa,故手术后如测得大鼠收缩压在30 d内均比原血压值高4.0 kPa以上,即可认为引起了稳定性高血压。

（三）听源性高血压模型

【造模机制】

大灰鼠长时期处于噪音或钥匙叮当响声刺激而造成听源性紧张的情况下,可诱发神经源性高血压。

【造模方法】

选用大灰鼠在隔音室中进行。噪音刺激可由电铃或扬声器发出。发音器是一个音频振荡器,连结一个20 W高音扬声器,并用一多阶振荡器做成一自动时间继电器,使扬声器定时发出噪音刺激。噪音刺激应经常在700～1 000周/秒中变换,噪音刺激频率为每30 s 1次,亦可每隔1 min噪音刺激30 s。可随时变换无须恒定,但噪音干扰须日夜不停,连续数月。

【模型特点及应用】

大灰鼠正常平均收缩压为(15±1.1) kPa,噪音刺激3个月后升高至17.3～18.7 kPa,有40%动物收缩压可高达21.3 kPa。采用大白鼠与家鼠杂交所生的大灰鼠比纯种大白鼠较易引起听源性高血压。大灰鼠以选用120日龄的为宜。实验开始后的第1～2周,应特别注意动物的营养、给水和笼内清洁,以防动物死亡。血压测量可采用尾容积法。

（四）神经内分泌型高血压模型

【造模机制】

电刺激和铃声条件刺激结合,可造成动物高度紧张状态,血压上升;附加垂体后叶素肌肉注射,可促进动物高血压的发展与巩固。

【造模方法】

可选用犬、家兔或大鼠,在无噪音条件下进行。非条件刺激为电刺激,条件刺激为电铃刺激。进行电刺激时,大鼠可置放于特别笼中,笼底以铜丝织成栅状,分正负两电极,笼有许多格,每格内可放大鼠1只;犬和家兔的刺激电极可于实验时固定在动物颈部。利用6 V感应电极板引出的电线进行刺激,刺激强度依动物反应而异,通常以引起动物颤抖、逃跑、跳跃、低声叫为宜。犬和家兔电刺激间隔为5～10 min,大鼠为20～30 min,每次刺激30～60 s,每天下午刺激2～3 h,每周进行6次。此外,每30 min给予条件刺激1次,作用时间为40～60 s,造成动物紧张状态。垂体后叶素肌肉注射剂量为:犬和家兔0.1 U/kg体重,大鼠0.3～0.5 U/160～240 g体重;每天注射1次,每周6次,配合电刺激进行。

【模型特点及应用】

家兔在实验开始后第11 d血压升高3.07 kPa,大鼠经33 d、犬经35 d血压即超过正常平均 4.0 kPa。在实验观察的 2～3 个月，动物血压始终保持稳定升高状态，死亡率很低。该造模方法高血压发生率几乎为 100%。

七、高血脂和动脉粥样硬化动物模型(animal model of hyperlipemia and atheromatosis)

（一）高脂饲料诱发高血脂及动脉粥样硬化症模型

【造模机制】

在动物饲料中加入过量的胆固醇和脂肪，饲养一定时间后，其主动脉及冠状动脉逐渐形成粥样硬化斑块，并出现高脂血症。高胆固醇和高脂饮食，加入少量胆酸盐，可增加胆固醇的吸收，如再加入甲状腺抑制剂甲硫氧嘧啶或丙硫氧嘧啶可进一步加速病变的形成。

【造模方法】

(1) 小型猪：选用 Gottigen 系小型猪较为理想，用 1%～2%高脂食物饲喂 6 个月即可形成动脉粥样硬化病变。

(2)猴：选用 3.5～10.5 kg，3～6 岁的恒河猴饲喂高脂饲料(50%麦粉、8%玉米粉、8%麦麸、1%胆固醇、8%蛋黄、8%猪油、17%白糖及适量的小苏打和食盐)。1 个月后可造成猴的实验性高脂血症。血清胆固醇较正常时升高 3.1～3.2 倍。

(3) 兔：选用 2 kg 左右体重，每天喂服胆固醇 0.3 g，4 个月后可形成明显的主动脉粥样硬化斑块；若每天剂量增至 0.5 g，3 个月后可出现斑块；若增至每天 1.0 g，斑块形成期可缩短为 2 个月。在饲料中加入 15%蛋黄粉、0.5%胆固醇和 5%猪油，经 3 周后，将饲料中的胆固醇减去再喂 3 周，可使主动脉斑块发生率达 100%，血清胆固醇可升高至 52 mmol/L。

(4) 大鼠：饲喂配方一：饲料(1%～4%胆固醇，10%猪油，0.2%甲硫氧嘧啶，89%～86%基础饲料)，喂服 7～10 d。可形成高胆固醇血症。饲喂配方二：饲料(10%蛋黄粉、5%猪油、0.5%胆盐、85%基础饲料)，喂服 7 d 可形成高胆固醇血症。

(5) 小鼠：雄性小鼠饲以含 1%胆固醇及 10%猪油的高脂饲料，7 d 后血清胆固醇即升为 8.9±0.4 mmol/L；若在饲料中再加入 0.3%的胆酸，连饲 7 d，血清胆固醇可高达 13.8±0.9 mmol/L。

(6) 鸡：4～8 周的莱克亨鸡，在饲料中加入 1%～2%胆固醇或 15%的蛋黄粉，再加 5%～10%的猪油，经过 6～10 周，血胆固醇即升至 26～104 mmol/L，胸主动脉斑块发生率几乎达 100%。

(7) 鸽：每天喂饲胆固醇 3 g/kg，加甲硫氧嘧啶 0.1 g，可以产生胸主动脉斑块。

【模型特点及应用】

(1) 小型猪模型：形成动脉粥样硬化的病变特点及分布都与人类近似。

(2) 猴模型：猴的胆固醇代谢、血浆脂蛋白组成及高脂血症与人相似，是较理想的模型。

(3) 兔模型：兔是高脂血症及动脉粥样硬化最常用的造模动物，对喂饲胆固醇非常敏感，在短期内便能发生明显的病变，在饲料中加入高脂及高胆固醇后，可使主动脉斑块发生率达 100%。因为兔对外源性胆固醇的吸收率可高达 75%～90%，对高血脂的清除能力低(静脉注射胆固醇后高脂血症可持续 3～4 d)，所以只要给予含胆固醇较高的饲料，经 2～3 个月即可形成明显的动脉粥样硬化。但兔做模型不够理想，主要表现为血源性泡沫细胞增多，且病变分布与人的病变也有差异。

（4）大鼠模型：选用大鼠建立高血脂及动脉粥样硬化模型，有饲养方便、抵抗力强、食性与人相近的优点。其形成的病理改变与人早期者相似，不易形成似人体的后期病变，较易形成血栓。

（5）小鼠模型：具有容易饲养和节省药品等优点，但是取血不便，难做动态观察，所以较少采用。

（6）鸡模型：鸡为杂食动物，食物品种接近人，仅在普通饲料中加入胆固醇，就可形成动脉粥样硬化斑块。病变发生较快，在斑块中有时伴有钙化和形成溃疡。

（7）鸽模型：鸽与鸡相似，饲料简单，在饲料中加入胆固醇即易产生主动脉粥样硬化斑块，并可发生心肌梗死。由于鸽的品种不同，动粥样硬化斑块的性质可有很大差异，可能是个体之间脂肪酶的活性不同所致。

（二）非喂养法诱发高血脂及动脉粥样硬化症模型

（1）免疫诱发模型：将大鼠主动脉匀浆给兔注射，可引起血胆固醇、β-脂蛋白及甘油三酯升高。每次给兔注射马血清 10 mL/kg，共 4 次，每次间隔 17 d，动脉内膜损伤率约为 88%，冠状动脉亦有粥样硬化病变，若同时给予高胆固醇饲料，病变更加明显。

（2）儿茶酚胺诱发模型：给兔静脉滴注去甲肾上腺素 1 mg/24 h，时间为30 min。一种方法是先滴 15 min，休息 5 min 后再滴 15 min；另一种方法是每次滴 5 min 和休息 5 min，反复 6 次。以上两种方法持续两周，均可引起主动脉病变，呈现血管壁中层弱性纤维拉长、劈裂或断裂，病灶中出现坏死及钙化。

（3）半胱氨酸诱发模型：给兔皮下注射同型半胱氨酸硫代内酯，每天 20～25 mg/kg（以 5%葡萄糖溶液配成 1 mg/mL 的浓度），连续 20～25 d，成年兔及幼兔均可出现动脉粥样硬化的典型病变。表现为冠状动脉管腔变窄、动脉壁内膜肌细胞增生、纤维状异物形成。如在饲料中加入 20%的胆固醇，再同时注射同型半胱氨酸硫代内酯，则出现显著的动脉粥样硬化病变。

（4）表面活化剂诱发模型：给大鼠腹腔注射 Troton WR1339 300 mg/kg 体重，9 h 后可使血清胆固醇升高 3～4 倍；20 h 后雄性大鼠血清胆固醇仍为正常的 3～4 倍，而雌性大鼠却为 6 倍左右。用药后 24 h 左右升脂作用达最高点，48 h 左右恢复正常。其中以甘油三酯升高最明显，其次是磷脂、游离胆固醇，对胆固醇酯没有影响。

（周亚峰）

第七章 人类肿瘤性疾病的比较医学

第一节 比较肿瘤生物学

动物自发性肿瘤(spontaneous tumor in animal)是指实验动物未经任何有意识的人工处置,在自然情况下所发生的肿瘤。动物自发瘤多发生于近交系动物,随实验动物种属、品系的不同,肿瘤发生类型和发病率有很大差异。其中,小鼠的各种自发性肿瘤在肿瘤发生、发展的研究中具有重要意义。目前,可用于肿瘤研究的小鼠品系或亚系就有200多个。在近交系小鼠中,各种肿瘤的发生率因品系不同存在很大差异。

自发性肿瘤模型在肿瘤实验研究中有一定优势,首先,与实验方法诱发的肿瘤相比,自发性肿瘤通常与人类所患的肿瘤更为相似,有利于将动物实验结果推用到人;其次,该类动物模型的肿瘤发生条件比较接近自然,有可能通过细致观察和统计分析发现原来没有发现的环境的或其他的致瘤因素,可以观察遗传因素在肿瘤发生中的作用。但应用自发性肿瘤模型也存在一些缺点,如肿瘤的发生情况可能参差不齐、不可能在短时间内获得大量肿瘤学材料、观察时间可能较长、实验耗费较大等。不同类型实验动物的肿瘤学特点介绍如下。

一、近交系实验动物

应用这一类型实验动物的肿瘤研究者,主要着眼于实验动物肿瘤方面的遗传性状。不同近交品系动物有不同的遗传性状,其自发瘤发生率明显不同,对同一致癌物质的敏感性也往往不同。因此,为了不同的肿瘤研究需要,可以选用在肿瘤学上具有不同遗传性状特点的近交系动物进行研究。

近交系动物的自发瘤发生率高低不等,有一些高癌系小鼠,只要活到一定的年龄,无需任何外加的处理,几乎可以100%地自然发生白血病、肺癌或乳腺癌等恶性肿瘤,从而证明了癌症是可以遗传的。同样,也可以通过遗传学的方法培育出对致癌因子敏感性高或低的动物品系来,说明诱发性肿瘤的发生在相当程度上取决于动物的遗传组成。这些高癌品系或低癌品系的动物是实验肿瘤学研究的有用工具。例如,C3H近交系小鼠是一种乳腺癌高发的品系,其体内有一种乳腺癌病毒即乳汁因子,可以通过授乳而传给子代,C3H雌鼠在乳汁因子和激素(多次妊娠)的作用下极易发生乳腺肿瘤;而C57黑色小鼠是极少患乳腺肿瘤的低癌系小鼠,乳汁因子在其体内甚至不能生存繁殖,因此，即使乳汁因子感染也不能致癌。如果用“C57 黑雄×C3H 雌鼠”杂交的方法，把C57 的黑色基因引入 C3H 雌鼠杂交后代中，也能使后者体内原有的乳汁因子趋于消灭。用病毒、射线或激素都很容易使 C3H 小鼠发生乳腺肿瘤。近年来也发现 Snell 近交系小鼠易患肺腺癌，而 C57 黑色小鼠易患肺心血管疾病。如使这些小鼠长期吸入纸烟的烟，则前者肺腺癌发生率高且出现得早，而后者仅小肺血管病变较对照组增多，但未能诱发出肺癌。这说明相同的外因作用于不同基因型的小鼠时，产生了完全不同的结果。

由于不同近交品系动物的遗传性状各不相同，研究者可以选择其不同的品系特点进行各项肿瘤学研究。例如，为了研究遗传因素在某种肿瘤(如乳腺癌)发病中的作用，需要选用高(乳腺)癌系小鼠，并与低(乳腺)癌系小鼠进行对比。为了获得某种病毒引发的肿瘤，就要选用对这一病毒具有敏感性的近交品系动物。为检定某种可疑致癌物的作用，常要选用中等肿瘤发病率的近交系动物(如 SWR 系小鼠)。在某些快速检定的情况下，也要选用高肿瘤发病率的近交品系动物(如 A 系小鼠，Sprague-Dawley 系大鼠)。

在实验肿瘤学研究的各个领域中，只要以实验动物为对象，绝大多数以使用近交系动物为宜。这样做，便于实验设计，使动物实验结果准确、均一、经济、有可能重复再现等。实验肿瘤学研究中使用得最多的是近交系小鼠和大鼠。选用任何一个品系动物时，应先熟悉该品系动物在肿瘤发生以及其他方面的性状特征，以利实验设计、结果分析和总结。在有关肿瘤遗传学、肿瘤移植术、肿瘤免疫学以及化学致癌的研究工作中，特别要注意各品系实验动物的遗传性状方面的特征。

二、无菌动物和悉生动物

在实验肿瘤学研究中应用的无菌动物(GF)，是指在它们的体内和体表使用现有的实验室诊断技术不能发现任何活的寄生虫和微生物，包括一切致病的和共栖的细菌、真菌和病毒等。但是，经胎盘垂直传播的病毒(如小鼠白血病病毒)尚未除去。悉生动物(GN)也是如此。GF 和 GN 动物与常规带菌动物(CV)在结构和功能上有较大的差异，独具一些特点，如肝和肺脏较小，基础代谢率、心脏输出量以及组织的供血量都较低，免疫系统发育不良，肠蠕动和小肠上皮细胞的脱落缓慢，盲肠巨大，结肠内容物和粪便稀软等。在利用 GF、GN 进行肿瘤实验时，要根据这些特点安排实验并估计到它们对实验的影响。现在已经培育成功的无菌动物有小鼠、大鼠、豚鼠、家兔、家犬、家猫、鸡、火鸡、日本鹌鹑、猿猴、狒狒、猪、羊、小牛和小马等。

在 GF、GN 小鼠和大鼠中，某些类型的癌的发病率下降。在 CV 大鼠极为罕见的前列腺癌，在 GF 大鼠却很常见，为人类前列腺癌的研究工作提供了一个有用的动物模型。GF 大鼠和小鼠所发生的恶性肿瘤几乎全部发生在内分泌系统或受激素作用的组织，这可能是由于 GF 和 CV 在内分泌系统的功能活动上有差别的缘故。无菌动物几乎不发生内分泌系统和造血系统以外的恶性肿瘤。这充分说明肿瘤的发生存在环境致癌因子的作用，而采用系统的无菌技术可以除去这些因子，形成一个防护屏障，使有机个体不受这些因子的危害。

癌的病毒病因学说，可以应用无菌动物进行研究而予以检验。在化学致癌过程中，实验动物体内的菌群能影响致癌过程。此种影响因素包括：产生或破坏致癌物，干扰机体对致癌物的解毒功能，改变致癌物质的分子结构从而影响它们被机体吸收的过程以及加快肠道的排空速度而影响致癌物的吸收，等等。人结肠癌的发生与环境因素密切相关。因此，肠道菌群与进入肠道中的物质的关系值得研究。已知口服苏铁素对GF大鼠无致癌性，而CV大鼠对这一物质的反应则相反。CV大鼠肠道中的菌群能将这一物质转变为致癌物，从而引致结肠癌和其他类型的癌。

三、裸鼠

裸鼠已在肿瘤移植术、癌的病因学、癌的实验治疗学、癌的免疫学、癌的病毒学以及化学致癌等实验肿瘤学研究的许多领域得到了应用。

裸鼠是一种独特的纯系动物。例如裸小鼠，就其基因型而言，它们带有等位基因 *nu/nu*，其表现型则为：全身无毛，先天性无胸腺，T淋巴细胞缺失，细胞免疫功能缺陷，对异体移植物几乎无免疫排斥反应，可接受异系、异种肿瘤移植等。所以，裸鼠在实验肿瘤研究中已被广泛应用。这也是实验动物科学的开发研究成果，为抗癌研究提供了一种极有价值的实验材料，大大促进了肿瘤学研究的进展。

1966年Flanagan首先报道了裸鼠，1968年Pantelouris报告此种动物表现为先天性胸腺缺失，展示了免疫缺陷动物的研究和应用。Rygaard和Povlesev在1969年首次将人类肿瘤成功移植于裸鼠，其肿瘤组织在移植后不仅存活，而且继续生长，并于2～3周后形成很大的瘤块。此前，人类肿瘤异种移植基本上是不可能成活的；或者是要在某种特殊处理条件下（如实验动物先受放射线照射、可的松处理、胸腺摘除、投予抗T细胞抗体等）才能偶然得以成活。此后，相继已有许多学者移植成功，并证明此种小鼠是研究人体肿瘤的一种较理想的实验动物，有人认为是活的试管。自1969年以来，国外已建立了可移植性人体肿瘤数百种，这些瘤株除了能防止由传代而伴随的肿瘤组织形态学退化外，还能保持原代细胞的各种功能，如胃癌细胞产生的黏液，恶性黑色素瘤细胞产生的黑色素，肝癌细胞产生的甲胎球蛋白等，同时在多种情况下还可显示各种肿瘤所产生的激素，加上其对治疗实验、化疗及放疗的敏感性和临床结果的一致性，使这些瘤株成为研究抗癌药物的较为理想的工具。1983年Bodgen等用无胸腺小鼠肾囊膜内移植人体肿瘤法筛选新药，全部实验仅11 d，且成功率较高。

第二节 比较肿瘤生理学

不同来源的肿瘤细胞其生长特性、增殖能力、生物学特点等各不相同，相应的适合其传代的动物也会不同，且移植时间也不一，这与肿瘤的来源、特点以及各品种品系动物的遗传特征等关系密切。常见肿瘤细胞的各类生物学特性如下：

几种常用移植性实验肿瘤的传代及移植情况见表7-2-1。

表 7-2-1 几种常用移植性实验肿瘤的传代及移植

实验肿瘤	传代用鼠（替代用鼠）	移植时间（天）	用于实验的动物种属	发生来源
Lewis 肺癌	C57BL/6	12～14	DBF_1	C57BL/6
S180 肉瘤	杂交小鼠(白)或小白鼠	6～7	杂交小白鼠	
肝癌 129	C3H/He	14	C3H/He 或杂交种	
腺癌 755	C56BL/6 雌鼠	12～14	BDF_1	
黑色素瘤 B16	C57BL/6	10～14	BDF_1	C57BL/6
S37 肉瘤	杂交小白鼠或小白鼠	6～7	杂交小白鼠	
S180 肉瘤(腹水型)	杂交小白鼠或小白鼠	7～8	杂交小白鼠	
ARS 腹水瘤	杂交小白鼠或小白鼠	7～8	杂交小白鼠	
淋巴白血病 P388	DBA/2(或 BDF_1，或 CDF_1)	7	BDF_1 或 CDF_1 (C57BL/6 或其他)	由 DBA/2 诱发而来

注：用于实验的动物，可依实验有所变更；传代时间与移植时间是一致的。

不同药物的生物学半衰期与人类半衰期的百分比比较见表 7-2-2。

表 7-2-2 不同药物的生物学半衰期与人类半衰期的百分比(%)

药　物	人		猴	犬	大鼠	小鼠
	min	%				
罂粟碱	100	100	—	35	—	8
环己烯巴比妥	360	100	—	72	39	5
氨基非那宗	600	100	18	18	23	2
保泰松	4 320	100	11	8	8	—
羟布宗	4 320	100	11	1	—	—
哌替啶	330	100	27	16	—	—
吲哚美辛	120	100	75	75	17	200
双羟香豆素	1 320	100	30	250	25	—

注："—"为未检查。

哺乳动物及人的正常及肿瘤组织存活曲线的参数值举例见表 7-2-3。

表 7-2-3 哺乳动物及人的正常及肿瘤组织存活曲线参数

细胞群体	测定方法	Do	Dq	N
HeLa 肝细胞	体外	100	65	2
中国地鼠卵巢成纤维细胞	体外	200	210	3.0
中国地鼠睾丸细胞	小球形培养	170	400	10
中国地鼠睾丸细胞	大球形培养	170	900	100
小鼠骨髓细胞	体内	100	100	2.5
小鼠骨髓细胞	体外	105	95	2.5
小鼠毛细血管内皮细胞	体外	200	160	2.3
小鼠毛细血管内皮细胞	体内	170	340	7

续表

细胞群体	测定方法	Do	Dq	N
小鼠皮肤表皮细胞	体内	135	350	—
小鼠皮肤表皮细胞	—	137	550	—
小鼠胃黏膜上皮细胞	体内	113	986	—
小鼠小肠隐窝干细胞	体内	214	1 160	—
小鼠大肠隐窝干细胞	体内	180	270	—
小鼠精原细胞	体内	91	62	2
小鼠白血病细胞	体内	100	115	3.0
小鼠乳腺癌细胞	体内	340	230	10
小鼠黑素瘤细胞	体外	133	190	4.2
大鼠淋巴细胞	体外	150	0	1
大鼠横纹肌肉瘤	体外	120	300	10
大鼠甲状腺上皮细胞	体内	405	400	2.8
人淋巴细胞	体外	235	0	1
人神经元	体内	130	90	2
人黑素瘤细胞(C-143)	体外	151	—	1.3
人黑素瘤细胞(C-32)	体外	211	—	1.7
人乳腺癌细胞(MCF-7)	体外	134	—	1.3
人乳腺癌细胞(MDA-MB231)	体外	135	—	1.2
人骨肉瘤细胞(TX-4)	体外	145	—	1.8
人骨肉瘤细胞(SaOS)	体外	135	—	2.2
人肾上腺样瘤细胞(PAS)	体外	131	—	1.2
人成胶质细胞瘤细胞(GBM)	体外	143	—	1.4
人成神经细胞瘤细胞(LAN-1)	体外	1.49	—	1.2

注：① 所列数据都是低LET辐射不缺氧条件下照射的结果；② 由于所用测定技术(及细胞系)的差别，不同作者所报道的参数可有很大出入；③ Do：平均致死量；④ Dq：反映细胞受到亚致死损伤后修复能力的大小；⑤ N：外推值

实验动物的不同肿瘤中乏氧细胞的比例见表7-2-4。

表7-2-4 不同肿瘤中乏氧细胞的比例(%)

肿瘤名称	乏氧细胞的比例
纤维肉瘤	50
淋巴肉瘤	1
腺癌	21
肉瘤(C3H)	14
横纹肌肉瘤	15
鳞状上皮癌	18
骨肉瘤	14
腺癌	12
R1B5肉瘤	17

人与各种实验动物所发生的不同肿瘤，其肿瘤动力学是有较大差异的，举例见表

7-2-5、表 7-2-6。在利用实验动物进行人类肿瘤研究时应尤其注意。

表 7-2-5　人肿瘤动力学

组织学类型	肿瘤数	倍增时间(天)	生长分数(%)	细胞丢失(%)
胚胎瘤	6	27	90	94
网织细胞增多症	15	29	90	94
肉瘤	32	41	11	68
鳞状细胞癌	68	58	25	90
腺癌	121	83	6	71

表 7-2-6　动物肿瘤动力学

动　物	代　号	组织学类型	倍增时间(天)	生长分类(%)	细胞丢失(%)
小鼠	L1210	白血病	10	95	5
大鼠	R1B5	纤维肉瘤	24	45	0
大鼠	R1	横纹肌肉瘤	66	29	62
小鼠	C3H	乳腺癌	110	30	70

第三节　比较肿瘤病理学

一、食管癌比较病理学研究

食管癌在我国有些地区是常见而多发的恶性肿瘤。为了深入对其进行研究，我国学者经过 30 多年的努力，已建立了各种动物食管癌的诱发性肿瘤模型。如用多环芳烃类和亚硝胺类致癌物在大鼠、小鼠、鸡体内诱发了食管癌，而在实验研究中多用大鼠及小鼠的肿瘤模型。多环芳烃类可采取动物灌胃，或于食管壁黏膜下注入，或将致癌物的棉线结(穿线法)和小棒等置于致癌部位的方式；亚硝胺类则多采用灌胃投药法。早期多用多环芳烃类诱发食管癌。我国杨简、陈妙兰等改良了前人的方法，采用甲基胆蒽或二甲基苯蒽的棉线结用穿线法穿入食管的腹段、颈段或腹段食管壁内黏膜下，实验的全过程为 2～6 个月。6 个月后，在昆明系和 A 系小鼠中诱发出食管癌，发生率约为 35%，其中约 58.5% 的诱发癌为侵袭癌。在多环芳烃类致癌物诱发食管癌的方法中，此法较简单易行，且所用多环芳烃类致癌物的药量也较少，癌发生的部位固定，癌的组织类型也较为一致。但是，自从亚硝胺类诱发食管癌成功以后，一致认为亚硝胺类诱发食管癌的方法比上法更方便可靠。

诱发肿瘤要选择对器官有亲和性的致癌物。当前，对诱发食管癌有两类可供选择的致癌物质，一类是黄樟素和二氢黄樟素。前者存在于黄樟油、樟脑油、肉豆营蔻油和桂叶油中，曾经是常用的调味品；后者一般用做啤酒等的调味品。自发现两者有致癌作用后，已停止使用。在大鼠饲料中加入质量分数为 $2.5\times10^{-3}\sim1\times10^{-2}$ 的黄樟素可使 20%～75%的大鼠发生食管鳞状上皮癌。另一类为亚硝胺类，是目前诱发食管癌较为理想的致癌物，其基本结构是：

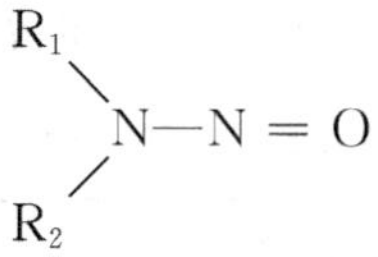

$$R_1R_2N{-}N{=}O$$

其中，R_1 为烷基[$CH_3—(CH_2)_n$，$n=0\sim4$]；R_2 可为烷基、酯类(如 $—COOH—C_2H_5$)、酰胺类($—CO—NH_2$)、芳香类等。

亚硝胺类致癌物的致癌作用与化学结构有关。依结构分为不对称亚硝胺、对称亚硝胺、环状亚硝胺、具有功能基团的亚硝胺和亚硝酰胺五大类。不对称亚硝胺如甲基苄基亚硝胺，主要诱发大鼠食管癌、咽部鳞状上皮癌及小鼠前胃癌。具有功能基团的不对称亚硝酸如亚硝基肌氨酸乙酯等，也可诱发大鼠食管癌。亚硝酰胺类中的甲基亚硝基脲烷，经大鼠口服可诱发前胃和食管鳞癌。此类致癌物使用方便，与靶器官的亲和性多与给药途径无明显关系，但受剂量影响。

各种致癌物导致的大鼠食管癌、小鼠前胃癌的组织学分类、病理组织学分类标准见下。

1. 增生性病变

(1) 角化亢进：黏膜的角化层明显增厚，比正常厚 2～3 倍以上者为角化亢进。

(2) 单纯性增生：黏膜上皮细胞呈灶性或弥漫性增生，层次比正常增厚 1 倍以上，可以底层细胞增生为主或以棘细胞增生为主。细胞排列规则，无异型性。

(3) 乳头状增生：黏膜上皮增厚，向表面突起，形成具有间质的、不分支的单个或多个小乳头。

2. 癌前病变

(1) 乳头状瘤：是乳头状增生的进一步发展，间质呈Ⅰ级或多级分支状，被覆以增生活跃的黏膜表皮，间质内无黏膜肌层，故而有别于黏膜皱襞。

(2) 不典型增生：异型上皮细胞极向紊乱，累及上皮层下 1/3 者为Ⅰ级，2/3 者为Ⅱ级。异型上皮细胞可呈弥漫性生长，也可呈钉突状向下伸入固有膜内。

3. 癌

(1) 原位癌：异型上皮细胞累及上皮全层，基底膜完整。

(2) 乳头状瘤癌变：指乳头状瘤局部瘤变，成为恶性的乳头状癌。

(3) 浸润癌(现称侵袭癌)：癌组织侵犯肌层以下。

4. 未定型

底层细胞癌变：底层细胞呈灶状增生，具有癌性特征，并突破基底膜。

二、肝癌比较病理学研究

很多化学物质可以诱发动物肝癌。如 4-氨基-2,3′-偶氮甲苯(OAAT)对小鼠致肝癌力强于大鼠。其中，C3HA 小鼠较敏感，常用方法是将 2.5 mg OAAT 溶于葵花籽油，经动物皮下注射，每 10 天 1 次，共 4 次。此法较皮肤长期涂抹(隔日 1 次，约 100 次)1%OAAT 溶液法的诱癌率低，但方法较简便。

4-二甲基氨基偶氮苯(DAB)及其 3′-甲基衍生物(3′-MeDAB)对大鼠的致癌作用强。2-乙酰氨基芴(AAF)是一种广谱致癌物。多数二烷基亚硝胺和环状亚硝胺可使大鼠、小鼠、豚鼠、仓鼠、兔、鸭、鱼类、猴等多种动物发生肝肿瘤，其诱癌过程与动物性别有关。低剂量黄曲霉素即可诱发出大量肝癌。目前,还没有把这类强致癌物作为诱发肝癌的常用致癌物,但其对肝癌的病因学研究具有重要意义。

上述致癌物诱发肝癌时,均可使肝组织发生复杂的病理变化。据报道,大鼠实验性肝癌的病理形态变化有:① 肝细胞增生性病变,包括肝细胞增生灶(含透明肝细胞灶、嗜酸性肝细胞灶、嗜碱性肝细胞灶及混合肝细胞灶)和肝细胞增生结节;② 肝肿瘤,包括上皮性肿瘤(含肝细胞腺瘤、高分化及低分化肝细胞癌)、胆管上皮癌、混合型肝癌及未分化癌等。除了大鼠以外,其他动物的实验性肝癌的病理形态变化,也可参考该标准分类。

三、肺癌比较病理学研究

肺肿瘤的诱发已有近 60 年的历史,采用的诱发物有化学诱癌物、真菌及其毒素等,以亚硝胺类致癌物和多环芳烃类最为常用。亚硝胺类诱发肺癌应用较多(表 7-3-1),如甲基亚硝基脲烷。

表 7-3-1 亚硝胺类化合物诱发小鼠肺肿瘤比较

化合物	相对分子质量	总剂量			荷瘤鼠数/总鼠数	平均鼠数($\bar{x}\pm s$)
		mg/kg	mmol/kg	溶剂		
乌拉坦	89	2 000	22.4	水	29/32	6.0±3.6
二甲基亚硝胺(DNA)	74	20	0.27	水	33/33	7.8±3.2
二乙基亚硝胺(DEN)	102	200	1.96	水	28/29	5.3±3.2
二丁基亚硝胺(DBN)	158	250	1.58	DMSO	14/20	1.3±1.0
亚硝哌啶	114	107	0.94	水	16/30	0.7±0.8
N-乙酰基-S-乙氧甲酰基半胱氨酸	235	300	1.28	DMSO	2/18	0.1±0.3
S-氨基苯甲基半胱氨酸	164	800	4.88	水	11/40	0.4±0.8
S-羰基苯甲基氧半胱氨酸	255	400	1.56	DMSO	8/29	0.3±0.5
二甲基亚砜(DMSO)	78	11 000	141.0	—	9/20	0.7±0.9
对照组(未给药)	—	—	—	—	10/36	0.3±0.5

注:① 鼠龄 9~13 周之雌性 SWR 小鼠,腹腔内注射 2 次,间隔时间,乌拉坦、DEN 为 1 周,其余化合物为 2 周。② 6 个月处死全部动物。③ 仅注射 1 次。④ DMSO 为混悬液

真菌及其毒素多数可在小鼠中诱发出肺腺癌。有人用黄曲霉素活染的玉米面制成饲料喂小鼠,于 50 d 后肺腺癌发生率达 45.5%。这些研究,对探索肺癌的病因学具有重要意义,但作为实验用的诱发模型尚不成熟。

上述对肺具有亲和性的致癌物一般采用皮下、肌肉等注射法和口服法,而对非器官亲和性的致癌物如多环芳烃类等,则多以水或油悬液注入气管内。这种灌注法的特点是:① 灌注物可达深部呼吸支气管或肺泡管内,不易排出;② 致癌物易于定位集中;③ 灌注次数少;④ 若用具有脂溶剂及造影剂双重作用的碘油,还可以减少肺内感染。

近年来,已有学者经气管切口一次注入致癌物,成功地诱发出大鼠肺癌。由于致癌物的理化特性及支气管的生理状态,常选用颗粒细小的粉尘作为致癌物的载体,吸入或注入气管后能长久地贴附于支气管壁而不引起强烈的刺激。致癌载体粉尘在气管内被巨噬细胞吞噬以后,带至肺组织中,而后逐渐溶解并直达支气管黏膜产生致癌效应。有

人选择惰性三氧化二铁(Fe_2O_3)作载体粉尘，其颗粒直径约 1～3 μm，适于运载致癌物并储积于肺。用常用的致癌物苯并芘或甲基胆蒽诱癌时，可将等量的苯并芘和 Fe_2O_3 置试管内混合研磨成直径 1～3μm 的颗粒，经显微镜检查符合标准后，再以荧光显微镜观察两者的混合程度(Fe_2O_3 呈双折光的红色或浅黄色，苯并芘呈强荧光)。当两者混匀，苯并芘黏附于 Fe_2O_3 上时，即可使用。

病理组织学分类：根据有关文献拟定的各种致癌物所致大、小鼠支气管、肺的病理组织学分类。

(1) 呼吸道上皮癌前病变：① 腺瘤样增生：增生的腺样上皮细胞数量较多且呈灶状，但分化良好，增生灶内仍保存正常的肺泡间隔结构，对周围肺泡无压迫现象。② 腺瘤：呈膨胀性生长的腺瘤组织对周围腺泡有压迫现象，但不一定有包膜。③ 乳头状瘤：上皮细胞分化好，向腔内呈乳头状生长。④ 非典型(异型)增生、化生：可分为支气管被覆上皮型或肺泡上皮型两种。

(2) 呼吸道癌：① 原位癌；② 鳞癌；③ 腺癌；④ 腺鳞癌及其他复合癌；⑤ 大细胞癌；⑥ 小细胞癌；⑦ 其他类型癌(如类癌、附属腺体癌)；⑧ 暂不能分类癌。

(3) 其他恶性肿瘤，如恶性间皮瘤等。

四、鼻咽癌比较病理学研究

长期或短期用亚硝胺类致癌物均可诱发大鼠鼻咽及鼻腔癌变。大鼠皮下注射二亚硝基哌嗪(DNP)，剂量为每次 20 mg/kg 体重或 40 mg/kg 体重，每周 2 次。结果 20 mg/kg体重组皮下注射 12～14 次，45 d 全部发生癌前病变，160 d 时全部动物的鼻腔发生癌症早期病变。

化学致癌物诱发的鼻咽黏膜上皮病理变化。

(1) 癌前病变：① 不典型增生：增生的上皮细胞有异型性，极向紊乱，但未累及全层。根据其起源上皮不同，可分为柱状上皮不典型增生、鳞状上皮不典型增生(包括不典型鳞状化生)。异形细胞累及上皮层下 1/3 者为Ⅰ级不典型增生，累及下 2/3 者为Ⅱ级不典型增生。异型上皮细胞有时向上皮下纤维组织呈钉突状生长。② 乳头状瘤：增生的黏膜上皮及其中心结缔组织向鼻咽腔突出，形成有蒂的、具二级分枝的乳头状生长。上皮细胞无异形性，排列无紊乱。

(2) 癌：① 原位癌：异形细胞累及上皮全层，基底膜完整，呈局部灶性生长。可分为柱状上皮原位癌和鳞状上皮原位癌。② 浸润癌(又称侵袭癌)：早期浸润癌(也称早期侵袭癌)：部分癌细胞突破基底膜，侵入上皮下结缔组织内。柱状细胞癌：来自被覆柱状上皮，癌细胞或多或少保留柱状细胞排列，或癌细胞浆内可见黏液分泌。鳞状细胞癌：可分为高分化鳞癌及低分化鳞癌。③ 乳头状瘤恶变及乳头状癌：以癌细胞呈乳头状生长为特点。乳头状瘤癌变仅见部分细胞发生癌变。乳头状癌也可分为乳头状柱状细胞癌和乳头状鳞状细胞癌。④其他类型的癌。

五、宫颈癌比较病理学研究

流行病学的许多资料表明，宫颈癌的发生是一系列组织病理学变化的结果。这些变化由轻到重表现为发育异常、原位癌，直到浸润癌。近年来细胞学的实验表明，在未进行治疗性或诊断性活检的情况下，宫颈上皮内的不典型变化可维持原状或恢复正常。

这种静止或恢复正常的机制尚不明确。在组织学相同的病灶间,侵袭同样可能发生。为了更好地了解宫颈上皮内不典型形态学变化的临床意义,需要更详细地研究浸润癌的组织发生。

给小鼠阴道投用一系列化学、生物或病毒性致癌物可诱导出与人类宫颈癌相似的病理变化。Rubio 在 1997 年报道了小鼠宫颈癌的发生情况。他用 3,4-苯并芘(溶于1%丙酮中)每周 2 次给 C57BL 小鼠局部使用,诱发了宫颈的浸润前病灶。于致癌剂使用后 2 个月内,观察到轻度不典型变化(Ⅰ度),在 3 个月后见到中度不典型变化(Ⅱ度),在 5 个月后观察到重度不典型变化(Ⅲ度)与可疑的或肯定的癌症。约 59%的小鼠有宫颈上皮呈不典型增生病变,而约 22%的小鼠发现有可疑或肯定的癌症。对小鼠各类不典型的上皮基质交界的分析表明,两种主要的组织学类型占优势。一是直的上皮基质交界;另一类是不规则的上皮芽向基质内凸出。后者在约 90%的有可疑浸润癌的动物和所有明显的浸润癌的动物中被发现。微浸润癌起源于有严重不典型的上皮芽的顶端。以上研究说明小鼠的不典型上皮芽是诱发性宫颈浸润癌的起源部位。

有人把人子宫颈原位癌与小鼠的诱发性宫颈癌进行比较,结论是与小鼠相似,微浸润癌起源于原位癌的芽的顶端,而有芽的原位癌是人浸润癌起源的解剖部位。

有芽的人类原位癌与鼠类的Ⅲ度不典型变化有相似的生物学特征。这些病灶与^{3}H-胸腺嘧啶核苷一起进行体外培养时发现,其含有大量 DNA 复制过程的细胞。然而并不是所有的不典型区域都有很浓的标记。浓标记区域与很少标记或标记区域交替;有丝分裂相多的区域与无分裂象的区域交替。这表明增生区域与静止区域相交替。对小鼠投用^{3}H-胸腺嘧啶核苷与秋水仙素后观察到相似的标记细胞与分裂象的分布情况。

扫描电镜显示,小鼠的不典型宫颈上皮增生内有不规则的覆盖着微绒毛与分裂的微皱的鹅卵石样结构。相反,浸润癌表现为异乎寻常的具有长手指样的不规则表面。在人的宫颈上皮内,不典型增生与浸润癌之间也发现有类似小鼠电镜扫描的结构差别。

人与小鼠宫颈癌发生步骤十分相似。其相似性不仅表现在导致浸润性鳞状上皮癌的组织学步骤,而且表现在 DNA 复制模型、有丝分裂的频率与表面上皮的超微结构。所以,这种实验小鼠成为研究导致宫颈鳞状上皮癌的某些形态学与生物学特征的重要模型。

六、胃癌比较病理学研究

由于胃癌在世界上许多国家的发病率很高,科学家们都希望通过动物实验诱发胃癌,以研究胃癌的发生机制和治疗方法。所用的动物主要为小鼠、大鼠和地鼠,也有用兔和犬的。诱发动物胃癌的一般方法是将致癌物溶于水内灌喂动物或让动物自饮;或将致癌物注入或埋于胃壁。此外,还有用放射线全身或局部照射动物而诱发胃癌的。实验性胃癌发生的时间一般在诱发后 4 个月以上,有的长达 3 年。除了 MNNG(N-甲基-N-硝基-N-亚硝基胍)诱发大鼠胃癌的诱发率很高外,其余都不超过 30%。

造成胃癌的机制:利用胃壁挂线可造成胃黏膜的机械性损伤而引起腺上皮再生和增生,也可能因为线结紧贴于黏膜上,有破坏黏膜上皮及其分泌物对致癌物的屏障作用,加上线结上含有的化学致癌物可使增生的腺上皮发生癌变而不断增生以致形成不可逆的癌瘤。选择腺胃幽门小弯侧挂线，可使癌瘤较恒定地发生在腺胃，在组织学上可保证大多为腺癌；同时也模拟人类胃癌的好发部位，使该模型更接近于人体的胃癌。

结果判定及成功指标：凡腺胃黏膜腺体或腺上皮呈Ⅲ级不典型增生(癌变)或明显癌性病变即为阳性。局限于黏膜内者为黏膜内腺癌；突破黏膜肌层向黏膜下层生长者为早期浸润癌；达到肌层及肌层以外者为浸润性癌。浸润性癌中，根据癌组织有无腺体形成，又分为腺癌和未分化癌。在腺癌中，有囊腔形成者叫囊腺癌；有鳞状上皮分化者为鳞化腺癌；又有肉瘤成分者为癌肉瘤。如腺上皮呈腺瘤样增生或前胃鳞状上皮呈现乳头状增生，均属良性肿瘤，非实验成功的指标；如仅有肉瘤成分并形成明显肿块，也属于阴性结果；如仅前胃形成鳞癌也属于实验未获成功(该研究材料两批实验，均未发现鳞癌)。

应用范围：在模型形成过程中，可观察胃癌的发生和发展，研究癌变与非典型增生和肠上皮化生的关系。如果癌瘤形成，直径达到 1 cm 左右的肿块时可进行移植、传代，若传代成功，接种的成活率稳定在 60%左右即可用于筛选抗肿瘤药物或其他实验性治疗(如快中子治疗胃癌)。

七、其他动物肿瘤比较病理学研究

N-乙基-N-亚硝基脲(ENU)诱发兔肾母细胞瘤。人与兔的肾母细胞瘤有很多相似之处，形态与组织结构相近，组织发生也相似。人类的肾母细胞瘤多发生在儿童，近交系兔的肿瘤也是幼兔多发，而远交系后代却是成年兔多发。用 ENU 诱发肾母细胞瘤容易成功。该模型可用做手术治疗、化疗、放疗的实验材料，并可进一步研究肾母细胞瘤的病因和发病机制，以及研究和设计各种降低肿瘤发病率的方法。

疱疹病毒可诱发灵长类动物的恶性淋巴瘤。其中，S. aimiri 疱疹病毒可诱发绒猴、蜘蛛猴和猫头鹰猴的淋巴瘤，H. ateles 疱疹病毒可诱发 S. oedipus 猴淋巴瘤和白血病。本模型有助于纯化病毒颗粒及病毒 DNA，同时有利于研究病毒 DNA 及蛋白质的合成与调控。许多淋巴瘤的细胞株用来研究 DNA 以及与生长转化有关的因子。

应当指出，自发性肿瘤模型和诱发性肿瘤模型各有其优缺点。已知有不少自发性肿瘤模型，也可用各种致癌剂诱发产生。值得注意的是，它们在发病机制和疾病的内在特征方面存在各自的特点。例如，自发性肿瘤与诱发性肿瘤在药物敏感性方面有明显区别。另外，大多数自发性肿瘤是通过人为定向培育造成的，不同于人类自然发病情况。因此，自发性和诱发性肿瘤模型的优缺点又是相对的。对于肿瘤研究来说，重要的问题是所选择的肿瘤究竟能否达到研究的目的。

第四节　自发性肿瘤动物模型

一、自发性肿瘤动物模型的特点

动物自发性肿瘤是指实验动物未经任何有意识的人工处置，在自然情况下所发生的肿瘤。动物自发瘤发生于近交系动物，随实验动物种属、品系的不同，肿瘤发生类型和发病率有很大差异。其中，小鼠的各种自发性肿瘤在肿瘤发生、发展的研究中具有重要意义。目前，可用于肿瘤的小鼠品系或亚系就有200多个。在近交系小鼠中，各种肿瘤的发生率因品系不同存在很大差异。

肿瘤实验研究中选用自发性肿瘤模型为对象进行研究有一定优点：首先是自发性肿瘤通常比用实验方法诱发的肿瘤与人类所患的肿瘤更为相似，有利于将动物实验结果推用到人；其次是这一类肿瘤发生的条件比较自然，有可能通过细致观察和统计分析发现原来没有发现的环境的或其他的因素，可以着重观察遗传因素在肿瘤发生上的作用。但应用自发性肿瘤模型也存在一些缺点：肿瘤的发生情况可能参差不齐，不可能在短时间内获得大量肿瘤学材料，观察时间可能较长，实验耗费较大。

供肿瘤研究用的近交系小鼠品系及自发肿瘤特点见表7-4-1。

表7-4-1 供肿瘤研究用的近交系小鼠

肿瘤名称	品系	肿瘤发生率
乳腺肿瘤	C3H	在雌鼠中，几乎为100%
	A	经产雌鼠80%；处雌鼠30%
	DBA、RⅢ	经产雌鼠75%
	BALB/c	发生率低，但引入乳房肿瘤物后则高；无自发性乳房瘤，但引入乳房肿瘤物后为55%
肺癌	A	18月龄的小鼠为90%
	SWR	18月龄的小鼠为80%
	BALB/c	雌鼠为26%，雄鼠为29%
	BL	老龄小鼠为26%
肝细胞瘤	C3H	14月龄雄鼠为85%
	C3Hf	14月龄雄鼠为72%
	C3He	14月龄雄鼠为78%，繁殖雄鼠为91%；处雌鼠为59%
		繁殖雌鼠为30%；催育繁殖为38%
白血病及其他	C58、AKR	白血病发生率为75%～95%
网状细胞瘤	C57L	类似Hodgkin损害，B型网状细胞，在18月龄时为25%
	C3H/Fg	育成雌鼠淋巴肉瘤96%
	SJL	育成雌鼠淋巴肉瘤91%
皮肤乳头状瘤及癌	HR	所有小鼠发生乳头状瘤，分有毛或无毛两种，用甲基胆蒽涂擦，大多数出现癌转移
	I	用甲基胆蒽试验最为敏感
哈德腺癌	C3H	在C3H出自与C3H远交的杂种
皮下肉瘤	CBA	皮下注射甲基胆蒽后高度发生
	C3H	在57/1774的C3Hf雌鼠中自发地产生，用致癌碳氢化合物试验的8个品系中最为敏感
胃癌	I	实际上在该品系小鼠中均有发生
	BRS	注射甲基胆蒽后出现，并有自发性
肾上腺皮脂瘤	CE	阉后发生率高达79%～100%
	NH	自发性腺瘤发生率高，阉割后癌症发生率高
睾丸畸胎瘤	129	先天性雄鼠为82%
睾丸间质细胞瘤	A	已用雌激素诱发

续表

肿瘤名称	品系	肿瘤发生率
垂体腺瘤	BALB/c	用己烯雌酚处理后发生率高，雄鼠对该药敏感
	C57BL	用雌激素处理后，所有小鼠均有发生
	C57L	老龄雌鼠 33%
血管内皮瘤	HR	未作处理的小鼠为 19%～33%；用 4-0-甲基偶氮-01 甲苯胺注射的小鼠达 54%～75%
	BALB/c	用 O-氨基偶氮氮甲苯处理后，肩胛间的脂垫和肺癌发生率高
卵巢瘤	C3He	处雌鼠为 47%，繁殖雌鼠为 37%；催育繁殖为 39%
肾腺癌	BALB/cf/cd	9～15 月龄鼠为 60%～70%
骨肉瘤	Simpson 亚系	15～17 月龄雌鼠为 53%

二、实验动物常见自发性肿瘤的特点和比较

1. 小鼠

小鼠自发性肿瘤在组织学结构和来源方面与人类肿瘤具有相似之处，饲养经济而方便，因此在实验性肿瘤研究中小鼠使用最多，是大鼠的 10 倍。不同近交系小鼠的性别和鼠龄对自发肿瘤各具相对稳定性。相同品系小鼠间具有良好的组织相容性，肿瘤可移植生长。除品系外，小鼠的性别和鼠龄对肿瘤发生率亦有一定影响，一般 6～18 月龄发生率最低。有的肿瘤如乳腺癌还与小鼠妊娠史有关。乳腺、肺、肝、造血组织是小鼠常发生自发肿瘤的部位，其中乳腺肿瘤发生率最高。组织学类型上，小鼠自发性癌较肉瘤常见。

(1) 小鼠乳腺肿瘤：在各品系小鼠中，C3H 系雌小鼠乳腺肿瘤发生率最高，达 99%～100%；A 系经产雌鼠乳腺肿瘤发生率约为 60%～80%(但处雌鼠仅约 5%)。CBA/J 系发生率也较高(60%～65%)，而 BALB/c、CE、C3fHf 和 615 等品系发生率低，CC57BR、C57BL、C57W 品系未见乳腺肿瘤发生。不同学者对小鼠乳腺肿瘤的分类和形态学描述各有差异。良性肿瘤有乳腺腺瘤、多房性囊腺瘤、乳头状囊腺瘤和纤维瘤，恶性肿瘤有腺瘤、单纯癌、癌肉瘤和纤维肉瘤。多数学者参照 Dunn 分类，将小鼠乳腺肿瘤分为 A、B、C 3 型：A 型为典型乳头腺腺瘤，镜下见由乳腺腺泡上皮细胞构成的腺泡结构；B 型包括乳头状囊腺癌、单纯癌及导管内癌等，为源于腺上皮的多种类型肿瘤；C 型又称纤维瘤和腺纤维瘤，结构上有大量囊腔形成，囊腔内衬以单层立方上皮。有些乳腺癌呈腺鳞癌和癌肉瘤表现。

(2) 小鼠白血病：C58、AKR、Afb 等品系小鼠的白血病多发，其中小于 9 月龄 AKR 小鼠白血病发生率高达 80%～90%(雌性略高于雄性)，8～9 月龄 Afb 小鼠发生率在雌鼠达 90%，雄鼠约为 65%。所形成的白血病以淋巴细胞性白血病为主。

(3) 小鼠肺肿瘤：小鼠肺肿瘤主要见于 8 月龄以上的 A 系、SWR 系小鼠，其肺自发瘤发生率分别达 90%和 80%，经产 PRA 小鼠发生率也很高(约 77%)。小鼠肺自发肿瘤的病理学类型有腺瘤和腺癌。前者为良性肿瘤，多位于肺组织周边部，呈白色结节状，镜下为立方状、柱状或多角形瘤细胞构成的腺管状结构；后者起源于支气管或肺泡上皮，癌细胞有明显异型性和多形性，呈腺样或条索状排列，少数散在排列。部分腺癌

细胞排列呈乳头状，即形成乳头状腺癌；偶见癌肉瘤。

（4）小鼠肝肿瘤：小鼠的自发性肝肿瘤也常见，但在不同品系发生率不同。14月龄以上的C3Hf系雄鼠、C3H系雄鼠和C3He雄鼠发生率分别为72%、85%和80%左右。小鼠自发性肝肿瘤中既有良性又有恶性。良性肝肿瘤表现为典型的腺瘤结构，瘤细胞分化度高，但可恶变，形成肝细胞性肝癌或胆管细胞性肝癌，其结构分别与人肝细胞性肝癌及胆管细胞性肝癌相似，并可发生局部浸润和转移。肝肿瘤还可见血管瘤。由于小鼠肝自发瘤较常见，故在诱发小鼠肿瘤的实验中应正确分析判断肝肿瘤是自发的还是致癌物的作用。

（5）小鼠卵巢肿瘤：小鼠自发性卵巢瘤较为常见，其中BALB/c自发率为75.8%，RⅢ系17月龄经产雌鼠为60%，育成雌鼠为50%，DBA12～18月龄以上为55.5%。

（6）小鼠垂体瘤：小鼠自发性垂体瘤以30月龄的C57BL/6J雌鼠发生率最高，约为75%，用求偶素作用后，几乎达100%。C57L系老年生育雌鼠为33%，C57BR/cd老年生育雌鼠为33%。

（7）小鼠其他肿瘤：小鼠自发性胃腺瘤Ⅰ系高达100%，肾腺癌BALB/cf/cd为60%～70%，骨肉瘤Simpson亚系为53%，血管内皮瘤HR系有19%～33%的自发率，经致癌剂处理后，发病率升高为54%～76%。

2. 大鼠

国际公认的大鼠品系有130多种，常用的是Wistar、Sprague-Dawley（SD）和Fischer 344（F344）3种；我国常用的是前两种品系的大鼠。大鼠自发瘤在肿瘤研究中的应用仅次于小鼠，其发生率情况也与品系有关。大鼠自发肿瘤发生率较低，且组织学上肉瘤多于癌，此不同于小鼠。垂体肿瘤发生率较高，而自发性肝癌少见，但大鼠的诱发性肿瘤中肝癌多见。

Wistar大鼠自发性乳腺肿瘤以纤维腺瘤最多（约占92.9%，其中以管外型为主，其次为管内型及混合型），纤维瘤及腺癌较少。有学者研究认为，纤维腺瘤主要发生于6月龄以上经产雌鼠，多为单发，灰白色，包膜完整。组织学上，管外型呈现为腺管显著增生，弥漫分布或聚集成团，管腔内含红染分泌物，腺管周围增生的纤维组织多不等。管内型表现为纤维组织弥漫性过度增生，呈乳头状突入腺管管腔，挤压腺管使其伸长变形，呈分支状裂隙。混合型兼有管外型和管内型的结构。大鼠乳腺纤维瘤与人纤维瘤相似，但其中可偶见少量腺管。SD大鼠乳腺自发瘤发生率约55%，多数为纤维腺瘤，其组织学结构与人类乳腺纤维腺瘤相似。恶性肿瘤（乳腺癌）少见，组织学上与小鼠乳腺癌相似。

不同品系的大鼠恶性淋巴瘤的发生率不同，并与年龄有关，同种系2月龄以上的大鼠占32%，12月龄以下者仅占0.2%。从肿瘤发生部位来看，绝大多数的淋巴瘤发生于胸腔（纵隔和肺）。

3. 家兔

兔类自发瘤发生率很低，仅0.8%～2.6%，以乳头状瘤（皮肤和口腔）和子宫腺癌最为常见，后者在5～6岁龄家兔的发生率可达70%以上。不同品系的兔其自发瘤发生率及肿瘤类型有所不同。

(1) 乳头状瘤：一种表现为皮肤的乳头状瘤病，常见于美国棉尾兔中，由病毒引起，可自行消退，亦可恶变形成鳞癌；另一种表现为口腔黏膜乳头状瘤，可消退，无恶变现象。

(2) 子宫腺癌：是兔的常见自发瘤之一，其发生率与年龄关系密切，5～6 岁龄兔 70%以上发生此癌。其发生与雌激素水平有关。瘤体呈灰白色结节状，散布于双侧子宫。易发生肺转移。

(3) Wilm's 瘤：即肾母细胞瘤，占兔恶性自发瘤中的 92%，多发生于老龄兔，与性别无明显关系。组织学上与人肾母细胞瘤相似。

(4) 其他肿瘤：家兔还可发生肝细胞性肝癌、乳腺癌、阴道癌、恶性淋巴瘤、横纹肌肉瘤等恶性肿瘤。

4. 猪

猪的自发瘤发生率低，但由于它与人类生活关系密切，且与人肿瘤的发病有很多相似之处，故人们已开始关注猪的自发瘤问题。在猪恶性自发瘤中半数以上为 Wilm's 瘤。猪皮肤黑痣较为常见，亦可见恶性黑色素瘤。原发性肝癌和鼻咽癌亦可发生于猪。

第五节　诱发性肿瘤动物模型

一、诱发动物肿瘤的基本要求

(1) 方法应简便易行，可重复。

(2) 选择对特定致癌剂敏感的动物种系，如用多环芳烃诱发皮肤癌时选用小鼠，以亚硝胺诱发食管癌则用大鼠，而用小鼠仅能诱发前胃癌。

(3) 模拟人肿瘤的诱发，应要求其部位、形态结构和组织类型与人类肿瘤类似。

(4) 为诱发足够百分率的肿瘤，致癌剂剂量使用应适当，既要保证动物的存活又要使其诱发期较短。使用新的致癌剂或不熟悉的被试物时应先做剂量试验。

(5) 诱发肿瘤的动物要有良好的饲料条件。有时需要特殊营养条件，如用 DAB (奶油黄)诱发大鼠肝癌时，饲料内维生素 B_2(核黄素)不应超过 1.5～2 mg/kg，以免抑制肿瘤的发生。高脂肪饲料对诱发皮肤肿瘤、肝肿瘤有加强作用。

以上仅为诱发肿瘤实验的一般要求，在特殊情况下应有相应的补充和改良。

二、诱发性肿瘤动物实验方法

利用化学致癌物质来诱发实验性肿瘤的动物模型，也是进行肿瘤实验研究的常用方法。目前使用较多的化学致癌物有多环碳氢化合物、亚硝胺、偶氮染料等。强烈的致癌物诱发出来的肿瘤，恶性程度高，容易诱发成功(指 1 个可移植的动物肿瘤)。常用诱发肿瘤动物实验方法有以下几种：

(1) 经口给药法：将化学致癌物溶于饮水或以某种方式混合于动物食物中自然喂养或灌喂动物而使之发生肿瘤。食管癌、胃癌、大肠癌等消化道肿瘤常用此方法。

(2) 涂抹法：将致癌物涂抹于动物背侧及耳部皮肤，主要用于诱发皮肤肿瘤，如乳头状瘤、鳞癌等。常用于此法的致癌物有煤焦油、3,4-苯并芘及 20-甲基胆蒽等。

(3) 注射法：注射法是将化学致癌物制成溶液或悬浮物，经皮下、肌肉、静脉或体腔等途径注入体内而诱发肿瘤。本法亦很常用，其中皮下和静脉注射又最常用。

(4) 气管灌注法：常用于诱发肺癌。将颗粒性致癌物制成悬浮液直接注入或用导管注入动物气管内。多使用金仓鼠和大鼠为实验动物。

(5) 穿线法：适用于将多环芳烃类致癌物直接置于某特定部位或器官，如宫颈、食管和腺胃等。其方法是将一定量的致癌物放置于无菌试管内，加热使致癌物升华，吸附于预制的线结上；将含有致癌物的线结穿入靶器官或靶组织而诱发肿瘤。

(6) 埋藏法：将致癌物包埋于皮下或其他组织内，或将以致癌物作用的器官、组织移植于同种或同种系动物皮下进行肿瘤诱发实验。

在肿瘤学的实验研究中，实验动物是其主要的研究对象和材料，通过复制各种肿瘤动物模型，可为研究人类肿瘤的病因学、发病学、实验治疗和新抗癌药物的发现提供重要条件。

第六节　移植性肿瘤动物模型

一、移植性肿瘤动物实验方法

世界上现存的动物移植性肿瘤有400余种，肿瘤移植一般分为同系式同种与异种移植两大类。其中同系式同种动物肿瘤移植不产生排斥现象。移植瘤株的稳定性至关重要，为了达到可靠的稳定性，通常需连续传15代以上，其侵袭和转移的生物学特征，以及对化疗药物的敏感程度均不确定。

(一) 常用的实验动物移植性肿瘤瘤株来源与生长特性

(1) 小鼠白血病L615：是一株网织细胞型白血病。1966年由中国科学院输血及血液学研究所将一株用病毒诱发的粒细胞型白血病(命名为“津638”)的病鼠脾脏无细胞生理盐水提取液，接种于纯系615新生鼠中，从而获得可在成年615小鼠中传代的白血病株。将脾脏用生理盐水稀释成每0.1 mL含$(3\sim4)\times10^6$个瘤细胞的悬液，每鼠接种0.1 mL于皮下，可获100%的生长。宿主平均寿命为7 d。接种后可在局部形成弥漫的浸润而不形成瘤结。宿主脾肿大，主要内脏都有白血病细胞浸润。

(2) 小鼠白血病L1210：1948年用甲基胆蒽诱发DBA/2小鼠而得，是一株保持在BDF_1和CDF_1上的淋巴性白血病。传代用DBA/2小鼠(如果DBA/2小鼠不能得到，也可用BDF_1和CDF_1杂交第1代小鼠)；实验用BDF_1(C57BL/6×DBA/D)或CDF_1(BALB/c×DBA/2)小鼠，体重18～22 g。用1×10^5/mL的腹水细胞腹腔接种。

(3) 小鼠淋巴白血病P388：1955年用甲基胆蒽涂抹在DBA/2小鼠皮肤诱发而成。传代用DBA/2小鼠或BDF_1小鼠或CDF_1小鼠；实验用BDF_1(C57BL/6×DBA/2)或CDF_1(BALB/c×DBA/2)小鼠，体重18～22 g。用1×10^5/mL的腹水细胞腹腔接种。

(4) 小鼠黑色素瘤B16：1954年首次在C57BL/6小鼠身上发现；实验用BDF_1(C57BL/6×DBA/2)小鼠，体重18～22 g。将肿瘤匀浆(1∶3)接种在C57BL/6小鼠的皮下。

(5) 小鼠 Lewis 肺癌：Lewis(1951 年)于 Wistar 研究所在一只 C57BL 小鼠身上发现，是自发性肺内的未分化的上皮样癌。传代用 C57BL/6 小鼠；实验用 BDF_1 小鼠。将肿瘤(g)和生理盐水(mL)以 1∶3 比例匀浆后，接种在 C57BL/6 小鼠的皮下。

(6) 小鼠结肠癌 26：1973 年用 N-甲基硝基乌拉坦在 BALB/c 小鼠上诱发的腺癌。传代时用 BALB/c 小鼠；实验用 CDF1 小鼠，体重 18～22 g。传代时取 100 g 左右的瘤块用套管针接种于腋部皮下。

(7) 小鼠 M5076：1975 年发现的 C57BL/6 雌鼠卵巢上自发的纤维肉瘤，建株于 Papanicolaouy 研究所。可向肝及卵巢转移。传代用 C57BL/6 小鼠；实验用 BDF_1 小鼠，体重 18～22 g。1×10^6 个腹水瘤细胞接种于 C57BL/6 小鼠腹腔内。

(8) 小鼠 Ehrlich 腹水癌：Ehrlich 腹水癌是一自发肿瘤，来自一只雌性小鼠的乳腺。Ehrlich 腹水癌可以在不同的小鼠种系传代保存，如昆明小鼠、瑞士小鼠、AKR 小鼠、BALB/c 小鼠和 C57BL/6 小鼠。按常规方法传代，每只动物腹腔接种 1×10^6 细胞。

(9) 小鼠肉瘤 180：1914 年在纽约 Crocker 实验室小鼠右腹下部发现的自发肉瘤。经连续传代，目前有皮下实体瘤及腹水瘤之分。实验选用昆明小鼠或 ICR 小鼠，体重 18～22 g。实体瘤时一般以 10 mg 左右的小块接种，也可用匀浆将肿瘤悬液注射于右腋下。腹水瘤用瘤细胞悬液接种，每只小鼠注射 5×10^5 个细胞。一般每周传代 1 次。

(10) 小鼠肉瘤 37 号：是一种未分化肉瘤，来源于小鼠自发性乳腺癌，是 1906 年英国皇家肿瘤研究基金会发现一只老年雌性小鼠胸部长出的乳腺癌，经传代而建立的。皮下接种潜伏期为 4～5 d。宿主寿命为 18～49 d(它的腹水型宿主寿命不超过两周)。瘤细胞呈圆形，形成巢状结构，由毛细血管分隔。瘤细胞间见网织纤维，在传代过程中已转变为肉瘤。

(11) 大鼠 Walker-256 癌：1928 年在一只怀孕大白鼠的乳腺部位自发产生的。传代用非纯种的 SD 大鼠，实验用 F344 大鼠或非纯种大鼠，体重 50～70 g。皮下接种时将一块 2～6 mm^3 瘤块用套管针或 12 号注射针，从腹股沟部位穿刺接种到腋下部位；肌肉接种时用 0.2 mL 肿瘤匀浆(含 10^6 个活细胞)接种到大腿部；腹腔接种时用 0.1 mL 悬浮液(含 10^6 个活细胞)接种于腹腔。

(12) 大鼠吉田肉瘤：这是 1943 年在 20 只大鼠中发现的，这些大鼠用 4-氨基-2,3-二甲基-氨基偶氨苯饲喂 3 个月，同时在背部皮肤上用砷化钾每周涂抹 3 次。它是阴囊部的一个圆形细胞肉瘤。可在不同种系的大鼠上传代，如 SD 大鼠及 Albino 大鼠。3×10^6 个肉瘤腹水细胞接种于皮下可形成实体瘤，接种于腹腔则形成腹水瘤。

（二）动物实验性肿瘤的移植方法

肿瘤移植是抗肿瘤药物筛选最常用的动物模型复制方法。这种模型虽有局限性，不能反映出人体肿瘤的许多特点，但是由于实验操作简单，便于大量筛选抗肿瘤药物。

1. 动物选择

根据瘤源需要，用纯种或杂种动物。一般用杂种动物即可，但有的瘤源必须用纯种动物才能接种成功，如小鼠白血病模型的复制就需用 L615 纯种小鼠。实验用小鼠体重以 18～24 g，大鼠以 50～80 g 为宜。所用动物必须发育良好，身体健康。

2. 接种常规

（1）在严格消毒的接种灶或无菌室内接种瘤液。所用器材必须经过消毒，实验过程中应注意无菌操作。

（2）根据各种肿瘤的特点，选择肿瘤发育良好、生长旺盛的瘤源动物，拉断颈椎处死后，固定于板上，用碘酒及乙醇消毒操作部位的皮肤（消毒面尽可能大些）。取腹水型瘤源，可用注射器抽出腹水，以灭菌生理盐水按表 7-6-1 中浓度稀释（盛稀释液的瓶下放置冰块）后，进行实验动物的腹腔接种。取用实体瘤，需切开皮肤，选取生长良好、无坏死或液化的瘤组织少许，加一定量的生理盐水，用组织研磨器制成细胞悬液，实验动物的接种部位与裸瘤相同。各种瘤源选择时间、接种量和接种方法参见表 7-6-1。

表 7-6-1　常用动物肿瘤接种方法

肿瘤及类别	代　号	一般取用肿瘤时间（天）	接种量（mL）	接种方法	备　注
小鼠艾氏腹水癌	ECA	6～9	0.2	腹腔	≥1 000 万/mL
小鼠腹水癌	K2	6～9	0.2	腹腔	同上
小鼠肉瘤 180	S-180	10～14	0.2(1∶3)	皮下	同上
小鼠肉瘤 37	S-37	10～14	0.2(1∶3)	皮下	同上
小鼠肉瘤 Luol	Luol	10～14	0.2(1∶3)	肌肉、皮下	同上
小鼠肉瘤 AK	S-AK	10～14	0.2(1∶3)	皮下	同上
小鼠肝癌		10～14	0.2(1∶3)	皮下	同上
小鼠白血病	L615	6～7	0.1～0.2	皮下	同上
大鼠吉田腹水肉瘤	YAS	6～7	0.1～0.2	腹腔	同上
大鼠 Walker 肉瘤 256	W256	7～9	0.2(1∶3)	皮下	≥500 万/mL

注：① L615 需用中国医学科学院输血及血液学研究所培养成功的 615 纯种小鼠。② 1∶3 即为 1 g 肿瘤组织加 3 mL 生理盐水

（三）几种常用接种方法

1. 腹水瘤接种方法

抽取接种后第 5～6 d 的小鼠腹水 0.1～0.2 mL，即从下腹部注入，接种于腹腔，注意勿损及内脏。针头穿过皮肤后，将针往前推进少许，再穿过腹壁，这样皮肤与腹壁的刺口不致连通，以免注入的液体外溢。一代接种使用 3～5 只动物。如要进行较大数量的动物接种，则将腹水取出后，先加入相当于腹水量 1/10 的 1% 枸橼酸钠水溶液抗凝。用白细胞计数瘤细胞数后，按比例加入生理盐水，配成每 0.2 mL 中含 400 万个瘤细胞的腹水稀释液。接种时注意避免瘤细胞聚集于注射器的一侧。如一个瘤源不够，可使用两个同代的瘤源。

2. 实体瘤的传代接种方法

（1）悬液接种法：在无菌操作下选择瘤体外围的半透明鱼肉样的瘤组织，剪成小块，放入研磨器中研制成 1∶10 的瘤细胞生理盐水悬液。用注射器吸取 0.1～0.2 mL 注入实验动物的腋窝中部外侧皮下，注意不要注射到腋窝的深部，以免瘤体在生长过程

中侵入颈部或胸廓内，引起动物早期死亡。每次传代用3～5只动物即可。

(2) 小块接种法：从瘤源选出外围生长良好的瘤组织，剪成0.2～0.3 mm^3的小块备用。然后按常规消毒后剪开接种动物皮肤，便于分离皮下组织，使形成一个三角形"皮袋"。将3～5块瘤组织用镊子置入"皮袋"底部。部位以腋窝或腹股沟部为好，因该处血管丰富，容易成活，同时，该处皮肤松弛，容易检查接种效果；且肿瘤有生长余地，不至于侵犯邻近器官，可延长宿主寿命。此外，还有利用套针接种的方法，即将瘤组织块先从套针轴心穿过套针将瘤组织推入皮下。

(3) 瘤组织匀浆接种法：将选好的瘤组织，用组织研磨器研成匀浆(不加生理盐水)，用较粗大的针头吸取，作皮下或肌肉注射。本法适宜接种较大的动物，如兔、犬等。为了保证较高的成活率，注射时可适当加大剂量。

二、肿瘤转移模型的实验方法

肿瘤转移模型的分类目前尚不统一，多数人认为可分两大类，即自发性转移模型和实验性转移模型。自发性转移模型又分为血道转移、淋巴道转移及特异性器官转移模型。血道转移模型，根据裸鼠体内血流特点，形成血运性转移模型，常用脾-肝循环和尾静脉注射，前者是将肿瘤细胞悬液在动物脾内注射，在肝脏形成转移癌细胞，后者是在尾静脉注射肿瘤细胞，在肺脏形成肿瘤。

(一) 转移肿瘤模型筛选的方法

筛选转移性肿瘤模型道常把实验动物的体内实验与肿瘤细胞的体外培养实验结合起来，其基本手段和研究目的可概括为以下三方面。

(1) 在实验动物体内反复接种肿瘤细胞并选出有不同转移能力的肿瘤细胞亚群，在体外实验中进一步明确其生物学特性，研究方法有3种。

① 取临床肿瘤标本或已建株的细胞系，在裸鼠体内形成可以稳定传代的瘤块，观察肿瘤在体内转移状态，取出移植瘤反复筛选，直至形成高转移模型。

② 根据裸鼠体内血流特点，形成血道性转移模型，目前最常用的就是脾-肝循环，即将肿瘤细胞悬液在动物脾内注射。在肝脏内形成的转移癌细胞进行体外培养，再行脾内注射，如此反复循环数次以筛选出高转移瘤株。Kiyoshi采用此法，通过四次循环，从结肠癌病人中分离出高低不同转移特征的肿瘤细胞亚条，用标记发现通过脾内注射24 h后，只有具有高转移特性的细胞亚条能在肝内存活，从而证明了转移细胞条的器官异性。

③ 选择特殊接种部位，肾包膜是缺乏免疫监视的部位，同时它血流丰富，有利于肿瘤转移侵袭的表达。将人食管癌细胞条Eca 10 g移植于裸鼠肾包膜下，发现其侵袭组移植成活率可达66.66%，癌细胞可进入组织间隙，从肾间质向深部侵袭，受侵袭肾小管变性萎缩直至肾组织被癌细胞取代，其代接种部位还有爪垫、腘窝等。

(2) 在体外培养条件下，选出可能与转移密切相关的具有某种生物学特性的肿瘤细胞亚群。如具有强侵袭能力、易粘附性以及各种抗癌免疫防御特点或者相反缺乏这些功能的细胞亚群。在体外实验中所选择到的或者显示或者缺失这些特征的肿瘤细胞再经活体接种鉴定其转移的性质，如遇确有转移性改变的细胞，应表明由此选得了不同转移能力的细胞株，根据这些实验选择途径人们才能对具有各种不同性质的肿瘤细胞进行选择。这项实验不仅能说明肿瘤细胞的选择在转移形成中的地位，而且可以发现某些细胞表面的改变同转移性质之间的联系，从而为转移机制的研究提供线索。如Lang 等发现瘤细胞表面特殊结合部唾液酸的变化与某些瘤细胞转移能力相关，由此可将不同转移潜能的细胞分离，另外利用 Boyden 小室，将 2～4 d 的培养液上清放入下室，要放滤膜，将肿瘤细胞置上室，通过趋化作用，观察滤膜中细胞移动距离。许多类似的方法被用来筛选高侵袭的亚条，如用鸡绒膜尿束、鼠膀胱、眼晶体束、人羊膜和重建基底膜等。黄丹等采用人羊膜作为滤膜，从人胃腺癌细胞条 SGC-7901 中分离出高侵袭力和细胞亚条 39s，经半年传代，生物学特性稳定，具有体外高移动性及体内高侵袭性。

(3) 利用克隆技术，建立肿瘤细胞株，选择克隆形成率高的肿瘤细胞株移植动物体内诱发转移灶，取转移灶肿瘤组织，再经体内筛选，呈高转移模型，采用克隆的方法有以下优点：① 能百分之百的确保建株的细胞是来源于母系肿瘤细胞中的一个细胞；② 各克隆化的细胞株是在相同条件下培养传代，各组细胞均取相近的体外传代数；③ 均使用同一品系的裸鼠在相同的饲养管理条件下进行瘤细胞接种，因此各细胞的转移性客观地反映了不同肿瘤细胞株间的恶性类型。解放军总医院陆应麟采用有限稀释的方法，从肺巨细胞癌 PLA-80 母系细胞中克隆出 4 株细胞，并连续传代，结果发现 D 株在裸鼠体内自发性高转移，C 株不转移（或低转移），因此对高转移的 D 株和低转移的 C 株进行广泛的对比研究是有意义的。广东医学院培根采用有限稀释法进行人低分化鼻咽癌上皮细胞条(CNE-22)的单克隆化培养成功地建立了 25 个单克隆细胞株，并根据细胞电泳率，细胞体外培养的倍增时间、分裂指数及血清培养等筛选指标，从中选出体外生长特性明显差别的两个克隆细胞株 F1 和 H5，前者肺转移率为 5/5，后者肺转移率为 2/5。部分肿瘤细胞转移模型见表 7-6-2。

表 7-6-2 部分肿瘤细胞转移模型

名　　称	移植部位	转移率(%)		
		淋巴转移	肺转移	肝转移
自发转移模型				
小鼠宫颈癌 U27	皮下	90.5	66.6	
小鼠肝癌 H22	肌肉	100	95.8	
裸鼠体内建立的人肺细胞癌株 PG	爪垫皮下	100		
裸鼠体内建立的人肺腺癌株 Anip	皮下	96	86	
实验性转移模型				
尾静脉内移植瘤细胞	腹腔	100	100	
眼球后静脉丛移植瘤细胞	尾静脉	74	88	
脾内移植瘤细胞	眼球后静脉	65	60	
其他直接从淋巴管内移植或门静脉内移植等	脾内	27	18	73

注：引自韩锐主编的《肿瘤化学预防及药物治疗》，1991：368

（二）移植性肿瘤动物模型的实验技术

1. 肿瘤移植部位

（1）皮下接种：操作简单，肿瘤表浅，便于观察，潜伏期短，肿瘤生长速度也较快，是初步移植瘤促成的较好途径。但这种移植部位，肿瘤浸润和转移发生少，与人体实际有一定差距。

（2）腹腔移植：位置深，不易观察和测定，但操作简单，可出现一定比例的转移浸润和腹水。在缺乏技术条件的情况下，若想研究肿瘤形态学、超微结构以及转移等肿瘤恶性表现，腹腔移植可能较皮下移植要好。

（3）原位移植：将人类肿瘤移植于动物相应器官，如人的肝癌移植到裸鼠肝叶上。人癌转移模型的原位移植战略是目前国际上普遍接受的抗人癌侵袭和转移的重要理论基础。最新研究表明，人癌细胞在宿主体内表达侵袭转移力，人癌需要合适的移植环境，而且还依赖瘤细胞之间、瘤细胞与间质、瘤细胞与宿主之间的相互作用。国外已通过原位移植成功地建立了人前列腺癌、肾细胞癌、结肠癌、胃癌和膀胱癌的肿瘤转移模型；国内复旦大学肝癌研究所孙宪采用原位移植的方法，从 30 例人肝癌标本中筛选出一株裸鼠人肝癌高转移模型 LCL-D20，其自发转移率达 100%，同时具有淋巴道与血道转移的特点，转移模式类似肝癌病人。

2. 接种细胞的状态

人恶性肿瘤细胞裸鼠转移模型的来源有两种：原发瘤组织和培养传代的细胞。前者移植成功率低(20.5%)，后者虽较高(65.7%)，但都有一个适应新环境以及能否移植成功的问题。目前比较肯定的是前者，因单个细胞悬液比较分散，受机体免疫状态的影响，很容易被清除，难以形成移植癌，同时成瘤时细胞用量较大。制用腹水瘤细胞数应在 1×10^7 以上；杨善民采用人胃低分化黏液腺癌系 MGC80-3 在皮下接种形成瘤块，然后将移植瘤切成 1 mm×2 mm×2 mm 小块，植入裸鼠脾脏建立了胃癌肝转移模型。

3. 宿主的免疫状况

进入血液及淋巴循环的肿瘤细胞仅有少数得以存活而建立起转移癌，因此可以说转移是一个低效能的过程，其制约因素主要来自于机体免疫细胞，裸鼠的胸腺、脾脏和淋巴结等含有一定数量的巨噬细胞和抗原递呈细胞的功能在裸鼠体内是正常的，具有正常的 NK 和 LAK 细胞功能。北京大学医学部病理学教研室郑杰等报道从尸体解剖的脾脏来源的 LAK 细胞可有效地控制患者自身卵巢胚胎性癌在裸鼠体内成瘤，为了提高裸鼠体内人类肿瘤移植瘤的转移性，在宿主状态性方面必须做大量工作，应用幼鼠(6～8 周)为好，或附加射线照射和各种免疫抑制剂，还有采用无菌 GF 和 SPF 条件饲养动物(减少抗原刺激)都起到一定的作用。瑞士 Sordat 和 Bogenmanm 建立的高转移人肠癌系 Co115，在屏障系统下淋巴结转移为 18/23，肺转移为 29/30，但在普通饲养条件下，淋巴结转移则降为 4/24，肺转移为 3/24。

（三）实验性淋巴道转移模型的实验方法

1. 直接向淋巴管内接种癌细胞

这是最早开始应用的方法，多用家兔移植瘤 V2 和 Brown-Pearce 癌。将癌细胞制成悬液，在麻醉下暴露家兔腘淋巴结的输入淋巴管，用柏林蓝或美蓝注入淋巴管内，标记出淋巴管的部位，再将癌细胞悬液慢慢输入，以便观察癌细胞在淋巴结内停留寄宿及其生长发展、继而向第2个淋巴结转移的过程。还可选用大鼠睾丸淋巴管流向腰部及肾门淋巴结的途径进行癌细胞的移植。

2. 向动物后肢脚掌(脚垫)皮下或皮内接种癌细胞

这是较为常用的方法，可用艾氏腹水癌细胞、Walker256、U27等癌细胞进行小鼠或大鼠后肢脚垫皮下或皮内接种，建立实验性淋巴道转移模型。

3. 骨髓腔内接种癌细胞

Franchi等将艾氏癌细胞和S180(肉瘤180)瘤细胞进行胫骨髓腔内接种，发现用这种方法接种后淋巴结内转移灶比肌肉内接种为多。

4. 尾部皮下接种

Sato(1961)将3种不同小鼠腹水型肝癌于尾部皮下淋巴间隙接种0.01～0.02 mL癌细胞悬液，约含细胞数5×10^6/mL，结果接种后有100%腹后淋巴结(即坐骨淋巴结)发生转移，有50%表浅淋巴结发生转移。如用2%美蓝注射到小鼠尾部两条静脉之间皮下，发现10 min之内染液可达坐骨淋巴结(坐骨淋巴结位于尾根部左右臀肌肉深部的一个陷窝中)。

5. 鼠类阴茎皮下接种

Takazawa(1976)等首次使用这个部位接种。实验者将大鼠腹水型癌细胞悬液0.2 mL接种于阴茎皮下，含1×10^7个细胞。接种后局部肿瘤生长良好，第7 d时就发现腹股沟淋巴结显示有转移，第12 d处死动物，结果见癌细胞尚可转移到腘窝淋巴结及腰淋巴结(即髂动脉旁淋巴结)。电镜检查证明大鼠阴茎皮肤有丰富的淋巴丛，这可能是容易转移的根据。

6. 鼠类后肢大腿内侧皮下接种

这也是淋巴道转移的良好部位。莫维光用小鼠腹水型肝癌(H22)0.2 mL，活细胞数为5×10^6/mL，接种于小鼠左后肢大腿内侧皮下，在不同时间将动物处死，发现15 d后可见同侧腹股沟淋巴结、腘窝淋巴结及腰淋巴结有癌转移灶。腹股沟淋巴结转移率为60%，19 d后同侧腹股沟淋巴结转移率达100%，同时对侧腹股沟淋巴结及腋窝淋巴结也查见40%～50%的转移率。说明这个部位接种这种癌细胞后也可达腹股沟淋巴结，并有向全身扩散的趋向。

(四) 肿瘤体内侵袭模型的实验方法

肿瘤的恶性行为表现为瘤细胞侵袭性破坏宿主组织和向远处转移，而肿瘤转移之前，一般在原发部位先发生侵袭性生长，侵袭可直接或间接引起转移导致宿主死亡，故侵袭性是肿瘤恶性行为的主要特征之一。肿瘤细胞侵袭性实验研究方法分体内和体外两大类。

这类方法的特点是能显示癌细胞侵袭过程与宿主之间的相互关系。但也存在一定缺点，由于机体影响因素复杂，难于分析某一种因素与侵袭之间直接关系。

(五) 人癌转移模型

免疫缺陷动物的出现使人们得以进行人癌转移的实验研究。近年来国内外相继报道人肺癌、胃癌和鼻咽癌细胞系人癌转移模型。北京大学医学院病理学教研室吴秉铃等曾研究出高转移人肺巨细胞癌系 PG 裸鼠移植模型，皮下接种淋巴结转移率可达100%，肺转移率为 83%，长期传代高转移特性不变，且在不同遗传背景的宿主均表达高转移性。哈尔滨医科大学病理教研室王普如将体外培养的人肺腺癌 AGZY-83-A 接种于腹腔形成腹水瘤，反复传代 9 次后，接种动物 100%出现纵隔和肺转移瘤，继续传到第 12 代，腹腔接种引起的肺转移程度增高，皮下接种所致的再发性肺转移及静脉注射后的实验性肺转移也较母系增多。浙江省肿瘤研究所许沈华等报道了一株人卵巢癌裸鼠皮下移植瘤转移模型(NSMO)，传至第 21 代，成瘤率为 100%，肺转移率为 79%，淋巴结转移率为 50%。综上所述，裸鼠体内表达转移模型的人癌细胞多为未分化或低分化肿瘤，多来源于体外培养的肿瘤细胞系。肿瘤接种部位不同对肿瘤转移率有明显的影响。鉴于自发性转移代表了转移的全过程，应为研究肿瘤转移的首选模型；作为分阶段研究转移过程的实验性转移模型，如静脉内注射肿瘤细胞也有其实用价值，但在分析实验结果时，应注意到实验转移模型与自发转移模型的区别。

四、移植性肿瘤的基本特点

移植性肿瘤在肿瘤研究中具有重要地位。肿瘤化疗所应用的大多数抗肿瘤药物，都是通过荷移植性肿瘤的动物实验而被发现的。因此，它是筛选抗肿瘤新药中最常用的肿瘤模型。由于它固有的优点，移植性肿瘤在放疗、中医等方面的研究中，也被广泛应用。

（一）移植性肿瘤的基本条件

所谓移植性肿瘤，就是当一个动物的肿瘤被移植到另一个或另一种动物身上，经过传代后，它的组织类型与生长特性(包括接种成活率、生长速度、自然消退率、宿主反应及宿主寿命等)已趋稳定，并能在同系或同种受体动物中继续传代，即成为一个可移植的瘤株。一般经过 20 代的连续接种，可达到这种稳定状态。因此，移植性肿瘤的基本条件是：

(1) 能够准确地重现所需研究的肿瘤，否则，在传代过程中可能发生组织类型或生长特性的改变，并可直接影响实验结果的可重复性。

(2) 可供众多的研究者使用。也就是说，这种肿瘤易于移植成功，而且生长速度适宜，便于广泛应用，可成为多种实验研究的模型。

(3) 有足够的肿瘤体积可提供多种研究的需要。如果肿瘤体积太小，既不利于传代移植，也不可能满足多种研究的需要。

(4) 操作技术适合于多数研究者。也就是说，尽量避免采用一般实验室不可能具备的技术条件(包括器具、接种传代用针等)以及繁琐的操作步骤，力争简便易行。

(5) 适合绝大多数实验室饲养和使用。移植性肿瘤的宿主动物，应是大多数实验室适合饲养的，而且被移植的受体动物是大多数实验室经常使用的；尽量少用饲养条件要求苛刻的宿主动物或受体动物。

(6) 荷瘤动物应有足够的存活时间，可供研究者连续观察。也就是说，移植性肿瘤的生长速度不宜过快，恶性度也不宜太高。否则，宿主动物可能在较短(指接种肿瘤以后)时间内死亡，使较长时间的连续观察无法实现。

事实上，现在国内外常用的移植性肿瘤，基本上都满足上述基本条件。世界上保存的(包括现在正在传代移植和冷冻保存的)移植性肿瘤有500多种,基本上可分为同种移植和异种移植两大类。

（二）移植性肿瘤的来源

肿瘤的动物模型,实际上只有两大类型,即自发性动物肿瘤和诱发性动物肿瘤两种。很显然,移植性肿瘤不是动物自发的或被诱发的,而是人为造就的一种类型的实验肿瘤。移植性肿瘤的来源有两个:一个是诱发性肿瘤,包括化学致癌物诱发的肿瘤和物理因素诱发的肿瘤等;另一个是动物的自发性肿瘤。

1. 以诱发性动物肿瘤为来源建立的移植性肿瘤

(1) 用化学致癌物诱发肿瘤建立的瘤株:这是常用并易于成功的方法。化学致癌物诱发的肿瘤又可分为原位诱发和异位诱发两种类型。原位诱发是将多环芳烃类等化学致癌物接触诱癌的部位或器官(如用致癌物局部涂抹、注入、埋藏或用穿线法等诱发肿瘤),或将具有器官亲和性的致癌物(如亚硝胺等)诱发出预定部位或器官的肿瘤后,再将此原发瘤移植于同系同种动物,并经连续移植和传代而建立瘤株。异位诱发是将与致癌物作用过的器官或组织移植于自体或同系、同基因的正常动物皮下,诱发所需要的肿瘤。以宫颈癌U14和U27为例,用甲基胆蒽穿线法穿入幼鼠子宫颈后,将子宫颈切除移植于同系成年小鼠皮下3个月后,诱发出异位子宫颈癌,将该癌组织在同系小鼠移植传代后,建立了U14和U27瘤株。异位诱发瘤的优点是,瘤体位于皮下,便于观察肿瘤的生长情况。本法成功的关键是,一次给予足够量的致癌物,而所用的被移植组织(如上述的鼠子宫颈)应能长期保留且不被动物机体吸收或排出。但也要防止因为致癌物外溢而引起移植部位以外的其他肿瘤。

诱发肿瘤生长旺盛时,宜以小块法取出新生瘤组织,移植于同种同系动物或裸鼠皮下,进行移植传代。受体动物有时需酌情加一些降低机体免疫力的措施,如注射可的松或适量放射线照射等,以使肿瘤在受体动物体内易成熟,并保证传代成功。

(2) 用物理因素诱发肿瘤建立的瘤株:此种瘤株也不少,如小鼠粒细胞性白血病L801,就是来源于^{60}Co-γ线照射LACA雄性小鼠后诱发出的粒细胞性白血病,然后取其脾悬液注入同系小鼠尾静脉后所建立的瘤株,移植成功率达99.5%。此外,其他物理因素诱发的肿瘤,如紫外线诱发的皮肤癌、玻片皮下包埋后诱发的纤维肉瘤等,均可建成移植性肿瘤。但是,目前国内外这种来源的移植性肿瘤尚不多。

2. 以动物的自发性肿瘤为来源建立的移植性肿瘤

这类移植性肿瘤在国内外所建立的移植性肿瘤中占有相当数量,包括实体瘤、腹水癌及白血病瘤株。在本章第四节动物自发性肿瘤中,已提及动物的不同部位和器官都可发生自发性肿瘤。在实际应用中,可根据实验需要,将不同部位和器官的自发性肿瘤移植于同种或同系动物。如果将人类肿瘤移植于免疫缺陷动物,经连续移植传代后可获得所需要的移植性肿瘤。小鼠的实体瘤和白血病是移植性肿瘤的重要来源。此外,兔的乳头状瘤、鸡的肉瘤和白血病、鸭的肝癌等都可以用于建立动物的移植性肿瘤。目前,有关人类肿瘤瘤株的建立已有大量资料。

3. 腹水瘤的建立

在动物的自发性肿瘤移植和人类肿瘤中,并没有腹水瘤。腹水瘤是移植性肿瘤中人工建立的一种特殊类型的肿瘤，也是肿瘤实验研究中常用的一种肿瘤模型。

建立腹水瘤时，将动物移植性实体瘤细胞注入同种受体动物腹腔内，或将实体瘤移植于受体动物腹壁内或其他部位，待肿瘤生长后，引起腹水，腹水内含有大量的肿瘤细胞。将这种带瘤的腹水给同种同系动物移植传代后，即可成为腹水瘤。

一般腹水瘤接种后第 5 d，核分裂象达到高峰，偶见有三极或四极分裂象。腹水瘤初建时，腹水常呈血性，即含大量的红细胞，少量肿瘤细胞；经多次传代后，肿瘤细胞逐渐增多，而红细胞逐渐减少，直到腹水渐渐变成乳白色时，再经传代稳定后，即为移植性腹水瘤。腹水的作用与培养基相似，可给肿瘤细胞提供所需的营养。若将腹水瘤细胞再移植于受体动物皮下，又可成为实体瘤。因肿瘤细胞游离于腹水内，所以其外形均呈圆形，体积有大、中、小之分。不同类型腹水瘤中的大、中、小细胞的标准及数量有显著差异。以 LⅡ（网织细胞肉瘤 2 号）为例，细胞直径在 13 μm 以下者为小细胞，13～22 μm者为中细胞，22 μm 以上者为大细胞。有些肿瘤细胞边缘偶见大小不等的泡状突起，称为“鼓泡”。扫描电镜观察发现，各种腹水瘤的表面形态结构不同，有的以泡状突起为主，有的以皱褶状结构为主，有的则以微绒毛为主。肿瘤细胞的各个周期的表面结构也有显著差异。

（三）移植性肿瘤的优缺点

移植性肿瘤之所以被广泛应用于肿瘤研究，是由它的基本特征决定的。

移植性肿瘤的优点是：接种一定数量的肿瘤细胞或无细胞滤液（病毒性肿瘤）后，可以使一群动物带有同样的肿瘤，生长速率比较一致，个体差异较小，接种成活率可达100%；对宿主的影响（包括生存时间、机体反应等）也类似，易于客观地判断疗效，而且可在同种或同系动物中连续移植，长期保留，供连续或重复试验研究之用；试验周期一般均比较短。这是绝大多数移植性肿瘤，包括各种实体瘤、腹水瘤和白血病等被广泛使用于实验肿瘤研究的根本原因，尤其在抗肿瘤药物的筛选中。

但是，移植性肿瘤也有缺点。这类肿瘤生长速度快，增殖比率高，体积倍增时间短，这是与人体肿瘤的显著不同点，特别是与人体的实体瘤差别更大。许多国家经常改变用于筛选抗肿瘤药物的移植性瘤株，主要原因可能也与其缺点有关。

目前世界上保存有约 500 种的移植性肿瘤，多数为小鼠肿瘤，其次是大鼠和仓鼠的移植性肿瘤。在众多的移植性肿瘤中，小鼠的 Lewis 肺癌、B16 黑色素瘤和白血病 P388 是目前最受重视和应用最广的，尤其在抗肿瘤药物（包括新药筛选、药理作用等）的实验研究中。

（李　勇）

第八章 人类感染性疾病的比较医学

人类感染性疾病的病原体(包括细菌、病毒等病原微生物和寄生虫)可以在人与人之间、人与动物之间或动物与动物之间进行传播,这是不同于其他疾病的根本特征。由于人类与动物界在生物学上有不同程度的亲缘关系,使得人类和多种动物对很多病原体都有不同程度的易感性,因此可以利用动物进行各种感染性疾病的研究,尤其在细菌性感染性疾病的研究中,动物的应用十分广泛,并且做出了突出的贡献。

第一节 人类感染性疾病研究中实验动物的选择原则

多种因素都可影响实验结果的准确性和可靠性,选择什么样的实验动物做实验是感染性疾病研究工作中的一个重要环节,在不恰当的动物身上进行实验,常可导致实验结果不可靠,甚至使整个实验徒劳无功,直接关系到科学研究的成败和质量。感染性疾病研究工作中实验动物的选择,首先应根据实验目的和要求来选择,因为每一项科学实验都有其最适宜的实验动物。实验者应当考虑自己所选择的动物是否具备以下条件:① 比自然感染更为简单,因而易于操作和复制;② 可模拟在自然宿主感染中的主要特征,从而使实验结果能够类推到人体感染的情形;③ 必须表明在细胞水平和分子水平的特征。在实验方案中,如果有不同种类的动物模型可供选择,应选择来源容易、成本低、容易管理与实验操作的动物。选择时还要注意以下几个方面:

一、年龄、性别

动物的年龄和性别是感染性疾病研究中首先考虑的重要因素。使用免疫能力不完全的新生期动物可能比较大年龄的动物更敏感。例如在小鼠中,乳鼠通常比成年鼠对特定途径接种病毒更为敏感,其抵抗力普遍随着断乳年龄开始变化。在大多数研究中,常选用雌性动物,因为于雌性动物较温顺、较少厮打,不易发生因厮打引起的伤口细菌性感染,且雌性小鼠对抗原刺激比雄性小鼠更敏感。另外,某些动物在对病毒感染的反应中也存在着性别差异,如少数雄性近交系小鼠表现出对柯萨奇 B1 病毒感染引起的肝炎比雌鼠更为敏感;性腺切除提高雄性小鼠的抵抗力而降低雌鼠的抵抗力。

二、品系

由于遗传背景不同,不同品系的实验动物对感染性疾病病原体的敏感性或抵抗性是不同的。近交系动物，如小鼠、大鼠、豚鼠及家兔等，有明确的遗传状态和组织相容性位点。尤其是近交系小鼠，品系繁多，遗传背景各不相同，它们对病毒感染的敏感性和抵抗力可能有相当大的变化，如表 8-1-1 所示，应根据实验目的选择合适的品系。

表 8-1-1 不同品系的小鼠对病原体抵抗力的差异

病原体	敏感品系	耐受品系
鼠伤寒沙门菌	BALB/CJ；DBA/1；C57BL/6J；C3H/HeJ；BALB/c；B10；D2/n；B10. M；C57BL/10J	A/J；CBA；C3H；DBA/2；I/St
牛型结核杆菌	CBA/JG；C3H/HeCr；C3H；SW	B10. BR；C57BL/6J；C57BL/Ks；C57BR/cdJ
产单核细胞增多性李司特菌	BALB/Cj；CBA/H；C3H/HeJ；A/J；129/J；C3H. OL/sf；LP. RⅢ；DBA/1F；DBA/2J；WB/Re；3H. OH/sf	B10. A/sg. sn；B6. CH-2[d] BY；B10. D2/sn；B6. PL(74NS)/cy；C57BL/6J；C57BL/10ScSn；NZB/WEHI；SJLWEHI[b]
铜绿色假单胞菌	A/J；A/Wysnl；A. BY	C3H/HeJ；C3H/Hesn；C3H. SW/sn
麻疹病毒	A；CBA/J；C3H/HeJ	SJL/J；SJLD
脊髓灰质炎病毒	AL(对 Lansing 株)；C3H/HeN(对 Lansing 株)	
狂犬病毒	AL(固定株)；C3H/HeN(固定株)	
仙台病毒	Yo；129/Rrj	SJL/J
枯氏锥虫	C3H/He	C57BL/6J
热带利什曼原虫	BALB/c	CBA/LAC；C3H/He；C57BR；A；ASW；C57BL/6J；C57BL/10J；CBA

三、营养

实验动物的营养是否适宜，不但会影响动物的健康，而且可以直接或间接地影响实验结果。因为多种营养成分包括蛋白质、糖、脂肪、维生素、矿物质等均可影响动物的免疫力，加强或削弱实验动物对病原体的敏感性。

四、健康标准

一般情况下，健康动物对各种刺激的耐受性比不健康、患病的动物要大，实验结果稳定，而患病或处于衰竭、饥饿、寒冷、炎热等条件下的动物，均会影响实验结果，因此应选用健康动物进行实验。另外，选用的动物应没有该动物所特有的疾病，如小鼠的脱脚病(鼠痘)、病毒性肝炎、肺炎和鼠伤寒等；大鼠的病毒性肺炎和化脓性中耳炎等；豚鼠的维生素 C 缺乏症、沙门菌病等；家兔的球虫病、巴氏杆菌病等；猫的传染性白细胞减少症、肺炎等；犬的狂犬病、犬瘟热等。

五、实验环境

动物只有在舒适的环境中才能正常生长、发育、繁殖，实验环境是实验动物生存的必要条件。不适宜的环境因素(如不适宜的温度、湿度、空气洁净度、光线、噪音以及动物的饲养密度等)不仅会导致动物抵抗力下降，易于感染细菌或病毒，而且还将导致垫料与饲料发生霉变，进一步威胁动物的健康，影响实验结果的准确性。在实验过程中应尽可能将环境因素控制在标准范围内，如光照10～12h/d，噪音不高于50 dB，换气次数8～16/h等。我国技术监督局1994年批准颁布了实验动物环境及设施标准(GB/T 14925－94)。该标准规定了实验动物环境及设施区域的设置、建筑设施、设施分类、设施区域的设置、垫料、饮水和笼具的要求及试验方法等。应充分利用和创造有利因素、消除和防止有害因素以确保实验动物的健康并符合实验研究的目的。

六、微生物状态

选择与研究题目相适合的微生物状态的动物是非常必要的。因为动物体内自然存在的感染可能干扰实验结果，如支原体、仙台病毒的存在可以影响呼吸道疾病的发生。动物饲养环境和科学管理水平情况，是实验过程中动物微生物状态是否稳定的主要因素。如果使用我国制定的二级以上的动物，那么饲料、饮水及垫料的灭菌应当合乎要求；饲养环境和饲养员的技术水平也应有保障。在实验中，如果选择SPF、GN、GF动物，可以减少在实验过程中发生感染的影响。应避免各种动物掺杂饲养或在同一个动物房饲养，尤其应当注意多种途径来源的动物，不应在同一控制间饲养。另外，如果饲养员、实验人员身上具有人畜共患病，对动物是一种潜在的污染源，也应予以注意。在操作中应当使用灭菌处理的口罩、手套、衣服，皮肤应进行消毒，尽可能减少对动物污染的危险。实验者如果想明确知道自己的动物在实验过程是否被外来微生物污染，尤其是对实验结果有影响的微生物污染，可以对动物进行微生物监测。可以在实验前、后对动物进行检疫；在实验期间，也可以放置对照的SPF、GN或GF动物作为警报动物，实验结束时对警报动物进行微生物监测，可以得到准确的情况。

第二节 人类感染性疾病的敏感动物

一、引起人类疾病的代表性病毒的敏感动物

(一) 登革病毒

乳鼠是最敏感的实验动物，颅内接种后约1周，实验动物发生脑炎而死亡。成鼠对病毒不敏感，但病毒经鼠脑传代成为适应株后，可使3周龄小鼠发病。灵长类动物如猩猩、猕猴和长臂猿等对病毒易感，并可诱导特异性免疫反应，常作为疫苗研究的动物模型。

(二) 乙脑病毒

乳鼠和成年小鼠颅内接种后发生致死性脑炎，腹腔内接种后乳鼠发生致死性脑炎。恒河猴、食蟹猴和成年仓鼠颅内接种后发生致死性脑炎，但周围途径接种时只发生无症状的病毒血症。

（三）脊髓灰质炎病毒

1908 年 Landsteiner 和 Popper 成功地把脊髓灰质炎病毒传染于猴。在后来的 40 年里证明了亚人类灵长类因能经消化道感染，有些病毒株亦适应于实验室的啮齿类。猩猩感染脊髓灰质炎病毒后能发生与人类完全相似的疾病。各种不同的狒猴对脊髓灰质炎病毒亦有感受性。病毒接种途径多样，颅内注射未必是最佳的，可用腹腔注射、坐骨神经附近的深部肌肉注射、鼻腔滴注等，实验操作中最好以不同方法混合接种。啮齿类动物（棉鼠、小白鼠、田鼠等）可经颅内接种。

（四）柯萨奇（coxsackie）病毒

根据病毒对乳鼠的致病情况将其分为两组：A 组产生弥漫性心肌炎伴有肌纤维的坏死；B 组主要引起大脑局部退行性病变等。柯萨奇病毒常用的传代和分离方法是，乳鼠颅内、腹腔内或皮下接种。4～5 日龄的小鼠对 A 组病毒的感染仍然敏感。但 B 组病毒在 1 日龄或更小的小鼠体内繁殖最好。通常乳鼠在症状出现后 24 h 内死亡。

（五）流感病毒

动物模型最好用雪貂，也可用小白鼠、金黄地鼠、豚鼠、猴及猪。雪貂对甲、乙型流感病毒均敏感，是较为理想的流感动物模型，病毒经雪貂鼻腔内接种即能对雪貂致病，并易传播给其他雪貂和人。其症状与人相似，发热并伴上呼吸道感染，痊愈后血清中可产生高滴度抗体。小鼠对流感病毒亦敏感，但发病后症状与人不同，主要表现为下呼吸道感染，并死于肺炎。金黄地鼠常用于研究流感病毒温度敏感变异株。地鼠的体温和鼻部温度与人相似，接种后多为隐性感染，但可在鼻、肺部测出病毒繁殖量。

（六）麻疹病毒

除灵长类外，一般动物均不易感染。1911 年该病毒首次成功地传给猕猴。以后研究发现，除了接触和吸入外，其他种类的猴，如猿类、恒河猴、爪哇猴、倭猴等，对各种不同接种途径也易感。其症状类似人类麻疹。潜伏期为 4～15 d，约一半动物有皮疹、结膜炎、卡他症状和发热。

（七）狂犬病毒

常选用中国地鼠、小白鼠、豚鼠和兔建立实验室感染，颅内接种比皮下或肌肉注射更可靠。小鼠的狂犬病潜伏期一般为 8～14 d，之后表现为竖毛、弓背、活跃兴奋或淡漠无力，进而战栗，后肢瘫痪，死亡。家兔感染狂犬病毒后初始症状为瞳孔扩张，数小时后呼吸困难、瘫痪。豚鼠接种病毒后常有兴奋期，性情凶暴，最后瘫痪。

（八）单纯疱疹病毒

家兔为最适宜的实验动物，豚鼠、小白鼠、地鼠亦可使用。家兔角膜接种后可导致角膜结膜炎，颅内接种后则出现脑炎症状，最后死亡。豚鼠角膜接种后病损与家兔相似，颅内接种后有发热，偶有脑炎症状。若采用皮肤接种途径则最好在实验动物足部皮内作划痕，接种后可出现皮疹。小白鼠可经颅内或腹腔接种病毒。

（九）甲型肝炎病毒

1967 年 Deinhardt 等首次证明甲型肝炎病毒可在狨猴体内增殖。此后发现黑猩猩、红面猴等对甲型肝炎病毒均易感，实验动物经口或静脉途径接种病毒后，肝组织呈现肝炎的病理改变，肝细胞内可检测到甲型肝炎病毒抗原，恢复期血清中则可检测出相应的抗体。

（十）乙型肝炎病毒

黑猩猩对乙型肝炎病毒易感，是研究乙型肝炎病毒的最佳动物模型。狨猴虽可感染该病毒但不如黑猩猩敏感。此外，土拨鼠、地松鼠和鸭等也可作为乙型肝炎病毒的动物模型。我国常用乙型肝炎病毒感染的鸭模型进行抗病毒药物的筛选以及免疫耐受机制的研究。

二、引起人类疾病的代表性细菌的敏感动物

（一）结核杆菌

常用的实验动物是豚鼠，豚鼠对人型和牛型结核杆菌都比较敏感，接种后能产生典型的结核病反应。颅内接种注入约 10^6 个活菌数，2 周左右即可出现明显症状。家兔对牛型结核杆菌反应较敏感，而对人型结核杆菌的反应不稳定，常用于鉴定人型与牛型结核杆菌，还可用于制备免疫血清、测定药物疗效、药物毒性以及空洞形成等研究。肺内接种结核杆菌的家兔，可以为空洞的研究与气管内给药治疗提供实验模型。在灵长类动物中，猴子、猩猩以及无尾猿均能接受人型与牛型结核杆菌实验性感染。

（二）鼠伤寒沙门菌

常用的实验动物模型为小鼠、大鼠及豚鼠，感染途径以口饲或腹腔接种为主。接种后动物出现腹泻。组织病理学研究显示，小肠上皮有显著的腺管伸长和回肠绒毛畸变；上皮表面的损害及有显著的黏膜固有层的细胞浸润；在回肠中，发现有少数的微小溃疡，但大的溃疡一般在盲肠中，其严重性和回肠损害程度及腹泻的临床症状之间存在着实际的相互关系。

（三）志贺菌

在动物中，猴子是唯一自然感染的宿主，可以经口获得感染，其症状与人相同。因此，从其身上所获得的资料，类推到人体的价值也最为可靠，是志贺氏菌最好的实验动物模型。在实验中，可经口服途径进行感染，也可使用灌肠法，其方法是先将猴子麻醉，从肛门插入导管 20～30 cm，可将菌液经导管液入肠内。一般感染后 1～3 d 即可发病。犬、猫若感染成功，也可获得与人相似的症状，因而也是有实用价值的实验动物模型。

（四）霍乱弧菌

针对霍乱的研究，一个良好的实验动物模型应当具备以下条件：能模拟人体霍乱的临床症状；免疫学方法是成熟、有效的；发病过程至少有数天；用最低限度的人工操作，可以引起实验性霍乱。有报道犬霍乱模型几乎能满足上述的所有条件，只是由于实验成本较高使其应用受到限制。由于秘鲁兔体型小，价格比犬便宜，对霍乱弧菌敏感，可作为一个有用的动物模型，进行霍乱弧菌相应的研究。小鼠普遍用于霍乱毒素效应和在肠道中保护性抗体的研究。

（五）流感嗜血杆菌

细菌性脑膜炎在儿童中仍然有较高的发病率，半数以上的细菌性脑膜炎患儿病原体为流感嗜血杆菌 B。用 10^7 数量级的流感嗜血杆菌 B 接种 5 日龄的大鼠，48h 即引起菌血症，并且在具有菌血症的动物中，73％具有脑膜炎。

（六）葡萄球菌

葡萄球菌是最常见的化脓性球菌之一，乳猫对葡萄球菌胃肠毒素的感受性很强，可用作胃肠毒素检查实验，经口服或腹腔注射或静脉内注射均可。经静脉接种的乳猫，15 min至 2 h 内即发生寒战、呕吐以及腹泻等胃肠炎症状。如用猴子实验则效果更好，但其价格昂贵，又不易管理，从而限制了其应用价值。

（七）小肠结肠炎耶尔森菌

可通过静脉或胃内接种途径感染小鼠建立疾病模型，应用于开创相应的诊断试验、治疗方法以及细菌的致病性和免疫学方面的研究。

（八）厌氧菌

为了更好地了解厌氧菌致病力与菌种之间的协同作用以及评价可能的治疗药物，开创适宜的动物模型是十分必要的。在小鼠中，通过注射一种无芽孢厌氧菌或多种芽孢厌氧菌的混合物，可引起进行性肝内脓肿，酷似人类疾病的某些临床特征。

（九）炭疽芽孢杆菌

该菌在自然条件下主要对食草动物及人有致病性，小白鼠、豚鼠、家兔及金黄地鼠可作为实验动物模型，而大鼠则因具有抵抗力不易感染本菌。

三、引起人类疾病的代表性寄生虫的敏感动物

（一）阿米巴原虫

阿米巴原虫可导致阿米巴脑膜炎，是人类的一种原发性、致命性中枢神经系统疾病，遍布全世界。实验室小鼠感染模型，可以复制出人类患病的基本特点。溶组织内阿米巴可导致人类阿米巴痢疾，大鼠、小鼠、豚鼠、猫和家兔可作为实验动物感染模型，一般都是通过肛门或直接用手术置入盲肠把大量滋养体接种于肠道后段。

（二）疟原虫

疟原虫具有宿主特异性，人类的 4 种疟原虫不能自然地感染动物。在 1966 年以前，均使用鸡疟疾、猴疟疾和啮齿类疟疾作为人类疟疾模型研发抗疟药物。后来发现切除脾的枭猴可用于间日疟和恶性疟的原虫感染，使研究人员有机会在实验动物体内研究人的疟原虫感染后的生物学特性和化学药物治疗的情况。

（三）弓形虫

弓形虫可寄生于多种宿主的有核细胞内，人、哺乳动物、家禽等都是易感的中间宿主。先天性弓形虫病可通过母婴垂直传播，引起流产、早产、畸胎或死产。弓形虫通过短尾猴实现胎盘传播的疾病模型已见报道。

（四）卡氏肺孢子虫

卡氏肺孢子虫寄生在人和多种哺乳动物的肺内，属机会致病性寄生原虫。在免疫力低下的宿主，如艾滋病患者，可引起卡氏肺孢子虫性肺炎，致死率极高，如未及时治疗，死亡率几乎为 100%。对脏器移植者，也是常见的并发症，且往往导致移植手术以失败而告终。目前卡氏肺孢子虫的动物模型的建立方法已相当成熟，已有仓鼠、鼠、兔、裸鼠和犬等动物感染模型的研究，只要给予实验动物一定量的皮质类固醇激素作为免疫抑制剂抑制其免疫系统，在一段时间内（平均 3～8 周）就可以诱发实验动物感染肺孢子虫。

（五）班氏丝虫

1970 年以来，Ash 和 Riley 以 3 种布鲁属丝虫感染长爪沙鼠成功，为淋巴寄生性丝虫建立了小型动物模型，成为深入了解人体丝虫病的临床、流行病学和防治研究的有力工具。

（六）血吸虫

血吸虫病肝纤维化研究已有 80 多年的历史，家兔、小鼠、大鼠等动物可用于制备疾病模型。实验表明虫卵肉芽肿巨噬细胞是成纤维细胞增殖因子和趋化因子的主要来源。动物种属、性别及其感染的虫株不同，其肝纤维化程度也不同，因此在实验室结果的相互比较中应慎重。

第三节　人类感染性疾病的比较病理学——诱发性动物模型

一、人类病毒性疾病的比较病理学——诱发性动物模型

（一）流行性出血热动物模型（animal model of epidemic hemorrhagic fever virus infection）

1. 流行性出血热病毒亚临床感染动物模型

目前有非疫区黑线姬鼠、大鼠、长爪沙鼠、家兔等，实验动物感染后为亚临床感染，无明显病理变化，主要用于病毒的分离和传代，为病毒性发热提供理化检测指标。非疫区黑线姬鼠是最早用于病毒分离和实验研究的动物。肌肉、皮下、肺脏、鼻腔、腹腔或经口等接种途径均可使动物感染。长爪沙鼠接种病毒后，第 1 代即可感染，无需传代适应；脏器内检出特异性荧光部位与黑线姬鼠相同，接种病毒后 4 d，肺组织中查见病毒抗原，5～7 d 达高峰，通常于 10～14 d 消失。接种后 8 d，可查到抗体，14 d 达高峰。病毒感染的家兔，与长爪沙鼠成鼠一样，亦为无症状短期自限性隐性感染。

【造模方法】

（1）选用体重 30～50 g 的长爪沙鼠，雌雄不限，根据接种途径的不同每只鼠注射或滴入不同量的病毒悬液，肺内 0.1 mL，皮下 0.3 mL，腹腔 0.5 mL，肌肉0.2 mL，口腔 0.1 mL 滴入，鼻腔 0.05 mL 滴入。

（2）选用未经疫苗免疫的非疫区德国纯种成年白毛兔，体重 2.3±0.20 kg，雌雄不限，基础体温 38.5±0.3 ℃，腹腔注射病毒悬液 1 mL。

【模型特点】

（1）肌肉、皮下、肺脏、鼻腔、腹腔以及经口 6 种途径接种第 1 代即可感染，脏器内检出特异性荧光，有明显抗体反应，排泄物和血液中均可分离到病毒。

（2）兔接种后 22～24 h 出现发热，平均发热高峰为 40.12 ℃，持续 5～7 h，脑脊液前列腺素 E_2、环核苷酸等中枢发热介质上升，脏器中可找到病毒抗原。

2. 流行性出血热病毒致病动物模型

目前使用的模型动物有小鼠乳鼠、大鼠乳鼠、裸鼠及环磷酰胺处理的金黄地鼠等，实验动物感染后为显性感染甚至死亡，主要用于流行性出血热的发病机制研究、药物筛选等。小鼠乳鼠是第一个被报道的肾综合征出血热病毒动物模型的模型动物，CD-1、ICR、BALB/c等品系乳鼠均对病毒敏感，颅内、腹腔、肌肉、皮下接种等途径均可使其感染。颅内、腹腔联合接种与单纯颅内接种相比，在发病时间、抗原分布上无明显差别。除以上提及的实验动物外，据报道，猕猴可能有望成为更为理想的致病动物模型。

【造模方法】

选用出生后2～4 d的纯种BALB/c乳鼠，将来自感染细胞的培养物或感染动物的肺和脑悬液，经−70 ℃交互冻融3次后，4 ℃、3 000 r/min离心30 min，取上清液用滤菌器过滤，在乳鼠脑内接种0.02～0.03 mL滤液。

【模型特点】

接种后多数乳鼠有耸毛、个体瘦小、动作迟缓等表现，继而出现后肢麻痹，直至死亡。部分乳鼠接种后13～15 d发病，表现为活动减少，精神萎靡，皮毛耸起卷缩和昏迷，但无后肢麻痹现象，一般在发病后1～2 d死亡。5 d后脑切片、肺切片检查，可见散在的特异性荧光颗粒，至第9 d，进展为灶性感染，第14 d时，病毒感染范围进一步扩大，同时在心、脾、肝、胸腺、肾等组织中亦可检出病毒抗原。死亡后的病理改变：脑表现为脑膜及脑实质的毛细血管扩张充血，血管内皮细胞肿胀，管外淋巴间隙增大，有时可见微血管内红细胞互相粘集而成血液淤滞状态，血管周围淋巴单核细胞浸润，偶可见有坏死灶；肺泡壁毛细血管高度扩张、充血、水肿渗血及微血管内血液淤积，均有程度不等的间质性肺炎改变，浸润细胞以淋巴、单核细胞为主；肾脏均表现为皮质部肾小球毛细血管扩张充血，间质内大小血管扩张充血及灶性出血，近曲小管上皮细胞混浊或滴状玻璃样变性，髓质部主要为间质毛细血管充血及血管内血液淤滞，并可见有红细胞漏出，未见大片出血的病变。在病死小鼠脏器组织中，可检测并分离到病毒，其中以脑和肺最多，另外可见肾脏充血，部分肾小管上皮细胞变形、坏死等。

（二）甲型肝炎病毒感染的动物模型（animal model of hepatitis A virus infection）

随着甲型肝炎病毒抗原及其抗体检测技术的发展，使得测试猩猩对甲型肝炎病毒的敏感性研究成为可能。先筛选出抗甲型肝炎病毒抗体阴性的猩猩，然后再通过静脉或口服途径接种甲型肝炎病毒，在病程的潜伏期或隐性期内，可在动物粪便中排出病毒样颗粒，类似于在人类患者粪便中所见到的微小病毒样颗粒。随着病程的发展，猩猩可表现出肝炎的生化和组织学证据。典型者从接种后至血清转氨酶开始升高的间隔期为15～30 d。尽管猩猩不会发生黄疸，但急性期动物肝脏活检标本的组织病理学变化与人类肝炎患者所表现的情形相同。其病理特征是肝细胞坏死，炎症以肝小叶周围为主，与人类感染甲型肝炎病毒后病变相似。但必须注意的是从野外捕获的猩猩，大多数体内都具有抗甲型肝炎病毒抗体，对实验室感染具有免疫性，因此不适宜做感染性试验。经饲养后出生的猩猩，其血清中抗甲型肝炎病毒的抗体一般表现为阴性，对病毒易感。由于猩猩数量少，来源困难，价格昂贵，不容易维持和操作，不适宜用作大规模的实验研究，因此不是一种很现实的动物模型。用甲型肝炎患者急性期血清或粪便提取液经静脉、肌肉或口服接种至某些品种的狨猴，如髭狨（*Saguinusmystax*）、鞍背狨（*S. fuscicollis*）的亚种、红狨（*S. nigricollis*）及棉顶狨（*S. oedipus*）等均可诱发病毒性肝炎，并能从一个动物传播至另一个动物。不同品种的狨猴敏感性存在着一定的差异，髭狨最为敏感，棉顶狨的敏感性最差。

【造模方法】

选用年龄 10 个月～1.5 岁、体重 1.5～2.6 kg 的恒河猴，或 8 个月、体重 1.3 kg 的红面猴，抗甲型肝炎病毒的抗体均为阴性，实验前观察 2 周。造模时应用从感染的红面猴粪便中分离到的甲型肝炎病毒株，经静脉注射和口服途径接种病毒 0.4 mL 于待造模实验动物，静脉注射的动物在接种后立即肌肉注射庆大霉素 2 万单位，每天 2 次，连续注射 3 d。

【模型特点】

接种后一段时间动物食欲减退，活动减少，接种后 7 d 或 11 d 开始，动物粪便中排出一种能与典型甲型肝炎病人恢复期血清发生免疫学反应的抗原物质。血清丙氨酸转移酶一度升高，恢复期血清出现较高滴度的免疫粘连抗体。肝组织有些区域有大小不等的空泡样变。有些区域肝细胞肿胀，有气球样变、水样变、嗜酸性变。有的汇管区有炎症变化，主要表现为单核细胞浸润。本模型适用于对甲型肝炎病毒感染机制的研究。

尽管国内外应用狨猴、黑猩猩等感染甲肝病毒已获成功，但其资源稀少，难于广泛应用，亟须在我国动物资源中寻找来源丰富的动物模型。

（三）乙型肝炎病毒感染的动物模型（animal model of hepatitis B virus infection）

研究者发现在野外捕获的猩猩，25%血清中已有抗乙肝病毒表面抗原的抗体，且阳性率随年龄增大而增高，表明其曾接触乙型肝炎病毒且获得了免疫力。Linnemann 等报道在猩猩家族中存在着乙型肝炎的家庭集聚性，认为猩猩传播乙型肝炎的方式可能与人类相似，但是并无乙肝病毒在人与猩猩之间传播的报道。迄今猩猩仍被看做在体乙型肝炎病毒研究的可靠动物模型。利用猩猩模型进行乙型肝炎病毒的研究，已获得了许多重要的科研结果。例如，乙型肝炎病毒仅在肝细胞中复制，将病毒放入口中可以造成传播，而放入肠道中则不引起传播；乙型肝炎病毒的传染性可以与 HBeAg 共存；乙型肝炎疫苗的抗原性和效果的研究；等等。Summers 等发现美洲东部的土拨鼠体内存在类似于乙型肝炎病毒的病毒 WHV。感染 WHV 病毒的土拨鼠除可发生急性肝炎外，可长期携带病毒并伴慢性肝炎，还可导致肝细胞癌变，因此可利用土拨鼠建立研究人类乙型肝炎和原发性肝癌的动物模型。此外，鸭子和树鼩等在实际工作中也常常用来制作乙型肝炎病毒感染的动物模型。

【造模方法】

选用血清鸭乙型肝炎病毒 DNA 阴性的麻鸭作为种鸭饲养，收集产蛋、孵化的雏鸭作为实验动物，将 1～2 日龄雏鸭经腹腔接种 0.1～1 mL 鸭乙肝病毒血清；或选用体重 100～130 g 的成年树鼩，雌雄各半，通过股静脉注射接种人乙肝病毒血清 1 mL，3 d 后经腹腔再次接种 1 mL。

【模型特点】

经腹腔感染的雏鸭感染率约为 82.9%，并可持续 2 个月左右。肝脏有不同程度的病变，病理切片可见肝细胞空泡变性、肝脓肿，汇管区及小叶间隔炎症细胞浸润等；肝细胞形态基本正常者，在电镜下可见细胞核及胞浆内有直径约 20～30 nm 的不完整病毒颗粒，仅裸露出致密核心而无外膜包绕，少数扩张的内质网中，则见到直径 45～60 nm 的空心病毒颗粒。树鼩接种后 3～4 周起出现 HBsAg 抗原血症，肝脏形态学检查可见病毒性肝炎变化。

（四）单纯疱疹病毒感染的动物模型(animal model of herpes simplex virus infection)

人群中单纯疱疹病毒感染十分普遍，人初次感染后多数无明显临床症状，少数表现为口腔、齿龈和口唇局部疱疹，严重者可引起肝炎、脑炎等，建立单纯疱疹病毒致病模型有实际应用意义。另外，角膜病中最重要的致盲原因之一是单纯疱疹病毒 1 型(herpes simplex virus type 1，HSV-1)引起的单纯疱疹病毒性角膜炎。HSV-1 原发感染后的潜伏感染反复发作是致盲的主要原因。因此，探讨 HSV-1 的潜伏部位并阐明其潜伏和复发的机制是防治单纯疱疹病毒性角膜炎的焦点。

【造模方法】

将 HSV-1 与 Hela 细胞共培养 48 h，测定病毒的 50%组织细胞感染量(50% tissue culture infectious dose，$TCID_{50}$)。选用体重(15±1.6) g 的昆明种小鼠，感染部位常规消毒后，每只用 4 号针头经右侧脑室内注射 0.02 mL HSV-1，病毒滴度为10^2 $TCID_{50}$。动物室保持空气新鲜，维持相对湿度 60%，温度(20±4) ℃。若制备单纯疱疹病毒性角膜炎模型，则选用体重 2～2.5 kg 健康纯系新西兰白兔，在手术显微镜下，在兔右眼角膜中央做 4 mm“＋＋＋”划痕达基底膜，滴入 HSV-1 stokek 株病毒混悬液 25 μL 后，按摩 30 s。

【模型特点】

用昆明种小鼠建立单纯疱疹病毒致病模型后，动物表现为耸毛、卷缩、消瘦、肢体麻痹等，最后衰竭、死亡，感染鼠血液、心、脑、肝、神经节等处可分离到病毒，电镜下模型鼠以上脏器可观察到超微结构变化。新西兰白兔接种后 3 d，可发生典型的树枝状角膜炎。

（五）巨细胞病毒感染的动物模型(animal model of cytomegalovirus infection)

人类巨细胞病毒是造成新生儿先天畸形的主要病原体之一，也是艾滋病病人最常见的机会性感染性病原体之一。此外，该病毒还具备潜在的致癌能力，严重威胁着人类健康。豚鼠巨细胞病毒感染与人类巨细胞病毒感染相似，且可经胎盘垂直传播导致宫内感染，是研究人类巨细胞病毒感染的实验模型。

【造模方法】

选用 Hartley 怀孕豚鼠制作模型，在接种病毒以前，首先测定豚鼠血清中是否携带抗巨细胞病毒的抗体，血清抗体阴性者方可用于实验。造模时在豚鼠右腋窝皮下接种病毒 0.1 mL(滴度为 10^2 $TCID_{50}$)。

【模型特点】

豚鼠接种病毒后，病毒很快进入其血液循环并扩散到全身。接种后第 7 d 豚鼠出现病毒血症，第 10 d 可从豚鼠肺脏、脾脏和唾液腺中查出病毒，接种后第 3 周豚鼠病毒血症检查为阴性，而第 4 周又有个别豚鼠出现病毒血症，且个别孕鼠发生流产。

（六）病毒性心肌炎感染模型(animal model of myocarditis)

50％以上的病毒性心肌炎由柯萨奇 B 组病毒引起，在疾病早期主要是病毒直接侵犯心肌细胞，后期则由病毒或受损心肌组织引起的免疫病理过程。通过柯萨奇 B3 病毒感染 BALB/c 小鼠，建立病毒性心肌炎感染模型。

【造模方法】

选用 8～9 周龄 BALB/c 小鼠，将柯萨奇 B3 亲心肌病毒株经 Hela 细胞增殖后，经腹腔接种 0.1 mL 10^2 $TCID_{50}$ 的病毒悬液。

【模型特点】

小鼠接种病毒后第 3 d 开始发病，出现病毒血症，心脏、肝脏、脑、肾脏等脏器中可检测到病毒，接种后第 5 d 小鼠产生抗体，病毒血症迅速消失。心脏局灶性病变最早出现于第 5 d，第 8～9 d 心肌病变到达高峰，此后心肌内病毒消失，但病变仍然持续直到第 17 d。发病小鼠病死率高达 50％，大部分小鼠存活 12 d 左右，雌性小鼠病死率高于雄性小鼠。

（七）轮状病毒感染的动物模型(animal model of votavirus infection)

轮状病毒是秋冬季婴幼儿腹泻的主要病原体，主要发生在 2 岁以下的婴幼儿中，尤以 1 岁半以下的婴儿多见。小儿发病季节多在 9～11 月份，故称为秋季腹泻。多数患儿在 1 周左右会自然止泻，但呕吐腹泻严重时，如果补液不及时，患儿很快出现脱水，其后果就比较严重。可用含有轮状病毒的患儿粪液灌注给成年树鼩建立轮状病毒模型。

【造模方法】

选用体重 93～140 kg 健康成年树鼩雌雄各半，建模前用电镜检查其粪便，明确所用树鼩粪便中无轮状病毒颗粒。取含有轮状病毒的患儿粪液，加青霉素和链霉素抑制细菌生长，将粪便原液和稀释液各 1 mL 经动物口咽部灌注入树鼩胃内。

【模型特点】

模型动物表现为体毛蓬松、食欲减退、腹泻频繁、体重减轻，动物眼窝凹陷，处于严重脱水状态。其粪便标本处理后用电镜检查可检出轮状病毒颗粒，病理切片见树鼩肠腔内有肠上皮细胞和肠绒毛脱落，上皮细胞有不同程度的退行性变，表现为细胞肿胀，境界不清，或有胞浆溶解和淡染等。黏膜层和黏膜下层血管扩张充血，个别区域坏死可累及至肌肉层。电镜下十二指肠病变上皮细胞内可见较多轮状病毒颗粒。

二、人类细菌性疾病的比较病理学——诱发性动物模型

（一）慢性胃炎动物模型(animal model of chronic gastritis)

自 1983 年 Marshall 和 Warren 首次从人胃黏膜成功分离幽门螺杆菌(Helicobacter pylori，Hp)后，大量研究已证实 Hp 是人类慢性胃炎的病原菌，并与消化性溃疡尤其是十二指肠溃疡的发生和复发关系密切。通过 Hp 的近缘菌猫胃螺杆菌(Helicobacter felis，Hf)的 SPF 级 BALB/c 小鼠模型，发现该细菌可在其体内长期定植并引起与人类 Hp 相关胃炎的组织学改变。

【造模方法】

将 Hf 标准株在固体或液体培养基中培养 48 h，经微生物方法鉴定后，收入 30％甘油布氏肉汤保存液中，－70 ℃保存待用。选择 6～8 周龄 BALB/c 小鼠，禁食禁水 12 h

以上，然后灌喂 Hf 菌液，于灌喂后 1、4、6、8、16 周分批处死小鼠。

【模型特点】

小鼠灌喂 Hf 菌液后 4 周，胃内逐渐出现慢性胃炎的病理改变，主要表现为以淋巴细胞浸润为主的慢性炎症；胃肠组织标本可培养出 Hf。本模型可用于 Hp 致病机制的研究、疫苗的研制及抗菌药物的筛选。

（二）痢疾动物模型(animal model of dysentery)

犬的消化和神经等系统的生理特点与人类接近，可被用来制备菌痢模型。

【造模方法】

选用体重 13～23 kg，年龄 2～3 岁的健康犬，在灌菌前 5 min，将临时配制的 10% $NaHCO_3$溶液，按 4 mL/kg 体重注入犬胃内以中和胃酸，使胃腔保持 pH 值 6.0 的条件。采用胃管插入法和直肠灌入法两种接种途径。前者用成人胃管，以犬臼齿后隙缝插入胃腔。后者用导尿管经肛门插入犬直肠内 20 cm。接种菌量为 9×10^{11}/kg体重。

【模型特点】

接种细菌 5 h 后，犬即开始出现精神不振、呕吐、呻吟、狂叫、腹泻等症状，14 h 后犬小肠、结肠充血，有节段性出血、坏死和脓性分泌物，肝肿大、淤血，肾包膜紧张、苍白，肺淤血，心脏大、质硬。病理切片见其肠黏膜大片脱落、坏死，覆有伪膜，黏膜下充血，并见脓肿形成。

此外，尚可选用体重 2.0～2.5 kg 的健康正常家兔，通过肠管结扎法，接种痢疾杆菌，制备痢疾模型。造模时应注意在结扎时绝对不可损伤肠管上的毛细血管；勿伤其周围组织或穿破肠壁；肠管事前应充分洗涤；结扎五段为宜；注入总菌数以6×10^8个为好，每段注入 0.2 mL，1 h 完成。

（三）绿脓杆菌性角膜炎模型(animal model of keratitis)

绿脓杆菌性角膜炎是一种严重危害视力的急重眼病，发病迅速，重症可导致失明。可在兔角膜实质内接种绿脓杆菌，制成绿脓杆菌性角膜炎动物模型。

【造模方法】

选用 1.5～2.5 kg 新西兰白兔，实验前用裂隙灯显微镜检查明确其两眼正常。将 20%乌拉坦经腹腔注入兔体内(1 g/kg 体重)麻醉动物，然后用微量注射器在兔角膜实质内注射绿脓杆菌菌液，菌量为 100 CFU(集落生成单位)。分别在接种细菌后的第 2、4、6、8、11 d 观察并记录兔结膜和角膜病变。

【模型特点】

兔角膜实质内接种绿脓杆菌后，结膜水肿并充血且分泌物增多，用棉签轻擦兔角膜囊后接种入 M-H 培养基中，37 ℃培养 48 h 后可观察到所形成的绿脓杆菌菌落。

（四）感染性发热模型(animal model of infection fever)

细菌感染性发热模型文献报道较多，但有的模型所需设备较复杂，使用起来欠方便，有的模型发热时间维持较短，不利于进行药效观察。肺炎双球菌感染性发热模型制作相对简单，且发热持续时间较长，更接近临床细菌感染性发热时的疾病状态，是一种较为理想的感染性发热模型。

【造模方法】

选用健康成年家兔，取肛温低于 39.8 ℃者用于实验。感染前，肺炎双球菌经增菌、鉴定、再增菌等程序，最后经比浊法定量，分别在兔皮内注射 2×10^7、3×10^7、5×10^7、6×10^7 个活菌液，每隔 4 h 测肛温 1 次，持续 24 h 以上，记录温度变化。

【模型特点】

接种 2×10^7 个肺炎双球菌的动物，状态良好，不影响活动和饮食，温度上升初期有轻度畏寒呈卷曲状态，升温最高为 1.4 ℃，无动物死亡；接种 3×10^7 的动物，有畏寒、少动，但食欲正常，升温最高为 1.7 ℃，无动物死亡；接种 5×10^7 的动物，有显著感染状态，少动、食差、畏寒，升温最高为 1.2 ℃，无动物死亡；接种 6×10^7 的动物，均出现严重的感染状态，除有卷曲、少动、拒食外，稀便，睾丸红肿，死亡率为 50%，处于衰弱状态，升温最高为 2.1 ℃。此模型可用于选择轻、中、重症感染性发热动物。

（五）急性细菌性弥漫性腹膜炎模型（animal model of peritonitis）

急性细菌性弥漫性腹膜炎模型是腹部外伤、腹膜炎或腹部手术后感染的实验研究必须解决的问题之一。用大肠杆菌及厌氧脆弱拟杆菌经腹腔接种途径感染大鼠，可建立急性细菌性弥漫性腹膜炎模型。

【造模方法】

实验前先将菌种（大肠杆菌菌种号：*E. coli* O7K28；厌氧脆弱拟杆菌菌种号：*B. fragilis* ATCC 8482）接种至小鼠腹腔内，48 h 后，将小鼠腹腔液接种于血琼脂培养基，37 ℃培养 12～24 h 后，用生理盐水冲洗细菌制成混悬液，经腹腔注入体重 160～200 g 的纯种雄性 SD 大鼠体内。

【模型特点】

注射细菌后大鼠躁动不安，15～20 min 后两后肢抽搐，呈后蹬伸直的强直状，1 h 后渐转入嗜睡状态，对震动或刺激反应迟钝，不时抽搐，以后呼吸急促加快。本模型适用于研究腹膜外伤、手术及其他原因引起的急性腹膜炎的防治以及药物的疗效。

（六）细菌性支气管肺炎动物模型（animal model of bronchopneumonitis）

用氢化可的松和环磷酰胺抑制小鼠的免疫系统后，以肺炎克雷伯杆菌攻击小鼠肺脏，可制备小鼠细菌性支气管肺炎模型。

【造模方法】

选择体重（20±2）g 的清洁级 BALB/c 小鼠，每日上午注射氢化可的松 0.5 mg，下午注射环磷酰胺 0.5 mg，连续 3 d。将肺炎克雷伯杆菌接种于血平板，37 ℃过夜培养后挑取 4～5 个典型菌落接种入肉汤，菌增 4～5 h 后以无菌生理盐水调整细菌浓度至 10^2/mL。在小鼠前背右上部，距右耳根 1 cm 左右处消毒，然后以小儿头皮针垂直刺入约 0.5 cm，注入菌液 0.1 mL。

【模型特点】

模型小鼠肺脏色泽与正常小鼠明显不同，呈深红色，病理切片检查表现为程度不同的支气管肺炎，即小支气管和支气管周围及肺泡内有渗出和炎细胞浸润，间质毛细管充血或出血，病变可呈灶性或片状。死亡小鼠的肺脏肺炎克雷伯菌培养阳性。

（七）细菌性阴道炎动物模型(animal model of bacteria vaginitis)

阴道炎是女性常见的妇科疾病。导致本病的病原体主要包括金黄色葡萄球菌、大肠杆菌、淋球菌等。可通过接种以上细菌的混合物，制备阴道炎模型。

【造模方法】

选择体重(200±10) g的雌性Wistar大鼠，从其阴道注入金黄色葡萄球菌(1.8×10^9/mL)、大肠杆菌(1.8×10^9/mL)和淋球菌($7\times10^7\sim8\times10^7$/mL)，每种细菌注入量均为0.025 mL/100 g体重。5 d后，取大鼠阴道分泌物做相应检查。

【模型特点】

大鼠阴道出现充血、水肿、出血等症状，阴道分泌物中可检出金黄色葡萄球菌、大肠杆菌、淋球菌。

（八）L型细菌诱发实验性肾小球肾炎模型(animal model of glomerulonephritis)

采用急、慢性肾小球肾炎患者血细胞破碎滤过后培养出的L型细菌，对兔进行直接注射，建立兔实验性肾小球肾炎模型。

【造模方法】

采集临床确诊的急、慢性肾小球肾炎患者的静脉血3 mL，用0.25%氯化钠低渗处理4 h后，经0.2 μm微孔滤膜进行负压抽滤。将滤过液分别接种于血琼脂培养基、牛肉汤培养基、高渗肉汤培养基，有阳性结果者再移入L型细菌固体培养基中进行培养。选择体重2.0～2.5 kg的健康成年纯种大耳白兔，经耳缘静脉注入L型细菌，隔日1次，共注射8次，最后一次间隔1周。

【模型特点】

模型兔的尿蛋白均有明显提高。肉眼观察肾脏无明显的充血、增大；但病理切片可见肾小球充血，内皮细胞增生，肾小囊囊腔间隙增宽、渗出增加，尚可见到肾小管上皮细胞混浊肿胀、小管内有透明管型和颗粒型等病变。荧光显微镜下观察可见基底膜有不规则的颗粒状免疫复合物的沉积。

三、人类寄生虫性疾病的比较病理学——诱发性动物模型

（一）隐孢子虫模型(model of carinii)

微小隐孢子虫是引起人和多种动物腹泻的重要病原体，通过饮水给予免疫抑制剂并用人源隐孢子虫卵囊感染NIH小鼠，可建立隐孢子虫感染动物模型。进行隐孢子虫的生活史、生理代谢、致病机制、药物筛选等方面的研究。

【造模方法】

选用4周龄NIH小白鼠，连续3 d涂片镜检均显示隐孢子虫感染阴性者用于实验。小鼠饲喂普通饲料，饮水中每升水加入地塞米松1 mg，四环素1 g和白糖50 g以诱导免疫抑制状态，1周后，每只小鼠用1号钝针头注射器食管灌注1.3×10^7个卵囊。

【模型特点】

模型鼠卵囊排出数量从接种后第3 d起逐渐增多，感染后13 d鼠卵囊排出数量最多，小鼠发生严重腹泻。

（二）卡氏肺孢子虫肺炎模型(model of pneumocystis carinii)

卡氏肺孢子虫为一种特殊类型肺炎的病原体，该病的发生与宿主的免疫功能状态

低下有关，是一种严重的机会感染性疾病。患者以处于免疫抑制状态的儿童和成人为主。通过给大鼠高蛋白食料，皮下注射醋酸可的松及其饮水中加入四环素的方法，可建立卡氏肺孢子虫肺炎模型，用于对虫体的生长、发育、繁殖、致病以及虫体与宿主之间关系等进行动态观察。

【造模方法】

选择200～250 g的雌性Wistar大鼠，于其腹股沟区皮下注射256 mg醋酸可的松，每周2次，同时饮水中加入盐酸四环素1 mg/mL，不限制其饮水量，除普通饲料外，每周加花生仁2次。

【模型特点】

大鼠出现体重下降、呼吸急促等症状，肺切片中有成熟包囊，肺泡壁充血，间质增宽，并有单核细胞和淋巴细胞浸润，肺泡腔内有大量炎性渗出液和许多泡沫细胞。

（三）阴道毛滴虫模型(model of trichomoniasis)

阴道毛滴虫大量集中在阴道上皮表面时，可破坏上皮细胞，形成溃疡或脓肿，造成特异性的滴虫性病变。

【造模方法】

收集用肝浸汤培养基进行无菌培养的阴道毛滴虫，用PBS离心洗涤3次，按1×10^7滴虫数接种于昆明鼠背部皮下。

【模型特点】

模型鼠皮下形成脓肿，病变部位可见干酪样坏死组织及少量黏稠的黄色脓样液体，显微镜下在脓液中可见到活动的阴道毛滴虫。

（四）福氏纳格勒阿米巴原发性脑膜脑炎模型(model of ameba cerebritis)

用Chang培养基繁殖福氏纳格勒阿米巴滋养体，经鼻腔接种小鼠，可作为福氏纳格勒阿米巴原发性脑膜脑炎动物模型，用于探讨该病的发病机制、临床诊断、流行病学及防治措施等。

【造模方法】

选用体重10～15 g杂交小鼠，从在Chang培养基中繁殖的阿米巴培养液中取出沉淀，用4号注射针头将阿米巴的含量调整成每滴含有1 000个滋养体的浓度，然后经小鼠鼻孔接种阿米巴滋养体4 000个左右，随后脱脂棉擦去鼻孔多余的悬液。

【模型特点】

小鼠朝自己的尾巴方向转圈，全身毛竖起，失去光泽，发生强直性痉挛，最后四肢向后阵发性抽搐，不能行走。小鼠脑明显肿胀，脑膜小血管高度扩张充盈，兼有出血点。显微镜下在脑组织内可观察到大量阿米巴滋养体。

（五）蓝氏贾第鞭毛虫模型(model of trchuriasis)

用长爪沙鼠建立蓝氏贾第鞭毛虫感染动物模型用于其致病性的研究，可获得较满意的实验结果。

【造模方法】

选用体重30～60 g的纯系长爪沙鼠，实验前均经食管灌注甲硝唑，每只20 mg，连续3 d，反复粪检无寄生虫虫体者用于试验，收集不同地区贾第鞭毛虫病人的新鲜粪便，

处理后制成 2×10^4/mL 的包囊悬液，动物灌注 1×10^4 个包囊。

【模型特点】

长爪沙鼠体重下降，粪便呈糊状，混有白色黏液。镜检可见大量包囊和运动活跃的滋养体，肠绒毛变宽，有少量淋巴细胞浸润，血管扩张充盈，黏膜下层淋巴小结增生，小肠有卡他性炎症。

(六) 猪囊尾蚴病模型(model of cestodiasis)

猪囊尾蚴病是一种人兽共患寄生虫病，在我国 20 个省市均有不同程度的流行，有关猪带绦虫囊尾蚴的国内外基础实验研究的资料较少，仅有在猪体内感染的实验报告。鉴于在猪体上囊尾蚴需用量大，实验困难，难于做统计学处理，故主张建立猪囊尾蚴病小型动物模型，用于囊虫病的免疫、病理、药理、生化、诊断及治疗等方面的研究。

【造模方法】

选择体重 18～22 g 的雄性昆明种小鼠用于实验。对猪带绦虫病患者，用南瓜子槟榔和 50%硫酸镁驱虫，成虫漂洗后在成熟孕节内分离虫卵，于培养瓶器加入胃液、猪胆汁、胰酶等，置于 37 ℃温箱孵化。取孵化出的六钩蚴，镜下计数后，用注射器将六钩蚴注入昆明种小鼠尾静脉内。

【模型特点】

在小鼠肌肉和肺脏中可检出猪囊尾蚴，将猪囊尾蚴置于胃液和胆汁中，37 ℃孵化 2 h，其头节可自动翻出。

(七) 疟疾模型(model of malaria)

疟疾是一种由疟原虫引起的全球性急性寄生虫传染病。用恒河猴或小鼠建立疟疾模型，不仅能深入研究疟疾的发病机制，还可筛选抗疟药物和研发相应疫苗。

1. 恒河猴疟疾模型

【造模方法】

选用恒河猴、斯氏按蚊 Hor 株，采用输血感染或子孢子感染途径制备恒河猴疟疾模型，用于抗疟药筛选和疟疾免疫研究。对于输血感染途径，实验时取保种猴静脉血 3～4 mL，用枸橼酸钠抗凝，5%葡萄糖生理盐水稀释至约含 5×10^8 个疟原虫后，静脉注射接种至健康恒河猴体内。对于子孢子感染途径，则于晨 6 时左右，用斯氏按蚊叮咬血内原虫阳性的恒河猴 30 min，叮咬后 6～10 d 抽样解剖，14 d 时将全部雌蚊经乙醚麻醉后，用 10%正常猴血清及 5%葡萄糖生理盐水研磨离心取上清液，用 5×10^5～7×10^6 个子孢子静脉接种健康猴。

【模型特点】

输血感染后 4～5 d 恒河猴出现原虫血症，7～14 d 原虫密度达到高峰，5～8 个月时猴子血内仍能查见原虫。子孢子感染后 9～10 d 出现原虫血症，17～23 d 原虫密度达到高峰，8 个月血内仍能查见原虫。

2. 小鼠疟疾模型

【造模方法】

选用体重 18～22 g 小白鼠、斯氏按蚊，采用输血感染或子孢子感染途径制备疟疾模型，用于疟疾根治药和病因性预防药等抗疟药的初筛实验。输血感染时，取经稀释的

约含 5×10^6 个疟原虫的保种鼠血注入健康鼠腹腔。子孢子感染时，以斯氏按蚊吸血进行人工感染，11～12 d 后抽样解剖，从唾液腺感染子孢子阳性率计算吸血雌蚊体中阳性蚊的比例，将全部雌蚊经乙醚麻醉后研磨，按每只阳性蚊用 0.2 mL 生理盐水的比例稀释，离心，取上层子孢子悬液注入健康鼠腹腔。

【模型特点】

小鼠感染后 3～4 d，在其血中可查见疟原虫，6～13 d 达到最高峰，随后原虫逐渐减少，21 d 血检通常为阴性。

(八) 血吸虫病模型(model of schistosomiasis)

血吸虫病是由血吸虫寄生于门静脉或肠系膜静脉及其分支所致的传染病。通常由皮肤接触含有尾蚴的疫水而受染，虫卵肉芽肿是最基本的病变，为了深入探讨血吸虫病的防治，建立合适的动物模型非常重要。

1. 血吸虫病皮肤感染模型

【造模方法】

取阳性钉螺 30～50 只，放于 150 mL 的烧杯中，为阻止钉螺上爬，取大小如烧杯口径的尼龙网，平放在烧杯中部。加清洁水至烧杯口 1 cm 左右，水的 pH 值以 7.0～7.8 最为适合。将烧杯放入设有灯光照明的逸蚴箱内，保持 25～26 ℃的适宜温度，经 2～3 h后尾蚴陆续自钉螺体内逸出，浮集于水面。挑选体重 20～24 g 的健康小白鼠，用刀片将下腹部毛剃去，范围比普通盖玻片稍大些。感染前将小白鼠仰卧于固定板上，以橡皮筋固定四肢。在盖玻片上加水数滴，在解剖显微镜下选取活动的完整无损的尾蚴 35～40 条，以接种环或大头针蘸取后置于盖玻片的水滴中。用清洁水将小鼠剃毛部皮肤涂湿，把含有尾蚴的盖玻片贴于小鼠剃毛部，同时计算时间，注意勿使盖玻片滑下。

【模型特点】

15 min 后取下盖玻片，尾蚴经皮肤感染小白鼠后，将其放回笼内饲养 28～35 d，即可进行实验治疗。

2. 血吸虫病肝虫卵肉芽肿模型

【造模方法】

选用体重 19～23 g 的 C57BL/6J 雌性鼠，每只鼠先在颈部皮下注射 SEA(soluble egg antigen)45 μg/0.2 mL 进行致敏，11 d 后再经脾脏直接注射虫卵混悬液 0.12 mL。脾脏注射时，小鼠仰位固定，腹部皮肤消毒，乙醚麻醉，在左肋弓下一指与肋弓平行处剖开腹壁皮肤，剪开腹膜，完整地轻拉出脾脏，改变小鼠体位，以 1 mL 针筒抽吸预先准备好的虫卵悬液 0.12 mL，上连 4 号针头，在距脾下缘 0.3～0.4 cm 处刺入脾脏 1.5～2.0 mm，缓慢注射(持续 20～30 s)。

【模型特点】

小鼠注射后活动减弱，但很快恢复，第 4 d 形成虫卵肉芽肿，无坏死，第 32 d，虫卵有异物巨细胞，纤维母细胞增多。第 64 d，虫卵消失，周围纤维细胞增多。

3. 血吸虫病眼前房感染模型

【造模方法】

选用体重 1.5 kg 以上的家兔，为了利于观察，接种白雄虫时宜选黑眼球家兔；接种灰黑色雌虫时宜选红眼球家兔。无菌操作从感染血吸虫家兔的肠系膜静脉及门静脉中取成熟活血吸虫体，立即置于装有 37 ℃生理盐水的平皿中，保存于孵箱中备用。家兔用乙醚麻醉后，消毒双眼，用固定镊夹牢眼球。取消毒针筒吸取无菌生理盐水后，轻轻将活泼虫体 1～2 条吸入针头末端。随即将针头由眼球上方正中角膜外侧约 0.5 cm 之巩膜处刺入，经玻璃体前部，穿过睫状小带，再由晶状体与虹膜之间隙，迅速推动针筒，虫体即可注入其中。随即将针头自眼球内拨出。

【模型特点】

准确而敏捷的操作能保证接种的成功，对虫体及眼球均不会有明显的损伤，每只实验兔可行单侧或双侧接种。寄居在眼前房的虫体头部附着在角膜的后方或虹膜及晶状体之前方，体段在前房液内不停地伸缩扭摆。虫体还能借着口、腹吸盘的一吸一离及体段的运动，很灵活地在前房液内游行。雄虫在前房水内能活 9 个月左右。

（九）丝虫病模型(model of filariasis)

丝虫病是由丝虫成虫寄生于淋巴系统或其他组织所致的寄生虫病。通常由带有传染期幼虫的蚊叮咬而感染。

【造模方法】

从感染丝虫的犬静脉内取一定量的血液，置于加抗凝剂（枸橼酸钠）的生理盐水中，每次接种前，充分摇匀。取儿科静滴注射针，连接 1 mL 注射器，用生理盐水洗涤尼龙管 3 次，最后 1 次将生理盐水留于管内，并在针头处留0.01～0.02 mL 空气。选择体重 18～20 g 小白鼠用于实验。抽取前期已准备好的加有抗凝剂的感染丝虫的犬静脉血 0.1～0.3 mL，连同气泡注入小白鼠尾静脉，再推入少量生理盐水冲洗管壁，局部烧灼止血。快速处死小白鼠，取其心脏、肺、肝脏，放入含有改良格氏液的直径 6 cm 的培养皿中。将各脏器表面做十字切开，置于40 ℃水浴箱中，浸泡 1～5 h 后收集浸泡液，倒入沉淀管内，以 2 500～3 000 r/min 离心 15 min，弃去上清液并加入蒸馏水溶血，其后加盐水离心 15 min，取全部沉渣镜检，计数丝虫幼虫。建模时特别要注意接种在小白鼠体内的微丝蚴宜控制在 1 000 条以内，因此接种血量按血中所含微丝蚴多少而定，一般情况下血量应低于0.3 mL，过量时易引起小白鼠死亡。含微丝蚴犬血的定量、尾静脉注入体内检虫率的高低，取决于血中微丝蚴是否均匀，因此混匀接种所用的血液时必须将拇指抵住管口，反复颠倒 10 次。

【模型特点】

在小白鼠体内犬微丝蚴分布特点是心脏、肺、肝脏内检获虫数占99.4%，而脾脏、肾脏、肠系膜检获率仅 0.96%，所以用此模型进行筛选时只需检查小白鼠心脏、肺和肝脏。

（十）钩虫病模型(model of ancylostomiasis)

钩虫病是由十二指肠钩虫或美洲钩虫寄生于小肠引起的一种寄生虫病。通常通过皮肤接触途径感染，也可经口感染。

【造模方法】

采用十二指肠虫和美洲钩虫混合感染动物粪便中的钩蚴，挑选蚴龄 15～20 d、蠕动活泼的钩蚴（每批钩蚴来自同一感染者），体重 20～25 g 小白鼠用于建模。剪去小白鼠腹部细毛，自剑突中心标记一直径约 2.5 cm 的范围，将含钩蚴的水 0.1 mL 滴于标记范围内正中，每鼠感染钩蚴 200～300 条，感染 1 h。也可用体重 90～110 g 的雄性大白鼠建模。取已感染巴西日本圆线虫患者的粪便，以粗玻璃管培养钩蚴法进行培养。将发育良好的感染期蚴虫集中于小平皿内，于解剖镜下计数，用毛细吸管吸 50 或 100 条滴于凹玻片内，每片放 400 条钩蚴，用1 mL的针头在解剖镜下吸取凹玻片内的全部蚴虫。将大白鼠仰卧置于固定板上，捆绑四肢；或手持大白鼠腹部向上从腹部皮下注入钩蚴，再吸清水 0.2～0.3 mL 从另一部位注入，重复 3～4 次。吸少许清水洗涤针筒、针头后，将洗液在解剖镜下检查，计算实际注入钩蚴。建模时需注意钩蚴培养适宜温度为 25～28 ℃，培养 14 d 可接种动物；夏季接种时易被细菌污染，可于每毫升幼虫悬液中加青霉素与链霉素抑制细菌生长。

【模型特点】

接种后 48 h 解剖动物，纵剖腹部取出肠。将小肠分为上、中、下 3 段，并检查大肠。将肠纵剖，于解剖镜下用压片法检查虫体，计算虫数。皮下注射时以见到表皮有小疱隆起为佳，注射深及肌肉或腹腔时，发育虫数显著降低。

（吴淑燕）

第九章 药理、毒理学中的比较医学

第一节 药理、毒理学研究中实验动物的选择

药理学(pharmacology)是研究药物与机体相互作用及其规律和作用机制的一门学科，主要指研究有关使用化学物质治疗疾病时引起机体功能变化机制的科学。德国人施米德贝尔(O. schmiedeberg,1838—1921年)首创的实验药理学成为近代药理学的基础。毒理学(toxicology)是一门研究化学物质(包括药物、环境污染和工业化学物质等)有害作用的应用学科；是一门研究化学物质对生物体的毒性反应、严重程度、发生频率和毒性作用机制的学科，也是对毒性作用进行定性和定量评价的学科；是预测其对人体和生态环境的危害，为确定安全限值和采取防治措施提供科学依据的一门学科。药物同毒物有时也难于严密区分，药理学实际上也以毒物为研究对象，因此把药理学中特别关于医药治疗方面的应用作为药物学，与以毒物为对象的毒理学相区别。不管药理学研究还是毒理学研究都要以动物作为研究对象以获得可靠的研究结果，但先决条件是正确地选用实验动物。

通过动物研究，可以为药物疗效和药物安全提供证据。不过，人类服用一种新药时，在大多数情况下可以产生预期和有用的效应，但有时也可能引起有害或毒性效应。为获得全面的毒理学或药理学效应的估价，并联系到可以在接受相同剂量药物的人体中发生的特殊反应，各种毒理学研究需在大量的动物中进行。毒理学研究的主要目的是确定药物对人体治疗效果的可靠性，并在其应用到人体之前，确定其有害作用的程度及其种类。毒理学研究所应用的动物一般包括4种哺乳动物，其中一种必须是非啮齿类动物。一种新药在各种动物的评价，通常是由剂量反应测定结果所产生的，其中包括药物的吸收作用:全身性分布、代谢、排泄、作用部位与机制，药物生成降解作用；急性、亚急性或慢性毒性及变态反应等。在特殊的毒性研究中，如药物致畸与致癌性质，有时也需要进行测定。如果该药物是抗生素，这种实验可以在体外进行，如利用微生物进行实验。药物的生物学效应在应用于人体之前应明确，其也需要在动物中进行实验。通过动物实验可获得大量的毒理学资料，但是这种实验也有缺点:其一是非人类的代谢和对化学物的反应，在个体中有偶然性差异；其二是实验动物不能传达其主观上的不适，因而实验者不能在较高的神经功能上发觉微妙的效应。

一、实验动物物种的选择

外源化学物的固有毒性往往在人和不同物种实验动物之间的表现不同，物种差别可以表现在量和质的差别。因此，需要对实验动物物种进行选择。一般认为，从动物实验结果外推到人，定性外推的可靠性高于定量外推，毒效学预测优于毒动学预测。

对实验动物物种选择的基本原则：选择对受试物在代谢、生物化学和毒理学特征与人最接近的物种；选择自然寿命不太长的物种；选择易于饲养和实验操作的物种；选择经济并易于获得的物种。

实际上没有一种实验动物完全符合上述物种选择的基本原则，在选择实验动物时存在固有的限制。可利用的物种不多，主要原因包括经济（购买和饲养的费用）、实验动物的寿命、实验动物的行为和生活能力、处置，最重要的是了解该物种"正常"生理和病理的资料，以及对所研究的毒性敏感性的认识。要利用对受试物在代谢、生物化学和毒理学特征与人最接近的物种，这就需要了解实验动物物种和人对受试化学物的吸收、生物转化等资料，但这往往并不切合实际，因为首先需要进行一系列的比较研究，而对人体的资料在动物实验之前是很难得到的。

目前常规选择物种的方式是利用两类物种：一种是啮齿类，另一种是非啮齿类。常用实验动物的生物学和生理学参数详见表 9-1-1。系统毒性研究最常用的啮齿类动物是大鼠和小鼠，非啮齿类是犬。豚鼠常用于致敏试验，兔常用于皮肤刺激试验和眼刺激试验。遗传毒理学实验多用小鼠，致癌实验常用大鼠和小鼠，致畸实验常用大鼠、小鼠和兔。迟发性神经毒性实验常用母鸡。一般假设，如以与人相同的接触方式、大致相同的剂量水平，在两个物种都有毒性反应，则人有可能以相同的方式发生毒性反应。当不同物种的毒性反应有很大的差异时，必须研究外源性化学物在不同物种的代谢、动力学及毒性作用机制，然后才可将实验结果外推到人。

表 9-1-1 常用实验动物生物学和生理学参数

参数	猴	犬	猫	兔	大鼠	小鼠	豚鼠	地鼠
成年体重(kg)	3.5	14.0	3.3	3.7	0.45	0.035	0.43	0.12
寿命(年)	16	15	14	6	3	1.5	31	—
水消耗(mL/d)	450	350	320	300	35	6	145	30
饲料消耗(成年,g/d)	150	400	100	180	10	5	12	10
成年代谢(cal/kg/d)	158	80	80	110	130	600	100	250
体温(℃)	38.8	38.9	38.6	39.4	38.2	37.4	38.6	38.0
呼吸频率(次/分)	50 (40～60)	20 (10～30)	25 (20～30)	53 (40～65)	85 (65～110)	160 (80～240)	90 (70～100)	83 (35～130)
心率(次/分)	200	100	120	200	328	600	300	450
血压(mmHg)	159/127	148/100	155/100	110/80	130/90	120/75	77/50	108/77
出生体重(g)	500～700	1 100～2 200	125	100	5～6	1.5	75～100	2.0
断乳时体重(g)	4 400	5 800	3 000	100～1 500	40～50	10～12	250	35
开眼(d)	出生当天	8～12	8～12	10	10～12	11	出生当天	15

续表

参数	猴	犬	猫	兔	大鼠	小鼠	豚鼠	地鼠
妊娠(d)	168	63	63	31	21	20	67	16
性周期(d)	28	22	15～28	15～16	4～5	4～5	16～19	4
动情期(d)	1～2	7～13	9～19	30	1	1	1	1
窝数量(个)	1	3～6	1～6	1～13	6～9	1～12	1～5	1～12
断乳年龄(周)	16～24	6	6～9	8	3～4	3	2	3～4
生殖年龄(月)	54	9	10	6～7	2～3	2	3	2
生殖期(年)	10～15	5～10	4	1～3	1	1	3	1
生殖季节	任何时间	春,秋	冬季	任何时间	任何时间	任何时间	任何时间	任何时间
饲养面积(ft^2)*	6	8	3	3	0.4	0.4	0.7	0.34
环境温度(℃)	18～28	18～28	18～28	18～28	19～25	19～25	19～25	19～25
血容量(mL/kg)	75	79	60	53	65	80	75	85
凝血时间(s)	90	180	120	300	60	14	60	143
HCT(%)	42	45	40	42	46	41	42	50
Hb(g/L)	125	160	118	136	148	160	124	120

注：* 所需面积(ft^2),ft 为英尺,1 ft= 30.48 cm

二、实验动物品系的选择

品系(strain)是实验动物学的专用名词,指用计划交配的方法,获得起源于共同祖先的一群动物。

实验动物按遗传学控制分类可分为：① 近交系：指全同胞兄妹或亲子之间连续交配 20 代以上而培育的纯品系动物。如小鼠有津白Ⅰ、津白Ⅱ、615,DBA/1 和 DBA/2、BALB/C、C3H、C57B/6J、A 和 A/He 等。② 杂交群动物(杂交 1 代)：指两个不同的近交系之间有目的地进行交配,所产生的第 1 代动物。③ 封闭群：一个种群在 5 年以上不从外部引进新血缘,仅由同一品系的动物在固定场所随机交配繁殖的动物群。如昆明种小鼠、NIH 小鼠、LACA 小鼠、F344 大鼠、Wistar 大鼠、SD 大鼠等。

根据实验动物遗传的均一性排序：近交系最高,杂交群次之,封闭群较低。不同品系实验动物对外源化学物毒性反应有差别,所以毒理学研究要选择适宜的品系,对某种外源化学物毒理系列研究中应固定使用同一品系动物,以求研究结果的稳定性。

遗传毒理学一般利用啮齿类动物,主要是小鼠或大鼠。如果有合适的理由,其他物种也可接受。在致癌实验中对大鼠和小鼠常选择有关病理损害自然发生率低的品系。

三、药物毒性试验的常用动物

在毒理或药理实验中,实验动物种的选择一般受方便和惯例的支配或影响。啮齿动物(大鼠、小鼠)、兔或豚鼠是最常选用的动物。犬、猫虽然比较理想,但较少使用,因为其个体大,进行长期研究时,成本高,尤其是持续两年或更长时间的研究。大动物(家畜)和非人灵长类一般只用于特殊目的的研究。鱼、短吻鳄、蝌蚪、蜥蜴则多用于药物的代谢、行为、肠内吸收及神经生理学作用的测定。松鼠、海狸、沙漠啮齿动物、猪、地鼠可用于各种冬眠研究，以及肾功能、血压、血脑屏障的测定。某些动物在解剖学上和生理学上具有某些独特性质，可以使之在实际研究中成为特殊的实验材料。如鹅鱼(goose fish)，由于其肾小管的结构缺乏肾小球和动脉分布，可用于肾脏的研究。

在毒性研究中，一种理想的实验动物种类应该具有如下一些特点：① 体重在1 kg以下；② 在实验室中容易饲养与繁殖；③ 容易采血，并能获得合适的血液量；④ 寿命期较短；⑤ 生理学与人类近似；⑥ 染色体数目少；⑦ 操作方便，容易施行各种途径给药。

（一）小鼠

当需要大量的动物进行研究时，小鼠作为实验动物比较合适，因为其繁殖快，来源充足，种系清楚。例如，在急性毒性与各种致癌作用的测定中，多使用小鼠。但在小鼠实验中，可能会出现具有致癌物作用的假阳性结果。因为小鼠的自发性肿瘤是十分普遍的，但一般多在18月龄以后。小鼠具有几种特异反应性，例如，雄性小鼠对氯仿和髓腔内新骨形成的敏感性。虽然，对于毒理学的血液研究来说，很难从小鼠中取得合适的血量，但是，它符合毒理学研究中作为一种良好动物模型的大部分标准。在毒理学和药理学研究中，选择小鼠作为实验动物时，应当注意根据自己的实验目的，选择最佳的动物级别，尤其应注意SPF、GF、GN及CV小鼠的适用性。

（二）大鼠

对于毒理学研究来说，大鼠也是比较理想的实验动物，因为，其体重多在200～500g，容易操作，也易采血，给药方便。在毒理学研究方面，其一般的表现有点类似于小鼠、犬及猴。

使用大鼠研究的目标必须清楚，动物模型的选择应根据研究目标进行。某些大鼠可产生均匀特征的品系或特有的近交系，根据预期的目标选择具有某些特征性的动物，可以给实验者提供机会。选用实验大鼠的任何研究，其首要目的是产生精确的、符合目的的生物学资料，并且是可靠的，可以重复的，这样才能使所获得的资料可以在生物学上和统计学上进行评价。

（三）犬

犬是讨人喜欢的动物。对于实验选择来说，各种犬都是可用的，但对于毒理学研究来说，短毛、12 kg左右体重的成犬比较理想。Beagle犬是经常被选用的动物，其他犬如长耳犬、Pembrok Corgis犬也被使用。一般认为，选择14～16周龄的犬是最佳的。实验用犬应先经过兽医检查，以确保其健康，而且最好应用已反复接种疫苗的犬，以预防犬瘟热、犬肝炎及钩端螺旋体等；同时，给予驱虫药，驱除肠内寄生虫。测定凝血酶原时间，以排除Ⅶ因子缺陷的犬。在给药期间，研究中所获的资料应连续，并与对照组动物进行比较。一般的参数，如体重、食物消耗量、检眼镜检查、心电图记录及实验室检查(血液学与生化的检查)，都必须记录，并与正常对照组的动物进行比较。

（四）非人灵长类

在使用非人灵长类做毒理学研究时，首先应当考虑到其结核病、猴疱疹病毒等的发病率和影响范围，以及种属差异。这就要求事先对非灵长类动物进行检疫，尤其是引进的动物，不可忽视。一旦发现传染病，必须告诉动物饲养管理人员，并在整个实验过程中采取切实可行的保护措施。猴有不少远胜于犬的特点，如体重、喧闹(吠)声、运动等方面。猴的直立姿态类似于人类，这就使之有可能更为合理地记录富有意义的监视结果，尤其是中毒表现为外周神经炎时。猴的大脑与眼睛近似于人类的情形。不过，对猴子进行胃肠外给药时，往往比较困难。另外，猴的繁殖能力低，对于生育力的各种研究，需要大量的动物，成本会大大增加。表 9-1-2 是在各种类型的毒性研究中普遍使用的实验动物的种、株及品系。

表 9-1-2 在各种类型的毒性研究中普遍使用的实验动物种、株及品系

研究类型	使用动物的种、株及品系	使用动物的数量(只)
急性毒性，14d		
LD_{50}单剂量	小鼠	50～60
	大鼠(SD)	50～60
	犬(Beagle)	6～8
固定剂量或阶梯法	大鼠(SD)	5/性别/水平，3 剂量水平
	犬(Beagle)	2/性别/水平，2 剂量水平
亚急性研究，28 d	大鼠(SD)	15～20/性别/水平，3 剂量水平
	犬(Beagle)	2～3/性别/水平
亚慢性研究，90 d	大鼠(SD)	20～25/性别/水平，3 剂量水平，加对照
	犬(Beagle)	24～30
	灵长类(恒河猴)	24～32
慢性研究，6 个月到 1 年	小鼠(B6C3F)	50/性别/水平，3～4 剂量水平
	大鼠(Fischer，Osborne-Mendel，Long-Evan，SD 等)	50/性别/水平，3～4 剂量水平
致畸研究或生殖毒性试验	大鼠(SD)	20 只雌/组
	兔子(新西兰兔，Dutch Belted)	10 只雌/组
致突变研究	小鼠	随研究的不同而变化
	大鼠(SD)	

第二节 药物、毒理学试验不同动物的剂量及换算

一、动物给药量的确定

在观察一个药物的作用时，应该给动物多大的剂量是实验开始时应确定的一个重要问题。剂量太小，作用不明显；剂量太大，又可能引起动物中毒致死。拿药效实验来讲，剂量低则无效，剂量过高又有可能导致毒性增大；毒理学实验中，高剂量应能引起很明显的毒性反应但无动物死亡，低剂量不应有毒性反应。因而毒理学实验可以按下述方法确定剂量：

（1）先用小鼠粗略地探索中毒剂量或致死剂量，然后用小于中毒量的剂量，或取致死量的若干分之一为应用剂量，一般可取 1/10～1/5。

（2）植物药粗制剂的剂量多按生药折算。

（3）化学药品可参考化学结构相似的已知药物进行试验或预试验，特别是其结构和作用都相似的药物剂量。

（4）确定剂量后，如实验的作用不明显，动物也没有中毒的表现（体重下降、精神不振、活动减少或其他症状），可以加大剂量再次实验。如出现中毒现象，作用也明显，则应降低剂量实验。在一般情况下，在适宜的剂量范围内，药物的作用常随剂量的加大而增强。有条件时，最好同时用几个剂量进行实验，以便迅速获得关于药物作用的较完整的资料。如实验结果出现剂量与作用强度之间毫无规律时，则更应慎重分析。

（5）用大动物进行实验时，开始的剂量可采用给鼠类剂量的 1/5～1/2，以后可根据动物的反应调整剂量。

（6）确定动物给药剂量时，要考虑给药动物的年龄大小和体质强弱。一般说确定的给药剂量是指成年动物的，幼小动物剂量应减少。

（7）确定动物给药剂量时，要考虑因给药途径不同，所用剂量也应不同，假定口服量为 100，则灌肠量应为 100～200，皮下注射量为 30～50，肌肉注射量为 25～3，静脉注射量为 25。

二、实验动物用药量的计算方法

动物实验所用的药物剂量，一般按 mg/kg 体重或 g/kg 体重计算，应用时须从已知药液的浓度换算出相当于每千克体重应注射的药液量（mL），以便给药。

例 1：体重 1.8 kg 的家兔，静脉注射 20%氨基甲酸乙酯溶液，先按每千克体重 1 g 药物的剂量注射，应注射多少毫升？

解：兔每千克体重需注射 1 g，注射液为 20%，则氨基甲酸乙酯溶液的注射量应为 5 mL/kg 体重，现在兔体重为 1.8 kg，则 20%氨基甲酸乙酯溶液的用量是：5×1.8=9 mL。

例 2：体重 23 g 的小鼠，注射盐酸吗啡 15 mg/kg 体重，溶液浓度为 0.1%，应注射多少毫升？

计算：小鼠每千克体重需吗啡的量为 15 mg，则 0.1%盐酸吗啡溶液的注射量应为 15 mL/kg 体重，现小白鼠体重为 23 g，应注射 0.1%盐酸吗啡溶液量为：15×0.023=0.34 mL。

三、人与动物及各类动物间药物剂量的换算方法

（一）人与动物的用药量换算

人与动物对同一药物的耐受性是相差很大的。一般说来，动物的耐受性要比人大，也就是动物单位体重的用药量比人要大。各种药物在人体的用量在很多书上可以查得到，但动物用药量可查的书较少，一般动物用的药物种类远不如人用的那么多。因此，必须将人的用药量换算成动物的用药量。一般可按下列比例换算：若人用药量为 1，则小鼠、大鼠为 25～50，兔、豚鼠为 15～20，犬、猫为 5～10。

此外，可以采用人与动物的体表面积计算法来换算：

(1) 人体体表面积计算法：计算我国人的体表面积，一般认为许文生公式比较适用，即：体表面积(m^2)＝0.006 1×身高(cm)＋0.012 8×体重(kg)－0.152 9

例：某人身高 168 cm，体重 55 kg。

则此人体表面积为：0.006 1×168＋0.012 8×55－0.152 9＝1.576 m^2

(2) 动物的体表面积计算法：有许多种，在需要由体重推算体表面积时，一般采用 MeehRubner 公式，即：

$$A(\text{体表面积},m^2)=K\frac{W(\text{体重},g)^{\frac{2}{3}}}{10\ 000}$$

式中，K 为常数，随动物种类而不同：小鼠和大鼠为 9.1、豚鼠 9.8、家兔10.1、猫 9.8、犬 11.2、猴 11.8、人 10.6(上列 K 值各家报道略有出入)。应当指出，这样计算出来的体表面积只是一种粗略的估计值，不一定完全符合于每种药物、每个动物的实测数值。

例：计算体重 1.50 kg 家兔的体表面积(K＝10.1)。

则 $A=10.1\times(1\ 500^{\frac{2}{3}}/10\ 000)=0.132\ 4\ m^2$

(二) 人及不同种类动物之间药物剂量的换算

(1) 直接计算法：即按公式 $A=K\times(W^{\frac{2}{3}}/10\ 000)$计算。

例：某利尿药大白鼠灌胃给药时的剂量为 250 mg/kg，粗略估计犬灌胃给药时可以试用的剂量。

解：实验用大白鼠的体重一般在 200 g 左右，其体表面积(A)为：

$$A=9.1\times(200^{\frac{2}{3}}/10\ 000)=0.031\ 1\ m^2$$

250 mg/kg 的剂量如改以 mg/m^2表示，即为：(250×0.2)/0.031 1＝1 608 mg/m^2

实验用犬的体重一般在 10 kg 左右，其体表面积(A)为：

$$A=11.2\times10\ 000^{\frac{2}{3}}/10\ 000=0.519\ 8\ m^2$$

(2) 按 mg/kg 折算 mg/m^2转换因子计算。

例：同上。

解：按[剂量(mg/kg)×甲动物转移因子]/乙动物转移因子，计算出犬的适当试用剂量。mg/kg 的相应转换系数可由表 9-2-1 查得(即为按 mg/m^2计算的剂量)。

1 608×0.519 8/10＝84 mg/kg (犬的适当试用剂量)

(3) 按每千克体重占体表面积的相对比值。

计算各种动物的“每千克体重占体表面积相对比值(简称体表面积比值)”见表 9-2-1。

[250×0.16(犬的体表面积比值)]/0.47(大白鼠的体表面积比值)＝85 mg/kg(犬的适当试用剂量)

(4) 按人和动物间按体表面积折算的等效剂量比值计算见表 9-2-2，12 kg 犬的体表面积为 200 g 大白鼠的 17.8 倍。该药大白鼠的剂量为 250 mg/kg，200 g 的大白鼠需给药 250×0.2＝50 mg。因而犬的适当试用剂量为 50×17.8/12＝74 mg/kg。

表 9-2-1 进行不同种类动物间剂量换算时的常用数据

动物种类	Meeh-Rubner 公式的 K 值	体重 (kg)	体表面积 (m^2)	Mg/kg-mg/m^2 转换系数	每千克体重占体表面积相对比值
小鼠	9.1	0.018 0.020 0.022 0.024	0.006 3 0.006 7 0.007 1 0.007 6	2.9 3.0 3.1 3.2 粗略值 3	1.0(0.02 kg)
大鼠	9.1	0.10 0.15 0.20 0.25	0.019 6 0.025 7 0.031 1 0.036 1	5.1 5.8 6.4 6.9 粗略值 6	0.47(0.20 kg)
豚鼠	9.8	0.30 0.40 0.50 0.60	0.043 9 0.053 2 0.061 7 0.069 7	6.8 7.5 8.1 8.6 粗略值 8	0.40(0.40 kg)
家兔	10.1	1.50 2.00 2.50	0.182 3 0.160 8 0.186 0	11.3 12.4 13.4 粗略值 12	0.24(2.0 kg)
猫	9.0	2.00 2.50 3.00	0.151 7 0.132 4 0.205 9	12.7 13.7 14.6 粗略值 14	0.22(2.5 kg)
犬	11.2	5.00 10.00 15.00	0.327 5 0.519 9 0.681 2	15.3 19.2 22.0 粗略值 19	0.16(10.0 kg)
猴	11.8	2.00 3.00 4.00	0.187 3 0.245 5 0.297 3	10.7 12.2 13.5 粗略值 12	0.24(3.0 kg)
人	10.6	40.00 50.00 60.00	1.239 8 1.438 6 1.624 6	32.2 34.8 36.9 粗略值 35	0.08(50.0 kg)

表 9-2-2 人和动物间按体表面积折算的等效剂量比值表

	小鼠 (20 g)	大鼠 (200 g)	豚鼠 (400 g)	家兔 (1.5 kg)	猫 (2.0 kg)	猴 (4.0 kg)	犬 (12 kg)	人 (70 kg)
小鼠(20 g)	1.0	7.0	12.25	27.8	29.7	64.1	124.2	387.9
大鼠(200 g)	0.14	1.0	1.74	3.9	4.2	9.2	17.8	56.0
豚鼠(400 g)	0.08	0.57	1.0	2.25	2.4	5.2	4.2	31.5
家兔(1.5 kg)	0.04	0.25	0.44	1.0	1.08	2.4	4.5	14.2
猫(2.0 kg)	0.03	0.23	0.19	0.92	1.0	2.2	4.1	13.0
猴(4.0 kg)	0.016	0.11	0.19	0.42	0.45	1.0	1.9	6.1
犬(12 kg)	0.008	0.06	0.10	0.22	0.23	0.52	1.0	8.1
人(70 kg)	0.0026	0.018	0.031	0.07	0.078	0.16	0.82	1.0

5. 按人与各种动物以及各种动物之间用药剂量换算

已知A种动物每千克体重用药量，欲估算B种动物每千克体重用药剂量时，可查表9-2-3，找出折算系数(W)，再按下式计算：B种动物的剂量(mg/kg)＝W×A种动物的剂量(mg/kg)。

例：已知某药对小鼠的最大耐受量为20 mg/kg(20 g小鼠用0.4 mg)，需折算为家兔量。查A种动物为小鼠，B种动物为兔，交叉点为折算系数 $W=0.37$，故家兔用药量为0.37×20 mg/kg＝7.4 mg/kg，1.5 kg家兔用药量11.1 mg。

表9-2-3 动物与人体的每公斤体重剂量折算系数表

折算系数(W)	A组动物或成人						
	小鼠 (0.02 kg)	大鼠 (0.2 kg)	豚鼠 (0.4 kg)	兔 (1.5 kg)	猫 (2 kg)	犬 (12 kg)	成人 (60 kg)
小鼠(0.02 kg)	1.0	1.4	1.6	2.7	3.2	4.8	9.01
大鼠(0.2 kg)	0.7	1.0	1.14	1.88	2.3	3.6	6.25
豚鼠(0.4 kg)	0.61	0.87	1.0	1.65	2.05	3.0	5.55
兔(1.5 kg)	0.37	0.52	0.6	1.0	1.23	1.76	2.30
猫(2.0 kg)	0.30	0.42	0.48	0.81	1.0	1.44	2.70
犬(12 kg)	0.21	0.28	0.34	0.56	0.68	1.0	1.88
成人(60 kg)	0.11	0.11	0.18	0.304	0.371	0.531	1.0

第三节 不同药理、毒理学研究中实验动物的应用

一、药理学研究中实验动物的应用

(一) 中枢神经系统药理学研究中的选择与应用

1. 镇静催眠药实验

(1) 实验动物的选择：常用两个种属的动物，第1种是用比较方便实验的动物，如小鼠、大鼠等，第2种是用非啮齿类动物，多选用猴或猩猩。

选择动物时应注意各种动物的特点。如大鼠适用于做刺激研究，因为大鼠视觉、嗅觉较灵敏，做条件反射等实验反应良好，但大鼠对许多药物易产生耐药性。猫和犬的自然行为多样而稳定，常用于神经药理、神经生理以及行为观察的补充实验。猴子和猩猩则更接近于人类。大鼠和小鼠的活动因夜间比白天多，故研究中枢神经抑制药在夜间进行实验较好。

(2) 药物对动物一般活动的影响：对动物的观察一般常用的简易方法是直接观察法，观察动物的一般行为和特殊情绪。对猴、猫、地鼠的行为多采用Norton定量分级。

2. 抗精神病药物的行为实验

阿扑吗啡能增强大白鼠舔、嗅、咬等定向行为，这是由于药物增强黑质-纹状体脑内多巴胺(DA)能系统功能的缘故。安定抑制大鼠的定向作用强度与安定抑制脑内DA能受体功能有相关性。一般选用150～200 g大鼠，皮下注射阿扑吗啡2 mg/kg体重，进行定向运动强度实验。如僵住症是动物锥体外系功能失调的一种表现，常选用150～200 g大鼠进行实验。

3. 抗惊厥和抗震颤麻痹药实验

(1) 惊厥实验：多选用小鼠，也可用大鼠，而猫或兔时仅用做特殊观察。在采用戊四唑惊厥法时，小鼠皮下注射剂量一般为85 mg/kg，最大也有用150 mg/kg，此剂量已是LD_{98}，腹腔注射100 mg/kg(最大175 mg/kg)实验。不同种系小鼠可有不同反应，因此，做药物活性比较时，应选用同一品系动物。

(2) 听源性发作实验：某些敏感动物(主要是啮齿类)在受到强铃声刺激时，能产生一种定型的运动性发作，称为“听源性发作”(audiogenic seizure)，这是研究抗癫痫药物的一种常用模型。常选用DBA/2J系小鼠(听源性鼠)作研究。采用一些药物可以提高大鼠听源性发作阳性率，如在亚惊厥剂量戊四唑(16 mg/kg)、士的宁(1 mg/kg)、苦味毒(1 mg/kg)或咖啡因(150 mg/kg)相应剂量基础上，给予铃声刺激，可使部分听源阴性鼠发作癫痫，其阳性发作率分别约为40.7%、66.5%、38.4%、18.1%。

(3) 慢性实验性癫痫实验：各种动物的大脑皮质感觉运动区是致痫敏感区之一，特别是猴极易在此区形成癫痫病灶。将铝剂注入猴或猫的颞叶前部，可引起运动性和精神运动性发作；大脑皮质其他区域不敏感。此外，还有报告注射于杏仁核和壳核也可引起发作。病理模型的形成以猴最为敏感，猫次之，其他动物不敏感。所以，常选用猴做此实验，麻醉后无菌条件下将消毒后的4%氢氧化铝乳剂用皮下针头注射到前脑和后脑皮质感觉运动区，动物可在35～60 d后出现自发性癫痫发作。如果铝剂形成的病灶严重，也可在注射后2～3周发作。

钴可引起大鼠、小鼠和猫的慢性实验性癫痫，而猴对钴却不敏感，因此，常选用大鼠作钴致癫痫实验。麻醉消毒后开颅，将消毒过的钴粉约30 mg放置于皮层运动区的前侧(面积为10 mm^2)，安好电极后缝合，动物约在置入钴粉2～3周后，出现置钴对侧肢体阵挛，少数动物于局部阵挛后出现全身发作。

(4) 抗震颤麻痹药物筛选方法：目前筛选抗震颤麻痹药物的方法，常采用药物诱发震颤和损伤锥体外系某些核团以诱发震颤。如常选用豚鼠药物诱发震颤法，按0.02%水杨酸毒扁豆碱溶液以0.3 mg/kg剂量注入右侧颈动脉，注射速度要严格控制在20～25 s，并在注射时暂时夹住左侧颈动脉，以保证药液进入右侧椎动脉。动物多于注射毒扁豆碱后15～20 s出现症状，典型阳性反应是头左偏，身体强迫性向左侧旋转做环形运动，同时可伴有眼球左偏并向对侧震颤，全部症状持续5 min。还可选用小鼠做此实验，方法为：25 mg/kg腹腔注射0.25%槟榔碱溶液，或50 mg/kg腹腔注射0.05%匹鲁卡品，或0.14 mg/kg腹腔注射0.014%氯化震颤素。

4. 镇痛药物实验

目前国内外筛选镇痛药常用的致痛方法有物理性(热、电、机械)和化学性刺激法。

这些方法各有优缺点，其中以热、电刺激及钾离子皮下透入致痛法居多。常用的动物有小鼠、大鼠、豚鼠、家兔、犬、猴等。动物实验中常见的疼痛反应指标为嘶叫、舔足、甩尾、挣扎以及皮肤、肌肉抽搐等。用猴研究镇痛剂的依赖性较为理想，因为猴对镇痛剂的依赖性表现与人较接近，戒断症状又较人明显且易于观察，已成为新镇痛剂进入临床试用前必须的实验。

5. 解热、抗炎药实验

发热和炎症都是临床常见的症状。实验室常用病毒、细菌、细菌产物、内毒素和抗原抗体复合物引起发热，也有用微量前列腺素（PGE_{66}）直接注入动物脑室或下丘脑致热。

常用的致炎方法有以血管通透性增加为主的无菌性胸（腹）膜炎、佐剂性关节炎、紫外线红斑法、放射线照射法以及其他无菌性炎症；有观察白细胞为主的羧甲基纤维素囊法、大鼠角膜法、毛细管法和小室滤膜法；有制造肉芽肿的棉球法、纸片法、琼脂法、巴豆油囊袋法和受精鸡卵法等。此外，亦有用妊娠大鼠子宫自发收缩为指标，观察间接反应炎症过程的方法。

实验性炎症应该选用哺乳类动物，并根据实验模型的不同采用不同种属的动物。例如足跖水肿模型须采用大鼠，形成过敏性炎症应首选豚鼠，而家兔则最易产生发热反应。此外，幼小动物（如犬、兔、小鼠等）炎症反应相当微弱，甚至可以完全不出现。家兔对刺激的炎症反应与其毛色有关，白毛兔比有色毛兔的炎症强度和炎症经过均较剧烈。有人观察到致炎组织比初次炎症刺激时反应较微弱，因此不宜在同一部位反复复制炎症。

动物种属、年龄和形态特点，对发热反应有明显影响。例如小鼠、豚鼠，有时包括大鼠，均不宜用于复制发热模型。这些动物的恒温功能差，对发热刺激的反应低，有时对热源性物质的刺激体温反而下降。而兔的发热反应典型恒定，因而常用。但必须注意，家兔年龄在 20～30 d 以内者可不发生发热反应，而体重在 2 kg 左右者，效果最为满意。大鼠则以体重 150～200 g 为最适宜。同种动物形态上的差异也会影响体温反应，如长毛家兔和长毛犬的体温比短毛者上升得慢。犬对外界环境的变动反应稳定，但小鼠和大鼠的体温波动很大。动物长时间捆绑时，体温可显著降低。当动物挣扎时则可使体温升高。因此，通常把动物固定在木盒内，以限制其多余的活动。给动物注射菌液或内毒素时，注射量并不与发热反应强度成正比。注入量过大时的体温可不上升，故剂量的选择必须恰到好处。静脉注射菌液或内毒素等所引起的发热较皮下注射迅速而强烈。但化学刺激剂必须注射到动物皮下才会引起较强的反应。可能是该类物质刺激皮下组织造成无菌性炎症所致。

6. 中枢兴奋药实验

引起食欲抑制的药物大多为中枢兴奋药，所以测定药物对动物食物取量的影响，可作为中枢兴奋药的筛选指标之一。常选用猫来研究食欲抑制药物有无耐药性及其发生速度。亦可选用小鼠或采用金硫葡萄糖（aurothioglucose）喂饲的小鼠肥胖模型来研究食欲抑制药。

7. 骨骼肌松弛药实验

不同种属动物对神经肌接点阻断药反应的差异不仅表现在作用强度上，而且反应在作用性质上，如猫对琥珀酰胆碱、十烃季铵的反应与人近似，呈单纯极化型阻断作用，而在兔、豚鼠、大鼠常表现为双相阻断作用。鸡对十烃季铵与筒箭毒的反应介于猫和犬之间，而与猫近似。

（二）传出神经药理学实验中的选择与应用

1. 一般实验方法和动物的选择

在测定新药的急性毒性实验（LD_{50}）时，动物如出现竖毛、活动增加、激动兴奋，以致发展为强直-阵挛性抽搐，可初步考虑为拟交感药。进而可观察实验动物的血压反应，如果只兴奋α受体，则对血压影响较大，并反射性地使心率减慢；如果仅兴奋β受体，可见血压下降和心率明显增快。为了较确切地区分其对α、β受体的作用，还可采用α受体阻断药酚妥拉明、β受体阻断药心得安等药物进行验证。除血压实验外，尚可采用猫瞬膜、猫（或犬）在体肠活动等实验方法。利用一些体外实验可分析拟交感药的作用部位，其中最敏感的实验之一是大白鼠胃底条，此外还有兔乳头肌、离体兔耳、豚鼠气管链、豚鼠回肠和鸡盲肠等。可用已知的α或β受体兴奋剂作为标准，观察它们与α或β受体阻断药的相互作用，而确定其作用部位。

乙酰胆碱具有毒蕈碱样及烟碱样作用，前者可被阿托品阻断，后者可被神经节阻滞药及横纹肌松弛药阻断。凡是通过直接或间接作用兴奋副交感效应点的药物可出现流泪、流涎、排尿和排便症候群。因此，在小鼠 LD_{50} 实验中可获得初步印象，进而分别观察其对血压、唾液、瞳孔及胃肠道等反应。在猫血压实验、蛙心、蛙腹直肌、水蛭背肌等标本上可检定拟胆碱药和观察抗胆碱药的作用，亦可用整体实验如抑制大鼠胃溃疡、抑制大鼠肠内活性炭下移等方法观察之。

2. 心血管实验

血压实验是检验传出神经药物极其敏感的方法，一般多采用急性血压实验，动物中以犬、猫、兔和大鼠为常用。兔不适用于降压实验，因其易于死亡。实验可用麻醉或毁脑动物，因麻醉动物的血压常有三级波动使血压升降不稳：第 1 级波动，又称脉搏性波动，系每次心搏影响血压所致；第 2 级波动，又称呼吸性波动，即吸气时，血压微升，呼气时血压微降；第 3 级波动，系血管运动中枢以稍长间隔，兴奋性周期性改变。如动物毁脑后，可排降脊髓以上的中枢神经对血压的影响，只出现第 1 级波动，血压曲线极为平稳。

离体兔主动脉条实验：兔主动脉上含有α受体，它是测定作用于α受体药物的一个很好标本，已被广泛用来鉴定和分析拟交感药及其对抗药的作用。兔主动脉制备曾试制过多种形式，如主动脉环、片及条状等，但兔主动脉螺旋条是最合适的方法之一。此标本有较多优点，如一条主动脉可制作 3～4 个标本，可供配对试验，对低浓度的拟交感药就很敏感，组织稳定性好，可维持较长时间。

3. 消化道平滑肌实验

多种动物的离体肠道可用来研究传出神经药物，一般多用离体豚鼠及兔的肠道。豚鼠回肠的自发活动较少，描记时有稳定的基线，适合做药物鉴定用。兔肠（尤其是空肠）具有规律的摆动，适于观察药物对此运动的影响。豚鼠回肠标本加负荷后已完全松弛，因此加入拟交感药不会使其更松弛。

离体豚鼠回肠可用于观察乙酰胆碱和拟胆碱药的剂量-反应关系；可检定乙酰胆碱和拟胆碱药的含量。离体兔空肠有节律性收缩活动，可观察肾上腺素(4 μg)、去甲肾上腺素(4 μg)、异丙肾上腺素(5 μg)、酚妥拉明(8 μg)、心得安(0.6 mg)、毒扁豆碱(2 μg)等药物对空肠摆动运动的影响。大鼠胃底条是检定儿茶酚胺类药物和5-羟色胺(5-HT)最敏感的标本。主要观察药物对胃纵行肌的作用，因标本中环形肌已切断，经检定儿茶酚胺对其敏感度要比大鼠子宫标本大10～100倍。鸡食管由副交感神经支配，因此离体鸡食管标本适合于研究拟副交感药物。由于其作用不能完全被神经节阻断药所阻滞，故不宜用于研究作用于神经节的药物。

4. 其他平滑肌实验

大鼠子宫中肾上腺素能受体主要是β受体，最适于研究β受体兴奋剂和β受体阻滞剂。它对异丙肾上腺素最敏感，肾上腺次之，对去甲肾上腺素极不敏感，因此亦可用来检定含肾上腺素与去甲肾上腺素的混合液中前者的含量。

虹膜括约肌受副交感神经支配，当此神经兴奋或应用拟胆碱药时，瞳孔缩小，抗胆碱药可使瞳孔散大；虹膜辐射肌受交感神经支配，此神经兴奋或应用拟交感药后可使瞳孔散大。因此，可根据动物的瞳孔变化来测试某药是否为拟胆碱药、抗胆碱药或拟交感药。常选用兔和猫的瞳孔进行实验。猫瞳孔对药物反应较为灵敏。不麻醉犬的瞳孔不稳定，拟交感药对其作用极短暂。

离体猫脾条对儿茶酚胺类很敏感，适用于检测拟交感药和α受体阻滞药。脾条对拟交感药的反应较慢，开始迅速收缩后，然后慢慢上升，3～5 min收缩达高峰，恢复亦缓慢，即使接触低浓度的拟交感药，亦需5 min恢复，如用引起最大反应的浓度时，常需2 h才恢复。此标本对异丙肾上腺素不敏感，一般浓度达2×10^{-5} mol/L才出现反应，5×10^{-2} mol/L达最大反应。

蛙腹直肌标本可用来检测阻断神经肌接点的药物反应和检定乙酰胆碱和拟胆碱药，方法简便易行，结果较正确。但在检定乙酰胆碱时，在有毒扁豆碱存在的条件下，其敏感性不及豚鼠回肠和水蛭背肌。

5. 影响传出神经递质的药物实验

(1) 猫瞬膜：猫的瞬膜形大且灵敏，因此是进行瞬膜实验首选和最适合的动物。犬和兔虽然也有瞬膜，但形小，用药后变化较小，且兔的瞬膜反应性有不同，故一般不选用犬和兔这两种动物。瞬膜由颈上神经节节后纤维支配，属肾上腺素能神经，瞬膜内存在α受体。猫的瞬膜标本是鉴别神经节阻滞药和α受体阻滞药研究中常用的标本之一。如受试药物是神经节阻滞药，则刺激节前纤维和注入乙酰胆碱均无瞬膜反应，而刺激节后纤维或注入去甲肾上腺素仍有瞬膜反应。若受试药物影响神经递质的传递，则刺激节前纤维、节后纤维或给乙酰胆碱均无瞬膜反应，给去甲肾上腺素瞬膜反应仍存在，甚至增强其反应。

(2) 兔肠系膜神经：离体兔肠系膜神经-回肠实验选用兔的回肠制备较为合适，因为兔肠的摆动运动(钟摆运动)波辐射较大。豚鼠的肠也可制备，但摆动波幅小，用药后抑制反应不易看出。猫、犬等肠壁厚，对儿茶酚胺类药物和其他药物反应迟钝，故不宜选用。刺激肠系膜(系肾上腺素能神经)可抑制回肠的摆动运动。如受试药物能阻断这一抑制反应，而不影响甚至增强去甲肾上腺素或肾上腺素对回肠摆动运动的抑制作用，则可推断该药是肾上腺素能神经阻滞药。

(3) 兔耳：兔耳灌流法是筛选肾上腺素能神经阻滞药和 α 受体阻滞药常用的方法之一。肾上腺素能神经阻滞药物能抑制耳大神经刺激引起的血管收缩反应，使灌流量增加，但去甲肾上腺素或肾上腺素的血管收缩反应反而增强，使其灌流量减少。根据上述不同作用，可以鉴别这两类药物。1960 年 Hukoric 在离体兔耳灌流中的研究显示，耳大神经除含有肾上腺素能神经外，还有少部分胆碱能神经。用肾上腺素能神经阻滞药后胆碱能神经的作用表现得更充分，因此，在实验设计中，通常用阿托品8 μg 阻断其毒蕈碱样作用，使其不干扰肾上腺素能神经阻滞药的研究。

(4) 猫脾神经：脾神经-脾标本在肾上腺素能神经阻滞药或 α 受体阻滞药的研究中是常选用的标本之一。前一类药使用后，能刺激神经，使脾静脉血中去甲肾上腺素含量降低；后一类药使用后，则使去甲肾上腺素含量增加，以此来鉴别这两类药物。常选用猫来做此实验。

(5) 豚鼠下腹神经-输精管：下腹神经是交感神经节后纤维，支配输精管或子宫。豚鼠下腹神经-输精管实验在肾上腺素能神经阻滞药和 α 受体阻滞药研究中是常用的方法之一。受试药物能阻滞刺激下腹神经引起的输精管或子宫收缩作用，如受试药物不影响去甲肾上腺素或肾上腺素的反应，甚至可增强其作用，则可确定该药为肾上腺素能神经阻滞药。豚鼠的输精管对交感胺的收缩反应较子宫迅速，去除交感胺的作用后恢复也较快，因此常选用豚鼠作标本进行试验。

(6) 兔交感神经-心房：离体兔交感神经-心房标本主要用于观察肾上腺素能神经阻滞药的作用。刺激交感神经，引起心率加快，收缩力加强。这类药使用后，可阻断上述反应，但不能对抗去甲肾上腺素或肾上腺素对心脏的兴奋作用。此标本制备除主要选用兔外，也可采用猫(1～2 kg 体重)、豚鼠。

(7) 大鼠血压：R. Lesic 等在大鼠血压实验中发现毒扁豆碱能引起升压反应，而在犬、猫等实验动物中，该药主要引起降压反应。利血平能阻断毒扁豆碱对大鼠的升压作用，且切除两侧肾上腺，不影响其升压反应，但横断脊髓，其升压反应立即消失。因此，大鼠对毒扁豆碱的升压反应可能是中枢性的，再通过外周交感神经表现出来。毒扁豆碱引起的大鼠升压反应的实验模型可用来研究影响肾上腺素能神经递质释放的药物。如某药物使用后，再注射毒扁豆碱，其升压作用消失，但去甲肾上腺素或肾上腺素的升压作用仍不变，甚至增强，则提示该药可能为肾上腺素能神经阻滞药。

6. 作用于胆碱受体和肾上腺素受体的药物实验

胆碱受体有 M 型和 N 型两种。当 M 胆碱受体兴奋时，表现为心率减慢，心收缩力减弱，血压下降，胃肠道平滑肌收缩，瞳孔缩小，唾液分泌增加，支气管平滑肌收缩等，已知典型的 M 受体阻滞药阿托品等能阻滞上述作用。欲确定一个未知药是否作用于 M 胆碱受体，其作用性质是兴奋、抑制或阻断，可选离体豚鼠回肠、兔的瞳孔、兔的唾液腺、大鼠或猫的血压、离体蛙心和离体兔右心房等实验，与已知药匹鲁卡品或阿托品对照，即可获得明确的结论。N 胆碱受体有 N_1 和 N_2 两种。N_1 胆碱受体兴奋时，自主神经节兴奋及肾上腺髓质分泌，在阿托品化猫中，凡不具有血管收缩作用而能使血压升高的药物，初步可认为其作用部位在 N_1 胆碱受体；N_2 胆碱受体兴奋时骨骼肌收缩，可采用水蛭背肌或蛙腹直肌标本实验，即能得到结果。

二苯羟乙酸奎宁酯（quinuclidinyl benzilate，QNB）是一类 M 受体阻滞药，它能与 M 胆碱受体紧密结合，维持时间较长，为研究 M 胆碱受体提供了一个有效的工具。节后拟胆碱药或节后抗胆碱药都能与 M 胆碱受体结合，因此均可降低 ^{3}H-QNB 的结合率。常选用豚鼠的回肠做此实验。此外，还可选用豚鼠的心脏、肺脏、脑及脾脏，这些组织匀浆均具有与 ^{3}H-QNB 结合的 M 胆碱受体。但在肝脏、肾脏及膈肌则不存在与 ^{3}H-QNB 结合的 M 胆碱受体。

肾上腺素受体有 α 和 β 两种，当 α 受体兴奋时，表现为皮肤、黏膜及内脏血管收缩，胃肠道平滑肌松弛，瞳孔散大，瞬膜收缩，子宫收缩等。已知典型的 α 受体阻滞药酚妥拉明和妥拉苏林等能阻断上述作用。常选用离体兔主动脉条、离体豚鼠或大鼠输精管、离体猫脾条、离体大鼠胃底条、离体兔空肠等做 α 受体实验。β 受体兴奋时，表现为心率加快，心收缩力加强，传导加速，冠状动脉扩张，胃肠道平滑肌松弛，支气管扩张，糖原和脂肪分解等。由于 β 受体又分 β_1、β_2 两种，对于这两种亚型受体作用的观察，一般是以心脏效应作为观察 β_1 受体作用，而以气管、支气管效应作为观察 β_2 受体作用。已知典型的 α 受体阻滞药心得安等能阻断上述作用。常选用离体蛙心、离体原位蛙心排出量、兔心灌注、在位猫（或兔）心实验、兔（豚鼠）离体心房实验、离体大鼠子宫、离体豚鼠气管片等做 β 受体实验。

未妊娠兔的离体子宫对 α 受体兴奋药十分敏感，可使之强烈收缩，故可用于鉴定 α 受体兴奋药或阻滞药。脂肪组织存在 β 受体，凡能兴奋 β 受体的药物均能引起游离脂肪酸释放的增加。如预先加入 β 受体阻滞药，则可使游离脂肪酸的释放量明显减少，甚至完全阻断，故此法亦用来鉴定作用于 β 受体的药物。常选用不饥饿的雄性大鼠，麻醉下取其附睾脂肪垫做实验。子宫平滑肌收缩为 α 受体兴奋反应，目前常选用兔子宫平滑肌膜与 ^{3}H-DHE（即 ^{3}H-Dihydrocryptne，属 α 受体阻滞药）进行体外培养，^{3}H-DHE 与子宫平滑肌膜上 α 受体结合，25℃不超过 17 min，即能达到完全结合，而且结合稳定性较好，至少可维持 30 min，常用来鉴定 α 受体。

7. 骨骼肌松弛药实验

在进行神经肌接点阻断药试验研究时，动物品种的选择是十分重要的，因神经肌接点阻断的效应有明显的动物种属差异，只有选用在反应性质和程度与人相似的动物进行实验，所得结果才具有较高的临床应用参考价值。

（三）心血管系统药理实验的选择与应用

1. 实验性高血压

直接刺激中枢神经法，采用埋藏电极或借助于位置定向器，电刺激大白鼠或猴的侧下丘脑防御警觉区，可使动物出现血压明显升高、心率加快、心输出量增加等。神经反射性隔离性高血压，如采用大鼠隔离饲养，高血压发生率和血压升高程度均不及小鼠显著。在大鼠长时间处于噪音或钥匙叮当响声刺激造成的听源性紧张情况下，可诱发神经原发性高血压，它与人的高血压病类似，适用于降压药的筛选。大鼠正常血管收缩压（平均收缩压±标准差）为 15±1.07 kPa，约有 40％的动物收缩压可高达 21.3 kPa。

去抑制性高血压，常选用家兔，切断其主动脉的降压神经，也可选用犬，切断颈动脉窦区神经所引起的高血压。采用犬进行实验时，最好选择宽脸面的犬，因为这种犬较易找到颈动脉窦。肾性高血压，常选用犬、家兔和大白鼠，使动物一侧肾动脉狭窄，肾动脉血流量减少50%以上或同时使两侧肾动脉狭窄，均可导致血压长期升高。家兔肾动脉分支部上方的腹主动脉狭窄，或造成肾脏小动脉及其分支的多发性栓塞，均可形成高血压。

内分泌型高血压，可选用犬和大白鼠，注射垂体前叶提取物或给家兔静脉注射垂体后叶升压素0.5～0.7 mg数周后可引起血压上升。

2. 心肌缺氧缺血

垂体后叶素能使冠状动脉痉挛，造成急性心肌供血不足，同时外周阻力增加，导致心脏负荷加重，心肌缺血。常选用家兔作为动物模型，从耳缘静脉注射垂体后叶素2.5 μg/kg(用生理盐水稀释至3 mL)，注射时间30 s。

异丙肾上腺素为强效β受体兴奋药，连续应用可形成心肌梗死样变性，用心电图和病理切片可检测病变程度。常选用豚鼠、家兔或犬做动物模型：豚鼠和犬每天皮下注射异丙肾上腺素2～8 mg/kg，家兔10～16 mg/kg，连续2 d。可见心电图T波由正变负或双相，并伴有ST段抬高可伴有窦性心动过速、早搏或其他心律失常。

结扎豚鼠、家兔、猫、犬、猴、猪等动物的左冠状动脉前支均可引起心肌梗死。其中选用家兔和犬最多且效果明显。心肺灌流是分析药物对心脏作用的经典方法。一般选用犬或猫，但用小动物有其优点，研究强心苷可采用豚鼠；而研究心肌耐、缺氧，则宜选用大白鼠。

3. 血管阻力测定

器官或局部血管恒速灌流泵法：根据血管阻力(R)与灌流压(P)成正比，与流量(Q)成反比的原理，可以用各种流量计测定血流量，并且同步记录动脉血压(即灌注压)，用上述原理即可推算出血管阻力。常选用体重12 kg以上的犬做实验，可采用颈内动脉灌流法、椎动脉灌流法、后肢血管灌流法、肾动脉灌流法等来测定血管阻力。

(四) 消化系统药理实验的选择与应用

1. 消化系统分泌实验

(1) 胃液分泌实验：胃液收集常选用犬和大白鼠。由犬右侧嘴角插入胃管收集胃液；大白鼠则需剖腹，从幽门端向胃插入一直径约3 mm的塑料管，紧靠幽门处结扎固定，以收集胃液。

(2) 胰液分泌实验：胰液收集可选用犬、兔或大白鼠。在全麻下进行手术，犬的主胰管开口十二指肠降部，距幽门12 cm左右处，将十二指肠翻转，在其背面即可找到该部位。兔的胰腺很分散，胰管位于十二指肠的升段，距离幽门17 cm左右处。分别向主胰管内插入细导管收集胰液。大白鼠的胰管与胆管汇集于一个总管，在其入肠处插管固定，并在近肝门处结扎和另行插管，就可分别收集到胆汁和胰液。大白鼠的胰液很少，插入内径约0.5 mm的透明导管后，以胰液充盈的长度作为观察分泌的指标。慢性实验时可选用犬做胰瘘手术后收集胰液。

(3) 胆汁分泌实验：胆汁可分别通过给动物做胆瘘和胆总管瘘收集。胆囊瘘常选用犬、猫、兔和豚鼠进行，而以犬为佳。在全麻下进行手术，以右肋缘下横切口的暴露最为满意。如欲观察肝胆汁的分泌情况需要结扎胆囊管，可选用大鼠，因后者无胆囊，所以做总管造瘘手术常选用大白鼠。收集胆汁后可进行各种胆汁的化学分析。

2. 消化系统运动实验

(1) 动物离体标本实验：标本制备大多用兔、豚鼠、大白鼠等动物的组织，也可利用手术中取下或猝死剖检时取下的消化道器官进行实验。取禁食 24 h 的动物，通常用击头致死法处死，以避免麻醉或失血等对胃肠运动功能的影响。立即常规剖腹，取出所需的胃、肠、胆囊等，去除附着的系膜或脂肪等组织。迅速放在充氧(或含 5% CO_2)、保温(37℃)的保温液中，并以注射器用保温液将管腔内的食物残渣洗净。

若以肌片为标本，一般剪取 1～5 mm 宽，1～2 cm 长的一段即可。若用动物的肠管做实验时，通常取十二指肠或回肠。十二指肠的兴奋性、节律性较高，呈现活跃的舒缩运动。回肠运动比较静息，其运动曲线的基线比较稳定。所用标本大都取 1.5 cm 左右一段即可。以犬的胆囊做实验时可截取 4 mm 宽、2cm 长的全层肌片。兔、豚鼠等的胆囊较小，取材时常与胆管一起摘下。兔的胆囊可沿其长轴一剖为二，豚鼠则可以整个胆囊或取其时进行实验。做胆管的离体实验时，通常取犬的总胆管，将相连的十二指肠组织切除，留下乳头及胆道末端括约肌组织。

(2) 消化器官运动在体实验：犬、猫或兔，择其健康成年者，性别不限。由于巴比妥类麻醉剂对消化道运动有抑制作用，故有些作者在用猫或兔做实验时，更愿意用乌拉坦 1.0～1.5 g/kg 静脉或腹腔注射进行麻醉。观察胆管系统的运动则以母犬为佳，因为肋弓角较大容易暴露。在禁食 12～24 h 后进行实验。

进行胆道口括约肌部胆管内压测定实验时，可选用犬或猫，也可用兔。犬的胆道位置较深，要求有良好的手术暴露。猫的胆总管相对地较粗，操作也较容易，但手术耐受性稍逊于犬。兔的胆总管容易辨认，壶腹胆总管粗约 2～3 mm，位于十二指肠降部，循小网膜右缘而下，在下腔静脉之前、门脉之右。

3. 催吐、镇吐和厌食实验

(1) 催吐和镇吐实验：常选用犬和猫做实验。给犬皮下注射盐酸阿扑吗啡 1 mg/kg，注后 2～3 min 就可以引起恶心、呕吐。用 1%硫酸铜或硫酸亚铝溶液 50 mL 给犬灌胃，约 2～3 min 后也可引起呕吐，但几乎无恶心现象。

(2) 厌食实验：这是防治肥胖病及其并发症的研究内容之一，可以选用犬、猫、大鼠、小鼠等进行实验，猴因有颊囊及有精神因素参与，故选用者不多。犬容易呕吐，也有行为因素，故也不理想。一般多选用大白鼠。

(五) 呼吸系统药理实验的选择与应用

1. 镇咳药的筛选实验

豚鼠对化学刺激物或机械刺激都很敏感，刺激后能诱发咳嗽；刺激其喉上神经亦能引起咳嗽，加之一般实验室较易得到，因此，豚鼠是筛选镇咳药最常用的动物。猫在生理条件下很少咳嗽，但受机械刺激或化学刺激后易诱发咳嗽，而猫较豚鼠难得，故猫选用于刺激喉上神经诱发咳嗽，在初筛的基础上，进一步肯定药物的镇咳作用。犬不论在清醒或麻醉条件下，化学、机械、电等刺激胸膜、气管黏膜或颈部迷走神经均能诱发咳嗽；犬反复应用化学刺激所引起的咳嗽反应较其他动物变异少，故特别适用于观察药物的镇咳作用及持续时间。

2. 呼吸道平滑肌实验

离体气管法是常用的筛选平喘药的实验方法之一。常用实验动物中，豚鼠的气管对药物的反应较其他动物反应更敏感，且更接近人的支气管，因此豚鼠的气管可作为常用标本。肺支气管灌流法是测定支气管肌张力的研究方法之一，方法简便、可靠，所得的结果反映全部气管平滑肌张力情况。常选用豚鼠和兔，也可用小白鼠。

药物引喘实验常选用豚鼠，不少药物以气管法给予豚鼠可引起支气管痉挛、窒息，从而导致抽搐而跌倒。这种动物模型可用于观察药物的支气管平滑肌松弛作用。目前最常用的引喘药物是组织胺和乙酰胆碱。实验时豚鼠必须选用幼鼠，体重不超过 200 g，且引喘潜伏期不超过 120 s。

（六）泌尿系统药理实验的选择与应用

1. 利尿药及抗利尿药筛选实验

要判断所研究药物是否有利尿作用，可选用大白鼠、小白鼠、猫或犬进行实验，其中以大白鼠较为常用。对人体有利尿作用的药物均可在大白鼠实验中获得较好的效果。虽然筛选利尿药实验的首选动物多为大白鼠，但必要时还应再选用其他种类动物进行实验，加以验证。

肾清除率是检查肾功能的一项重要方法。它可显示肾对血液里某物质的清除能力，还可以了解肾血流量、游离水的生成和重吸收等方面的情况。菊糖清除率实验动物常选用大白鼠。清除率是指每毫升血浆被“清除”物质的比例。血浆中的物质大多能被肾小球滤过，又能被肾小管细胞分泌或重吸收。但菊糖仅被肾小球滤过，几乎不被肾小管细胞分泌或重吸收，故它的清除率就是肾小球滤过率。

游离水清除率实验动物常选用健康成年犬。游离水清除率实验，是一种测定尿中游离水生成的方法。利用这种方法可以衡量肾对尿液浓缩和稀释的能力，分析利尿药对尿浓缩和稀释机制的影响，从而推测利尿药的作用部位。对氨基马尿酸清除率实验常选用大白鼠或犬，但以大白鼠更为常用。对氨基马尿酸的清除率可作为有效肾血浆流量的客观指标。

2. 截流分析实验

截流分析实验常选用 10 kg 以上健康犬做实验。截流技术是一种分析小鼠各段运转功能的方法，利用这种方法可对利尿药作用部位进行初步分析。

3. 肾小管微穿刺实验

该实验常选用大白鼠或犬进行。如欲穿刺集合管，可用幼年大白鼠或金黄地鼠；如欲穿刺肾小球，常用 Wistar 大白鼠，因其肾小球位置表浅，易于穿刺。大鼠体重一般采用 200～250 g 较好。

（七）转基因动物制药研究进展

利用转基因动物作为生物反应器生产医用价值很高，且不易体外获得的药物蛋白是近年来转基因动物研究的主要方向。自 1982 年 Palmiter 等将大鼠生长激素（rGH）基因导入小鼠基因组中，培育得到首例“超级小鼠”，并提出可以从转基因动物中获取有价值的蛋白质以来，转基因动物的研究发展迅速，对整个生命科学的研究起了很大的推动作用。特别是利用转基因动物作为生物反应器生产医用蛋白是目前转基因动物研究中最活跃的领域，也是基因工程制药中最具有诱人前景的行业。一种新型产业即转基因制药业已呈现在人们眼前。与原核表达系统相比，转基因制药业最大的优点是：可大批量生产、生产成本低、投资周期短及其产物的活性更接近天然蛋白等。人们形象地将这些动物称为“分子工厂”。

至今已有多种蛋白在转基因动物的乳腺或血液中获得表达（表 9-3-1）。根据表达产物的作用及性质，大致可分为以下几类：

表 9-3-1 外源基因在转基因动物乳腺中的表达

调控元件	目的基因	转基因动物	每毫升表达量
羊 β-Lactoglobulin	factor LX	绵羊	25 ng
羊 β-casein	CFTR	小鼠	少量，μg
牛 α-sI casein	Lactoferrins	牛	?
羊 α-Lactglobulin	HAS	小鼠	2.5 mg
鼠 WAP/羊 BLG	SOD	小鼠	?
α-sI casein	Chymosin	绵羊	?
α-sI casein	ILGF	绵羊	?
羊 β-Lactoglobulin	al-AAT	绵羊	16 mg
羊 β-Lactoglobulin	Mab	山羊	?
羊 β-Lactoglobulin	Factor Ⅷ	绵羊	?
牛 α-sI cascin	TPA	小鼠/兔子	50 μg
鼠 WPA	TPA	山羊	3 μg
鼠 WPA	TPA	猪	1 mg
羊 α-sI cascein	Urokinase	小鼠	2 mg
兔 β-cascein	IL-2	兔子	430 mg
鼠 β-cascein	FSH	小鼠	15 μg
鼠 WPA	IFNγ	小鼠	?

1. 肺气肿治疗药物

有囊性纤维变性（CF）和肺气肿的患者体内出现弹性蛋白酶的生产过量，会引起肺组织损伤，造成肺气肿。α_1-抗胰蛋白酶（α_1-AAT）具有抑制弹性蛋白酶活性的作用，可保护肺组织不受弹性蛋白酶的破坏，其治疗价值在临床上深受重视。通过转基因技术，英国 PPL Therapeutics（爱丁堡）制药公司的 Wright 等人培育的产 AAT 的羊数量已超过 200 只，经几代常规培育，转基因羊每升奶里产 16 g AAT，此蛋白约占奶蛋白含量的 30%。据估计，泌乳期每只母羊可产 AAT 70 g，价值 70 万美元，具有极大的开发潜力。目前，PPL 公司正着手使其研制产品通过临床实验。

2. 血栓治疗药物

急性心肌梗死和脑梗死等血液栓塞性疾病严重威胁着人类的生命和健康。研究表明，组织性前酶原激活因子（tPA）、尿激酶原（Pro-UK）、蛋白 C 以及抗凝血因子Ⅲ（AT

Ⅲ)等溶血栓药物具有适用范围广和较少引起周身性出血等优点,已应用于临床。但从血浆或组织中提取,同样存在含量低、制备困难等缺点。自 Grdon 等 1987 年首次培育出表达人 tPA 的转基因鼠以来,通过转基因动物生产这些溶血栓药物迅速发展。Ebert 等于 1991 年制备出可在每升乳中表达 3 g tPA 的转基因山羊,并得到表达尿激酶(UK)的转基因鼠。Velander 等以小鼠乳清酸基因为启动子构建的人蛋白 C 转基因猪,其乳汁中重组蛋白 C 的含量为 1 mg/mL。

3. 凝血因子

凝血因子Ⅷ、Ⅸ在内源性凝血过程中起着重要作用,凝血因子Ⅸ是 B 型血友病患者体内缺乏的一种血液凝血因子。Simons 等构建的转基山羊奶中,重组凝血因子Ⅸ的表达量为 25 ng/mL,并证明具有明显的凝血活性。

4. 免疫增强物

近年来,干扰素(IFN)、白细胞介素(IL)和肿瘤坏死因子(TNF)等免疫治疗药物在临床上得到广泛应用。Young 等建立的人 γ-IFN 转基因小鼠发现,γ-IFN 可在 T 细胞表达。Bulher 等通过兔 β-酪蛋白启动子的控制,使人 γ-IFN 在转基因兔的乳腺中得到表达(430 ng/mL)。

5. 营养制剂

人乳铁蛋白(hLF)是一种正常存在于人奶中的蛋白质,具有抗菌、消炎和离子传递等功能,可作为 AIDS 病人、接受化疗和放疗的癌症病人、降低新生儿免疫力的消化道感染病人的治疗药物。荷兰 Pharming 公司继 1991 年获得第 1 头重组 hLF 公牛后,又培育出 3 头表达 hLF 的重组母牛,这在转基因动物的研究中具有划时代的意义,因为一头母牛年产奶量在 6 000 kg 以上,制备这种高产的动物生物反应器,无论在家畜育种上,还是在人类的医疗卫生上都将具有无法估量的社会经济效益。

6. 治疗创伤药物

Pharming 公司还分别与美国 Collagen 公司和 Autoimmune 公司合作开发重组牛生产Ⅰ型、Ⅱ型人骨胶原的研究,用于治疗创伤。

7. 血浆蛋白

人血清白蛋白(HSA)和血红蛋白(Hb)是人体血液中的主要蛋白组分,在临床治疗中需求量很大。但目前来自于人血提取的医用 HSA 和 Hb 很有限,且血液资源和人血中还有可能存在着各种病原污染,也极大地限制了临床使用。转基因猪血液表达系统生产人血红蛋白的研究现已取得很大进展。自 Swanson 等首次制备出血液中含有人血红蛋白的转基因猪后,Sharma 等在研究所得的 7 头原代转基因猪中,其中一头的血液里含有 54% 的 α-珠蛋白成分,用该头母猪配种后产下的仔猪中,约有 42.5%(5/12)的个体血液中表达人的 α-珠蛋白。

另外,人红细胞生成素(EPO)、囊状纤维变性跨膜传导调节因子(CFTR)等医用价值也很高的药物蛋白在转基因动物的乳腺或血液中亦获得表达。

二、动物在评价药物毒性中的应用

(一) 急性毒性研究

最简单的急性毒性实验是测定半数致死剂量(LD_{50}),可采用以下方法:实验小鼠分 5～6 组，每组雌雄各 10 只，在一次性给药后观察其在 14 d 内死亡的情况。药物给药剂量与动物死亡率间呈正态分布，以对数剂量为横坐标、死亡率为纵坐标作图，可得到一对称 S 型曲线。该曲线两端较平坦，中间较陡，说明两端处剂量稍有变化时死亡率的改变不易表现出来，在 50％死亡率处斜率最大，该处剂量稍有变动时，其死亡率变动最明显，即最灵敏，在技术上也最容易测得准确，所以人们常选用 LD_{50} 值作为反映药物毒性的指标。若将死亡率换算成几率单位，则对数剂量与几率单位呈直线关系，用数学方法可拟合其回归方程式，可精确地计算 LD_{50} 及引起任何死亡率的剂量及相关数据。

为了减少动物的使用和动物保护，近年来新药安全评价和化学品急性毒性实验已逐步采用观察动物毒性反应的固定剂量法(fixed-dose procedure)或阶梯法等实验。不同种属的动物各有其特点，对同一药物的反应会有所不同。啮齿类动物和非啮齿类动物急性毒性实验所得的结果，无论是在质还是在量上均会存在差别。从充分暴露受试物毒性的角度考虑，应从啮齿类动物和非啮齿类动物中获得较为充分的安全性信息。因此，急性毒性实验应采用至少两种哺乳动物。一般应选用一种啮齿类动物(常选用大鼠)加一种非啮齿类动物(一般采用 Beagle 犬)进行急性毒性实验。

固定剂量法(fixed-dose procedure)：该方法最初于 1984 年由英国毒理学会提出，不以死亡作为观察终点，而是以明显的毒性体征作为终点进行评价。

阶梯法(又称上下法，序贯法，up and down method)：该方法由 Dixon 和 Mood 首次提出，1985 年 Bruce 又进行了改进，目前是经济合作与发展组织(OECD)和美国环境保护署(EPA)推荐的方法之一。该法最大的特点是节省实验动物，同时，不但可以进行毒性表现的观察，还可以估算 LD_{50} 及其可信区间，适合于能引起动物快速死亡的药物。该方法分为限度实验和主实验。限度实验主要用于有资料提示受试物毒性可能较小的情况。可以从与受试物相关的化合物或相似的混合物或产品中获得相关毒性资料。在相关毒性资料很少或没有时，或预期受试物有毒性时，应进行主实验。

根据各种反应在不同剂量下出现的时间、发生率、剂量-反应关系、不同种属动物及实验室的历史背景数据、病理学检查的结果以及同类药物的特点，判断所出现的反应与药物作用的相关性。总结受试物的安全范围、出现毒性的严重程度及可恢复性；根据毒性可能涉及的部位，综合大体解剖和组织病理学检查的结果，初步判断毒性作用靶器官。

急性毒性实验的结果可作为后续毒理研究剂量选择的参考，也可提示一些后续毒性研究需要重点观察的指标。

（二）亚急性毒性实验

以不同剂量受试样品每日给各组实验动物连续经口染毒 28 d，但在某些情况下，也可染毒 14 d。染毒期间每日密切观察动物的毒性反应，期间死亡或实验结束被处死的动物要进行解剖。一般首选健康成年大鼠，其他啮齿类动物也可使用。

亚急性毒性实验是为获得一定时期内反复多次染毒受试样品而引起的健康危害而进行的实验，以明确化学物对动物的蓄积作用及其靶器官，并确定其最大无作用剂量和最低有作用剂量，为亚慢性、慢性毒性或致癌实验的剂量设计提供依据。

（三）亚慢性毒性研究

这种研究的目的是提供新药毒性效应方面的资料，测定剂量水平及产生毒性效应所需要的时间。给药通常持续30～90 d。测定临床效应包括各种生化和病理学评价。由于多次给药，其剂量水平通常低于一次给药的急性实验水平。使用实验大鼠作为动物模型时，在每一剂量组中，可以使用大量的动物，以大量存活的动物抵消个别发生的必死性效应。

（四）慢性毒性研究

慢性效应的研究，是在用药的动物中实行半年到动物终生的实验，一般选用雌雄动物(大鼠)分别为20～50只的3个剂量组和相同或两倍动物数的对照组。目的是评价其可能存在的毒性。在人类疾病相应的特殊动物模型(如高血压、糖尿病、高胆固醇、遗传缺陷病等)中，采用慢性毒性研究方法更是特别重要的作用。

（五）生殖毒性研究(一般生殖、致畸胎和围产期)

这些类型的研究在发育病理学和生长毒理学中有更加重要的意义。其研究的目的是评价受试化合物在雌雄动物生殖系统方面的毒性效应；母鼠在具体的妊娠期间，也要研究药物对胎儿发育方面的有害效应及在母鼠接近妊娠末期服药时，评价药物在幼仔方面的潜在效应。

对于染色体和基因方面的效应，无单独的实验适合于评价新药可能导致的突变效应。在大鼠中，包括活体内研究，至少采用两种实验方法对其进行检验，即显性致死实验和宿主介导分析。

在显性致死实验中，对雄性大鼠给药，然后连续地与未服药的雌鼠组交配直至超过雄性大鼠的精子发生期。对显性致死性遗传基本是诱导染色体损害和重新排列，如易位突变，可导致子宫吸收不能存活的合子。对性成熟的雄体给予受试化学物，在其精子发生中，可能发生任何突变效应。通过与治疗的雌体交配，以证明雄鼠是具有繁殖能力的，但是，没有给药的雌体，任何减少胎仔成活率都应归因于药物效应的作用，对每一妊娠雌鼠吸收部位的比例与没有给药的雄雌交配的比较，进行评价。

在大鼠中，活体致突变性研究的另一种方法是宿主介导分析。其方法牵涉非致病性菌株引入动物腹腔，然后把受试药物给予这种大鼠服用。再从动物腹腔中取出细菌，并研究突变株的形成。但是，实验药物的分布和代谢经常变化，在腹腔内的细菌可能未能与实验药物接触，因此，如果在腹腔液中并不存在这种化合物，这种分析在已知诱变物面前，可能产生错误的阴性结果，因此，宿主介导分析法目前已不受欢迎。

（六）致癌性实验

在动物中检测受试化合物的致癌性时，应模拟人体接触的方式。大鼠寿命约2年，致癌性实验须在整个生命期服药；对于病理学评价，需要附加时间。典型的致癌性研究需要3年或3年以上来完成。每性别大鼠为50只一组，口服或人接触途径给药。在研究过程中，任何濒临死亡的动物，应立即做肿瘤病理检查，并在实验结束时，处死所有大鼠进行解剖，对任何肿瘤病灶进行显微病理学检查。在这项研究中，应控制环境参数，避免慢性呼吸道疾病，防止低水平致癌物的存在。经比较学观察认为，在实验中，大鼠1个月服药期相当于人类服药34个月。

三、动物模型的应用

近年来比较药理学和比较毒理学研究使用了大量实验动物，不仅有传统的哺乳动物，而且开发了不少低等脊椎动物，积累了不少经验。为评价药物的毒性、疗效以及各种药物动力学，目前已建立了各种各样的动物模型。

（一）药效的评价

1. 影响神经肌肉接点的药物

在外科学、矫形外科学和电休克疗法中，影响神经肌肉接点的药物，即肌肉松弛剂具有广泛的用途。利用离体神经肌肉标本或在活体内探测呼吸频率及其深度与诱导强直和纤维性颤动反应，都可以确定这类药物的效用。最常用的动物种类为猫、兔、鸡、小鼠和蛙。

在去大脑和制动的猫中，常用的是坐骨神经-腓肠肌和股薄肌肌神经复征。兔"垂头"(head drop)处理是检测筒箭毒碱及其他竞争性拮抗剂最常用的方法。去极化药剂可引起鸡的角弓反张（四肢强直伸展和缩头），而竞争性抑制剂则可导致疲软性麻痹。对小鼠则利用一种转筒装置，测试动物在注射药物后从转轴上坠落所需的时间。利用蛙的结扎肢进行电刺激的原始动物实验法，如今已不常用。

2. 影响副交感性神经接点的药物

影响自主性神经系统的药物，可分两类：

(1) 毒蕈碱型(muscarinic)：其兴奋作用可被颠茄碱封闭。毒蕈碱型作用的原始部位可引起特征性的SLUD(salivation, lacrimation, urination, defecation)综合征。其作用方式可被口服拮抗剂或间接吸入胆碱酯酶抵消。此项研究所用的实验动物有犬、猫、兔、大鼠和小鼠。对犬用股静脉套管插入法进行实验：在用药物后，测定动物血压应答速率，并与乙酰胆碱对比。此外，还有麻醉犬迷走神经的电刺激法：对声带鼓室神经电刺激并收集Wharton氏导管的唾液，收集胃小室分泌物并以肠腔内气囊记录肠蠕动。对猫进行肌肉注射可引起瞳孔扩大；大剂量则可引起鸣号、哀鸣不已、浮躁不安、恶心、呕吐、震颤和共济失调。定量实验则可采用对光应答的瞳孔直径变化、血压变化和气囊技术。兔可用于筛选实验，测试其抑制毛果芸香碱诱发的流涎现象。豚鼠对组胺诱发性胃溃疡十分敏感，受试药物应可防止溃疡的发生。此外，还有肺溢出实验(lung overflow)和胆管痉挛实验。

(2) 烟碱型(nicotinic)：可被烟碱封闭的动物。

3. 影响交感神经接点的药物

交感神经系统的作用特征是心肌收缩率和心肌收缩力均增强，血压升高、瞳孔散大、皮肤毛细血管明显收缩。在代谢活动方面，进入循环的葡萄糖和脂肪酸增多，能量代谢过程全面增强。这类作用都由于α和β受体兴奋所致。α受体（如去甲肾上腺素）的兴奋，可引起内脏和皮肤的血管收缩，瞬膜收缩，肠蠕动迟缓和瞳孔散大。β受体（如异丙肾上腺素）的兴奋，可引起骨骼肌血管和冠脉扩张、增强心肌收缩力和扩张支气管平滑肌。α和β受体的拮抗药物分别是酚妥拉明（抗肾上腺素药物）和心得安（β-受体阻滞剂）。动物体α和β受体的兴奋，均可根据外观症状判定，如被毛逆立、运动活力增强、应激能力加强及阵发性和强直性抽搐。心血管效应也可作为检测指标。有时也可采用预先用利血平(赖以释放贮存的儿茶酚胺)处理的动物进行间接测试。

可选用的动物模型及其应用如下:

(1) 犬:多以不做麻醉处理的犬的心电图或颈动脉血压作为测试指标。此外,有检测麻醉犬的支气管扩张和心血管变化,观察装有充水气囊的回肠袢及记录未予保定的犬的运动状态。

(2) 猫:利用猫可用与犬相似的心血管检测。部分研究人员以瞬膜、颌下管、腹下部神经-子宫接点、脾容量和特定器官慢性神经切除等系统进行药物实验。

(3) 豚鼠:以药物控制组胺诱发支气管痉挛的能力作为实验系统。另外,也有观察药物对输精管的作用,膀胱对腹下神经刺激作用的应答进行实验的。

(4) 大鼠和小鼠:对气管、股静脉和颈动脉施行套管插入的刺激脑脊髓大鼠是最常用的模型。还可用 24 h 禁食的大鼠测定药物对血糖浓度的影响。对小鼠是利用电或机械装置记录其运动活力增长的情况。

(5) 鸡:在注射 2～5 mg 苯异丙胺后,可见到一种每分钟震颤 250 次的独特现象;并出现体躯倾侧、垂翼、有力的头部运动和振羽等症状。

4. 影响神经节传导阻滞的药物

这类药物主要用于治疗高血压病。由于其对交感和副交感两组神经系统均有影响,故对其他各系统都可产生深远的作用。首选的实验动物是猫。最常用的是颈神经节,其节前部和节后部以及血液供应均容易区分,有些研究人员则选用心脏的睫状神经节。研究豚鼠自主神经的反应常选用腹下神经-膀胱标本。利用犬进行实验时,不可施行麻醉。

5. 作用于平滑肌的药物

具有生物活性的各种神经递质(如血管紧张肽、血管舒张肽、雨蛙肽等),均可控制平滑肌的活力。由于各种物质的作用性质各异,目前多用犬和猫的各种器官进行灌流实验。

(1) 血管紧张肽(angiotensin):以肾素(renin)作用于血管紧张肽原,可产生此种具有加压素作用的十肽类物质。现用的大多数方法都是活体外实验。

(2) 血管舒张肽(bradykinin):由 α-球蛋白在限制性蛋白水解过程中释放此种含若干 γ-氨基酸的多肽物质。对非血管系统平滑肌、心血管系统和细胞通透性均有影响。其活体内实验法是连接颈动脉与股动脉,进行后躯灌流,通常将药物注入颈静脉。

(3) 组胺(histamine):由组氨酸经脱羧基作用而产生此种 β-咪唑基乙胺,可在肥大细胞和嗜碱性细胞的颗粒万分中大是形成。组胺很少直接用于治疗;大多数实验都是鉴定各种抗组胺物质。

对犬和猫,多以血压下降、胃液收集量和溃疡的形成作为测试指标。豚鼠可能是最佳模型动物。常用的有气管套管肺溢流实验及毛细管中染色剂渗透变化实验。

(4) 血清素(serotonin):又称 5-羟色胺,该物质在动物体内广泛分布,在大多数细胞和中枢神经系中都含有较高浓度。大多数是进行活体外研究。

(5) 催产素(oxytocin):此种激素对子宫与乳腺的反应最强。研究其活性较好的,动物模型是未妊娠猫的子宫(Berde 等,1957),该模型要比兔乳腺射乳反应敏感得多。

(6) 前列腺素(prostaglandins):这是一组天然存在的长链羟基脂肪酸,具有促进子宫和其平滑肌收缩,降低血压以及影响其他激素活性的一系列作用。

对麻醉犬施用前列腺素,可直接作用于血管平滑肌而降低血压。从有神经分布或切除神经的胃底小囊收集胃液的方法,也可以进行前列腺素实验。对肾上腺髓质和鼻黏膜的作用,也可作为测试系统。猫的镇静作用、木僵现象、瞳孔大小、眼内压的变化,都可作为测试系统。兔的输卵管是一种十分有效的研究系统。有大量小动脉分布的兔眼房中瞳孔收缩的现象,也可用于此项实验。

(7) 血管加压素:此种八肽物质可引起血压增高,并且有利尿作用。公鸡的血压变化、大鼠的利尿活性和血压变化,都可用作测试系统。

(二) 评价镇痛剂的药效

镇痛剂是一类消除疼痛的药物。可分成两组:麻醉剂(如吗啡)组和非麻醉剂(如阿司匹林)组。利用生物系统对麻醉剂型的作用进行评价,要比非麻醉剂型更容易。研究发现,使用热、电、压力和化学物质等疼痛刺激因素,有助于对镇痛药物进行评价。使用化学物质引起疼痛时,始终可产生炎性反应,因而可根据镇痛剂的消炎作用来判定其镇痛效果。对镇痛剂的实验方法必须包括:对刺激作用的阈值进行定量测定;提供有关两种刺激因素强度的最低可识别差异的资料;对人和动物都适用;必须能对不同性质的疼痛进行定量测定。

1. 热刺激

已经发展了几种热刺激动物模型的活体内实验方法。

(1) 豚鼠:有报道采用辐射热(radiant heat)可使豚鼠皮肤产生退避反射(flinching reflex),以评价镇痛作用。根据辐射时间来确定其疼痛阈值,并与使用镇痛剂时的阈限进行比较。此外,还可进行消炎活性的研究。

(2) 大鼠和小鼠:以在热辐照时产生摆尾动物所需时间及使用镇痛剂后动作减少的情况作为实验系统。这种方法在小鼠中也得到了应用。但目前更常用的则是热板方法和超声法观察其后爪运动状况。

2. 电刺激

常用的是对猴的三叉神经节(gasserian gauglia)植入电极,以评价镇痛效力。犬和猫的齿髓神经对电刺激十分敏感,常用于评价镇痛药物,也可用兔的齿髓和耳朵。有些研究人员选用大鼠研究其对电刺激的行为反应及镇痛剂的消除作用。此外,还可用大鼠和小鼠尾部和大鼠的阴囊对电刺激的反应进行研究。

3. 压力刺激

对犬采用髌反射、同侧屈肌反射、交叉伸肌反射以及瞳孔直径、心率、呼吸频率和体温等指标配组的各项实验;对大鼠和小鼠则是对其尾部施加机械压力,以评价镇痛药物的作用。

4. 化学物质刺激

由麻醉剂和非麻醉剂在犬体引起的各种假性应答,即发声、呼吸加深和全身血压增高的变化,可供实验研究。犬关节的炎性应答也可以评价消炎性药物。在大鼠爪垫中注射 0.1 mL 20%酵母细胞引起炎性反应,评价其对空气压力的疼痛阈限或水肿量,可用作研究化学物质刺激的动物模型。

（三）评价抗惊厥剂的药效

在动物研究中，可由电休克引起各种惊厥状态，而保护性抗惊厥剂可消除其发作时的伸肌强直评价抗惊厥剂的药效。一般是利用猫、兔、大鼠和小鼠进行这类实验。涉及特定部位的基本试验还有若干改良方法。大鼠的快速动眼睡眠（REM），也可用作实验。

除电刺激外，间歇光可使狒狒发生惊厥，表现为股三头肌可见伴发的肌肉激化过程。对于大鼠和小鼠也可使用噪声引起惊厥。此外，也可利用冷冻作用于猫、犬和猴脑的局限区域而引起惊厥，并可用抗惊厥剂消除这些反应。对犬突然除去乙醇的作用可引起惊厥，该法可用于测试抗惊厥药物。

（四）评价麻醉药的药效

1. 局部麻醉药

局部麻醉药的主要作用是阻断神经元树突、胞体或轴索等部位传递的神经冲动。活体内实验通常是作用于犬的坐骨神经或膈神经，或注入其腰脊区，以测试其活性。将受试药物滴于兔眼的角膜上，判断其对铅笔、毛发或其他物体轻触时的眨眼反射。由于兔腰骶结合部的椎间孔甚大，因而兔是测试脊柱麻醉的理想动物。豚鼠则是最敏感的动物，常用的部位有角膜擦伤、背部剥露、皮肤烧灼等。此外，小鼠、蛙和蚯蚓等，都可作为局麻药的动物模型。

2. 全身麻醉药

小鼠是检测全身麻醉药物活性的最佳模型。目前，已经研制了几种施用挥发性物质的密闭系统，对小鼠进行试验可提供 LD_{50} 数据和剂量应答资料。利用其测定麻醉药物的诱导、强度和作用持续时间十分有效。鉴于挥发性物质测试的难度，有些研究人员已研制了供静脉注射用的特制乳剂。

（五）评价镇咳药的药效

镇咳药（antitussive agents）可抑制呼吸道、延髓传入神经和传出神经、肌肉效应器管的知觉感受器参与的咳嗽反应。在实验动物中，可利用机械、电和化学等手段激发人为的咳嗽反应，以测试镇咳药物。最常用的动物是犬，可利用猪鬃之类的机械性刺激引起犬的咳嗽反射。对于犬和猫，可通过电刺激迷走神经引起咳嗽。将电极置于气管内，并刺激延髓的不同区域，也可作为实验系统，特别是对猫。吸入各种物质，如猫、兔和豚鼠吸入二氧化硫，都可有效引起咳嗽反应。此外，较不常用的引起咳嗽反应的物质有枸橼酸对豚鼠和二甲基戊烷基哌嗪对猫。

（六）评价抗震颤药的药效

抗震颤药物主要用于治疗帕金森病，这种功能障碍的主要症状是不随意性震颤。一般选用小鼠进行实验。兔和大鼠也可产生震颤反应，但通常均以胆碱酯酶作为抑制物。对猴反复施用铁剂或破坏其中脑等，也可引起震颤。抗帕金森病的药物，可消除利血平在大鼠中诱发的强直反应，也已被用于评价抗震颤药的药效实验。

（七）评价脊髓抑制药的药效

脊髓抑制药对多突触性反射（polysynaptic reflex）具有选择性或偏好性，在临床上用于控制肌肉痉挛性收缩引起的疼痛。用犬进行实验时，该类药物对其肌肉系统强直后纤维性颤动具有抑制作用。此外，还有通过去除甲状腺和副甲状腺犬的肺脏换气过度(hyperventilation)进行实验以评价脊髓抑制药药效的研究。对猫通过电或机械刺激引起髌反射和舌-下颌反射作为实验系统；对于1～7日龄鸡常用髌反射和交叉伸肌反射；小鼠则以角膜反射和耳廓反射可获得最佳结果。

(八) 评价精神调节药的药效

精神调节药物(psychotropic drugs)可影响人和动物的意识活动。在动物实验中多通过对比观察正常的行为与药物诱发的行为以研究该类药物。中枢神经系统兴奋剂可引起幻觉(hallucinations)和人为暴怒(sham rage)(无目的而有攻击性的行为)，而镇静剂和中枢神经系统抑制剂均可控制此种症状。在动物行为实验中，各种因素如环境(温度、湿度、活动范围、噪声)、观察人员在场与否以及有无其他动物共处等，都可影响其结果。由于这类实验具有主观性，由“盲目”(对处理过程不了解)的观察人员操作是一个首要条件。

这类研究常用的实验动物是猫，其行为可分为4类：交谊行为(sociability)、含蓄行为(contentment)、激奋行为(excitement)及敌意行为(hostility)。可将相对的两种行为配组成如下两组：① 交谊行为对敌意行为；② 含蓄行为对激奋行为。还可作进一步分类以供评价，如交谊行为可分为欢跃、鸣叫、亲昵、摆尾和竖立。经口或在脑室系统内施用精神调节药物，可改进交谊行为。

根据对有害刺激因素表现趋避反应的药物制约性行为的观察来评价精神调节药物，最常用的实验动物是大鼠。观察的项目包括探测、调查以及亲善、攻击、退让、逃避、争持和残留物等。有些研究人员还采用旷野行为、钻入洞穴行为、未训练的和经训练的大鼠在Y形笼箱中的推触障碍物活动(bar press activity)及各种类型的迷宫实验等。利血平和阿扑吗啡等化学物质可引起一种异常行为，而通过受实验药物对此种行为的拮抗作用，就可以测定该药物的效果。此外，还可采用双径阻拦实验(double alley frustration test)及观测大鼠表现趋向或制约性回避(reward or conditioned avoidance)的能力。

以鸽子为实验动物时，多采用利血平诱发呕吐和观察啄击动作来检测精神调节药物；小鼠可由迷幻剂引起的抽搐反应和由化学物质或由刺激诱发的争斗行为来评价实验。此外，蟹对光刺激产生的制约性尾部反射性应答以及蜘蛛的织网能力，也都可用于研究精神调节药物。

(九) 评价作用于血管系统的药物的药效

测量局限范围内的血流状况或对心血管系统离体部分的末梢抵抗力，可用于判断各种药物对血管系统的作用，其具体方法已有不少报道。最广泛使用的动物模型是慢性高血压的犬。早期的实验大多采用双侧肾局部制备，其他方法还包括各种神经源性方法(neurogenic methods)、脐带压迫肾实质、颈动脉窦和内颈动脉慢性狭窄、肾动脉内注入微球体(microspheres)，或上述基本技术的组合。目前已设计了若干交叉循环方法，用以研究受试药物对心脏、血管和中枢神经系统的作用。末梢血管系统的静脉部分也可供研究。

以猴作为实验系统的有上腔静脉慢性插管法或颈静脉和颈动脉套管插入法。猫则采用连接腹主动脉和股静脉进行后肢灌流或对脑循环或门脉进行灌流。对兔耳可在双目显微镜下观察其中央动脉的大小进行药物评价。有时也使用小鼠、6～14 日龄的鸡和蛙等。

（十）评价作用于心脏的药物的药效

可影响平滑肌和血管的药物，对心脏也有作用。犬在这类研究中使用最广泛。利用犬来评价药物对心脏作用的指标有心肌传导速度、心室应激能力、心律及左心室收缩期大小的变化等。此外，还可采用力度计(strain gauge)、迷走神经兴奋及心-肺标本等方法。有些研究人员则以心脏完全阻滞和心脏慢性阻滞作为测试方法。

（十一）评价作用于肾脏的药物的药效

肾脏功能障碍最常见的临床征象是水肿。通过增加排尿量从而缓解水肿的药物，即称为利尿剂。受过训练(能保持仰卧位 4～7 h)的雌性犬，是这类研究的有效模型。可利用胰岛素或肌酸酐清除率来检测肾小球的滤过率(GFR)，而肾血浆流量(RPF)则用酚磺酞和对氨基马尿酸测定。未麻醉或麻醉的犬都可使用。有些研究人员还采用制流方法以检测药物在肾单元内的作用部位。

大鼠是常规实验中使用最广泛的动物，基本方法是以 5 h 内收集的尿量作为药物活性的判定标准。利用离体肾小管和 Henle 袢的灌流方法已早有报道。有少数研究人员也用小鼠和兔进行实验。

（李建祥）

第十章 人类遗传性疾病的比较医学

第一节 人类与实验动物遗传特点比较

一、概述

位于同一染色体上的基因伴同遗传的现象称为连锁(linkage)。由于同源染色体相互之间发生交换而使原来在同一条染色体上的基因不再伴同遗传的现象称为交换(crossingover)。将一条染色体上所有的连锁归并在一起,称为一个连锁群(linkage group),连锁群的数目等于单倍染色体数。例如小鼠的染色体数是38,XY,它的连锁群数目就是20。

人和各种动物之间的染色体,不仅在数目上不同,而且在其形态上也不一样,例如小鼠、犬均是端着丝粒染色体,大鼠1、3、11、12号染色体是亚中央着丝粒;2号染色体,4~10号染色体,以及X、Y染色体是端着丝粒;13、20号染色体是中央着丝粒。实验动物的染色体同人类染色体一样也会产生染色体畸变(chromosomal aberration),如断裂、重复、倒位、易位等。在显带染色体中,可也清晰地看到许多不同近交品系;它们各自染色体带纹(banding)也不一样。例如,BALB/cJ 第7号染色体的C带染色区(size of C banding)比 C57BL/6J 要小得多;而 C57BL/cdJ 第12号染色体C带染色区则比 C57BL/6J 要大得多。

二、人类与主要实验动物染色体比较

1. 人类与实验动物染色体数目比较

动物种类不同,其染色体数目也差异较大,人类与主要实验动物的染色体数目比较见表10-1-1和表10-1-2。

表 10-1-1 人类与实验动物染色体数目比较

	学　名	英 文 名	染色体数 $2n$
人	—	human	46
黑猩猩	*pan troglodytes*	pan satyrus	48
猕猴	*macaca mulatta*	monkeys	42
犬	*canis familiaris*	dog	78
猫	*felis catus*	cat	38

续表

	学 名	英 文 名	染色体数 2n
猪	*sus scrofa*	swine	38
兔	*oryctolagus cuniculus*	rabbit	44
豚鼠	*cavia porcellus*	guinea pig	64
金黄地鼠	*mesocricetus auratus*	golden hamster	44
中国地鼠	*cricetulus barabensis*	Chinese hamter	20
大鼠	*ruttus norvegicus*	rat	42
小鼠	*mus musclus*	mouse	40
长爪沙鼠	*meriones unguiculatus*	milne edwauds	44
牛	*bos taurus*	cattle	60
马	*equus caballus*	horse	64
山羊	*capra hircus*	goat	60
绵羊	*ovis sp.*	sheep	54
鸽子	*columba livia*	pigeon	80
鸡	*gallus domesticus*	chicken	78
鸭	*anas platyrhynchos*	duck	78
蟾蜍	*bufo bufo*	toad	22
青蛙	*rana nigromculata*	frog	26

表 10-1-2 实验动物染色体(二倍体、单倍体)数目和性染色体比较

实验动物	染色体数目		性染色体
	二倍体	单倍体	
牛	60 m	—	♂:XY
马	64 m	—	♂:XY
猪	38 m	—	♂:XY
犬	78 m	—	♂:XY
猕猴	42 m	—	♂:XY
猫	38 m	—	♂:XY
兔	44 s. m	22♂(Ⅰ、Ⅱ)	♂:XY
山羊	60 s	30♂(Ⅰ、Ⅱ)	♂:XY
绵羊	54 m	—	♂:XY
豚鼠	64 m	—	♂:XY
大白鼠	42 m	—	♂:XY
小白鼠	40 s. m	20♂(Ⅰ、Ⅱ)	♂:XY
金地鼠	44 m	—	♂:XY
蟾蜍	22m	—	—
青蛙	26s	13♂(Ⅰ、Ⅱ)	—

注：s:精子内染色体数目;O:卵子内染色体数目;m:体细胞内染色体数目;♂(Ⅰ):初级精母细胞内染色体数目

2. 人相关物种的核型比较

每种生物染色体的数目和形态都是相对恒定的，据此可进行物种间的比较。因此分类上常采用核型(染色体组型)分析比较法来鉴定相关物种的亲缘关系。如人、大猩猩、黑猩猩和短尾猿的体细胞染色体十分相似，但每条染色体在形态结构和内容上有所差异。从图 10-1-1 可以看出，人的第 7 条染色体上具有的 A、B、C、D、E、F、G 7 个片段，在大猩猩、黑猩猩、短尾猴相关的染色体上都有，但染色体结构以大猩猩和黑猩猩的与人的染色体最相似，由此得到人与猩猩的亲缘关系如图 10-1-1 所示。

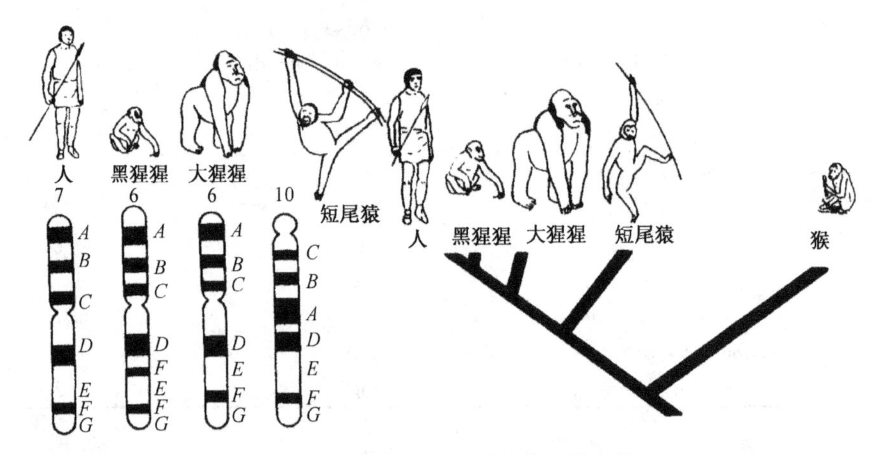

图 10-1-1 人与相关物种的染色体比较

三、主要实验动物染色体标准核型的特点

(一) 小鼠

小鼠的标准染色体标准核型见图 10-1-2。

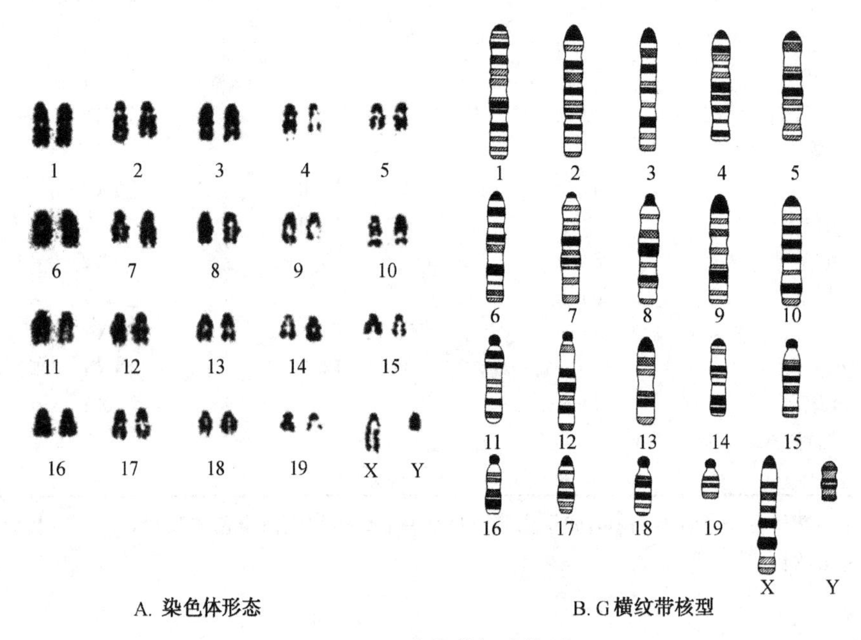

图 10-1-2 小鼠的标准核型

（二）大鼠

大鼠的标准染色体标准核型见图 10-1-3。

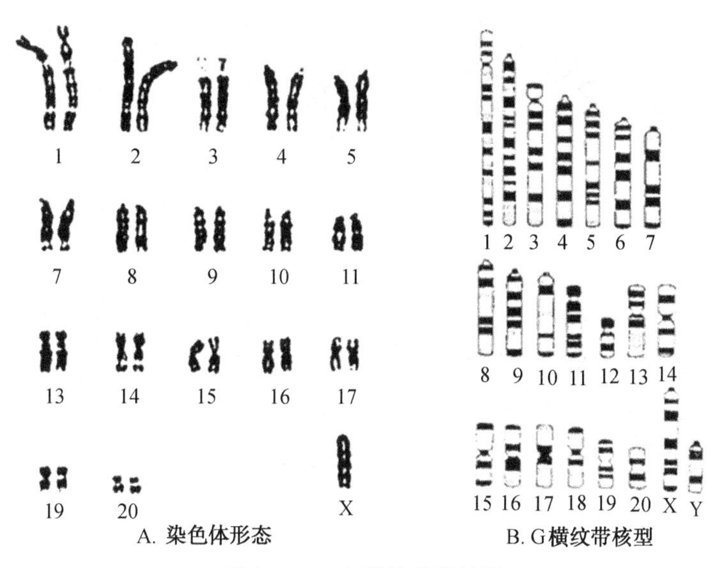

图 10-1-3　大鼠的标准核型

（三）豚鼠

豚鼠的标准染色体标准核型见图 10-1-4。

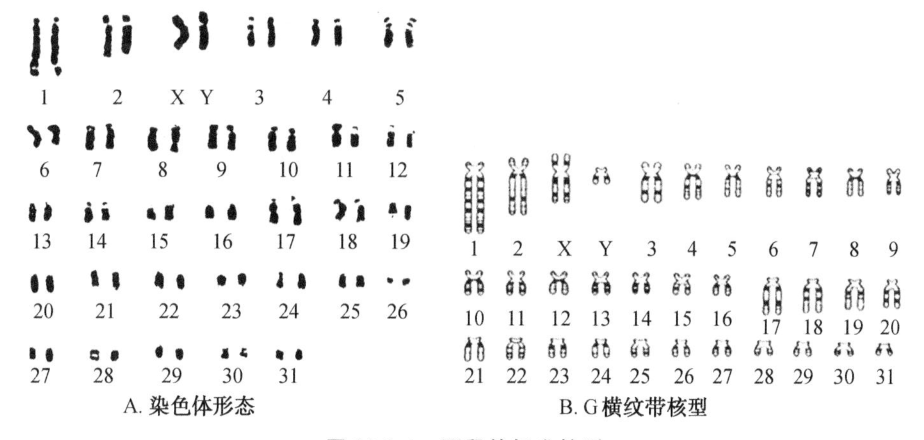

图 10-1-4　豚鼠的标准核型

（四）兔

兔的标准染色体标准核型见图 10-1-5。

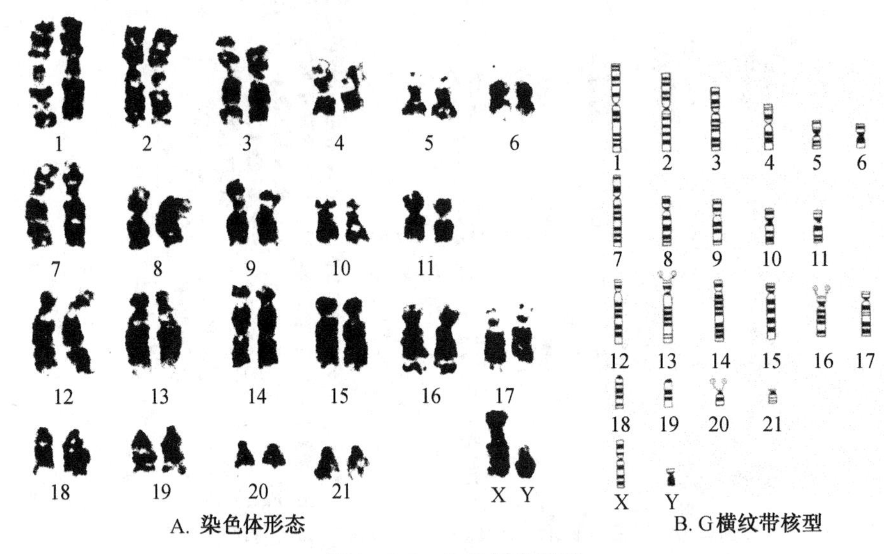

图 10-1-5 兔的标准核型

（五）犬

犬的标准染色体标准核型见图 10-1-6。

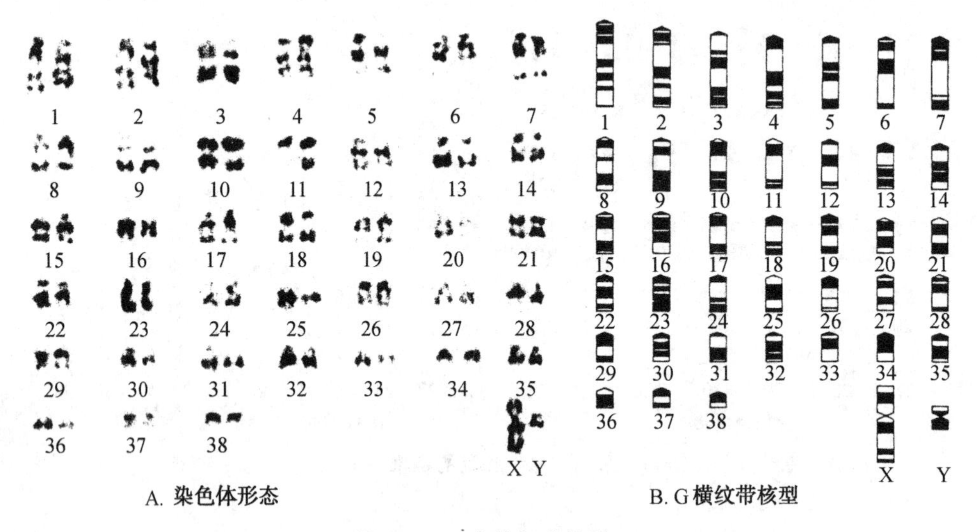

图 10-1-6 犬的标准核型

（六）猫

猫的标准染色体标准核型见图 10-1-7。

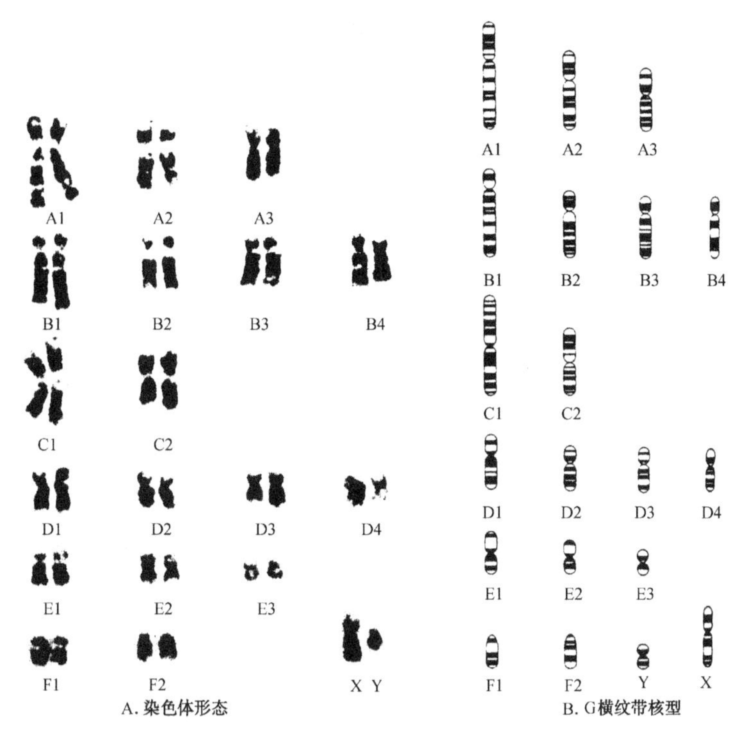

图 10-1-7　**猫的标准核型**

（七）猪

猪的标准染色体标准核型见图 10-1-8。

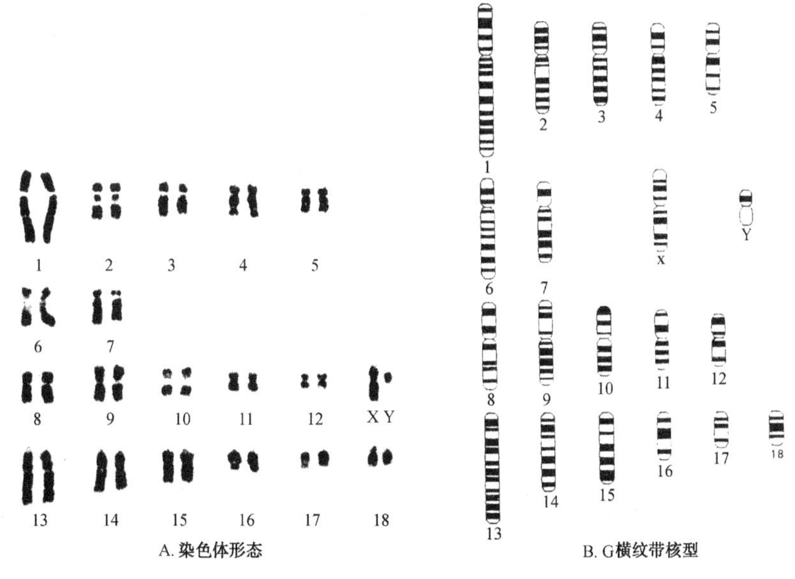

图 10-1-8　**猪的标准核型**

四、常用品系小鼠、大鼠生化标记基因

小鼠常用品系生化位点遗传概貌见表 10-1-3。

表 10-1-3 常用近交系小鼠的生化标记基因

生化标记			主要近交系大鼠的生化标记基因										
基因	染色体位置	中文名称	A	AKR	C3H/He	C57BL/6	CBA/N	BALB/e	DBA/1	DBA/2	TA1	TA2	615
Car-2	3	碳酸酐酶-2	b	a	b	A	a	b	a	b	b	a	a
Ce-2	17	过氧化氢酶-2	a	b	b	A	b	b	b	b	a	b	b
Es-1	8	酯酶-1	b	b	b	A	b	b	b	b	a	b	b
Es-3	11	酯酶-3	c	c	c	a	c	a	c	c	a	c	c
Es-10	14	酯酶-10	a	b	b	a	b	a	b	b	b	a	a
Gpd-1	4	葡萄糖-6-磷酸脱氢酶-1	b	b	b	a	b	b	a	b	b	b	b
Gpi-1	7	葡萄糖磷酸异构酶-1	a	a	b	b	b	a	a	a	a	b	a
Hbb	7	血红蛋白β链	d	s	d	s	d	d	d	d	s	d	s
Id-1	1	异柠檬酸脱氢酶-1	a	b	a	a	b	a	b	b	a	a	a
Mod-1	9	苹果酸	a	b	a	b	b	a	a	a	a	b	b
Mup-1	4	尿主蛋白-1	a	a	a	b	a	a	a	a	b	b	b
Pgm-1	5	磷酸葡萄糖变位酶-1	a	a	a	a	b	a	b	b	a	b	b
Trf	9	转铁蛋白	b	b	b	b	a	b	b	b	b	b	B

注：a、b、c、d、S、A 表示不同的电泳条带

2. 大鼠常用品系生化位点遗传概貌见表 10-1-4

表 10-1-4 常用近交系大鼠的生化标记基因

生化标记		常用近交系大鼠的生化标记基因					
基因	中文名称	ACI	F344	L2EW/M	LOU/C	SHR	WKY
Es-3	酯酶-3	a	a	d	a	b	d
Es-1	酯酶-4	b	b	b	b	a	b
Es-6	酯酶-6	c	a	a	b	a	A
Es-9	酯酶-9	a	a	c	a	a	c
Es-10	酯酶-10	a	a	b	a	a	b
Akp-1	碱性磷酸酶-1	b	a	a	a	a	b
Cat	过氧化氢酶	a	a	a	a	b	b

注：a、b、c、A 表示不同的电泳条带

第二节 人类遗传性疾病与动物模型

目前很多遗传性疾病的发病机制还不十分清楚，但在这类疾病中共有的一个特点

是：这些特性可以经由遗传传递。部分遗传性疾病表现为由于某种酶的缺失而影响到宿主的代谢，或表现为解剖学或生理学缺陷，这也是人类和动物的先天性或遗传性疾病的主要特点。在遗传性动物疾病领域中，无论是精确的模型，还是类似于人类疾病的仿效疾病模型，都已经取得相当显著的进展。如小鼠的发育不全性侏儒症，犬、猫及水貂的遗传性聋症等。目前，尽管还有不少遗传性疾病的机制尚未清楚，但是，所有这些异常的根本原因是以遗传传递为特征的。有的是由于基因突变所引起的；有的是染色体的增加（如 XYY，XXY）或减少，或某一段畸变等所引起的；有的是基因突变，酶丢失，导致宿主代谢异常所引起的。另外，无论是人还是动物，解剖学和生理学上的缺陷是先天性或遗传性失调的主要特征。开发和利用动物的先天性疾病以研究遗传性疾病，可促进人类遗传病预防治疗以及预后。

一、遗传代谢性疾病动物模型

1. 家族遗传性高脂血症

家族遗传性高脂血症（familial hyperlipemia）表现为先天性血中甘油三酯异常增高，是先天性脂蛋白异常的脂质代谢异常症的一种。可分为 6 种类型：Ⅰ型：呈现乳糜微粒增加的家族性脂蛋白脂酶缺损症；$Ⅱ_a$型：LDL 增加的家族性高胆固醇血症；$Ⅱ_b$型：LDL 及 VLDL 增加的家族性混合型高脂血症；Ⅲ型（家族性高脂蛋白血症Ⅲ型）：表现为 LDL 及 VLDL 的脂质组成异常；Ⅳ型：出现 VLDL 的增加（家族性高甘油三酯血症）；Ⅴ型：乳糜微粒和 VLDL 增加的家族性高胆蛋白血症。

作为遗传性高脂血症的动物模型有 SHC 大鼠、THLR 大鼠、Fatty（fa/fa）大鼠、JW/HLR 兔（WHHL 兔）等，其中 WHHL 兔是最常用的。这种兔可自然发生与人类的家族性胆固醇血症相类似的症状，并伴发有高甘油三酯血症、LDL 受体缺损。因该类动物的 LDL 代谢途径障碍与人类的疾病相似，所以作为模型动物被人类利用。

2. 遗传性糖尿病

人类的糖尿病主要分为胰岛素依赖型（IDDM，1 型）和非胰岛素依赖型（NIDDM，2 型）两大类，后者被视为遗传性的，但其相关基因尚未明了。

在实验动物中存在着较多的遗传性糖尿病模型，这些模型大体可分为 1 型糖尿病模型、2 型糖尿病模型和突变型糖尿病模型。这些模型大部分使用的是小鼠及大鼠。

遗传性 1 型糖尿病模型有消瘦型糖尿病小鼠（NOD）、BB 大鼠等；2 型糖尿病模型有 KK 小鼠、db/ob 小鼠、Welseley hybrid 小鼠、Sping 小鼠、Sand 大鼠、自然发病糖尿病大鼠或沙鼠、中国地鼠等。这些均为遗传性自发性糖尿病，但有关的遗传结构多数尚未明了。大部分伴有肥胖和高胰岛素血症，并不一定形成完整的 2 型糖尿病模型，但俊藤等人研发的自然发病糖尿病大鼠与人的 2 型糖尿病极其相似，其实际意义得到了评价。

突变型糖尿病模型有先天性肥胖小鼠（ob/ob）、糖尿病小鼠（db/db）、黄色小鼠（A^y）、Zucker fatty 大鼠（fa/fa）等。

这些模型都伴有肥胖，从其单一的糖尿病发病基因致病来看，作为人类的糖尿病模型还有其不足之处。然而，在从基因水平对糖尿病发病机制进行理解分析方面确属非常理想的糖尿病模型动物。

3．遗传性肥胖症

在实验动物中已发现了较多的这种遗传性肥胖症模型，其中有遗传性单一基因的和多基因的；有只显示肥胖的和肥胖伴尿糖的（表 10-2-1）。这些小鼠除表现出肥胖以外，其他各种症状也会发生变化。除了表 10-2-2 中所列的小鼠外，叙利亚大鼠的近交系 B104、B24 的雌性也呈肥胖症表现。

表 10-2-1　实验动物的遗传性肥胖症

动物群	基因或品系	染色体号码	肥胖程度	尿糖程度
［单一基因］				
显性基因				
小鼠	A_y（A_{vy}，A_{iy}，A_{sy}）	2 号	＋	±
小鼠	Ad	7 号	（纯合）＋＋ （杂合）＋	－
隐性基因				
小鼠	ob	6 号	＋＋＋＋	＋
小鼠	db（db_{ad}，db_{2J}，db_{3J}）	4 号	＋＋＋＋	＋＋
小鼠	tub	7 号	＋＋	－
大鼠	fa（fa_k）	?	＋＋＋	－
［复合基因］				
近交系				
小鼠	NZO 系		＋＋	（♀）＋
小鼠	KK 系		＋	（♂）＋＋
小鼠	KK-A_y 系		＋＋	＋＋
小鼠	PBB/Ld 系		＋＋	－
近交系间 F_1				
小鼠	（C3Hf×1）		＋	（♀）－ （♂）＋

表 10-2-2　遗传性肥胖小鼠的症状

小鼠品系	肥胖	高血糖	高胰岛素血症	胰岛的变化	脂肪细胞数增加
A^y/＋	＋	±	－	±	－
ob/ob	＋＋＋＋	＋＋＋	＋＋	＋＋	＋＋
db/db	＋＋＋＋	＋＋＋＋	＋	＋＋＋	±
fa/fa	＋＋＋	－	＋＋	－	＋
NZO	＋＋	±	＋	＋	－
KK	＋	＋＋	＋	＋	－
PBB	＋＋	－	＋	－	＋

4．氨基酸病

先天性代谢紊乱的主要原因，常常是由于某种酶系缺少或失活，使本来就应以原形从机体排出或通过生化反应产生的代谢产物在体内蓄积。氨基酸病是一种代谢性疾病，在患者血液中异常地蓄积了一种或数种氨基酸，并且一般还包括主要酶的缺陷。氨基酸病的临床症状多种多样，有些几乎完全没有症状（如β-氨基异丁酸尿症、高肌氨酸血症和胱硫尿症），而有些在婴儿期即死亡（如酮性高血糖病和侧链酮酸尿症）。大多数氨基酸病能引起脑损伤和各种程度的精神障碍。这可能是由于缺少生源性胺和其他神经递质，或是能量产生方面有缺陷（如三磷酸腺苷缺乏），或是酶的合成或结构性化合物（脂类、蛋白质）有缺陷。有人提出开发苯酮尿症（PKU）或其他氨基酸病动物模型的标准：① 血液中氨基酸水平的增加与氨基酸病症状相一致；② 动物疾病的成因和尿中排泄的代谢物与人类所分泌的代谢物相同；③ 在幼龄期，动物大脑损害的原因是由于其血液中氨基酸水平长期增加，这可由动物的学习行为受到破坏而测得。

在给动物大量饲喂苯丙氨酸时，动物血中苯基丙氨酸水平升高并排出苯丙酮，研究显示这些动物亦表现出"学习行为"受到破坏。这种动物模型的主要缺点是：① 动物体内可能不存在酶的缺陷；② 根据每日粮食采食情况，血中苯基丙氨酸的水平不稳定；③ 血中的酪氨酸水平高于正常值，而苯丙酮尿症病人低于正常值；④ 由于酶模式、药物反应和人类的疾病损害存在着种间差异，把动物的数据应用于人常常是不妥当的。

理想的苯基酮尿症动物模型可能是某种实验动物的一个突变种，它缺少苯基丙氨酸羟化酶，但这种遗传缺陷迄今未在动物中发现。

利用动物作为氨基酸病的模型有两个基本方法：① 长期实验，在此期间可以保持慢性高氨基酸血症。这常可以用标准饲料饲喂并辅以某种特定的氨基酸来完成。② 短期实验，它是设计用来估计高氨基酸血症的急性作用的。在这一类实验中，氨基酸常腹腔注射。苯基酮尿症是由于肝脏内苯基氨酸羟化酶缺乏之故。

新生猴可以耐受在饲料中补充苯基丙氨酸或其他氨基酸，这足可使其血中水平升高到可与苯基酮尿症病人相比拟。猴的饲料和繁殖费用虽远比大鼠昂贵，但在猴体进行实验时间则比大鼠要长得多，而且适当的血样与尿样也比较容易取得而不需要将其捕杀。猴子生长发育缓慢，与人的婴儿很相似，可比性高，而且灵长类的胎盘功能也同人的一样。幼猴出生 6 小时后，就可以与母猴分开，人工喂养整个幼年期。全天每隔 4 小时饲喂一次，能使所需的氨基酸水平提高。

常用遗传性疾病的动物模型见表 10-2-3。

表 10-2-3 研究遗传病的动物模型

疾病模型	动物种类	与人类相对的疾病
软骨发育不全	家兔、牛、小鼠	侏儒症
肥胖病（家族性）	小鼠	肥胖症
白化病	小鼠	白化病
脱发症（遗传性、对称性秃发症）	牛	遗传性对称性脱发症
氨基酸尿症	小鼠	氨基酸尿症
贫血（家族性）	犬（Basenji）	遗传性球形红细胞病
贫血（遗传性血红蛋白过少）	小鼠	血红蛋白过少性贫血

续表

疾病模型	动　物　种　类	与人类相对的疾病
贫血(遗传性)	小鼠	高铁红细胞贫血、地中海贫血
贫血(遗传性、溶血性)	小鼠	溶血性贫血
贫血(遗传性)	犬(阿拉斯加)	遗传性溶血性贫血并有口腔溶细胞先天性溶血性贫血
贫血(小红细胞性和黄疸)	小鼠	新生儿黄疸
无虹膜症(遗传性)	马	无虹膜症
共济失调(遗传性)	牛犊、小鼠	共济失调
前房中隔缺陷	黑猩猩	前房中隔缺陷
毛发缺乏和稀少症	牛、犬	先天性秃发及毛发稀少症
先天性自身免疫病	小鼠	系统性红斑狼疮
心肌病	仓鼠	系统性红斑狼疮
先天性血胆红素过多症	南丘羊	Gilbert 氏综合征
(Gilbert 氏综合征)	大鼠(Gunn)	Grigler-Naijar 综合征
	绵羊	Dubin-Johnson 综合征
周期性中性白细胞减少症	犬	周期性中性白细胞减少症
先天性白内障	犬	先天性白内障
遗传性白内障	犬、牛、小鼠	白内障
遗传性小脑索退化	马	小脑退化
胎儿软骨营养障碍	犬	软骨发育不全
畸形足	小鼠	畸形足
胱氨酸尿	犬、斑	胱氨酸尿
遗传性耳聋	水貂、犬、猫、小鼠	耳聋
尿崩症	小鼠	尿崩症
垂体性侏儒	小鼠	侏儒症
Ehlers-Danlos 综合征	犬	Ehlers-Danlos 综合征
神经节苷脂病 GM_2	德国短毛猎犬	神经节苷脂病 GM_2
遗传性青光眼	家兔	青光眼
先天性发育异常	多种哺乳动物	维生素 A 缺乏引起的先天性发育异常
先天性甲状腺状	牛	甲状腺肿
无毛症	小鼠	秃发症
先天性心脏病	犬、牛、猫	先天性心脏病
血友病 A	犬	标准血友病
类血友病 B	犬	圣诞病
遗传性代谢功能不良	牛	遗传性代谢功能不良
脑积水和脑穿孔	胎羊	先天性畸形
遗传性肾盂积水	大鼠	肾盂积水

续表

疾病模型	动 物 种 类	与人类相对的疾病
新生儿低淀粉酶血性黏液样肠炎	家兔	低淀粉酶血症
遗传性稀毛症	牛	稀毛症
先天性鳞癣	牛	先天性鳞癣
免疫性增生性疾病	小鼠	淋巴细胞性脉络丛脑膜炎
遗传性胰岛素耐受	小鼠	胰岛素耐受症
遗传性虹膜异色	牛	虹膜异色
肾囊肿(或无囊)	大鼠	肾囊肿
Legg-Perthes 病	犬、牛	Legg-Perthes 病
脑白质营养不良(球状细胞)	犬	克腊伯氏病
脑白质营养不良(遗传性)	水貂	家族性异染性营养不良
遗传性白细胞黑变病(黑色素病)	水貂、牛	Ghediak-Higashi 综合征
脂肪沉积,新生儿肠道	小鼠、绵羊、猴、灵长类	先天性肠退化、肝病
脂肪营养不良	犬	家族性黑蒙性
先天性淋巴水肿	猪	淋巴水肿
遗传性淋巴水肿	犬	Milroy 氏病(先天性、遗传性淋巴水肿)
淋巴样肿瘤(脂类不正常)	小鼠	Niemann-Picb 病
巨溶介体病	小鼠	Ghediak-Higash 综合征
甘露糖苷贮积症(假性脂沉积)	牛	甘露糖苷贮积症
先天性囊性小眼病	猪	小眼病
侏儒症	小鼠	侏儒症
僵小病	小鼠	侏儒症
先天愚型(伸舌痴呆)	黑猩猩	Down 氏综合征
肌肉发育不全	小鼠	胎儿期肌肉变性
肌肉营养不良	小鼠、鸡、鸭	肌肉营养不良
先天性肌阵挛症	猪	先天性肌阵挛症
神经无糖蛋白病	犬	进行性家族性肌阵挛性癫痫;Lafora 氏病
遗传性骨质疏松	家兔	骨质疏松
家族性骨质疏松	犬	不完全骨生成
草酸盐结石	猫	草酸尿
慢病毒感染(阿留申病)	水貂	免疫介导的肾小球性肾炎
苯基丙氨酸羟化酶缺乏	小鼠	苯丙酮尿
家族性红细胞增多症	娟姗牛、海福特牛、犬	真性红细胞增多症
多肌病	仓鼠	肌肉营养不良
血卟啉病、先天性(显性)	猫	红细胞性血卟啉症
血卟啉病、先天性红细胞性	短角牛、荷兰牛、猪、黑松鼠	先天性红细胞性血卟啉症

续表

疾病模型	动物种类	与人类相对的疾病
血卟啉病(显性遗传、卟啉代谢障碍)	猫	血卟啉症(红细胞生成性或非红细胞生成性肝型)
血卟啉病(隐性遗传)	牛	血卟啉症
矮小症	小鼠	侏儒症
先天性视网膜发育异常	犬	视网膜发育不全
类风湿因子	吼猴	类风湿因子
巩膜扩张(遗传性视网膜脱落)	犬	遗传性巩膜扩张,视网膜脱落
缺少皮脂腺	小鼠	过度角化症
性染色体异常(龟壳雄猫)	猫	Klinefelter 氏综合征
Short-Demforth 综合征	小鼠	无肾脏
红细胞镰刀状化(离体)	小鼠	镰刀细胞性贫血
遗传性球形红细胞病	白足鼠	球形红细胞病
脊柱裂	小鼠、家兔	背柱裂
脊柱裂、骶尾发育不全	人岛猫(一种无尾猫)	背柱裂、骶尾发育不全
畸胎瘤,胚胎癌,畸胎癌,心室隔缺损	小鼠(近交系)	畸胎癌,胚胎癌,畸胎瘤,心室中隔铁损
维生素 A 缺乏症性脑积水	家兔	先天性传染性脑积水
白斑病	马	白斑病
Wardenburg 氏综合征	猫	Wardenburg 氏综合征

二、维生素 A 代谢异常

1. 先天性结构缺陷(维生素 A 过多)

在实验动物孕期的不同阶段使用大剂量维生素 A,可以产生很多种不同类型的肉眼可见的结构畸形。畸形的类型和出现率主要依赖于药物给予的时间范围和剂量,动物的种类与品系起次要的作用。一次性给予小鼠、大鼠、仓鼠、豚鼠、家兔以及在有限的实验中给予猴、猪、犬等大剂量维生素 A,可以得到很高的畸形发生率。动物由于维生素 A 过多而引起的畸形非常类似人类由于遗传、环境和未知因素所引起的畸形。维生素 A 过多可以引起 70 种以上的畸形类型。实验动物的受累器官(类似人的畸形)包括脑(无脑)、脊椎(脊柱裂)、颜面(裂唇、裂上颚、小颌)、眼(小眼)、耳、齿、唾腺、动脉弓的所有各部分、心脏(室中隔缺损)、肺、胃肠道(肛门无孔、脐突出)、肝和胆囊、泌尿系统(肾发育不全、肾盂积水)、生殖器、脑垂体、甲状腺、胸腺、颅骨、椎骨、肋骨、四肢(海豹肢、指趾畸形)、肌肉和内脏移位。维生素过多症动物模型可用于研究畸形形成的过程。

2. 维生素 A 缺乏性脑积水

母体维生素 A 缺乏症实际上是涉及妇女的疾病,而兔的维生素 A 缺乏症模型为维生素 A 缺乏性脑积水的研究提供了一个方便的模型。该模型具有特异性和高度可重复性。多种动物包括猪、青年犬、鸡、大鼠、绵羊和新生兔仔,都显示与维生素 A 缺乏有关的中枢神经系统紊乱以及脑脊髓液量增加。缺乏维生素 A 的动物母亲其新生儿可能即有脑积水，或在出生后极短期内发生脑积水，系伴有脑脊髓液压力增高的主要原因。据 Newberne(1973)报道，将 6～8 月龄的青年荷兰条斑家兔置于饲料控制之下，当血清中浓度稳定在每百毫升含有维生素 A 20～30 μg 时进行配种，则可产下脑积水的仔兔。脑积水的严重程度不同可能是由于雌兔配种时血清内维生素 A 的浓度有变化。如果使血清中维生素 A 浓度水平降到低于 20 μg/100 mL，则可导致动物不能受孕。血清中维生素 A 浓度为(30～35)μg/100 mL 时，常常产下正常的胎儿，其中有些在产后出现脑积水。

新生仔兔的维生素 A 缺乏性脑积水的表现，大体上与人类基本相同。在出生时情况颇为明显，因为脑额侧有明显的膨出。如果此种情况发生在出生后，则一般可以预见解剖学变化是典型的"出生型脑积水"模式。

三、遗传性造血-淋巴系统功能异常

（一）遗传性溶血性贫血

由 Fletch 和 Pinkerton 所描述的发生于阿拉斯加一种 malamute 犬的遗传性溶血性贫血并有口状红细胞症(stomatocytosis)，与人的先天性溶血性贫血相似。短腿的侏儒型(软骨发育不良)在阿拉斯加纯种 malamute 犬中是作为一种常染色体隐性基因遗传下来的，软骨发育伴大红细胞症和轻度贫血。

（二）遗传性血红蛋白过少性贫血

遗传性啮齿动物贫血有 3 型：① 小鼠伴性性贫血(基因代号 *Sla*)；② 小鼠遗传性小红细胞性贫血(基因代号 *mk*)；③ 贝尔格莱德实验大鼠贫血(基因代号 *b*)。

红细胞血红蛋白过少是这三种遗传性啮齿动物贫血共有的特点。啮齿动物贫血的主要血液学和生物化学特点简单列于表 10-2-4 中。

表 10-2-4 遗传性血红蛋白过少性贫血的血液学、生物化学特性

特　　点	Sla(伴性性贫血)	mk(遗传性小红细胞性贫血)	b(贝尔格莱德大鼠贫血)
血清铁浓度	下降	下降	上升
血总铁黏附能力	上升	上升	上升
游离红细胞原叶啉的铁分布	上升	上升	未判定
脾	下降	下降	下降
十二指肠	上升	下降	未判定
铁廓清	快	不变	未判定
铁的利用	上升	不变	未判定
肠道铁吸收			
活体内	下降	下降	未判定
离体	损害黏膜到浆膜传递	损害了黏膜吸收	未判定
对非经口治疗的反应	完全	不完全	不完全
粪中尿胆素原排出	上升	上升	未判定

遗传性啮齿动物贫血是很有用处的动物模型，用来研究铁和血红蛋白的代谢。例

如，在小肠吸收铁方面存在两种互不相干的遗传学决定的缺陷，即在遗传性小红细胞性贫血的黏膜吸收，在伴性性贫血的黏膜性、浆膜性传输方面，为阐明铁的吸收提供了一种强有力的工具。

(三) 周期性中性粒细胞减少症

Lund 报道过牧羊犬的周期性中性粒细胞减少症，与人类具有相似的表现。

犬周期性中性白细胞减少症是由于骨髓中细胞成熟过程的周期性衰竭。虽然骨髓中红细胞和白细胞的产生间断了，但由于外周血液中红细胞的寿命较长而骨髓生产间断的时间较短，因而红细胞生成的缺陷在临床上的表现并不明显。当骨髓的产生中断时，很快就耗尽骨髓所保存的已分叶的中性粒细胞，继而出现严重的中性粒细胞减少症 ($0\sim400/mm^3$)。中性粒细胞减少症间隔为 11 d(9～13 d)，持续 2～5 d(平均 3 d)，犬在中性白细胞减少症过程有严重感染。如果不给予精心的治疗，受害动物很少能存活 1 年。即使是有了适当的医疗处理，大多数的病犬还是在 1～2 岁死亡。

人类患此病其周期间隔不稳定，多数长达 21 d，也有报道为 14～28 d 的。虽然此病在人和犬的主要症候都是一样的，但犬模型患病的后期表现比人严重得多。另外，犬的中性白细胞病的周期较短，可视为慢性病过程，其部分原因可能是淀粉蛋白沉积于内脏器官，特别是所有的未成年犬都患有肾淀粉样病。幼年死亡多是犬患此病的一个特征，但对病人来说却不认为是个特点。尽管中性白细胞减少症的动物模型与人类的疾病有差别，但牧羊犬的周期性白细胞减少症对研究人类同样病症的病原、机制等是一种有用的模型。

(四) 血友病 A 和血友病 B

血友病 A 型和 B 型均为性连锁隐性遗传，由于先天性缺少凝血因子Ⅲ而具有出血的体质，两种血友病症状相同。A 型血友病缺少的蛋白质是抗血友病因子(AGF)(第Ⅷ因子)，B 型血友病缺少血浆凝血激酶成分(PTC)(第Ⅸ因子)。凝血缺陷可以暂时由于输入正常血浆或血浆浓缩物而得以纠正；血浆在 A 型血友病治疗上并不太有效，但治疗 B 型血友病效果较好。

Brinkhous 和 Gambill 描述过爱尔兰塞特犬的 A 型血友病和小猎兔犬-犬杂交种犬的 B 型血友病。患血友病的犬模型显示其身体各处器官和组织有局部出血，还有关节积血(自发的或是损伤性的)。实验室常遇到的人和犬的血友病共同的表征见表 10-2-5。犬是人类血友病的一种很好的模型，因为人的血友病和犬的血友病在症状、遗传和凝血缺陷等方面都是相同的。

表 10-2-5　人和犬的 A 型和 B 型血友病比较

实　验	A 型血友病	B 型血友病
凝血时间	延长	延长
流血时间	正常	正常
继发性流血时间	延长	延长
凝血酶原时间	正常	正常
血小板	正常	正常

续表

实　　验	A型血友病	B型血友病
部分凝血激酶时间	延长	延长
凝血激酶发生时间	延长	延长
以正常血清校正	不可以	可以
用 $BaSO_4$ 校正吸收的血浆校正	可以	不可以
Ⅷ因子测定	<1%	正常
Ⅸ因子测定	正常	<1%

（五）遗传性淋巴水肿

犬的先天性遗传性淋巴水肿被认为是研究人 Milroy 病的一种动物模型。动物患病的表现是先天性、无痛、起凹痕的后肢水肿，其病因是外周淋巴系统发育畸形，且为常染色体显性遗传性疾病。患全身性水肿的小犬均在出生初期死亡，因为它们不能有效地爬行和被母犬带养；发病轻的犬其后肢则在出生时有凹痕性水肿，3 月龄时逐渐消失。

人的 Milroy 病的水肿一般仅限于下肢的膝关节以下，有时可波及男性生殖器官，但很少见于上肢。其发病原因还不清楚，其遗传特点跟犬一样符合常染色体显性遗传。犬和人一样，水肿情况差异很大，有些病例波及范围甚小，在临床上几乎查不出来。

由于犬的淋巴水肿和人 Milroy 病在临床上和遗传学上具有相似性，故犬可以作为人的动物模型以研究其病理学改变的原因。目前认为：在犬的模型中局部淋巴结部位的外周淋巴系统形态发生受了干扰，不能与更接近中枢的淋巴系统有正常的连接；而人 Milroy 病的异常可能涉及较远部位的外周淋巴系统发育不全。

四、先天性神经内分泌系统功能异常

（一）遗传性癫痫(hereditary epilepsy)

癫痫是具有多种病因的综合征，这里是指其中遗传性癫痫的部分。已证明具有动物遗传性的癫痫模型有以下几种：① 小鼠：E1、CBA、IDT、tottering、quaking、epf；② SER 大鼠；③ 毕格犬；④ 鸡：白色伴有性致死性遗传痉挛 *px*、常染色体遗传痉挛 *epi*。虽未证实，但高度疑为遗传性的还有沙鼠、狒狒(塞内加尔产)。另外，听源性发作的小鼠、大鼠也是遗传性的，但尚未确定是否为癫痫。

遗传性癫痫多由基因突变后发病的动物育成，遗传方式有显性遗传(E1、CBA 小鼠)、常染色体隐性遗传(epi 鸡、tottering-8、quaking-17 、epf 小鼠)、伴性染色体隐性遗传(px 鸡)等。沙鼠的发作敏感性品系的癫痫发作率为 100%，也有发作抵抗性品系。塞内加尔产的狒狒的癫痫发作率约 67%。听源性发作小鼠的有关对音刺激的发作阈值有多基因性和单位点(常染色体 4 号)等两种学说。大鼠为发作敏感性显性。

（二）先天性痴呆(Down's 综合征)

McClure 报道过雌性黑猩猩的 Down's 综合征。动物出生体重轻，与其他实验室养的黑猩猩相比生长率也明显较低。该动物同时还有双侧部分"并趾"和趾弯曲，明显的内眦赘皮性折叠，关节屈曲过度，肌肉张力减退并有"短颈"和大面积皮肤皱叠。研究透视片时可见在出生时基侧胸腔(与心脏有关联)不正常。对外周血液细胞培养显示，此模型的体细胞染色体数目为49，而黑猩猩正常双倍体染色体数为48。由这种非整倍性细胞复制出的核型(染色质组型)显示有一额外的端心染色体(acrocentric)。这种常染色体型的三联体，在骨髓制备物和由皮肤培养所获得的成纤维细胞中得到了证实。

患病动物在临床上常发生缺氧症，表现为唇部发紫和四肢发冷。其临床特点是生长缓慢，神经系统和骨骼发育迟缓并缺乏活力。动物多在17个月龄时死亡。人类的Down's综合征伴有特异性的染色体异常，即有一个小的端心染色体。这种情况在产妇中发生率大约是1/600，而且随产妇的年龄增长还会增加。身体和精神的异常包括眼睑斜裂和内眦赘皮性折叠、短颈、心脏不正常、肌肉张力减退和关节伸展过度、耳发育异常、手短粗、第5指的中指骨发育异常、精神发育迟缓等，并趾的出现率为2%～11%。黑猩猩可发生典型的Down's综合征，其症状与人类极其相似，可用于研究此病的病因学。

(三) 遗传性侏儒症(hereditary dwarfism)

遗传性侏儒症的原因主要有以下3个方面：① 生长激素(GH)的单纯缺失；② 除GH外，还伴有促甲状腺激素、促肾上腺皮质激素等若干种垂体前叶激素的缺失；③ GH的受体有所缺损。

在实验动物中已报道有若干种遗传性侏儒症(表10-2-6)。小鼠中的df和dw两种类型几乎没有GH的分泌，促甲状腺激素、泌乳素、促肾上腺皮质激素的分泌也极少，虽具有相同功能的基因，但明显位于其他基因座上。pg小鼠可认为GH等的分泌是正常的，所以考虑其可能为GH受体缺损所致。lit小鼠的GH和泌乳素的分泌缺失。在大鼠方面，dw-1、dw-2大鼠都已在20世纪30年代报道过，其详细情况目前仍不明了。dw豚鼠只是个记载，现在已不存在。dw兔的属不完全显性，在生后数日即死亡，所以其详细情况尚不明了。nan及zw均与dw属相同基因或复等位基因，但尚未确认其同座性。

表10-2-6 各种动物的侏儒症基因

动物种	基因记号	基因名	染色体号码或连锁群	妊娠或致死性
小鼠	*df*	*Ames dwarf*	11	雄、雌有时不孕
	dw	*dwarf*	16	不孕
	lit	*little*	6	雄、雌均可妊娠，但繁殖困难
	pg	*pygmy*	10	妊娠基本无异常
	mn	*miniature*	15	不孕
大鼠	*dr*	*dwarf*		雄、雌均可妊娠
	dw-1	*dwarf-1*		不孕
	dw-2	*dwarf-2*		雄性不孕，雌性偶尔可妊娠
	rt	*runt*		出生后很快死亡
豚鼠	*dw*	*dwarf*		不明
兔	*dw*	*dwarf*	Ⅳ	出生后数日死亡
	nan	*nanosonia*		
	zw	*zwerg-wuchs*		

五、免疫功能缺陷(系统性红斑狼疮,SLE)

国内外有不少人报道过在某些新西兰小鼠近交系及其第1代杂交(F_1)种中出现的复合免疫病,类似系统性红斑狼疮。在直接法抗球蛋白实验阳性的情况下,新西兰小黑鼠(NZB)产生溶血性贫血。新西兰小黑鼠和新西兰小鼠(NZB×NZW)的F_1杂交系显示有高发性、进行性肾小球肾炎并导致肾衰竭。近交系的新西兰小鼠有胸腺病变,它对于包含天然DNA的核抗原产生抗体,红斑狼疮细胞实验呈阳性。新西兰小鼠的主要免疫学病变列于表10-2-7中。NZB和F_1杂交系是研究与SLE有关的环境和遗传因素常用的模型。

表10-2-7 新西兰小鼠主要免疫学病变

品系	病变	
	溶血性贫血	肾小球肾炎
新西兰白(NZW)	−	−
新西兰黑(NZB)	++	±
新西兰巧克力(NZC)	±	−
(NZB×NZW)F_1 杂交系	−	++

六、染色体缺陷

华登堡综合征(Wardenberg's syndrome)的特点是某些颜面骨骼不正常、先天性耳聋和色素失常。家猫的常染色体显性*W*基因可以出现白色被毛的猫,且可能伴有耳聋,个别白猫可能是蓝眼珠、虹膜异色或黄眼珠。控制眼睛颜色的基因似乎是独立于*W*基因之外,但有人认为眼睛的蓝色只有在有*W*基因的前提下才表现出来。形成蓝眼的原因是由于划膜基质缺少色素,一般说来还伴有眼色素层性色素缺乏。

耳聋动物的组织病理学变化包括前庭膜(Reismer膜)萎陷,行发细胞萎缩,耳蜗覆膜膨胀凸出(即柯替管萎缩和发育不全),血管纹透明化,球囊斑萎缩。退行性变化可能仅出现于耳蜗管一个旋的一部分。

人和猫一样在表现这种综合征的不同组成部分时变化多端。有些个体不表现颜面形态特点,但表现其他色素组分和听觉缺陷。猫和人的胚胎神经嵴在此病发生过程有重要作用,涉及色素紊乱和神经结构紊乱。虽然在耳聋的白猫中不曾报道有颜面骨骼结构的异常,但其他病理学特点却与人的华登堡综合征一样。此病在这两种宿主中均以常染色体显性因子遗传,常见的特点为:各种表现形式的白斑病、异色和耳聋。

七、肌营养不良

(一) 遗传性肌营养不良

Julian曾报道过鸡的遗传性肌肉营养不良,该病发生于一种新汉西商品鸡群中,后来作为常染色体隐性遗传动物模型传递下来。肌肉营养不良的早期表现为鸡跌倒后不会起立,甚至仰卧于地。出现这种表现主要是由于鸡翅膀的主要降肌(胸肌)与主要升肌(喙上肌)相互干扰之故。在被波及的肌肉中也表现出肌肉强直的特点,这也可能是鸡跌倒后不会起立的原因。在营养不良的过程中首先受害的是肉眼可见的邻近的白色肌肉。在营养不良的早期,肌肉的显微镜下变化包括细胞核数目增加,纤维粗细不匀,肌肉纤维有空泡形成性破坏，并且有环状纤维出现，在失去肌肉纤维的地方有脂肪沉积，结缔组织显著增加。小鼠、鸡和仓鼠均可形成遗传性肌营养不良模型，但鸡的情况比较温和。

鸡发生肌肉营养不良情况的某些特点与人遗传性肌营养不良时所表现的特点相类似，虽然在人类还没有一种单纯的肌肉营养不良的病可以与鸡相比较。肌肉营养不良的鸡于对研究骨骼肌的肥大和萎缩、脂肪沉积以及因此而出现的假营养，"环箍病"和肌肉等的过程是特别有用的。

（二）心肌病

叙利亚金黄仓鼠作为人类心肌衰竭的动物模型最早是由 Gertz 报道的(1973)。这种心肌疾病可以遗传，是由常染色体隐性基因控制的。此病可以波及到骨骼肌和心肌。两种性别均发现有心肌病变。它出现于 25～30 日龄的雌鼠，雄鼠则晚出现 10 d。急性病变广泛散布，在 60 日龄时，其性别发生频率相等。病变有两型：① 急性肌溶解，主要是骨纤维崩解而无显见的细胞浸润；② 神经功能病，有明显的炎症细胞浸润。后者在生命期较短的一些鼠种更为明显。这种病变并不伴有血管或瓣膜病变。在心脏被累及的初期病变不常见。在后一阶段则出现皮下水肿、腹水、胸水和心包积水，肝、脾、肾、肺和其他内脏器官显示有充血变化。心脏的重量可能增加，比正常的高 50%～70%，心脏本身极度扩张。

心肌病仓鼠模型为研究人类肌肉病和心肌衰竭提供了一个理想的材料。但仓鼠的肌肉病不同于大多数人的肌肉营养不良，因为后者以骨骼肌疾病和呼吸衰竭为主要死亡原因。一般情况下这些动物的充血性心力衰竭与人的在临床上是非常相像的。

八、先天性肾疾病

（一）遗传性肾囊肿小鼠(hereditary cystic kidney & KK/*cy* mouse)

肾囊肿的形成是由先天性畸形所致，目前多数学者认为其病因是由于中尿管系统的集合管与肾单位系统的远曲输尿管地结合在胚胎阶段失败所致。此时，肾单位正常发育形成肾小球，而尿潴留于尿细管中从而形成囊肿。肾囊肿在人类的先天性畸形中发病频率较高，可分为幼年型和成年型，临床症状也有所不同。在动物中已报道有 KK/*cy* 小鼠、大鼠、兔等很多种，其中 KK/*cy* 小鼠在肾囊肿发病的同时也可达到性成熟，寿命在 170 d 左右，雄性的寿命比雌性平均延长 1 个月左右。因此，可认为是与人类的成年型肾囊肿相类似的模型。

肾的肉眼所见为肾实质被含有逐渐透明或淡黄色样液体的囊所置换，肾被膜下可见不规则的凹凸，肾体积显著增大。4 个月龄 KK/*cy* 小鼠的囊肿的扩展肾单位逐渐消失，残存的肾实质仍可见有肾小球存在，并维持着一定程度的肾功能。5 个月龄以上则与人类同样因诱发尿毒症致死。KK/*cy* 小鼠的肾囊肿致病基因(*cy*)可认为由常染色体上的单一隐性基因所支配。

（二）慢病毒感染

水貂的阿留申病可以用于研究免疫介导的肾小球性肾炎和动脉炎。此病特点为体重逐渐减轻、贫血、口腔黏膜有病症性溃疡，极少数还有神经症状。肉眼病变包括消瘦、肝大、肝实质散布有针尖大小白色病灶，有全身性淋巴结病、脾脏和淋巴结为正常的

2～4 倍大小，发病初期有肾炎，肾肿大伴广泛散在淤点。至后期肾髓质皱缩且有皮质囊肿。组织病理学观察示，几乎所有器官均有广泛的浆细胞增生和浸润。丙种球蛋白、C3 和病毒抗原在所影响的动脉管内沉积，说明抗原抗体复合物的沉积是动脉炎的致病因素。此病很易由水貂传给水貂（只要注射血液或组织匀浆即可）。

水貂的阿留申病模型是一种很容易重复的、具有免疫介导的病毒病模型，可用来阐明在病毒持续感染过程中宿主与病毒之间关系的机制以及因免疫学关系而致多种系统疾病的机制。

九、先天性眼疾病

（一）遗传性白内障（congenital cataract）

所谓白内障是指晶状体呈混浊状态。其病因有多种，有伴随年龄增长而发病的老年性白内障；有外伤引起的外伤性白内障；有伴发于葡萄膜炎、虹膜睫状体炎、视网膜炎、脉络膜炎、视网膜色素变性、青光眼、水晶体亚脱臼等疾病的并发性白内障；有见于青年型糖尿病患者的糖尿病性白内障；等等。除了以上这些后天因素所诱发的白内障以外，还有遗传性白内障。一般多在出生时即可发现晶状体的混浊，也有的在 3～4 岁开始出现混浊。双眼同时发病，一般为非进行性的。

实验动物的遗传性白内障作为突变性状多已固定于各种动物（表 10-2-12），显现的这些性状相互有些不同，但却显现出了较广泛的病情，所以可以选择适合于研究目的的模型动物。

表 10-2-12 各种实验动物的遗传性白内障

基因记号	基因名	遗传方式	表现性状
小鼠			
bs	瞎并不育	常染色体隐性	白内障发病，雄性不孕
cac	隐性白内障	常染色体隐性	白内障发病，晶体的可溶性蛋白成分的有部分缺损
cat	显性白内障	常染色体显性	纯合、杂合均在 10～19 日龄出现白内障
gp	眼睑裂障	常染色体隐性	出生时睁眼，随着日龄的增加眼睛出现浑浊，晶体增大至正常的 2 倍
lop	晶状体混浊	常染色体显性	白内障发病，杂合形成小眼，纯合严重小眼
大鼠			
ca	白内障	常染色体显性	晶体出现异常，睁眼时开始出现双侧性白内障
cat	白内障晶状体	常染色体隐性	出现小眼症，晶体为正常的 1/5～1/10，10 周龄以前出现双侧性白内障
ct	先天性白内障	常染色体隐性	出生时开始出现白内障
兔			
cat-1	白内障	常染色体隐性	5～9 日龄以前出现白内障
cat-2	2-白内障	常染色体显性	出现单侧性白内障 基因的渗透度为 40%～60%

（二）遗传性视网膜变性症(hereditary retinopathy)

最常见的实验动物是先天性视网膜变性的小鼠，它具有与人类视网膜色素变性症基本相同的发病机制。研究表明该动物模型为单一常染色体隐性(基因 *rd*：第 5 号染色体，第 17 号染色体相关群)遗传。

具有 *rd* 基因的小鼠存在于以 C3H 品系小鼠为主的多个品系之中。有学者曾对 rd/rd 纯合接合体小鼠的视网膜用组织学方法检查其病理动态后发现，至出生后 9 d 左右其视网膜的视细胞呈正常发育状态，从这一时期开始在其部分视杆细胞外节出现变性，第 10 d 时多数的视杆细胞发生变性，在出生后第 17 d 变性率达 98%，第 36 d 完全消失。视锥细胞稍迟一些，从第 21～26 d 开始细胞数开始减少，第 36 d 约减少至半数，生后第 18 个月细胞数减少到最初的 1.5%。

有关这种视细胞变性的发生机制表现为生物化学方面的变化，特别是环鸟苷酸-磷酸(cGMP)值显著增加，cGMP 急骤增加的原因尚未明了，但可由此推断细胞内代谢的平衡被破坏，引起了细胞变性。在 rd/rd 小鼠视网膜的器官培养实验中也出现了同样的变性。由此表明，*rd* 基因在视细胞内显现出其性状。关于 *rd* 基因已经研发出了类似的基因型的品系，被命名为 C57BL/6J rd le 小鼠，另外在犬、大鼠也发现了与 *rd* 基因相似的基因。

（孙　斌　金忠琴）

第十一章

人类免疫性疾病的比较医学

第一节　比较淋巴系统

免疫学的发展与比较医学和实验动物科学兴起有密切关系。免疫学研究常选用实验动物作为研究对象，对诸多免疫学机制的认识常常通过动物实验获得。特别是各种近交系和突变系动物、无菌动物、悉生动物及无特定病原体动物的培育，为免疫学研究提供了重要手段，大大促进了免疫学的发展。图 11-1-1 列举了一些常用实验动物淋巴系统特点的比较，以供研究时参考。大、小鼠淋巴结解剖特点及手术摘取方法见本章第七节“比较免疫学研究中常用动物实验技术”。

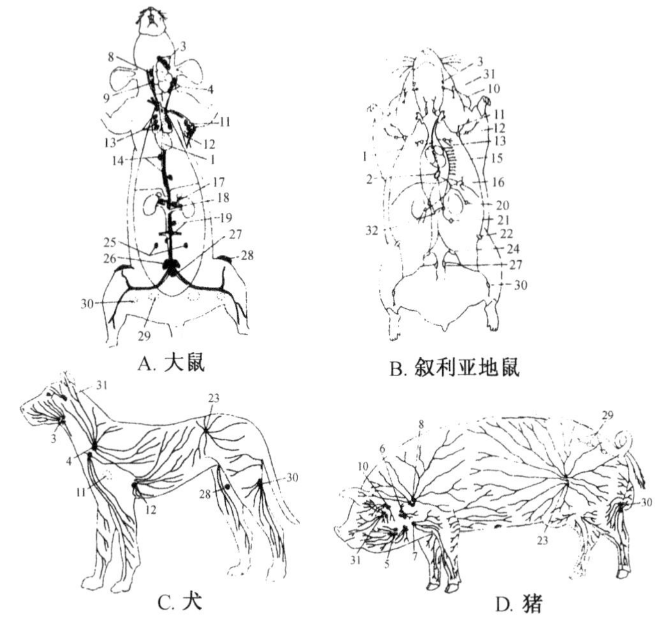

1. 胸管；2. 乳糜池；3. 颌下淋巴结；4. 浅颈淋巴结；5. 中浅颈淋巴结；6. 背侧浅颈淋巴结；7. 腹侧浅颈淋巴结；8. 前深颈淋巴结；9. 后深颈淋巴结；10. 咽头后淋巴结；11. 腋窝淋巴结；12. 副腋窝淋巴结；13. 纵隔淋巴结；14. 大动脉胸淋巴结；15. 肋间淋巴结；16. 腹股沟淋巴结；17. 乳糜池淋巴结；18. 肾淋巴结；19. 腰淋巴结；20. 右结肠淋巴结；21. 左结肠淋巴结；22. 腹股沟浅淋巴结；23. 肠骨下淋巴结；24. 肠骨淋巴结；25. 外侧肠骨淋巴结；26. 内侧肠骨淋巴结；27. 荐骼淋巴结；28. 大腿淋巴结；29. 坐骨淋巴结；30. 膝窝淋巴结；31. 腮腺淋巴结；32. 腰淋巴结

图 11-1-1　各种动物的淋巴结[福田腾洋原闵(1989)]

第二节 比较免疫生理学

一、人与实验用动物免疫系统发生特点的比较

人与脊椎动物免疫系统的发生与种系进化密切相关。原始脊椎动物的淋巴器官发育还不完善，如圆口类动物沿其消化道有散在的淋巴结和淋巴细胞，并出现了胸腺，随着物种的进化有了原始的肾脏，在鱼类还出现了肝脏。这些器官和组织开始时多分布在消化道附近，这是由于原始脊椎动物(圆口类)及鱼类摄食时吸进大量水，并通过鳃孔将水排出，因此，咽头部最先遭遇到病原微生物的侵袭，因此在消化道附近产生了相应的防御体系。而到了高等脊椎动物，由于种系的进化，这些器官的分布就多样化了，但以高等动物胸腺个体发生为例，它也是从第三、四咽囊腹侧上皮演化发育而来，说明这跟种系发生有关。

脊椎动物特异性免疫功能的发生与发展：由无脊椎的原始动物进行发展生成脊髓(并非脊索)和脊柱椎骨，即进入脊椎动物的初级阶段，以后逐步发展成低级、高级脊椎动物以及灵长类，包括猴、猿、猩猩及人。他们的免疫结构及功能也随之逐渐发展壮大和完善(表 11-2-1)。

表 11-2-1 人与脊椎动物生成的免疫结构及免疫功能的特点比较

纲、科(种)	淋巴细胞	浆细胞	胸腺	脾	淋巴结	法氏囊	抗体(Ig)	异体移植排斥
无颌鱼类(七鳃鳗、八目鳗)	+(T、B 难分)	−	原始的	原始的	−	−	+(IgM)	+
软骨鱼类(鳐等)								
初期	+	−	+	+	−	−	+(IgM)	+
进展	+	+	+	+	−	−	+(IgM)	+
硬骨鱼类(白鲟、鲤等)	+(T、B 初分)	+	+	+	−	−	+(IgM)	+
两栖类(蛙、鲵、蝾螈等)	+(T、B 分明)	+	+	+	+	−	+(IgM)	+
爬行类(蛇、鳄、蜥蜴)	+(T、B 各分亚群)	+	+	+	+(?)	−	+(IgM,IgG)	+
鸟类(鸡、鸭、鹰、雀)	+	+	+	+	+(?)	+	+(IgM, IgG、IgA)	+
哺乳类(鼠、兔、羊、犬、马、猴、猿、人)	+(T、B 亚群完全)						+(IgM, IgG, IgA, IgD, IgE)	+

注：?：有类似的结构及功能，但不够典型

二、人与脊椎动物生成的免疫结构及免疫功能的特点比较

(一) 圆口类

在脊椎动物的进化阶段中，起初生成无颌鱼类的七鳃鳗及八目鳗的鳃下可生成原始的不完全的胸腺和脾，尚无完善的淋巴结，只有弥散的淋巴组织，出现难以分辨的 T、

B 细胞，但初步生成的 T 细胞排斥异体移植物反应强，分化生成的幼稚 B 细胞只能产生少量的 IgM 类抗体，此阶段该物种总体的免疫功能尚不太强。

（二）鱼类

软骨鱼类的鳐等及硬骨鱼类的鲟、鲤鱼等的胸腺及脾发育较完全，生成初期分化的 T、B 细胞，对异体移植物有两次增强排斥反应，表明有免疫记忆，但也只能产生 IgM 类抗体。

（三）两栖类

鱼类进一步进化成两栖类（蛙、鲵、蝾螈等）及爬行类（蛇、鳄、蜥蜴等）时，胸腺出现皮质和髓质，体内形成典型的淋巴结，T 与 B 细胞分化明显，特异性细胞免疫及体液免疫都较强。实验证明，若切除蟾蜍的胸腺，蟾蜍则会丧失对异体移植物的免疫排斥能力，不发生迟发型反应，但仍保留 B 细胞免疫功能（因不受切除胸腺的影响），能产生 IgM 及 IgG 两类抗体。此外，在蝾螈体内发现有杀伤细胞、T 细胞，可产生巨噬细胞移植抑制因子，还发现在鳄鱼中有分化的辅助性 T 细胞、抑制性 T 细胞及细胞毒性 T 细胞等 T 细胞亚群，B 细胞还可产生 IgD 样抗体，启动 B 细胞的分化发育。

（四）鸟类

由两栖类进化成鸟类（野鸟及家禽）的过程中可生成特有的淋巴组织结构，位于鸟类泄殖腔内后上方，称为法氏囊皱褶，它可分泌滋养 B 细胞的泛素，由此培育 B 细胞成熟。B 细胞可遍布全身，产生 IgM、IgG 及 IgA 类抗体。鸟类有胸腺及脾，可与法氏囊分工培育 T、B 细胞，发挥 T 细胞的细胞免疫及 B 细胞的体液免疫功能。

（五）哺乳类动物

鸟类进化成一般哺乳动物的家畜及野兽，因无法氏囊，其 B 细胞是在骨髓内培育生成的，其他中、高级脊椎动物都以骨髓为类囊器官培育 B 细胞。它们有胸腺及脾，其免疫功能较发达。

（六）灵长类

一般哺乳类动物可更进一步进化至灵长类（猴、猿、猩猩及人），其免疫机构齐全，免疫功能更为发达。虽无法氏囊，但有骨髓替代，胸腺、脾及淋巴组织发育完善，T、B 细胞亚群齐全，具有众多的单核-巨噬细胞、NK 细胞、K 细胞、粒细胞及免疫辅助细胞等。体液免疫可产生 IgM、IgG、IgA、IgD 及 IgE 等 5 类抗体，还有补体、备解素、B 因子、D 因子、正常调理素、溶菌酶等。此外，在有关的免疫细胞表面都表达有 CD、MHC Ⅰ类或Ⅱ类抗原标志及粘附分子，便于细胞间相互作用、识别或结合，有利于发挥免疫功能。灵长类高级脊椎动物及人积累和继承了生物长期进化发展，形成了完善的免疫系统及十分发达的神经系统，由神经递质联系内分泌激素构成神经-内分泌-免疫网络，相互影响和调节。

研究表明，小鼠、豚鼠、家兔等动物对特异性抗原的免疫反应受遗传控制。动物体内免疫反应的基因决定着动物对各种疾病的易感性，决定着自身免疫病和体液免疫反应。这种免疫反应的基因紧密连接在这些动物体内的主要的组织相容系统上。如带等位基因 $H\text{-}2^{b}$ 的小鼠（如 C57BL、C57L、129/J）比带有等位基因 $H\text{-}2^{K}$ 的小鼠（如 C58、AKR、C3H）的抵抗力强，后者对小鼠白血病病毒和肿瘤病毒十分易感。又如 SWR/J

($H\text{-}2^q$)小鼠对淋巴细胞性脉络丛脑膜炎病毒(LCMV)非常敏感,而 C3H/J($H\text{-}2^K$)小鼠对该病毒有强大的抵抗力。这些例子充分说明由于遗传因素的影响,不同品系动物的免疫反应是有明显差异的。此外,不同种类动物的免疫反应也有差异,如研究第Ⅳ型变态反应(Arthus 反应),家兔是一种较好的实验动物,而豚鼠和大鼠则不能采用。

因此,在免疫学研究中进行实验动物选择时,要特别注意遗传因素对免疫反应的影响,各种实验动物具有不同的免疫反应和免疫特点。实验动物补体系统各成分的缺陷因实验动物的种类不同而有明显差异。补体缺陷(complement deficiencies)动物: C1 鸡,C2 豚鼠、大鼠,C3 犬(brittary spaniel),C4 金黄地鼠,C5 小鼠(K/HeN、AKR/N、B10、DZ/DanN),C6 兔、地鼠。以上动物,当 C1g 缺陷时可出现严重的联合性免疫缺陷病,反复发生威胁生命的感染;C1r 缺乏时可发生坏疽性红斑、反复的细菌感染、狼疮样综合征;C1s 缺乏时出现红斑狼疮、进行性肾小球肾炎、关节炎;C4 缺乏时可发生狼疮、关节炎、类过敏性紫癜;C2 缺乏时发生狼疮、致死性皮肌炎、类过敏性紫癜、狼疮样综合征、进行性肾小球肾炎、反复感染;C3 缺乏时对感染的易感性升高;C5 缺乏时可发生狼疮、腹泻及消耗性疾病;C6 缺乏时可反复发生革兰阴性菌感染、淋菌性多关节炎、脑膜炎。

三、各种实验动物的免疫学特性比较

(一) 小鼠

小鼠的免疫球蛋白有 IgM、IgA、IgE、IgG_1、IgG_{2b}。近交系小鼠对不同抗原的免疫反应是:在常染色体的遗传控制之下(这种常染色体上有支配免疫反应的基因 *Ir*),基因连接在主要组织相容位点(*H-2*)上。基因 *Ir* 可能与 T 细胞的功能有关系,与 B 细胞的关系不大。

小鼠虽然能产生迟发型变态反应,但很少见到典型的表皮反应,也不像其他动物那样有规律。小鼠能被诱发产生速发型变态反应,它的全身性过敏反应的特点是:循环不畅、循环性虚脱,常在几小时甚至 10～20 min 内死亡。在体外过敏反应实验中,只有小鼠子宫能用来做 Schultz-Bale 反应。小鼠的 IgG 和 IgE 能使皮肤致敏,引起被动真皮过敏反应。另外,诱发小鼠的 Arthus 反应也比较困难,即使发生,与其他实验动物(如兔)相比也不那么激烈。小鼠不像大鼠和豚鼠那样,以弗氏完全佐剂接种于小鼠的脊髓或脑内很难验证变态反应性脑脊髓炎的感受性。

目前已建立了许多小鼠近交系,其中包括 MHC(主要组织适合性基因群,*H-2*)同类品系。对遗传学特性已做了详细的分析。对免疫活性细胞的亚类也进行了详细的分析。先天缺乏补体成分(C4、C5 等)的品系有多种,如 K/HeN、AKR/N、B10、DZ/DsnN 等。

(二) 大鼠

大鼠的免疫学特性大致与小鼠相同。在大鼠,MHC 被称做 RTI。在大鼠体内,连接在主要组织相容性复合体(MHC)上的免疫反应基因(*Ir*)控制着对 GT(L-谷氨酸和 L-酪氨酸)和 GA(L-谷氨酰胺和 L-氨基丙酸)的免疫反应,豚鼠与其相似。大鼠和豚鼠的免疫反应基因 *Ir* 控制着体液免疫和细胞免疫。已经证明,大鼠对绵羊红细胞(SRBC)和牛γ球蛋白(BGG)的免疫反应有品系的差异。

大鼠有反应素抗体 IgE，蠕虫感染常能诱发大量的 IgE 抗体，他们存在于血液循环之中。常规的免疫法只能使大鼠产生少量反应素，在体内存在的时间较短。有些品系大鼠，如 Hooded Lister 和 Spragus-Dawley，能产生较多的 IgE，再次注射抗原，IgE 也随之上升。百日咳杆菌免疫大鼠主要产生 IgE，如在此抗原中加入弗氏完全佐剂，免疫大鼠则产生 IgGA。

（三）叙利亚地鼠

目前已建立了几种近交系，多用于研究肿瘤。在叙利亚鼠，MHC Ⅰ被称为 Hm-1，Hm-1 类抗原（移植抗原）不表现为多态。

Coe 等研究了 Syrian 地鼠的免疫反应，发现有电泳快的（IgG_1）和慢的（IgG_2）两种 TS 亚类免疫球蛋白。当以鸡蛋白盐水作为抗原，接种地鼠可产生 IgG_1；若将鸡蛋白与福氏佐剂一起接种地鼠，则能产生 IgG_1 和 IgG_2。地鼠的 IgG_1 能诱发被动皮肤过敏反应（PCA），不能产生全身过敏反应。Coe 等认为这可能是由地鼠在变态反应中缺乏必要的影响血管的胺的缘故。地鼠的 IgG_2 能固定补体，并在豚鼠中诱发 PCA 反应，IgG_1 不能固定补体。

（四）豚鼠

豚鼠中已确定的免疫球蛋白有：IgG（IgG_1、IgG_2）、IgA 和 IgE。IgG_1 是变态反应的媒介，IgG_2 与小鼠的 IgG_1 和 IgG_2 相似，在抗原抗体反应中起结合补体的作用。选用2～3 月龄或体重为 350～400 g 的豚鼠进行迟发型变态反应实验的研究最合适。

豚鼠血清中的补体效价很高。其胸腺位于颈部。在大部分成熟的 T 细胞膜上存在着 MHCⅡ类抗原（免疫应答遗传基因相关 Ia 抗原）。MHC 被称为 GPLA。豚鼠除作为补体的来源外，还广泛用于免疫的发生和迟发型变态反应的研究。豚鼠已建立了几种近交系，容易引起迟发性过敏反应。因此，豚鼠是自身免疫病（如实验性变态反应性脑脊髓膜炎）的理想动物模型。豚鼠 13 系对结核菌素型变态反应比豚鼠 2 系敏感。相反，豚鼠 2 系对接触性过敏反应比豚鼠 13 系敏感。

新近繁殖的豚鼠 2 系和 13 系常被用于免疫学研究。这两个品系对特异性抗原产生的免疫反应有显著不同。例如，当给豚鼠 2 系和 13 系注射含有相同抗原的弗氏完全佐剂时，豚鼠 2 系（和一些 Hartley 系豚鼠）表现出明显的迟发型变态反应，对 DNP-PLL（二硝基苯-多聚赖氨酸）产生高浓度的抗体，而豚鼠 13 系不出现免疫学反应。另一方面，豚鼠 13 系和 Hartley 系豚鼠对联胺嗪（hydralazine）都能产生抗体和迟发型变态反应，而豚鼠 2 系仅呈现弱反应或无反应。

豚鼠的皮肤已被用于结核菌素的皮内试验和接触过敏物质的迟发型变态反应的研究。豚鼠和人的结核菌素反应差别是有无细胞浸润，另外豚鼠的迟发型变态反应在 24～48 h 达到高峰，人在 48～96 h 达到高峰；人和豚鼠接触敏感的化学物质引起的变态反应，细胞反应非常相似，而对皮内接种抗原的反应却有明显的不同，豚鼠会产生比人多的白细胞和巨噬细胞对抗原起反应。

当选择豚鼠进行免疫学研究时，应特别注意动物自身的因素，如年龄、体重、饮食和遗传因素。Baer 等认为 2～3 月龄或体重为 350～400 g 的豚鼠做迟发型变态反应最合适。豚鼠 13 系对结核菌素型变态反应比豚鼠 2 系敏感；相反，豚鼠 2 系对接触性过敏反应比豚鼠 13 系敏感。Hartley 系豚鼠对结核菌素型变态反应和接触性反应皆敏感。这些现象说明抗体发生迟发型变态反应的能力同样也处于基因的控制之下。

近年来，一些学者以豚鼠作为研究过敏性或速发型过敏反应的实验模型。豚鼠体内主要产生两种类型的变态反应抗体，即 IgG_1 和 IgG_2。在全身变态反应中，肺是休克器官，肥大细胞是靶细胞，组织胺是主要的药理介质。

另外，部分学者在进行淋病研究中认为，豚鼠是最令人满意的免疫学实验动物模型。豚鼠和人一样具有延长和限制迟发型变态反应发生的能力，这种现象常作为肿瘤免疫的指标之一。

（五）兔

兔免疫反应灵敏，尤其是新西兰兔的免疫反应更为灵敏，其最大的用处是产生抗体，制备高效价和特异性强的免疫血清。兔虽然已经建立了近交系，但繁殖困难。因此，多用于生产抗血清，甚至进行过免疫球蛋白的同种异型研究。

兔的 IgA 大量存在于肠道和初乳中，这种分泌型抗体的合成是在肠、乳房和支气管腺体间质的浆细胞以及腺和淋巴结中。兔的反应素抗体相当于人的 IgE。兔的 IgM 能增强反应素的形成，而 IgG 能抑制反应素抗体的生成。兔可用于过敏反应的研究，IgG 和 IgE 引起的过敏反应，症状与人类相似，机制都是抗原-抗体结合和血小板-白细胞凝集形成沉淀物，释放血管活性物质（组织胺和 5-羟色胺）进入肺循环，在右心的流出道产生一种机械和药理的联合作用，导致循环性虚脱。IgG 诱发血小板或嗜碱性粒细胞释放影响血管的组织胺要依赖补体的作用，而 IgE 诱发释放的组织胺不依赖于补体。

实验室抗体的制备，多用新西兰白兔。由于所用兔的品系、品种、种和个体的不同，对不同的抗原产生抗体的能力也经常有所不同。有些品系的兔，至少有 20％产生的抗体效价低或无效价，为了得到高效价的血清，至少使用 10 只兔作为一组进行免疫是必要的。

兔肠道淋巴组织由派伊尔淋巴集结、圆囊（在回盲肠连接处的集合淋巴小结）和阑尾构成。Waksman 等叙述了淋巴组织中形态和功能不同的 3 个部分：圆体（dome）含有原始和成熟的 B 细胞大量增殖的器官；集合淋巴小结、圆囊和阑尾都含有 T 细胞，T 细胞经过后毛细管静脉到达阑尾；集合淋巴结和阑尾内还同时存在着 B 细胞，但没有抗体形成细胞。这种界线分明的 T、B 淋巴细胞系统及 B 细胞迅速地增殖和迁移（肠道淋巴器官中，B 细胞参加免疫反应，但不长久停留），可能使肠道局部缺乏免疫反应。集合淋巴小结是产生 IgA 细胞的重要来源。

（六）犬

在犬体内，MHC 称做 DLA。大部分成熟的 T 细胞膜上有 MHCⅡ类抗原。犬的免疫球蛋白有 IgG、IgM、IgA、IgG_1 和 IgG_2。在犬花粉病和各种蠕虫感染中发现有 IgE。成年犬对各种蛋白性抗原只产生少量的循环抗体。胎犬和新生犬也有类似情况。新生犬和成年犬对颗粒性抗原（绵羊红细胞）均能产生较好抗体，但新生犬初次免疫反应所产生的抗体几乎全是 IgM 类，成年犬产生的抗体则是 IgM 和 IgG，这两种免疫球蛋白的数量与初生犬的 IgM 几乎相等。新生犬在再次反应中能合成 IgG 和 IgM。

Gerber 等报告了 Beagle 犬体内循环的 T 淋巴细胞对 PHA 的反应，6～12 周龄比 0～4 周龄显著增多，高峰在 6 周～6 个月龄，以后随年龄增加而下降。Beagle 犬在出生时胸腺大约重 100 mg，到 12 周龄增加到 300 mg 以上。白细胞总数随年龄增加而逐渐减少。

犬除用做一般移植研究外，还越来越多地作为免疫病研究的动物模型。除人之外，对气溶胶出现变态反应的动物，犬大概是仅有的一种。因此，人的变态反应和气喘的研究，犬是适宜的动物模型。人花粉病的临床表现为结膜炎、鼻炎和皮炎，犬季节性花粉病多数只有皮炎，无眼和呼吸道症状。人的这种变态反应是由 IgE 引起的，而犬由豚草花粉(raweed pollens)致敏后，血液和皮肤中也有 IgE 抗体。

(七) 猫

在猫体内，MHC 被称为 FLA。猫不能用于制造同种异型抗体。移植物在猫体内长期不被排斥。猫对各种病毒均有感受性。

(八) 猪

目前已建立了 MHC 纯系的小型猪。猪不能借助胎盘在母仔间从母体向胎儿转移抗体。胸腺不仅存在于胸腔内，而且在颈部也有。在大部分成熟 T 细胞膜上存在着 MHC Ⅱ类抗原，MHC 被称做 FLA。猪免疫球蛋白有 IgG(IgG_1 和 IgG_2)、IgM 和 IgA。猪初乳中的免疫球蛋白主要是 IgG(其中以 IgG_1 为主)，其次是 IgA。泌乳 2～3 d 后，乳中 IgG 和 IgM 迅速下降，但 IgA 的量仍保持相对稳定。猪的 IgA 同人的 IgA 有交叉反应。IgA 有单体和存在于分泌中的双体两种，它们分别为 7s 和 10s。肠道固有层中存在许多分泌 IgA 的浆细胞。

(九) 绵羊

适用于研究淋巴细胞循环和淋巴细胞分化。胸腺不仅存在于胸腔内，而且还存在于颈部。B 细胞在回肠派伊尔氏淋巴集结进行分化、成熟。母仔间不能借胎盘转移抗体。在绵羊体内 MHC 被称做 OLA 或 SHLA。绵羊的免疫球蛋白有 IgG(IgG_1 和 IgG_2)、IgA、IgM 和似 IgE。

(十) 牛

胸腺不仅存在于胸腔内，也存在于颈部。母仔间不借助胎盘转移抗体。在牛体内，MHC 被称为 BoLA。牛的免疫球蛋白有 IgG(IgG_1 和 IgG_2)、IgA、IgM 和似 IgE。同其他动物一样，IgG 是主要的免疫球蛋，IgG_1 能固定补体(IgG_2 不能)，并能选择性从血清转移到乳汁中去，所以初乳和常乳中 IgG_1 是主要的免疫球蛋白(约占 75%)，而 IgA 和 IgM 仅占初乳抗体的 20%左右。

(十一) 灵长类(除人类外)

T 细胞具有绵羊红细胞的受体。红毛猴的 MHC 被称为 RhLA。食蟹猴的 MHC 被称为 CyLA。灵长类动物主要有 4 种免疫球蛋白，即 IgG、IgM、IgA 和 IgE。新界猴(除一种卷尾猴外)没有发现 IgA。已证明在猕猴、狒狒和黑猩猩体内均有抗寄生虫性抗原的 IgE 抗体，但在界猴中仍无此种抗体。高等灵长类动物与人的免疫球蛋白有较强的交叉反应，但长臂猴例外。灵长类动物具有血性绒毛膜胎盘，只允许 IgG 通过，IgM、IgA、IgD 和 IgE 均不能通过。新生猴不能从初乳中吸收抗体。妊娠第 9 个月猕猴的胎儿和成年猕猴在抗原初次刺激后 6 d 产生 IgM,妊娠第 58 d 的胎儿对同种植皮产生排斥。约 80%的狨猴是胎盘血管吻合的双胎,用性别染色体分析能证明不同性别的双胎中血液存在交换。在血液交换的狨猴双胎中,异性共生的双胎已证明有免疫耐受现象。因此,它们之间能互相接受植皮。狨猴对接受不同亚种的植皮有免疫反应,亚种内植皮比亚种间植皮存活的时间约长 1 倍。灵长类动物在研究人的反应素(IgE)型超敏反应中起着重要的作用。反应素型抗体(又叫皮肤过敏性抗体)的特点之一,是能固定在同源或密切相关种的皮肤及其他组织上(如肺、结肠)。由于猕猴同人在种的发生上有近缘关系,所以它们能用过敏人的血清引起 P-K(Prausniz-Kustner)反应。在灵长类中,狒狒、猕猴、狨猴、卷尾猴、狐猴是人类反应素抗体引起的复发性多软骨炎的最好接受者。一些学者证明,灵长类动物是人呼吸道变态反应病的动物模型。

(十二) 鸡

鸡淋巴结发育不充分。主要的淋巴组织是胸腺、腺脏、腔上囊(bursa of fabricius)。胸腺存在于颈部。B 细胞在腔上囊进行分化、成熟。

三、各种实验动物常乳和初乳中免疫球蛋白类型特点的比较(表 11-2-2)

表 11-2-2 动物常乳和初乳中免疫球蛋白类型

动物	常乳和初乳	免疫球蛋白类型
家兔	初乳	IgA
灵长目	初乳	IgA
大鼠	初乳	IgA(多量)IgG_a,IgG_b,r_1,IgM(很少)
	常乳	IgG(多量)
小鼠	初乳	IgA,快和慢的 IgG
犬	初乳	IgG(多量),IgA,IgM
	常乳	IgG(多量),IgG,IgM
猪	初乳	IgG(多量),IgA,IgM
	常乳	IgA(多量)
牛	初乳	快 IgG(r_1),IgM(β_2)
绵牛	初乳	快 IgG(r_1),IgA

第三节 比较免疫生物化学

免疫球蛋白是一类重要的免疫效应分子,也是一组具有抗体活性的蛋白质,由浆细胞产生,主要存在于生物体血液和其他体液(包括组织液和外分泌液)中,还可分布在 B 细胞表面,约占血浆蛋白总量的 20%。不同种属动物的免疫球蛋白种类、浓度以及特点与人有着一定的差别。

各种实验动物免疫球蛋白亚类的特点比较见表 11-3-1。

表 11-3-1　免疫球蛋白亚类和轻链的 k:λ 比较

动物种类	免疫球蛋白种类		L 链(%)	
			k	λ
小鼠	IgG_1,IgG_{2a},IgG_{2b},IgG_3	IgM,IgA,IgE	95	5
大鼠	IgG_1,IgG_{2a},IgG_{2b},IgG_{2c}	IgM,IgA,IgE	>95	<5
豚鼠	IgG_1,IgG_2	IgM,IgA,IgE	70	30
兔	IgG_1,IgG_{2a}	IgM,IgA,IgE	70～90	10～30
犬	IgG_1,IgG_{2a},IgG_{2b},IgG_{2c}	IgM,IgA	10	90
猫	IgG_1,IgG_2	IgM,IgA	10	90
猪	IgG_1,IgG_2,IgG_3,IgG_4	IgM,IgA	50	50
猴(恒河猴)	IgG_1,IgG_2,IgG_3	IgM,IgA	50	50

注：IgG 亚类的数字,表示电泳度,阳极侧为 1,向负极侧 2、3 移动,a、b 表示相同的电泳度仅抗原性、生物活性不同的物质

各种动物免疫球蛋白的种类及其分型见图 11-3-1。

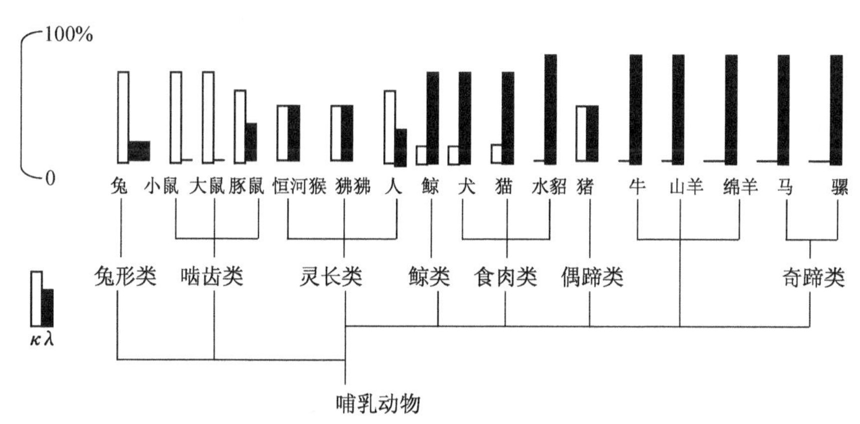

图 11-3-1　不同的哺乳动物血清中 λ 和 κ 轻链的频率分布

人与实验动物 IgG 亚类的特点比较见表 11-3-2。

表 11-3-2　若干物种的 IgG 亚类

物 种	IgG 亚类	相对电泳迁移率	补体结合*
人	IgG_1	慢	+
	IgG_2	慢	+
	IgG_3	慢	+
	IgG_4	快	—
小鼠	IgG_1	快	—
	IgG_{2a}	慢	+

续表

物 种	IgG 亚类	相对电泳迁移率	补体结合*
	IgG_{2b}	慢	+
	IgG_3	慢	
大鼠	IgG_1	快	
	$IgG_{2a,b}$	慢	
	IgG_{2c}	极慢	
豚鼠	IgG_1	快	
	IgG_2	慢	+
马	$IgG_{(T)}$	快	−
	$IgG_{(a)}$	慢	+
	$IgG_{(b)}$	慢	+
	$IgG_{(c)}$	慢	−
牛	IgG_1	快	+
	IgG_2	慢	±
绵羊	IgG_1	快	+
	IgG_2	慢	±
山羊	IgG_1	快	
	IgG_2	慢	
犬	$IgG_{a,b,c}$	慢	
	IgG_d	快	

注：*：大多根据用豚鼠补体而不是各物种本身的补体所做的测定，未必与生理条件下的情况相符，只供参考

各种实验动物血清及体液中免疫球蛋白浓度的特点比较见表 11-3-3。

表 11-3-3 血清及体液中的免疫球蛋白浓度

动物种类		免疫球蛋白种类(mL/L)		
		IgG	IgM	IgA
小鼠	血清	6 700	100	400
豚鼠	血清	10 720	430	72
	乳汁	633	110	758
	唾液	6	1	48
	胆汁	2	0.7	50
	尿	28.5	1.6	1.4
	泪液	16	9	148
兔	血清	9 500～33 000	150～520	10～340
	初乳	2 400	100	4 500
	小肠分泌液	75	15	120

续表

动物种类		免疫球蛋白种类(mL/L)		
		IgG	IgM	IgA
犬	血清	5 000～17 000	700～2 700	200～1 200
	初乳	13 000～33 000	98～895	3 100～15 400
	唾液	10～15	18～35	520
猪	血清	21 500～24 330	1 100～2 920	1 800～2 130
	初乳	24 330	3 200	10 700
	乳汁(3～7 d)	1 910	1 170	3 410
	小肠分泌液	700	100	3 740
猴	血清	8 700～10 820	1 050～1 250	700～4 160
	唾液	＜50	＜30	120
	胃液	＜50	＜30	280
	空肠分泌液	660	＜30	160
	胆汁	115	＜30	52

第四节 比较免疫病理学

一、移植免疫的比较病理学研究

移植健康的器官以取代有严重的不可逆性病变而丧失功能的器官，是治疗疾病的一种重要措施。早在第二次世界大战期间对烧伤病人就进行了异体植皮，然而，这种移植全部以失败而告终，原因何在？1943 年 Medawar 为了查明异体移植失败的原因，在家兔身上进行了一系列实验研究，明确了异体移植失败的原因——受者对供者的组织发生了免疫反应。1953 年 Gorer 及 Shell 首次断定：小鼠的异体移植失败，关键在于 H-2 抗原不相容。不同近交品系小鼠有不同的 H-2 型，两个相同 H-2 型品系小鼠间移植，可不发生排斥反应。

（一）移植的类型

根据供者与受者的遗传学关系可以把移植分为 4 种类型：① 自体移植(Autograft)：为同一个体移植，如自体皮片移植；② 同系移植(isograft，isogenic or syngeneic graft，congenic graft)：为同系异体间移植，如基因型完全相同的一卵孪生子之间的移植，近交系内不同动物个体(基因型很相似的)之间的移植；③ 同种异体移植(allograft，xenogeneic graft)：为同种异体间的移植，如同一种内的不同个体之间的移植，如鼠→鼠；④ 异种移植(xenograft，xenogeneic graft，或 heterograft)，为不同个体间的移植，如不同动物之间的移植(猩猩→人，猪→人等)。

（二）动物对移植物的免疫排斥反应

受者的血管与供者的器官组织之间建立起血液循环之后，移植器官、组织的功能丧失，主要是由于免疫反应引起的损伤、坏死所致，其根据主要有以下几点：

(1) 给小鼠移植异系皮肤后，在头几天内受者的血管长入移植的皮片内，但从第

3～4 d起皮片内的血液灌流开始减少，皮片内的淋巴细胞及单核巨噬细胞浸润逐渐增多(浆细胞很少)，并出现水肿、缺血；同时局部的引流淋巴结肿大，其内有大量淋巴母细胞的出现及核分裂象。到了第9～10 d以后，皮片发生坏死、脱落，这称为第1次排斥反应(first set rejection)(图11-4-1)。皮片脱落后，肉芽组织长入原来的移植部位，以后发生纤维化，形成疤痕；同时引流淋巴结也恢复原状。

(2) 如给该受者再次移植同一供者的皮肤，则在移植后的第3～4 d提前出现排斥反应，而且反应比第1次强烈，血管很少或根本不长入移植的皮片内，皮片内很快地出现嗜中性白细胞、淋巴细胞及浆细胞浸润，并且血管内有血栓形成，这称为第2次排斥反应(second set rejection, secondary boosting)(图11-4-1)。

(3) 如受者第2次接受另一供者的皮肤移植，则不出现第2次排斥反应，而是出现第1次排斥反应。

(4) 如给新生小鼠摘除胸腺，等到该小鼠长大后接受异系皮肤移植时，则不发生移植排斥反应；但是如果给去胸腺小鼠注射同基因型的正常小鼠淋巴细胞时，则仍能发生移植排斥反应，这表明淋巴细胞在移植排斥反应中起决定性的作用。

(5) 将已经发生过移植排斥反应小鼠的淋巴细胞注射到另一同基因型正常小鼠体内，然后再进行异系植皮时，则发生第2次排斥反应，皮片提早脱落。提示被异系皮肤致敏的淋巴细胞以免疫记忆细胞的形式持续存在于小鼠体内。

(6) 在发生过移植排斥反应的小鼠血清中可查到针对供者组织相容性抗原的特异性抗体，这种抗体能凝集供者的红细胞(在人，则对供者的淋巴细胞有细胞毒作用)(图11-4-1)。

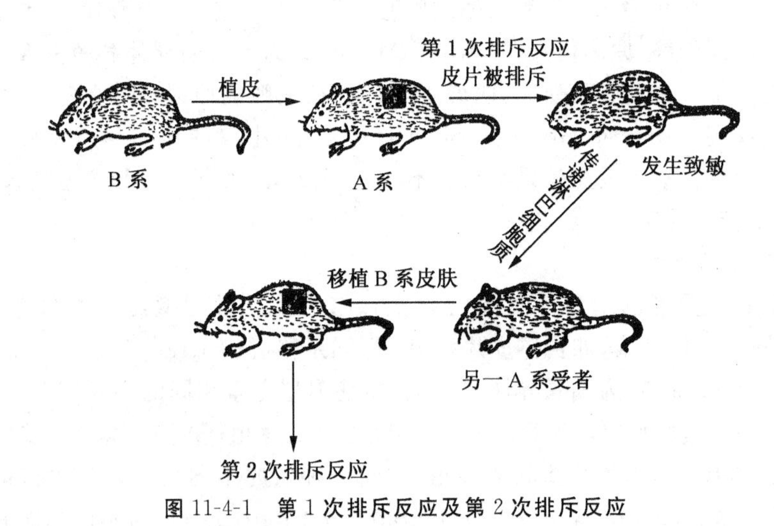

图11-4-1 第1次排斥反应及第2次排斥反应

二、肿瘤免疫的比较病理学研究

通过肿瘤免疫以及对人类和动物肿瘤及白血病细胞免疫化学分析的研究，已澄清了若干重要问题。如在肿瘤细胞缺少各种正常组织成分；正常存在于胚胎期的某些抗原在肿瘤组织中再现；部分肿瘤中出现了正常组织中不存在的新抗原(neoantigen)等。肿瘤新抗原的出现提示肿瘤细胞已获取了新的遗传信息，也可能是由于肿瘤细胞导入了病毒的基因组所致。

肿瘤免疫中存在的诸多科学问题，均需进行广泛深入的研究来加以解决。如癌症转移的免疫学机制的研究，以及如何进行有效的免疫治疗，均为亟待解决的问题。目前，由于可以对一些免疫调节剂进行分子克隆，使癌症的免疫治疗获得了较有效的工具。如用 α 和 β 干扰素对毛细胞白血病(hairy cell leukemia，HCL)进行治疗，已获得较好的效果；IL-2 能使一些转移性肾细胞癌病人的肿瘤消退；用淋巴因子激活的杀伤细胞(LAK)过继治疗肿瘤也取得一些成果。目前，对分离肿瘤浸润 Tc 细胞的研究受到很大的关注，期望获得有效的免疫治疗方法。

三、自身免疫与自身免疫病的比较病理学研究

正常情况下，机体对其自身组织成分不产生免疫应答的现象称为自身耐受性(self tolerance)。而当自身耐受性遭到破坏时，免疫系统就会对自身成分产生免疫应答，即为自身免疫。过去一直认为自身耐受是绝对的，但后来研究显示，人体内存在极微量的自身抗体。人体内存在的一些抗独特型抗体(antiidiotype antibody)实际上也是一种自身抗体。因为，它是针对体内抗体或淋巴细胞表面受体的独特型决定簇。所以，这些抗体不一定与外界发生直接联系。但是，在调节外来抗原所诱发的免疫应答中则起着重要的作用。然而，过度而持久的自身免疫应答则是病理过程，可导致自身免疫病。现已证明，免疫系统不仅能识别外来抗原，而且也能识别自身抗原。这对理解免疫调节紊乱在自身免疫病发生中的作用甚为重要。

四、变态反应性疾病的比较病理学研究

蠕虫感染时常产生 IgE 抗体，发生Ⅰ型变态反应，如在多种寄生虫病人中出现荨麻疹。某些细菌性感染时发生过敏性鼻炎、支气管哮喘等。A 群链球菌 M 蛋白与人类肺血管基膜有共同抗原，故感染了这种细菌后往往发生肺肾综合征或肾炎，其发病机制属于Ⅱ型变态反应。近年来，发现某些抗组织细胞受体的抗体并不杀伤靶细胞，但可刺激某种激素的生理功能，因而可将甲状腺功能亢进症、重症肌无力症、抗胰岛素型糖尿病等疾病列入Ⅱ型变态反应性疾病范畴。有不少传染病的免疫损伤是由于抗原-抗体免疫复合物的形成而发生，属Ⅲ型变态反应，如麻风结节性红斑，即是特异性抗体与皮肤病灶高浓度麻风杆菌抗原所形成的免疫复合物而发生的。此外，某些链球菌感染、乙型肝炎、传染性单核细胞增多症、伤寒、疟疾、血吸虫病等常可因免疫复合物的形成而产生肾脏病变。

五、免疫缺陷病的比较病理学研究

获得性免疫缺陷综合征，又称艾滋病，是由一组人类嗜 T 细胞的逆转录病毒引起的，以全身免疫系统严重损害为特征的传染病，病死率极高。1983 年法国巴斯德研究所 Montagnier 从 1 例患淋巴结病综合征的同性恋患者分离到一种新的逆转录病毒，命名为淋巴结病综合征相关病毒；1984 年美国学者 Gallo 报道从艾滋病患者的外周血 T 细胞中分离到 1 株嗜 T 细胞并致病变的逆转录病毒，称之为人 T 细胞白血病病毒Ⅲ。后来证明 Gallo 的毒株其实就是 Montagnier 的毒株(据解释是被污染所致)。1986 年国际病毒命名委员会统一将该病毒命名为人类免疫缺陷病毒(human immunodeficiency viruses)。

人类免疫缺陷病毒属逆转录病毒科中的慢病毒属或组(lentivirus genera)。这一组病毒除有共同嗜神经的特点外,还可感染免疫系统的某些细胞,特别是单核-巨噬细胞,并可致潜伏性感染数月至数年后才发病。慢病毒可分为两亚组:一组可引起宿主的免疫缺陷;另一组不引起宿主的免疫缺陷。前组包括人类免疫缺陷病毒1、2型,猴免疫缺陷病毒及猫免疫缺陷病毒。人类免疫缺陷病毒1型及2型的抗原性有较大差异,后者在非洲发现。慢病毒感染所致的疾病可为急性,也可为慢性,常表现为受侵犯器官被单个核细胞所浸润。主要的临床症状可为肾小球肾炎、溶血性贫血、出血及脑炎等。各种不同种慢病毒引起的疾病见表11-4-1。

表11-4-1 慢病毒及其所致疾病

病毒种	天然宿主	所致疾病
脱髓鞘性脑白质炎病毒	绵羊	脑慢性炎症及单核细胞浸润
马传染性贫血病毒	马	溶血性贫血、单核细胞浸润脑
羊关节炎-脑炎病毒	山羊	慢性关节炎及脑炎
牛免疫缺陷病毒	牛	恶病质、淋巴结增生、脑炎
猫免疫缺陷病毒	猫	恶病质、淋巴结增生,对条件致病菌易感性增加
猴免疫缺陷病毒	猴	免疫缺陷病、脑炎
人类免疫缺陷病毒1型	人	免疫缺陷病、艾滋病相关的感觉-运动障碍
人类免疫缺陷病毒2型	人	艾滋病、神经系统病(?)

第五节 比较免疫病理学——自发性免疫性疾病动物模型

免疫的研究常选用实验动物做对象,因此免疫学上的大量知识是通过动物实验获得的。特别是各种近交系和突变系动物、无菌动物、悉生动物及无特定病原体动物的培育,为免疫学研究提供了重要手段,大大促进了免疫学的发展。研究表明,小鼠、豚鼠、家兔等动物对特异性抗原的免疫应答受遗传控制。由于遗传因素的影响,不同品系动物的免疫应答存在着明显差异。因此,研究者根据人类自身免疫性疾病的不同特点选择不同的实验动物建立相应的疾病模型。

一、人类免疫性疾病的自发性动物模型

(一)人类自身免疫性疾病模型

人类自身免疫性疾病的发病机制不尽相同,有免疫复合物造成的损害如系统性红斑狼疮(SLE)、肾炎、类风湿性关节炎等;有已知抗体起作用的疾病如重症肌无力、甲状腺功能亢进症等。在研究自身免疫病的病因和发病机制时,不同学者各自利用不同的实验动物开发了各种不同的自发性动物模型(表11-5-1)。

表 11-5-1 自身免疫病的自发性动物模型

自身免疫病	种 系	品 系
系统性红斑狼疮	小鼠	MRL/MP×lpr/lpr
	小鼠	NZB×NZW F_1
	小鼠	B×SB
	小鼠	Motheaten
	小鼠	Palmerston×North
	小鼠	Swan
类风湿关节炎	小鼠	MRL/MP×lpr/lpr
干燥综合征	小鼠	NOD
	小鼠	C3H×lpr/lpr
进行性全身硬化症/硬皮病	鸡	UCD 系 200
	小鼠	TSK
重症肌无力	大鼠	F344(Fischer)
	犬	Jack Russell 小猎犬
溃疡性结肠炎	灵长类	小绢猴
自身免疫性溶血性贫血	小鼠	NZB
自身免疫性睾丸炎	水貂	源自俄罗斯
白斑	鸡	DAM
自身免疫性甲状腺炎	大鼠	Buffalo(北美野牛)
	鸡	Obese(肥胖鸡)
	犬	长尾短腿小猎犬
	灵长类	狨(美洲小型长尾猴)
胰岛素依赖型糖尿病	小鼠	NOD
	大鼠	BB/W
	犬	非肥胖型荷兰卷尾犬
	灵长类	黑色西里伯斯岛猕猴

【红斑狼疮疾病模型】

系统性红斑狼疮(SLE)是常见的人类自身免疫病,长期以来一直使用有自发类似狼疮性肾炎的 B/WF_1 (NZB×$NZWF_1$)小鼠作为动物模型。美国杰克逊实验室的 Murphy 医生,建立培育了有自发性红斑狼疮的 MRL/MP/Iprl(MRL/L)小鼠和 B×SBIH VNUN(只有雄性鼠发生早期狼疮性肾炎),利用这些小鼠,SLE 的研究有了新的见解,人们重新认识了狼疮性肾炎的发病机制。目前,至少有十几个品系的小鼠可以自发产生与 SLE 类似的自身免疫病,文献报道主要有 4 个品系,它们有各自不同的表现(表 11-5-2),但这四种品系的小鼠都是到一定年龄时发生 SLE,表现为抗体上升、免疫复合物增多、肾炎,而后逐渐死亡。

表 11-5-2　4 种 SLE 品系小鼠的表现

指　标	MRL/L	BXSB	NZB	NZB/W
去胸腺	抗病	—	加重	加重
抗自身红细胞	0	+	++++	++
类风湿因子	+	0	0	0
关节炎	+	0	0	0
淋巴组织增生	+++	++	+	+
T、B 细胞	T↑	B↑	B、T↑	B、T↓

以下是几种 SLE 品系小鼠的主要免疫学特性：

(1) NZB 系：来自 N20 第 3 代中的一对黑鼠。$H\text{-}2^d$，淋巴细胞表面同种抗原(Thy-1.2，LY-1.2，Ly2.2，$Qa\text{-}1^a$，Mls^a，Tla^u)。

① 有自身免疫性溶血性贫血症：在 4～5 月龄时的血细胞比容(Ht)值平均为 44%，以后随增龄而下降，14 月龄为 32%。母鼠在 6 月龄、公鼠在 8 月龄后出现 Coombs 实验阳性，随增龄阳性率增高，10 月龄为 32%，母鼠有 6 月龄以后达 100%的。自 6 月龄起出现抗核抗体。老龄小鼠出现红斑狼疮细胞。② 有高血清免疫球蛋白症：血清免疫球蛋白量异常增高，特别是 IgM 和 IgG 量递增显著。IgM 量在一生中递增，其递增与性别、病情及 Coombs 实验都无关，并不因无菌饲养或初生期摘除胸腺而减少。血清中有抗 2-硝基酚和 3-硝基酚抗体，且效价高。③ 有类狼疮性肾炎：8 月龄以后的小鼠自发与人的狼疮性肾炎相似的以肾小球病变为主的肾病变，并感染 C 型病毒。肾病变为免疫复合物沉积所致。④ 有胸腺病理组织学变化：随着年龄的增加，胸腺重量较其他近交系小鼠较早期萎缩变小，髓质中形成淋巴滤泡，上皮细胞增殖，皮质中浆细胞和肥大细胞浸润。该现象与 2～3 周龄后出现的抗胸腺细胞自体抗体有关。

(2) NZW 系：$H\text{-}2^2$，淋巴细胞表面同种抗原(Thy-1,2)。NZW 与 NZB 杂交子一代动物 B/WF_1($NZB\times NZWF_1$)，有自发的类似狼疮性肾炎、红斑狼疮细胞(LE 细胞)阳性和抗核抗体阳性。

(3) BXSB 系：来自 $X57BL/6J\times SB/leF_1$，$H\text{-}2^b$淋巴细胞表面同种抗原(Thy-1,2、TL-、Ly-1,2、Ly-2,1、Ly-3,1、$Qa\text{-}1^b$)，抗自身红细胞阳性，淋巴组织增生，B 淋巴细胞增多。

(4) MRL/L 系：MRL/L 小鼠是由 $C_{57}BL/6J$($H\text{-}2^B$)、C_3H/Di ($H\text{-}2^k$)及 LG/J ($H\text{-}2^b$)四个品系反复杂交育成的白化小鼠。从交配的过程推断，其基因组成是 LG 75%，AKR 12.6%，C_3H 12.1%，$C_{57}BL6J60.3$%。同种抗原和表现型是 $H\text{-}2^k$，$Lyt\text{-}1.2^+$，$Lyt\text{-}2.1^+$，$Lyt\text{-}3.1^+$，$Lyt\text{-}1.2^+$，TL-。IgG_{2a}的同种异型为 a。

其他免疫学特性有：① 有全身性淋巴结显著肿胀：3 月龄时肿胀明显可见，并随月龄增长而增大。② 有肾炎及血管炎，多呈急性或亚急性肾炎和多发性血管炎。4～5 月龄时，用荧光标记可见抗 IgG 和 C3 抗体。在肾小球的肾毛细血管壁和肾小球膜上，能明显检出免疫复合物。血管内皮细胞和肾小球膜增殖，基膜肥厚，有蛋白样物质沉着，类似人的狼疮肾炎。③ 有类风湿性关节炎：类似人的类风湿性关节炎，20%～25%的

MRL/L 小鼠有关节软骨破坏，滑膜增厚，形成血管翳，渗出液潴留等类似人类风湿性关节炎的症状。④ 有高免疫球蛋白及补体减少：血液中免疫球蛋白量常呈高值，5 月龄时达 MRL/n 小鼠的 5 倍，4～5 月龄 MRL/n 鼠的 IgG 达 0.26g/L，约为正常小鼠的 6～7 倍。分类测定的结果是：IgA、IgM、IgG_{2b}为正常小鼠的 2 倍，IgG_1、IgG_{2a}为 6 倍。血液中补体效价随月龄增长而下降。⑤ 有半抗原抗体及自身抗体等。2～3 月龄的 MRL/L 小鼠，在血清中检出抗 2-硝基酚和抗 3-硝基酚抗体。抗单链 DNA 抗体也在 2～3 月龄时被检出，并随月龄增加而上升。⑥ 有免疫复合。血液中的免疫复合物可用多种方法检测到，MRL/L 小鼠比其他狼疮小鼠的检出效价都高。免疫复合物与狼疮肾炎和血管炎都有直接关系。⑦ 有淋巴细胞异常变化：MRL/L 小鼠脾脏和淋巴结内 Thy-1 阳性的 T 淋巴细胞异常增加，4 月龄以上小鼠的脾脏有 70%～90%、淋巴结有 95%以上是 Thy-2 阳性细胞。IL-2 的能力也下降。自发性狼疮肾炎小鼠以抗半抗原抗体、抗单链 DNA 抗体产生免疫球蛋白的细胞增多为特征，在初期是 IgM 型，而 4 月龄时则以 IgG 型为主，产生免疫球蛋白的细胞增多与肾炎的发展有关系。⑧ 免疫反应下降：对绵羊红细胞的一次及二次抗体应答反应随月龄增长而显著下降。在 2 月龄时可查出对 DNP-卵蛋白原的一次和二次 IgG 及 IgE 的应答反应，而到 4 月龄时就查不出这些抗体了。

(5) MRL/n 系：MRL 品系小鼠在近交 12 代时发生常染色体隐性突变形成两个亚系，其一具有淋巴增生 Lpr 基因(lyromephoproliferative)，即 MRL/L 小鼠。该类小鼠因第 5 号染色体上有 Lpr 基因，2 月龄时除发生全身性淋巴肿胀外，还出现早期狼疮性肾炎，5～6 月龄时半数死亡。MRL/L 小鼠疾病的发展比 B/WF_1 小鼠快，所以使用价值也大。另一亚系为 MRL/n 小鼠，其因缺乏 Lpr 基因，仅迟发轻度肾炎。Lpr 基因为常染色体的劣性基因，把该基因导入其他小鼠，也能出现 MRL/L 小鼠的各种症状。

(二) 各种超敏反应疾病模型

1. 迟发型超敏反应

迟发型超敏反应中包括结核菌素超敏反应，Jones-Mote 型皮内过敏反应和接触性过敏症等。不同近交系小鼠的反应性有很大差异，如用纯蛋白衍生物(PPD)做抗原时，其足垫反应明显的近交系有 ICR、BALB/C、C57BL/6、DBA/2、C3H/He；反应稍弱的近交系有 CFW，CDF_1；反应弱的近交系有 NZB，C57BL，CBA、HR/Jms，其中 HR/Jms 是反应最弱的近交系。如用绵羊红细胞(SRBC)做抗原时，不同近交系小鼠迟发型超敏反应也有较大差异，SWM/Ms、ddN、DDy 是高反应的近交系；ICR、DDD、BALB/c(♀)为较高反应的近交系；C57BL/6J，C3H/He、DBA(♂)是低反应的近交系。

2. 过敏症

LEW 小鼠对过敏性实验较敏感，极易感染诱发性自身免疫性心肌炎，对诱发自身免疫性复合性肾小球肾炎敏感，易感染实验过敏性脑炎和药物诱发的关节炎。AS 大鼠易感染实验过敏性脑脊髓炎，对自身免疫性肾小球肾炎敏感。AUG 大鼠对实验过敏性脑脊髓炎易感，对自身免疫性甲状腺炎有抗力。WAG 大鼠对实验过敏性脑脊髓炎有抗力，有些大鼠携带防御右旋糖苷过敏反应的隐性基因 dx，对诱发自身免疫甲状腺炎敏感。

二、各种免疫缺陷和补体缺陷模型动物的特性

(一) 各种免疫缺陷动物(模型动物)的特性

1. 裸小鼠

疾病模型:DiGreorge 综合征、无胸腺综合征。

常用品系: BALB/c-nu/nu, C57BL/6J-nu/nu, C3H/He-nu/nu,AKR-nu/nu。

免疫特性: ① 胸腺缺损,有少量的 T 细胞(Thy-1+xleq)存在。② 无 CD_3+与 CD_4+T 细胞,Ly-2,3 阳性细胞,巨噬细胞 NK 细胞的活性高,经常用于人的肿瘤移植传代,对 T 细胞依赖性抗原产生抗体的反应及细胞性免疫反应极弱。③ *nu* 基因是第 11 号染色体上的隐性基因,裸小鼠是 *nu* 基因和相同的基因位点发生突变所致。其免疫学特性可概括为: 先天性无胸腺,缺乏免疫排斥反应,T 细胞缺损,B 细胞正常,NK 细胞略有升高,T 细胞缺损表现为脾细胞膜表面的 θ 抗原丧失对有丝分裂刺激物反应的能力;不产生细胞毒效应细胞,对刀豆素 A 或植物凝集素 P 亦无促有丝分裂应答,无接触敏感性,无移植排斥,无移植抗宿主反应及无辅助 T 细胞或抑制 T 细胞的生成。

2. SCID 小鼠

SCID 小鼠又称严重联合免疫不全症(severe combined immunodeficiency, SCID)小鼠。

常用品系:CB-17-*scid/scid* $H-2^d$。

免疫特性: ① *SCID* 基因是第 16 号染色体上的隐性基因,T 细胞及 B 细胞的数量极少,以致抗体产生及细胞性免疫反应缺陷,血液中的免疫球蛋白也极其少。② SPF 条件下,可饲育 1 年左右,可显示出 T 细胞及 B 细胞的抗原受体欠缺。③ 来自于其他动物或其他品系小鼠的杂交瘤,能在 SCID 小鼠腹水中增殖。其免疫学特性可概括为: 隐性遗传基因引起的严重联合免疫缺陷症,T 细胞及 B 细胞数极少,血中的免疫球蛋白量也极少;T 细胞和 B 细胞缺少抗原受体;T 细胞受体和免疫球蛋白遗传基因的再构成有关的重组酶活性低下;SCID 小鼠的巨噬细胞和 NK 细胞的功能基本正常;腺嘌呤核苷脱氢酶活性正常。

3. beige 小鼠

疾病模型:NK 免疫细胞缺陷。

常用品系:C57BL/6J-*beige/beige*。

免疫特性:① beige 小鼠的免疫缺陷由第 13 染色体上的隐性遗传基因 *bg*(beige)所引起。② beige(bg/bg)小鼠对各种感染的敏感性均高,容易发生肺炎。③ 缺乏嗜中性白细胞的游走能力和噬菌作用,也欠缺巨噬细胞的抗肿瘤活性、杀伤 T 细胞活性、移植物抗宿主 GVH (graft-versus-host)反应等。④ 另外尚有 beige 小鼠溶酶体功能异常的报道,这种功能异常与 NK 细胞活性异常相关。⑤ 目前已获得几种近交系的 bg/bg 小鼠,但主要是使用 C57BL/6J 系的 beige 小鼠。⑥ beige 小鼠的色素颗粒产生量很低,毛色很淡,可以考虑作为人的齐-希综合征(chediak-higashi syndrome)即色素缺乏易感性增高综合征的模型动物,此外猫、犬、水貂、牛、海豚等动物与 beige 小鼠相同也具有相同的特性。

4. motheaten 小鼠

疾病模型：严重联合免疫缺陷症(SCID)。

常用品系：一me/me。

免疫特性：① motheaten 小鼠来自 C57BL/6J 小鼠的突变，该小鼠在 1～2 日龄时表皮可见嗜中性白细胞集聚，表皮色素呈斑点状缺损，故称为 motheaten 小鼠；4 周龄时胸腺即退化。motheaten 小鼠存在于第 6 染色体上的隐性遗传基因 *me*(motheaten)异常，平均寿命为 22 d。③ 存在于同一 *me* 遗传基因座位的 me^v(viable motheaten)遗传基因在同型接合体上持有的 me^v/me^v 小鼠也同 me/me 小鼠显示有相同的特性，但比 me/me 小鼠的平均寿命稍长，平均 61 d。④ motheaten 小鼠与 SCID 小鼠相同，呈现重症的免疫缺陷病，多因出血性肺炎而死亡；SCID 小鼠仅存在淋巴细胞(T 细胞及 B 细胞)的免疫学异常，而 motheaten 小鼠异常则不仅淋巴细胞，其他细胞也存在。⑤ motheaten 小鼠则对抗产生应答、有丝分裂因子的反应低下，而且杀伤 T 细胞和 NK(天然杀伤)细胞缺乏活性。血液里存在异常大量的免疫球蛋白，含有多种抗自身抗体。⑥ motheaten 小鼠产生 B 细胞分化因子，从而引起 B 细胞的多克隆活化；me^v/me^v 小鼠的几乎全部 B 细胞上表现有 LY-1 抗原。与人严重联合免疫缺陷症完全相似的 motheaten 小鼠，尚无报道。

5. CBA/N 小鼠

疾病模型：Wiscott-Aldrich 综合征。

常用品系：CBA/N $H\text{-}2^h$。

免疫特性：CBA/N 小鼠来源于 CBA/H 小鼠突变，1972 年 Amsbaugh 等首次报道。① CBA/N 小鼠对非 T 细胞依赖性 2 型抗原(TI-2 抗原)不能引起抗体产生应答，而对 T 细胞非依赖性 1 型抗原(TI-1 抗原)呈正常反应。② CBA/N 小鼠血中 IgG_3 含量少，而且对 T 细胞依赖性抗原的反应性低下。③ CBA/N 小鼠虽然欠缺 $Lyb\text{-}3^+$、5^+ B 细胞(与 TI－2 抗原相反的 B 细胞亚类)，但近来发现 CBA/N 小鼠还存在有少量的 $Lyb-5^+$ B 细胞。④ CBA/N 小鼠的免疫缺陷是由存在于 X 染色体上的隐性遗传基因 *xid*(X-linked immunodeficiency；X 染色体连锁免疫缺陷基因)所引起的。CBA/N 小鼠虽然可作为人的湿疹血小板减少多次感染综合征(Wiscott-Aldlich Syndrom)的模型动物，但作为 Wiscott-Aldlich 综合征特异性的 T 细胞及血小板功能异常，在 CBA/N 小鼠却不存在。

6. 脾脏缺损小鼠"Dh/＋小鼠"

疾病模型：先天性无脾症。

常用品系：一Dh/Dh。

免疫特性：Dh/＋小鼠的异常特性是由第 1 号染色体上的显性遗传基因 Dh(dominat hemimelia)显现所引起的。这种突然变异是在 1954 年最先发现，1959 年才由 Searle 报道了 Dh/Dh 小鼠和 Dh/＋小鼠没有脾脏。① Dh/Dh 小鼠生后 2～3 d 就死亡；Dh/＋小鼠虽呈半肢症，但一般能够饲养，可作为实验之用。② Dh/＋小鼠血中 IgM 含量很少，细胞性免疫应答无异常，淋巴结里肥大细胞数很少。

7. lasat 小鼠

疾病模型：先天性无胸腺、无脾症。

常用品系：－nu/nu－Dh/＋。

免疫特性：lasat 小鼠是将裸小鼠的 *nu/nu* 遗传基因移入于脾脏缺损（Dh/＋）小鼠，就产生出胸腺、脾脏缺损(nu/nu Dh/＋)小鼠。lasat 小鼠血中各种免疫球蛋白浓度低，有学者报道，即使难在裸小鼠增生的人的肿瘤，也可在 lasat 小鼠增殖。

8. 无毛小鼠

常用品系：无毛(*hr/hr*)小鼠，HRS/J－*hr/hr*。

免疫特性：1926 年 Brooke 首先报道了这种突变小鼠。① 无毛小鼠的被毛发育，于生后 10 d，被毛发育正常，但在其后被毛脱落。② 无毛小鼠的脱毛，是由存在于第 14 染色体上的隐性遗传基因 *hr*(hairless) 所引起的。③ 无毛(*hr/hr*)小鼠虽有胸腺，但 6 个月龄时胸腺皮质明显萎缩，Th 细胞功能异常，混合淋巴细胞反应(mixed lymphocyte reaction，MLR) 弱。④ 对 B 细胞有丝分裂原、T 细胞非依赖性抗原的反应性降低；10 月龄时约有 45% 的无毛小鼠发生淋巴肿瘤。

9. dw/dw 小鼠

疾病模型：侏儒症。

免疫特性：第 16 号染色体纯合子有隐性遗传基因 *dw*(dwarf)。胸腺早期萎缩。细胞性免疫反应能力降低。第 1 号染色体纯合子有隐性遗传基因 *df*(Ames dwarb)的 df/df 小鼠具有同样的特性。dw/dw 小鼠未见免疫缺陷的报道。

10. db/db 小鼠

疾病模型：糖尿病。

免疫特性：第 4 号染色体上纯合子有隐性基因 *db*(diabetes)。随着周龄的增加胸腺细胞数减少以及血清中的胸腺激素量明显减少。到 10～12 周龄，血中皮质醇浓度上升。细胞免疫应答能力降低。第 6 号染色体纯合子有隐性基因 *ob*(obese)的 ob/ob 小鼠也和 db/db 小鼠具有相同特性。

11. NZB 小鼠

疾病模型：系统性红斑狼疮(SLE)。

常用品系：NZB、(NZBXNZW)F_1。

免疫特性：NZB 小鼠(H－2^d)1959 年由 Bielschowsky 建立的，它可产生 Coombs 抗体并伴有自身免疫溶血性贫血，是最早的自发性系统性红斑狼疮模型。可检出抗核抗体，轻度病变时症状与肾炎类似。NZW 小鼠(H－2^X)是 Hall 建立的，临床上不发生自身免疫性疾病，但 NZBXNZW F_1 代小鼠与 NZB 小鼠相比可产生更高效价的抗核抗体，作为 SLE 的自发性模型多用于实验 NZBXNZW F_1 小鼠早期可发生狼疮性肾炎，雌性比雄性出现早，性激素是作为狼疮性病变的主要促进因子。

12. BXSB 小鼠

疾病模型：系统性红斑狼疮(SLE)。

常用品系：雌性 BXSB(H－2^b)。

免疫特性：1978 年，Murphy 和 Roths 用 C57BL/6J(♀)小鼠和 SB/Le(♂)小鼠交

配确立的，只有雄小鼠的淋巴结肿大，抗核抗体产生，早期发生狼疮性肾炎死亡，Y 染色体上有 Yaa(Y 染色体关联的自发免疫依赖因子)基因，显示出促进 loops 病的发生。

13. NOD 小鼠

疾病模型：青年型糖尿病。

常用品系：NOD 小鼠。

免疫特性：6～7 月龄的 NOD 小鼠，80%以上发生 T 细胞浸润，选择性 B 细胞破坏，T 细胞、B 细胞、巨噬细胞的功能异常亢进。

14. 裸大鼠

疾病模型：DiGeorge 症候群、无胸腺症。

常用品系：- rnu/rnu。

免疫特性：May 氏于 1977 年报告，纯合子有常染色体隐性遗传基因 *rnu*(Rowett nude)。由于没有胸腺，T 细胞功能极低。其免疫学特性与裸小鼠大致相同，对 T 细胞依赖性抗原的反应、DTH 反应、移植物排斥反应、PHA(植物血凝素)及 ConA(刀豆素 A)等的 T 细胞致有丝分裂原的反应均缺乏。

15. SHR 大鼠

疾病模型：自发性高血压。

常用品系：SHR。

免疫特性：SHR 大鼠从 2～3 个月龄开始，T 细胞数减少；同时对 PHA、ConA 等的 T 细胞致有丝分裂原的反应、DTH 反应、移植物排斥反应等低下。T 细胞依赖性抗原抗体反应也低下。天然胸腺细胞毒性自身抗体(NTA)可见，NK 细胞活性低下。

(二) 各种动物补体缺陷症或补体异常

各种遗传性补体缺陷动物模型的特征见表 11-5-3。

表 11-5-3 补体缺陷症

缺陷成分	动物	遗传样式基因	特　征
C5	小鼠	常染色体隐性	第 2 号染色体上的 Hc(溶血补体)基因位点，携带 Hc 同源的个体，C5 缺损。近交系小鼠，约 30%缺乏 C5。一般环境中虽能健康生长，但对各种感染敏感性高，白细胞趋化因子活性低，抗肿瘤细胞及移植排斥反应弱。易发生自身免疫性疾病
C4 (或低 C4)	小鼠		C4 的结构基因存在于第 17 染色体上的主要组织相容性复合物的 S 领域。C4 携带着，$H\text{-}2_{K}$，$H\text{-}2W_{7}$，$H\text{-}2W_{16}$，$H\text{-}2_{19}$，单型的小鼠的发病率是正常小鼠 1/10～1/3
C4	大鼠		部分动物 Wistar 品系雄性大鼠，只有正常血清的 20%以下的活性，在人 C4 参与时，才能恢复到正常水平
C6	地鼠		Croblen-Syrian 品系，易发增殖性肠炎
C3	豚鼠	常染色体隐性	部分动物 C3、C5～C9 的成分缺损、调理素的作用障碍。C3 缺损的豚鼠血清中 C3 的量比正常血清低约 5.7%
C4	豚鼠	常染色体隐性	身体虽然健康，但对细菌的调理作用和抗菌作用低下，对卵白蛋白和血清白蛋白产生抗体的能力减弱，60%的动物 C1 显著减少(只有正常的 10%～20%)，C2 减少(只有正常的 50%)

续表

缺陷成分	动物	遗传样式基因	特征
C2	豚鼠	常染色体隐性	C2完全缺失
C6	兔	常染色体隐性	免疫反应减弱，细菌内毒素的解毒效果差，血液不易凝固，有2个品系，其一是在墨西哥确立的，另一个是英国剑桥大学确立的
C8a-r	兔	常染色体隐性	NZW的C8a-r缺损频率为0.005，生产率低，体重轻，胎仔数少，易骨折，被毛无光泽
C3（或低C3）	兔	常染色体隐性	发生在C8a-r缺损的兔群中，C3约为正常血清的1/10
C3	犬	常染色体隐性	有报道英国西班犬发生C3缺损的情况，C3的量只有正常血清的0.003%以下，对细菌的调理作用显著低下。

第六节 比较免疫病理学——人类免疫性疾病的诱发性动物模型

一、免疫缺陷病的动物模型

1. 猫AIDS(FAIDS)

【造模机制】

猫白血病病毒(Felv)感染猫产生AIDS的机制有3种假说：① Felv对T细胞尤其是未成熟的胸腺淋巴细胞有致病作用，因而导致T细胞数量和功能下降的免疫缺陷。② Felv外膜蛋白抗原P15E具有免疫抑制作用。③ Felv抗原与相应抗体在感染猫体内形成的循环免疫复合物具有免疫抑制作用。

【造模方法及特点】

实验感染病毒后2周即可检出抗体。感染后3～5周所有实验感染的猫均发生全身淋巴结病，2～8周后淋巴结肿大最明显，2～9个月后逐渐消退。在感染后2～5周，多数猫的中性粒细胞减少，持续4～9周。从猫的脑、脾、骨髓、PBL、肠系膜、下颌淋巴结、唾液和脑脊液中均能分离到病毒。

【应用】

Felv虽与HIV无相关性，但感染猫之后其症状与AIDS相似，这有助于研究AIDS的发病机制。

2. 鼠获得性免疫缺陷综合征(MAIDS)

【造模机制】

小鼠白血病病毒混合物LP-BM_5MuLV诱导小鼠免疫缺陷病的机制尚不清楚。有学者认为可能是普遍的多克隆淋巴细胞增生活化抢先抑制了特异性的免疫反应，从而导致免疫缺陷的形成。

【造模方法及特点】

小鼠实验感染后多出现淋巴结肿大、脾肿大、B 细胞多克隆活化、丙种球蛋白血症、B 细胞和 T 细胞功能的深度免疫缺陷、B 淋巴细胞瘤以及对其他病原体感染的敏感性增高。

【应用】

小鼠的 AIDS 的模型有许多优点，包括对 AIDS 早期有较准确的反映，遗传学相同的纯种动物有更确切的免疫学参数，并可能在相对短的时间内，在大量小鼠中复制疾病模型，故有很大的应用前景。

3. 与人免疫缺陷病毒(HIV)相关的猴免疫缺陷病毒(SIV)诱导的猴 AIDS(SAIDS)

【造模机制】

SIV 与 HIV 的生物学特性及形态学特征相似，对 T 细胞均有特殊嗜性。恒河猴自然或实验感染 SIV 后能迅速发生 SAIDS。

【造模方法及特点】

SIV 感染恒河猴引起类似人类 HIV 的 AIDS。目前有 IVmac 和 SIVsm 感染恒河猴的两个模型系统。SIVmac 对恒河猴的感染大多为致死性持续性感染，动物的平均死亡时间是 266 d。病毒感染量与临床结果无关，但是猕猴的存活能力与其抗体应答强度呈正相关。其临床症状表现为腹泻、消瘦、外周血 T 淋巴细胞减少和对有丝分裂原增生应答降低，机会性感染常见。大多数感染动物的直接死因是严重腹泻，用抗生素和支持疗法均无效。

【应用】

SIV 动物模型主要用于下列三方面的艾滋病研究：① 深入了解灵长类动物动物慢病毒的自然史和演变，并收集携带 SIV 的野生动物的种属及这些病毒精确的基因组成。② 确定艾滋病的发病机制。③ 发展艾滋病的疫苗和制订治疗对策。

二、变态反应性肝损伤动物模型

【造模机制】

迟发性超敏反应(DTH)是由 T 细胞介导的免疫反应，其最终反应是以巨噬细胞为中心的炎症反应。本模型将苦基氯(picryl chloride，PC)所致的迟发性变态反应导入肝脏诱发肝损伤。

【造模方法】

选用 6～7 周龄的雌性昆明小鼠，刮去小鼠腹毛，涂含 1%PC 的乙醇溶液 10 μL 致敏，6 d 后在小鼠右耳两面涂 1%PC 的橄榄油溶液 30 μL 攻击，诱发第 1 次 DTH 反应，再过 6 d 后右耳攻击，诱发第 2 次 DTH 反应。

用 PC 致敏，6 d 后攻击时用各种浓度的 PC 橄榄油溶液肝穿刺诱发 DTH 反应，或在致敏后 5 d 前在腹部预致敏 1 次，或在致敏的 6 d 及 3 d 前预致敏两次，或按 3 项下在耳诱发第 1 次 DTH，然后再次致敏，再过 6 d 后在肝脏诱发肝损伤。

【模型特点及应用】

第 1 次 DTH 反应出现了耳廓明显肿胀；第 2 次 DTH 反应时其肿胀较第 1 次更为强烈。在经皮肝穿刺后 12 h，血清丙氨酸转氨酶水平有所升高，18 h 达到高峰，24 h 后开始下降，此后恢复正常水平。组织病理学检查，发现肝细胞坏死明显，并出现粒细胞和淋巴细胞浸润及脂肪变性。该模型适于肝损伤机制及肝免疫调节剂的药理学研究。

三、血小板减少动物模型

【造模机制】

人类巨核细胞表面有着与血小板相同的抗原决定簇。抗血小板抗体(PAIgG)可作用于血小板及巨核细胞。PAIgG导致体内血小板减少，血小板黏附力降低，产板型巨核细胞明显减少，最终引起血小板减少。

【造模方法】

(1) 豚鼠抗兔血小板血清制备：采集家兔全血，分离血小板，用PBS洗涤后免疫豚鼠，然后采血，分离血清，用洗涤过的兔红细胞(1∶1)及洗涤过的兔淋巴细胞各吸附1次，分离血清，滴定抗血清活性后，分装贮存在−20℃以下冰箱中备用。

(2) 动物模型制作：用硫喷妥钠麻醉家兔，免疫组家兔于耳缘静脉推注2～2.5 mL抗血清，非免疫组注射ADP 100 mg/kg，空白对照组推注生理盐水2.5 mL。15 min后采血，计血小板，90 min后采血测定PAIgG。

【模型特点及应用】

造模后15 min，免疫组与非免疫组血小板数明显下降；90 min后免疫组、非免疫组血小板黏附率明显下降时免疫组PAIgG显著升高，与非免疫组、空白组比较有显著性差异。该模型可了解免疫性血小板减少疾病的发病机制并为探索新的治疗手段提供了一条途径。

四、自身免疫动物模型

【造模机制】

CJ-S_{131}菌体抗原辅以佐剂免疫小鼠，由于细菌持续释放CJ－S_{131}菌体抗原，反复刺激机体的免疫系统，可诱导机体产生抗dsDNA和ssDNA自身抗体，亦能使T、B细胞的反应性增强，在肝、肾、肠等组织产生炎症性病理损伤。

【造模方法】

(1) CJ-S_{131}抗原制备：用含0.3%甲醛的生理盐水，洗下琼脂板上培养24 h的CJ-S_{131}菌苔，用生理盐水悬浮，400 r/min，离心30 min，弃上清液，用生理盐水，在分光光度计540 nm波长下，将细菌悬液调OD值为1.25。

(2) 弗氏完全佐剂：羊毛脂10 g，液状石蜡40 mL，高压灭菌后，加入卡介苗(BCG) 10 mg/mL混匀。

(3) 免疫小鼠：取细菌悬液与等量弗氏完全佐剂混匀，完全乳化后，取50 μL给小鼠静脉注射，免疫后第15 d，取OD值1.25的细菌悬液0.2 mL，给小鼠静脉注射，加强免疫一次。小鼠致敏后4周，测血清抗体，空斑形成细胞(PFC)和淋巴细胞转化，同时取肝、肾、肠等组织的病理学检查。用ELISA方法测定小鼠血清中的抗dsDNA和抗ssDNA自身抗体。

【模型特点及应用】

免疫小鼠1个月，小鼠血清中抗dsDNA和ssDNA抗体水平明显升高；脾细胞的PFC值明显升高；在Con A刺激或无有丝分裂原作用的条件下，淋巴细胞的转化率明显升高。在肝脏有散在的炎性细胞浸润灶，浸润细胞以中性粒细胞和淋巴细胞为主，枯否氏细胞明显增生。在肾脏，肾小球系膜细胞明显增生，肾小管上皮细胞有浊肿样变性。在肠道可见大量的炎性细胞浸润，肠上皮细胞有明显的增生。该模型对澄清自身免疫反应的发病机制有重要意义。

五、巨噬细胞吞噬功能封闭动物模型

【造模机制】

巨噬细胞(MPS)的吞噬功能与循环免疫复合物在局部沉积成负相关。用热凝聚IgG(HAG)代替IC，给小鼠静脉注射，当HAG剂量达1 ng/g体重时，MPS吞噬HAG的能力达到饱和。

【造模方法】

(1) 碳悬液的制备：人丙种球蛋白和印度墨染法，应用时将其制备成1∶4稀释的碳悬液。

(2) HAG的制备：用凝胶层析法分离人IgG，制成浓度为40 mg/mL将其置于63 ℃水浴中作用25 min，取出后分装，－20 ℃保存备用。

(3) 小鼠碳廓清实验：取实验小鼠，使尾静脉充分扩张后，向尾静脉注射碳悬液0.01 mL/g体重。于注射后5、15、20 min分别自腿内静脉丛取血20 μL，加于2 mL 0.1% Na_2CO_3溶液中，充分摇匀，然后用分光光度计在675 nm波长处测定上述各样品的吸光度，计算碳廓清指数K。

(4) 不同剂量HAG对MPS吞噬功能的影响：取35只纯系小鼠，随机分成5组：第1组尾静脉注射生理盐水，第2、3、4、5组分别经尾静脉给予0.4、0.8、1.0、1.4 mg/g体重的HAG。注射30 min后，自各组小鼠尾静脉再注射0.01 mL/g体重的碳悬液。最后经5、10、15、20 min从眼内静脉丛取血20 mL检测吸光度，并计算碳廓清指数K。

【模型特点及应用】

HAG可抑制碳廓清作用，且随着HAG剂量的增加，碳廓清指数K逐渐减少。当HAG注射量达1 mg/g体重时，继续增加HAG的剂量，碳廓清指数K亦不再减小，同时肝脾的荧光强度也不再发生改变。即当HAG剂量达1 mg/g体重时，MPS吞噬HAG的能力达到饱和，因而再增加HAG的剂量，碳廓清指数不再减小。该模型能筛选出增强MPS处于饱和状态下吞噬功能的药物，有助于治疗免疫复合物性疾病。

六、免疫性脑脊髓炎动物模型

【造模机制】

中枢神经系统内的髓磷脂碱性蛋白是导致实验性变态反应性脑脊髓炎的主要抗原。用Deibler方法通过脱脂、抽滤、醇化及低温高速离心从羊脑中取出髓磷脂碱性蛋白(MBP)，用纯化的MBP致敏动物，即可造成家兔自身免疫性脑炎(EAE)模型。

【造模方法】

(1) 抗原制备：取弗氏完全佐剂20 mL，放入无菌乳钵内，抽取MBP 20 mL(含40 mg MBP)于注射器内，边研磨边滴加MBP液，最后研成乳白色胶状物，使每毫升内含MBP 1 mg。

(2) 致敏动物：将制备好的抗原乳剂注入家兔双足部位，每侧注入1.0 mL(含

MBP 1.0 mg)，每只家兔 MBP 用量为 2.0 mg。

【模型特点及应用】

模型动物表现为，少食消瘦、萎靡发烧、肢体瘫痪、尿便障碍、重则抽搐死亡，家兔发病率约为 80%。病理观察可见，脑脊髓表静脉充盈，脑回宽度和脑沟变窄。脑和脊髓弥漫性水肿。镜下可见，脑髓膜充血，脊髓各段小血管周围有大量单核、淋巴细胞浸润，形成典型的“血管套”。血管内膜增厚，管腔变小、炎细胞浸润，部分有神经胶质增生。Weils 髓鞘染色，脑内髓鞘断裂和崩解，严重的髓鞘脱失。该模型是神经系统疾病研究的一个十分有用的模型。

七、免疫性肝纤维化模型

【造模机制】

白蛋白和血清的大分子物质刺激大鼠产生相应抗体，进一步形成免疫复合物，后者可激活相应补体系统。长期持续的抗原刺激，形成的免疫复合物沉积到肝血管壁，通过Ⅲ型变态反应，可导致肝血管炎症等损伤。反复的炎症、变性、坏死、再生、纤维增生等变化最终发展成为肝纤维化。

【造模方法】

选用 130 g 左右的雄性 Wistar 大鼠。取猪血清 0.5 mL，腹腔注射 Wistar 大鼠，每周 2 次，共 8 次。注射后第 3 周大鼠肝脏出现较多的肝细胞变性、坏死，第 4 周增生的胶原纤维形成纤维束，呈侵袭性生长，从中央静脉到门管区之间相互伸延，发生肝纤维化。

【模型特点及应用】

(1) 肝纤维化出现早，出现率高达 86.7%。

(2) 不影响动物的正常发育、生长，对整体的损伤较轻。

(3) 肝纤维化组织中大量胶原增生。该模型对研究免疫复合物的形成，沉积和清除及对于防治免疫损伤性肝纤维化有效药物筛选具有重要意义。

八、实验性过敏反应性脑脊髓炎动物模型

【造模机制】

实验性过敏反应性脑脊髓炎(EAE)是应用髓鞘或脑匀浆免疫动物所产生的一种过敏反应性脑和脊髓受累的动物模型，属于迟发型变态反应性疾病。EAE 的免疫机制：许多实验资料证明，EAE 是由细胞介导的免疫反应，需要有 T 细胞的参与才能发病。若将幼年动物的胸腺切除，再用免疫原免疫动物，动物则不发生 EAE。若将 EAE 动物外周血的 CD_4+细胞输送给其他动物，动物同样可以发生 EAE。应用 EAE 免疫原——MBP 及 MBP 的多肽致敏的特异性 T 细胞免疫动物，动物同样可以产生 EAE 的临床表现。由此可见，EAE 的发生与特异性 T 细胞的致敏有关，由 T 细胞介导是其发病的主要机制。全脑匀浆或脑白质匀浆或应用 MBP 免疫产生的 EAE 均能在 EAE 动物模型的血清中测到抗 MBP 抗体。这种抗体的产生与疾病的严重性不成正比。用 EAE 动物血清免疫健康的动物亦不产生新的 EAE 模型。

【造模方法】

早期研究 EAE 时，多选用全脑组织匀浆或脊髓匀浆加完全弗氏佐剂免疫动物，产

生肢体瘫痪或昏迷的动物模型。免疫原采取从动物足底、皮下多点注射,必要时静脉注射加强。90%的动物在注射后7～14 d即出现肢体瘫痪。一般而言,多数动物在1个月左右自动康复或死亡。实验动物的表现为突然出现肢体无力,前肢为重,继之瘫痪,共济失调步态、震颤、抽搐和括约肌失禁。有1/3～1/2的动物进入昏迷,重者则死亡。实验动物的神经病理检查主要表现为急性血管炎症和血管周围髓鞘脱失,可见小动、静脉血管内外均有纤维蛋白及纤维蛋白原沉积;血管周围有大量单核细胞、淋巴细胞、浆细胞及巨噬细胞浸润;脑和脊髓白质中髓鞘脱失和炎性浸润尤为明显。

【模型特点及应用】

一般均认为EAE是人类急性脱髓鞘性脑脊髓炎的动物模型。从临床表现、病理改变和免疫机制方面看,EAE与人类急性脱髓鞘性脑脊髓炎十分相似。但它与多发性硬化有什么关系呢?目前认为两者之间有相似之处,但亦有不同之处。因为EAE是单相性免疫应答,而多发性硬化则为多相性的临床表现,故EAE不能完全代表多发性硬化的动物模型。

慢性过敏反应性脑脊髓炎(CREAE)则是脱髓鞘性脑脊髓炎的复发型,这种动物模型是River于1993年首先建立的。这种动物在急性发病后可自动缓解,并定期复发。Raine及Cohen等比较了慢性过敏反应性脑脊髓炎与多发性硬化的关系后认为,它们之间有许多相似之处,但两者不能视为同一动物模型。例如,动物模型的缓解和复发时期,从中枢神经系统有脱髓鞘斑块或斑块融合现象等从某种角度来看有很相似的地方,病理检查所见也与多发性硬化相似。然而,在下列诸多方面却有不相一致之处:① CREAE发病急,进展快,而多发性硬化则发病较慢;② CREAE的脊髓损伤较轻,且位于表面,脱髓鞘病灶较大;③ CREAE的致敏原目前已经明确,可由MBP免疫而产生,但多发性硬化的确切致敏感原至今仍不清楚;④ CREAE是一种迟发型变态反应性疾病,但多发性硬化的变态反应并不明显;前者是T细胞介导的,虽多数人认为后者也是由T细胞介导的,但是究竟由何种T细胞亚群介导仍不清楚,或许免疫调节失衡是其主要原因;⑤ 病毒与CREAE没有任何相关,亦不是抗原物质,但多发性硬化的发病常与病毒感染相关。因此,CREAE仍不能作为多发性硬化的理想动物模型。

九、诱发性免疫动物模型

【造模机制】

这类动物模型是通过感染因子、放射照射、外科手术、药物诱导、特异性细胞缺少以及遗传学方法处理等方式来改变动物的正常生物学机制而诱导形成的动物模型。在以往的实验免疫学中常采用放射照射及重建技术进行体内细胞免疫应答的研究,并且取得很大的成效。虽然动物实验的结果尚不能够完全视为人类疾病的内在影响,但两者之间确有许多有意义的相似之处,故诱导形成的动物模型仍可用于研究免疫系统在特殊疾病过程中的作用,起到“体内试管”的作用。

【造模方法及特点】

(1) 实验性感染:利用一些感染因子对易感动物进行实验感染,可造成某些类似人类中的疾病,并用于研究感染动物体内抗感染免疫应答。例如以猴免疫缺陷病毒(SIV)感染猕猴用以研究人类免疫缺陷病毒(HIV)所致的AIDS;用麻风分枝杆菌感染裸鼠或SICD小鼠用以研究麻风病的免疫应答；此外，也可用Theiler鼠脑炎病毒感染SJL/J小鼠，作为多发性硬化症的动物模型。

（2）放射照射：一般用约2.5 Gy亚致死剂量对动物进行放射照射。如用3～10 Gy剂量照射则可引起骨髓中干细胞的死亡，因而具有致死性。

（3）外科手术：可用淋巴结切除术、甲状腺切除术、胸腺切除术、脾脏切除术、脑垂体切除术、同种异体移植术、异体移植术、套管插入术等外科手术，分别造成不同的动物模型，供免疫学研究使用。

（4）药物或化学剂诱导：蛇毒因子是补体成分C3结构与功能上的类似物，因能诱发补体连续活化而发生脱敏作用，故经此因子处理的动物模型可用于补体对免疫应答影响的研究。左旋多巴能诱发小鼠的自身免疫性贫血。此外尚有多种免疫调节剂，如类固醇类、环孢素等亦可诱导相应的动物模型。

（5）特异性细胞缺失：应用单抗，能选择性地去除某种特异的细胞类型。以这种方法制成的动物模型已在有关细胞免疫应答的体内研究中广泛应用，并取得重大的研究成果。

（6）遗传学方法处理而获得的动物模型主要有以下几种：

① 嵌合体：所谓嵌合体是指两种不同个体细胞（供体和受体细胞）在不发生同种异体反应的状况下，在动物体内共存的一种动物模型。嵌合体动物在研究免疫耐受性现象时甚为有用。嵌合体的特性并不遗传。例如，hu-PBL-SCID小鼠，即是将人的外周血淋巴细胞（PBL）输入SCID小鼠而形成的一种嵌合体。

② 转基因动物：将异体DNA输入动物胚系中而形成的动物模型为转基因动物。由此种输入DNA所决定的特性是可以遗传的。可采用显微注射法或用病毒载体将异体DNA输入动物胚系。输入动物体内的转基因通过其所编码的基因产物蛋白来改变动物的某种特性。转基因动物多用小鼠制成，也有牛、羊、猪的转基因动物。转基因动物均有其特殊的命名，例如C57BL/6J-TgN(XX)Y，其中Tg为转基因，N为非同源性插入，XX为插入标示，Y为实验编码；GenPharmTSGp53则是一种商业供应的转基因小鼠，带有人类肿瘤抑制基因 *p53* 。转基因小鼠在现代免疫学研究中的应用极为广泛，涉及细胞免疫学和分子免疫学研究中多种领域，并已取得了巨大的成果。

③ 基因敲除动物：将动物体内控制DNA特异功能的部分基因物质去除或使之灭活失效而形成的动物模型，称为基因敲除动物。由于这种特异DNA的缺失就可研究此种基因缺失所造成的各种影响，用以阐明此种基因所决定特性的发生机制，如关于灭活IFN-γ基因的研究。基因敲除动物与转基因动物一样，在现代免疫学实验研究中的应用也很广泛。

④ 同类系动物：同类系动物是通过同系近亲交配方式（近交）将某一异种遗传物质导入纯系动物而形成的一种动物模型。经过多次（一般在10次以上）返交后子代动物即获得同类系亲代所导入的基因，并能稳定地在子代动物中表达。子代动物除了所导入的基因以及在返交过程中联同导入的有关基因物质外，其他则与亲代相同。这种联同导入的有关基因物质则可因返交数目的增加而逐步减少。

（7）缺陷细胞或组织的重建：将同基因骨髓或胚胎肝脏细胞输入未经放射照射的

SCID小鼠能重建免疫缺陷动物的初级及次级淋巴样组织。新生期胸腺或同类系动物T细胞注射至裸鼠体内后，则能恢复原先降低或缺如的T细胞功能。

必须指出，多数小鼠动物模型均由常用的近交品系动物建立，如A、AKR、BALB/c、CBA、C3H、C57BL、DBA、SJL或其同类系动物，它们均属于小家鼠属，并且是通过各种不同的繁殖培育方式而获得。在大鼠和豚鼠中也发现有相似的突变株，如*nu*基因。但其应用远不及小鼠广泛。应用动物模型进行免疫学实验研究，对其结果的判断必须采取慎重的态度，不能仅根据动物模型中的结果，而对人类中的情况加以诊断，因为两者之间确有不相同之处。

第七节　比较免疫学研究中常用动物实验技术

一、实验动物免疫组织、器官的摘除技术

（一）胸腺摘除技术

【实验动物】

常选用成年小鼠，也可选用幼龄小鼠和新生鼠(昆明种或C57BL)。

【实验器材及药品】

固定板、常用小动物手术器械、解剖显微镜、电动吸引器、玻璃导管、吸引烧瓶、真空泵、5号丝线、戊基巴比妥钠、甘油、70%乙醇。

【手术操作】

(1) 成年鼠：① 麻醉用戊基巴比妥钠40 mg/kg腹腔注射，固定于手术台上，应让鼠头部转向术者，用75%乙醇消毒皮肤术区。② 在颈中线纵切至上胸，去除皮下筋膜、下颌下腺、脂肪组织，显出胸骨甲状肌和胸乳突肌，显示腹侧气管。③ 用虹膜钳单齿臂分开当中的胸骨甲状肌，用牵引器将两肌推向旁侧，暴露气管，手术台前缘侧斜30度以察看中隔。④ 借助解剖显微镜观察，用弯细分离钳提起胸骨，则见胸腺上叶。⑤ 用弯角吸引器玻璃导管，内径6 mm，伸至中隔2 mm，导管连接吸引烧瓶和真空泵(98.6 kPa，740 mmHg) 并将吸引器调至0.667 kPa(5 mmHg)，可用手指遮盖抽气口。⑥ 滴一滴消毒甘油于中隔有助于吸取。吸管逐步深入中隔至全叶吸掉后，其余各叶也同样吸去。⑦ 去除牵引器，肌复位，用5号丝线缝合。⑧ 术后鼠放温暖笼内，麻醉复苏。

(2) 新生鼠：① 新生小鼠先放普通冰盒或−20 ℃冰箱中5～10 min冷冻麻醉，以冻至皮肤变苍白、呼吸停止、用镊子夹其腿或尾巴无反应时为宜。② 用牛皮筋将小鼠固定在小手术台上，术者手指、器械和小鼠皮肤用75%乙醇消毒，然后在手术放大镜下操作。③ 于胸骨正中线部位纵行切开皮肤长约5 mm，用眼科镊分离皮下组织和胸骨后软组织，再用眼科剪从颈部向下沿正中线纵行剪开胸骨至第二肋间，注意用剪刀尖端并应紧贴胸骨壁且不能偏离正中线，否则易出血致死。④ 暴露胸腺后轻轻分离每叶胸腺，使之一端尽可能游离，然后用玻璃吸管(尖端内径0.8～1.6 mm，另一端接有橡胶管和输液滴管)利用负压吸引分别将两叶胸腺尽可能完整地吸出。⑤ 胸腺取出后立即

用丝线将切口处皮肤缝合，放台灯下烘暖复苏，待小鼠活动恢复正常后，即可放回母鼠窝内。

【注意事项】

(1) 术中要避免气胸和出血的发生。

(2) 该手术约1%胸腺未能全取出，手术失败率约为10%。成年鼠胸腺切除可以研究免疫系统反应。

(3) 吸胸腺时要注意选择吸管尖端内径稍小于一侧胸腺，将胸腺一端吸入吸管后，可轻轻摇动，边吸边拉地吸出胸腺。胸腺是否完全吸出可通过观察吸管内胸腺是否完整及胸腺部位有无残留来判定。

(二) 淋巴结摘取技术

【实验动物】

一般选用成年小鼠或大鼠，其年龄和体重可根据实验要求来选择。

【实验器材及药品】

鼠解剖台、四肢固定钉、尖圆手术剪、眼科尖头小剪、弯圆无钩眼科小镊、1 mL注射器及5号针头、玻璃探针、生理盐水、棉球。

【手术操作】

鼠淋巴结的摘出，在技术上非常容易，关键在于要正确了解淋巴结的位置。用无钩眼科镊轻轻夹住需摘除的淋巴结周围组织，玻璃探针细心剥离，暴露淋巴结后即可摘除。如摘除淋巴结后需观察动物变化，则需增加消毒和无菌操作基本器材，并在无菌操作下摘除淋巴结，术后缝合肌层和皮肤。

【注意事项】

术者必须了解和掌握鼠淋巴结的分布特点及正常位置(图11-7-1)。

(1) 小鼠主要淋巴结分布、解剖位置特点：小鼠淋巴系统特别发达，外来刺激可使淋巴系统增生。因此易患淋巴系统疾病。小鼠全身主要淋巴结有：颌下前淋巴结、颌下中淋巴结、颈上深淋巴结、盲淋巴结、腰动脉淋巴结、腰淋巴结、腹股沟浅淋巴结、腹股沟深淋巴结、髂外淋巴结、髂内淋巴结等。小鼠淋巴结在皮下的结缔组织和肌肉之间，以体轴的左右两侧对称分布，附着于内脏并沿体轴分布。

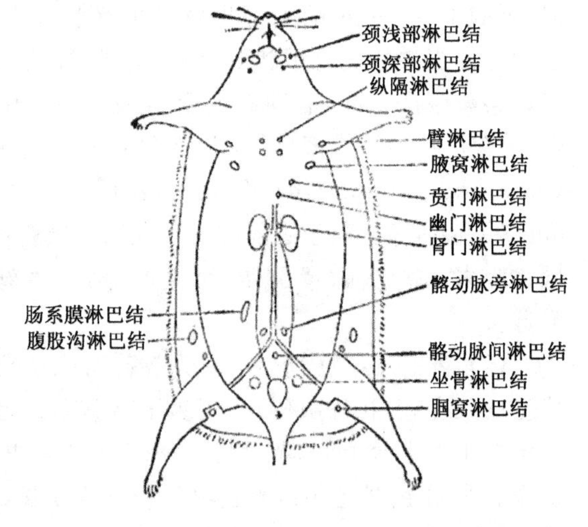

图11-7-1 小鼠体内主要淋巴结分布示意图

(2) 小鼠淋巴结数目：多数部位淋巴结只见一个淋巴结，但在颈浅部、胸内部、胃部、胰部以及肠系膜部可见2～3个淋巴结，偶或多至4个，其中以胸内淋巴结数目变化的情况较多。不同部位所得淋巴结的概率不同，例如获取颈深部、尾部或坐骨部的淋巴结可能失败，要求比较纯熟的解剖技术和细心的操作，而寻找颈浅部、腋窝部或肠系膜部的淋巴结易于成功，获得淋巴结的概率可达 100%。

(3) 小鼠淋巴结的长径：绝大多数淋巴结的长径为 2～3.5 mm，最大者为肠系膜淋巴结，其长径都在 10 mm 以上，最小者为颈深部、坐骨部和尾部淋巴结，其长径皆等于或小于 1 mm，一般正常淋巴结，其长径不超过 4 mm。鼠各部位淋巴结特点分述如下：

① 颈部淋巴结：颈浅部淋巴结位于左右颌下腺浅表和外侧，常为脂肪组织所包绕，卵圆形。颈深部淋巴结位于左右胸乳突肌和锁乳突肌腹侧深部，舌骨下方肌肉群之外侧，颈神经丛的浅表部(即颌下腹背深处)，略近扁球形。摘除时，如急性实验可将股动脉、颈动脉切断放血，避免手术时出血看不清淋巴结。让小鼠仰卧固定，用剪刀从胸骨起沿正中线一直到颌下将皮肤剪开，再从颌下向左右耳根的方向切开皮肤，用镊子夹着皮肤向左右掀开并用针固定，即可见到胸骨上方的一对大的颌下腺在左右颌下腺各自的上缘，附着有黄色的颈前部淋巴结。剪断胸锁乳突肌肌腹，并掀起两断端，可见在颌下腺背侧深部左、右各有一个小的颈深部淋巴结，用镊子和眼科小剪，仔细将淋巴结摘出，如附有脂肪组织时，用小剪仔细剪掉。将摘出的淋巴结放入盛有少量培养液或生理盐水的烧杯中。

② 腋窝淋巴结：位于左右腋窝脂肪组织内。呈梨形，沿胸骨剪断胸部肌肉，掀向外上方，剥开腋窝脂肪组织，可以寻得一对体积较大的淋巴结。

③ 臂淋巴结：浅层皮下结缔组织之中，紧贴左右侧肱二头肌肌腹，呈卵圆形，可由腋窝部向外沿肩胛下肌寻找。

④ 胸腺淋巴结：这个部位的淋巴结近圆形，其数目和部位分布的变化较大，一般可以在下述几处观察到淋巴结：胸腺背侧偏外方的脂肪组织，气管以及气管分支处的后方。摘取时，用镊子将胸骨剪断，将胸腔左右打开，即露出位于心脏上方的左右胸腺，左右两叶胸腺的里侧，支气管分支部相对应处，附着有 3、4 个胸腺淋巴，因为颜色与白色的胸腺相似，摘出时需加注意。

⑤ 腹股沟部淋巴结：近乎肾形，浅居左右臀肌深部的一个陷窝之中，其头端是坐骨神经的发出部，应从最前端剪断腰背部肌肉群，剥开其浅层，逐渐向尾端掀起，可以找到这对淋巴结，其他解剖方法同上。由于这一对淋巴结体积甚小，若不慎搅乱了它们的局部关系，就很难重新找到。

⑥ 肾部淋巴结：为紧贴的近乎扁球形的一对，中间有腹腔血管穿过，位居左右肾脏内侧缘和腹主动脉之间，近肾上腺之尾侧端，把肾脏向内侧翻起，剥开脂肪组织，即可不破损腹内大血管又剖得肾门部淋巴结。摘取时，左淋巴结附着在肾动脉、肾静脉的腹侧可以很容易摘出；而右淋巴结位于肾动、静脉的背侧，看不见，难以摘出，因此，可把右肾向左肾方向翻，就可看到右淋巴结附在腹主动脉附近，可以很容易地摘出。

⑦ 肠系膜淋巴结：这是小鼠全身各部位淋巴结中最大、最易于寻找的一个，形如蚯蚓，延伸于肠系膜的脂肪组织之中。先寻得盲肠，沿肠系膜上溯，剪开肠系膜组织，能够最快地取下这一淋巴结。

⑧ 腰部淋巴结：分居腹主动脉的两侧，附着在其分叉部的上方，左侧腰部淋巴结的位置比较靠近尾端，皆为卵圆形，解剖时，当剪断并掀起时较易于寻得它们。与此同

时，也暴露了腰部淋巴结。

⑨ 尾部淋巴结：近球形，位居腹主动脉分支处，比较偏靠右侧，体积甚小，要细心寻找。

⑩ 胃后淋巴结：其位置可有一些变化，大多数可以在胃小弯部寻得一个极小的淋巴结，或于贲门部或食管下端部寻得一或两个淋巴结。

⑪ 腘窝部淋巴结：近球形，位于左右腘窝浅表的皮下脂肪组织中，不难找到，但不能从局部剪开皮肤，否则解剖关系搅乱，不易找到。

(4) 大鼠主要淋巴结分布及解剖位置特点：大鼠淋巴结的解剖分布见图 11-7-2。

① 下颌淋巴结：位于颌下腺前外侧，有2～3 个，通常在其后面尚有 1～2 个较小的淋巴结。该淋巴结的输入管主要来自舌、口腔黏膜、外耳、唾液腺、头前部皮肤。其输出管进入颈浅或颈深淋巴结。

② 颈浅淋巴结：位于颈外静脉分叉处或其后面，并连在颈部腹侧肌肉上，有 1～2个。有时在耳基部尚有一些小淋巴结，被埋在腮腺内。该淋巴结的输入管主要来自下颌淋巴结、耳、腮腺、头部皮肤、枕区、颈部。其输出管进入颈深淋巴结。

③ 颈深淋巴结：包括颈前和颈后淋巴结，分别位于气管开始处和气管中部的外侧，它们被胸骨甲状肌所隔开。这两个淋巴结有时融合在一起。该淋巴结的输入管主要来自口腔底、咬肌部、舌、咽、甲状腺、食管开始处、下颌淋巴结和颈浅淋巴结。其输出管进入颈淋巴干。

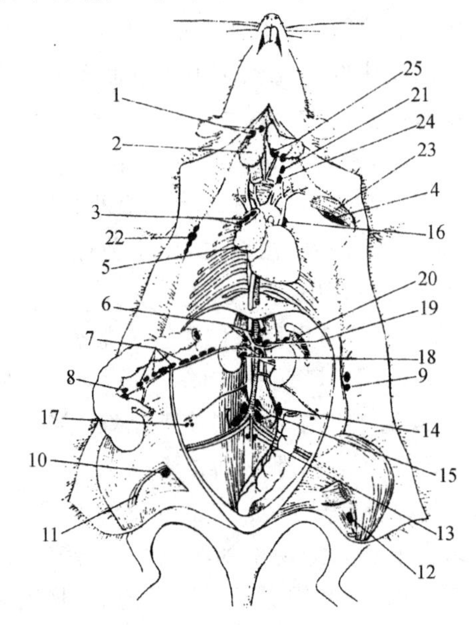

1. 颈浅淋巴结；2. 颌下腺；3. 胸腺旁淋巴结；4. 腋窝淋巴结；5. 胸腺；6. 肝门淋巴结；7. 肠系膜上淋巴结；8. 盲肠淋巴结；9. 腰外淋巴结；10. 臀淋巴结；11. 坐骨神经；12. 腘窝淋巴结；13. 尾淋巴结；14. 髂淋巴结；15. 肠系膜下淋巴结；16. 主动脉旁淋巴结；17. 腹股沟淋巴结；18. 肾淋巴结；19. 胃后淋巴结；20. 脾淋巴结；21. 纵隔后淋巴结；22. 臂淋巴结；23. 三头肌；24. 颈后淋巴结；25. 颈下淋巴结

图 11-7-2 大鼠淋巴结的解剖分布

④ 腋淋巴结：包括腋固有淋巴结，少数的腋附属淋巴结和一个不固定的肘淋巴结。腋固有淋巴结有 2～4 个，排成一直线，位于腋动脉和背阔肌腹缘之间，并被躯干皮肌覆盖。腋附属淋巴结有 2～4 个，也排成一直线，位于肱三头肌长头的后缘和躯干皮肌之间的脂肪组织内。一个小的肘淋巴结紧靠肱骨内上髁，在二头肌腹股沟浅淋巴结。其输出管进入锁骨下淋巴干。

⑤ 胸背淋巴结：是由若干个不固定的胸主动脉淋巴结组成，它们位于胸主动脉左右侧和胸椎椎体腹面的一窄条褐色脂肪组织内。该淋巴结的输入管主要来自胸区和横膈。其输出管进入脊椎侧干。

⑥ 胸前淋巴结：位置不固定，通常在胸骨柄的外侧，一般是一个，较小。该淋巴结的输入管主要来自膈、镰状韧带、腹壁两侧、乳腺和腹腔。其输出管进入纵隔前淋巴结。

⑦ 纵隔淋巴结：共有二组：腹侧组的小淋巴结，位于胸导管腹面。背侧组有 2～4

个较大的淋巴结,位于主动脉弓的前方和前腔静脉外侧,连到胸腺上。腹侧组的输入管主要来自颈腹侧皮肤、乳腺、心胸腺、胸前淋巴结。背侧组的输入管主要来自肺、心、心包、胸壁背侧、横膈、腹壁外侧和肝的前部。其输出管左侧进入胸导管,右侧进入右淋巴导管。

⑧ 支气管淋巴结:有 1～2 个,位于气管末端分为支气管之前外侧,另有数个较小的淋巴结埋在支气管和心脏的大血管之间的脂肪组织内。它们的输入管主要来自肺,输出管进入纵隔淋巴结。

⑨ 腰淋巴结:包括若干个小的腹主动脉淋巴结,位于腹主动脉两侧,和成对的肾淋巴结,位于肾静脉前方靠近肾门处。该组淋巴结的输入管主要来自腹壁两侧、腰部、腹腔、荐髂淋巴结、肾脏、睾丸或卵巢子宫大部。其输出管进入腰淋巴干。

⑩ 腹腔淋巴结:位于腹腔起点处前面。它包括若干个胃-十二指肠-胰淋巴结,以及位于乳糜池后面和外侧面的乳糜池淋巴结。该组淋巴结的输入管主要来自胃、食管末端、十二指肠、胰、脾、大网膜、腹膜和横膈膜的背部。其输出管进入小肠干或乳糜池。

⑪ 肠系膜前淋巴结:包括空肠淋巴结、盲肠淋巴结和结肠淋巴结。空肠淋巴结位于其韦点处扬系膜上,可多达 8 个,但通常有几个融合在一起。盲肠淋巴结位于回肠入口处的盲肠壁上,有 2～3 个。结肠淋巴结位于横结肠处,约 2 个。以上各组淋巴结的输入管主要来自十二指肠远部、空肠远部、空肠、回肠、盲肠、升结肠和横结肠。其输出管进入小肠干。

⑫ 肠系膜后淋巴结:位于降结肠的肠系膜上,有 1～2 个。它的输入管主要来自降结肠和直肠,输出管进入小肠干。

⑬ 荐髂淋巴结:包括一组位于腹主动脉末端两侧的髂内淋巴结,和一个位置不固定的位于腰方肌内侧缘的髂外淋巴结,另有 2～3 个位于两条髂总动脉起始部之间的腹下荐淋巴结。以上各组淋巴结的输入管主要来自后肢、腹壁、尾、骨盆腔、生殖器官、直肠、肛门、髂腰部、腘窝淋巴结、坐骨淋巴结和腹股沟浅淋巴结。其输出管进入腰淋巴干。

⑭ 坐骨淋巴结:位于坐骨神经上方,坐骨在切迹外侧,通常是 1 个,位置有变异。该淋巴结的输入管主要来自尾、荐部、生殖区、副性腺、阴茎,其输出管进入荐髂淋巴结。

⑮ 腘淋巴结:位于腓肠肌外侧头的腘窝内,通常 1 个,该淋巴结的输入管主要来自后肢及膝关节。输出管进入股淋巴干。

⑯ 腹股沟淋巴结:位于阔筋膜张肌外侧,紧贴皮肤下,以至剥皮时,常与皮肤一起剥掉。通常排成一列,有 1～3 个。该淋巴结的输入管主要来自大腿皮肤、腹壁外侧、生殖部和尾基部。其输出管进入髂内淋巴结和腋淋巴结。

二、实验动物免疫原、抗体的制备技术

(一) 实验动物免疫原制备

免疫原的制备原则是尽可能地达到高纯化,除去免疫原制剂中的其他物质。根据免疫原制剂种类的来源不同,可采用不同的纯化方法。

(1) 组织抗原:组织抗原主要为各种组织中的蛋白质或蛋白质与糖、脂、核酸形成的复合物,种类很多,如正常机体组织成分、酶、激素、肿瘤组织等。这些抗原的纯化较

困难,需较复杂的分离纯化技术。可选用分子筛、离子交换层析、制备性电泳技术进行分离纯化。

(2) 微生物抗原:根据微生物种类,如细菌、病毒、立克次氏体等,以及培养条件,包括培养基、感染动物、组织培养等,可选用超速离心、密度梯度离心、亲和层析等方法分离纯化。

(3) 免疫球蛋白抗原:免疫组化技术中,免疫球蛋白常作为抗原。用纯化的免疫球蛋白免疫动物,制备抗体即通常称的抗抗体,用于间接示踪技术。纯化免疫球蛋白的方法很多,通常用中性盐(硫酸铵或硫酸钠)盐析法、凝胶过滤法、离子交换纤维素层析法、制备性电泳法分离纯化。

(4) 载体抗原:多肽和多糖等半抗原分子量较小,缺乏免疫原性,制备抗这些半抗原的免疫血清时,必须以蛋白质为载体,先与蛋白结合成为载体抗原,方有完全抗原的性质。载体抗原的制备原则如下:

① 载体蛋白:载体蛋白本身具备免疫原性,免疫动物能产生抗体;而且对与其相结合的抗原不应有任何影响。常用的载体蛋白有:牛血清白蛋白、鸡卵蛋白、血蓝蛋白(haemocyanin)等。此外,细菌的鞭毛蛋白(flagellin)和破伤风类毒素(tetanus toxoid)等亦是良好的载体蛋白。

载体蛋白与半抗原结合是借助于双功能试剂的偶联作用。偶联时要根据各种载体蛋白的要求,选择适当的缓冲液、pH 值、离子强度等。现将最常用的三种载体蛋白的氨基酸成分、分子量及等电点列于表 11-7-1,供参考。

表 11-7-1 3 种载体蛋白的氨基酸组成、分子量和等电点

项 目	牛血清白蛋白	白蛋白	血蓝蛋白
(1) 氨基酸(个)			
赖氨酸	56	20	20
组氨酸	17	7	28
精氨酸	22	15	20
天冬氨酸	53	32	52
谷氨酸	75	52	49
苏氨酸	32	15	22
丝氨酸	26	38	21
脯氨酸	28	15	22
甘氨酸	16	19	27
丙氨酸	46	53	29
缬氨酸	35	32	25
蛋氨酸	4	15	19
异亮氨酸	13	27	18
亮氨酸	61	31	38
酪氨酸	19	10	17
苯丙氨酸	26	19	27
色氨酸	2	3	7

续表

项　　目	牛血清白蛋白	白蛋白	血蓝蛋白
半胱氨酸	1	4	—
L-半胱氨酸	34	2	6
总计	566	387	438
(2) 分子量(4D)	65	45	300～9 000
(3) 等电点(pH 值)	4.7	4.6	4.6

② 偶联剂：半抗原必须借助于偶联剂的偶联作用才能与载体蛋白结合。偶联剂是一种具有两种相同的反应基团的双功能试剂。常用的偶联剂有戊二醛、碳二酰亚胺(carbodiimide)、二异氰酸盐(diisocyanate)等。现将蛋白质载体和多肽同偶联剂结合的功能基团列于表 11-7-2 以供参考。

表 11-7-2　蛋白质和多肽与偶联剂相结合的功能基因

多肽上的功能基团	偶联剂	蛋白质上的功能基团
$—NH_2$	戊二醛 碳化二亚胺 二亚胺脂 二戊氰酸酯 heo-C_{12}-triagine aryl haides	$—NH_2$(—SH) —COOH $—NH_2$ $—NH_2$(—OH) —OH、—SH、$—NH_2$ $—NH_2$、—OH、—SH
—COOH	carbodimides	$—NH_2$(—OH)
—SH	heo-Cl_2-triagine Alky halides iodoacetic acid+ carbodiimide	—OH、—SH、$—NH_2$ —SH($—NH_2$、His) $—NH_2$
—ON(Iyr)	heo-Cl_2-rtiagine aryl halides	—OH、—SH、$—NH_2$ $—NH_2$、—OH、—SH
Aromatic (Tyr、His)	bis-diagonium compounds	aromatil (Tyr、His)LYS

(二) 实验动物抗血清的制备技术

制备高特异性和高效价的抗血清必须具备进行免疫的条件，有了质量好的抗原，还必须选择适当的免疫途径，才能产生质量好的抗体。

1. 抗原

抗原性能良好，抗原物质丰富，纯度高；使用剂量适当，太少不能有效地刺激机体产生抗体；过多反而抑制抗体的产生。

2. 实验动物

要根据抗原种类而选择种属动物，可以用兔、羊、猪、马、豚鼠、鸡、大鼠、小鼠等。与免疫原种属的亲缘关系愈远愈好。动物种类的选择主要根据抗原的生物学特性和所要获得的抗血清数量，如一般制备抗 γ-免疫球蛋白抗血清，多用家兔和山羊，因动物反应良好，而且能提供足够数量饲养，以消除动物的个体差异以及在免疫过程中死亡的影响。若用兔，最好用纯种新西兰兔，一组 3 只，兔的大小以 2～3 kg 为宜。选择成年、健康、雄性较好。雌性需非妊娠动物。体重合乎一定要求，如家兔应在 2～3 kg 以上。同一种抗原应同时免疫 3～5 只动物，以便选出高效价者。免疫过程中应特别注意动物的营养、卫生。对于注射抗原 1 个月后仍无良好抗体反应或在规定注射日程后，效价不高的动物，可再注射 1～2 次，仍不产生高效价抗体者应弃去。免疫动物应在注射抗原前测定，应和免疫原无相关的嗜异性抗体或类属抗体，如羊抗兔 IgG 抗体与人 IgG 有交叉免疫反应。

3. 免疫途径

免疫途径有多种多样，如静脉内、腹腔内注射、肌肉内注射、皮内注射、皮下注射、淋巴结内注射等，一般常用皮下或背部多点皮内注射，点注射 0.1 mL 左右。途径的选择决定于抗原的生物学特性和理化特性，如激素、酶、毒素等生物学活性抗原，一般不宜采用静脉注射。

4. 佐剂

由于不同个体对同一抗原的反应性不同，而且不同抗原产生免疫反应的能力也有强有弱，因此常常在注射抗原的同时，加入能增强抗原的抗原性的物质，以刺激机体产生较强的免疫反应，这种物质称为免疫佐剂。

免疫佐剂除了延长抗原在体内的存留时间、增加抗原刺激作用外，更主要的是，能刺激网状内皮系统，使参与免疫反应的免疫活性细胞增多，促进 T 细胞与 B 细胞的相互作用，从而增强机体对抗原的细胞免疫和抗体的产生。

常用的佐剂是弗氏佐剂(Freund adjuvant)，其成分通常是羊毛脂 1 份、液状石蜡 5 份、羊毛脂与液状石蜡的比例，视需要可调整为 1:(2～9)(V/V)，这是不完全弗氏佐剂，在每毫升不完全佐剂中加入 1～2 mg 卡介苗就成为完全弗氏佐剂。

配制方法：按比例将羊毛脂与液状石蜡置容器内，用超声波使之混匀，高压灭菌，置于 4 ℃下保存备用。免疫前取等容积完全或不完全佐剂与免疫原溶液混合，用振荡器混匀成乳状，也可以在免疫前取需要量佐剂置乳钵中研磨，均匀后再边磨边滴加入等容积抗原液(其中加卡介苗 3～4 mg/mL 或不加)，加完后再继续研磨成乳剂，滴于冰水上 5～10 min 内完全不扩散为止。为避免损失抗原，亦可用一注射器装抗原液，另一注射器装佐剂，两者以聚乙烯塑料管连接，然后两者来回反复抽吸，约数十分钟后即能完全乳化。检查合格后即以其中一注射器做注射用。

5. 免疫方法

以家兔为例，抗原剂量首次为 300～500 μg，加强免疫的剂量约为首次剂量的 1/4 左右。每 2～3 周加强免疫 1 次。加强免疫时用不完全佐剂，首次免疫时皮下注射百日咳疫苗 0.5 mL，加强免疫时不必注射百日咳疫苗。

在第 1 次或第 2 次免疫后，从耳缘静脉取血 2～3 mL，制备血清，检测抗体效价。如未达到预期效价，需再进行加强免疫，直到满意时为止。当抗体效价达到预期水平时，即可放血制备抗血清。

6. 抗血清的采集与保存

家兔是最常用来生产抗体的动物，因此这里主要介绍兔血的收集。羊等较大动物以颈静脉、动脉取血，鼠等小动物取血可参阅有关资料。取兔血有几种方法：一是耳缘静脉或耳动脉放血，一是颈动脉放血，也可心脏采血。耳动脉或静脉放血时，将兔放入一个特制的木匣或笼内，耳露于箱(笼)外，也可由另一人捉住兔身。剪去耳缘的毛，用少许二甲苯涂抹耳廓，30 s后，耳血管扩张、充血。用手轻拉耳尖，以单面剃须刀或尖的手术刀片，快速切开动脉或静脉，血液即流出，每次可收集 30～40 mL。然后用棉球压迫止血，凝血后洗去二甲苯。2 周后，可在另一耳放血。此法反复多次放血。颈动脉放血时，将兔仰卧，固定于兔台，剪去颈部的毛，切开皮肤，暴露动脉，插管，放血。放血过程中要严格按无菌要求进行。

收集的血液置于室温下 1 h 左右，凝固后，待其自然析出血清或置 4 ℃下过夜(切勿冰冻)析出血清。将收集的血清离心，4 000 r/min，10 min，分装(每管 0.05～0.2 mL)，贮于－40 ℃以下冰箱，或冻干后贮存于 4 ℃冰箱保存。

7. 抗血清质量的评价

在免疫期间，不仅不同动物间，而且同一动物在不同的时间内抗血清效价、特异性、亲和力等都可能发生变化，因而必须经常地采血测试。只有在对抗血清的效价、特异性、亲和力等方面作彻底的评价后，才可使用所取得抗血清。

8. 免疫失败的可能原因及应采取的措施

有时不能获得满意的抗血清，可从下列几方面找原因，并改进之。

(1) 免疫动物的种属及品系是否合适，可考虑改变动物的种属或品系，或扩大免疫动物的数量。

(2) 抗原质量是否良好，可改用其他厂家的产品或改用同一厂家的其他批号，也可考虑改变抗原分子的部分结构，或改进提取方法。

(3) 制备的免疫原是否符合要求，可从偶联剂，载体、抗原或载体的比例、反应时间等多方面去考虑，并加以改进。

(4) 所用佐剂是否合适，乳化是否完全，可改用其他佐剂，或加强乳化。

(5) 免疫的方法、剂量，加强免疫的间隔时间和次数，免疫的途径是否合适。

(6) 动物的饲养是否得当，如营养(饲料、饮水)、环境卫生(通风、采光、温度)是否符合要求，动物的健康情况是否良好等。

三、实验动物其他常用的免疫方法

(一) 补体的制备

补体一般采用豚鼠的血清，选用正常健康的豚鼠血清为补体。考虑到动物含各种补体组分有个体差异，故一般取 3～4 只以上健康豚鼠混合使用。取血前一天下午起禁食，次日空腹抽血，取血后立即放入 4 ℃冰箱，在 2～3 h 内分离血清，以免补体活力下降。补体可保存于低温冰冻状态，为避免反复冻融影响活力，一般冰冻时采用小量分装，一次化一分装管应用。如取冰冻干燥后封固于安瓿保存于低温，可在较长时间内保持补体滴度下降不多。

补体的滴定：① 取 0.1 mL 补体加 5.9 mL 钙镁盐水，配成 1∶60 稀释的补体。② 取试管 18 个，每排 6 个，于每管内加不同量的补体。③ 第一排试管中各加入 0.1 mL的病毒抗原；第二排试管中各加入 0.1 mL 的正常抗原。④ 于每一管中用钙镁盐水补充至总量达0.4 mL。⑤ 摇匀后放37 ℃水浴箱30 min。⑥ 于每管中加已敏感化的羊红细胞悬液0.2 mL(系由每0.1 mL含两个单位的溶血素与等量1%羊血细胞混合,在室温下放置15～30 min)。⑦ 再放入37 ℃水浴箱30 min后可读取结果。⑧ 计算:能使红细胞全溶的最少补体量即为一个单位,正式实验取用每0.2 mL中含两个补体单位,即将补体用钙镁盐水或10%蛋清盐水作1∶50稀释,则每0.2 mL中即含两个单位的补体量。故可计算如下:0.24∶60=0.2∶X,X=0.2 60/0.24=50。

(二) 绵羊红细胞悬液的制备

选择健康绵羊,颈静脉穿刺采血,加2/3容量的Alsever's液用前取少量红细胞悬液加5～10倍生理盐水,充分摇匀后,2 500 r/min离心15 min沉淀,弃去上清,取沉淀的红胞。同法反复洗三次,最后3 000 r/min离心20 min沉淀,按红细胞容量加生理盐水配成1%羊红细胞悬液。

(三) 溶血素(兔抗绵羊红细胞的血清)的制备

溶血素制备的方法很多,现介绍较常用的一种。将洗涤的50%羊红细胞悬液,注射于家兔耳静脉,每日1次,每次5 mL,连续5次,最后一次注射后7 d试血。

溶血素滴定:将溶血素用钙镁盐水稀释成1∶1 000,1∶2 000,1∶3 000,1∶4 000,1∶5 000,1∶12 000,1∶8 000,1∶10 000,1∶12 000,每管加0.1 mL。再先后于每管内准确加入钙镁盐水0.2 mL、1%羊红细胞0.1 mL,充分摇匀后放37 ℃水浴半小时,即可观察结果。等红细胞全部溶解,溶血素最稀的一管(即1∶12 000)中溶血素的含量定为1个单位。一般补体结合试验中用两个单位溶血素量(即0.1 mL 1∶6 000稀释的溶血素)。稀释溶血素为准确起见,一般是从1∶10起连续稀释,不宜一步操作配成1∶1 000的稀释液。滴定时加量要准确,最好是每加一稀释度换用1支干净的吸管,加量时要避免被试管壁吸附,宜加于试管底部。对制备溶血素的家兔试血时,达到1∶4 000以上的滴度即可采用,如滴度较低应继续增加免疫次数,再免疫时动物可能发生过敏性休克而死亡,如有先驱症状,可立即注射肾上腺素解救。

溶血素的保存:将兔抗羊红细胞的抗血清,经加热灭活,加等量无菌中性甘油(化学纯)均匀混合,分装于小瓶内加橡皮塞盖紧,于4 ℃下能保存2～3年,滴度一般没有明显的改变。

(叶文学)

第十二章　人类消化系统疾病的比较医学

第一节　人类和实验动物消化系统比较解剖学

一、人和各种实验动物消化系统一般比较

实验动物与人在食性上存有一定的差异，尤其是部分实验动物如豚鼠、兔等为草食性，相应的它们的消化管、消化腺等在形态、功能等方面与人略有不同。不同实验动物以及人消化道及其腺体的形态如图 12-1-1～12-1-5。

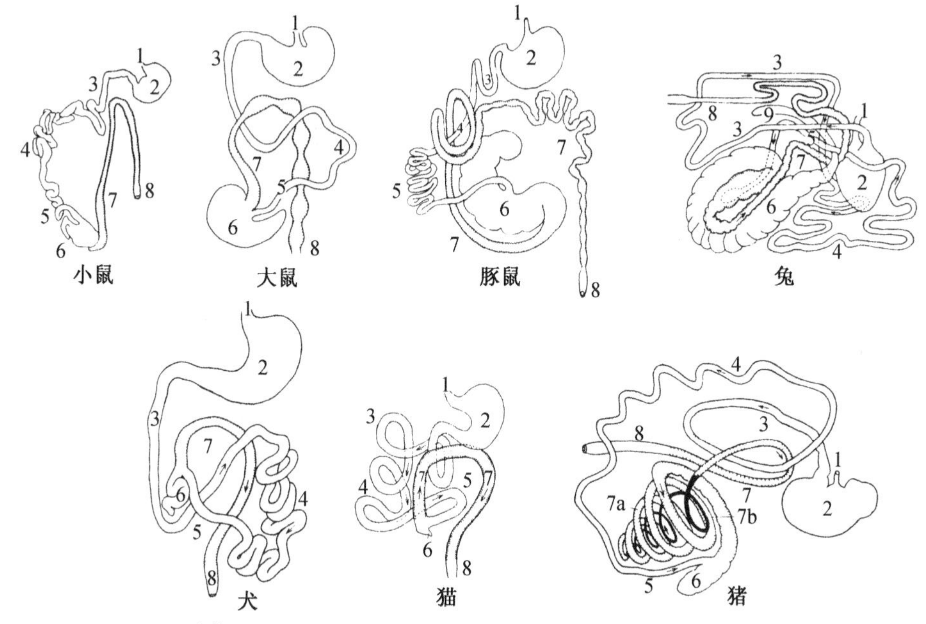

1. 食管；2. 胃；3. 十二指肠；4. 空肠；5. 回肠；6. 盲肠；7. 结肠；7a. 结肠近心回；7b. 结肠远心回；8. 直肠；9. 蚓突

图 12-1-1　各种动物的消化管

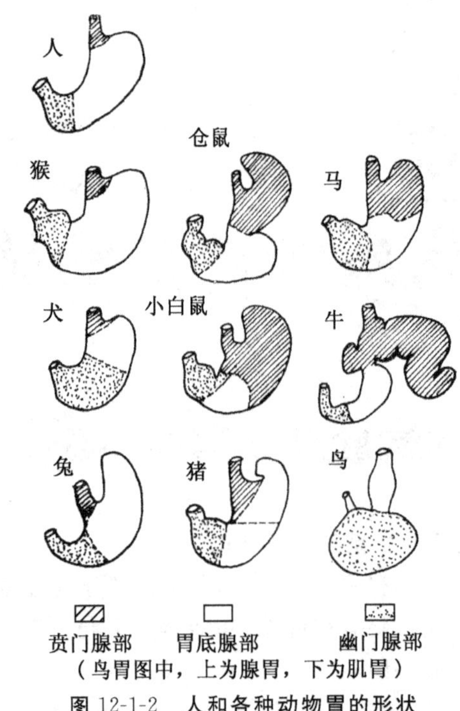

图 12-1-2　人和各种动物胃的形状

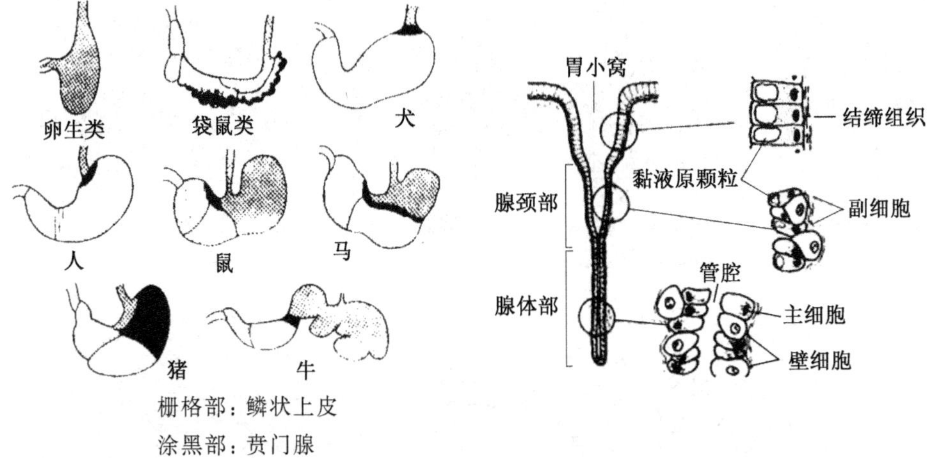

图 12-1-3　实验动物胃腺分泌的比较

图 12-1-4　胃底腺的模式图

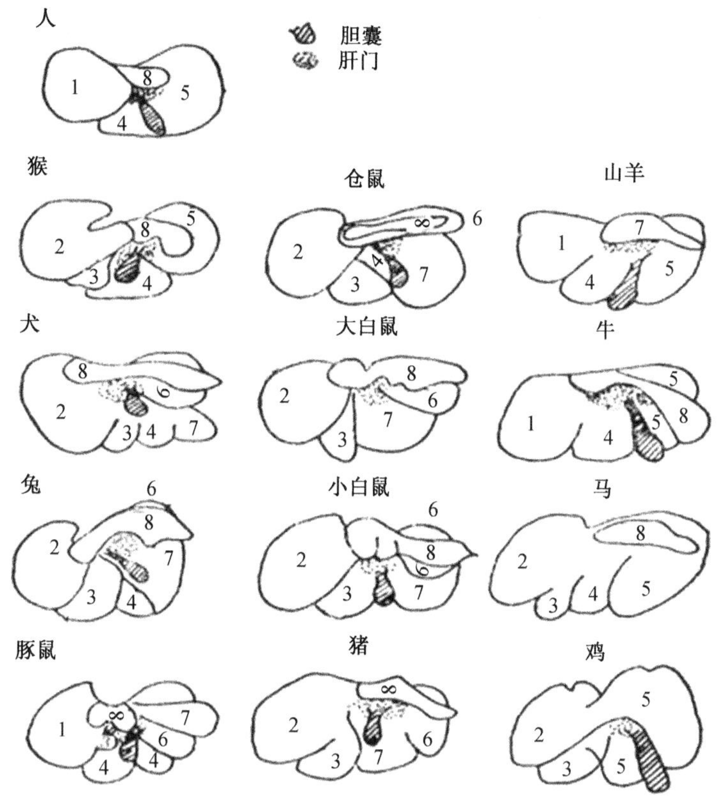

1. 右叶;2. 右外叶;3. 右中叶;4. 方叶;5. 左叶;6. 左外叶;7. 左中叶;8. 尾叶及尾状突

图 12-1-5 人和各种动物肝的形状

二、人和实验动物消化系统解剖比较

(一) 人与实验动物肠道长度及各段重量比较

肠道各部分长度与食性密切相关。由于草食口粮中粗纤维含量高而肉食类口粮中粗纤维含量低,草食类动物比肉食类动物肠道长得多,特别是盲肠。另外,盲肠长度也与肠内菌群有关,同种动物中,无菌动物盲肠较长。人与实验动物肠道长度、容积、重量等参数比较见表 12-1-1～12-1-6。

表 12-1-1 人与实验动物肠道长度

	单 位	全 长	小 肠	盲 肠	大 肠
人	m	6.6	5.0	0.06～0.08	1.6
犬	m	2.2～5.0	2.0～4.8	0.12～4.8	0.6～0.8
猫	m	1.2～1.7	0.9～1.2	—	0.30～0.45
猪	m	18.2～25.0	15～21	0.20～0.40	3.0～3.5
兔	cm	98.2～101.0	60.1～61.7	10.8～11.4	27.3～28.7
豚鼠	cm	98.5～102.7	58.4～59.6	4.3～4.9	35.8～37.2
大鼠	cm	99.4～100.8	80.5～81.1	2.7～2.9	16.2～16.8
小鼠	cm	99.3～100.7	76.5～77.3	3.4～3.6	19.4～19.8
马	m	23.5～37.0	19.0～30.0	1.0～1.5	3.5～5.5

续表

	单位	全长	小肠	盲肠	大肠
牛	m	37.8～60.0	27～49	0.8	10
羊	m	22.5～39.5	18～35	0.3	4～5
鸡	cm	204～216	108	12～25	12

表 12-1-2　人与实验动物胃肠道各段重量和大小

胃肠道分段	参数	小鼠	大鼠	犬	人
胃	P	1.1(1.0～1.2)	0.6(0.55～0.65)	0.9(0.75～1.05)	300
	D	0.6(0.5～0.7)	1.2(1.1～1.3)	6(5～7)	9
	L	1.6(1.4～1.8)	3.6(3.4～3.8)	14(12～16)	30
	S	3.0	13.6	264	850
	ρ	73	90	340	350
小肠	P	5.0(4.8～5.2)	2.0(1.9～2.1)	2.2(1.9～2.5)	800
	D	0.18(0.14～0.22)	0.32(0.30～0.34)	1.8(1.6～2.0)	3
	L	47(43～51)	114(102～126)	300(270～330)	600(±15%)
	S	25	114.5	1 700	5 600
	ρ	40	37	130	140
盲肠	P	0.5(0.4～0.6)	0.4(0.37～0.43)	0.07(0.055～0.085)	100
	D	0.45(0.35～0.55)	1.05(0.95～1.15)	2.5(2～3)	7
	L	2.2(1.8～2.6)	4.1(3.7～4.5)	5.5(5～6)	7
	S	3.1	13.5	43.3	250
	ρ	32	65	160	670
大肠（不含盲肠）	P	1.2(1.15～1.25)	0.6(0.56～0.64)	0.4(0.35～0.45)	500
	D	0.22(0.18～0.26)	0.40(0.3～0.5)	2.3(2.0～2.6)	5
	L	10.4(9.3～11.5)	18.8(17.8～19.8)	29(27～31)	150
	S	7.2	23.6	210	2350
	ρ	40	60	190	210

注：P：胃肠道各段重量，人用克表示，动物用占体重的百分比(%)表示；D：直径(cm)；L：长度(cm)；S：面积(cm^2)；ρ：比密度(m/cm^2)

表 12-1-3　实验动物消化器官的容积

动物种类	消化器官的容积(L)					各消化器官容积占总容积的比例(%)			
	胃	小肠	盲肠	大肠	总容积	胃	小肠	盲肠	大肠
犬	4.33	1.62	0.09	0.91	6.95	62.3	23.3	1.3	13.1
猫	0.341	0.114	—	0.124	0.579	69.5	14.6	—	15.9
猪	8.00	9.20	1.55	8.70	27.45	29.2	33.5	5.6	31.7
羊	第一 23.4 第二 2.0 第三 0.9 第四 3.3	9.0	1.0	4.6	44.2	第一 52.9 第二 4.5 第三 2.0 第四 7.5	20.4	2.3	10.4

表 12-1-4 各种实验动物肠段的长度和体长的比例比较

动物种类	长度(m)				各段肠占总肠长度的比例(%)			体长∶肠
	小肠	盲肠	大肠	总长	小肠	盲肠	大肠	
犬	4.14	0.08	0.60	4.82	85	2	13	1∶6
猫	1.72	—	0.35	2.07	83	—	17	1∶4
兔	3.56	0.61	1.65	5.82	61	11	28	1∶10
羊	26.20	0.36	6.17	32.76	80	1	19	1∶27
猪	18.29	0.23	4.99	23.51	78	1	21	1∶14

表 12-1-5 兔与猫各肠段长度比较

肠段名称	兔		猫	
	长度(cm)	与总肠道比值(%)	长度(cm)	与总肠道的比值(%)
十二指肠	50	9.5	16	8.1
空肠	226	43	145	73.2
回肠	36	6.9	7	3.5
盲肠	63	12	—	—
结肠	115.5	22	30	15.2
直肠	34.5	6.6	—	—
总长度	525	100	198	100

表 12-1-6 各种实验动物肝脏和肺脏的分叶数比较

动物种类	肺脏			肝脏			
	右肺	左肺	总叶数	右叶	左叶	后叶	总分叶
人	3	2	5	2	2	1	5
猴	4	2	6	2	2	2	6
犬	4	3	7	2	2	3	7
猫	4	3	7	2	2	1	5
猪	4	2	6	2	2	1	5
兔	4	2	6	2	2	2	6
豚鼠	4	3	7	2	3	2	7
金黄地鼠	4	1	5	2	2	2	6
大白鼠	4	1	5	2	2	2	6
小白鼠	4	1	5	2	2	1	5
马	2	2	4	2	2	1	5
牛	3	4	7	2	2	1	5

三、各种实验动物消化系统解剖特点比较

(一) 猴

猕猴属的各品种都有颊囊,它是利用口腔中上下黏膜的侧壁与口腔分界的。颊囊用以贮存食物,这是因摄食方式的改变而发生的进化特征。

猕猴的胃属单室胃,胃液呈中性,含 0.01%~0.043%的游离盐酸。肠的长度与体长的比例为 5∶1~8∶1,小肠的横部较发达,上部和降部形成弯曲,呈马蹄形。盲肠很发达,为锥形的囊,但无蚓状体,不易得盲肠炎。肝脏分外侧左叶、内侧左叶、外侧右叶、内侧右叶、右中心叶及尾状叶等 6 叶,胆囊位于肝脏的右中心叶。

（二）犬

(1) 消化管(图 12-1-6、12-1-7、12-1-8)：① 食管：起始端较细，下部位则较宽阔。② 胃：犬的胃较大，中等体型的犬，胃容量约 1 500 mL 左右。正常时曲向体的左方，呈蹄形的囊状结构。犬胃液中所含盐酸浓度为 0.4%～0.6%，其量较多。在食后 3～4 h 内，消化物开始向肠输送，普通约经 5～10 h 即可将胃中食物全部排空。③ 肠：肠道为体长的 3～4 倍。小肠长 2～3 m，位置在肝和胃的后方，占腹腔的大部。大肠平均长度为 60～75 cm，管径与小肠相似，肠壁缺少纵带和囊状隆起。盲肠平均长度为 12. 5～15 cm，形状弯曲，由于肠系膜的固定，可使它经常保持弯曲状态。食物从口进入消化道直至形成粪排出体外平均 10～20 h。

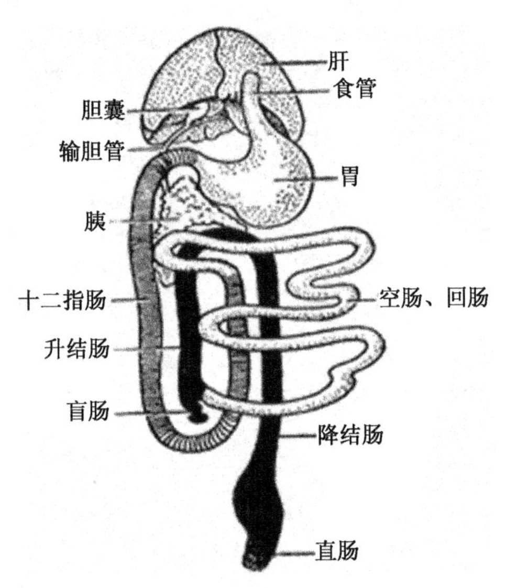

图 12-1-6 犬的消化系统

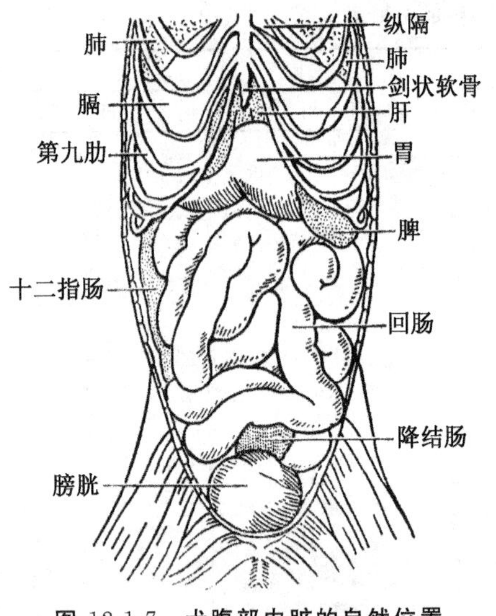

图 12-1-7 犬腹部内脏的自然位置
(网膜已除去)

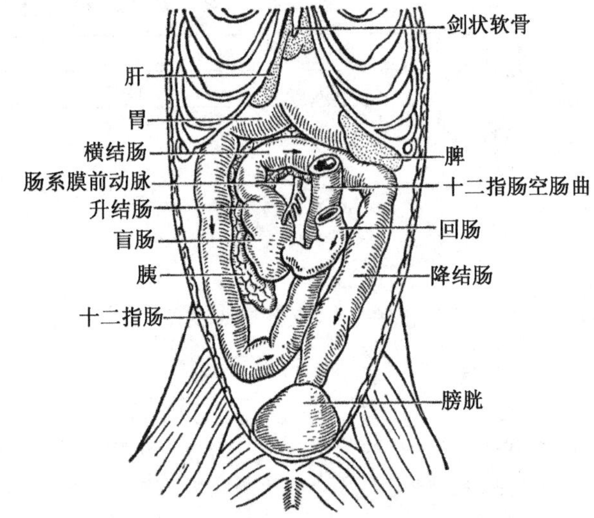

图 12-1-8 犬十二指及大肠的位置
(箭头示食物流行的方向)

(2) 消化腺：① 唾液腺：犬有发达的唾液腺，包括腮腺、颌下腺、舌下腺三对，能分泌唾液，具有消化作用。此外，因犬缺乏汗腺，天热时可大量分泌唾液以散热。犬的唾液腺及其导管见图 12-1-9。② 肝：犬的肝比较大，相当于体重的 3%，位于胃前部，扁平形，呈褐色，滑润光泽。肝分 7 叶，前面之左右叶又各分为外侧叶和中央叶，后面分方形叶、尾状叶和乳状叶。左外侧叶在肝叶中最大，为卵圆形，左中央叶较小，为梭形。右中央叶是第二大叶，方形叶与右中央叶间，为容纳胆囊的深窝。犬肝的分叶情况见图 12-1-10。肝右外侧叶是第三个较大的叶，亦呈卵圆形，在它的脏面有尾状叶。尾状叶的右侧称尾状突，左侧有乳头状突，二者常被疑分开。胆管和肝胆管汇合成总胆管，开口于离幽门不远的十二指肠内。③ 胰腺：位于胃与十二指肠间的肠系膜上，乳黄色，柔软狭长，形如V形，V字尖端在幽门后方。右支经十二指肠背侧面及肝脏尾状叶和右肾的腹侧，向后伸展，末端达右肾后方，埋藏在十二指肠系膜内。左支经胃的脏面与横行结肠之间，行向左后方，末端达左肾前端。

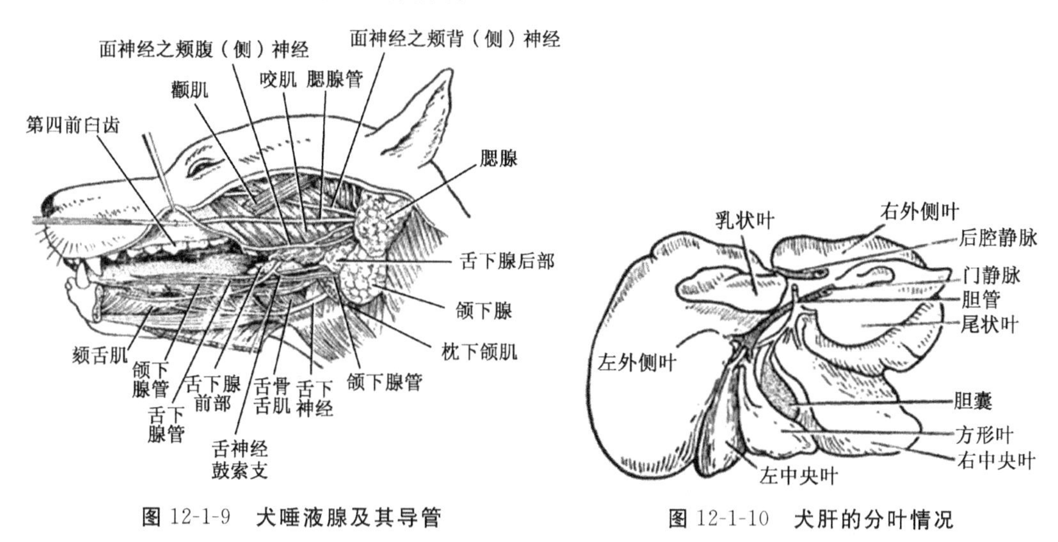

图 12-1-9　犬唾液腺及其导管

图 12-1-10　犬肝的分叶情况

（三）猫

（1）消化管：① 食管：食管是一条直的管子，当其适度扩张时，直径约1 cm；空腹时，背腹扁平。② 胃：胃是消化管最宽大的部分，呈梨形囊状，位于腹腔的前部，几乎全部在体中线的左侧。③ 小肠：小肠的长度约为猫身体长度的3倍。它们由肠系膜悬挂着。十二指肠(图12-1-11)是与胃的幽门部相连的部分。十二指肠第一部分与幽门部形成一角度，在幽门部向后8～10 cm处形成一个“U”形的弯曲，然后再伸向左侧，通向空肠。十二指肠全长14～16 cm。十二指肠背壁离幽门部约3 cm的黏膜上，可见一个略为突起的乳头，称十二指肠大乳头，其顶端可见一卵圆形的开口，总胆管和胰管均开口于此。十二指肠后面是空肠，空肠后面为回肠(图12-1-12)，无明显界限。回肠被系膜悬挂在腹腔后部，它与腹面的腹壁仅仅由大网膜分隔开，它的直径几乎是不变的，但前部的肠壁较后部的肠壁厚。④ 大肠：与回肠连接处有回结肠间瓣。此瓣是由回肠进入结肠处的环肌层与黏膜层显著突出而形成的。结肠长度约23 cm，直径约为回肠的3倍。结肠最初在右侧，先伸向头部，然后转向左侧，伸向尾部，在接近中线时伸至腹壁的背部。

（2）消化腺：① 唾液腺：猫有5对唾液腺，开口于口腔，分别为耳下腺、颌下腺、舌下腺、臼齿腺、眶下腺。② 肝脏：猫的肝分五叶，即右中叶、右侧叶、左中叶、左侧叶和尾叶。

猫的消化系统有明显的解剖学特点，猫舌的形态学特征是猫科动物所特有的。舌的表面有无数突起乳头能舔除附在骨头上的肉。猫是单胃动物，其肠管长度只有体型大小近似的草食动物兔的1/3，约为122.3 cm。猫的大网膜非常发达，重约35 g，由十二指肠开始，沿胃延伸，经胃底而连接于大肠。上下两层的脂肪膜形如被套覆盖于大、小肠上，后面游离部分将小肠包裹。发达的大网膜有其重要的生理作用，它起着固定胃、肠、脾和胰脏的作用，又能起着保温和保护胃、肠等器官的作用。猫防寒能力较强，这是重要原因。

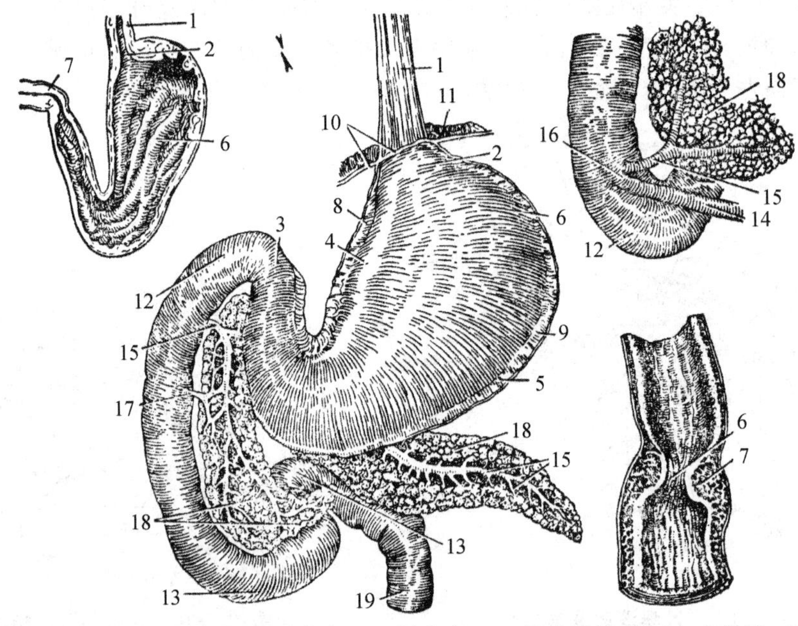

1. 食管；2. 贲门；3. 幽门；4. 胃小弯；5. 胃大弯；6. 胃黏膜皱襞；7. 幽门瓣；8. 小网膜；9. 大网膜；10. 腹膜壁层；11. 膈；12. 十二指肠(头侧弯)；13. 十二指肠"U"形弯；14. 总胆管；15. 胰管；16. 总导管；17. 副胰管；18. 胰腺小泡；19. 空肠

图 12-1-11　猫的胃、十二指肠和胰脏

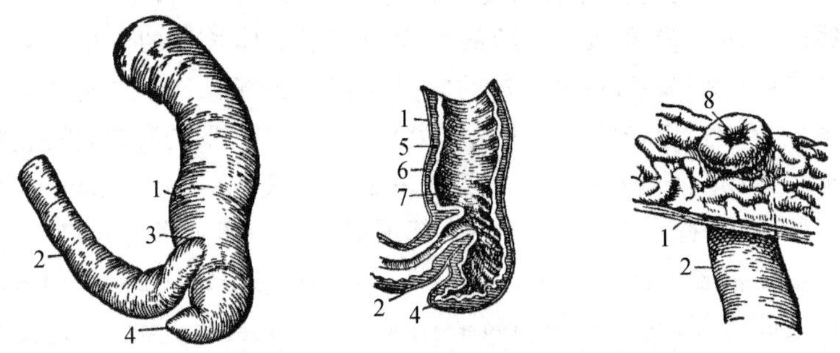

1. 回肠；2. 结肠；3. 回盲瓣的位置；4. 盲肠；5. 纵肌层；6. 环肌层；7. 黏膜；8. 瓣膜孔

图 12-1-12　猫的回肠、结肠

（四）兔

1. 消化管

兔属单室胃，横位于腹腔前部。兔肠道约为体长的 10 倍，盲肠呈蜗牛状，非常大，长度与体长相近，里面繁殖着大量的细菌和原生动物。小肠全长约345 cm，其中十二指肠约 67 cm，空肠约 233 cm，回肠约 45 cm。大肠全长约 194 cm，其中盲肠约 51 cm，结肠约 105 cm，盲肠约 38 cm。小肠黏膜里含有丰富的淋巴组织，起着防护作用。集合淋巴结多分布在空肠后部和回肠(十二指肠中无)，沿肠系膜附着缘的对侧壁排列，呈卵圆形隆起，长径 10～20 mm，短径 6～8 mm，颜色较淡，透过肠壁不难看出。若将肠内容物洗净，灌水使肠膨胀，可更清楚地透见肠壁上的集合淋巴结。这样的淋巴结沿小肠壁共有 6～8 个，最后一个较大，伸展到圆小囊与盲肠相接处。盲肠是一个较大的盲囊，相当于一个大的发酵口袋，长 0.5m 左右，和体长相近，在所有的家畜中，兔的盲肠比例为最大。盲肠壁薄，外表可见一系列沟纹，肠壁内面有一螺旋状皱褶，称螺旋瓣，各螺旋瓣的间隔 2～3 cm，共 25 转。螺旋瓣的所在位置可在外表的沟纹中。回肠与盲肠相接处膨大形成一厚壁的圆囊，这就是兔所特有的圆小囊。长径约为 3 cm，短径约 2 cm。囊壁外观颜色较淡，与较深色的盲肠易区别，以手触摸，可感知壁较厚。从外观可隐约透见囊内壁的蜂窝状隐窝。剖开圆小囊，可见内壁呈六角形蜂窝状。显微镜下观，蜂窝状隐窝的凸出部分是多褶皱的黏膜上皮和固有膜，凹入部分在黏膜上皮下充满淋巴组织，其黏膜不断分泌碱性液体，中和盲肠中微生物分解纤维素所产生的各种有机酸，有利于消化吸收。此外，在回盲瓣口周缘的盲肠壁上还有 2 块明显的淋巴组织，较大者称大盲肠扁桃体，直径为 1.6～2.5 cm；较小者称小盲肠扁桃体，直径为 0.8～1.0 cm。结构与圆小囊相似，黏膜面也呈蜂窝样，只是隐窝较浅，凸入肠腔的黏膜褶皱较低矮。盲肠的游离端变细，称蚓突，长十余厘米，外观颜色较淡，表面光滑，内无螺旋瓣，壁较厚，剖开可见黏膜表面密布隐窝。其组织结构与盲肠扁桃体相似，只是壁较厚，含更丰富的淋巴组织。兔患假性结核病，剖检可见蚓突肥厚变粗，形如小香肠，黏膜为干酪样灰白色小结节所覆盖；圆小囊内也常见有同样的结节。兔肠管走向模式图见图 12-1-13。兔盲肠部的淋巴组织见图 12-1-14。

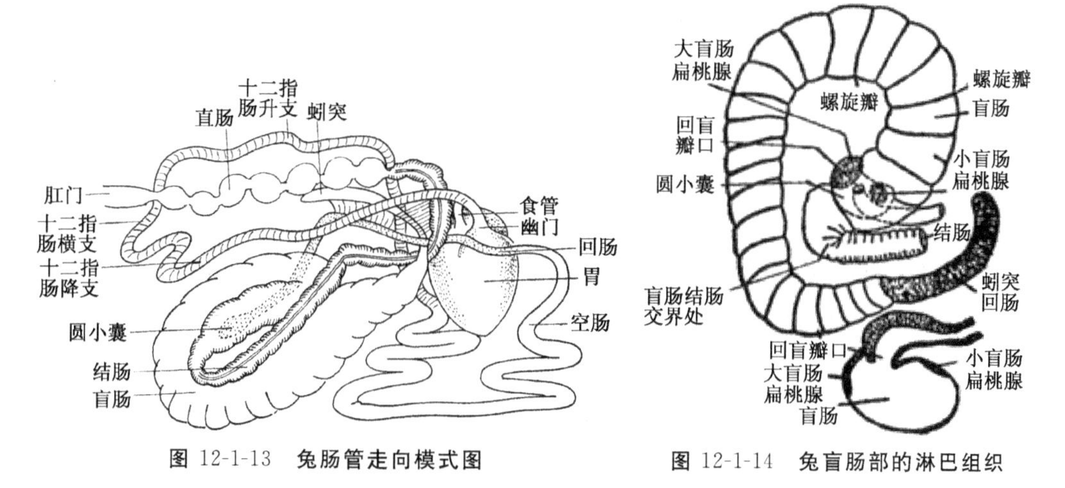

图 12-1-13　**兔肠管走向模式图**　　图 12-1-14　**兔盲肠部的淋巴组织**

2. 消化腺

(1) 唾液腺：兔有 4 对唾液腺，分别为耳下腺(腮腺)、颌下腺、舌下腺和眶下腺。哺乳动物一般不具眶下腺，眶下腺是兔的一个特点。

(2) 肝脏：兔的肝位于腹前部，重 60～80 g，兔肝分叶明显，共分为 6 叶，即左中叶、左外叶、右中叶、右外叶、尾状和方形叶。6 叶中以左外叶和右中叶最大，尾状叶最小。尾状叶为单独分离的一小叶，位于胃小弯，被小网膜的两层膜所包住。方形叶开头不规则，位于左中叶和右中间之间。肝门位于肝的脏面，是门静脉、肝动脉、肝管、淋巴管、神经等的通路。肝门周围有肝门淋巴结。胆囊重约 1.5 g，胆总管沿肝十二指肠韧带贴着肝门静脉的右侧向后走行，开口于紧挨着幽门处的十二指肠上。胆总管易辨认，壶腹部明显呈现于十二指肠第1段的表面，但组织纤细，操作时应注意。兔的肝脏分叶情况见图12-1-15。兔胆总管及其开口位置见图12-1-16。

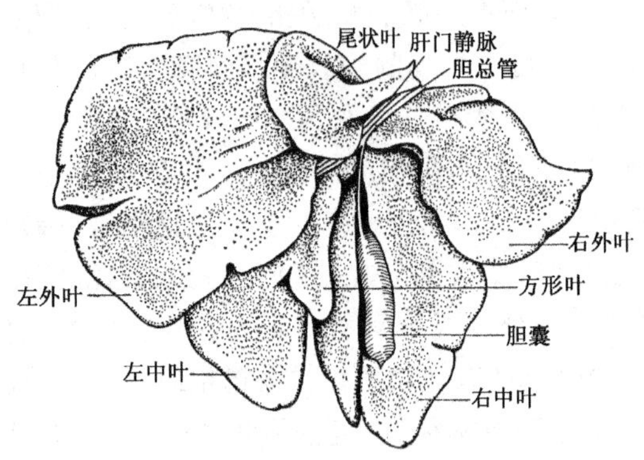

图 12-1-15 兔的肝脏(脏侧面)

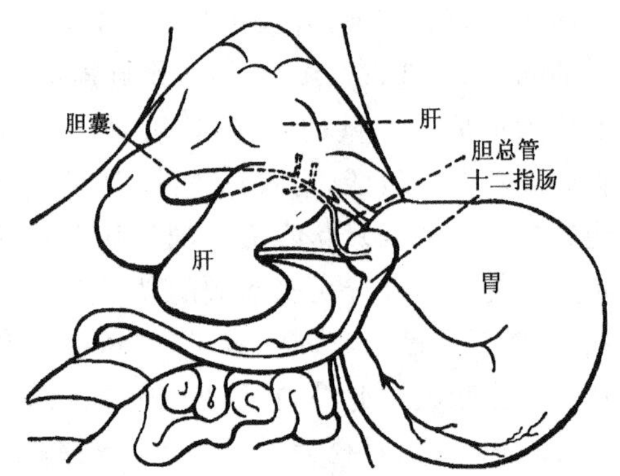

图 12-1-16 胆总管及其开口位置

(3) 胰腺：散在于十二指肠"U"形弯曲部的肠系膜上，浅粉红色，其颜色质地均似脂肪，为分散而不规则的脂肪状腺体，仅有1条胰导管开口于十二指肠升支开始处5～7 cm处，兔胰导管开口远离胆管开口，这是兔的一大特点。兔的胰腺及胰管见图12-1-17。

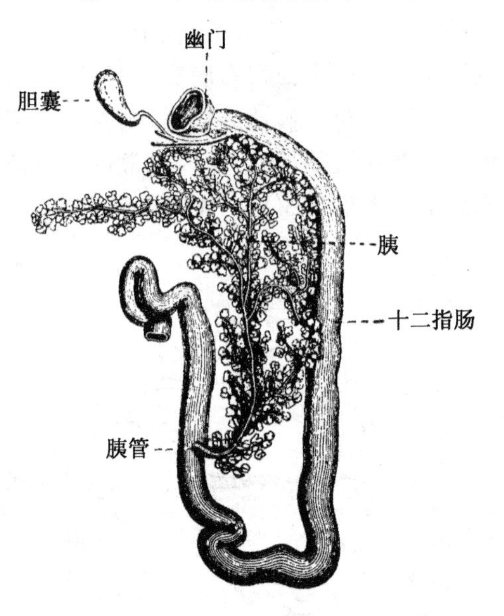

图 12-1-17 兔胰腺及胰管

（五）豚鼠

1. 消化管

食管长12～15 cm，直径约为4 mm。胃壁很薄，黏膜呈襞状，容量为20～30 mL。肠管较长，约为体长的10倍，盲肠发达，长约15 cm，占腹腔容积的1/3。小肠较长，呈襻状盘绕，位于肝和胃的腹面后侧，长约125 cm，直径为4～6 mm。十二指肠长约12 cm，呈S状弯曲，分为前、降、横和升4段。空肠占小肠的大部分，高度盘绕，呈深棕粉红色，长约95 cm，位于十二指肠的背侧、胃的腹面尾侧。回肠是小肠的最末部，长约10 cm，也高度盘绕，呈深青棕色，背位与盲肠密切相邻。回盲瓣位于结肠与盲肠连接的狭窄部左侧5 mm的肠管内。回盲乳头乃回肠和盲肠连接处的回肠突起，其周围绕以窄小的结回瓣。胰腺导管开口于距幽门8～10 cm的升段的管壁上。胰腺位于十二指肠似马蹄形弯曲的凹内。大肠缺乏肠脂垂、乙状结肠或阑尾。只有盲肠含肠膨袋和纵带。盲肠为消化管的最膨大部分，壁薄，棕绿色，长15～20 cm，以半环状的囊状肠管充满腹腔的腹面。盲肠表面有3条纵行带，即背纵带、腹纵带和内纵带。纵行带将盲肠分为许多囊袋状隆起，称为肠膨袋。大约可在盲肠内的黏膜找到9个平坦的白色区，直径约1 mm，为集合淋巴结的所在。结肠长70～75 cm，深绿色。直肠长7～10 cm，是降结肠的延续部分。豚鼠的内脏见图12-1-18。

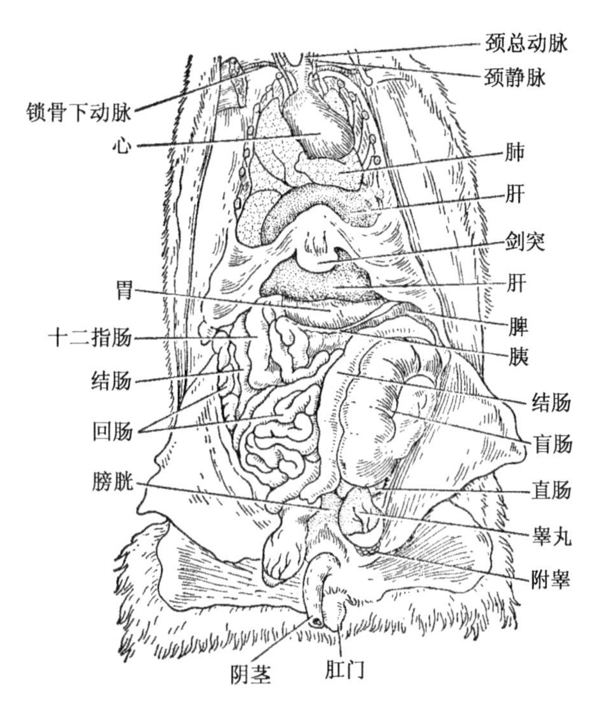

图 12-1-18 豚鼠内脏

2. 消化腺

(1) 唾液腺：豚鼠有5对，即腮腺、颌下腺、颧腺、大舌下腺和小舌下腺。此外唇角附近有唇腺，口腔侧壁的颊内有颊腺。腮腺呈棕红色，扁平叶状，呈"V"字形，位于耳咽管外侧、颈部和下颌之间的皮下，在前臼齿对侧的颊黏膜上开口于口腔。颌下腺为圆或椭圆形深度分叶的腺体，上部有腮腺覆盖，其余部分在颈部侧浅面。在颈外静脉与颈内静脉汇合处，可用手触到。它开口于下门齿后边的一个小而清楚的乳头上。

(2) 肝脏：肝脏被深裂缝分成4个主要肝叶和4个小肝叶及两个深裂。方叶是肝脏最大的叶，居整个肝脏和腹部的中部。方叶被纵行裂分为两个外形相似的左右两个小叶，两小叶间有圆韧带。后腔静脉在方叶头侧缘穿过膈。右小叶有深切迹和凹，胆囊就卧于其背侧。左小叶位于方叶背侧、体正中左侧，其腹侧正中部部分地被方叶覆盖。它有一个很深的容纳胃体部和底部的内脏凹面，在头侧肝左叶和后腔静脉及肝方叶相隔合。有些标本在肝左叶的背侧正中有一小的椭圆形小叶与血管及胆管的系带相连。肝右叶椭圆形位于体正中的右侧，由中央较长的小叶和外侧较小的小叶组成，两小叶在头侧相连。外侧小叶有一深凹，为右肾压迹。肝后叶是四个主要肝叶中最小的一个叶，位于背侧正中，在胃角切迹内，它分为位于右侧的后突和位于左侧的乳突，它们被后突小叶的峡在头侧正中连接在一起。食管位于两小叶之间。肝的分叶情况见图12-1-19。胆囊位于肝方叶的胆囊窝内。胆管长约6 mm，直径约1 mm。它向前外侧走行，与肝总管汇构成胆总管。胆总管长约15 mm，直径约2 mm，向十二指肠前段走行，距幽门约5 mm处进入十二指肠乳头。

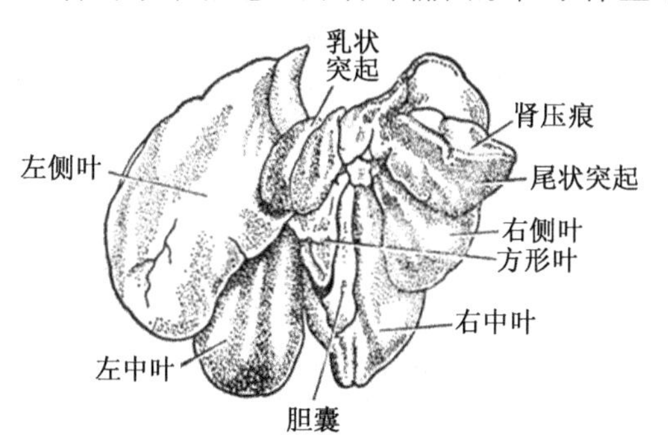

图 12-1-19 豚鼠肝的分叶情况

(3) 胰腺：胰腺位于十二指肠弯曲部的肠系膜上，呈乳白色片状物，分头部和左右两叶，右叶长约2 cm，左叶约8 cm，并与胃大弯相接，头部最宽处约1.5 cm。

（六）大鼠

1. 消化管

（1）食管：成年大鼠食管的颈-胸段长度约75 mm；其腹段在膈后的长度约15 mm。

（2）胃：胃重为体重的0.5%左右，属单室胃，横位于腹腔的左前部，从食管的入口开始有一指向胃大弯的清楚的线，把胃划分为两部分，为前胃（非腺胃）和胃体（腺胃），两部分由1个界限嵴隔开，食管通过此嵴的一个褶进入胃小弯，此褶是大鼠不会呕吐的原因。胃小弯朝向背前方，食管在其中部入胃。胃-肝-十二指肠韧带组成的小网膜起于胃小弯连接肝门，肝的乳状突跨过胃小弯与胃的脏面相紧贴，插入大网膜囊内。胃大弯朝向腹后方，其边缘有双层的口袋状大网膜，中度发达的大网膜分空肠、盲肠和胃的脏面。剖开胃可见食管黏膜继续延伸入胃壁，它覆盖着约2 mm宽的皮区（右侧围绕食管开口，左侧被覆着胃盲囊，透过其表面，成为外表可见的分界线）。皮区胃壁只是相邻腺区厚度的一半。正常的饱满的胃中，皮区和腺区都有清楚的黏膜褶。皮区上皮的角化和食管相似，固有膜薄，黏膜肌层很发达，疏松的黏膜下层中含有血管。腺区黏膜为单层柱状上皮，固有膜内充满腺体，根据不同部位，腺体有所不同。轻度分支并盘曲的贲门腺只见于沿皮区过渡线的狭窄区域。大部分腺氏黏膜中充满胃底腺。胃底腺为分支管状腺，上段比较直，开口于小而浅的胃小凹。颈黏液细胞较少，胃酶原细胞数量较多，腺底部最多。泌酸细胞数量也较多，分布在腺体与腺底部。此外具有内分泌作用的嗜银细胞也散在于腺上皮细胞间。胃远端5～10 mm宽的区域内分布的是很少分支的管状幽门腺，开口于浅的胃小凹。幽门腺的腺腔较宽，腺细胞为柱状，主要为黏液细胞，染色淡，细胞核位于基部。黏液细胞间有时可见夹杂有少量泌酸细胞。腺区黏膜的肌层很发达，黏膜下层比皮区厚。胃壁肌肉层厚度均匀一致，靠近远端环肌层增厚，形成幽门括约肌，胃黏膜由幽门部胃出口向小肠延伸一段距离；肠壁淋巴集结的出现是过渡到十二指肠黏膜的标志。

（3）小肠：十二指肠从幽门发出向右后行，再折向前仍终于右侧，其径路上分为降支、横支和升支，构成一个不完全的环，包围着部分胰脏。空肠是小肠的最长部分，长70～100 cm，盘旋在腹腔右方腹侧部，肠系膜使空肠有移动的余地，因此在胃的后部、盲肠背部和左部都可见空肠。空肠段也有间距不规则的淋巴集结。回肠较短，约4 cm，以三角形的系膜盲褶与盲肠末端相连，它向盲肠的开口与结肠的起始部紧密相连，肠绒毛的高度较低，宽度也较小，淋巴集结明显。

（4）大肠：盲肠是介于小肠与结肠之间的一个大盲囊，长约6 cm，直径约1 cm。结肠长约10 cm。直肠长约8 cm，其末端有0.2 cm无腺体的皮区，形成由有腺黏膜向皮肤的过渡，有无数较大的皮脂腺开口于皮区，称肛门腺。大鼠消化系统解剖见图12-1-20。

2. 消化腺

（1）唾液腺：大唾液腺很发达，包括腮腺、颌下腺和大舌下腺。腮腺在颈部外侧面，呈扁平形，包括3～4个界限清楚的分叶。颌下腺是颈部腹面最显眼的腺体，前缘在舌骨水平处与颌淋巴结相接，后界可抵胸骨柄，左右两个腺体沿腹中线相接触，长约1.6 cm，宽

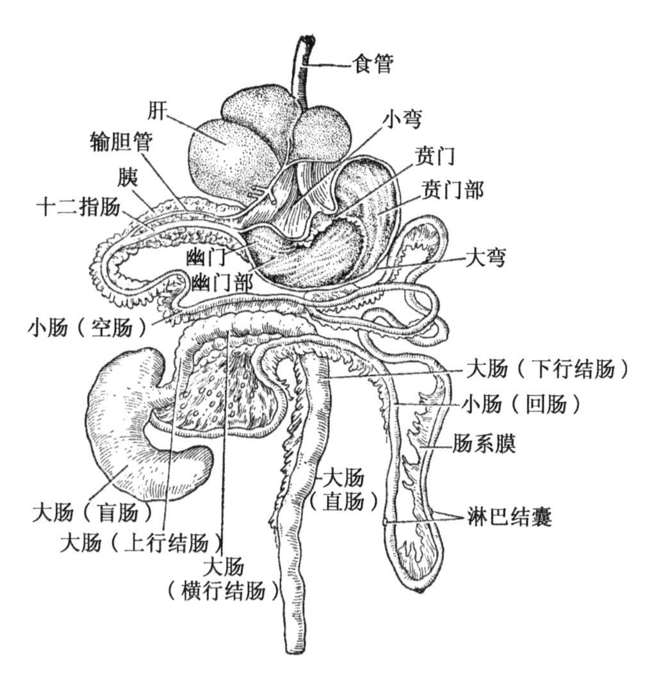

图 12-1-20 大鼠的消化系统

1～1.5 cm，厚约 0.5 cm。大舌下腺紧靠颌下腺前外侧面，其颜色较深，可与颌下腺区分，其形似眼球晶状体，宽约 0.4 cm，厚 0.1～0.2 cm。小唾液腺包括小舌下腺、颊腺、舌腺和腭腺。小舌下腺呈扁平形，长约 0.7 cm，宽 0.3～0.4 cm，位于臼齿水平处颌舌骨肌和舌内肌之间，是一不分叶的完全黏液性腺体。颊腺是一些小的黏液性腺体，分散在嘴角附近的黏膜之中。舌腺包埋在舌根处的舌内肌束之间，导管通入轮廓乳头、叶状乳头和舌的外侧面，腺后部是黏液性的，其管开口于会厌软骨前方。腭腺为黏液性腺体，在软腭处形成一厚层，通常分布在咽的外侧壁与舌腺的黏液部相连。大鼠头浅层腺体见图 12-1-21。大鼠头部的腺体见图 12-1-22。大鼠颈部表层腺体见图 12-1-23。

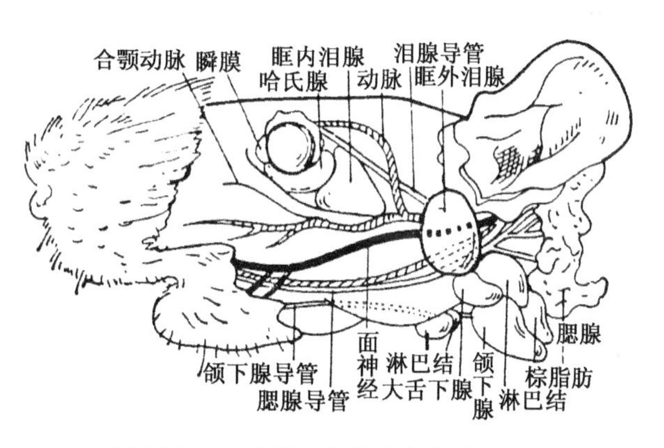

图 12-1-21 大鼠头部浅层腺体(左侧面)

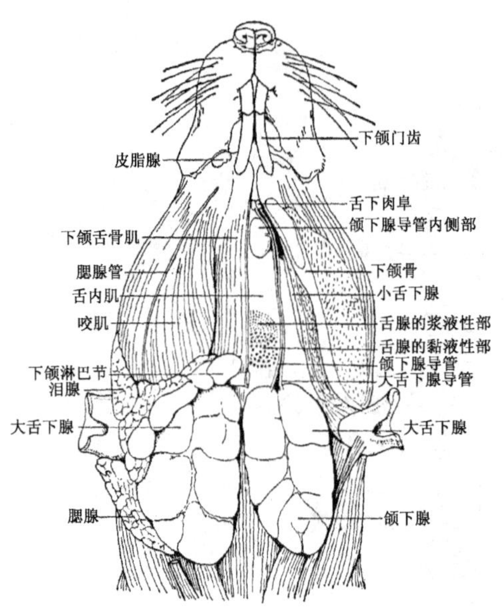

图 12-1-22 大鼠头部的腺体(腹侧面)

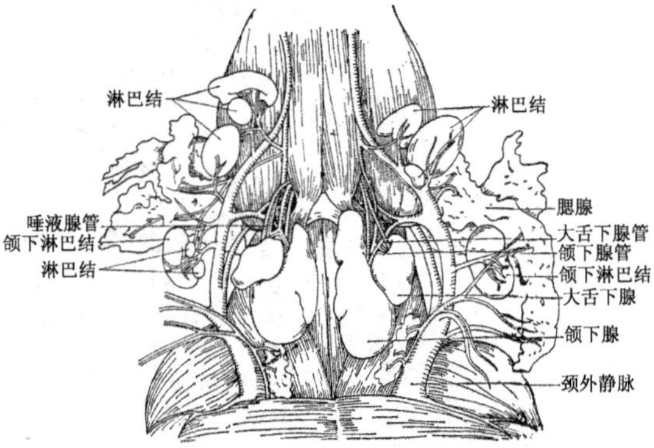

图 12-1-23 大鼠颈部表层腺体(腹侧面)

(2) 肝脏:约占体重的 4.2%,位于腹腔的前部,其大部分紧贴膈。肝的分叶明显,依据一些深裂可把肝分为六叶,分别为左外叶、左中叶、中叶、右叶、尾状叶和乳突叶(两个盘状的乳头状突),肝脏分叶情况见图 12-1-24。肝再生能力强,切除 60%～70% 后可再生,肝枯否细胞 95%有吞噬能力,适用于肝外科实验研究。无胆囊,来自各叶的胆管形成的胆总管较粗,胆总管括约肌几乎没有紧张度,因此不具备胆囊浓缩胆汁和储存胆汁的功能。胆总管在肝门处由肝管汇集而成,长度 1.2～4.5 cm,直径约 0.1 cm,胆总管几乎沿其全长都为胰组织所包围,并在其行程中接收若干条胰管。总胆管在距幽门括约肌约 2.5 cm 处通入十二指肠,适宜做胆管插管模型。

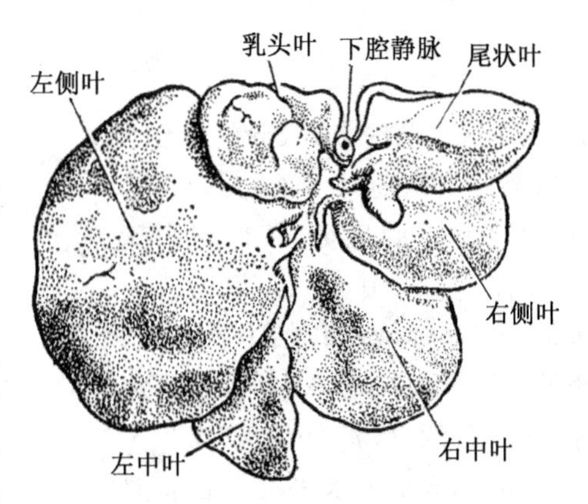

图 12-1-24 大白鼠肝脏分叶情况

(3) 胰:胰是灰粉色且分叶甚多,重量为 0.55～1.0 g,胰体和胰右叶包埋在中十二指肠和中空肠的开始处,其扁平的左叶沿胃的背面走行,埋在大网膜的背部,并沿着脾动脉到脾的小肠面。从显微结构看,胰分外分泌部和内分泌部。外分泌部是浆液性的复管状腺;分散在外分泌腺泡间的不规则大小的球形细胞团是胰腺的内分泌部胰岛。胰岛总数 400～600 个,胰左叶的头部及相邻部位数量最多。

(七) 小鼠

1. 消化管

食管细长约 2 cm,位于气管的背面,胃为单室,分为前胃和腺胃,有嵴分隔,前胃为食管的延伸膨大部分,胃容量小,1.0～1.5 mL,功能较差,不耐饥饿,因此在实验时,小鼠灌胃给药的剂量最大不能超过 1.0 mL。胃底及脾门处色淡红，不规则，似脂肪细胞。小肠长约 47 cm(43～51 cm)，接近体长的 4 倍，末端有盲肠，下接结肠和直肠，统称为大肠，盲肠较短，呈"U"形，有蚓状突。小鼠与家兔、豚鼠等草食性动物相比，肠道较短，盲肠不发达，以谷物性饲料为主。

2. 消化腺

小鼠的消化腺有唾液腺(共 3 对，即耳下腺、颌下腺和舌下腺)、肝脏分 4 叶（中叶、左叶、尾叶和右叶)。

（八）蛙

1. 消化管

蛙的消化管是一条长管腔，管径的粗细和形状各部分略有不同。自口腔开始，依次分为咽、食管、胃、小肠、大肠，止于泄殖腔。

(1) 食管：咽的下方通入短小的食管，食管的外表很光滑，内壁有许多纵行的皱褶，下端与胃相连。

(2) 胃：是消化管中最膨大部分，位于体腔的左侧，其下端由左向右稍弯曲呈"J"字形，前宽后窄。

(3) 肠：小肠起于幽门之后，弯向前方的一小段叫十二指肠，其长度约为胃的一半。十二指肠向右方曲折，移行为回肠。小肠的直径自始至终都基本相等。肠壁比胃壁薄，在紧接幽门的部分具有许多规则的网状褶襞，稍后便排列成两行半月形的横褶，称半月褶。横褶之间又有纵褶，其作用是阻止食糜逆流入胃。小肠接近末端的部位，又向前方弯曲，接着便是膨大而陡直的大肠，它位于正中线上。大肠末端开口于泄殖腔。泄殖腔为排粪尿、排精(雄)、排卵(雌)的共同通道。泄殖腔通向体外的开口为泄殖孔，平时有一圈括约肌关闭着。

2. 消化腺

肝和胰是连附在消化道旁最大的两个消化腺，其分泌物都由导管输送到十二指肠。

(1) 肝：蛙类的肝脏位于体腔的前端，分为左、中、右 3 叶。其体积与颜色常随季节而变化，这和营养条件有关。夏季食物丰富，肝的体积增大，颜色较浅，多为红褐色或淡褐色。冬春体积缩小，为紫红色或深褐色。在肝中叶背面有一卵圆形的胆囊，由结缔组织和腹膜与肝相连。胆囊向外有两条胆囊管，其一与肝管相连接，另一条与胆总管相连接。胆囊中储存的胆液，可以注入胆总管中，此外肝所分泌的胆液也有一部分直接经胆总管输入十二指肠。胆总管途经胰脏时与胰管相通，最后开口于十二指肠。

(2) 胰：胰是一条淡红色或黄白色的管状腺，外形不规则，位于胃小弯与十二指肠之间。胆总管从胰中穿过，约在胰的中央部分。胰本身有好几条细小的导管，再向一条短的胰管集中，此管又和胆总管相接。胰液由胰管经胆总管流入十二指肠中。蛙的内脏解剖见图 12-1-25。

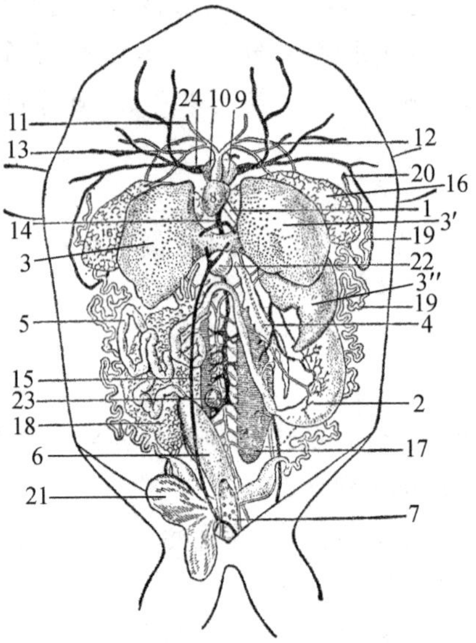

1. 食管；2. 胃；3、3′、3″. 肝叶；4. 胆总管在胰内的部分；5. 小肠；6. 直肠；7. 汇殖腔；8. 心室；9. 左心房；10. 右心房；11. 颈动脉弓；12. 体动脉弓；13. 肺皮动脉弓；14. 后腔静脉；15. 腹静脉；16. 肺；17. 肾；18. 卵巢；19. 输卵管；20. 输卵管腹腔口；21. 膀胱；22. 胆囊；23. 脾；24. 前腔静脉

图 12-1-25 雌蛙内部解剖的模式图

第二节 人和实验动物消化系统比较生理与生化

一、人和实验动物胃肠收缩波的正常参数

胃的运动从胃体中部起并向胃的远端扩布，传播的速度和振幅均渐增。消化间期远端胃收缩活动可出现有规则的时相变化的移行性运动复合波（migrating motor complex，MMC）。小肠运动发源于胃十二指肠地区，并沿着小肠慢慢往下移行到回肠。小肠的收缩频率因部位不同而呈梯度递减变化。人和实验动物胃肠收缩波的节律比较见表 12-2-1。

表 12-2-1 人和实验动物胃肠收缩波的节律（次/分）

种 属	胃窦（胃体远端 2/3）	十二指肠	回 肠	结 肠
人	3	12	7	7～10
犬	5	17～20	12～24	3～5
猫	5	15～20	12	5
兔	4	17～22	7～11	—
大鼠	4	11～15	—	—

二、人与实验动物离体胃肌条生理溶液条件比较

研究人和哺乳动物的胃电及胃运动从整体到细胞水平有多种方法。离体胃电和胃运动的研究可去除在体条件下心电、呼吸、肠电、肌电和复杂的神经、体液因素对胃电及胃运动的干扰或影响，从而对研究某种神经递质或胃肠激素以及药物对胃电和运动的

特异影响提供了好的手段。胃平滑肌是一种可兴奋组织，有自动去极化的特性，其电活动表现为两种形式，即胃电慢波(基本电节律)和胃电快波(动作电位)。慢波决定胃蠕动波传导速度、方向和节律，而快波直接与胃平滑肌收缩的启动和强度有关。胃平滑肌在合适的模拟生理条件下可以表现为自发放电及收缩，根据容积导体原理可记录到离体胃电。人、犬、大鼠离体胃肌条生理溶液条件比较见表 12-2-2。

表 12-2-2 人、犬、大鼠离体胃肌条生理溶液比较(mmol/L)

	NaCl	KCl	$NaHCO_3$	NaH_2PO_4	$CaCl_2$	$MgCl_2$	Dextrose	BSA(%)
人	120	6.0	15.0	1.0	2.5	1.2	10.6	0.05
犬	120	4.6	15.0	1.0	3.5	1.2	5.0	0.05
大鼠	131	5.6	25.0	1.0	2.5	1.0	4.6	0.05

三、人和实验动物神经递质、胃肠激素对胃肠细胞反应性比较

神经递质、组胺、胃肠激素等在调节人和实验动物胃肠运动中起着很重要的作用。在整体及组织水平上，采用在体静脉灌流、离体胃血管灌流制备以及离体胃肠润滑肌条的实验方法，已经初步阐明了一些神经递质、胃肠激素对胃肠运动的影响。然而，以有神经支配和血管供应的完整组织上得到的结论推断神经递质、胃肠激素对胃肠单个平滑肌细胞的直接作用非常困难。这就必须要求在胃肠单个平滑肌细胞标本上，准确观察神经递质、胃肠激素或药物对胃肠平滑肌细胞收缩活动的直接作用，以便进一步阐明其对胃肠平滑肌运动调节的机制。乙酰胆碱和八肽胆囊收缩素对豚鼠和人胃肠单个平滑肌细胞最大的收缩反应性见表 12-2-3。

表 12-2-3 乙酰胆碱和八肽胆囊收缩素对豚鼠和人胃肠单个平滑肌细胞最大的收缩反应性(%，$\bar{x}\pm s$)

	豚鼠				人		
	胃	空肠	回肠		胃窦	回肠	
			纵行肌	环行肌		纵行肌	环行肌
乙酰胆碱($\times10^{-7}$ mol)	38.7±1.7	33.4±1.5	24.9±0.1	23.1±0.8	36.3±1.7	38.7±1.7	—
八肽胆囊收缩素($\times10^{-9}$ mol)	37.4±1.2	31.6±1.2	22.0±1.4	34.1±2.2	35.1±1.8	—	38.7±1.7

四、人与实验动物血、脑中胃泌素含量比较(表 12-2-4)

胃泌素是一种重要的胃肠激素，又称为促胃液素，主要由 G 细胞分泌。胃泌素几乎对整个胃肠道均有作用，可促进胃肠道的分泌功能，促进胃窦、胃体收缩，增加胃肠道的运动，同时促进幽门括约肌收缩；促进胃及上部肠道黏膜细胞的分裂增殖；促进胰岛素和降钙素的释放。同时胃泌素还能刺激胃泌酸腺区黏膜和十二指肠黏膜的 DNA、RNA 和蛋白质的合成，从而促进其生长。不同动物与人胃泌素的分泌有着明显的差异。

表 12-2-4 正常人、犬、大鼠血浆与脑组织中胃泌素含量测定值(放射免疫法)

	人血浆	狗血浆	大鼠						
			血浆	垂体	颈髓	延脑	中脑	间脑	皮层
均值/pg	66.99	99.78	165.44	122.50	60.66	61.82	63.47	101.53	35.20
标准差	20.40	7.58	25.75	3.20	13.43	12.89	12.16	42.02	2.10

五、人与实验动物胃肠激素在脑内的作用方式比较

肽类递质的合成、释放与经典递质不完全相同。肽类物质全部在神经元内合成，神经末梢内不进行合成，也没有再摄取的机制。由于肽的释放完全依靠轴浆运输补充，因此，释放呈间断性，释放量也较少，但其效力很高，作用时间也较长，是神经系统中一种慢的信息传递质。一个很有趣的发现是，肽类不仅可以单独存在于某些神经元，它们还可和其他经典神经递质共同存在于同一种神经元中，由同一神经末梢释放，分别作为主递质和辅递质而起作用(表 12-2-5)。

表 12-2-5 共存于神经元中的神经肽和拟议中的神经递质

动物种属	神经元	神经肽免疫活性	拟议中的递质
豚鼠	椎旁交感神经元	生长抑素	去甲肾上腺素
大鼠、豚鼠、猫、犬、牛、人	肾上腺髓质	脑啡肽	儿茶酚胺
猫、犬、猴	颈动脉球	脑啡肽	多巴胺
猫、大鼠	内脏大神经轴索	脑啡肽	乙酰胆碱
猫	星状神经节	血管活性肠肽	乙酰胆碱
大鼠	中缝核群	P 物质	5-羟色胺
大鼠	中缝核群	TRH	5-羟色胺
大鼠	A_{10}区多巴胺神经元	胆囊收缩素	多巴胺

六、人与实验动物小肠运动形式特点比较

小肠节性收缩运动呈现频率梯度，即小肠上段的频率较高，下部较低。对人与其他实验动物的实验数据也证实了节律性收缩运动的频率梯度，如表 12-2-6 所示。

表 12-2-6 人与实验动物小肠节律性运动的频率梯度(次/分)

	人	犬	猫	兔	豚鼠	大鼠
十二指肠	12	19	18	20	21	40
回肠末端	9	14	13	10	10	28

七、人与实验动物唾液腺的神经支配特点比较

交感神经起自 $T_{1\sim4}$ 节段，节前纤维至颈上神经节换神经元，节后纤维沿血管支配三对唾液腺。节后交感神经的递质是去甲肾上腺素。交感神经对唾液分泌的作用视不同动物，不同腺体而异。刺激交感神经干或注射肾上腺素，在人可引起下颌腺分泌，却不能引起腮腺分泌；在猫，可引起下颌腺及舌下腺的大量分泌，分泌量要多于下颌腺的

分泌量。表12-2-7列出了不同动物、不同腺体对刺激交感神经的反应。这种差异有可能与受体不同有关。如在猫是以α受体为主,在犬则以β受体为主,而在大鼠,则两种受体兼有,见表12-2-8。

表12-2-7 刺激交感神经对不同动物唾液腺分泌的影响

腺 体	犬	猫	兔	大鼠	绵羊
腮腺	—	+	+	++	+
颌下腺	++	+++	+	++	+
舌下腺	+	++	/	—	/

注:"—"表示抑制分泌;"+"表示促进分泌

表12-2-8 与唾液分泌有关的肾上腺素能受体

腺 体	犬	猫	兔	大鼠	绵羊
腮腺	(β)	β(α)	α(β)	αβ	β
颌下腺	β	α(β)	(β)	αβ	/
舌下腺	/	α(β)	/	/	/

八、各种实验动物胰分泌电解质特异性比较

各种动物胰液的基础分泌不同(表12-2-9)。猫和犬几乎没有基础分泌,而兔在没有任何刺激的情况下却有相当多的基础分泌。胰液的基础分泌乃是指没有任何刺激时的分泌,它与消化间期的胰分泌不同。消化间期是指两次进餐之间,一般是指隔夜禁食后的胰液分泌。在消化间期胰液有自动的周期性分泌,此周期与消化间期综合肌电相同步。已知消化间期综合肌电依其出现频率可分出四相,在第一、二相中胰液分泌很少或无分泌;在第三相胰液分泌达高峰;到第四相胰分泌下降。胃泌素可能与胰液的这种周期性分泌有关。

表12-2-9 不同动物的胰腺分泌电解质(HCO_3^-)的差异

动物种别		分泌量	最大量(mmol/L)	来 源
犬、猫	基础	0(+)	—	—
	+促胰液素	+++++	145	导管
	+胆囊收缩素	+	60	腺泡
	+刺激迷走神经	+	?	腺泡
大鼠	基础	+	25	?
	+促胰液素	++	70	导管
	+胆囊收缩素	+++	30	腺泡
兔	基础	++	60	导管
	+促胰液素	+++	95	导管
	+胆囊收缩素	++	65	导管
猪	基础	+	?	导管?
	+促胰液素	+++++	160	导管
	+胆囊收缩素	++	35	腺泡
	+刺激迷走神经	++++	150	导管

续表

动物种别		分泌量	最大量(mmol/L)	来　源
豚鼠	基础	+	95	导管
	+促胰液素	+++++	120	导管
	+胆囊收缩素	++++	120	导管
	+刺激迷走神经	+++	120	导管

注:"?"表示仍存在疑问

九、人与实验动物胰蛋白酶抑制物特点比较

胰泌性蛋白酶抑制剂(PSTI)存在于人和哺乳动物的胰腺内。它与胰蛋白酶形成无活性复合物,从而对胰蛋白酶起着抑制作用。此物质由 Kazal 从牛的胰腺分离出来,故称为 Kazal 胰分泌胰蛋白酶抑制物,它与 Kunitz 胰的抑制物(Trasylol)或牛胰激肽释放酶抑制物不相同,后者只存在于反刍动物胰腺或其他组织中,而人却无。PSTI 系由 56 个氨基酸残基和 3 个二硫桥构成的多肽。

PSTI 有一个反应部分——赖氨酸-异亮氨酸,此部分也是胰蛋白酶的特异性靶物质。将抑制物和胰蛋白酶按等物质的量放在一起温育,在 3 min 内就产生一稳定复合物,此复合物在胰蛋白酶的丝氨酸残基和抑制物的赖氨酸羧基之间有共价键,从而使胰蛋白酶失活。如果延长温育时间,复合物将水解,从而再生成酶和抑制物。故 PSTI 只发生暂时的抑制作用。抑制物也可以与胰蛋白酶原形成复合物,不过,这种复合物更容易解离。PSTI 浓度与抑制作用呈线性关系,最高可抑制胰蛋白酶活性达 90%。随后,即使再增加抑制物浓度,胰蛋白酶仍保持较低的活性,这是由于酶-抑制物的复合物具有高速率解离的缘故。人与实验动物胰蛋白酶抑制物对胰蛋白酶抑制效应比较见表 12-2-10。

表 12-2-10　人与实验动物胰蛋白酶抑制物对胰蛋白酶抑制效应的比较

	抑制率(%)		
	胰蛋白酶 2	胰蛋白酶 3	胰蛋白酶 1
生物性抑制物			
人胰蛋白酶抑制物	0	100	100
牛胰蛋白酶抑制物	0	93	99
犬下颌腺抑制物	0	50	92
鸡卵黏蛋白抑制物	6	0	79
α_1-蛋白酶抑制物	0	86	99
大豆抑制物	0	99	100
合成抑制物			
对氨基苯咪	99	100	100
DFP(5 mmol/L)	99	100	100
TPCK(3.5 mmOl/L)	65	99	99
$HgCl_2$(1 mmol/L)	10	11	12
EDTA(2 mmol/L)	45	50	65

注:DFP:异丙氟磷(diisopropyⅢuorophosphate);TPCK:甲苯磺酰苯丙氨酰氯甲酮(TOSYL-L-phenylalanine chloromethyketon)

人、牛、猪和羊的 PSTI 有显著的同源性，这种同源性不限于哺乳动物的胰腺，而是广泛地不同程度地分布于自然界各个领域的蛋白质。例如猪的精液、犬的下颌腺、灰白色链球菌和表皮生长因子都有这种抑制物。推测抑制物可能起着更为基本的作用。

十、人与实验动物胆汁流量及电解质浓度特点比较

胆汁是一种苦味的有色液体。由肝细胞分泌的称肝胆汁，较稀薄，色金黄，弱碱性，在胆囊内贮存的胆汁称胆囊胆汁，较浓稠，深暗色，弱酸性。胆汁的颜色取决于所含胆汁色素的种类及浓度，人和肉食动物以含胆红素为主，而草食动物则主要含胆红素的氧化物——胆绿素。不同动物胆汁中的电解质浓度见表 12-2-11。

表 12-2-11　人与实验动物肝胆汁的流量及电解质浓度比较

	肝胆汁流量 [μL/(min·kg)]	Na^+	K^+	Ca^{2+}	Mg^{2+}	Cl^-	HCO_3^-	胆汁酸 (mmol/L)
		mmol/L						
人	1.5～15.4	5.74～7.17	0.11～0.144	0.03～0.12	0.06～0.13	2.70～3.55	0.28～0.90	3～45
狗	10	6.13～10	0.12～0.31	0.08～0.35	0.09～0.23	0.87～3.01	0.23～1.0	16～187
羊	9.4	6.94	0.14	—	—	2.68	0.35	42.5
兔	90	6.43～6.78	0.09～0.17	0.07～0.17	0.01～0.03	2.17～2.79	0.66～1.03	6～24
大鼠	30～150	6.83～7.22	0.15～0.16	—	—	2.65～2.76	0.36～0.43	8～25
豚鼠	115.9	7.61	0.16	—	—	1.94	0.80～1.07	—

十一、人与实验动物肝组织的蛋白含量及其合成量特点比较

肝脏蛋白代谢功能检查可采用在体肝脏灌流法或在肝细胞培养基中加入标记蛋白，通过测定肝细胞的放射活性即可判断其蛋白质代谢情况，并可以此观察药物影响。也可用肝细胞的亚细胞结构为实验观察对象，对比给药动物与对照动物的蛋白质合成情况。正常肝组织的蛋白含量及其合成量见表 12-2-12。

表 12-2-12　肝组织的蛋白含量及其合成量比较

类　别	动物	含量(mg/g 肝组织)	生成量(mg/g 肝组织)
白蛋白	人	2.06	0.17
	犬	1.80	—
	鸡	0.28	0.12
	鼠	1.24	0.29(2 h)
球蛋白	人	2.07	0.07
	马	0.56	0.07(2 h)
	犬	1.60	—
	鼠	1.85	0.16
低密度脂蛋白	鼠	0.14	0.07
转铁蛋白	人	0.49	—

十二、各种实验动物消化管部位酸碱度

实验动物的食性不同，消化管的不同部位其酸碱度也会不同。对草食性动物(如兔、豚鼠等)而已，消化道前段呈现出明显的酸性，而中后端则为碱性。这种变化在杂食性动物中不太明显(表 12-2-13～12-2-15)。

表 12-2-13 各种动物的消化管部位 pH 值

动物种属	胃		小肠				大肠		
	前部	后部	十二指肠	上部	中部	下部	盲肠	大肠	粪便
小鼠	4.5	3.1	—	—	—	—	—	—	—
大鼠	5.0	3.8	6.5	6.7	6.8	7.1	6.8	6.6	6.9
豚鼠	4.5	4.1	7.6	7.7	8.1	8.2	7.0	6.7	6.7
地鼠	6.9	2.9	6.1	6.6	6.8	7.1	7.1		
兔	1.9	1.9	6.0	6.8	7.5	8.0	6.6	7.2	7.2
犬	5.5	3.4	6.2	6.2	6.6	7.5	6.4	6.5	6.2
猫	5.0	4.2	6.2	6.7	7.0	7.6	6.0	6.2	7.0
猪	4.3	2.2	6.0	6.0	6.9	7.5	6.3	6.8	7.1
猴	4.8	2.8	5.6	5.6	6.0	6.0	5.0	5.1	5.5

表 12-2-14 微生物环境及饲料摄取对大鼠消化道内 pH 值和 α-淀粉酶活性的影响($\bar{x}\pm SD$,单位：IU)

		前胃食物充满度	项目	胃前部	胃后部	十二指肠
普通环境	Ⅰ	>1.8 g	pH 值	4.8±0.3	3.0±0.1	6.5±0.5
			α-淀粉酶	437～2 485～6 480	0～18～80	4 492～7 911～12 448
	Ⅱ	0.8～1.8 g	pH 值	4.8±0.5	3.1±0.5	6.7±0.5
			α-淀粉酶	178～1 930～5 487	0～10～49	2 802～7 729～16 678
	Ⅲ	0.3～0.8 g	pH 值	4.1±1.0	2.7±0.5	6.4±0.3
			α-淀粉酶	5～285～1 254	0～2～10	1 495～6 409～11 994
	Ⅳ	<0.3 g	pH 值	2.9±0.7	2.3±0.4	6.6±0.1
			α-淀粉酶	0～1.6～4	0～1.3～3	4 284～7 715～15 605
无菌环境	Ⅰ	>1.8 g	pH 值	5.6±0.2	3.6±0.4	6.6±0.1
			α-淀粉酶	5 137～13 174～27 308	0～244～1.084	5 460～12 800～25.058
	Ⅱ	0.8～1.8 g	pH 值	5.4±0.3	3.2±0.4	6.5±0.2
			α-淀粉酶	457～5 526～1 123	0～24～157	1 252～10 702～29 588
	Ⅲ	0.3～0.8 g	pH 值	5.6±0.4	3.2±0.5	6.8±0.2
			α-淀粉酶	16～1 865～4 451	0～3～31	721～7 893～45 868
	Ⅳ	<0.3 g	pH 值	3.6±1.0	3.3±0.4	6.9±0.1
			α-淀粉酶	0～0.7～4	0～0.5～2	6 568～12 196～22 441

注：α-淀粉酶活性在 37 ℃时的最低与最高值

表 12-2-15 微生物环境及有无摄食对大鼠(Lister hooded)消化道内 pH 值的影响($\bar{x}\pm SD$)

消化道部位	普通环境		无菌环境	
	摄食时	空腹时	摄食时	空腹时
胃前部	5.1±0.2	4.3±0.5	4.8±0.6	3.8±0.5
胃后部	3.1±0.3	4.0±0.4	4.1±0.5	5.7±0.6
十二指肠	6.9±0.1	7.1±0.1	7.1±0.1	7.4±0.1
空回肠	7.4±0.1	8.0±0.1	7.9±0.1	7.9±0.1
盲肠	6.4±0.1	7.2±0.1	7.1±0.1	6.9±0.1
直肠	6.8±0.2	7.6±0.1	6.8±0.1	6.8±0.1

第三节　人和实验动物消化系统比较病理学——动物模型

一、胃溃疡动物模型(animal model of gastric ulcer)

在动物身上复制胃溃疡的方法很多,引起溃疡病变也各有特点。常用的方法有以下几种:① 应激法:以各种强烈的伤害性刺激(如强迫性制动、饥饿、寒冷等),引起动物发生应激性溃疡。② 药物法:给动物喂饲或注射一定量的组胺、胃泌素、肾上腺类固醇、水杨酸盐、血清素、利血平、保泰松等可造成动物胃肠溃疡。③ 烧灼法:用电极烧灼胃底部的胃壁,可造成像人的胃溃疡病变;用浓醋酸给大鼠胃壁内注射或涂抹于胃壁黏膜面上可造成慢性溃疡。④ 幽门结扎法:幽门结扎后,可刺激胃液分泌并使高酸度胃液在胃中潴留,造成胃溃疡。

【造模方法】

(1) 水浸应激法:选用成年大鼠,体重 200～250 g。术前禁食 48 h,用乙醚麻醉后,将其四肢绑扎固定于鼠板。待其清醒后浸于 20 ℃左右的水槽中,水面浸至剑突水平。待浸泡 20 个 10 h 后,将动物处死,擦干皮肤,立即剖检。先将幽门用线结扎,然后用注射器抽 0.4%的中性福尔马林溶液 10 mL,自食管注入胃内,拔出针头结扎贲门。在两结扎线的两端切断食管及十二指肠,摘下全胃,30 min 后,沿胃大弯剖开,此时胃黏膜由于福尔马林的浸渍已发生组织固定,不致因剖开胃腔而皱缩,影响对病变的辨识。

(2) 组胺药物法:选用雄性白色豚鼠。术前禁食 18～24 h(只给饮水)。戊巴比妥钠麻醉后,于腹部正中切口,切口长 2～3 cm。找出十二指肠,在十二指肠的胆管开口上方夹一动脉钳造成狭窄,以使胃液潴留并防止十二指肠液返流入胃,动脉钳的一端伸出腹腔并缝合腹壁。皮下注射磷酸组胺水溶液(2.5～7.5 mg/kg 体重,根据动物品种不同而剂量不同),1 h 后用乙醚处死动物。小心将胃连同动脉钳一道取出。收集胃液,离心后测定胃液容量,分别用托弗氏液和酚酞滴定游离酸度和总酸度。胃液量记录以 mL/kg 体重为单位。然后用自来水由贲门端注入胃使之充盈,在光线良好的地方检查有无溃疡。溃疡记录方法:+(4 个以下的小溃疡),++(4～8 个小溃疡),+++(9～16 个小溃疡和几个大溃疡),++++(大面积融合的溃疡,或 16 个以上的溃疡,或溃疡即将穿孔)。

(3) 醋酸烧灼法:选用小鼠或大鼠,乙醚麻醉下消毒皮肤后开腹,在腺胃部前壁窦体交界处浆面贴上沾有冰醋酸的圆形滤纸(直径 5.5 mm)30 s,重复一次,闭腹后缝合皮肤。也可用 10%或 20%醋酸溶液 0.05 mL,利用 0.01 mL 刻度的结核菌素注射器的针头作胃壁黏膜注射或以棉签蘸 100%醋酸溶液通过内径 5mm 的玻璃管涂敷胃的浆面,以造成腐蚀性溃疡。

(4) 幽门结扎法:选用大鼠,在全麻、无菌操作下,结扎大鼠幽门。术后将动物置于铁丝笼中,防止其吞食鼠屎。禁食、禁水 19 h 后,麻醉或放血处死。剖检方法同"应激性溃疡"。

【模型特点及应用】

(1) 水浸应激模型:水浸 20 h 后,在腺胃部可见咖啡色的出血点及局灶性黏膜缺损。病变小(仅 1 mm 左右),深部不超过肌层。用本法诱发应激性溃疡成功率几乎达 100%,重复性好。用抗胆碱药及中枢抑制药可以减少溃疡的发生率。该模型是研究抗溃疡药物一种常用的实验模型。

(2) 组胺诱发模型:皮下注射磷酸组胺 1 h 后可诱发成胃溃疡模型。此法的优点是所用组胺的剂量小,并能恒定地复制出胃溃疡。

(3) 醋酸烧灼诱发模型:术后 3 d 剖检观察,可见烧灼局部形成溃疡,溃疡的大小及严重程度直接与所用醋酸的浓度和剂量有关。20%醋酸 0.01 mL 所致溃疡的直径一般为 4～6 mm,在 40 d 后可以完全愈合。0.05 mL 则溃疡的直径一般为 8～12 mm。该模型优点是方法简便,溃疡部位和溃疡面积可由术者自己选择。但所造成模型之溃疡发生在浆膜面,与人类发生在黏膜面有所不同。

(4) 幽门结扎诱发模型:本法诱发胃溃疡与动物的禁食情况以及结扎后经历的时间等有关。诱发成功率达 85%～100%。该模型复制方法简单、发生快、成功率高,但病变较表浅,严格地说仍然属于胃黏膜急性出血性糜烂,与人类胃溃疡的典型病变差距较大,适于做探索抗溃疡病药物研究和胃溃疡发病学方面的研究。

二、胃黏膜肠上皮化生模型(animal model of intestinal metaplasia)

【造模方法】

(1) N-丙基-N′-硝基-N-亚硝基胍(PNNG)诱发法:选用 2～6 周龄,体重 100～200 g 雄性大鼠。药物先用去离子水或蒸馏水配制成浓度为 1 g/L 的储存液,4 ℃保存,每天用前再稀释成所需浓度的溶液,所用剂量 50～83 μg/mL,将药放入饮水中,饮水瓶涂成黑色或以锡箔纸包裹,以免致癌物遇光分解。投药时间为 16～20 周。

(2) X 线胃局部照射诱发法:选用 5～8 周龄的 Wistar 或 SD 大鼠。麻醉后置于 X 线光束下,动物体用 0.6 cm 厚的铅皮加以保护,铅皮中央正对胃区处留有直径为 1.8 cm 的小孔,经此孔进行 X 线照射。照射剂量每次 5Gy,每日 1 次,共 6 次。

(3) X 线照射和 MNNG 联合诱发法:选用 5 周龄的 SD 大鼠,先用 X 光线照射,每次 5Gy,每日 1 次,共 6 次,8 周后投给 50 μg/mL 的 MNNG 溶液自由饮用 4 个月。

(4) PNNG 诱发犬法:选用 3 周龄、体重 11 kg 左右的 Beagle 犬自由饮用 150 μg/mL PNNG 溶液 40 周,后改为自来水。

(5) 带蒂胃壁瓣肠移植大鼠诱发模型:选用体重 180～200 g Wistar 大鼠,常规麻醉后打开腹腔,于大鼠腺胃前壁正中部取一大小约 1.5 cm×1 cm 梭形胃壁瓣,保留胃小弯侧血管 2～4 条,0/7 号线缝合胃壁。分别在十二指肠中部,空肠末端及中结肠纵形切开肠管,切口长约 1.5 cm,0.05%洗必泰纱条清洁伤口,将梭形胃壁瓣黏膜面向着肠腔进行侧吻合,0/7 号线连续缝合,腹腔内放入 0.9%NaCl 溶液 5 mL,常规关闭腹腔。

【模型特点及应用】

PNNG 给药 16～20 周、X 线局部照射 6 次、X 线照射 6 次和 PNNG 给药 4 个月可形成胃黏膜肠上皮化生模型。带蒂胃壁瓣肠移植大鼠诱发模型:术后 3 个月时,移植至空肠和结肠的胃壁瓣黏膜即显示有肠化生；术后 6 个月，移植到肠道各段的胃壁瓣黏膜均可见广泛的肠化生。PNNG 诱发犬模型：第 128 周左右可出现典型的肠化生，无论胃镜或显微镜下观察，均与人类黏肠化生相类似。

实验动物的肠化生模型可用于研究胃黏肠化生发生的原因及组织来源；探讨胃黏膜肠化生与胃癌发生的关系；胃黏膜肠化生逆转治疗药物的筛选和疗效观察。

三、幽门螺杆菌感染动物模型(animal model of helicobacter pylori infection)

【造模方法】

(1) 幽门螺杆菌(Hp)感染悉生仔猪法：选用出生 3 d 的悉生仔猪。经口感染 10^6～10^9 CFU 的 Hp，24 d 将小猪从无菌隔离室转移到普通条件下饲养。

(2) Hp 感染悉生犬法：选用出生后 40 d 以内的 Beagle 仔犬，经口感染 10^6～10^9 CFU 的 Hp。

(3) Hp 感染家猪法：实验猪在实验前经检查无 Hp 存在。经西咪替丁抑酸处理后给予 Hp 口服感染，每天 3 次，每次 3 mL(1.5×10^8 CFU/mL)，共 4 d。

(4) Hp 感染小鼠法：10^9 CFU 的 Hp 菌液经口感染无特异病原 CD F_1 小鼠，BALB/c 小鼠和正常 CD F_1 小鼠，1 周后及其后的 4～8 周内，小鼠体内可查到程度不同的感染。

【模型特点及应用】

(1) Hp 感染悉生仔猪模型：感染后 1～4 周分批处死动物，组织学检查见 Hp 分布在胃底、胃体、胃窦和十二指肠球部，胃黏膜有短暂的中性粒细胞浸润，继之出现单核细胞的弥漫浸润。胃腺黏多糖减少，并且 2 周后可在血清中查到抗 Hp 抗体。上述特点与人类的 Hp 感染相似。但此模型有很大的局限性。

(2) Hp 感染悉生犬模型：感染后组织学检查胃黏膜可见局灶性或弥漫性淋巴细胞浸润和淋巴滤泡形成，并伴有轻至中度中性粒细胞和嗜酸性粒细胞的浸润，与人的胃炎相似，人的胃炎中性粒细胞是持续存在的，而在悉生小猪则是短暂存在。

(3) Hp 感染家猪模型：感染 4 d 后，可在胃窦和胃体检测到 Hp，并可产生与人类组织学相同的慢性活动性胃炎。

(4) Hp 感染小鼠模型：感染 1～8 周内，小鼠体内可查到程度不同的感染，其胃黏膜的病理变化与人感染 Hp 的变化相似，主要表现为胃腺体消失，上皮细胞脱落，溃疡形成及黏膜固有层炎性细胞浸润。此模型可用于观察 Hp 感染的病理过程及细菌疫苗应用的研究。

四、溃疡性结肠炎动物模型(animal model of ulcerative colitis)

【造模方法】

(1) 二硝基氯苯诱发法：选用雄性豚鼠，体重 350～400 g。剪去颈背部的毛，涂擦二硝基氯苯(DNCB)Ⅰ液(DNCB 2 g∶丙酮 1 mL)约 1 cm^2 大小，电吹风吹干。2 周左右在豚鼠腹部再次涂擦 DNCBⅡ液(DNCB 0.4 g∶丙酮 1 mL)，如果 2 d 后腹部出现红肿、硬结，说明豚鼠已对 DNCB 致敏。然后经肛门肠管内插管 12 cm，注入 DNCBⅢ液(DNCB 0.2 g∶丙酮 1 mL)0.5 mL，2 d 后处死，即成急性溃疡性结肠炎。

(2) 乙酸诱发法：选用 SD 大鼠，300～350 g 雄性。实验前禁食 16 h，戊巴比妥钠腹腔麻醉。用导管经肛门插入结肠内 8 cm，注入 8%乙酸 2 mL，20 s 后立即注入 5 mL

生理盐水冲洗。

(3) 聚糖硫酸钠诱发法：选用无特定病原菌 CBA/J(H－2^K)或 BALB/c(H－2^d)雄性小鼠，8～9 周龄。饮水中给予 5%～10%葡聚糖硫酸钠(DSS)饮用 8～9 d，即可造成急性模型。慢性模型可先给予 5% DDS 饮用 7 d，再饮用自来水 10 d，如此 3～5 个循环。

(4) 免疫诱发法：选用 Wistar 大鼠，体重 120～130 g。取一只健康大鼠的结肠内容物，划线于伊红-美蓝平板，37 ℃培养 24 h，取典型菌落扩增并做数值鉴定，确定为大肠杆菌后，冰箱保存备用。免疫前取菌种扩增，用福尔马林杀死细菌，生理盐水洗两次并调浓度为 1.2×10^8/mL。免疫动物分别于第 1、8、16、24 天共接受 4 次免疫。第 1 次于后足趾处注射细菌悬液 0.2 mL；第 2、3 次分别于腹部和背部皮下多点注射 0.4 mL 和 0.6 mL；第 4 次腹腔内注射 1.2 mL。

【模型特点及应用】

(1) DNCB 诱发模型：肠壁充血水肿，黏膜及黏膜下层大量中性粒细胞、淋巴细胞及其他炎性细胞浸润。黏膜坏死及溃疡形成，严重者可有黏膜脱落，隐窝脓肿时而可见。

(2) 乙酸诱发模型：病理特点为结肠黏膜弥漫性充血水肿，炎性细胞浸润，出现糜烂，严重者可见溃疡形成。但早期仅见单纯急性炎症，病变进展及愈合均迅速，与人类溃疡性结肠炎病变进展与愈合交替的特点不同，该模型炎性代谢与人类溃疡性结肠炎相似。其优点为制模简便、重复性好、经济实用，但不能反映人类溃疡性结肠炎免疫学变化。

(3) 聚糖硫酸钠诱发模型：结肠黏膜不仅有糜烂、炎细胞浸润，又有淋巴滤泡形成及黏膜再生改变，部分黏膜出现异型增生，此模型病理改变类似于人类溃疡性结肠炎模型，不仅可用于发病机制，治疗药物的研究，而且适用于与结肠癌关系的研究。

(4) 免疫诱发模型：结肠病理改变可见黏膜水肿、炎细胞浸润及血管炎改变。黏膜内可见多处隐窝脓肿及溃疡形成，同时可看到细胞免疫功能下降和免疫复合物增加。此模型采用大鼠的正常；攻群为抗原，不需引人外源物质，比较接近于正常情况。此方法制模简便，抗原来源方便，便于推广，可用于病因学、发病机制及治疗药物的研究。

五、肝胆疾病动物疾病模型(animal model of gall bladden hepatic disease)

(一) 四氯化碳诱发急性中毒性肝炎、肝坏死模型(model of acute toxic hepatitis and hepatonecrosis)

四氯化碳(CCl_4)进入动物体内后，可直接进入肝细胞，使线粒体膜的脂质溶解，从而影响线粒体的结构和功能，使酶蛋白合成减少，造成酶的破坏及释出的障碍，因而影响代谢及能量的生成，使肝细胞发生变性、坏死。采用此种动物模型可观察到急性肝炎时的糖、脂肪、蛋白质、色素等方面的代谢障碍；肝脏解毒功能降低；以及迅速出现的营养不良、脂肪性变、肝坏死等形态学改变。

【造模方法和特点】

(1) 小鼠：用 40% CCl_4 橄榄油 0.4 mL，一次性口服可诱发小鼠肝小叶中央坏死。

(2) 大鼠：用 CCl_4 0.05 mL/100 g 体重做皮下注射，可诱发大鼠脂肪肝、肝硬变；用

CCl_4 0.2 mL/100 g 体重做皮下注射，可诱发大鼠肝细胞水泡样变性、缺氧、肝小叶中央坏死；用 CCl_4 矿物油 0.033 mL/100 g 体重做腹腔注射，可诱发大鼠脂肪肝、肝小叶中央坏死；每只用 CCl_4 0.5～1.0 mL 一次性口服，可诱发大鼠肝小叶中央坏死；用 CCl_4 0.5 mL/kg 体重一次性口服，可诱发大鼠急性中毒性肝坏死。

(3) 兔：用 CCl_4 1.2 mL/kg 体重一次性口服，可诱发兔肝小叶中央坏死；用 CCl_4 1.0 mL/kg体重一次口服，可诱发兔急性中毒性肝坏死。

(4) 猫：用 CCl_4 0.3mL/kg 体重皮下注射，可诱发猫肝小叶中央坏死、脂肪肝。

【注意事项】

兔用 CCl_4 造模剂量以 1.0 mL/kg 体重较合适。当剂量达 1.2 mL/kg 体重时，2～3 d 内有 20%～30%动物可造成急性中毒死亡。口服 CCl_4 时，应防止误入气管。CCl_4 常配成乳剂使用，如要配成 10%乳剂，可取 5 mL 植物油和 5 g 阿拉伯胶，放入乳钵中研匀，再加纯 CCl_4 研匀，然后加蒸馏水 10～15 mL 调成粗乳状，最后加蒸馏水，使总量达到 100 mL，使用时摇匀。

(二) 肝纤维化动物模型(animal model of hepatic fibrosis)

任何可引起肝损伤的因素长期、反复作用于肝脏，可产生肝细胞变性、坏死，继而肝细胞再生和纤维组织增生，导致肝纤维化，严重时发展为肝硬化、肝癌等。每种方法因致病因素不同、给药途径不同，产生肝硬化的机制，纤维化出现的早晚、稳定性、出现率、重复性及机体自然患病过程等都不尽相同。

【造模方法】

(1) 免疫法：选用雄性 Wistar 大鼠，体重 130 g 左右，取猪血清 0.5 mL，腹腔内注射，每周 2 次，共 8 次(猪血清的制备：取新鲜猪血，离心制血清，过滤除菌，分装放低温冰箱备用)。大鼠于第 3 周出现较多的肝细胞变性、坏死，第 4 周增生的胶原纤维形成纤维束，呈侵袭性生长，从中央静脉到门管区之间相互伸延，发生肝纤维化。

(2) 硫代乙酰胺法：选用雄性 Wistar 大鼠，体重 130 g 左右，用硫代乙酰胺腹腔内注射，第 1 次 20 mg/100 g 体重，从第二次起 12 mg/100 g 体重，每周注射 2 次，共 8 周。硫代乙酰胺腹腔内注射第 3 周，在肝小叶间中间带出现大片的肝细胞变性坏死和炎细胞浸润、变性、坏死的细胞数和严重程度明显超过猪血清模型，炎细胞浸润程度也超过猪血模型。6 周后出现增生的纤维束，纤维增生明显晚于和少于猪血清肝纤维化模型。

(3) 四氯化碳法：选用 Wistar 或 SD 大鼠，体重 180～200 g，皮下注射 40%～50% CCl_4 橄榄油溶液(0.3 mL/100 g)，每周 2 次，第 2 周始，隔日经 20%～30%乙醇 1 mL 灌胃(或作为唯一饮料)，饲以单纯玉米面(混以 0.5%胆固醇)共 8 周。第 2 周时肝脏出现小叶中心小片状肝细胞变性坏死，光镜下未见明显纤维增生；第 4 周时肝脏除肝细胞变性坏死外，开始有较薄的纤维间隔形成；第 6 周大鼠肝脏间隔进一步增厚，多有假小叶形成；第 8 周大鼠肝脏可见肝组织正常结构被破坏，形成厚的纤维间隔，并分割形成假小叶。

【模型特点及应用】

(1) 免疫模型：肝纤维化出现的早，出现率可高达 86.7%；对动物整体损伤轻微，动物毛发光泽、生长、发育情况与正常无区别；肝纤维化组织中大量胶原增生，故Ⅲ、Ⅳ型前胶原的 mRNA 增多。该模型在免疫性模型中是较理想的模型。

(2) 硫代乙酰胺模型：该模型中肝细胞变性坏死，比免疫性肝纤维化模型严重且炎症细胞浸润明显，在其大鼠肝纤维组织中有Ⅰ型胶原的 mRNA 增多，转化生长因子——β_1 明显增多。

(3) 四氯化碳模型：实验中大鼠成活率60%～80%，CCl_4 所致高胆固醇饮食大鼠肝硬化是目前国内外常采用的动物模型，该模型可靠且复制时间短，肝纤维化进展稳定，适合于肝硬化发生发展过程的动态研究。

(三) 胆石症动物模型(animal model of cholelithiasis)

胆结石形成主要由于胆汁内胆固醇的含量超过了与胆汁酸和磷脂的正常比例，导致胆固醇结晶与析出所致与代谢关系较大。其复制机制主要为以下四方面：

(1) 感染：可使动物胆囊或胆管发生炎症，炎性渗出物中的脱落上皮、黏液、细菌集落等作为胆石形成的核心，有利于胆固醇、胆色素、胆盐等沉积并逐渐垒砌成胆石，炎性渗出物中蛋白质产物还使胆固醇和胆红质的溶解度降低，并促使其常常形成结石。

(2) 胆汁淤滞：oddis 括约肌痉挛、胆管受压时，胆汁在胆道中流通不畅，发生淤滞，可使胆汁中水分过多地被吸收而发生胆汁浓缩，胆汁成分自然析出，常常形成结石。

(3) 胆固醇代谢障碍：高胆固醇血症时，由肝脏排入胆道的胆固醇也增加，胆汁中胆固醇浓度随之增高，易于析出，沉淀形成结石。

(4) 自主神经调节发生障碍：如切除动物迷走神经干，可使动物胆囊收缩无力、胆汁淤滞等动力学改变及胆汁中主要成分的比例改变。胆汁中胆盐和磷脂含量的降低使胆固醇不能完全形成微胶粒而呈过饮和状态，沉淀析出形成结石。

【造模方法和特点】

(1) 感染法：选用健康成年家兔、大鼠或家犬。无菌条件下行腹部手术，显露十二指肠，从十二指肠乳头逆行插入一塑料管进入胆囊，从中注入蛔虫卵或大肠杆菌悬液。蛔虫卵悬液浓度为每毫升含3～15万个蛔虫卵。

(2) 食饵法：① 地鼠：选用50～60 g左右叙利亚地鼠。基本食饵的特点为高糖，不含非饱和脂肪酸，食饵配制方法：蔗糖74%，酪蛋白21%，食盐4.4%，胆碱0.1%，浓缩鱼肝油0.5%。按每只地鼠每日5～9 g分两次喂养，同时每周喂青菜、麦芽1～2次以补充维生素等，维持动物生命。② 雌性豚鼠，体重250～300 g。成石饲料的配制：在基础食物中加入酪蛋白1%、蔗糖1.5%、猪油1%、纤维素1%、胆酸0.02%、胆固醇0.05%。

(3) 狭窄成石法：家兔胆囊结扎6个月后，胆囊中有明显结石形成。结扎家兔胆总管4个月后出现胆总管狭窄或完全梗阻，70%～80%出现胆囊结石，这种结石质软、色深、有的属于纯胆色素结石，但多为含胆色素与胆固醇的混合结石，此模型可用于进行胆色素混合结石的发病及防治的研究。

(4) 切除迷走神经法：选用成年健康家兔，性别不限。无菌手术探明家兔胆道及胆囊正常，然后显露胃、食管、贲门，将食管悬吊，显露两侧迷走神经，从食管下端切除两侧迷走神经干各1.5～2.0 cm，均送病理检查证实。手术结束后，在腹腔内注入50%葡萄糖20 mL，术后继续禁食16～20 h。

(5) 异物植入法:选用健康的成年犬或兔,性别不限。无菌下剖腹,显露胆囊,在胆囊底部切一小口,将已灭菌的蛔虫碎片(或人胆石、线结、橡皮等)植入胆囊内,然后荷包缝合胆囊。植入物应事先烤干至恒重,记录其大小,以备实验前后称重及测量长度比较。可于2～3个月后剖腹检查。通常兔胆囊内植入异物后,早期发生炎症反应,胆囊内黏液增多,有时甚至形成黏液团块。

【模型特点及应用】

(1) 感染模型:动物感染7个月后,胆囊呈慢性炎症,囊内结石形成。此模型除用于防治研究外,还可以进行有关胆系时功能代谢变化的分析与观察研究。

(2) 食饵法模型:地鼠14～21 d胆囊内形成明显结石,22 d成石率高达100%。豚鼠2个月后在90%的豚鼠胆囊中可产生以胆色素为主的结石,其成分和结构与人类的胆色素结石相似。

(3) 狭窄法模型:家兔胆囊结扎6个月后,胆囊中有明显结石形成。结扎家兔胆总管4个月后出现胆总管狭窄或完全梗阻70%～80%出现胆囊结石,这种结石质软、色深,有的属于纯胆色素结石,但大多为含胆色素与胆固醇的混合结石,此实验模型可用于进行胆色素混合结石的发病学与防治研究。

(4) 切除断走神经模型:术后家兔胆汁成分明显改变,4～5周有胆固醇结石形成。

(5) 异物植入模型:犬或兔异物植入2～3个月后,胆囊内可见到多数黑细砂,异物可被墨绿色的胆石成分所包裹。若植入数个异物,有时可以结成一个大团块,此模型可用以进行中西药物或其他治疗措施的防石、溶石研究等。

六、胰腺炎动物模型(animal model of pancreatitis)

(一) 结扎胰管致急性胰腺炎模型(animal model of acute pancreatitis)

各种胰酶进入肠道被肠酶激活后,即体现其强大的消化作用,活化的胰酶若逆入胰管也能引起自身消化。急性实验性胰腺炎就是基于这一特点来诱发的。

【造模方法及特点】

选用雄性犬,体重15 kg以上。术前禁食12 h以上,无菌操作下进行手术。暴露十二指肠,将其降部轻轻向左侧翻转,可见胰腺右叶与十二指肠紧密依附,右主胰管即在其中,其向尾端有相当大一段离开肠壁分布于系膜中。在胰头部距离游离端约2 cm处,仔细辨识十二指肠壁的系膜侧,可见一与肠轴垂直、色白的管状隆起。如胰管埋没于胰组织和脂肪中,则可用手指扪测。犬的主胰管的管长较细,通常仅2 mm左右,且胰腺与肠壁之间的距离又较短,可暴露大约不到5 mm,因此初做时不太容易找到。分离主胰管时,先将其表面的血管结扎,用肾上腺素棉球浸渍,使小血管收缩以避免渗血而影响视野,而后用尖蚊钳小心分离,穿线双道结扎,关闭腹腔。待恢复正常后即可用于实验。若在结扎胰管的同时,饲以高蛋白、高脂肪食物,或注射促胰液素使胰液分泌增加,可以诱发一过性的胰腺水肿;如果在结扎胰管的同时暂时阻断胰动脉或以有活性的胰蛋白酶作动脉内注射则可导致出血性胰腺炎。

(二) 牛胆酸钠致急性出血性胰腺炎模型(animal model of acute hemorrhagic pancreatitis)

早期组织学的变化,可能是牛胆酸钠的去污剂作用。这种作用,早期可直接导致胰腺腺泡细胞或小导管壁的细胞溶解。进一步的损害,可能是胆盐激活胰腺中的胰酶类,如胰蛋白酶、磷脂酶等,产生腺泡自体消化的结果。最早的组织学改变,在 15 min 之前出现,严重的组织学改变,在 1～3 h 发生。

【造模方法】

选用 Wistar 大鼠,体重 180～260 g。牛胆酸钠(NaTc),实验前用生理盐水配制成 1.0%、2.0%、3.5% NaTc 溶液备用。大鼠实验前禁食 12 h,允许饮水,3%戊巴比妥钠(40 mg/kg)腹腔内注射麻醉。剖腹后经十二指肠用 4 号头皮针头插入胰管开口,向内逆行注入不同浓度的 NaTc 溶液(0.1 mL/100 g)。

【模型特点及应用】

1.0%和 2.0% NaTc 诱导后 12 h,大鼠血清淀粉酶依次升高,组织水肿和炎症细胞渗出逐渐加重,病理学上属轻度水肿型急性胰腺炎。3.5%NaTc 诱导急性胰腺炎(AP)后,除血淀粉酶水平持续升高外,胰腺组织水肿、炎症细胞浸润进一步加重,并出典型胰腺细胞坏死和出血,病理学上已显示为坏死型胰腺炎,电镜显示细胞的超微结构也证实上述形态改变。随着 NaTc 诱导浓度提高,胰腺操作依次加重。本模型适合评价药物对水肿型和/或坏死型腺炎的最大防治效应,故具有一定的实用价值。

(三) 慢性胰腺炎动物模型(animal model of chronic pancreatitis)

慢性胰腺炎是由于连续炎症造成胰腺形成与功能不可逆性损害。尽管对该病的研究已经取得很大进展,但是它的发病机制及与其相关的诊断和治疗有许多问题尚有待解决。

【造模方法】

选用成年杂种猫,在隔离禁食后,全麻(30 mg/kg 异戊巴比妥钠腹腔内注射)下施行剖腹手术,将尼龙导管插入主胰管,缝合固定后,烧灼闭合导管外露端,造成主胰管完全梗阻或先将一根尼龙导管插入主胰管内缓慢注入 94%乙醇 1.5 mL,然后截下 1 cm 长的导管留置在主胰管内,最后用 26 号细针头均匀点状注射 94%乙醇 1.5 mL 于胰腺实质内。

【模型特点及应用】

6 周后胰腺小叶变成圆形,被向心性纤维包绕,小叶裨内及其周围组织均有炎性细胞浸润,叶间胰管明显扩张,管腔内偶见多形核粒细胞。11 周后胰腺结构发生严重紊乱。26 周后,胰腺小叶数目减少,间质纤维组织明显增生,单核细胞浸润。6 周后出现典型的慢性胰腺炎,26 周后慢性胰腺炎的发生率为 100%。

七、诱发性食管癌动物模型(animal model of esophageal carcinoma)

【造模方法】

(1) N-甲基-N-苄基亚硝胺(MBNA)诱发食管癌:取 1 月龄 100 g 体重以上 Wistar 大鼠,将 1% MBNA 溶液加在少量的粉末状饲料中,搅拌均匀,由动物自由摄食,给药量为每天 0.75～1.5 mg/kg 体重。

(2) 二烃黄樟素诱发大鼠食管癌模型:在大鼠饲料中加入质量分数为(2.5～10)×10^{-3}的黄樟素喂养大鼠,诱发成功率达 20%～75%。

【模型特点及应用】

MBNA 经 3 个月左右可诱发食管癌，诱发率为 80%～100%，其食管鳞状细胞癌的组织学病变与人类的食管鳞癌相似，但很少发生转移，给药时间愈长，肿瘤的发生率愈高，一般可达 90%～100%，同时亚硝胺致癌性较强，大剂量 1 次性给药，即可致癌。亦可用 0.2%或 0.005% MBNA 水溶液给大鼠经口灌胃，每天 1 次(1mg/kg 体重)，经 11 个月可使肿瘤诱发率达 53%左右。

八、动物大肠癌模型(carcinoma of the large intestine)

动物大肠癌的自然发生率很低，目前常用致癌物以二甲肼(DMN)较佳，其具有致癌性强和器官选择性高的特点，是一类既可口服又可注射的间接致癌剂。

【造模方法】

(1) 二甲肼(DMN)诱发大肠癌模型：选取 4 月龄雄性 Wistar 大鼠，将 DMH 先配成质量浓度为 400 mg/mL 的溶液，加入 EDFA 27 mg，用 0.1 mol/L NaOH 将 pH 值调节至 6.5，用此浓度注射大鼠，每次剂量 21 mg/kg 体重每周一次，连续 21 周。

(2) 甲基硝基亚硝基胍(MNNG)诱发大鼠大肠癌模型：选用 6 周龄的 Wistar 大鼠，用 33%乙醇配成 0.67% MNNG 乙醇溶液，用磨平的腰椎穿刺针头由肛门插入直肠 7～8 cm，每次注入 0.67%致癌液 0.3 mL，每周 2 次，共 25 次。

【模型特点及应用】

(1) 最后一次给药后 1～4 周处死动物，大肠癌的诱发率为 81%～100%诱发的大肠肿瘤均系恶性肿瘤，绝大多数为腺癌(二甲肼)。

(2) MNNG 灌肠法于实验 12～13 个月时处死动物，诱发的大肠癌主要发生在肠壁黏膜面，向肠腔内突出，绝大多数为腺癌及黏液腺癌，或两者混合的癌，但浸润较深，较多浸润至肌层或浆膜层，出现部分纤维肉瘤。

(李　岭)

第十三章 人类呼吸系统疾病的比较医学

第一节 人和实验动物呼吸系统比较解剖学

一、人和实验动物胸腔、肺脏的解剖比较

不同动物单位体重的体表面积不同,单位体重的耗氧量也各不相同。相应的,机体在呼吸器官的形态、功能上也会有一定的差异,如呼吸器官的结构、肺的分叶、肺泡表面积等(图 13-1-1、13-1-2)。

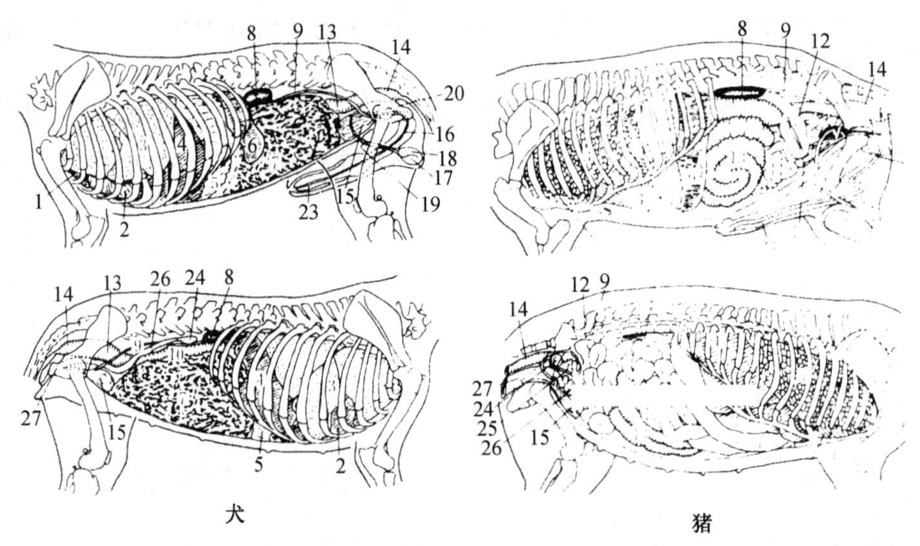

1. 胸腺;2. 心脏;3. 肺;4. 肝脏;5. 胃;6. 脾脏;7. 大网膜;8. 肾脏;9. 输尿管;10. 十二指肠;11. 空回肠;12. 盲肠;13. 结肠;14. 直肠;15. 膀胱;16. 尿道;17. 睾丸;18. 附睾;19. 输精管;20. 前列腺;21. 精囊腺;22. 尿道球腺;23. 阴茎;24. 卵巢;25. 输卵管;26. 子宫;27. 阴道

图 13-1-1 犬和猪胸腔脏器比较

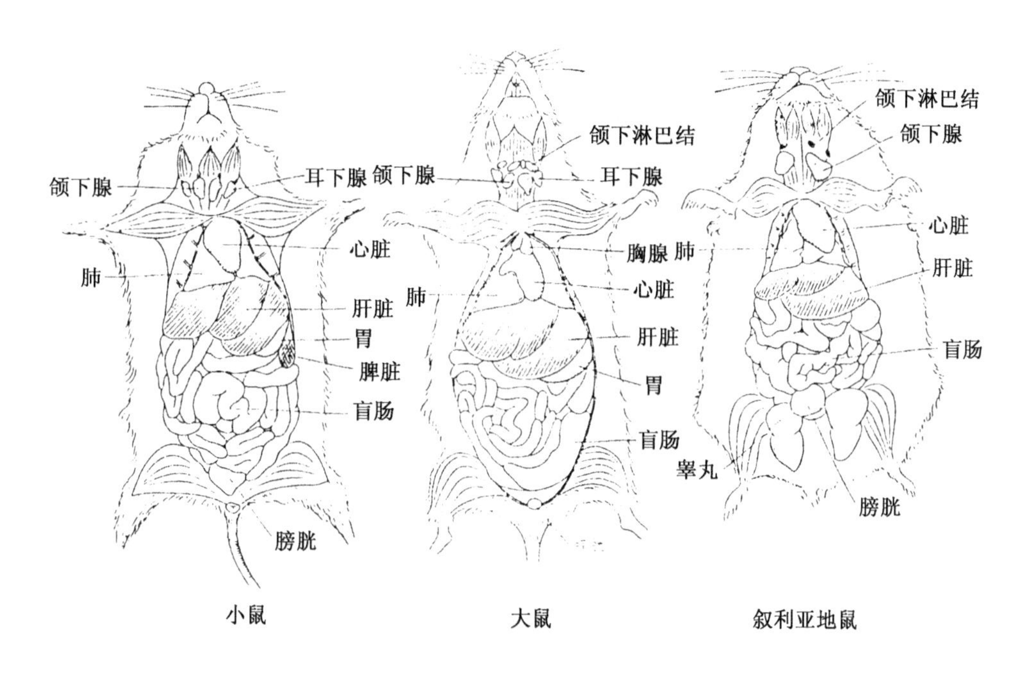

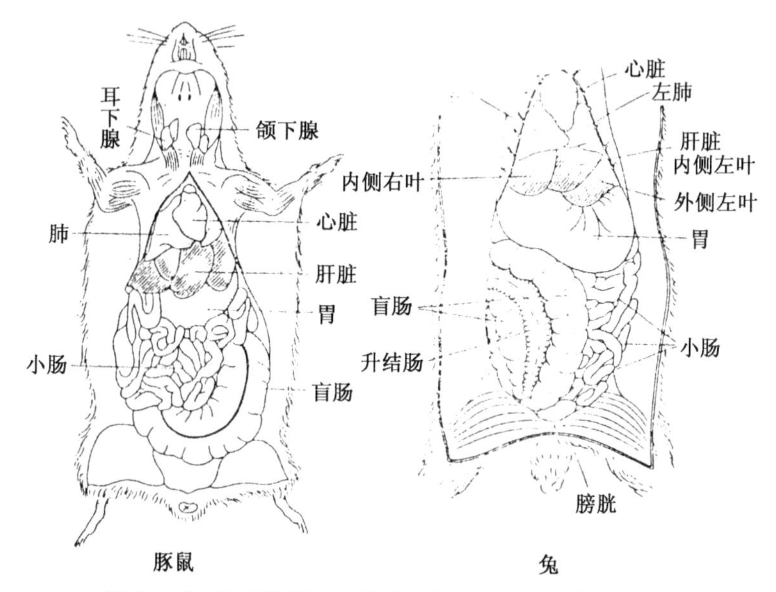

图 13-1-2 不同鼠类和兔的胸腹部主要脏器比较

2. 人与实验动物肺脏分叶特点比较

狗及兔的肺叶分布均为左肺 2～3 叶，右肺 3～4 叶。豚鼠肺叶一般为左肺 3 叶，右肺 4 叶，与人肺叶的分布有明显差别。图 13-1-3 为人及各种动物的肺部形状(俯卧位)。

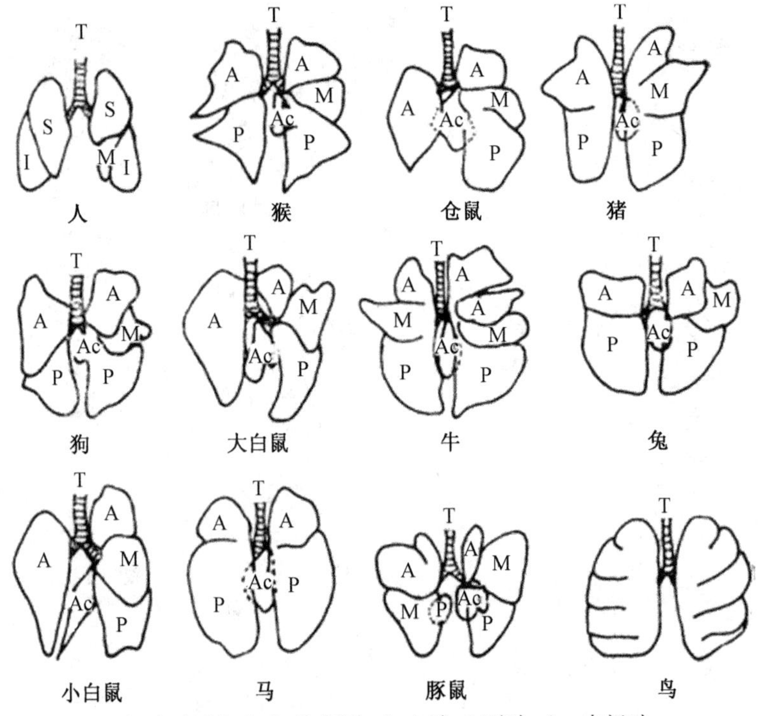

A. 尖叶；M. 心叶；P. 膈叶；S. 上叶；I. 下叶；Ac. 中间叶

图 13-1-3　各种动物肺的形状

3. 人和实验动物肺及肺泡面积比较

一般来说，动物越大，肺泡总面积越大，但单位体重的肺表面积正好相反，动物越大，数值越小(表 13-1-1)。

表 13-1-1　人和实验动物肺及肺泡面积比较

动物	肺脏分叶(个)			肺　泡		
	右肺	左肺	总分叶数	肺泡直径(mm)	肺泡总面积(m^2)	肺比表面积(m^2/kg)
人	3	2	5	0.2	100	1.7
猴	4	2～3	6～7	—	—	—
犬	4	3	7	—	—	—
猫	4	3	7	100	7.2	2.8
兔	4	2	6	—	5.21	2.5
豚鼠	4	3	7	—	1.47	3.2
大白鼠	4	1	5	50	0.56	3.3
小白鼠	4	1～2(有一条不太深的沟，分成2叶)	5～6	30	0.12	5.4

二、各种实验动物呼吸系统解剖特点比较

（一）犬的呼吸系统解剖特点

1. 喉

犬的喉比较短。甲状软骨的软骨板高而短。甲状软骨后角强大，有一个圆形关节面与环状软骨相关联。环状软骨的软骨板宽广，杓状软骨比较小，且在左右软骨之间还有一杓间软骨。会厌软骨为四边形，下部较为狭窄，称会厌茎，位于甲状软骨角内。

2. 气管与支气管

气管的前端呈圆形，中央段的背侧稍扁平。气管的全长由40～45个气管软骨环组成。在气管背侧，软骨环的两端互不相接，而是由一层横行平滑肌纤维组成的膜质壁将环的两端相连。气管进入胸腔，其分叉部位与第5肋骨相对。支气管干分的歧角为钝角，在入肺之前，每一支气管干先分成两支。在右肺，前支气管进入尖叶，从支气管干另外分出两支，一支到心叶，另一支到中间叶；在左肺，前支气管先分成两支，一支到尖叶，另一支到心叶。

3. 肺

犬的左肺分3叶，即尖叶、心叶和膈叶。尖叶的尖端小而钝，位于胸骨柄的上面。心叶上的心压迹浅。在肺根的背侧有明显的主动脉压迹，在肺根的后方有一浅的食管沟。犬的右肺比左肺大1/4，分为4叶，即尖叶、心叶，膈叶和中间叶。尖叶位于心包的前方，并越过体正中面至左侧。中间叶呈不规则的三面圆锥体形，其基底接膈的胸腔面，外侧面有一深沟，容纳后腔静脉和右膈神经。右肺的心迹较左肺深。在肺根的前方有腔静脉的沟状压迹；肺根的背侧有奇静脉的沟状压迹；肺根后部的上方，有浅的沟状压迹，主动脉弓由此通过(图13-1-4)。

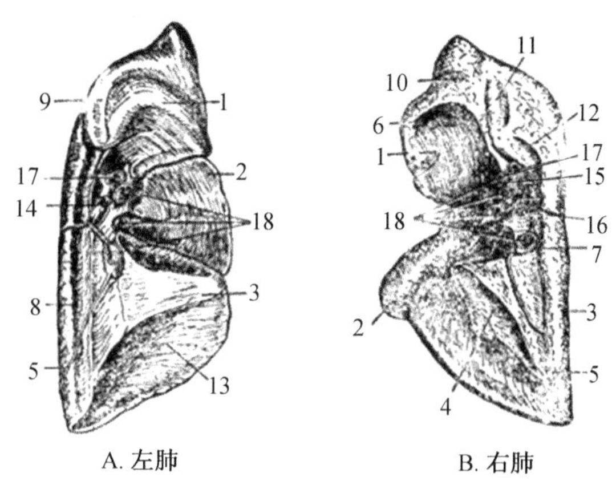

1. 尖叶；2. 心叶；3. 膈叶；4. 中间叶；5. 肺韧带；6. 心压迹；7. 食管沟；8. 主动脉沟；9. 锁(骨)下动脉沟；10. 胸内动脉沟；11. 前腔静脉沟；12. 奇静脉沟；13. 膈面；14～16. 支气管；17. 肺动脉；18. 肺静脉

图13-1-4　犬左右两肺的内侧面

（二）兔的呼吸系统解剖特点

1. 气管

喉门以后即为气管，它是由一系列单个的气管环组成。兔的气管环约有48～50个，呈椭圆形，它们是有缺口的环状软骨(在气管背面并未闭合，由平滑肌将缺口连接起

来)，由于有软骨环起着支撑的作用，可使气管腔保持开放状态，有利于气体的通过。在颈前部的气管位于食管的腹侧，进入胸腔后稍变窄并立即分成两根支气管，分别进入左右两肺。气管分为支气管的部位大约在第5胸椎的腹侧处(心脏的背侧)。右支气管口径较左支气管稍大。支气管入肺后多次分支，并越分越细，犹如树枝样分支。

2. 肺

肺位于密闭的胸腔内心脏的两侧，是一对实质性的海绵状器官，当剖开胸腔后肺立即明显缩小。新鲜的肺呈粉红色，质地松软，富有弹性，具有小叶状的构造，左右肺之间有纵隔分开。兔的肺不大，右肺较左肺大。全肺重量12～13 g(右肺7～7.5 g，左肺5～5.5 g)，占体重的0.36％ (0.33％～0.38％)。在每个肺内侧面靠近前端的部位有支气管、血管和神经出入肺，此部位就是肺门。兔的肺有一定数目的分叶。根据每个肺从前至后的裂纹，可分为尖叶、心叶和膈叶，右肺还有中间叶(左肺3叶，右肺4叶)。两肺这种不对称的结构是与心脏在胸腔内偏左的位置有关。① 尖叶：不发达(两肺的尖叶之和仅占全肺的14.2％)，位于前方，其狭窄的部位与半个胸腔前端有容积相适应。② 心叶：也不够发达(两肺的心叶之和约占全肺的10％)，位于心脏的后侧(图13-1-5)。③ 膈叶：比上述两叶的体积大，占据整个肺的后部。左右两肺的膈叶占全肺的61％，膈叶占据了胸腔的后半部。④ 右肺的中间叶位于心脏的背侧，介于两肺膈叶之间，其容积仅占全肺的5.81％。

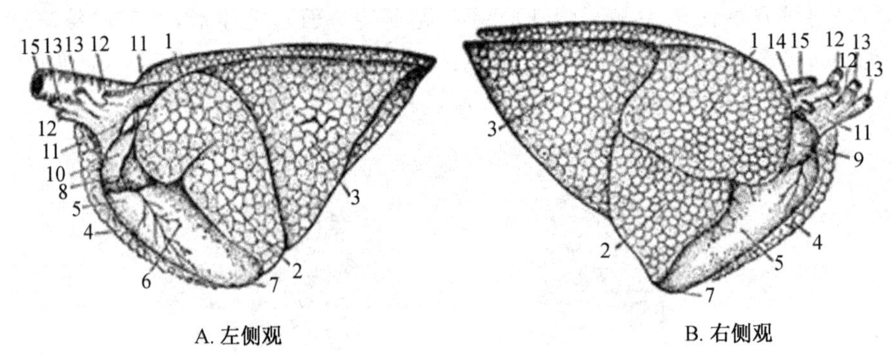

A. 左侧观　　B. 右侧观

1. 肺尖叶；2. 心叶；3. 膈叶；4. 退化的胸腺和脂肪；5. 右心室；6. 左心室；7. 心尖；8. 右心耳；9. 右心耳；10. 肺动脉；11. 主动脉；12. 左、右锁骨下动脉；13. 左、右无名动脉；14. 右前腔静脉；15. 气管

图13-1-5　兔肺和心脏的胸腔内部位

(三) 猫呼吸系统解剖特点

1. 气管与支气管

气管为一根直管。气管壁内表面衬以纤毛上皮的黏膜，气管壁内有"G"形的软骨环所支撑。猫共有38～43个软骨环，软骨环的缺口向背部，对着食管，在缺口处为平滑肌及结缔组织所填充，故气管的直径能增大和缩小。气管第1软骨环比其他软骨环宽些。气管从喉伸至第6肋骨处分叉形成左右两支支气管。右侧支气管进入肺后再分为两个分支称动脉下支气管，有一支先分出3个分支，然后再分为许多小支气管，因此，也可以认为右侧支气管有4个分支。而左侧支气管则为3个分支，然后直接分成许多小支气管。

2. 肺(图 13-1-6)

猫的右肺略比左肺大些。右肺为 4 叶,即 3 个小的近端叶和一个大而扁平的远端叶(尾叶),3 个近端叶只是部分分开,其中最前面的一个近端叶伸到食管下端的背部而进入纵隔,故可称为纵隔叶。左肺为 3 叶,其中靠头部的两个叶基部相连,故可认为左肺有一个单独的叶和两个不完全分开的叶。猫肺全部重量约 19 g:左肺约 7.9 g,右肺约 11.1 g。肺全部肺泡展开后,其总面积可达 72 m^2。

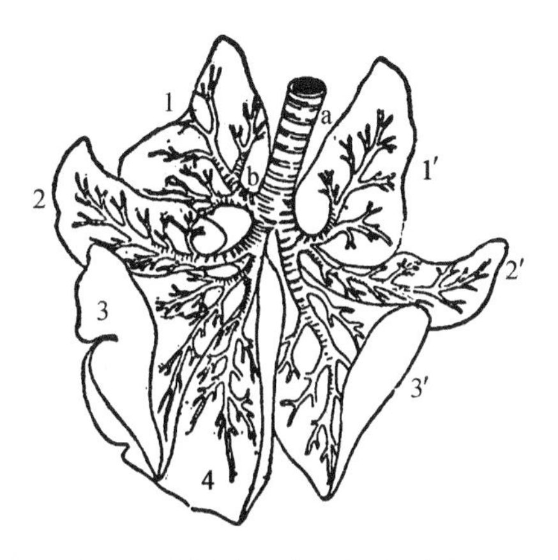

1～4. 右肺叶;1′～3′. 左肺叶;
a. 气管;b. 动脉上支气管

图 13-1-6　猫的气管、支气管和肺叶的轮廓图

(四) 豚鼠呼吸系统解剖特点

1. 气管和支气管

(1) 气管:全长有 35～40 个不完全的软骨环,由背侧的环状韧带和弹性纤维带连接而成。气管内壁衬有来自喉及支气管的内皮。气管软骨环为一背侧不相连接的不完全软骨环,由纤维和肌组织将环的两游离端连接起来。气管起始于第 2 颈椎,延伸到第 3 肋骨,走行在颈部正中。自其终末分叉为左、右主支气管(支气管干)。气管位于体正中腹侧,其背侧有食管、胸骨舌骨肌、主动脉弓、头臂动脉、左颈总动脉和左头臂静脉。

(2) 支气管:左、右主支气管自气管分出后,各自向两侧穿入左、右肺。支气管的结构与气管相似,也有不完全的软骨环。每一主支气管再分支成为分支气管,进入肺的各叶。在每一肺叶内分支气管又分成更小的分支。豚鼠的右主支气管比左主支气管粗而短。

2. 肺(图 13-1-7)

豚鼠的肺也分左肺和右肺,位于左、右胸膜腔内。新鲜的肺为粉红色、柔软而有弹性的海绵样组织,压之有细小的爆裂音。各肺有肺尖和一个深凹面的肺底。肺尖在胸腔入口处,肺底在膈前突面。肺有 3 个面:肋面、纵隔面和膈面。肺根由主支气管、支气管血管、神经和淋巴组成。肺门是指肺根入肺的部位。豚鼠的肺门相当于第 4～5 胸椎的水平或第 3 肋间隙的位置。

豚鼠的右肺比左肺大,由尖叶、中间叶、附叶和后叶 4 个叶组成,各叶均为深裂所分开。右肺尖位于尖叶后侧、心脏腹面外侧,中间面有一很深的心压迹凹面,深的后叶间裂将它和后叶分开。右肺的后叶最大,位置最靠后,它有膈的深凹面。右肺附叶的外形不规则,位于心脏和膈之间的纵隔凹内,它的腹面有一很深的切迹,是后腔静脉通过的位置。豚鼠的左肺由尖叶、中间叶和后叶 3 个叶组成。左肺尖叶与右肺尖叶的不同点在于它有一叶间裂将其分为较小的前段和较大的后段。尖叶位于心脏的腹面外侧的前面,与右肺的中间叶相对应。故尖叶也有一个心脏的深凹面,它与后叶被深的后叶间横裂所分开。中间叶是左肺各叶中最小的叶,位于心脏背面后侧,后叶中间。中间叶中部有一浅的食管压迹。左肺后叶最大,中间叶恰在其中部凹面。

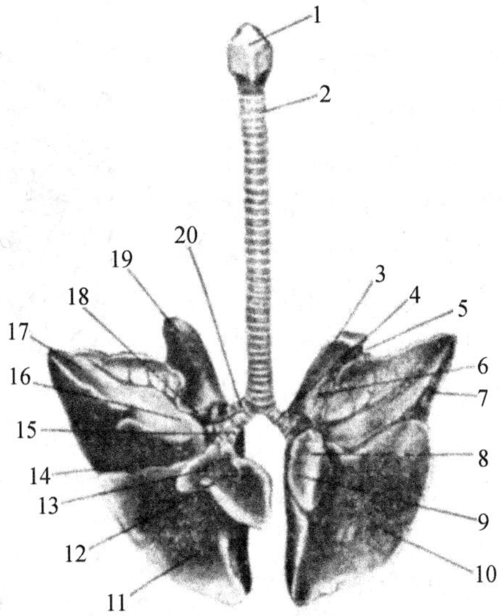

1. 喉；2. 气管；3. 肺前段；4. 左支气管干；5. 叶间隙；6、19. 前叶；7. 肺后段；8、17. 中叶；9. 食管浅切迹；10、11. 后叶；12. 后腔静脉切迹；13. 附叶；14. 叶间后裂；15. 叶支气管；16. 心压迹；18. 叶间前裂；20. 右支气管干

图 13-1-7 豚鼠呼吸道和肺的腹面观

（五）大鼠呼吸系统解剖特点

1. 喉

位于咽的后面，气管的前端。喉部软骨作为三角形喉腔的支架，具不成对的甲状软骨、会厌软骨、环状软骨和成对的杓状软骨（图 13-1-8）。甲状软骨像盾甲一样在喉的外侧和腹面包围着其他的喉软骨。它的外侧面的两端都延长形成前角和后角，中部被甲状孔所穿。会厌软骨呈三角形的叶片状，其下端附于甲状软骨的内面基部。环状软骨呈环状，以六角形的环状叶构成喉的顶部，并从背面盖着第一气管环，从环状叶到环状

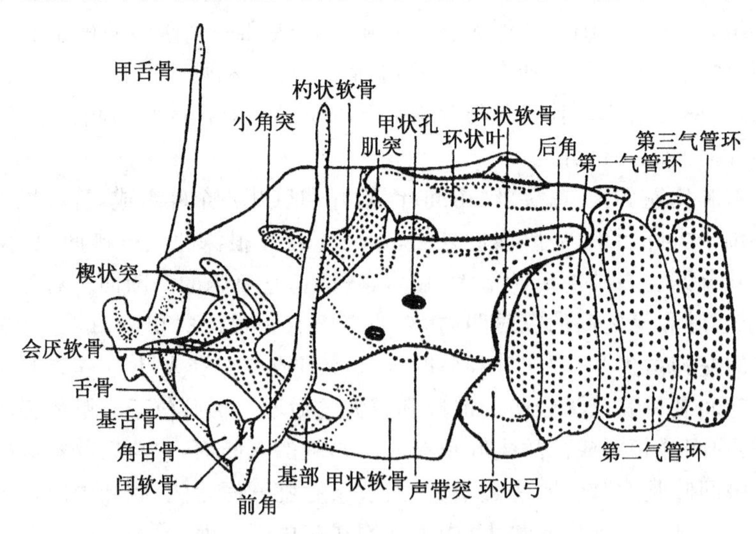

图 13-1-8 大鼠舌骨和喉部软骨（前侧面）

弓的过渡处与甲状软骨相关节。杓状软骨成对，左、右各一，呈“V”字形，其肌突和环状软骨前嵴相关节。它的声带突指向腹面，两侧的小角突互相连接。声门由弹性的声韧带和坚韧的环杓韧带所支持。喉的固有肌有：① 环甲肌：由环状软骨嵴走向甲状软骨后缘；② 环杓肌：起于环状叶的宽广区域，止于杓状软骨肌突；③ 环杓外侧肌：起于环状软骨的前缘，止于杓状软的肌突；④ 杓横肌：连接两个杓状软骨；⑤ 甲杓骨：由内、外两部构成，不能分开。它们都起源于甲状软骨的内侧面。内侧部(相当于声带肌)止于声带突，外侧部止于杓状软的外侧面。

2. 气管

气管位于食管的腹侧。一般由 24 个背面不相衔接的“U”型软骨环构成，但由于愈合现象的发生，数目有变异。气管软骨环的缺口处被气管横肌连接起来。气管的横切面呈扁平椭圆状，水平径约 3.5 mm，垂直径约 2 mm，壁厚 0.5～1.0 mm。从第一气管环到气管分叉处的距离(原位)约 33 mm。气管黏膜是呼吸性黏膜，上皮中除纤毛柱状细胞和杯状细胞外，还可看到起化学感受器作用的具短微绒毛的细胞，属于假复层柱状纤毛上皮类细胞。但有人认为基层细胞是游走来的淋巴细胞，因此认为其属单层柱状上皮类型似不妥。上皮下淋巴小结和腺体稀少。气管分支处或支气管与血管之间有大量的淋巴组织，无菌动物也有。

3. 肺

肺的重量和体积随年龄增加而增加，但会受到生长失调的影响。如 150 g 重的大鼠肺重约 930 mg，体积约 1.69 mL；180～200 g 重的大鼠肺重约 1 236 mg，体积约 2.13 mL。气管通入胸腔后，分为不对称的左、右主支气管，由肺门进入左、右肺。右主支气管又分为前、中、后及副支通入右肺相应的肺叶，因此，右肺又可分为明显的前、中、后三叶和较小的副叶。左叶仅具一叶。支气管入肺不断分支形成支气管树，由小支气管、细支气管、终末细支气管，再分支为呼吸性细支气管通入肺泡开口的肺泡管、肺泡囊，即由气体通路转入呼吸部位(图 13-1-9)。管道由粗变细，管壁结构也相应改变。上皮由含杯状细胞的假复层柱状纤毛上皮逐渐变薄，杯状细胞逐渐减少；软骨由整块变为零散的小块，并逐渐减少，平滑肌相应地增加，黏膜下层变薄，腺体也逐渐减少。细支气管的管壁覆以单层立方纤毛上皮或单层立方上皮，杯状细胞、腺体和软骨完全消失，而平滑肌形成完整的环形层。终末细支气管分支为呼吸性支气管转入肺的呼吸部分时，上皮失去纤毛成为方形上皮。肺泡为单层上皮，由大量扁平细胞(Ⅰ型细胞)和少数间插其间的方形分泌细胞(Ⅱ型细胞)组成。肺泡壁结构同其他哺乳动物。肺泡直径为 70.2±6.6 μm。肺泡上皮的两种类型细胞中部呈现较高水平的有丝分裂活动，说明其在高速损坏和更新。肺泡上皮中也曾发现有同气管里一样的具有短微绒毛的细胞。肺的神经纤维分布可参考 El-Bermanl 和 Burri 曾研究过肺的胚后发育。形成肺泡的扁平细胞(Ⅰ型细胞)，除有核部分较厚(不超过 3～4 μm)外，周围的细胞质延展很薄，只有 0.1 μm。电子显微镜观察可见方形的分泌细胞(Ⅱ型细胞或泡细胞)中有嗜锇性板层小体，小体外面有包膜，内含有磷脂类。肺泡腔中也可见它分泌的板层状或结晶的磷脂类物质，分泌物涂布于肺泡上皮表面，可降低肺泡的表面张力。肺泡腔和肺泡隔内经常可看到吞噬了灰尘的尘细胞。

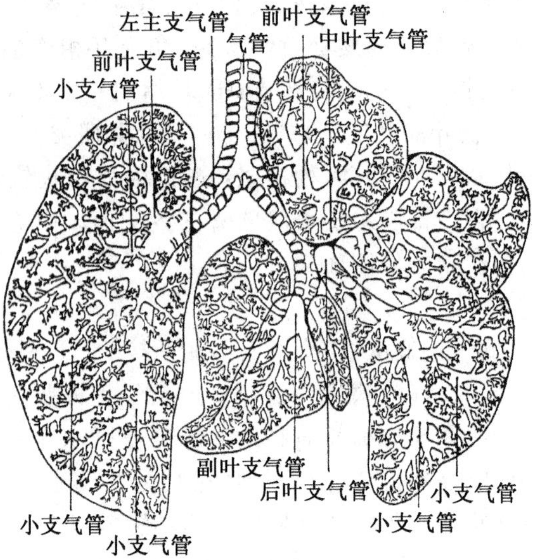

图 13-1-9 大鼠的肺支气管树(背侧面)

第二节 人与实验动物呼吸系统比较生理学

一、人类与实验动物呼吸生理参数比较

1. 人类与实验动物呼吸生理参数

动物个体越大,潮气量及通气率越大,但每小时单位体重的耗氧量较为接近(表13-2-1)。

表 13-2-1 人类与实验动物呼吸参数比较

动物种类	潮气量(mL)	通气量(L/min)	耗氧量[mL/(g·h)]	肺泡面积(m^2)	肺比面积(m^2/kg)
人	500	6~8	—	50~100	—
猴	21.0	0.86	0.79	—	—
	(9.80~29.0)	(0.31~1.41)	(0.76~0.83)	—	—
犬	320	5.21	0.38~0.65	6.80	2.30
	(251~432)	(3.30~7.40)			
猫	12.4	0.32	0.52~0.93	7.20	2.80
兔	21.0	1.07	—	5.21	2.50
猪	19.30~24.60	0.80~1.14	0.47~0.85	—	—
豚鼠	1.80	0.16	0.76~0.83	1.47	3.20
	(1.00~3.20)	(0.10~0.38)			
金黄地鼠	0.80	0.060	—	—	—

续表

动物种类	潮气量 (mL)	通气量 (L/min)	耗氧量 [mL/(g·h)]	肺泡面积 (m^2)	肺比面积 (m^2/kg)
	(0.42～1.20)	(0.033～0.083)	(0.60～1.40)	—	—
大鼠	0.86	0.073	0.69	0.56	3.30
	(0.60～1.25)	(0.050～0.101)	(0.68～1.10)		
小鼠	0.15	0.024	1.63～2.17	0.12	5.40
	(0.09～0.23)	(0.011～0.036)			
牛	3 050	93	0.12～0.20	—	—
	(2 700～3 400)	(82～104)			
马	9 060	107	0.18～0.32	—	—
	(8 520～9 680)				
绵羊	310	5.70	0.15～0.26	—	—

2. 各种实验动物安静状态下呼吸系统参数

不同种类的实验动物呼吸系统参数差距很大，一般来说，动物个体越少，呼吸频率越快，潮气量越小。另外，不同性别的同种动物平均体重、呼吸频率、潮气量等参数也存在差异(表 13-2-2)。

表 13-2-2 各种实验动物安静状态下呼吸系统参数

动物	性别/ 体重(kg)	呼吸频率 (次/分)	潮气量 (mL)	通气量 (L/min)	耗气量 (mm^3/g)
猕猴	2.68(2.05～3.08) 2.0(平均)①	40(39～60) 42±7	21.0(9.8～29.0) 43.5±8.1	0.86(0.31±1.41) 1.79±0.37	— —
羊	—	12～20	310	5.7	220
猪	♂225	12～18	—	37	220
犬	♂ ♀	15.5±12.38 11.23±8.02	198.88±81.64 206.77±121.06	2.92±2.59 1.81±1.23	580 0.342 mL/g·h②
猫	2.45 2.3～5.7	26(20～30) 30(24～42)	12.4 34(20～42)	0.322 0.96(0.86～1.09)	710 0.738 mL/g·h③
兔	—	51(38～60)	21.0(19.3～24.6)	1.07(0.80～1.14)	640～850
	4.10±0.48 4.10±0.56	36.8±10.6 26.7±6.6	21.0±3.2 26.0±1.7	0.188±0.042 0.17±0.03	0.47 mL/g·h④
豚鼠	0.466(0.274～0.941) (0.063～0.152)	90(69～104) 92.7(66～120)	1.8(1.0～3.9) —	0.16(0.10～0.38) 0.078(0.05～0.1)	816 0.78 mL/g·h⑤
大鼠	0.113(0.063～0.152)	85.5(66～114)	0.86(0.60～1.25)	0.073(0.05～0.101)	2 000
小鼠	0.020(0.012～0.026)	128.6(118～139) 163(84～230)	0.15(0.90±0.23)	0.024(0.011～0.036)	1 530
金地鼠	0.092(0.065～0.134)	74(33～127)	0.8(0.42～1.2)	0.06(0.033～0.083)	2 900
鸽	—	25～30	4.5～5.2	—	—
鸡	♂	12～21	4.5	—	—

续表

动物	性别/体重(kg)	呼吸频率(次/分)	潮气量(mL)	通气量(L/min)	耗气量(mm^3/g)
鸭	♂	42	3.5～3.8	—	—
山羊	—	18(14～22)	310	5.7	220
牛	—	20(10～22)	—	—	184
绵羊	—	21(12～30)	—	—	220

注：① Pheneylidine 止痛法。其他指标为无效腔(mL)12.6±7.1；肺容量(mL/cm・H_2O)12.3(7.1～20.2)；肺膨胀(cm)0.12(0.08～0.22)；呼吸流动抵抗[cmH_2O(1/S)]8.6(4.4～14.2)；呼吸的工作(g・cm/min)81.7(223～1418)。② 体重 9.7 kg，体温 38 ℃，环境温度 25.4℃。③ 体重 3 kg。④ 欧洲兔体重 1.52 kg，体温 38.4～41 ℃，环境温度 28 ℃。⑤ 体重 0.5 kg，体温 38 ℃

3. 器官组织呼吸强度

呼吸强度可以用单位时间单位组织重量的耗氧量来标度。以大鼠为例，相同体重的个体，在不同季节各组织的呼吸强度不尽相同(表 13-2-3)。

表 13-2-3　大鼠器官组织呼吸强度[μL/(mg・h)]

季节	肝	肾	脑	心	肺	肌肉	脾
冬	2.04±0.01	6.00±0.19	3.42±0.16	2.05±0.13	1.54±0.12	1.16±0.12	2.01±0.18
春	2.21±0.23	6.34±0.34	3.42±0.20	2.02±0.11	1.32±0.13	1.05±0.07	1.84±0.17
夏	2.30±0.20	6.68±0.24	3.35±0.22	2.06±0.18	2.00±0.12	0.88±0.06	1.89±0.19

注：大鼠体重均为 150～200 g

二、实验动物血液中气体的组成及组织呼吸比较

1. 各种实验动物血液中气体组成

除少数实验动物，如鸡等，其血气分析的主要指标与人较为接近。人的动脉血氧分压(P_aO_2)一般为 10.6～13.3kPa，动脉二氧化碳分压(P_aCO_2)为 4.6～6.0kPa，pH 值为 7.35～7.45。动物各血液指标见表 13-2-4。

表 13-2-4　实验动物血液的 pH 值及二氧化碳、氧和剩余碱含量

动物	pH 值	CO_2 浓度(mmol/L)	HCO_3^-(mmol/L)	CO_2 分压(kPa)	O_2 分压(kPa)	血氧含量(mL%)	剩余碱浓度(mmol/L)	
							动脉	静脉
猕猴	—	—	—	(5.33～6.0)[a]	(10.80～16.0)[a]	—	−2～9.8	—
犬	7.40 (7.31～7.48)	21.4 (17.0～24.0)	23.5[a]	5.07 (4.13～5.37)[a]	(10.26～13.6)[a]	—	−3～+4	—
猫	(7.39～7.46)[a] (7.32～7.40)[b]	20.4 (17.0～24.0)[a] (29～33)[b]	—	(3.87～4.40)[a] (4.67～6.27)[b]	(11.99～16.8)[a] (4.27～6.27)[b]	15.0	−2	−2
兔	7.35 (7.21～7.57)	22.8	17[a]	5.33 (2.93～6.80)	—	15.6	−8	—
豚鼠	7.35 (7.17～7.55)[a]	(13.0～33)	—	5.33 (2.53～19.64)	—	—	−3	—

续表

动物	pH 值	CO_2 浓度 (mmol/L)	HCO_3^- (mmol/L)	CO_2 分压 (kPa)	O_2 分压 (kPa)	血氧含量 (mL%)	剩余碱浓度 (mmol/L)	
							动脉	静脉
金地鼠	7.39 (7.37～7.44)	37.3(35～39)	—	7.87 (7.20～8.13)	—	—	—	—
大鼠	7.35 (7.26～7.44)[a]	24.0 (20.0～28.0)[a]	22.8[a]	4.2 (4.67～6.53)[a]	—	18.6	−2	—
小鼠	(7.37～7.54)[a] (7.26～7.44)	—	—	—	—	—	—	—
牛	7.38 (7.27～7.49)	31.0 (29.0～33.0)	—	6.67[b] (5.60～7.20)[d] (4.48～14.53)[e]	(0.93～8.40)[d] (0.40～14.53)[e]	—	0[e]	+3 +3[d]
马	7.32 (7.20～7.55)	28.1 (24.0～32.0)	—	(6.93～8.)[c] (5.20～6.80)[a]	(11.06～14.53)[a]		+4	+3[c]
绵羊	7.44 (7.32～7.54)	26.2 (21.0～28.0)	—	5.07[b] (4.0～4.93)	— —		+2 +1f	— —
鸡	7.54 (7.45～7.63)	23.0 (21.0～26.0)	—	3.47 (3.87～5.20)[a]	(10.0～14.0)[a]	10.5	+4	—

注：[a]为动脉血；[b]为静脉血；[c]为马，2～4 天；[d]为小牛，7～21 d；[e]为小牛，21 d

2. 实验动物组织呼吸量

组织呼吸量是指单位时间内单位重量(湿重或干重)的组织与血液间交换的气体量。表 13-2-5 为不同研究者对大鼠及家兔进行实验获得的参数。

表 13-2-5　实验动物组织呼吸量(测压法)

动物种类	性别	体重(g)	个数	测定单位	肝	肌肉	脑	心	肾
大鼠		150～250	48	μL/(mg·h)、干组织	1.70±0.02	—	—	—	—
大鼠	雄	200～260	10	μL/(mg·h)、干组织	2.09±0.05	—	—	—	—
大鼠		150～200	10	μL/(mg·h)、干组织	2.50±0.09	0.82±0.05	6.47±0.19	3.20±0.16	13.0±0.04
大鼠		180～280	15	μL/(100mg·h)、干组织	3.55±0.19	—	—	—	—
		180～250	20	μL/(100mg·h)、湿组织	—	2.4±0.01	—	—	—
		160～180	17	μL/(100mg·h)、湿组织	85±5.98	19.3±3.98	78±4.25	62±4.78	—
大鼠		200～250	10	μL/(100mg·h)、湿组织	—	—	—	—	208±12.6
家兔		2 500～3 000	10	μL/(100mg·h)、湿组织	48.0	—	87.0	—	169.0
家兔	雄	2 500～3 000	5	μL/(100mg·h)、湿组织	35±2.7	—	72±1.4	34.5±0.6	—
家兔		2 700～2 900	9	μL/(10mg·h)、干蛋白	10.3±0.3	—	—	—	—
家兔		2 000～3 000	8	μL/(10mg·h)、干蛋白	—	—	—	—	6.57±0.4

续表

动物种类	性别	体重(g)	个数	测定单位	肝	肌肉	脑	心	肾
家兔		2 000～2 500	10	μL/(10mg・h)、干蛋白	—	2.2±0.1	—	—	—
家兔		—	9	—	4.9±0.4	—	—	—	—

注:"—"表示数据缺如

3. 不同动物的肺气体代谢量

实验动物的耗氧量及 CO_2 排气量与动物的种类有关。一般来说,动物个体越小,其单位体重在单位时间内的耗氧量及 CO_2 排气量越大。表 13-2-6 为部分动物肺气体代谢量举例。

表 13-2-6 不同动物的肺气体代谢量

动物种类	性别	体重/g	耗氧量/mL/(g・h)	CO_2 排气量/mL/(g・h)
小鼠	雄	24～26	3.91±0.12	4.24±0.08
小鼠	—	18～20	5.08	—
大鼠	雄	—	2.2	2.65
大鼠	雄	160～240	1.29±0.01	—
大鼠	—	274±15	1.86	1.31
大鼠	—	—	1.58±0.03	—
大鼠	雄	130～180	1.64±0.08	—
大鼠	—	170～190	1.5±0.04	—
大鼠	雄	180～200	1.62±0.06	—
大鼠	雌	180～200	1.7±0.1	—
大鼠	—	—	2.1±0.1	—
豚鼠	雄	340～590	1.27	—
豚鼠	—	—	2.19	—
家兔	雄	2 500～4 000	1.32±0.06	—
家兔	—	—	0.34±0.01	0.33±0.01
家兔	—	—	0.52	—
猫	—	—	0.42	—

三、人与实验动物呼吸道平滑肌对药物的敏感性比较

离体气管法是常用的筛选平喘药的实验方法之一。常用的实验动物中,豚鼠的气管对药物的反应较其他动物的反应更敏感,且更接近于人的支气管,因此,豚鼠的气管是常用的标本(表 13-2-7)。

表 13-2-7 不同动物的气管的敏感性(g/mL)

收缩剂	豚鼠	人	犬	猫	兔	大鼠
乙酰胆碱	10^{-7}	10^{-5}	10^{-9}①	10^{-8}	10^{-6}	10^{-8}
组胺	10^{-7}	10^{-5}	10^{-6}	—②	—②	—②

注:① 犬的气管对乙酰胆碱极度敏感(10^{-9});② 猫、兔和大鼠的气管对组胺不敏感。

第三节　人类呼吸系统疾病的比较病理学

应用动物模型研究人类某些复杂的呼吸系统疾病，进行比较病理学研究，是探讨这些疾病的发生、发展规律，防治措施及发病机制的重要途径。目前有关呼吸系统疾病的动物实验发展迅速，突出表现为有关论文数量明显增加，尤其是在支气管哮喘方面，这主要是因为动物实验在以下几个方面具有无可争议的优势：① 实验周期短，属于短、平、快技术；② 实验条件比较容易控制，这是临床上所面对的各种错综复杂情况无法相比的；③ 材料获取方便、快速。近年来随着实验医学的深入发展，应用动物模型研究某些复杂的呼吸系疾病日趋增多，如弥漫性肺间质纤维化、支气管哮喘、急性肺损伤(ALI)和急性呼吸窘迫综合征(ARDS)。动物实验研究的价值如何，更确切地说，各种动物模型有无实用价值，不仅取决于选用的实验动物的品种、品系、遗传背景是否恰当，同时还取决于复制动物模型时所采用的方法。

一、支气管哮喘

支气管哮喘是一种严重威胁人类健康的常见呼吸道疾病。早期对哮喘的认识局限于过敏原与肥大细胞的作用，释放组胺和慢反应物质等介质，导致支气管平滑肌收缩。后来发现气道高反应性在哮喘发病中的重要作用。而近年来大量动物实验研究确认气道炎症是哮喘发病的中心环节，气道高反应性亦主要是由于炎症作用的结果。因此现在认为支气管哮喘是由多种细胞特别是肥大细胞、嗜酸性粒细胞和 T 细胞共同参与的慢性气道炎症。

支气管哮喘的发生、发展过程非常复杂，要想通过临床实践积累相关经验来解决此类问题，在时间与空间上都存在着局限性。同时，许多临床经验在道义上及方法上受到种种限制，在人体深入探讨疾病的发病机制、预防、治疗有一定困难。而制备哮喘动物模型并进行研究就可以克服这些困难。

豚鼠易被致敏，接受致敏物质后反应程度与其他动物相比较强，能产生Ⅰ型变态反应，雾化激发后能产生速发相与迟发相的哮喘反应，因而一直是国内外应用最多的过敏性哮喘实验动物。它还可用于制作职业性与运动型哮喘模型。但豚鼠的变态反应更多的是由 IgG 而非 IgE 介导，这与人类哮喘有所不同，在一定程度上限制了豚鼠在哮喘实验研究中的应用。

大鼠哮喘动物模型种类比较多，标本采集量较充足，且能出现与人类哮喘类似的迟发相反应，因而，大鼠模型的应用有逐渐增多的趋势。它可用于制作过敏性与职业性哮喘模型。国内多应用 Wistar 大鼠，国外则多用 Brown-Norway 大鼠。Elwood 等对 Brown-Norway 用两种方法致敏与激发哮喘反应，第 1 种为卵白蛋白(OVA)单次激发，第 2 种为 OVA 每 3 d 激发 1 次，共 7 次的连续激发，并分别观察实验组与对照组雾化后 18～24 h 或 5 d 后支气管肺泡灌洗液(BALF)中炎性细胞数目、分类和对吸入乙酰胆碱(Ach)后的气道反应性情况。结果显示多次吸入激发的气道阻力基础值及吸入 Ach 后的气道反应显著上升，单次激发者同样出现气道高反应(AHR)，但 18～24 h 后

BALF的中性粒细胞、淋巴细胞、嗜酸性细胞数目显著增加。证实了Brown-Norway用该方法可制备出与人类哮喘相似的AHR。

小鼠的免疫、遗传背景清楚，有大量相关免疫学及分子生物学试剂可诱发哮喘，用小鼠制作哮喘模型逐年增加。常选用BALB/c、C57BL/6J等品系，可用于制作过敏性、感染性及转基因哮喘动物模型。BALB/c较易产生AHR，用OVA易致敏，并可产生高滴度IgE；C57BL/6J则不易出现AHR，但用屋尘螨（HDM）易致敏，可用于制作由HDM诱发的过敏性哮喘模型。Lee等比较了用HDM Ⅰ类抗原分别对BALB/c及C57BL/6J诱发哮喘的模型，结果显示C57BL/6J比BALB/c有更高的血清IgE滴度。

现存的小鼠哮喘模型有不少局限性，如不出现人类哮喘特征性的黏膜炎症及上皮层嗜酸性细胞浸润；大多数模型制作时仅短时间吸入抗原进行激发，因而不会出现人类哮喘典型的慢性气道炎症和上皮变化；而且会出现过敏性肺泡炎和超敏性肺炎，进而掩盖了气道的炎症损伤。这些不足，可采用改进方法加以克服。Russo与Carvalho分别用小鼠、大鼠制作哮喘模型，先皮下移植加热凝固的OVA，以后再吸入或气管内滴入OVA，该方法简便，无须佐剂及加强免疫，能够诱发持续的肺部嗜酸性细胞浸润，并有类似人类哮喘的Th2独特型的组织病理发现，在不同品系中均可复制，是一种理想的方法。Temelkovsk等设计了一种改进的以气道慢性炎症为表现的哮喘动物模型，选用8～10周龄SPF BALB/c小鼠，以明矾为佐剂的OVA 10 μg雾化吸入致敏7 d，加强注射1次，接着对小鼠进行激发复制哮喘模型，每日吸入OVA 30 min，每周3次，共8周，复制成具有更接近人类哮喘病时呼吸系统显微解剖及生理改变。虽然实验中应用的抗原为OVA，但是该方法仍适用于其他抗原，对哮喘研究有极大的帮助。

猫、兔、羊、犬及灵长类等也可用于制作哮喘模型。但它们不能自发哮喘，需人工诱发。灵长类及绵羊被认为是制备哮喘模型的可靠动物，可预测人类对哮喘治疗药物的反应。但是，这些动物价格昂贵，并且无法保证不出现微生物的亚临床感染。

二、弥漫性肺间质纤维化（以特发性肺纤维化为例）

间质性肺疾病（interstitial lung disease，ILD）是指由多种原因引起或原因还不明的，主要累及肺间质、肺泡和（或）细支气管的一组肺部弥漫性疾病。特发性间质性肺炎（idiopathic interstitial pneumonias，IIPs）是一组原因不明的ILD，包括7种类型。典型和明显的ILD在普通形态上和影像学上通常表现为弥漫性的肺间质炎和/或肺纤维化。

特发性肺纤维化（idiopathic pulmonary fibrosis，IPF）特指肺组织病理学上表现为寻常型间质性肺炎（usual interstitial pneumonia，UIP）的IIPs，是IIPs中的主要类型。Livingstone通过大量实验研究，将IPF的病理变化按其发展过程分为5级：Ⅰ级：病变局限于肺泡壁，甚轻微，肺泡腔仍然充气；Ⅱ级：肺结构虽然完整，但肺泡壁已受侵害，肺泡腔充满液体或细胞渗出物；Ⅲ级：肺泡结构模糊或消失，肺泡形态不完整，细支气管仍能辨认；Ⅳ级：间质内有大量纤维组织增生，肺结构紊乱，细支气管上皮和平滑肌尚能辨认；Ⅴ级：形成蜂窝肺，出现直径不一（1 cm至数厘米）的囊腔。这些变化常有重叠，多种病变可出现在同一肺标本。

目前还没有动物模型可以模拟IPF的病理特征，而仅能大致复制出弥漫性肺间质纤维化模型。弥漫性肺间质纤维化实际上是多种疾病的一个结局,据不完全统计,到目前为止共180多种病因或疾病最终都会形成弥漫性肺间质纤维化。所以从一定意义上讲弥漫性肺间质纤维化属于一种临床综合症。目前国内研究弥漫性肺间质纤维化主要采用的方法是气管灌注博莱霉素法。从其产生的动物模型病理检查来看,的确是比较接近于人类肺间质纤维化。但是必须看到,我们现在所采用的方法也仅是复制出一种药物性肺间质纤维化。无论从发病机制探讨还是评价治疗措施方面来看,它都难免有一定局限性,尚不能全面、充分地反映出临床上错综复杂的情况。

IPF是IIPs的典型代表,发病机制十分复杂。目前对效应细胞反应特别是细胞因子等介质的作用以及胶原沉积在本病发病机制中的意义有较多了解,但整体来说,仍有许多问题尚未解决。选用动物模型应尽量反映与人类疾病相似的特点,要尽可能减少动物模型与人类疾病之间的差距。例如在平阳霉素兔肺纤维化模型,如果先造成兔中性粒细胞耗竭,则出现更为严重、进展更快的肺纤维化,而淋巴细胞耗竭的动物则可阻止肺纤维化的发生,这与人类肺纤维化大量中性粒细胞聚积和炎症显然不同。因此,临床上迫切需要采用更能反映疾病实际特征的动物模型和实验研究手段,来进行深入的研究。目前现状与实际需求间还有不小差距。

三、急性呼吸窘迫综合征(acute respiratory distress syndrome, ARDS)

ARDS是肺外或肺部原因引起的急性肺损伤(acute lung injury, ALI)的严重阶段,临床上以非心源性肺水肿和急性呼吸衰竭为特征。ALI/ARDS的病理变化是弥漫性肺泡-毛细血管膜损伤。过去曾将其简单地视作高通透性肺水肿,现在多主张分为渗出、增生和纤维化3个互相关联和部分重叠的阶段。肺部病理解剖改变与肺泡损伤的时间相关,而不取决于特定病因。ALI/ARDS典型的病理形态改变是局部肺不张,微血管充血,肺内点状或片状出血,肺微血管中有微血栓阻塞,肺泡表面透明膜形成,肺间质水肿。

至今还没有一种动物模型被推荐作为研究ALI/ARDS的经典模型或金标准。可用于制作ALI/ARDS动物模型的动物有羊、猪、犬、兔、大鼠、小鼠等。一般多采用兔、小型猪作为首选动物。对于病理机制的研究,则多选用小鼠、大鼠等小动物。我们可以通过多种物理、化学和生物性手段来诱导ALI/ARDS,常用的方法有以下两种。

1. 油酸(oleic acid)

油酸是一种毒性很强的脂肪酸,滴入后首先通过神经-体液因素使肺微血管强烈收缩,之后,由于脂肪栓子阻塞肺毛细血管,造成肺微循环障碍。油酸还可以直接刺激血管,损伤血管内皮细胞和肺泡上皮,增加其通透性,导致间质水肿、出血等病理改变。还有人认为油酸还可能破坏肺泡表面活性物质,加重肺不张。用油酸法复制ALI/ARDS模型比较理想,因为这种模型的病理形态及病理生理改变与临床所见十分相似,具有某些ALI/ARDS临床特点,但从发病角度来说,注射油酸与临床上诱发ALI/ARDS的各种复杂病因相比,仍存在较大差异,仅能大致代表临床上极少一部分由脂肪栓塞所致的ALI/ARDS。兔、犬、猪、羊均适合应用此方法。

2. 内毒素(endotoxin)

临床上发现,ALI/ARDS的常见诱因之一是脓毒血症,而脓毒血症引起ALI/ARDS的原因主要是细菌产生的内毒素。研究还发现把微量内毒素注入静脉,可以在短时间内诱发全身炎症反应,进一步导致肺部炎症性损伤,出现严重低氧血症。20 世纪 90 年代多数学者认为"二次打击"模型在病理生理过程上与人类的发病过程更接近,是一种较好的模型。所谓"二次打击"即机体连续或间隔一段时间受到二次致病因素的侵袭:第一次受到致病因素的作用后,机体发生全身炎症反应综合征(SIRS),第二次致病因素造成机体炎症与抗炎机制的失衡,使机体发生 ALI/ARDS。为模拟"二次打击"过程,可以先将内毒素从气道内滴入,经过一定时间后再静脉注入少量内毒素,最终导致更接近 ALI/ARDS 的实际病理过程。有一小部分的脓毒血症的感染为非 G^- 杆菌感染,其引起 ALI/ARDS 的原因与内毒素关系就不大,因此内毒素诱导的 ALI/ARDS 也仅能代表一部分病人的情况,与实际脓毒血症导致的 ALI/ARDS 之间仍是有差距的。

第四节 呼吸系统疾病动物模型

一、慢性支气管炎动物模型(animal model of chronic bronchitis)

【造模机制】

慢性支气管炎大多由上呼吸道感染时病毒或细菌向下蔓延引起,也可由某些理化因素或过敏原刺激造成。复制慢性支气管炎的方法很多,刺激物广泛,有化学物质(如二氧化硫、氯、氨水)、烟雾(如生烟叶、稻草烟、混合烟)、细菌及多种复合性刺激(如细菌加烟雾、细菌加寒冷)等。

【造模方法及特点】

(1) 小鼠模型:① 使小鼠吸入 2% SO_2,14~18 d 即出现支气管炎病变,27 d 后出现重型支气管炎病变。② 将 0.001~0.004 mg/L 空气的 Cl_2 以每日 25~30 min 吸入,35 d 后可出现慢性支气管炎病变。③ 将 0.3 mL/2.4 L 空气的氨水以每 15~20 min 重复刺激 1 次,每次 2~3 min,每日 8 次(仅刺激 1 d),32 d 后可出现慢性支气管炎症状。

(2) 大鼠模型:① 将大鼠置 27 m^3 烟室内,用混合烟 150~200 mg/m^3(200 g 锯末,15~20 g 烟叶,6~7 g 辣椒及 1 g 硫磺混合,20~30 min 内烧化,颗粒在 0.5~1 μm 以上)吸入,每周 6 次,44 d 即可形成慢性支气管炎病变。② 用流感杆菌 9×10^8/mL、甲链菌 6×10^8/mL、卡他球菌 9×10^8/mL、肺炎双球菌 6×10^8/mL,以 4∶3∶2∶1 混合菌液在麻醉下滴鼻 0.1 mL,每周 1 次,6 周有形成慢性支气管炎趋势,但程度很轻。

(3) 豚鼠模型:① 将豚鼠置气温 7~8 ℃环境中 1 h,隔天 1 次,45 d 后改为每周 2 次,同时加细菌(8 种)混合菌液滴鼻 0.2 mL,150 d 可形成亚急性乃至慢性支气管炎病变。② 用香烟 1 支半,在 21 L 的容器内燃化共 10 min,换气 5 min 后,再用 1 支香烟燃化,重熏 10 min,每天 1 次,每周 6 次,同时置气温 7~8 ℃中 1 h,隔天 1 次,45 d 后改为每周 2 次,28~35 d 可出现慢性支气管炎病变,6 周后病变保持并逐渐加重。

【注意事项】

在选择小鼠、大鼠及豚鼠诱发慢性支气管炎时,要充分注意这些动物支气管壁的淋巴组织比较丰富,在实验性刺激作用或自发的情况下,随着动物日龄的增长,可以引起不同程度的增生，影响对实验结果的正确分析。所以在实验前应注意选择年龄稍轻、健康情况较好的动物，在实验过程中要加强动物的饲养管理，严防自发感染的发生。

二、支气管哮喘动物模型(animal model of bronchial asthma)

支气哮喘是由于气管对某些理化因素、药物或过敏原刺激的反应性增高，支气管呈可逆性气道阻塞状态。激发动物发作的致敏原有卵白蛋白、血小板激活因子、蛔虫、天花粉、平菇孢子、内毒素、腺苷、红软珊瑚，以及一些引起职业性哮喘的抗原物质如甲苯二异氰酸甲酯、邻苯二甲酸苷和乙二胺等。采取主动免疫致敏或被动免疫致敏方法来复制模型。

(一) 甲苯二异氰酸甲酯(TDI)导致的哮喘模型

【造模机制】

TDI 属于低分子量化学物质，对机体只有半抗原特性。TDI 在高浓度情况下具有明显的黏膜刺激及腐蚀作用，当动物接触质量分数为 1.5×10^{-6} 的 TDI 1 个月或数月，可引起动物的支气管炎。经证明 TDI 哮喘是 IgE 介导的速发型变态反应。

【造模方法】

选用纯种白色短毛豚鼠，体重 250～300 g。分别用 0.5 mL 甲苯二异氰酸甲酯牛血清白蛋白结合抗原(TDI-BAS)/弗氏完全佐剂(CFA)及 TDI-BSA/氢氧化铝(AHG)给动物腹腔内注射。免疫动物于 3 周后再加强免疫 1～2 次。5～8 周后进行抗原吸入激发试验，先给以单纯人血清白蛋白(HSA)激发，无反应后再吸入甲苯二异氰酸甲酯人血清白蛋白结合抗原(TDI-HSA)。雾化吸入浓度为 1 mg/mL 的 TDI-HSA 后有 30.8%的动物出现明显哮喘反应。

【模型特点及应用】

经 TDI-HSA 激发后，动物呼吸频率增快，呼吸幅度增大，哮喘发作时伴有咳嗽和躁动不安，甚至痉挛性呼吸。约 87.5%的 TDI-BSA/CFA 致敏动物以及 40%的 TDI-BSA/AHG 致敏动物可同时出现不同滴度的抗原特异性 IgE 及 IgG 型抗体。

TDI 是重要的职业性致喘物之一。TDI 作业者中约有 5%～10%的人可发生职业性哮喘。此模型的建立为进一步探讨 TDI 哮喘的免疫学机制的相关内容提供了条件。

(二) 邻苯二甲酸酐(PA)致变应性哮喘模型

【造模机制】

邻苯二甲酸酐又称苯酐，是小分子化合物，属半抗原物质。由于半抗原不能刺激机体产生免疫反应，故需与蛋白结合成全抗原，形成新的抗原决定簇而发挥致敏作用。PA 致变应性哮喘模型可选择两种不同载体的苯酐全抗原即 PA-HSA 和 PA-BSA。实验用动物用 PA-BSA 致敏，而激发时吸入 HSA，无哮喘出现，证明 BSA 和 HSA 二者无交叉免疫反应。但吸入 PA-HSA 后出现了哮喘发作，说明苯酐与载体蛋白结合后具备了全抗原的特征而使机体致敏。用致敏的抗血清给正常动物注射使其被动致敏，并在相应抗原吸入攻击下同样可诱发出哮喘。

【造模方法】

选用豚鼠，体重 250～300 g，2～3 月龄。用 30 mg 苯酐溶于 1 mL 丙酮后，加入 4 ℃的含 2%人血清白蛋白的碳酸氢钠(9%)溶液中，并在此温度下搅拌 1 h 形成苯酐-

人血清白蛋白结合物(PA-HSA)。以同法制备苯酐-牛血清白蛋白结合物(PA-BSA)。将制备好的抗原与弗氏完全佐剂等量研磨或用两只注射器对推,使之成油包水状(佐剂包抗原)混合物备用。固定动物,每只于腹腔或后腿肌肉注射 0.2～0.3 mL(内含蛋白 4～6 mg),只使用 PA-BSA 弗氏完全佐剂注射。于注射 3～8 周后抗原吸入激发试验。将动物俯卧固定,以胶布环绕贴于胸部并以细线与传感器及记录仪连接。激发前先描记正常的呼吸运动曲线。用 1∶100 HSA 生理盐水溶液雾化后使动物吸入 1～3 min,观察记录 0.5 h。

【模型特点及应用】

豚鼠吸入抗原后的 1～10 min 内,一般表现为呼吸频率加快,由发作前的 100～120 次/分增加到 140～160 次/分;呼吸幅度亦增大,同时可伴有咳嗽、喷嚏,重者呼吸极度费力、挣扎,可有短暂窒息甚至死亡。发作一般持续 30～50 min。

PA 是重要的化工原料,也是确切的职业性致喘物质。苯酐哮喘属变应性哮喘,患者体内可测出特异性抗体,苯酐抗原吸入激发实验常呈现阳性。本模型的建立,为进一步研究该哮喘的病理变化提供了条件。

(三) 血小板活性因子(PAF)诱发哮喘模型

【造模机制】

PAF 是目前已知的唯一能引起气道高反应性的炎症介质。PAF 引发哮喘发作的原因可能是 PAF 通过嗜酸性粒细胞的活化趋化、脱颗粒、释放嗜酸性细胞蛋白 X(Epx)、嗜酸性细胞阳离子蛋白(ECP)和碱性蛋白等细胞毒性物质引起气道上皮细胞损伤和脱落。另外,激活的嗜酸性细胞本身又合成和释放 PAF,使这一过程加剧,最终引起气道高反应性。

【造模方法】

选用 300～500 g 成年雄性豚鼠,在激发试验当天,采用含 0.25%小牛血清白蛋白的生理盐水,将 PAF 稀释成 500 μg/mL,按 1 500 μg/kg 的剂量雾化吸入,即可引起豚鼠哮喘发作。

【模型特点及应用】

PAF 激发豚鼠哮喘发作不需要致敏过程,直接利用其特性而引发气道的高反应性。本模型主要用于研究哮喘病因学和发病机制的研究。

三、肺水肿动物模型(animal model of pulmonary edema)

【造模机制】

肺水肿是液体在肺的间质或肺泡内的积聚。引起肺水肿的原因虽然各种各样,但大多数是由于肺毛细血管壁通透性增加,或毛细血管内血压升高所致。有些化学药物和毒气可直接作用于肺毛细血管使其通透性增高,从而发生肺水肿。如双光气主要作用于呼吸器官,刺激呼吸道感受器,通过迷走神经系统(其作用部位在大脑皮质下),选择性地对肺毛细血管起作用,使肺毛细血管扩张、通透性增加,从而引起肺水肿。

【造模方法及特点】

(1) 小鼠模型:① 将 3%的氯氨酮按 0.15 mL/g 体重的剂量给小鼠腹腔内注射;② 将0.1%的肾上腺素按照 0.08～0.1 mL/g 体重的剂量给小鼠静脉注射;③ 将 1 g

重铬酸钾加 3～5 mL 浓 HCl 置小瓶中使小鼠吸入(瓶中生成薄薄一层云雾状气体)；④ 将双光气滴在滤纸片上，干后放入密闭容器中，将小鼠放入 15 min，使小鼠吸入双光气，可获得小鼠的肺水肿模型。

(2) 大鼠模型：① 将 6%的氯化铵按照 0.6 mL/100 g 体重的剂量给大鼠腹腔内注射；② 将 0.1%的肾上腺素按照 5 mL/kg 体重的剂量给大鼠静脉内注射；③ 将0.8%～0.9%的一氧化氮(NO)给大鼠吸入；④ 将大鼠颈部双侧迷走神经切断后 2～3 min，可获得大鼠的肺水肿模型。

(3) 豚鼠模型：① 将 6%的氯化铵按照 0.5～0.7 mL/kg 体重的剂量给豚鼠腹腔内注射；② 将 0.9%～1.1%的一氧化氮(NO)给豚鼠吸入；③ 将豚鼠颈部双侧迷走神经切断后 10～20 min，可获得豚鼠的肺水肿模型。

(4) 兔模型：① 将 0.3%的硝酸银按 1.5 mL/kg 体重的剂量给兔耳缘静脉慢速注入；② 将 0.73%的一氧化氮(NO)给兔吸入；③ 将 0.1%的肾上腺素按 0.3 mL/kg 体重的剂量给兔静脉注射；④ 将 0.9%的生理盐水以 40～140 mL/min 的速度静脉输入全血量的 1～1.5 倍；⑤ 将 10%的可拉明按 0.1 mL/kg 体重的剂量给兔静脉注射；⑥ 将兔颈部双侧迷走神经切断后 2～3 min，可获得兔的肺水肿模型。

四、急性呼吸窘迫综合征动物模型(animal model of acute respiratory distress syndrome，ARDS)

ARDS 是一种以进行性呼吸困难与顽固性低氧血症为特征的急性呼吸衰竭。原有的心肺功能正常，而由于多种原因引起广泛的肺泡-毛细血管膜的损伤，使肺脏血管与组织间液体运行功能紊乱，以致肺含水量增加，形成一种非心源性肺水肿。由于发生了肺顺应性降低，肺泡萎陷不张，肺通气血流比例失调等病理、生理变化，其临床特点为极度呼吸困难和严重低氧血症。

(一) 油酸致 ARDS

【造模机制】

油酸进入体内后，激活补体，产生 C5a，后者趋化肺间质炎性细胞(PMN)在肺内扣押(sequestration)，并被激活，释放自由基，损伤毛细血管内皮细胞。

【造模方法】

可选用 18～22 kg 犬、2.5 kg 兔、250 g 大鼠。按常规麻醉，仰卧固定，暴露颈静脉，静脉注射油酸(犬 0.03～0.06 mL/kg、兔 0.08～0.1 mL/kg、大鼠 0.1 mL/kg)，一般不超过 0.1 mL/kg。以犬为例，注射油酸后立即出现呼吸困难、窘迫，呼吸频率可超过每分钟 45 次，黏膜发绀，心率增加，平均肺动脉压(mPAP)显著升高，持续增加 72 h，而肺动脉楔压(PWP)无变化。P_aO_2 下降，24 h 后 P_aO_2＜8 kPa，$P_{(A-a)}O_2$ 上升，分流率(QS/QT)上升。光镜见肺间质及肺泡水肿、出血、透明膜形成。肺不张、肺气肿。

【模型特点及应用】

油酸所致 ARDS 模型已沿用很多年，重复性高，可引起典型 ARDS 表现，方法简便，成功率高，但病因与临床差距甚远。

（二）骨髓提取液致 ARDS

【造模机制】

脂肪栓塞所致的缺血、缺氧及游离脂肪酸可直接损伤肺组织，栓塞引起机械性梗阻使通气血流（V/Q）比例失调加重，PMN 释放的氧自由基、白三烯，嗜酸细胞胶原酶分解胶原纤维所产生的氧自由基均可损害肺组织。

【造模方法】

选用 18～23 kg 的犬。用乙醚提取的骨髓液，每毫升约含甘油三酯 6.74 mg、胆固醇 0.4 mg、游离脂肪酸 27.04 mg。以 1.4～1.7 mg 提取液静脉注射，可建立 ARDS 模型。

【模型特点及应用】

动物静脉注射骨髓提取液后，立即出现呼吸增快、窘迫、发绀，双肺满布哮鸣音，约 2 h 出现湿罗音，1 h 后 P_aO_2＜8 kPa。胸部 X 线检查显示两肺呈磨玻璃样病变及“白肺”。光镜检查见肺泡及间质水肿、出血、透明膜形成、急性肺炎、肺不张、肺气肿、嗜酸细胞浸润、血管内及肺间质脂肪栓塞。

（三）佛波醇十四酸乙酸致 ARDS

【造模机制】

佛波醇十四酸乙酸盐（佛波肉豆寇乙酯）（Phorbol myristatoacetate，PMA）为强有力的 PMN 激活剂，可使 PMN 黏附、聚集、脱颗粒，释放脂质过氧化物（LPO），并可导致 PMN 及肺组织中细胞 DNA 断裂。

【造模方法】

选用体重 2～4 kg 健康家兔。常规麻醉，仰卧固定，经耳缘静脉注射 PMA（40 mg/kg）。急性呼吸窘迫持续 4～6 h，伴有肺出血，以后进入弥漫性肺间质炎，进而发生肺纤维化。

【模型特点及应用】

注射 PMA 后临床表现及组织病理变化可分为三期：第一期，肺水肿、肺出血期，发生于注射 PMA 的 90 min 内，动物呼吸窘迫持续 6 h。第二期，弥漫性肺间质炎期，发生于 2～4 d，至少持续 2 周。在此期间，呈现弥漫性间质性肺炎伴有肺泡炎性细胞渗出，间质中以多核粒细胞和巨噬细胞为主。第三期，肺纤维化期，从第 4 周到第 6 周，肺间质中炎性细胞（PMN）、嗜酸粒细胞、巨噬细胞明显减少，肺泡渗出液中 PMN 比例仍较高，肺泡间隔增宽，胶原增多。整个病理过程与临床 ARDS 甚相似，是观察肺纤维化较理想的模型。

（四）内毒素与败血症致 ARDS

【造模机制】

内毒素或败血症可引起肺泡毛细血管壁损伤，引起肺水肿。由纤维蛋白、血小板及白细胞聚集引起的微血栓形成，肺动脉压上升，聚集的血小板释放血管活性物质、补体和少许活性多形核中性粒细胞（PMN）而产生聚集均可能参与此种变化。

【造模方法】

选用 2.5 kg 家兔，用大肠杆菌内毒素 0.6～0.8 mg/kg；250 g 大鼠用内毒素

1 mg/kg;18～23 kg 犬用内毒素 1.5 mg/kg 进行静脉注射。

【模型特点及应用】

注射内毒素后,4 h 内动物出现呼吸频率增加,血压降至正常的 70%左右,或先升高后下降,肺动脉压上升,血小板,白细胞数在 4 h 内逐渐下降,白细胞下降尤为明显。下降至伤前的 1/3 左右,持续 6 h。组织切片可见肺间质充血、水肿、出血,PMN 在肺毛细血管内聚集,纤维蛋白沉积。电镜观察可见Ⅰ型及Ⅱ型肺泡上皮细胞受损,血管内皮细胞空泡增多。内毒素所致 ARDS 模型常以休克为主,其病理符合 ARDS 改变,但呼吸窘迫程度及低氧血症常达不到诊断标准。

五、矽肺动物模型(animal model of silicosis)

【造模机制】

矽肺是由于石英粉尘二氧化硅(SiO_2)吸入肺内造成的。SiO_2 可被巨噬细胞反复吞噬、释放。被激活的巨噬细胞可释放肿瘤坏死因子(TNF)、纤维连接蛋白(FN)等引起肺部炎症。炎症反应促进纤维母细胞增生和胶原形成,最终导致胶肺纤维化。

【造模方法】

选用 Wistar 大鼠,体重 200 g 左右,日龄 40 d,雌雄各半。用标准石英尘中游离 SiO_2 含量 97%,分散度为 5 μm 以下者占 99.9%。准确称取该粉尘,以生理盐水稀释,并加适量青霉素,制成粉尘悬浮液,每毫升含石英 40 mg 和青霉素 2 万 U。实验动物接受非暴露式气管内 1 次注入染尘(每只 1 mL)。

【模型特点及应用】

实验动物于染尘后各个时期都表现了实验性矽肺纤维化过程的特征,病变类别多以结节型为主,部分同时伴有弥漫性纤维化型。实验动物染尘后 1 个月约 70%的动物肺纤维化为Ⅰ～Ⅲ级,无Ⅳ级纤维化;染尘后 6 个月约 60%的动物纤维化为Ⅰ～Ⅲ级,并有约 30%的动物肺纤维化达Ⅳ级。

六、肺纤维化动物模型(animal model of pulmonary fibrosis)

(一)博莱霉素致肺纤维化模型

【造模机制】

博莱霉素所致肺纤维化的机制主要是通过活性氧对肺造成损伤。

【造模方法】

选用 SD 大鼠,体重 170～200 g。博莱霉素(每支 30 mg),用 0.9%氯化钠稀释成 4 g/L,气管内滴入博莱霉溶液 0.25～0.3 mL(5 mg/kg 体重),可建立肺纤维化模型。

【模型特点及应用】

注入博莱霉素 2 周时,可见肺系数(肺系数=肺重/体重×100%)、羟脯氨酸(HP)含量明显升高。显微镜下可见广泛炎症细胞浸润,以淋巴细胞、单核巨噬细胞为主,并有肺泡增厚、成纤维细胞增生等Ⅱ级肺泡炎表现。第 4 周可见肺间质内有大量散在绿染的胶原纤维,肺泡结构破坏,见有许多纤维细胞等Ⅲ～Ⅳ级肺纤维化病变。

(二)平阳霉素致肺纤维化模型

【造模机制】

在平阳霉素致肺损伤的早期,即肺泡炎阶段,氧自由基引发的脂质过氧化损伤起很重要的作用。提示自由基损伤至少是肺纤维化形成机制中的一个环节。在急性肺泡炎时，由于大量的自由基产生，SOD可能被明显的消耗，或SOD活性受到一定程度的抑制。在肺纤维形成阶段，不再发生明显的脂质过氧化损伤作用，至少是在此阶段自由基损伤不起主要作用。而SOD活性的升高，可能是机体受到自由基损伤后的一种保护性反应，或是由于自由基的产生与抗氧化系统的作用之间存在着时差，使SOD活性在此阶段仍保持在一定的水平上。

【造模方法】

选用昆明小鼠，雄性，1.5月龄，体重18～20 g。氯胺酮针剂（100 mg/2 mL）腹腔注射（8 mg/100 g体重），将实验动物麻醉后仰卧，纵行切开皮肤，钝性分离暴露气管，用4号针头刺入气管，尽量接近气管分叉处，将0.05 mL平阳霉素缓慢滴入（平阳霉素每支8 mg，用前以生理盐水配制成0.2%药液），立即将动物直立旋转，使药液在肺内均匀分布，然后缝合皮肤，局部酒精消毒防止感染。

【模型特点及应用】

使用平阳霉素后15 d，病变弥漫，但以肺泡间隔、血管和小气管周围显著。病变处肺泡壁增厚，其上毛细血管扩张，肺泡腔变小，其中充满大量的嗜中性粒细胞、单核细胸、淋巴细胞等炎性细胞。有气管、血管周围及近胸膜处出现Ⅲ级肺泡炎性改变。30天后病变弥漫，病变处肺泡壁增厚，肺泡间隔增宽。有明显的成纤维细胞和胶原纤维的增生和集聚，呈Ⅰ级纤维化改变。肺泡炎阶段脂质过氧化物（LPO）含量明显升高，SOD活性明显下降。肺纤维化形成时，LPO含量无显著变化，而SOD活性显著升高。维生素E、当归对平阳霉素所致纤维化具有保护作用。

七、肺气肿和肺心病动物模型（animal model of pneumocardial disease and pneumonectasis）

【造模机制】

肺气肿发病机制主要与慢性气管炎引起呼吸道阻塞（特别是小气道）、体内α_1-抗胰蛋白酶或α_2-巨球蛋白缺乏、遗传因素、变态反应等有关。植物性和动物性蛋白酶对肺组织的直接破坏也可引起肺水肿。采用给动物气管内或静脉内注入木瓜蛋白酶均可引起肺泡炎和肺泡坏死，使大量吞噬含铁血黄素的细胞在病变肺泡处沉积。由于吞噬细胞中含有丰富的溶菌体酶，对基质有溶解作用，直接导致肺水肿。在食品、纤维原料和皮革等工业生产过程中，空气埃尘含有大量蛋白酶颗粒，是致肺气肿的因素之一。肺气肿导致肺心病主要发病机制是由于肺动脉高压。肺血管床减少，肺小动脉壁增厚，肺动脉瓣周径增大以及右心明显扩张等，都是发生肺动脉高压的形态学证据。

【造模方法】

选用健康成年家兔，1.5～2.2 kg体重。中度肺气肿法：耳缘静脉注入8%木瓜蛋白酶1 mL/kg，每日注射一次，连续2 d；每只动物气管内注入3%木瓜蛋白酶1 mL，仅注射一次。重度肺气肿法：耳静脉注入8%木瓜蛋白酶1 mL/kg，每日注射一次，连续2 d，于20 d后做气管狭窄手术，其方法是：暴露气管中段，气管外用薄塑狭窄，直至动物出现鼻翼扇动、有深呼吸时扎紧丝线，然后顺序缝合组织。动物正常饲养，分别于木瓜蛋白酶处理后95～119 d处死动物，进行肺表面气肿面积、肺和心脏形态学检查。

【模型特点及应用】

中度肺气肿模型：静脉和气管内注入木瓜蛋白酶后95～119 d形成中度肺气肿和肺心病病变。肺气肿面积/肺总面积为20.07%～23.6%，心脏和肺动脉无明显增大。

重度肺气肿模型：静脉注射木瓜蛋白酶加气管狭窄手术后95～119 d形成重度肺气肿模型。双肺背侧面积为35.16 m^2，肺气肿面积14.75 m^2，肺气肿面积/肺总面积为41.96%。心脏横径为2.92 cm，显著增大，右心明显扩张。肺动脉圆锥较明显隆起，右心室心腔明显扩张，心室壁心肌纤维，明显肥大。

八、肺出血性疾病动物模型(animal model of pneumorrhagia)

【造模机制】

钩端螺旋体病可引起肺弥漫性出血。钩端螺旋体病最初是由钩体及其有毒物质引起中毒性败血症，出现肺点状出血，以后在点状出血的基础上，出现全肺弥漫性出血，由于数量多、毒力强的钩体及其有毒物质作用于肺微血管，引起肺微循环障碍。

【造模方法】

(1) 肺出血模型：选用体重150～500 g的健康豚鼠。将豚鼠左侧腹部被毛剪去一块，常规消毒，每只豚鼠腹壁皮下注射017株黄疸出血型钩端螺旋体的培养混悬液[每低倍视野(×40)含20～40条]0.2～0.4 mL，进行感染。可使100%的豚鼠有肺出血，30%的豚鼠有黄疸。

(2) 肺弥漫性出血模型：采用上述黄疸出血型017株钩端螺旋体在柯索夫培养基中培养7～10 d后，在暗视野显微镜下，选用生长良好、运动活泼的菌液，以Thoma细菌计数器计算菌数。然后将部分菌液于10 000 r/min离心沉淀30 min，弃上清液，将pH值为7.2的磷酸缓冲液滴入沉淀物中，做成相当于原菌液约1/15的浓缩菌液。感染时将豚鼠后肢皮下隐静脉处被毛剪去常规消毒，每只豚鼠隐静脉注射2～3 mL浓缩菌液(每毫升含1.2×10^9～2.9×10^9条钩端螺旋体)。

【模型特点及应用】

(1) 肺出血模型：感染后肺出血呈渐进性变化，最初仅针尖大小，以后发展成斑块或大叶。出血灶的扩延有直接扩大(出血灶外周乳晕状)、点灶融合及沿支气管腔蔓延等多种方式。出血灶绝大多数分布于脏层胸膜下浅表部位，仅晚期才蔓延到深部。感染5～7 d，血小板计数减少，血块不收缩，心电图出现QT延长、心动过缓，心肌糖原减少，心肌出血，同时血管脆性增加，肺出血加重。少数豚鼠表现全肺出血，死时口鼻流出少量血液。

(2) 肺弥漫性出血模型：豚鼠感染3～4 h后全部发高热。感染后28 h左右全部豚鼠突然体温下降，萎靡耸毛，呼吸增快、不规则，双肺有湿罗音，烦躁，抽搐，痰鸣音，全部动物口鼻涌出大量鲜血而死。死后双肺全部大出血外，其他器官无出血(大的豚鼠尤其突出)。经感染后不同时间，动物活杀后，肺出血动态观察示：感染后20 h，双肺只见少数针头大出血点；感染后24～28 h出血点增多、扩大；28 h后出血点融合成斑，尤以膈面、背面及肺尖多；在死前，出血点或出血斑块布满全肺，且有许多新出血斑点。

该模型用于钩端螺旋体病肺弥漫性出血的发病原理和抢救措施等方面的研究。如曾采用此模型进行了钩端螺旋体病肺出血原发部位的确定、肺毛细血管损伤的性质、肺弥漫性出血的发展过程、肺钩端螺旋体含量与出血的关系、钩端螺旋体对局部组织血管的直接作用，以及弥散性血管内凝血、致出血因子、免疫和超敏的影响等发病机制的研究。

九、诱发性肺癌动物模型(animal model of pulmonary carcinoma)

【模型简述】

在实验动物身上诱发肺癌，要比诱发其他肿瘤困难得多，因为呼吸道给药物，被气管或支气管上皮的纤毛运动将致癌物排出，诱癌率低，呼吸道给药的方法则常常诱发多种肺外肿瘤而肺肿瘤的诱发率低。

【造模方法】

(1) 二乙基硝胺(DEN)诱发小鼠肺癌：小鼠每周皮下注射1%DEN水溶液一次，每次剂量为56 mg/kg体重，总剂量为868 mg。观察时间为100 d左右。此模型诱发率约40%。若将DEN总剂量增到1 176 mg时，半年诱发率可达90%以上。

(2) 乌拉坦诱发肺腺癌：小鼠(A系，1～1.5月龄)较大鼠敏感，每次每只腹腔注入10%乌拉坦生理盐水液0.1～0.3 mL，间隔3～5日再注，共注2～3个月，每只小鼠用量约为100 mg。

(3) 气管内灌注致癌物诱发肺癌模型：向气管内注入苯并芘、硫酸胺气溶胶或甲基胆蒽等物质。常用的有：① 猴气管内灌注3,4-苯并芘与氧化铁的混合液，每周1次，共10次，可诱发肺鳞状细胞癌。② 大鼠吸入硫酸胺气溶剂可诱发肺腺癌。

【模型特点及应用】

(1) DEN总剂量达868 mg，观察时间为10 d左右时，致癌率可达40%左右，而当DEN总剂量达到1 176 mg，观察时间为半年左右时，致癌率约为94%，其中支气管鳞状细胞癌占41%左右。

(2) 乌拉坦注后3个月肺腺癌发生率为100%，且多数为多发性，这种诱发瘤为良性，诱发肺肿瘤的部位和组织分型与人类肺肿瘤相似。

(朱晔涵)

第十四章 人类内分泌系统疾病的比较医学

第一节　人和实验动物内分泌系统比较解剖学

脊椎动物身上重要的内分泌腺有甲状腺(thyroid)、肾上腺(adrenal)、脑垂体(pituitary)、甲状旁腺(parathyroid)、胰岛腺(islets of langerhans)、性腺(gonad,包括睾丸与卵巢)等。

这些腺体的组织细胞本身在各种脊椎动物身上大体是相同的,但是作为腺体来说,有的(如甲状腺)在较高等动物具有腺体形态,而在低等动物则腺组织散布于别的组织细胞间,不具有独立的腺体结构;反之也有的腺体,在低等水生动物(如鱼类)是一个腺体,而在陆地生活的高等动物则只见其细胞散布于别的腺体组织之中,不具有腺体形态。

另外,某些腺体的结构在低等动物与高等动物之间也有差别。如肾上腺在哺乳类有界限明确的髓质与皮质之分。而在低等动物,两种组织或是彼此混杂,或是彼此独立存在,不能称为髓质与皮质。

一、甲状腺的比较解剖

(一) 犬

甲状腺位于气管上端,疏松地附着于气管的表面。腺体包括两个侧叶和连接于两侧叶之间的狭窄部——峡部(腺峡)。犬甲状腺的侧叶长而窄,呈扁平椭圆形,位于气管前端6～7气管环的两侧。甲状腺一般呈红褐色、腺组织坚实,表面有一层纤维囊。甲状腺有丰富的血液供给,甲状腺动脉来自颈动脉,有两条。甲状腺静脉也较大,归入颈静脉。

(二) 猫

甲状腺位于气管与食管两则,它由两个侧叶和一个中叶(峡叶)组成。每侧叶长约2 cm,宽约0.5 cm;峡部是一个细长的带,宽约2 mm,连接两个侧叶的尾端而横跨气管的腹面。甲状腺全重为0.5～2.8 g。

(三) 兔

甲状腺为红褐色的无管腺。分布在甲状腺软骨的外表面,疏松的附着于气管上。全重约0.23 g。甲状腺是由两个侧叶及连接于两叶之间的峡部所组成(图14-1-1)。一般雌兔的甲状腺比雄兔的大。

（四）豚鼠

甲状腺包括右叶和左叶。豚鼠的甲状腺大部分缺峡部，偶尔两叶间也有细长的峡部连接。豚鼠的甲状腺扁平，卵圆形，暗红棕色，被菲薄的纤维囊紧密地附着于第 4～7 气管环上，紧靠肋腺的外侧缘（图 14-1-2）。成熟的雌性豚鼠的甲状腺比雄性的略重。

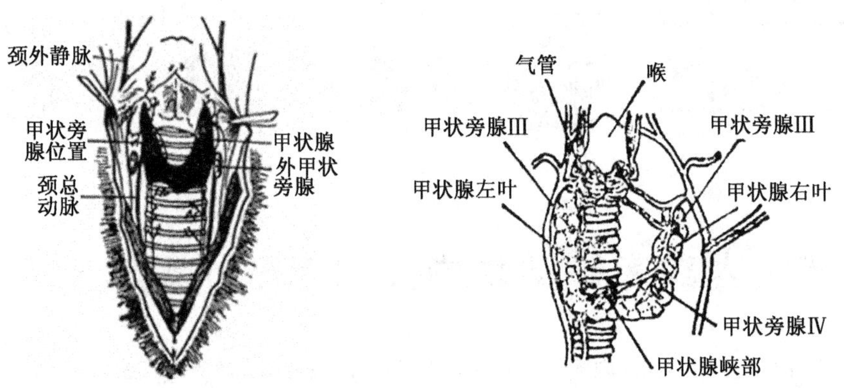

图 14-1-1 兔的甲状腺与甲状旁腺　图 14-1-2 豚鼠在体甲状腺及甲状旁腺的腹面观

5. 蛙

甲状腺是位于舌器两旁、界于舌骨后角与后突之间的一对椭圆形腺体，彼此完全分开。内部由许多圆形胞囊构成，依靠结缔组织胶合在一起，其间血管丰富。

二、甲状旁腺的比较解剖

（一）犬

分布在甲状腺附近的气管表面，是一种小腺体，体积相当于粟粒大，一般有 4 个。其中两个在甲状腺侧叶的深侧，常埋在甲状腺组织内，其余两个靠外侧，接近甲状腺的前端。

（二）猫

甲状旁腺很小，近似球形，位于甲状腺前背面，颜色较甲状腺浅，呈黄色。

（三）兔

甲状旁腺位于甲状腺两侧的背面，或埋在甲状腺组织内，其位置有个体变异，有的靠近前方，包埋在甲状腺中间或甲状腺侧叶的前 1/3 处；有的位于甲状腺的后部，紧贴于甲状腺动脉的根部，气管的两旁；还有的是非对称性分布，一个旁腺在甲状腺的背侧，另一个旁腺在甲状腺的一侧（图 14-1-3）。多数哺乳动物有 4 个甲状旁腺，上下各一对，呈卵圆形或纺锤形，其长度仅有 2～2.5 mm。

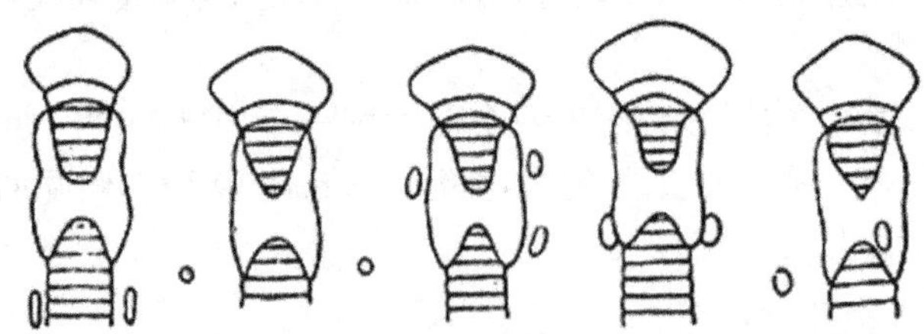

图 14-1-3 兔甲状旁腺位置的变异

（四）豚鼠

甲状旁腺较小，长 2～3 mm，扁平、椭圆形，红棕色，埋在甲状腺侧叶筋膜内。通常位于甲状腺动脉后侧附近，但也有的远离甲状腺动脉，而在甲状腺侧叶的中部和外侧部。有时在甲状腺后侧、气管腹外侧也可找到甲状旁腺。一般每侧各有 2 个甲状旁腺。

三、肾上腺的比较解剖

（一）肾上腺的比较解剖

所有脊椎动物，从圆口类到哺乳类都有肾上腺组织，但是它的功能成分——产生类固醇的细胞和产生儿茶酚胺的细胞，其分布部位则差别很大（图 14-1-5、14-1-6）。

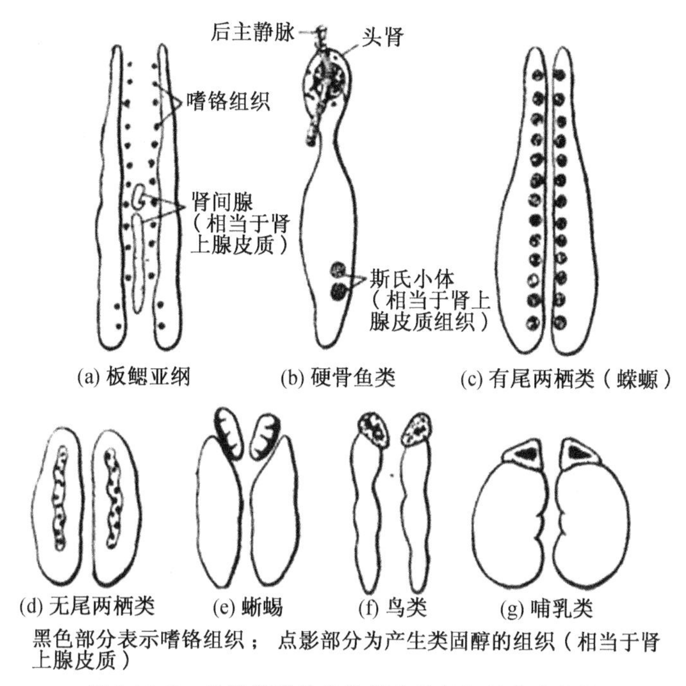

图 14-1-5 几种脊椎动物的肾上腺组织的分布位置

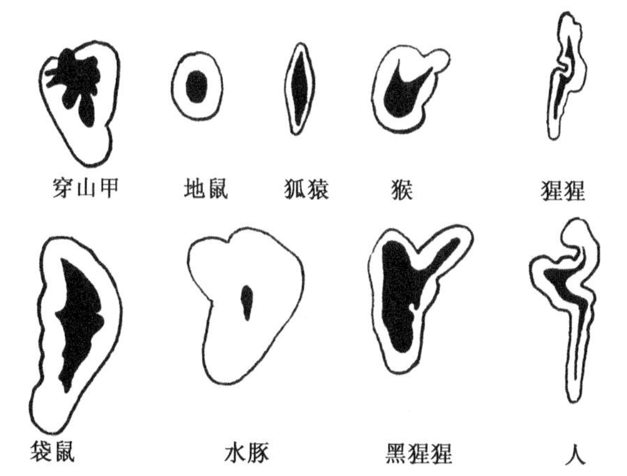

图 14-1-6 几种哺乳动物肾上腺的形状及皮质与髓质的比例

（二）常用实验动物肾上腺解剖特点

1. 犬

两侧肾上腺的位置并不在同一水平位置上。右侧肾上腺位于右肾内缘的前部与后腔静脉之间。略呈棱形，两端尖细。左侧肾上腺紧贴腹主动脉的外侧，于肾静脉之前向前伸长，并不直接与左肾接触。肾上腺内部为实质组织，其皮质部呈苍白稍带黄色，髓质部呈深褐色。

2. 猫

位于肾脏前端内侧，靠近腹腔动脉基部及腹腔神经节，形状为卵圆形，长径约 1 cm，重量为 0.3～0.7 g，呈黄色或淡红色，常被脂肪包埋。在它的腹面被腹膜覆盖。

3. 兔

肾上腺也是一对小腺体，为浅黄色不规则的圆形体。其体积宛如黄豆，每个肾上腺的重量 0.38～0.71 g。右侧肾上腺位于右肾内侧缘的前部，即肾门的前方，相当于第 12 胸椎的地方。左侧肾上腺分布于远离左肾的前方，腹主动脉与左肾动脉夹角的前方，紧贴于腹主动脉的旁侧，相当于第 2 腰椎的地方。肾上腺的内部构造可分成两部分，外层为皮质，内层为髓质(图 14-1-7)。

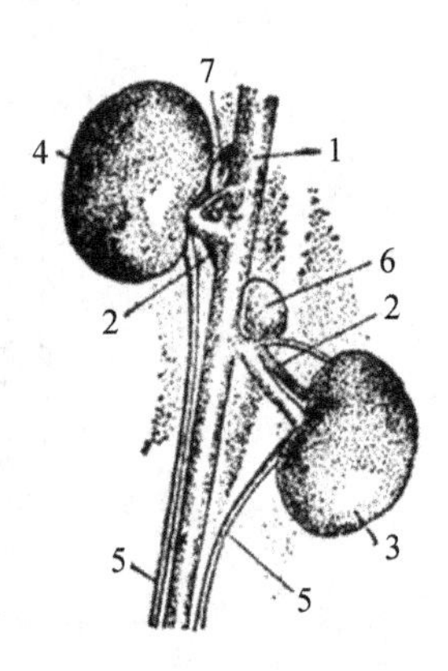

1. 大动脉；2. 肾动脉和肾静脉；3. 左肾；4. 右肾；5. 输尿管；6. 左肾上腺；7. 右肾上腺

图 14-1-7 兔的肾上腺

4. 豚鼠

豚鼠的肾上腺分别位于两肾前端的腹面，被包一层薄纤维囊，肾上腺呈黄褐色，轻度凸突，柔软而脆。由于左侧肾上腺贴在肾门的血管上，故其外形细长。右侧肾上腺的背面呈凹面以适应肾的前内侧面。肾上腺是内分泌腺中唯一随体重的增加而增加其重量的腺体。当体重增加 100%时，肾上腺增加 245%。

5. 蛙

肾上腺呈带状嵌藏在肾脏的腹面，呈橘黄色或棕黄色。蛙类的肾上腺髓质细胞则散杂在皮质细胞之间，无规则，整个肾上腺的外表覆盖着一层由结缔组织构成的包囊。肾上腺分泌的激素为肾上腺素。

四、垂体的比较解剖

(一) 垂体的比较解剖

垂体在种系进行方面的规律是：最恒定的部分为神经垂体组织，后来出现垂体门脉，腺垂体的远侧部渐趋于发达，中叶组织(中间部)则越来越小，到鸟类与哺乳类，中叶不复存在(图 14-1-8)。

爬行类经常缺乏结节部，但其中叶与前叶之间有典型的裂缝。鸟类的中叶很不明显，其后叶(神经叶)与前叶由结缔组织的中隔分开。神经叶高度特化，门脉血管经过结节部进入前叶。哺乳类的垂体均具有典型的前叶与后叶，后叶即神经垂体，中叶也很不发达，前叶与后叶(包括不发达的中叶)之间有裂缝。有结节部，自正中隆起至前叶有完整的门脉系统。各种动物脑垂体解剖比较见图 14-1-9。

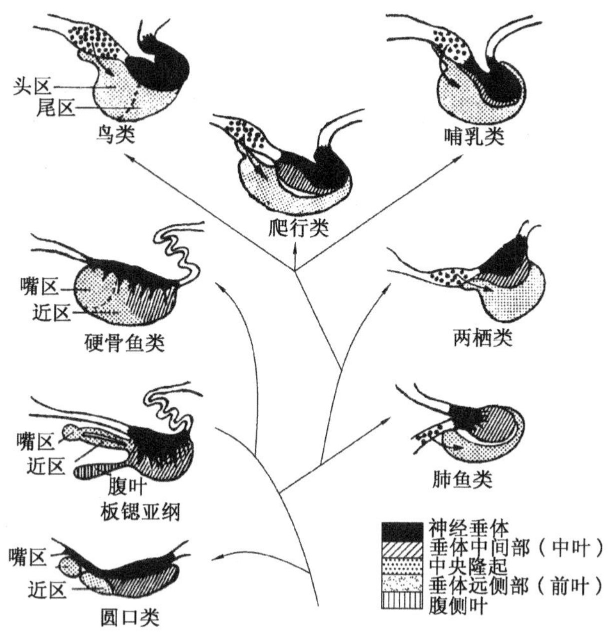

图 14-1-8 脊椎动物垂体的进化

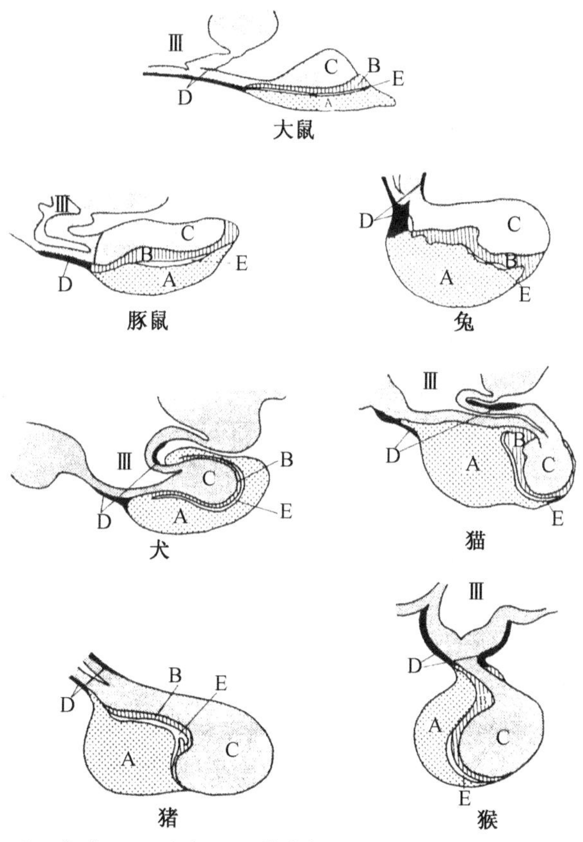

A. 前叶；B. 中叶；C. 后叶；D. 结节部；E. 脑下垂体腔；Ⅲ. 第 3 脑室

图 14-1-9 各种动物的脑垂体

（二）常用实验动物脑垂体的解剖特点

1. 犬

犬的脑垂体位于间脑腹侧和视交叉束的后方，悬挂在下后脑向下伸出的漏斗之顶端，正好嵌入颅腔内蝶骨的垂体窝中。犬的垂体较小，呈圆形，外表面被一层纤维囊包绕（属于硬脑膜的一部分）。

2. 猫

猫的脑垂体是一个节状的突出物，在视交叉的后方，插在蝶骨的蝶鞍内，其背部与漏斗相连。漏斗是中空的，贴在灰结节的腹正中，是由第三脑室底部向腹面延伸而形成的。

3. 兔

兔的脑垂体位于脑的腹面，视交叉的后方，借漏斗状的垂体柄与间脑相连。脑垂体很小，是一个椭圆形的小体，约为 5 mm×3 mm。在垂体的纵切面上可看出：前叶（腺垂体）最大；后叶（神经垂体）次之；中间叶最小。兔的垂体内，在前叶与中间叶之间有一狭窄的皱裂的间隙，称为垂体腔，此腔与漏斗腔并不沟通（图 14-1-10）。

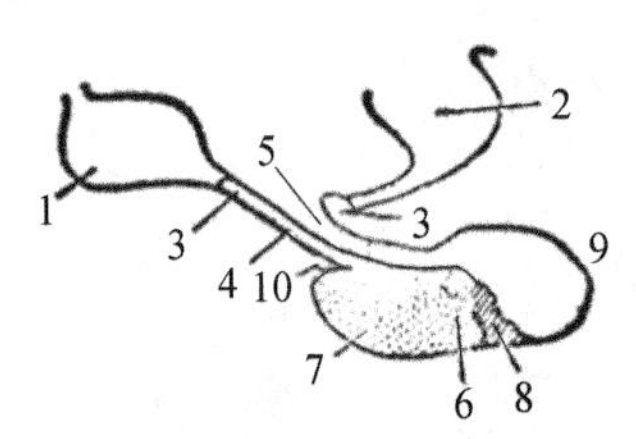

1. 视交叉；2. 乳头体；3. 灰结节；4. 漏斗；5. 漏斗腔；6. 垂体腔；7. 前叶；8. 中间叶；9. 后叶；10. 结节隐部

图 14-1-10　兔的脑垂体

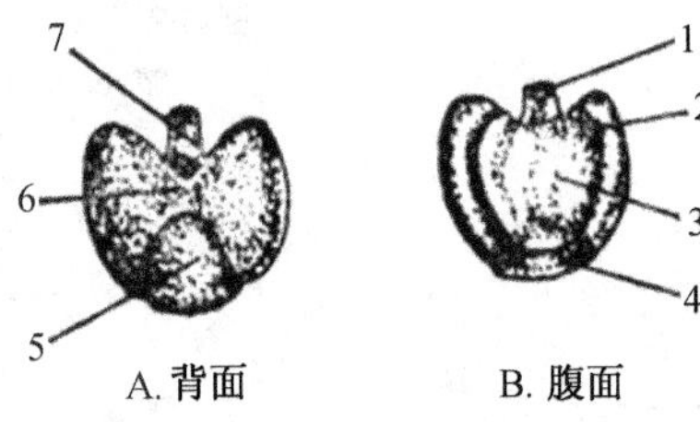

1. 漏斗；2. 中间部；3. 前部；4、5. 神经部；6. 中间部；7. 漏斗

图 14-1-11　豚鼠的大脑垂体腺

4. 豚鼠

豚鼠的脑垂体腺属多叶性腺体，扁平，2 mm×2 mm×0.5 mm，位于乳头体腹侧，被硬脑膜所覆盖，嵌于蝶骨垂体凹内（图 14-1-11）。背部神经垂体悬于丘脑下漏斗部，其细小的柄连于灰白结节腹面后部。

5. 蛙

蛙的脑垂体位于间脑第 3 脑室的腹侧、灰结节的下面，它包括两个在发生上来源不同的部分。1 个是前叶，1 个是后叶。蛙类的所谓垂体前叶实际位于真正后叶的后方。前后 2 叶之间还有 1 个中叶，灰结节的腹面又有两个分开的叶球。垂体是极其重要的内分泌器官。

五、松果体的比较解剖

（一）犬

犬的松果体位于间脑背侧后方、丘脑与四叠体之间，处于缰连合背侧面的正中，是一个小的卵圆形腺体。松果体的后下方即为后连合。松果体的外面包绕一层纤维囊。

（二）猫

猫的松果体是一个小的圆锥体，位于四叠体之前。它构成第三脑室顶部（背壁）的一部分。

（三）兔

兔的松果体是一个很小的腺体，呈杆状。位于脑的背面，大脑半球纵裂末端与小脑之间，在视丘后部与四叠体交界处，其重量仅有 0.016 g。

（四）豚鼠

豚鼠的松果体为一小的圆形腺体，位于间脑背侧后方、丘脑与上四叠体之间。

六、胸腺的比较解剖

（一）犬

胸腺也属于无管腺，其组织构造类似淋巴组织。其外表面有一层薄而疏松的弹性纤维囊，并分为左右两叶。犬的胸腺比较小，其中左叶比右叶大，位于胸腔内。在出生后 2 周内，胸腺逐渐增大，以后 2～3 个月期间则迅速萎缩。

（二）猫

猫的胸腺位于纵隔腔两肺之间并对着胸骨，横卧在前胸腔心脏腹面，形状细长扁平而不规则，呈淡红色或灰白色。幼猫胸腺发达，成猫则部分或完全退化。

（三）兔

兔的胸腺是一个轻而薄的腺体，呈浅粉红色，位于胸廓内部，胸骨的内壁上，处在纵隔前部、相当于第 1～3 肋软骨处。由于胸腺缺乏固定形态、着色浅和细薄，因此易于把成兔的胸腺误认为脂肪而不被发现。

（四）豚鼠

豚鼠的胸腺全在颈部，位于下颌骨角到胸腔入口的中间(图 14-1-12)。由两个光亮的浅黄色细长成椭圆形、充分分叶的腺体组成。它位于颈正中线两侧的皮下脂肪内层。两叶被薄而透明的筋膜层和脂肪粒所连接。胸腺随年龄的增长而逐步退化和脂肪化。许多豚鼠都有胸腺的附叶，呈单独的结节状，直径为 1～2 mm 或更小，位于筋膜内，其深度和主叶差不多。附叶一般有 2 个，在单侧或双侧，多在甲状旁腺附近或与其融合。

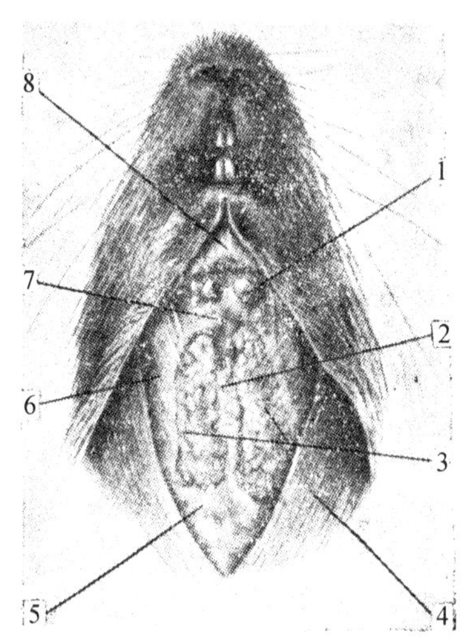

1. 下颌(骨)结；2. 峡区；3. 胸腺叶；4. 颈阔肌；5. 皮下脂肪；6. 筋膜；7. 皮下脂肪；8. 下颌骨联合

图 14-1-12 豚鼠体的胸腺

（五）蛙

蛙的胸腺位于鼓膜后方，下颌降肌之下，是 1 对细小的卵圆形器官，色微红。腺体外形随年龄增加而缩小。胸腺主要是呈淋巴腺状的构造，外表围有一层结缔组织构成的包囊。这种结缔组织又向腺体内部伸入，形成很多间隔，称胸腺梁，把整个腺体分隔成许多小叶，呈疏网状。网孔里散布着许多淋巴细胞和许多分散的胸腺小体。

第二节 人和实验动物内分泌系统比较生理学

不同种动物所分泌的同名激素，有的分子结构完全相同，有的虽不完全一样，但主要结构是相同的。

一、催乳素的比较

催乳素（prolactin）是垂体激素之一，与哺乳动物哺乳活动有关。在各种非哺乳脊椎动物身上有许多独特的功能，这些功能大多与生殖及育幼、幼体生长发育、机体渗透平衡、糖和脂肪代谢有关（表 14-2-1）。有许多功能看起来只是动物的本能，但实验证明这些本能在动物失去垂体后即丧失，如再补给催乳素又重新出现。

表 14-2-1 催乳素在脊椎动物身上的作用

1. 储钠作用（鱼类）	13. 脂肪沉积（移栖前期）（鸟类）
2. 升钙作用（鱼类）	14. 升糖作用（鸟类）
3. 营巢（鱼类）	15. 抗性腺作用（鸟类）
4. 皮肤黏膜（包括片乳）的分泌（鱼类）	16. 移栖前的不安定作用（鸟类）
5. 雌激素毒性降低（鱼类）	17. 喂幼（鸟类）
6. 精囊的生长与分泌（鱼类）	18. 伏窝孵卵（鸟类）
7. 产卵前的移栖（鱼类）	19. 与类固醇激素协同对雌性生殖道的作用（鸟类）
8. 蝾螈下水反应（两栖）	20. 刺激乳腺发育与生乳（哺乳类）
9. 输卵管分泌（两栖）	21. 与雄激素协同对雌性生殖器官的作作用（哺乳类）
10. 精子生成（两栖）	22. 维持黄体，促进黄体分泌（哺乳一鼠类）
11. 嗉囊乳分泌（鸟类）	23. 侏儒鼠生育力增高（哺乳类）
12. 孵卵斑形成（鸟类）	24. 刺激生长（哺乳类）

二、神经垂体激素的比较

神经垂体（也即垂体后叶）激素在各种脊椎动物身上也广泛存在。神经垂体激素是八肽化合物，动物界发现不同动物身上这种八肽化合物的氨基酸排列并不完全相同。

三、垂体生长激素的比较

1. 生长激素分子结构比较

生长激素是一种蛋白质激素，分子链长氨基酸多，种系差别很大，不同动物生长激素分子构造是不一样的。不同动物的生长激素各有种属特异性，因此，将一种动物提取出的生长激素用于别的动物身上，往往看不到促进生长的效应。

2. 理化特性比较

人与不同种动物垂体生长激素的理化特性比较见表 14-2-2。

表 14-2-2　人与不同种动物垂体生长激素的理化特性比较

	人	猴	猪	羊	牛	鲸鱼
分子量	21 000	25 000	41 000	48 000	45 000	40 000
氨基酸数目	191	191	190	190	237	191
等电点	4.9	5.5	6.3	6.8	6.8	6.2
双硫桥数目	2	4	3	5	4	3
肽　　链	直链	直链	直链	有分支	有分支	直链
C末端氨基酸	……亮·苯丙	……甘·苯丙	……苯丙·苯丙	……亮·苯丙	……苯丙·苯丙	……丙·苯丙
N末端氨基酸	……苯丙	……苯丙	……苯丙	……苯丙 ……丙	……苯丙 ……丙	……苯丙

3. 种属特异性比较

从不同种属所得的生长激素，对别的种属的动物往往不出现促进生长的效应，表现出生长激素有较明显的种属特异性。牛、羊、猪的生长激素与人、猴的生长激素相比，结构上差别很大，分子量也有很大差异。当这些生长激素进入人体时，实际上成了异种蛋白，具有了抗原性。灵长类只能对灵长类的生长激素有反应，而对其他任何动物的生长激素均无反应。如从动物身上提取的生长激素制品对人类垂体性侏儒不起治疗效果，只有用人与猴垂体制成的生长激素，才能促进人的生长。现将它们的关系列为表14-2-3，作为参考。

表 14-2-3　生长激素对不同种动物的生长效应

生长激素的来源	生长激素对不同种动物的生长效应											
	人	猴	绵羊	山羊	牛	大鼠	小鼠	豚鼠	犬	猫	蝌蚪	鱼
人	+	+				+	+	−	+			
猴	+	+				+	+	−	+			
牛	−	−	+	+	+	+	+	−	+	+	+	+
绵羊	−	−				+						

注："+"表示促进；"−"表示抑制

四、促肾上腺皮质激素的比较

促肾上腺皮质激素(adrenocorticotrophin，ACTH)目前看来也是由嗜碱细胞所分泌。它是由39个氨基酸组成的直链多肽。分子量在4 540左右。各种动物的ACTH基本结构均相似。

实验证明所有动物的ACTH用于其他动物都具有生理活性，因为它们从1～24位氨基酸的核心结构相同；但由于整个分子还有不同的部分，所以异种动物的ACTH在体内可能引起抗体的形成。

第三节　人类与实验动物内分泌病的比较病理学

一、人类与实验动物垂体腺疾病的比较

垂体腺分泌的各种物质，控制着其他大多数内分泌腺，并直接作用于各部体组织。垂体由两个部分构成：前方为腺体部，即垂体腺体部；后方为神经部，即垂体神经部。这两部分共同位于颅底蝶鞍部。按《国际解剖学命名法》，垂体各部的名称如下：

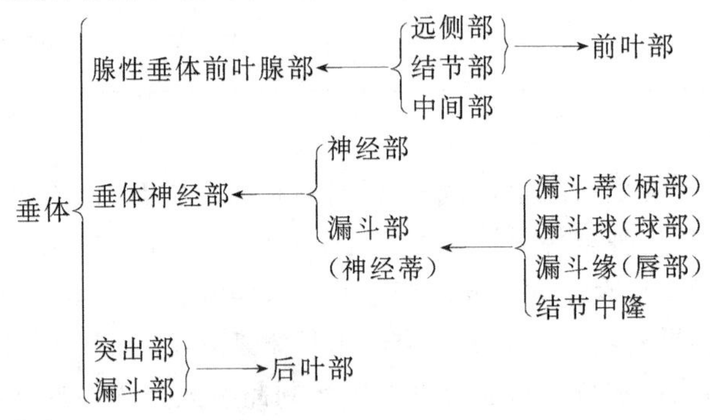

(一) 垂体腺体部

垂体腺体部至少可分泌 6 种激素：生长激素(促生长素)、促甲状腺激素(TSH)、黄体生成素(LH)、促黄体激素(LTH，催乳激素)、促黑素细胞激素(MSH)和促肾上腺皮质激素(ACTH)。各种功能细胞类型、染色特性、细胞分布、化学性质和各种下丘脑控制因子详见表 14-3-1。

表 14-3-1　人垂体的细胞类型及其下丘脑控制因子

功能细胞类型	分泌的激素	下丘脑控制因子
1. 促生长素细胞(STS 细胞)	生长激素(HGH)	促生长素释放因子(GHRH)
2. 催乳素细胞(PRL 细胞)	催乳素(PRL)	催乳素抑制因子(PIF)
3. 促甲状腺素细胞(TSH 细胞)	促甲状腺素(促甲状腺激素，TSH)	促甲状腺素释放激素(TRH)
4. 促性细胞(GTH 细胞)	a. 促卵泡激素(FSH) b. 促黄体激素(LH)或促间介细胞激素(ICSH)	a. 促卵泡激素释放激素(FSH-RF) b. 促黄体激素释放激素(LH-RF)，可能与 FSH-RH 相同
5. 促皮质细胞(ACTH 细胞)	促肾上腺激素(ACTH)	促皮质素素释放因子(CRF)
6. 促黑素细胞(MSH 细胞)	中间素(促黑素细胞激素，MSH) a MSH，1 MSH，2 MSH	

续表

功能细胞类型	颗粒染色	细胞主要分布部位	化学性质
1. 促生长素细胞(STS 细胞)	嗜酸性	远侧部侧方	191 氨基酸多肽,分子量 21 800
2. 催乳素细胞(PRL 细胞)	嗜酸性	远侧部	198 氨基酸多肽
3. 促甲状腺素细胞(TSH 细胞)	嗜碱性	远侧部	糖蛋白,分子量 28 000
4. 促性细胞(GTH 细胞)	嗜碱性	远侧部	糖蛋白,分子量约 30 000
5. 促皮质细胞(ACTH 细胞)	嗜碱性, PAS 反应阳性	中间部	39 氨基酸多肽
6. 促黑素细胞(MSH 细胞)		中间部	多肽 a. α13-氨基酸 b. β32-氨基酸

注：下丘脑控制因子已分离出 3 种:LH-RF 为十肽结构;TRH 和 MIF,均为三肽

垂体发生异常时,可导致某种或全部垂体腺体部激素产生过多(如形成肿瘤时)或不足(如由疾病破坏或外科手术摘除垂体时)。下丘脑对垂体具有重要的控制作用,其个别部位的病灶也可能导致不同的激素缺陷。

(二) 垂体神经部

该垂体后叶位于神经分泌系统的远端,包括下丘脑的视束上核和室旁核及室旁束。在丘脑下核的神经节细胞内合成各种激素,由垂体神经束的轴索下行输送至中隆、垂体和神经部的末端。有两种下丘脑激素,血管加压素和催产素。

(三) 垂体神经部的疾病——尿崩症

垂体神经部仅分泌两种激素,与血管加压素缺乏有关的疾病为尿崩症(DI)。尿崩症的临床特点是多尿和烦渴。其尿量可达 5～10 L/24 h,密度为 1.004～1.005。通常,由于患者饮水量增多,该病并无严重后果。但是,如果渴感中枢同时受损,就可能出现脱水精神紊乱等临床征候。

该病的已知病因可分为外伤性、先天性、炎症性和退变性。也有多数病例是特发性的。外伤性病例的病变常发部位在垂体柄部,有时可伴有颅骨骨折,脑底部炎症也可引起尿崩症。

二、人类与实验动物肾上腺疾病的比较

肾上腺与垂体一样,也是由功能和胚胎发生方面不同的两分组成的。其皮质部源于中胚层,可分泌对维持生命有重要作用的几种激素。髓质部由外胚层衍化而来,其各种分泌物对正常生存有重要意义。

(一) 肾上腺皮质

肾上腺皮质部各种激素的基本结构是含 17-碳的环戊烯多氢烯菲环(cyclepentanoperhydrophenanthrene ring)。肾上腺皮质部的外层和中层可产生含 21 个碳原子的激素。在 17 位有 1 个羟基的是 17-羟皮质类固醇(17-OHCS),因为其中之一对葡萄糖代谢具有重要作用,故又称糖皮质激素。含 21 个碳并在碳-17 位没有羟基的各种皮质激素均称为盐皮质激素,主要作用于矿物质代谢。皮质部的内层产生的类固醇,均含有 19 个碳原子,并在碳-17 位有 1 个酮基;它是两性个体都可产生的具有雄激素活性

的物质。所有肾上腺皮质激素都是由胆固醇和醋酸盐经过一系列酶反应而衍化形成的。主要控制肾上腺皮质生长和分泌功能的调节因子是ACTH。

1. 肾上腺疾病

(1) 皮质醇增多症(库欣综合征):患病最多的是20～60岁年龄组的妇女。向心性肥胖患者腹部可出现粉红或紫色斑纹。机体抵抗力很差,创伤愈合缓慢并容易感染。一般可因骨基质损耗而呈现骨质疏松。可伴糖耐量减退和高血压,月经稀少,轻度红细胞增多、淋巴细胞减少和嗜酸性细胞减少。

(2) 肾上腺皮质功能亢进(库欣病):本病与库欣综合征的区别在于,皮质醇增多症是由于ACTH分泌失常而继发的。但两者的临床特征基本相同。患者的血浆ACTH值及尿中皮质醇和17-羟皮质类固醇值相当高。肾上腺分泌功能可被地塞米松抑制。

库欣病的动物模型:Strasberg等(1970)报道了一种供人工诱发库欣病的灵长类动物模型。用一具Gross-58型刺激器、两个分离的刺激元件和一台直流电系统,刺激猴小脑的扁桃体。据Mason证实,刺激猴的扁桃体可增加17-羟皮类固醇的分泌。已知中基部下丘脑是中枢神经系赖以影响垂体促肾上腺皮质激素释放,从而改变外周性糖皮质激素量的终末共同通道。对下丘脑的电刺激可使17-羟皮质类固醇的浓度增高,同时伴有各种自律性应答。此法可为研究人体库兴氏病提供有效的动物模型。

(3) 醛固醇过多症:醛固醇在正常条件下可维持体液和电解质在动物体内形成稳定环境,如产生过量,就可引起低钾,并使细胞外液体扩散,而导致水肿或高血压。原发性醛固醇症是由皮质腺瘤产生过量的醛固醇所致。常见症状是轻度高血压和肾的浓缩能力损害,从而引起多尿、夜尿和烦渴等征候。出现低钾血症时,可引起感觉异常、肌肉衰弱甚至麻痹。

(4) 原发性肾上腺功能不全:

阿狄森病:表现倦怠、厌食、消瘦、皮肤晦暗,间有各种深琥珀色或深栗褐色暗斑。结核病曾经是主要病因。但随着结核病发病率逐渐降低,自体免疫性就较为常见。本病患者较容易发生其他各种自身免疫性疾病,如甲状腺功能减退、原发性卵巢衰竭、恶性贫血或甲状旁腺功能减退等;此外,还有罕见的病因,如淀粉样变性、肾上腺卒中,以及以皮肤出血为特征的华-佛综合征(Waterhouse-Friderichsen综合征)和转移性癌。外科摘除肾上腺、长期使用0.9′-DDD治疗或类肝素(heparinoids)也都能引起本病。

(5) 继发性肾上腺功能不全:本病因ACTH缺乏而发生,其常见症状除皮肤色素外,均与皮质醇缺乏相同。血浆皮质醇浓度及尿中17-羟皮质类固醇和17-酮类固醇均低于正常,对试用ACTH的应答仅呈迟缓增高(与之相比,在原发型无反应)。尚未见报道有适宜的动物模型。

(二) 肾上腺髓质

肾上腺髓质的重要作用是合成和贮存儿茶酚胺、肾上腺素和去甲肾上腺素。肾上腺素是主要的髓质激素,在其分泌和贮存的总量中约占80%。而去甲肾上腺素则在尿液中占优势,其大部分是由植物性神经的节后纤维所释放。儿茶酚胺的合成起始于苯丙氨酸,经氧化形成酪氨酸,再通过氧化和其他反应而产生去甲肾上腺素,再加入1个甲基就合成了肾上腺素。在髓质部或髓质外形成肿瘤时，却可产生临床上明显的综合征。最常见的肿瘤是嗜铬细胞瘤，在高血压患者中约占1%。目前尚无适用的动物模型。

三、人类与实验动物甲状腺疾病的比较

甲状腺是发育时形成的第1种内分泌腺，约在妊娠后1个月就可出现。胎儿发育至15周时，就可产生甲状腺素。成年后，该腺体就形成10～20 g的包囊，并由疏松结缔组织固定在气管的前方和侧方，分成两叶由紧接环状软骨下方的甲状腺峡连接。

（一）激素的化学和生物合成

甲状腺激素的生物合成步骤包括：① 捕集碘素；② 借助过氧化酶使碘氧化；③ 酪氨酸经碘化形成一碘酪氨酸(MIT)；④ MIT再碘化形成二碘酪氨酸(DIT)；⑤ 2个碘酪氨酸(T_3或TRIT)。捕集功能受促甲状腺素的控制，而过氯酸盐或硫氰酸盐则可封闭这一过程。

（二）甲状腺疾病

可引起各种临床征候的甲状腺功能失调，主要分为甲状腺功能亢进或功能减退。

(1) 甲状腺功能亢进的动物模型：Sit和Kanagasuntheram(1972)发展了一种利用当地的黑眶蟾蜍(Bufo melanostictus)蝌蚪的实验模型，在其胚胎发生阶段用限定剂量的氯酸钾处理，以研究胚胎发育期甲状腺功能亢进情况。经处理后可发现其前肢和后肢呈现指(趾)畸形和海豹样半变态(phocomely-hemimely)；以L-甲状腺素钠进行外源性处理，也可产生同样结果。

(2) 甲状腺功能减退的动物模型：据Cole(1966)报道，一个白色地中海鸡品系经选育后，其甲状腺功能减退的概率，雌鸡可超过80%，而雄鸡超过75%。这种性状在6～8周龄时即可显现，其特征为肥胖、羽毛细长如丝、生长速度往往明显下降、一般性成熟缺乏或迟缓。甲状腺的病理变化为淋巴细胞浸润和上皮样细胞呈索状增殖，在2周龄时即可显现。一般都呈进行性，以后该腺体的结构和功能都可能有一定程度的好转。这种鸡可作为研究人类甲状腺功能减退的模型。

(3) 甲状腺髓质癌的动物模型：在老龄大鼠中自发性甲状腺肿瘤的发病率很高，可能与人体甲状腺髓质癌相似，起源于副滤泡。Boorman等曾报道对334只老龄WAG/Rij大鼠的尸检所见(有84%在2岁以上)：甲状腺髓质癌为123例；滤泡癌为1例。多发性内分泌肿瘤很常见，但未发现与甲状腺肿瘤有何密切关系。多数肿瘤细胞的微细结构与正常副滤泡细胞十分相似，其中含有人类甲状腺髓质细胞所特有的淀粉样沉积物。大鼠肿瘤的这种高度自发率、相同的微细结构以及相似的生物学行为，可作为研究人类甲状腺髓质癌的理想动物模型。

(4) 甲状腺炎的动物模型：Hashimoto氏病(慢性淋巴性甲状腺炎，淋巴瘤性瘰疬)是一种正常分叶度的疾病。滤泡内有淋巴细胞和浆细胞浸润，以及滤泡上皮细胞胞浆内有嗜氧颗粒性变化，这是甲状腺炎的常见特性。① Riedels甲状腺炎：是一种甲状腺与其邻近结构发生广泛纤维化为特征的罕见疾病。可能伴有腹膜后腔纤维化过程。② 急性化脓性甲状腺炎：由化脓性细菌引起，其特征为患部剧痛和压痛。③ 亚急性甲状腺炎(肉芽肿性，巨细胞性或de Quervain甲状腺炎)：往往继发于呼吸道感染，可能是一种病毒引起的。

据 Levy 等报道，狨的慢性甲状腺炎在组织学方面，与本病的各种自发性或实验性病型相似，他们对 494 只狨猴检查，发现其中有 40 只患有慢性甲状腺炎。该属动物在饲养群中出生的雌性个体中约有 60%、雄性个体约 28%，野捕雌性个体的 12%、雄性个体的 9%，均患有慢性甲状腺炎。在狨属猴甲状腺炎的发病率高，为研究人类的慢性甲状腺炎提供了一种新的灵长类动物模型。

四、人类与实验动物甲状旁腺疾病的比较

人和动物的甲状旁腺有 2～10 个，数量不等，产生为甲状旁腺激素(PHT)，具有调节钙、磷代谢的作用。通过对血浆钙浓度的控制而可影响全身所有器官的神经肌肉功能及其他多种功能。

(1) 降钙素：降钙素是由源自后鳃体的特化 C 细胞所产生。此种激素通常存在于人甲状腺内，在有些个体也可从甲状旁腺和胸腺组织中检出。降钙素的分泌过程直接受控于血浆钙浓度。超出生理浓度的镁也可诱导降钙素分泌。注射促胃液素和促胰酶素也可使降钙素量增高。

(2) 降钙素的功能：降钙素可降低破骨细胞和骨细胞的再吸收活性，以及骨祖细胞活化为前破骨细胞和破骨细胞的速率，而增高破骨细胞对成骨细胞的调控能力。

(3) 高钙血症的动物模型：Rice 等报道了一例 Fischer 大鼠的莱迪希氏间质细胞性肿瘤引起的高钙血症和高钙尿症，其血清钙浓度增高，伴有尿钙排泄量增加，持续性高钙血症可导致氮血症，并最终转为血清钙量和钙排泄量减少。此种肿瘤可诱发高血钙症，可作为研究人类高血钙症和肿瘤的适用模型。

五、人类与实验动物胰腺疾病的比较

胰岛可产生两种不同的激素，胰岛素和胰高血糖素。其中的 α 细胞可产生胰高血糖素，而 β 细胞则分泌胰岛素。β 细胞内含有分泌颗粒，胰岛素则贮存于该细胞内，葡萄糖、胰高血糖素或甲苯磺丁脲(tolbutamide)等刺激物可使之释出。胰岛素对每个器官和几乎所有生化成分都有直接或间接的影响，其主要功能是促进碳水化合物、脂肪、蛋白质和核酸的同化反应，以及从单体化合物进行这类物质的生物合成。在人类，维持血浆葡萄糖量(60～100 mg/100 mL)是一个重要条件。

(一) 糖尿病

糖尿病是由胰岛素分泌缺陷和/或胰岛素作用缺陷引起的三大营养物质代谢异常的疾病。最常见的症候是慢性高血糖，临床表现为多尿、烦渴以及食欲增加而体重减轻等。

(二) 糖尿病研究方面的动物模型

1. 动物中的自发性糖尿病

犬和猫中的自发性糖尿病是久已闻名的，但直至培育各种啮齿动物近交系后，才开展了该病的系统性研究。目前至少已发展了 13 个糖尿病啮齿动物品系(表 14-3-2)。

表 14-3-2 小家鼠(鼷鼠 *mus musculus*)及其他小型实验啮齿动物各型先天性"糖尿病"

A. 鼷鼠单基因突变

基因符号*	基因名称	分布世系	现已淘汰的同义名
A^{y}	黄色或致死性黄色	多世系	肥胖黄色,黄色肥胖
A^{vy}	保活黄色	C57BL/6J-A^{iy}	
A^{iy}	中间黄色	C57BL/6J-A^{iy}	
ob	肥胖	C57BL/6J-ob	AO,高糖血性肥胖,北美肥胖高糖血性等
Ad	脂肪		脂肪-爱丁堡
db	糖尿	C57BL/KsJ-db	
	近交品系和 F_1 杂交系		

初似名	同义名	现已淘汰的同义名
NZO	新西兰肥胖	
KK	KK 小鼠	日本肥胖
G3Hf×1F_1	C3f1F_1	Wellesley 小鼠

B. 其他种动物

初似名	同义名	现已淘汰的同义名
非州刺毛鼠(*acomys cahirinus*)	棘小鼠(*spinymouse*)	*acmys dimidiatus*
脂沙鼠(*psammomys obesus*)	沙鼠、沙漠鼠	
灰仓鼠(*crictulus griseus*)	中国仓鼠	
"多脂"大鼠中单一突变基因	多脂	

注:* 所有这类动物都未确定糖尿病。据认为,除"多脂"型可能例外,其余的主要特征都是肥胖和高脂血症。

(1) 中国仓鼠:曾广泛用于对糖尿病发病早期的代谢研究。多数学者认为仓鼠有一种隐性糖尿病基因 *dd* 和含 4 个基因的多基因系统,其糖尿病的程度和尿中葡萄糖的排泄量均有很大差异。在同一患病个体,葡萄糖量的增长系数可达 3～4,而游离脂肪酸则保持相当高的水平。其他征象还包括胰岛细胞发生变化、发病率低(约 3%)的小动脉和毛细动脉瘤、肾小球细胞变化、膀胱扩张和毛细血管襻融合。

(2) 小鼠:多数小鼠品系,特别是雄性小鼠,可自发具有肥胖和高血压特征的糖尿病。常见于老龄个体。但病情较轻,不需要胰岛素治疗仍可存活。

在 C57BL/Ks 品系(Jackson 实验室)中含有一种糖尿病突变基因(*db*),是具有全显率(full penetrance)的单正染色体隐性基因。该病在纯合子小鼠中引起的代谢紊乱,与人类成熟期发生的糖尿病相似。其表现为,在 3～4 周龄时脂肪异常沉积,继而出现高血糖症、多尿和尿糖症。首先是血浆胰岛素量、脂肪生长率、糖原异生过程和葡萄氧化过程等显著增高、郎汉氏岛内的β-细胞颗粒减少。其次，在进入晚期时，血液中的胰岛素接近常量、对葡萄糖的利用显著下降，而糖原异生率持续处于高水平。这些现象表明，在外周对胰岛素的利用存在着缺陷，而胰腺中胰岛素合成和释放则基本不变。

(3) 沙鼠：沙鼠的食源性糖尿病已有报道(Haines，等 1965)。该种动物模型可模拟人类的糖尿病。

(4) 犬和猫：犬的自发性糖尿病发病率约为 0.5%，以老龄雌犬较多发。最常见的原因是胰腺炎，也可见到β-细胞的特征性病变。通常在胰岛内可见到典型的水肿性变化，有时也可能见不到病理性变化。

(5) 猪：乌克坦小型猪(墨西哥无毛猪)是糖尿病研究中的一个很有潜力的实验动物模型。只需一次注射水合阿脲(200 mg/kg 体重)就可以在这种动物产生典型的急性糖尿病。其临床体征包括高血糖症、剧渴、多尿和酮尿。罹患由尿嘌呤引起的糖尿病的猪，在 12 个月内产生眼底微血管增厚性失明。

(6) 非人灵长类动物：猴类的自发性糖尿病的临床特征与人类的十分相似；因而，猴是进一步研究异常碳水化合物代谢的有价值的模型。有报道证实，恒河猴可作为人体糖尿病的良好模型。

2. 实验动物中人工诱发的糖尿病

此类糖尿病多由四氧嘧啶(alloxan)或其他化学因子对胰岛组织的损害、对胰岛素释放过程的干扰或胰岛素对靶器官的作用所受到的干扰等所致。

以胰腺摘除或化学因子诱发实验动物的糖尿病时，也可引起各种严重的继发作用。Howard 通过股动脉或腹腔动脉直接向胰腺输入链脲左菌素，发展了一种非人灵长类动物的糖尿病模型。由于是直接施用，故该药诱发糖尿病的所需剂量很小，因而不致产生副作用。其作用是减少β-细胞或至少是使β-细胞损失颗粒。该模型可用于研究与糖尿病相关的代谢变化的长期作用以及动脉粥样硬化症和微血管病。

第四节　人类与实验动物内分泌病动物模型

实验动物，尤其是灵长类动物，已广泛应用于比较内分泌学、内分泌疾病的研究及激素的测定。利用实验动物模型可对新合成的类固醇激素、治疗内分泌失调的激素药物以及了解包括人体内分泌病在内的病理生理学机制进行实验与研究，其数量已经日益增加。

一、糖尿病的动物模型

在犬和猫中，长期的自发性糖尿病的病例早在 1953 年已有报告(Renold & Dulin，1967；Ricketts et al，1953)。在啮齿类动物中，曾建立了不少具有糖尿病的近交系动物模型(见表 14-4-1)。

表 14-4-1　小鼠和其他小型啮齿动物糖尿病的遗传类型

基因符号	基因名称	目前原种	初步利用的症状
A：小鼠单基因突变			
ay	单色或致死性黄色	若干	黄色肥胖
avy	可存活性黄色	C57BL/6J-Avy	
aiy	中间型黄色	C57BL/6J-Aiy	
ob	肥胖	C57BL/6J-ob	AO，高血糖性肥胖等
ad	肥胖症的		肥胖性
db	糖尿病	C57BL/ksj-db	
近交系和 F_1 杂种			
NZO		New Zealand	肥胖
KK		KK 小鼠	日本性肥胖
C3HfXF_1		C3Hf1F_1	Wellesley 小鼠
B：其他种类(尚未公认的名称)			
acomys cahirinus	小鼠		
psammomys obesus	沙鼠		
cricetulus griseus	中国地鼠		
肥胖在大鼠中的单基突变	脂肪过多		

中国地鼠已用于糖尿病发生的早期阶段的代谢研究，虽然在近交繁殖时，糖尿病发生的精确遗传机制尚未清楚，认为存在隐性糖尿病基因 *dd* 和其他基因的多基因系统。糖尿病突变(*dd*)小鼠出现在 C57BL/KS 品系(Jackson 实验室)，具有完全外显率的单位常染色体隐性基因。在纯合子小鼠中，该病引起代谢失调，类似于人的成年期糖尿病发作的情形。在 3～4 周龄时，多发生异常的脂肪沉积，随后发生高血糖、多尿及糖尿。地鼠的模型特点为：首先，血浆胰岛素水平、脂肪发生率、葡萄糖异生作用、葡萄糖氧化及胰岛 β 细胞颗粒的还原作用都有显著增加；其次，在后期阶段，循环中的胰岛素接近正常水平，葡萄糖利用明显减少，具有连续高速的葡萄糖异生作用。

这种突变小鼠有几方面的优点：① 突变是在近交系中发生和维持，便于进行组织和器官移植的研究；② 其遗传是在具有完全外显的隐性基因控制之下；③ 其子代所产生的糖尿病综合征可在此周龄识别。其缺点是：① 糖尿病的纯合子不能繁殖，除后代测试外，杂合子不能与正常的动物相区别；② 肥胖发生较早，给糖尿病的临床前期的研究带来困难。此外，采用卵巢移植也可以产生糖尿病的子代。这样，以人工受精方式，将产生完全由糖尿病患者组成的子代，并将更有利于研究临床前期的情况。

Renold 等报告，具有遗传性高血糖综合征或由环境起始的啮齿动物中，内分泌代谢异常。在小型啮齿类动物中，以 12 种遗传性异常的高血糖症为特征(表 14-4-2)。

表 14-4-2　小型啮齿类动物“因素不相称高血糖”的遗传特征

动物品系	遗传方式
A. 单基因突变	
小鼠黄色(Ay+变种)	常染色体显性
肥胖(ob)	常染色体隐性
肥胖症(ad)	常染色体隐性
糖尿症(db)	常染色体隐性
大鼠“脂肪性(Fatty)”	常染色体隐性
B. 近交系和杂种	
NZO 小鼠	可能为多基因近亲繁殖
KK 小鼠(日本)	部分显性的近交,外显率的变化属于其他基因
$C3HfXF_1$ (Wellesley 小鼠)	两上近交系的杂种,为多基因
中国地鼠	
C. 环境地影响多基因遗传分布的独特品种	
Acomys cahirinus (Spiny 小鼠)	未详
Psammomys obesus (Sand 大鼠)	未详
Genomys tolarum (tucotuco)	未详

Wistar 大鼠具有自发性糖尿病,在该远交系中,糖尿病的发病率为 30%～50%,经过选育可使之增加到 90%,大部分患鼠为胰岛素依赖性,少数患鼠在不给外源胰岛素的情况下也能存活,但出现生长阻滞,并呈慢性病变。其发病年龄为 58～123 日龄,发病突然,常无预兆,其病症为高血压、糖尿、多尿、胰岛素缺乏及体重下降。若不加以治疗,不少患鼠数天可出现严重酮症酸中毒、脱水及濒死状态。尸检结果常可见某些胰岛素区有淋巴细胞浸润、β-细胞颗粒丧失与坏死,胰腺的胰岛素含量明显降低。急性严重发病的患鼠,经胰岛素治疗,并在症状发作后数周内处死者,可见其胰岛变小,数量减少,基本上由 α 细胞组成,β 细胞极少或缺乏,无炎性浸润迹象,胰腺的胰岛素含量明显下降,而胰高血糖素含量正常或减少。无论 Wistar 大鼠是否患糖尿病,均无肥胖出现。

在新西兰白兔中自发性糖尿病已有报道,最初发现一只 6～12 月龄的雌性新西兰白兔有烦渴和多尿现象,其血糖和糖尿水平均明显增高,确诊为糖尿病。兔子的其他一些特征包括烦渴、多尿、食量大、胰岛素释放严重受损及胰岛 β 细胞颗粒增多;兔子无肥胖症状,只有轻度酮症酸中毒。

该品系的兔子产生明显糖尿病症状的平均月龄为(23±3)个月,这些兔子中有早期出现糖耐量异常的倾向,显性糖尿病兔子的糖基化血红蛋白含量明显增高,虽然无酮尿出现,但胆固醇和游离脂肪酸含量无明显改变。显性糖尿病兔子静脉注射葡萄糖后,免疫反应性胰岛素(IRI)的分泌应远较正常兔子为弱。糖尿病兔子的特殊病理损害局限于胰岛 β 细胞和肾脏。β 细胞内可见膜包围的分泌颗粒有明显的积聚。α 和 β 细胞亚显微结构在动物中均为正常。肾脏有衰老的改变。用胰岛素治疗(每天注射 1～10 单位长效胰岛素)可控制糖尿病症状。显性糖尿病兔子的平均寿命为(45±4)月龄,个别可达 5 年以上。

新西兰白兔糖尿病的病症与人类的胰岛素依赖性糖尿病或青少年中成年发作型糖尿病十分相似;但没有人类糖尿病中所常见的胰岛玻璃样病变或淀粉样病变的迹象。

它们可用于研究胰岛素释放机制，了解胰岛素含量、年龄、饮食、治疗及导致血管病变的其他因素研究的优秀动物模型。

二、雌激素引起高脂血症的动物模型

绝经前的妇女，口服避孕的雌激素成分产生高脂血症。在释放雌激素引起高脂血症的基本机制中，长期口服避孕药与高胆固醇血症、高甘油三酯血症之间的联系，已引起人们的关注。在雏鸡中，有类似的情形发生。产蛋母鸡比 Cockrels 或未到产蛋期的母鸡具有更高的血脂水平。服用已烯雌酚(DES)(0.1、1.0 和 5.0 mg/d，共服 18 d)可引起显著的高脂血症，它与剂量有关，并主要由甘油三酯组成。在雏鸡中形成与雌性激素治疗妇女的高脂蛋白血症之间的性质相似。用雏鸡可作为高脂血形成机制及其控制研究的动物模型。

三、垂体障碍的动物模型

与睡眠有关的人类生长激素(GH)释放的动物模型

在两只青春期雄性狒狒睡眠期间生长激素释放的情况，以电视跟踪其睡眠行为，以人的标准标记，用多导记录仪记录等，由于狒狒 GH 与人 GH 在免疫学上具有交叉反应，因而，可以通过人的放射免疫法(RIA)测定 GH。在可复制的模型中，其与睡眠有关的 GH 释放、在监禁中睡眠的 GH 反应及β雄激素障碍期间都类似于人的有关报告。因此，可以用狒狒作为在睡眠中 GH 释放的动物模型。

三、尿崩症的动物模型

已有几种用于尿崩症过程研究的动物模型。在遗传性尿崩症(DI)大鼠中，其下丘脑和垂体后部缺乏精氨酸抗利尿素和神经分泌的物质。研究表明，猫和猴子的尿崩症仅由完全退化或神经垂体转移所引起。猫对外科手术切除神经垂体后经历三相反应：① 立即引起多尿与烦渴，并持续 4～5 d；② 有大约 6 d 的强利尿期；③ 持久性多尿与烦渴。用锂诱发的大鼠饮用葡萄而具有多尿，皮质到乳头的钠浓度逐渐增加，锂处理并不减少钠的正常梯度。在正常逆转水利尿和 Brattleboro 品系下丘脑尿崩症大鼠中，静脉注射抗利尿素既不影响多尿，也不影响二丁基环状 AMP。这些研究表明用锂处理后，可普遍引起肾因素的尿崩症，在形成 3′、5′-CAMP 中，部分地起因于抗利尿素传递的障碍。

四、库欣病的动物模型

Strosberg 等报告一种实验诱发库欣病的灵长类动物模型。用 5 g Grass 刺激器置于猴子小脑杏仁核进行刺激，并有两个刺激源隔离单位与一恒定电流系统。Masson 证明在猴子杏仁核进行刺激，引起 17-羟皮质类固醇过多，并已了解在底部下丘脑通过中枢神经系统影响垂体促腺肾上腺皮质激素(ACTH)释放，随后影响外周糖皮质激素的水平。电刺激下丘脑引起 17-羟皮质类固醇浓度升高，同时也导致自主反应变化。运用这种方法在猴子中产生的现象，对于人类库欣病的研究是一种有用的动物模型。

五、甲状腺功能减退的动物模型

Cole 报告在白色地中海鸡品系中，通过选择性繁殖，其甲状腺功能减退的发生率在雌鸡为 80%以上，雄鸡为超过 75%。甲状腺病理变化由淋巴样细胞炎症、类上皮细胞索增加所组成，并在 2 周龄时即可发现，其表现为进行性变化，在晚期可能出现腺体功能和结构上某些康复的情形。

甲状腺功能减退具有某些成因基因的多基因显性，经 6 代选择性繁殖后，在综合征的表现上有相当的变异。补充甲状腺素并不能维持甲状腺的完整性。在饲料中以碘化酪蛋白补充甲状腺激素，作为低水平或内生甲状腺激素缺乏的补偿。补足甲状腺激素的鸡产蛋数和繁殖良好。该模型对于研究人类甲状腺功能减退是一种有用的动物模型。

七、高钙血症的动物模型

Rice 等报告，Fishcher 大鼠的间质细胞瘤引起高血钙和高钙尿症，血清钙浓度的增加伴随着尿中钙排泄量的增加，而血清中的无机磷浓度减少。连续的血清高钙血症会导致氮血症，最终减少血清的钙及钙的排泄。Vogel 等也报告，在 V_x-2 乳头瘤急性甲状瘤甲状旁腺切除的兔子中，保持高血钙。肿瘤引起的高血钙，认为可作为人类高血钙和瘤形成的动物模型。

（施毕敏）

参考文献

1. 徐兆光，刘瑞三，陈莜霞，编译. 比较医学进展[M]. 科学技术出版社，1988.

2. 田猷嘉雄主编. 实验动物的生物学特性资料[M]. SOFT SCIENCE，INC，1989.

3. 肖新华，王姮，方福德，等. 人胰岛素基因转染鼠成纤维细胞致糖尿病大鼠血糖下降效应的研究[J]. 中华内分泌代谢杂志，1998，14(4)：248－251.

4. 杨竹林，伍汉文，周智广，等. 完全弗纸佐剂预防 NOD 鼠胰岛炎和糖尿病的机理研究[J]. 中华内分泌代谢杂志，1999，15(15)：271－274.

5. 赵铁耘，李秀钧，吴兆锋，等. 自发性糖尿病中国地鼠胰岛腺组织中钙调素及钙调素依赖性[J]. 中华内分泌代谢杂志，1999，15(15)：313－314.

6. 闫彩凤，张志利，郭清华. T 细胞接种对环磷酰胺处理 NOD 小鼠糖尿病的影响[J]. 中华内分泌代谢杂志，2011，17(1)：11－14.

7. 殷震主编. 动物病毒学[M]. 科学出版社，1985.

8. 闻玉梅主编. 现代医学微生物学[M]. 上海医科大学出版社，1999.

9. 崔小岱，马连华，徐铮，等. 造病毒性心肌炎动物模型株的比较[J]. 中华儿科杂志，2000，38(2).

10. 赵君，杨守京，刘彦仿. 实验性汗坦病毒感染乳鼠诱导脑神经细胞表达热休克蛋白 70[J]. 细胞与分子免疫学杂志，2000，16(3)：252.

11. 张涛，王树生. 猕猴实验感染人乙型肝炎病毒的研究[J]. 广西预防医学，2000，6(1).

12. 王海平，周永兴，姚志强，等. 成年树鼩实验感染丙型肝炎病毒的初步研究[J]. 第四军医大学学报，1997，18(4)：375－376.

13. 刘秉阳主编. 医学细菌学(过去、现在、未来). 上册[M]. 科学技术出版社，1989.

14. 周正宇，吴淑燕，薛智谋. 细菌感染与小鼠巨噬细胞凋亡[J]. 上海实验动物科学，2002，22(4)：249－252.

15. 彭晓燕，陈大年，严密，等. 可定量的氧致血管增生性视网膜病变小鼠模型[J]. 中华眼底病杂志，2000，16(4)：260－263.

16. 张侍清，金安德，李松寿，等. 犬菌痢模型的建立及其使用价值的探讨[J]. 上海实验动物学，1986，(3)：138－141.

17. 林彩，李英衢，唐先哲，等. 诺氟沙星检对大鼠细菌性阴道炎动物模型疗效观察[J]. 中国抗生素杂志，1997，22(1)：71－73.

18. 罗军，刘振安，杨占秋，等. 单纯疱疹病毒治病模型的研究[J]. 中国病毒学，199712(4)：309－312.

19. 徐智民，潘令嘉，周殿光，等. 人胃螺旋菌感染大鼠模型[J]. 中华微生物和免疫学杂志，1996，16(3)：199.

20. 姚万红. 一种新的曼氏血吸虫卵抗原 62KDa 分子诱导的 C57BL/6 小鼠 CD_4＋细胞反应[J]. 国外医学寄生虫病分册，2000，27(4)：174－175.

21. 张英. 感染柯氏疟原虫的两种不同食蟹猴的临床表现[J]. 国外医学寄生虫病分册，2000，27(4)：179－180.

22. 陈兴保，吴观陵，孙新，等. 现代寄生虫病学[M]. 人民军医出版社，2002.

23. 张思钟. 动物突变——一种新的治病遗传机理[J]. 中华医学遗传学杂志 1996，13(3)：129－130.

24. 陈竺,张思仲.我国人类基因组研究面临的机遇与挑战[J].中华医学遗传学杂志,1998,25(4):195-197.

25. 王建,刘棹霖.帕金森病的遗传学研究进展[J].中华医学遗传学杂志,2000,17(3):208-210.

26. 王晓玲,顾东风.冠心病遗传因素的研究进展[J].中华医常遗传学杂志,2000,17(6):452-454.

27. 施新猷.比较医学——生命科学的重要前沿学科[J].中国比较医学杂志,2003,13(1):1-4.

28. 施新猷主编.现代医学实验动物学[M].北京:人民军医出版社,2000.276-282.

29. 徐淑云,卞如濂,陈修主编.药理实验方法学[M].人民卫生出版社,1985.

30. 卫生部药政局汇编.新药(西药)临床前研究指导原则[C].中华人民共和国卫生部药政局,1993.

31. 李仪奎主编.中药药理实验方法学[M].上海科学技术出版社,1991.

32. 钱之玉主编.药理学实验与指导[M].中国医药科技出版社,1996.

33. H.G.沃格尔,W.H.沃格尔编著.杜冠华等译.药理学实验指南[M].科学出版社,2001.

34. 李俊,徐叔云.抗炎免疫药理实验方法学的某些进展[J].上海实验动物科学,2001,21(3):162-166.

35. 魏泓主编.医学实验动物学[M].四川科学技术出版社,1998:412-433.

36. 于传霖,叶天星,陆德源,章谷生主编.现代医学免疫学[M].上海医科大学出版社,1990.

37. 陆德源.现代免疫学[M].上海:上海科学技术出版社,1995.

38. 李俊,徐叔云.抗炎免疫药理试验方法学某些进展[J].上海实验动物学,2001,21(3):162-166.

39. Nagai H, Yakuo I, Yamada H, et al. liver injury model in mice for immunopharmacological study[J]. Japan J Pharmacol, 1988, 46:277.

40. Wilder RL. Genetic factors regulating experimental arthritis in mice and rats[J]. In: Theophiopoulous AN(Eds) Arthritis and allied conditions, Wlliams and Wil Kins, 1977. 565-583.

41. Stenger S. Granulysin: a lethal weapon of cytolytic T cells[J]. Immunol Today, 1999, 20:390.

42. 孙雷,张众,白洁,等.不同转移特性瘤细胞系的筛选及其生物学特性[J].临床与实验病理学杂志,1997,13(2):148-151.

43. 吴秉銓,孙毓恺,邓杰,等.裸鼠体内建立的人类高转移癌系[J].中华肿瘤杂志,1985,7(5):324-329.

44. Fujihana T, Swada T, Hirakanwa K, et al. Establishment of lymph node metastatic model for human gastric Cancer in nude mice and analysis of factors associated with metastasis[J]. Clin Exp Metastasis[H], 1998, May16(4): 389-398.

45. Kun JH, Kubota T, Watanabe M, et al. Liver colonization competence gorverns colon cancer metastasis[J]. Pro. Natl Acad Sci USA, 1995, 92:12085.

46. J.C.Jones 主编.程泓译.人类疾病动物模型[M].上海医科大学出版社. 1989.

46. 都木洁主编.实用心血管病学[M].科学出版社,2000.

47. 谢仰民,陈韩秋,陈穗,等.大叔急性呼吸窘迫综合征动物模型的建立[J].中国实验动物学报,2002,10(4):243-245.

48. 谢仰民,陈韩秋.昆明小鼠正常 PaO_2、$PaCO_2$、PH 值 $PQLD_{50}$ 的测定[J].中国实验动物学杂志,2001,9(4):218-220.

49. 熊密,徐浒,车东媛.细菌感染引起大鼠气道上皮细胞损伤及其机制探讨[J].中华病理学杂志,2001,30(5):353-356.

50. 戴继宏，谭毅，符州. 哮喘动物模型的研究现状[J]. 中国实验动物学杂志，2001，11(3)：167-171.

51. Salzman AL, Menconi MJ, Unno N, et al. Nitric oxide dilates tight junctions and depletes ATP in cultured Caco-2Bbe intestinal epithelialmonolayers[J]. Am J Physiol, 1995, 268(2pt1): 361-373.

52. Khair OA, Davies RI, Devalia JL. Bacterial-induced release of inflammatory mediators by bronchial epithelial cells[J]. Eur Respir J, 1996, 9: 1913-1922.

53. 邵义祥主编. 医学实验动物学教程[M]. 东南大学出版社，2008.

54. 纪春祥，李宝生主编，肿瘤学[M]. 人民卫生出版社，2009.

55. Weinberg R A 著，癌生物学[M]. 科学出版社，2009.

56. P. M. Lydyard(英)等著，林慰慈等译，免疫学[M]. 科学出版社，2001.

57. Winter, P. C. (英)等著；谢雍译. 遗传学[M]. 科学出版社，2006.

58. 高润霖，胡大一主编. 心血管病学[M]. 华中科技大学出版社，2008.

59. Shayne C. Gad(美)编著，范玉明、李毅民、张舒等译. 药物安全性评价[M]. 化学工业出版社，2006.